DU SPITZBERG

AU SAHARA

Paris. — Imprimerie de E. MARTINET, rue Mignon, 2.

DU SPITZBERG

AU SAHARA

ÉTAPES D'UN NATURALISTE

AU SPITZBERG, EN LAPONIE
EN ÉCOSSE, EN SUISSE, EN FRANCE, EN ITALIE
EN ORIENT, EN ÉGYPTE ET EN ALGÉRIE

PAR

CHARLES MARTINS

Professeur d'histoire naturelle à la Faculté de Médecine de Montpellier,
Directeur du Jardin des plantes de la même ville,
Correspondant de l'Institut de France et de la Société géologique
de Londres.

PARIS

J.-B. BAILLIÈRE et FILS

LIBRAIRES DE L'ACADÉMIE IMPÉRIALE DE MÉDECINE,
Rue Hautefeuille, 19.

| Londres, | Madrid, | New-York, |
| HIPP. BAILLIÈRE. | C. BAILLY-BAILLIÈRE. | BAILLIÈRE BROTHERS. |

LEIPZIG, E. JUNG-TREUTTEL, QUERSTRASSE, 10

1866

A LA MÉMOIRE

DE MON AMI

AUGUSTE BRAVAIS

Lieutenant de vaisseau,
Professeur de physique à l'École polytechnique,
Membre de l'Institut de France et de l'Académie des sciences
de Munich.

PRÉFACE DE L'AUTEUR

La science a d'abord été murée dans les temples, puis cloîtrée dans les monastères, finalement circonscrite dans les académies : il est temps qu'elle se répande au dehors et vivifie tous les membres du corps social ; il est temps que les résultats positifs et les faits acquis arrivent à la connaissance de ceux qu'ils intéressent ; il est temps enfin que la science se vulgarise. Sans doute certaines vérités ne pourront jamais être populaires, leur intelligence nécessite les études préparatoires et la longue initiation du savant de profession ; mais il en est beaucoup qui sont compréhensibles pour tout le monde, à la condition d'être clairement exposées, après avoir été scientifiquement établies. De là deux catégories de savants : les uns, par leurs patientes recherches, leurs expériences ingénieuses ou leurs profondes méditations, font avancer la science ; d'autres la répandent. Quelques esprits éminents ont su faire l'un et l'autre : il suffit de citer Buffon, Cuvier, Laplace, Humboldt, Arago, Liebig, Schleiden, Schacht, Desor, Vogt et Quatrefages. Tous ces hommes ont contribué aux progrès de la science et ont su la vulgariser. L'autorité de leur nom était une garantie de la vérité de leurs assertions, et, grâce à la clarté et à l'élégance de leur exposition, le public s'est trouvé initié à des connaissances qui lui seraient restées étrangères, s'ils n'avaient pris la peine de les lui transmettre. Grâce à eux, le niveau général de l'instruction publique s'est élevé, l'émulation a été excitée, des vocations se sont révélées, et l'industrie, fille de la science, s'est développée avec une rapidité inouïe. Il n'en eût pas été de même si ces hommes avaient toujours parlé le langage technique des traités et des mémoires scientifiques, intelligible seulement pour les initiés. L'armée pacifique des travailleurs ne se serait pas recrutée d'une foule de volontaires, et pourtant le champ de la science est si vaste, que les bras ne sauraient être trop nombreux. « Les amateurs, a dit Gœthe, sont les utiles auxiliaires des savants, et chacun dans sa sphère peut concourir à l'œuvre commune. Une seule condition suffit : le désir sincère de trouver la vérité. »

Pour vulgariser la science, il faut la posséder à fond. On ne peut épargner aux autres les difficultés de l'initiation qu'après les avoir d'abord surmontées soi-même. Une connaissance superficielle de la matière ne suffit pas. Quiconque n'a pas ajouté de ses propres mains quelques pierres à l'édifice ne saurait en comprendre la structure et en expliquer l'ordonnance. Ma tâche est plus facile. Je n'ai point à exposer l'ensemble d'une branche des connaissances humaines ; ce livre se compose uniquement de fragments séparés, de tableaux scientifiques peints en face de la nature avec la ferme volonté de la reproduire telle qu'elle est. Je l'ai fait sans rien sacrifier au désir d'amuser le lecteur ; j'ai toujours cherché à l'instruire. Tous les sujets que j'ai traités ont d'abord été élaborés scientifiquement, ils ont fourni la matière d'un certain nombre de mémoires publiés dans des collections spéciales : les *Annales des sciences naturelles*, les *Annales de chimie et de physique*, la *Bibliothèque universelle de Genève*, le *Bulletin de la Société géologique de France*, les *Mémoires de l'Académie des sciences de Montpellier*, etc. Plusieurs de ces fragments ne sont même que la simple traduction en français aussi littéraire que possible de dissertations purement scientifiques. Je citerai spécialement les paragraphes sur les glaciers anciens et modernes du Spitzberg, des Alpes et des Pyrénées, l'analyse des causes du froid sur les hautes montagnes, et la topographie botanique du mont Ventoux, en Provence. Aussi suis-je prêt à accepter pour cet ouvrage la responsabilité qui incombe au savant dans ses travaux les plus sérieux. Je n'ai rien hasardé légèrement. Toutes mes descriptions sont rigoureusement exactes. Les résultats auxquels je suis arrivé ont été obtenus par l'observation et l'expérience, en employant les procédés et les instruments avoués par la science moderne. Mes erreurs sont involontaires ; je n'ai rien négligé pour les éviter.

Dans plusieurs voyages, d'autres yeux plus perçants que les miens contrôlaient la vérité de mes observations. Avec Auguste Bravais, enlevé trop tôt aux sciences, qu'il honorait (1), j'ai eu l'avantage de visiter le Spitzberg, de traverser la Laponie, la Suède, l'Allemagne, et de faire l'ascension du Mont-Blanc. De Candolle père et Requien m'ont dirigé dans mes études sur la topographie botanique du mont Ventoux ; et c'est avec mes amis Edouard Desor et Arnold Escher de la Linth que j'ai parcouru l'Algérie et pénétré dans le Sahara.

(1) Voyez son éloge académique, prononcé par M. Élie de Beaumont dans la séance générale de l'Institut du 6 février 1865.

Le lecteur peut donc accorder sa confiance à ces essais, que le public a accueillis déjà avec une faveur qui témoigne de son intérêt toujours croissant pour les sciences physiques et naturelles. En effet, tous ces morceaux, sauf celui sur la Crau, ont paru successivement dans divers recueils littéraires : la *Revue indépendante*, la *Bibliothèque universelle de Genève*, la *Revue des deux mondes*, l'*Illustration*, le *Magasin pittoresque*, l'*Album de Combe-Varin* et le *Tour du monde*. La présente publication m'a fourni l'occasion de mettre ces travaux en harmonie avec l'état actuel de la science, et d'en faire, pour ainsi dire, une seconde édition revue et corrigée.

Sans lien apparent entre eux, tous ces fragments rentrent cependant dans une branche des connaissances humaines bien définie, la géographie physique dans son sens le plus général. Parmi les nombreuses faces de cette science immense, il en est quelques-unes qui dominent dans ce recueil. D'abord la géographie botanique, ou la connaissance des lois de la distribution des végétaux à la surface du globe. Ces lois se rattachent à celles de la météorologie, de la physique du globe et de la géologie, qui sont invoquées et appréciées tour à tour. Après la géographie botanique, les glaciers ont été l'objet de mes études et de mes voyages depuis vingt-cinq ans. La question de leur ancienne extension m'a occupé autant que leurs phénomènes actuels. J'ai vu naître et grandir cette question, j'ai pris part aux luttes souvent ardentes qu'elle a provoquées ; j'ai partagé ses revers apparents et momentanés ; je l'ai vue triompher enfin plutôt par la force intrinsèque de la vérité que par les discussions auxquelles elle a donné lieu. J'ai pu me convaincre que toute vérité, si évidente qu'elle soit aux yeux de ceux qui la promulguent, ne saurait se passer, avant d'obtenir l'assentiment unanime, d'un élément bien irritant pour l'impatience de ses apôtres : cet élément, c'est le temps. Que cette pensée console et fortifie ceux qui travaillent au progrès dans quelque direction que ce soit. Le temps est l'ouvrier lent, mais irrésistible, dont la collaboration peut seule assurer la victoire ; c'est lui qui mine sourdement l'erreur en sapant ses plus fermes appuis : la foi aveugle, la routine obstinée, l'autorité du passé et la paresse d'esprit inhérente à la nature humaine. Ces bases une fois détruites, l'édifice de mensonge s'écroule, et la vérité apparaît aux yeux de tous, si évidente, si lumineuse, que ses adversaires eux-mêmes prétendent ne l'avoir jamais méconnue.

J'ose espérer que les amis des sciences naturelles voudront bien me suivre dans mes étapes depuis le Spitzberg jusqu'au Sahara : elles comprennent un arc terrestre de 50° latitudinaux, savoir, du 80ᵉ au 30ᵉ degré, de la pointe nord du Spitzberg aux pyramides d'Égypte. Des tableaux bien divers passeront sous les yeux du lecteur. Puissent-ils lui plaire au moins par leur variété, et lui faire partager des émotions ou entrevoir les tableaux qui m'ont ravi dans ma jeunesse et charmé dans l'âge mûr ! Leur souvenir allégera le poids de la vieillesse, qui condamne le voyageur à l'immobilité, image anticipée de la fin prochaine du voyage que nous accomplissons tous sur cette terre : le voyage de la vie.

Montpellier, Jardin des plantes, 25 septembre 1865.

CH. MARTINS.

TABLE DES MATIÈRES

DÉDICACE.   V
PRÉFACE DE L'AUTEUR.   VII
INTRODUCTION. — La Géographie botanique et ses progrès les plus récents.   1
    § I. — Premiers travaux de géographie botanique   3
    § II. — Statistique végétale. — Des influences diverses qui déter-
    minent la distribution des végétaux à la surface du globe   17
    § III. — De la naturalisation et de l'acclimatation des végétaux. —
    De l'apparition des espèces sur le globe   40
LE SPITZBERG, TABLEAU D'UN ARCHIPEL A L'ÉPOQUE GLACIAIRE.   57
    Découverte et exploration du Spitzberg   58
    Climat du Spitzberg   70
    Constitution physique et géologique du Spitzberg   76
    Flore du Spitzberg   83
        Végétaux phanérogames du Spitzberg   86
        Végétaux phanérogames du sommet du Faulhorn   90
        Végétaux phanérogames des Grands-Mulets   97
        Végétaux phanérogames des environs de la cabane de Vincent,
        sur le Mont-Rose   97
    Faune du Spitzberg. — Mammifères   101
    Oiseaux.   110
    Poissons et animaux invertébrés   114
    Époque glaciaire   119
    LE CAP NORD DE LA LAPONIE   121

UN HIVERNAGE SCIENTIFIQUE EN LAPONIE.......................... 127
   Lignes d'ancien niveau de la mer.......................... 131
   Installation des instruments............................. 136
   Flux et reflux de la mer................................ 137
   Astronomie, étoiles filantes............................ 138
   Série météorologique.................................... 142
   Température.. 143
   Pression atmosphérique.................................. 150
   Aurores boréales.. 152
   Magnétisme terrestre.................................... 160
   Mesures céphalométriques................................ 161
   Conclusions et espérances............................... 164
VOYAGE EN LAPONIE, DE LA MER GLACIALE AU GOLFE DE BOTHNIE.... 167
   Plantes des environs de Karesuando...................... 184
DE LA COLONISATION VÉGÉTALE DES ILES BRITANNIQUES, DES SHETLAND,
   DES FEROE ET DE L'ISLANDE............................... 194
LA VINGTIEME RÉUNION DE L'ASSOCIATION BRITANNIQUE, A ÉDIMBOURG, EN
   AOUT 1850... 210
LES GLACIERS DES ALPES ET LEUR ANCIENNE EXTENSION DANS LES PLAINES
   DE LA SUISSE ET DE L'ITALIE............................. 225
   Des glaciers actuels.................................... 228
   Roches polies et striées par les glaciers actuels....... 233
   Moraines et blocs erratiques des glaciers actuels....... 237
   Cailloux rayés par les glaciers actuels................. 239
   De l'ancienne extension des glaciers du Mont-Blanc, de Chamounix
      jusqu'à Genève...................................... 241
   Du climat de l'époque glaciaire......................... 257
DEUX ASCENSIONS SCIENTIFIQUES AU MONT-BLANC.................. 261
   Ascension de de Saussure................................ 265
   Ascension de Bravais, Martins et Lepileur............... 273
   Résultats scientifiques................................. 296
LE CAMPAGNOL DES NEIGES..................................... 311
DES CAUSES DU FROID SUR LES HAUTES MONTAGNES................ 310
   Des causes du froid physiologique chez l'homme.......... 329
   Conditions subjectives générales qui modifient la sensation du froid. 336
   Causes physiologiques de froid spéciales aux hautes montagnes... 341
LA RÉUNION DE LA SOCIÉTÉ HELVÉTIQUE DES SCIENCES NATURELLES, en août
   1863, à Samaden, dans la haute Engadine, canton des Grisons..... 348
   La session de Samaden................................... 357
   Travaux de la Société helvétique des sciences naturelles........ 375
LE MONT VENTOUX, EN PROVENCE................................ 390
   Description physique de la montagne..................... 390

Echelle des climats...................................... 399
Conditions physiques favorables aux études de la topographie bota-
  nique.. 401
Ascensions au mont Ventoux.............................. 405
Forêts et cultures....................................... 409
Zones végétales... 418
LA CRAU, OU LE SAHARA FRANÇAIS.......................... 427
APERÇU GÉOLOGIQUE SUR LA VALLÉE DU VERNET, ET LA DISTINCTION DES
  FAUSSES ET VRAIES MORAINES DANS LES PYRÉNÉES ORIENTALES........ 440
  Constitution géologique de la vallée du Vernet; fausses moraines.. 442
  Terrains glaciaires de la vallée du Vernet................... 445
  Moraines terminales de Mont-Louis........................ 448
  Fausse moraine des Escaldas 450
  Roches moutonnées et moraines de la vallée de Carol........... 451
LA TRIBUNE DE GALILÉE A FLORENCE......................... 453
PROMENADE BOTANIQUE LE LONG DES CÔTES DE L'ASIE MINEURE, DE LA SYRIE
  ET DE L'ÉGYPTE 466
  Malte... 467
  Syra.. 468
  Smyrne 468
  Le Bosphore de Constantinople 471
  Le platane de Buiukdéré................................. 474
  Rhodes.. 475
  Pompéiopolis 477
  Alexandrette 480
  Latakieh... 481
  Tripoli 481
  Beyrouth 484
  Jaffa.. 489
  Alexandrie... 490
  Le Caire et les Pyramides................................ 495
  Retour.. 501
LE JARDIN D'ACCLIMATATION DE HAMMA, PRÈS D'ALGER............ 503
  Le Jardin d'acclimatation en 1852 504
  Le Jardin d'acclimatation en 1864 512
LA FORÊT DE L'EDOUGH, PRÈS DE BONE........................ 520
TABLEAU PHYSIQUE DU SAHARA ORIENTAL DE LA PROVINCE D'ALGER...... 527
  La région méditerranéenne............................... 528
  La sous-région des hauts plateaux......................... 539
  La région désertique.................................... 541
  Les formes du désert 555

Les oasis... 565

Répartition des populations... 583

La vie au désert.. 589

Conclusion... 604

TABLE ALPHABÉTIQUE DES NOMS D'HOMMES CITÉS DANS CE VOLUME... 603

TABLE ALPHABÉTIQUE DES NOMS DE LIEUX ET DE PEUPLES CITÉS DANS

CE VOLUME.. 609

DU SPITZBERG

AU SAHARA

INTRODUCTION

LA GÉOGRAPHIE BOTANIQUE

ET SES PROGRÈS LES PLUS RÉCENTS.

La botanique moderne est une science complexe; à son origine elle ne l'était pas. Nommer et décrire les plantes qui s'offraient à leur observation, retrouver celles que les anciens avaient connues, et compléter ainsi peu à peu l'inventaire des espèces végétales qui croissent à la surface du globe, telle était la tâche immense, mais peu variée, que s'imposaient les botanistes du moyen âge et de la renaissance. Au commencement du xviie siècle, on découvrit que la plante était un être vivant comme l'animal; on entreprit l'étude de ses fonctions. La physiologie végétale naissait et prenait place à côté de la botanique descriptive. En même temps que l'on commençait à entrevoir le jeu de quelques organes, on les étudiait avec plus de soin; on cherchait à en pénétrer la structure intime. L'anatomie végétale, fille de Grew et de Malpighi, éclairait la physiologie et formait avec elle une branche distincte de la science des végétaux considérés comme des êtres organisés et vivants. Tous les bons esprits furent frappés des relations intimes de cette branche avec la physiologie animale, et annoncèrent les applications prochaines que l'agriculture rationnelle pouvait en attendre.

Pendant que la botanique se développait, les autres sciences ne restaient pas stationnaires. D'intrépides voyageurs, parcourant les parties du globe les moins explorées, agrandissaient le domaine de la géographie physique, et notre continent lui-même était soumis à un examen plus détaillé. Les météorologistes apprenaient à caractériser les divers climats ; ils notaient les extrêmes de chaleur et de froid, la direction des vents régnants et la distribution des pluies dans les quatre saisons de l'année. Les géologues dressaient des cartes sur lesquelles chaque terrain est teinté d'une couleur spéciale. Les agriculteurs distinguaient les différentes espèces de sols. On déterminait la hauteur des montagnes, la puissance des massifs, la longueur et l'orientation des chaînes, l'étendue et l'inclinaison des plateaux ; on calculait le décroissement de la température de l'air, qui se refroidit à mesure qu'on s'élève au-dessus du niveau des mers. De la combinaison de ces quatre sciences, la botanique, la météorologie, la physique du globe et la géologie, naquit une science nouvelle, la *géographie botanique.*

Les anciens se bornaient à constater que telle espèce se trouve à la fois dans différents pays, que telle autre n'existe que dans une localité restreinte. La géographie botanique étudie les lois de la distribution des végétaux à la surface du globe : elle se demande pourquoi certaines espèces sont cosmopolites, tandis que d'autres semblent irrévocablement confinées dans un espace limité ; elle cherche quelles sont les causes dépendantes de l'atmosphère, de la hauteur au-dessus des plaines, du voisinage ou de l'éloignement des mers, de la constitution physique ou chimique du sol, qui impriment à la végétation de chaque contrée un caractère spécial et indélébile. Abordant les problèmes les plus élevés de l'histoire naturelle, elle établit les relations de la flore actuelle de notre planète avec les flores éteintes des diverses époques géologiques; elle cherche à deviner le plan de la création, et à reconnaître si les innombrables individus d'une même espèce dérivent originairement d'un individu né sur un seul point du globe, ou bien s'il existe pour une même espèce plusieurs centres de création d'où chaque plante a rayonné en se propageant jusqu'à ce que des circonstances incompatibles avec son existence aient mis un terme à ses migrations. Ces aperçus suffiront, je l'espère, pour montrer l'intérêt philosophique de ce genre de recherches. Une portion du voile a déjà été soulevée, et la géographie botanique nous fait entrevoir les lois qui ont présidé à l'apparition des végétaux sur le globe terrestre.

I. — PREMIERS TRAVAUX DE GÉOGRAPHIE BOTANIQUE.

Il serait difficile de dire quel est l'auteur à qui nous devons les premières notions de géographie botanique : on les trouve éparses dans tous ceux qui, après avoir décrit une espèce, énuméraient les pays dans lesquels elle croît naturellement; mais ces remarques isolées, éléments de la science, ne la constituaient point encore. C'est Linné, dont le génie a deviné toutes les conquêtes réservées à l'histoire naturelle, qui jeta les premiers fondements de la géographie botanique et comprit qu'elle en serait un jour une des branches les plus attrayantes. Dans un discours sur l'accroissement de la terre, il montre le sol habitable surgissant lentement du sein de la mer et se couvrant de végétaux dont les graines sont disséminées et répandues de tous côtés par des agents variés, tels que le vent, les fleuves, les animaux et l'homme lui-même. Dans une autre dissertation, il prouve que beaucoup de plantes occupent des stations déterminées, les unes végétant dans les eaux courantes, les autres dans les marais, d'autres au bord de la mer. Il en est

qui ne se plaisent que dans les sables arides; quelques-unes
préfèrent les décombres et les terres éboulées; plusieurs enfoncent leurs racines dans les fentes des pierres, et ajoutent
au charme des ruines en les parant de fleurs; il en est qui
se suspendent aux parois verticales des rochers; mais la
plupart aiment une terre riche et féconde où elles puissent
acquérir tout leur développement. Enfin, dans une thèse soutenue sous sa présidence par un de ses élèves, Linné donnait
des exemples de colonies végétales formées loin de la mère
patrie. Des impressions personnelles se joignaient à ces recherches scientifiques et montraient le côté pittoresque de la science
nouvelle. Pendant son voyage en Laponie, la jeune imagination
de Linné (1) avait été frappée de l'appauvrissement progressif
de la végétation, qui expirait sous ses yeux à mesure qu'il
s'avançait vers le nord. Même les arbres de la Suède, sa froide
patrie, l'abandonnaient l'un après l'autre sur le versant des
alpes laponnes, où le pin et le bouleau résistent seuls à la rigueur
des hivers et à l'insuffisance des étés. Il comparait mentalement
la végétation luxuriante des tropiques avec les humbles végétaux qui l'entouraient, et, dans le style poétique et concis qui
lui est propre, il termine ainsi les prolégomènes de son *Flora
lapponica :* « La dynastie des palmiers règne sur les parties les
plus chaudes du globe, les zones tropicales sont habitées par
des peuplades d'arbustes et d'arbrisseaux, une riche couronne
de plantes entoure les plages de l'Europe méridionale, des
troupes de vertes graminées occupent la Hollande et le Danemark, de nombreuses tribus de mousses sont cantonnées dans
la Suède; mais les algues blafardes et les blancs lichens végètent seuls dans la froide Laponie, la plus reculée des terres
habitables. Les derniers des végétaux couvrent la dernière des
terres. »

(1) En 1732; il était alors âgé de vingt-cinq ans.

Le changement et l'appauvrissement que Linné observait en marchant du sud au nord, Tournefort les avait déjà remarqués lorsqu'il s'élevait sur les flancs du mont Ararat, en Asie. Au pied de la montagne, il retrouvait les plantes d'Arménie, plus haut celles d'Italie, plus haut encore celles des environs de Paris, au-dessus celles de la Suède, et enfin, dans le voisinage des neiges éternelles, celles de la Laponie. Contemporain et rival de Linné, Buffon, généralisant tous ces traits épars, caractérisait en peu de mots la géographie botanique : « Les végétaux qui couvrent la terre, disait-il, et qui y sont encore attachés de plus près que l'animal qui broute, participent aussi plus que lui à la nature du climat. Chaque pays, chaque degré de température a ses plantes particulières. On trouve au pied des Alpes celles de France et d'Italie ; on cueille à leur sommet celles des pays du Nord. On rencontre ces mêmes plantes du Nord sur les sommets glacés des montagnes d'Afrique. Sur les monts qui séparent l'empire du Mogol du royaume de Cachemire, on voit du côté du midi toutes les plantes des Indes, et l'on est surpris de ne voir de l'autre côté que des plantes d'Europe. C'est aussi des climats excessifs que l'on tire les drogues, les parfums, les poisons et toutes les plantes dont les qualités sont excessives. Le climat tempéré ne produit au contraire que des choses tempérées. Les herbes les plus douces, les légumes les plus sains, les fruits les plus suaves, les animaux les plus tranquilles, les hommes les plus polis, sont l'apanage de cet heureux climat. »

Linné et Buffon avaient, comme on le voit, pressenti et défini la géographie botanique. Un modeste abbé, dont le nom est trop peu connu, devait le premier en faire l'application à un pays en particulier. Dans son *Histoire naturelle de la France méridionale*, publiée en 1782, l'abbé Giraud-Soulavie consacre la moitié d'un volume à la topographie des plantes de la région comprise entre la Méditerranée et le sommet des Cévennes ou du Vivarais, dont le point culminant, le mont Mezenc, s'élève

à 1754 mètres au-dessus de la mer. Pour lui, la géographie
botanique fut une révélation intuitive. Une mère éclairée,
voulant ranimer sa santé débile par l'air vivifiant de ces montagnes au pied desquelles il était né, lui montrait, en le soutenant dans ses bras, la succession des zones qu'ils traversaient ensemble. Cet enseignement maternel s'était gravé dans
son esprit, et il en fit le sujet de l'une des parties les plus
intéressantes de son ouvrage. Après avoir prouvé que le climat
est d'autant plus rigoureux qu'on s'élève davantage, Soulavie
distingue cinq zones de végétation étagées l'une au-dessus de
l'autre, et caractérisées chacune par l'oranger, puis l'olivier;
la vigne avec le mûrier, les châtaigniers, les sapins et les
plantes alpines. Frappé de l'influence prédominante du climat,
il ne méconnaît pas celle du sol, et la fait ressortir en examinant comparativement la végétation des roches granitiques,
calcaires ou volcaniques, qui forment le relief des montagnes
du Vivarais.

Quelques années après la publication du livre de Giraud-
Soulavie, la France était étudiée sous un point de vue en apparence distinct, en réalité dépendant de la science dont nous
nous occupons. Un agriculteur anglais, Arthur Young, qui
appartenait à la classe si honorable des *gentlemen farmers*, avait
parcouru les trois royaumes à plusieurs reprises et dressé le
tableau de leur agriculture. Pour juger la valeur des pratiques
agricoles de son pays, un terme de comparaison lui manquait :
il résolut donc de visiter la France. Quatre étés, ceux de 1787
à 1790, furent consacrés à ce voyage. Ce n'est point emporté
par une locomotive sur des chemins de fer, dont l'imagination
la plus hardie n'eût pas alors soupçonné la possibilité; ce n'est
pas même dans les lourdes messageries ou les paisibles voiturins
de l'époque que Young accomplit son pèlerinage agricole : ces
moyens de transport lui semblaient encore trop rapides. Young
parcourut toute la France à cheval, porté par la même jument,

s'écartant des grandes routes, s'arrêtant auprès d'une ferme, afin d'examiner les méthodes de culture, les instruments ara- toires, les chevaux de trait ou les troupeaux, mettant pied à terre pour s'entretenir avec les laboureurs qu'il apercevait dans les champs, s'informant du prix de revient et du prix de vente des produits de la terre. Sa curiosité satisfaite, il remontait à cheval et méditait en cheminant sur ce qu'il avait vu et sur ce qu'il allait voir. La réflexion mûrissait ainsi lentement les ré- sultats de l'observation et le conduisait à des conséquences dont l'avenir a confirmé l'exactitude. En même temps Young ne né- gligeait pas de visiter les savants, les hommes de lettres, les gentilshommes éclairés qui habitaient la province. Faut-il s'é- tonner qu'après avoir étudié notre pays avec un esprit dégagé de nos préjugés, et avec un terme de comparaison comme celui de l'Angleterre, il ait mieux jugé la France que les Français, et y ait fait des découvertes aussi nouvelles pour nous que pour les autres peuples ? Young le premier a distingué les climats si divers que la France doit à sa situation géographique et à la con- figuration de son sol. Ce que Giraud-Soulavie avait si heureuse- ment accompli pour le Languedoc, Young l'a fait pour le royaume tout entier. Le premier il a remarqué les limites de culture qu'on traverse en allant du nord au sud ou du sud au nord, celles de l'olivier, du mûrier, du maïs et de la vigne. Le premier il dressa une carte des différents sols cultivables de la France : il est donc à la fois le créateur de la géologie et de la géographie agri- coles, qui ne sont autre chose que la géographie botanique des espèces cultivées. Malgré l'émotion produite dans le monde entier par les grands événements de 1789, le voyage d'Arthur Young fit une profonde sensation, et il est resté comme un modèle parfait de l'exploration agricole d'un grand pays.

Après Arthur Young et Giraud-Soulavie, citons encore Be- nedict de Saussure et Louis Ramond. Les voyages qu'ils ont

faits, le premier dans les Alpes, le second dans les Pyrénées,
quoique spécialement consacrés à la géologie, sont pleins d'observations sur la topographie botanique de ces montagnes :
partout ils signalent et apprécient l'influence de la hauteur, de
l'exposition, des abris, de la nature du sol sur la végétation.
Ramond préludait ainsi à son *Mémoire sur la végétation du sommet du pic du Midi*, où il essaya le premier de donner la flore
complète d'un sommet élevé de 2877 mètres au-dessus du niveau de la mer. Les écrits de Saussure et de Ramond sur les
plus hautes montagnes de notre continent ferment dignement
la série des essais qui dans le xviiie siècle préparaient l'avénement de la géographie botanique à l'état de science.

Au commencement du xixe siècle, nous trouvons d'abord le
nom du plus illustre représentant de cette branche des sciences
physiques et naturelles, celui d'Alexandre de Humboldt. L'éclat
et l'importance de ses travaux sont même tels, qu'il en est
généralement considéré comme le créateur. C'est Humboldt, en
effet, qui, l'affranchissant des limites étroites de l'Europe, lui a
fait embrasser le monde tout entier. Grâce à l'universalité de
ses connaissances, ce grand voyageur a pu relier la géographie
botanique à la météorologie, à la physique du globe et à la
géologie, devenues désormais ses compagnes inséparables. Au
retour de son exploration des régions équinoxiales, l'imagination
encore toute pleine des contrastes qu'il avait observés entre la
végétation de l'ancien et du nouveau monde, il publie ses idées
sur la physionomie des végétaux. Décrivant d'une manière pittoresque ces formes que le paysagiste cherche à fixer sur la
toile, et qui donnent un caractère si varié à l'aspect des diverses
parties du globe, de Humboldt les ramène à quelques types
principaux. Il montre que c'est la prédominance de telle ou
telle forme végétale qui nous fait reconnaître immédiatement
une contrée. Les pins et les sapins nous transportent dans le
Nord ou sur les hautes montagnes de l'Europe, les chênes et

les hêtres dans la zone tempérée, les oliviers dans le Midi, les palmiers dans les régions intertropicales. Le cap de Bonne-Espérance est la patrie des bruyères, et le Mexique celle des orchidées. Dans ce séduisant opuscule, de Humboldt dévoile les affinités secrètes qui unissent la botanique à la peinture et à la poésie, car le sol, les terrains, les rochers, sont partout les mêmes, mais la végétation est la parure changeante de la terre. En mettant le pied sur les rivages du nouveau monde, le géologue reconnaît les terrains de l'ancien; pour le botaniste, tout est changé, la décoration de la terre n'est plus la même : c'est une autre création, bien différente de celle de l'Europe, de l'Afrique ou de l'Asie.

A ce poétique essai de Humboldt en faisait succéder un autre d'un genre plus sévère, où il établit les bases scientifiques de la géographie botanique. Afin que nul n'en ignore, il l'écrit en latin, la seule langue universelle du monde savant. Après avoir estimé le nombre total des végétaux répandus à la surface du globe, il montre quelle est la répartition des quatre groupes naturels établis par les classificateurs dans la zone équatoriale, les pays tempérés et les régions boréales : c'est l'arithmétique ou la statistique végétale. De Humboldt traite ensuite des plantes sociales, puis de celles qui sont communes à l'ancien et au nouveau continent ; enfin il étudie l'influence du climat sur leur distribution. Le premier il montre clairement que des points également distants de l'équateur et également élevés au-dessus de la mer peuvent avoir néanmoins des climats dissemblables, tandis que des contrées situées sous des parallèles très-éloignés l'un de l'autre ont des climats analogues. Ainsi, sur la côte orientale d'Amérique, sous la même latitude que Perpignan, Boston a une température annuelle moyenne de 8°,9, tandis que celle de Perpignan est de 15°,0. Baltimore est sous le même parallèle que Cagliari en Sardaigne : sa température moyenne annuelle est de 11°,6 ; celle de Cagliari est de 16°,3. De Humboldt montre combien la végétation est dépendante de ces différences, et combien d'anomalies apparentes en sont la conséquence nécessaire. Les courbes sinueuses qui enveloppent le globe, en passant par tous les points d'égale température moyenne, ont été désignées par lui sous le nom d'*isothermes*. Ainsi l'isotherme de Paris (lat. 48° 50') passe en Angleterre par Portsmouth, qui est à 50° 48', et aux États-Unis par Erasmus-Hall, qui n'est qu'à 40° 38' de l'équateur. Les cartes des isothermes mensuelles, dressées dernièrement par M. Dove et dédiées à de Humboldt comme le complément de son œuvre, montrent encore mieux combien la végétation doit être influencée par cette inégale distribution de la chaleur sur le globe. Prenons les mois extrêmes : le mois de juillet est aussi chaud à Halifax, en Amérique (lat. 49° 39'), qu'à Londres (lat. 51° 31'), à Berlin (52° 31'), à Saint-Pétersbourg (59° 56'), et sur la côte orientale de l'Asie, sous le 40° degré. Aussi on retrouve la même température en juillet sur des points dont l'éloignement de l'équateur diffère de 20 degrés latitudinaux ou de 500 lieues. D'un autre côté, le mois de janvier est aussi froid à Halifax (lat. 49° 30') qu'au cap Nord (lat. 71° 10'), à Christiania (lat. 59° 55'), à Azov, Russie méridionale (lat. 47°), et à Péking, en Chine (39° 54'). On ressent donc en moyenne, pendant le mois de janvier, un froid aussi rude à Péking, situé dans la partie méridionale de l'Asie centrale, qu'au cap Nord, le promontoire le plus reculé de la Laponie. Ces deux points sont situés à 31 degrés latitudinaux l'un de l'autre, ou à 775 lieues comptées sur un méridien terrestre. Les chiffres qui précèdent suffisent pour montrer l'importance de ces données pour la géographie botanique. L'incroyable diversité des climats, les uns extrêmes, caractérisés par des étés brûlants et des hivers rigoureux, les autres égaux, à hivers doux, suivis d'étés sans chaleur ; les saisons intermédiaires, le printemps et l'automne, disparaissant ou empiétant sur les autres ; le régime si différent des pluies, les alternatives de sécheresse ou d'humidité, tous ces éléments, modifiés et combinés de mille manières, semblent avoir fait sortir du sein de la terre la végétation variée dont elle est diaprée. C'est ainsi que de Humboldt généralise et précise en même temps les lois climatologiques entrevues par Arthur Young. L'échelle de végétation tracée par Giraud-Soulavie sur la pente des humbles Cévennes, il l'étend au Chimborazo, au Caucase, aux Pyrénées, aux Alpes suisses et laponnes, en déterminant les lois du décroissement de la température suivant la hauteur le long des pentes abruptes, des sommets isolés, ou des contre-forts adoucis des grands massifs de montagnes.

Quand il écrivit son ouvrage, de Humboldt n'avait pas visité les contrées septentrionales de l'Europe ; mais deux de ses contemporains les explorèrent dans un esprit qui était le sien. Le premier est George Wahlenberg. Compatriote et disciple de Linné, il visite la Suède septentrionale, la Norvége et la Laponie dans les premières années du siècle ; puis, désireux de comparer la flore du nord de l'Europe avec celle des Alpes de la Suisse, il parcourt en tous sens le groupe de montagnes qui entoure le lac des Quatre-Cantons et celles du canton d'Appenzell. A mesure qu'il s'élève sur leurs flancs, il retrouve les plantes de sa patrie, et à la limite des neiges éternelles il salue avec émotion les humbles, mais charmantes fleurs qu'il avait cueillies au bord de la mer Glaciale. Non content de cette comparaison, il veut encore voir les Carpathes. Situées sur les confins de l'Asie, ces montagnes lui offrent une végétation spéciale analogue, mais non identique à celle des Alpes et des régions polaires. Le nord de l'Europe, que Linné et Wahlenberg avaient décrit en botanistes, un ami, un compatriote de de Humboldt, Léopold de Buch, l'explorait en géologue et en météorologiste. Son voyage, entrepris en 1806, est un chef-d'œuvre scientifique et littéraire tout à la fois. On ne saurait mieux observer que ne l'a fait de Buch, et il serait difficile de rendre avec plus de charme les grands et mélancoliques tableaux de la nature septentrionale.

L'éveil donné aux savants par les écrits de Linné, de Humboldt, de Léopold de Buch et de Wahlenberg fit pénétrer peu à peu la géographie botanique dans les ouvrages qui jusque-là n'en avaient pas présenté la moindre trace. Les auteurs de la flore d'un pays cherchèrent à caractériser la végétation de la contrée dont ils décrivaient les espèces ; ils notèrent la hauteur à laquelle s'élèvent certaines plantes alpines, distinguèrent les stations des autres, et indiquèrent plus exactement les limites géographiques de chacune d'elles. De Candolle, dans sa *Flore française* et dans son *Mémoire sur la géographie des plantes de la France considérées dans leurs rapports avec la hauteur*, donna d'excellents modèles en ce genre. Quelques années plus tard, il résuma, en traitant de la *géographie botanique* dans le *Dictionnaire des sciences naturelles*, l'état de nos connaissances sur ce sujet. Il traçait ainsi le programme d'un livre dont son fils devait doter la science vingt-cinq ans plus tard. Peu de temps après, un savant danois, M. Schouw, publiait un traité complet de géographie botanique, dans lequel les limites des plantes sauvages et cultivées étaient tracées avec soin et mises en rapport avec les lignes isothermes dont nous avons parlé.

Pendant toute la durée de la république et de l'empire, les mers restèrent fermées aux nations continentales de l'Europe. Les voyages étaient difficiles et dangereux ; les chances de la guerre s'ajoutaient à celles de la navigation. C'est avec une peine infinie que les savants français de l'expédition d'Égypte étaient parvenus à sauver leurs manuscrits et leurs collections. Des voyageurs isolés, tels que Leschenault de la Tour, Dupetit-Thouars, Broussonnet, Michaux, Bory de Saint-Vincent, ne revenaient en France qu'après avoir essuyé mille traverses. La paix de 1815 ouvrit le monde aux naturalistes. Les **grandes** nations ordonnèrent des voyages de circumnavigation. Des botanistes embarqués avec les explorateurs voyaient se succéder sous leurs yeux les contrastes de végétation dont la peinture les avait charmés dans les voyages de lord Anson, de Cook et de Bougainville. Aux Canaries, des bois de lauriers, des orangers, des euphorbes et des opuntias aux formes bizarres ; au Brésil, la végétation la plus luxuriante du monde, les palmiers, les bananiers, les fougères en arbre; au cap Horn, quelques arbustes rabougris courbés par le vent et des pelouses vertes rappelant celles du nord de l'Europe ; dans les îles de la mer du Sud, des cocotiers s'élançant d'une plage sablonneuse qui se confond avec la mer; en Australie, une végétation étrange, tellement différente de celle du monde entier, qu'elle semble appartenir aux époques géologiques antérieures à l'apparition de l'homme sur la terre ; dans l'Inde, les figuiers gigantesques, les grandes fleurs et les larges feuilles ; au cap de Bonne-Espérance, des bruyères, des *Zamia*, des *Protea*, arbustes au feuillage rigide et blanchâtre : telles étaient les impressions botaniques que laissaient dans l'imagination des voyageurs les circumnavigations même les plus rapides.

En même temps des botanistes s'attachaient à recueillir toutes les plantes qui croissent dans un pays ; ils en rapportaient les productions, qui, décrites par des savants sédentaires, prenaient place dans l'immense inventaire de la nature. Ainsi, pour ne citer que quelques exemples, le Japon, visité par Kaempfer et Thunberg dans le siècle dernier, était exploré pendant sept ans par Siebold ; l'horticulteur Fortune s'introduisait en Chine, et herborisait dans les plates-bandes des mandarins, d'où il nous a rapporté tant de plantes ornementales ; Bunge pénétrait en Mongolie. La Russie asiatique et européenne, illustrée par les voyages de Pallas, était visitée dans toutes ses parties par Ledebour, de Baer, Erman, Dubois de Montpéreux et Hommaire de Hell.

Au moyen âge, l'Orient était le grand marché de Venise, le

pays de l'or et des pierreries, la Californie de l'époque, attirant
tous les aventuriers avides de fortune. Rauwolf, Belon, Buxbaum
et Tournefort furent les premiers qui n'y allèrent que pour
chercher des fleurs. Dans les temps modernes, Michaud a visité
la Perse; Aucher-Éloy, M. de Tchihatchef et le comte Jaubert,
l'Asie Mineure. La Grèce a été explorée par Sibthorp et Bory
de Saint-Vincent, l'Arabie par Forskal, la Syrie par Labillardière.
L'Inde, ce berceau de la religion et des races européennes,
entrevue par les Hollandais, était parcourue par Leschenault
de la Tour, Roxburgh, Wight, Jacquemont, Blume, Royle,
Griffith, Perrottet, et dans ces derniers temps par M. Hooker fils.

L'Afrique, terre dévorante, le tombeau de tant de voyageurs,
est peu à peu entamée. Les armées françaises en ont ouvert la
route en 1800 par la conquête temporaire de l'Égypte, en 1830
par l'occupation permanente de l'Algérie. Desfontaines, Vahl,
Poiret, Schousboe, Broussonnet, avaient déjà parcouru ces contrées, soumises alors aux Turcs. Delile a fait la flore de l'Égypte,
visitée depuis lui par Ehrenberg et Bové. Bruce, Caillaud,
Schimper, d'Abbadie, Lefèvre et Dillon ont pénétré en Nubie
et en Abyssinie. Adanson, Palisot de Beauvois, Oudney, Denham et Clapperton, Leprieur, Perrottet et Christian Smith ont
fait connaître la côte occidentale d'Afrique; Sparmann et Burchell, le cap de Bonne-Espérance; Léopold de Buch, Bowditch,
Webb et Berthelot ont tracé un tableau complet de la végétation
de Madère et du groupe des îles Canaries.

L'Amérique du Nord, visitée par Kalm, Pursh, Michaux père
et fils, Nuttal, le prince de Neuwied et Douglas, ne réclame
plus le secours des botanistes européens. Chaque État possède
son personnel scientifique, et publie le tableau complet de ses
productions naturelles et agricoles.

L'Amérique du Sud, l'Eldorado de la botanique, révélé dans
le dernier siècle par Marcgraf, Pison, le père Feuillée, la Condamine, Joseph de Jussieu, Lœfling, Mutis et Aublet, n'a pas

encore livré la moitié de ses richesses. Cependant Auguste de
Saint-Hilaire, Pohl, Lund et Gardner nous ont fait connaître la
végétation du Brésil; Galeotti, celle du Mexique; Poeppig et
Claude Gay, celle du Chili et du Pérou; Richard et Leprieur,
les plantes de la Guyane française, Schomburgh, celles de la
Guyane anglaise; Linden, celles de la Colombie. M. Ramon
de la Sagra, aidé de plusieurs collaborateurs, nous a donné
une description complète de l'île de Cuba. Les Antilles, vues
dans le siècle dernier par Sloane, Plumier, Jacquin et
Swartz, l'ont été plus récemment par de Tussac, Poiteau
et Turpin. Dumont-d'Urville et Gaudichaud ont fait connaître
la flore antarctique de la Terre de Feu et des îles Malouines,
parages glacés qui forment dans l'hémisphère sud le pendant
de la Laponie et des îles voisines du pôle nord. Enfin M. Hooker
fils a recueilli et décrit les plantes des dernières terres australes
découvertes par James Ross, et qu'une barrière de glace infranchissable dérobera peut-être de nouveau pendant longtemps
à la curiosité des voyageurs.

Tous ces naturalistes ont contribué à la création de la géographie botanique : les uns directement, par leurs descriptions
et les tableaux de la végétation des pays qu'ils ont parcourus;
les autres en rapportant des plantes sèches ou vivantes, des
fruits, des graines, des dessins, matériaux élaborés à leur retour
par eux-mêmes ou par les savants européens.

Tandis que ces infatigables pionniers de la science bravaient
mille dangers, mille dégoûts, mille fatigues, pour explorer des
contrées lointaines et inconnues, l'Europe était le théâtre d'un
autre genre de recherches moins brillantes, mais aussi profitables
à la science. Des botanistes s'attachaient à connaître à fond la
végétation d'un pays, d'une île, d'une province, ou même des
environs d'une ville. Ils s'efforçaient de recueillir toutes les
plantes qui y croissent naturellement, en notant les localités où
elles se trouvent, leur extension vers le nord, le sud, l'est ou

l'ouest ; ils distinguaient les plantes indigènes de celles qui ont
été introduites, les espèces propres au pays de celles qui lui
sont communes avec d'autres contrées éloignées ou limitrophes.
Les zones de végétation qui s'étagent sur le flanc des montagnes
de l'Écosse ou de la Scandinavie, des Alpes, des Pyrénées, des
Apennins, de l'Etna, de la sierra Nevada d'Espagne, étaient
déterminées avec soin à l'aide du baromètre. On poursuivait
jusqu'au-dessus de la limite des neiges éternelles les dernières
traces de la végétation expirante. D'un autre côté, Franklin,
Ross et Parry rapportaient des terres polaires les humbles fleurs
qu'un été de deux mois, aussi froid que l'hiver de Paris, fait
éclore sur les derniers îlots du Spitzberg et au fond de la baie
de Baffin. Les botanistes voyaient avec admiration certaines
espèces, craignant également la chaleur, végéter au bord de la
mer Glaciale, et à la limite des neiges éternelles, dans les Alpes,
les Pyrénées, le Caucase et la sierra Nevada.

L'influence du sol sur la végétation, cette question vitale de
l'agriculture, était abordée par les botanistes, les chimistes et
les géologues : ils cherchaient à apprécier la part de la constitution physique des terres, de leur mode d'agrégation, de leur
compacité, de leur perméabilité ; d'autres portaient leur attention sur la composition chimique du sol, qu'ils considéraient
comme prépondérante. Enfin, les philologues et les érudits
retrouvaient, dans les livres les plus anciens des Hindous, des
Chinois et des Juifs, les noms et quelquefois la description des
plantes connues à cette époque : ils en déduisaient la présence
ou l'absence de ces espèces dans certaines contrées depuis les
âges les plus reculés dont l'histoire fasse mention.

Toutes ces recherches accumulées ont constitué la géographie
botanique telle qu'elle est actuellement, avec l'ensemble de
notions et de principes que M. Alphonse de Candolle résume
dans un ouvrage récent. En analysant avec lui les derniers
travaux des botanistes, nous pourrons marquer la limite qui

sépare la science moderne des tentatives pleines de génie, mais aussi pleines de lacunes, des créateurs de la géographie bota-. nique. A la fin de ce siècle, lorsque la végétation du monde sera encore mieux connue, lorsque la géographie, la météoro-logie, la physique du globe, la géologie, seront encore plus avancées, l'année où j'écris pourra servir à son tour de limite à l'époque où commencera la science du xx⁰ siècle. Les pre-miers efforts des fondateurs de la géographie botanique, leurs travaux, leurs voyages ignorés du public scientifique, ne seront connus alors que de quelques érudits. De même les fondements d'un antique édifice cachés dans les profondeurs de la terre ne sont fouillés que de loin en loin par quelque architecte amoureux de son art, tandis que chacun admire la partie visible dont ils sont la base, et qui sans eux aurait cédé aux premiers efforts de la main des hommes et du temps.

II. — STATISTIQUE VÉGÉTALE. — DES INFLUENCES DIVERSES QUI DÉTERMINENT LA DISTRIBUTION DES VÉGÉTAUX A LA SURFACE DU GLOBE.

Quel est le nombre total des espèces répandues à la surface du globe? La réponse est difficile. Beaucoup de régions restent encore inexplorées, d'autres le sont à peine, et même dans les pays les mieux étudiés on découvre tous les ans des plantes nouvelles. Or, le nombre total des espèces existantes ne saurait se déduire que de celui des espèces connues. Les appréciations des naturalistes ont donc nécessairement varié à mesure que l'inventaire des richesses végétales du globe s'est accru. En 1753, Linné connaissait 6000 espèces; en 1807, Persoon en comptait 26 000 ; en 1824, Steudel portait le nombre des espèces à 50 000, et en 1844 à 95 000. Nous n'exagérons point en affir-mant que les livres et les herbiers en contiennent actuellement 120 000 environ.

Du nombre des espèces décrites, les botanistes ont successivement conclu au nombre total des espèces existantes. En 1820,
de Candolle l'estimait de 110 000 à 120 000. Seize ans plus tard,
Meyen le supposait, sans pouvoir être taxé d'exagération, de
200 000 au moins. Par un calcul ingénieux de l'espace occupé
sur le globe terrestre par une espèce, M. Alphonse de Candolle
nous prouve, en 1856, que ce nombre ne saurait être au-dessous
de 400 000 à 500 000, chiffre parfaitement en rapport avec celui
de l'accroissement continu du nombre des espèces par l'addition de celles que les voyageurs apportent de tous les pays du
monde. Quel champ ouvert à la curiosité humaine, mais aussi
quel défi jeté au labeur le plus opiniâtre aidé de la mémoire la
plus heureuse !

Le règne végétal se divise naturellement en deux grands
embranchements : les végétaux phanérogames, c'est-à-dire portant des fleurs apparentes et présentant, au moment de leur
germination, des feuilles primordiales ou séminales, appelées
cotylédons. De là le nom de végétaux *cotylédonés,* que de Jussieu
leur a imposé. Tous les arbres, tous les arbrisseaux et la grande
majorité des plantes herbacées appartiennent à cet embranchement. Les fougères, les mousses, les lichens, les champignons,
tous ces humbles végétaux dépourvus de fleurs, dont la plupart
semblent une ébauche imparfaite de la nature, font partie du
second embranchement. Dans ces végétaux incomplets, les
fleurs existent, mais cachées, ce qui leur a valu le nom de
cryptogames. Tous germent sans feuilles primordiales ou cotylédons. De là le nom d'*acotylédonés* qu'ils ont reçu de Jussieu.

Le premier embranchement, celui des végétaux cotylédonés,
se divise à son tour en deux grandes *classes :* les végétaux *dico-
tylédonés,* qui germent avec deux feuilles primordiales ou cotylédons (cette classe comprend tous les arbres et arbrisseaux de
l'Europe et la plupart des plantes herbacées de toutes les
régions) ; les *monocotylédonés,* qui ne présentent qu'une feuille

primordiale au moment où ils sortent de terre. A cette classe
appartiennent les palmiers des régions tropicales ; nos plantes
bulbeuses, telles que les lis et les tulipes ; les graminées, entre
autres les céréales et les herbes qui forment la base des prairies ;
enfin les joncs et les roseaux de nos marais.

Ces classes se subdivisent en *familles*, formées de la réunion
de végétaux analogues par la structure de leur graine, de leur
fruit et des différentes parties de leur fleur. La famille des Malvacées se compose de toutes les plantes analogues à la mauve,
telles que la guimauve, la rose trémière, le cotonnier, etc. Une
famille se partage en *genres*, ou réunions d'espèces qui ne diffèrent plus entre elles que par des caractères secondaires d'une
moindre importance que ceux qui distinguent les familles. Ainsi,
dans l'exemple choisi, les espèces appartenant au genre cotonnier se distinguent de celles du genre mauve par la structure
du fruit et celle de la graine. Dans le cotonnier, la graine est
entourée de ces poils dont l'industrie humaine tire un si grand
parti ; la graine de mauve en est dépourvue. Enfin, le genre se
compose d'*espèces*, c'est-à-dire de plantes très-semblables entre
elles, qu'un œil peu exercé confond souvent sous le même nom,
et que le botaniste distingue par des caractères quelquefois
minutieux, mais toujours invariables. Une *espèce* renferme elle-
même tous les *individus* identiques entre eux, ou différant par
des nuances qui tiennent au sol, au climat, à la culture, et qui
disparaissent dès que ces individus sont placés dans des circonstances différentes et soumis à des influences contraires.

Qu'on veuille bien me pardonner ces définitions un peu arides,
mais indispensables pour l'intelligence de cette étude. Si je n'ai
pas su me faire comprendre, une comparaison peut tout éclaircir. Le règne végétal, c'est une armée : les *embranchements* sont les
différents corps qui la composent ; les *classes* sont l'infanterie,
la cavalerie, l'artillerie, le génie ; les *familles* sont les régiments ;
les *genres*, les bataillons ; les *espèces*, les compagnies, composées

d'individus tous semblables entre eux par la taille, l'uniforme et l'armement.

Nous avons dit qu'en 1844 on connaissait 95 000 espèces ; sur ce nombre, 80 000 sont phanérogames ou cotylédonées, 15 000 cryptogames ou acotylédonées. Parmi les cotylédonées, 65 000 appartiennent aux dicotylédonées, 15 000 aux monocotylédonées. Tel est le budget de la flore terrestre ; mais la proportion numérique des espèces appartenant à ces grandes divisions du règne végétal varie suivant les différentes zones du globe. A mesure qu'on s'avance vers le Nord, le nombre des cryptogames augmente ; celui des phanérogames croît en marchant vers l'équateur. Dans les zones froides ou tempérées, les cryptogames sont d'humbles végétaux s'élevant à peine au-dessus de la surface du sol ; dans les chaudes régions des tropiques, d'élégantes fougères arborescentes, aussi hautes que des palmiers, semblent proclamer la puissance du soleil, qui grandit et ennoblit les formes végétales.

Les relations des monocotylédones aux dicotylédones ont été déterminées, comme les précédentes, par de Humboldt. La proportion des monocotylédones va en croissant de l'équateur au pôle. Ainsi, dans la zone tropicale, ce rapport est comme 1 est à 6, c'est-à-dire que sur 7 plantes on compte une seule monocotylédone ; il devient 1 à 4 dans la zone tempérée, et 1 à 3 dans les régions froides, où le botaniste a chance de rencontrer une monocotylédone sur 4 plantes. Ces lois ne sont vraies que dans leur généralité. Si l'on considère un pays en particulier, elles se trouvent modifiées dans un sens ou dans l'autre. Au Spitzberg, par exemple, je compte 93 phanérogames, savoir, 66 dicotylédones et 27 monocotylédones : c'est, comme on voit, le rapport de 1 à 3,4. Dans l'île Melville, au fond de la baie de Baffin, avec un climat plus rigoureux encore, le rapport est comme 1 à 2, c'est-à-dire du simple au double ; il en est de même pour l'Islande, les Feroë, et, dans l'autre hémisphère, pour les Malouines. Un élément physique, l'humidité, a pour effet d'accroître le nombre relatif des monocotylédones et de diminuer celui des dicotylédones.

Si nous voulions épuiser ce sujet, nous devrions rechercher dans quelle proportion les différentes familles du règne végétal, telles que les Graminées, les Légumineuses, les Ombellifères, entrent dans l'ensemble de la flore d'un pays, puis nous examinerions la répartition des genres, leur nombre relatif, l'aire qu'ils occupent sur le globe ; mais cette étude exigerait chez le lecteur des connaissances trop spéciales pour être très-répandues. Nous passons donc sans transition à l'analyse des agents physiques qui déterminent la distribution des végétaux à la surface du globe.

Rien de plus varié et de plus complexe que l'influence de ces agents physiques, qui s'entr'aident, se modifient ou se détruisent réciproquement. La chaleur obscure n'agit pas comme la chaleur accompagnée de lumière ; une chaleur humide produit des effets opposés à ceux de la chaleur sèche. Étudions donc séparément ces divers éléments.

La végétation de chaque espèce correspond à une section déterminée de l'échelle thermométrique. Au-dessous d'un certain degré de froid, la plante périt ; elle meurt également si le thermomètre dépasse un certain degré de chaleur ; elle ne prospère qu'entre des limites de température fixes et invariables. Cette échelle thermométrique est loin d'être la même pour toutes les plantes : le règne végétal présente à cet égard des diversités infinies. Le mélèze, le bouleau nain, supportent des froids de 40 degrés au-dessous de zéro, qui congèlent le mercure, tandis qu'un grand nombre de palmiers, d'orchidées tropicales ou de fougères arborescentes succombent lorsque le thermomètre marque encore 10 degrés au-dessus de zéro. Il est des plantes qui vivent couchées sur le sable des déserts de l'Afrique, dont la chaleur atteint souvent de 60 à 80 degrés centigrades, tandis que les plantes alpines ou boréales se flétrissent, si le thermomètre se soutient pendant quelques jours à 10 degrés au-dessus de zéro. Il est cependant encore un autre point thermométrique important à considérer, c'est celui où chaque espèce commence à entrer en végétation. Une plante, en effet, peut supporter un froid de 15 degrés au-dessous de zéro et ne donner signe de vie que lorsque le thermomètre en marque 6 au-dessus. Il n'est point d'ami des montagnes qui n'ait vu avec ravissement les saxifrages et les soldanelles en fleur baignées par l'eau ruisselant des champs de neiges éternelles qui blanchissent les Alpes : cette eau a une température supérieure à zéro de quelques dixièmes seulement, et celle de l'air ne dépasse pas 5 ou 6 degrés. J'ai même vu la soldanelle cachée sous des voûtes de neige fermées de toutes parts. Dans ces cavités, la température de l'air et celle de l'eau sont nécessairement à zéro ; cette basse température est cependant suffisante pour faire germer et fleurir la soldanelle. D'un autre côté, les cocotiers et les végétaux de la zone torride sont insensibles aux températures qui n'atteignent pas 15 ou 20 degrés. Tous les printemps, nous avons la preuve de ces vérités longtemps méconnues. Nous voyons les plantes de nos jardins entrer successivement en végétation à mesure que le thermomètre s'élève au degré où la chaleur agit efficacement sur leur vitalité. Chaque espèce a donc son thermomètre particulier, dont le zéro correspond à la température la plus basse à laquelle sa végétation est encore possible. Ce zéro est toujours supérieur à celui de nos thermomètres, qui correspond à la température de la glace fondante.

La plante une fois en végétation, quelle est la chaleur nécessaire pour amener l'épanouissement des fleurs et la maturation des fruits ? Longtemps on a cru qu'en comparant entre elles les chaleurs moyennes du printemps, de l'été, de l'automne, ou celle de douze mois de l'année dans différents pays, on arriverait à la solution du problème. Si l'on n'admire pas, disait-on, dans les jardins du nord de la France l'acacia de Constantinople, l'agave du Mexique, le *Nelumbium* ou le *Lagerstrœmia* de l'Inde, c'est que les étés ne sont pas assez chauds pour amener l'épanouissement de leurs fleurs, qui ne manque jamais dans le midi de l'Europe. Si l'on ne cultive plus la vigne dans l'ouest de la France, au nord de la Vendée, c'est, pensait-on, parce que la température des étés et du mois de septembre est trop basse pour faire mûrir le raisin ; car sur les bords du Rhin et de la Moselle, où l'on récolte d'excellents vins, les hivers sont plus rigoureux qu'en Bretagne et en Normandie, mais les étés y sont beaucoup plus chauds. Si l'on se borne à une approximation, la chaleur des saisons rend compte en effet de la différence de végétation entre des contrées à climats opposés ; mais ces éléments font défaut dès qu'on veut les appliquer rigoureusement à un végétal en particulier. Prenons pour exemple la plante céréale qui s'avance le plus vers le nord, l'orge cultivée. On croyait autrefois que la culture de l'orge cessait là où la chaleur de l'été était insuffisante pour faire mûrir le grain ; mais en raisonnant ainsi, on trouve que l'orge mûrit encore dans des pays où les étés ont une température très-différente, et ne mûrit plus dans d'autres où elle est plus élevée que dans les premiers. Ainsi, aux îles Feroë (latitude 62°), dernière limite de la culture de l'orge sous le méridien des îles Britanniques, la température moyenne de l'été est de 12°,1. A Alten, en Laponie (latitude 70°), cette moyenne est de 10°,0, et à Iakoutsk, en Sibérie (latitude 62°), elle s'élève à 16°,0. M. Kupffer a fait ressortir l'influence des températures et des pluies du printemps et de l'automne, qui retardent ou hâtent la germination, favorisent ou empêchent la maturation du grain. Nous-même avons montré que la présence perpétuelle du soleil au-dessus de l'horizon compensait sous le 70e degré de latitude la moindre chaleur de l'été. On a de plus tenu compte des jours couverts et des journées sereines ; mais, malgré toutes ces considérations, on n'arrive pas à des nombres parfaitement concordants. On se demande toujours pourquoi l'orge mûrit aux Feroë et en Laponie et ne mûrit pas en Sibérie, où les étés sont plus chauds. Si l'on veut arriver à une concordance satisfaisante, il faut recourir à la méthode indiquée par Réaumur, appliquée depuis par MM. Boussingault, Quetelet, Gasparin et Alphonse de Candolle, celle des *sommes de chaleur*. Je m'explique. La végétation de l'orge commence lorsque le thermomètre dépasse 5 degrés centigrades : nous ne tiendrons donc pas compte de toutes les températures inférieures à ce degré, mais nous additionnerons ensemble les températures moyennes de chaque jour où le thermomètre a dépassé 5 degrés ; de cette manière, nous aurons la somme de chaleur accumulée qui a été nécessaire pour faire parcourir à l'orge toutes les phases de sa végétation depuis la germination jusqu'à la maturité du grain. Il est raisonnable, au fond, d'assimiler l'effet de la chaleur sur une plante à celui qu'elle produit sur les corps inorganiques. Pour que l'eau contenue dans un vase arrive à l'ébullition, il faut aussi qu'il s'y accumule une quantité de chaleur qui porte cette eau à la température de 100 degrés. En procédant ainsi, M. Alphonse de Candolle prouve que dans les hautes latitudes l'orge mûrit lorsqu'elle reçoit une somme de chaleur de 1500 degrés, quelles que soient d'ailleurs les moyennes du printemps, de l'été et de l'automne.

Le blé entre en végétation lorsque la température atteint 6 degrés au-dessus de zéro. Année moyenne, c'est à Orange le 1er mars, à Paris le 20 mars, à Upsal le 20 avril, que l'on observe cette moyenne. Pour que le grain soit mûr, il a besoin d'une accumulation de 2000 degrés environ : ce total est atteint, et l'on moissonne par conséquent, en général, le 25 juin à Orange, le 1er août à Paris, et seulement le 20 août à Upsal. Le maïs exige pour mûrir une somme de 2500 degrés à partir de 13 degrés ; la vigne produisant un vin potable, 2900 degrés à partir du jour où la moyenne est de 10 degrés à l'ombre. Nous manquons d'observation pour les végétaux des tropiques, mais il est probable qu'il faut au moins 6000 degrés pour que le dattier donne des fruits sucrés. Le cocotier, le muscadier, exigent des sommes encore plus fortes ; mais comme la nature a voulu que les régions les plus froides eussent leur parure, les plantes alpines ou polaires se contentent, pour développer leurs feuilles et leurs fleurs, de 50 à 300 degrés. On comprend maintenant pourquoi certains végétaux vivent dans un pays sans y donner de fleurs, d'autres sans y porter de fruits : c'est que la somme de chaleur suffisante pour développer leurs feuilles ne l'est pas pour faire épanouir les fleurs, et à plus forte raison pour mûrir leurs fruits.

L'influence de la température sur la végétation est tellement grande, qu'on cite à peine quelques espèces cosmopolites : la plupart habitent une zone déterminée ; le froid les empêche de la franchir vers le nord, la chaleur de la dépasser vers le sud ; elles ont toutes une limite polaire et une limite tropicale. Prenons pour exemple les arbres forestiers. Aménagés pour le bois qu'ils fournissent à l'industrie, leur limite polaire est le point où ils ne peuvent plus supporter la rigueur des hivers ; leur limite tropicale, celle où la chaleur et la sécheresse deviennent trop fortes pour qu'ils puissent s'en accommoder. M. Schouw a tracé ces limites polaires sur une carte d'Europe. En marchant du sud au nord, on voit disparaître d'abord le chêne-liége, puis le laurier, le myrte, le pin d'Italie et le cyprès, ensuite le châtaignier, le hêtre et le chêne, le sapin, enfin le pin sylvestre, le mélèze et le bouleau, qui dans l'Europe occidentale s'avance jusqu'au cap Nord. La sécheresse, encore plus que la chaleur, arrête les arbres dans leur extension vers le sud ; c'est elle qui bannit le hêtre des plaines de la France méridionale, de l'Espagne, de l'Italie, de la Grèce et des bords de la mer Noire.

Ces faits nous amènent naturellement à considérer l'influence de l'humidité sur la distribution géographique des végétaux. L'eau existe dans l'atmosphère sous plusieurs états : 1° à l'état de vapeur invisible ; 2° sous forme de brouillard, de rosée, de pluie et de neige. L'air chaud et humide est généralement favorable à la végétation, l'air froid et sec lui est nuisible. Les brouillards trop fréquents interceptent la chaleur et la lumière du soleil, provoquent le développement des végétaux parasites et sont hostiles à la plupart des plantes ; leur influence est limitée aux contrées froides. Mais la fréquence et la répartition des pluies dans les diverses saisons ont sur la distribution des végétaux dans toutes les zones une influence aussi marquée que celle de la température. Les étés sans pluie de la région méditerranéenne et de l'Europe orientale arrêtent les végétaux dans leur extension vers le sud : nous avons cité le hêtre, le sapin de Normandie, le fusain ; un grand nombre d'espèces annuelles sont dans le même cas. On conçoit en effet que ces plantes ne se maintiennent pas dans une contrée, si leur germination n'est pas provoquée par des pluies au printemps, ou bien si elles sèchent sur pied avant d'avoir mûri leurs graines.

Les neiges abondantes ne sont jamais un obstacle à l'extension d'une plante. Véritable manteau, elles la protègent contre le froid de l'hiver, les gelées du printemps, et pénètrent le sol d'une humidité salutaire. Si la neige défend une foule de végétaux contre le froid du Nord, la rosée sauve la plupart de ceux du Midi pendant les longues sécheresses de l'été : chaque matin, la plante refroidie par la fraîcheur de la nuit se couvre de gouttelettes d'eau comparables souvent à celles d'une pluie légère, et peut braver de nouveau les ardeurs du soleil. Le Sahara serait complétement dépourvu de végétation, si les rosées ne fournissaient pas à ses humbles plantes la faible quantité d'eau nécessaire à leur entretien. M. Alph. de Candolle a parfaitement démontré comment ces diverses causes, la température et l'humidité sous toutes leurs formes, agissant ensemble ou séparément, limitent l'extension de certaines plantes vers le nord, le sud, l'est et l'ouest, et les circonscrivent dans une région déterminée. Il a fait choix d'un certain nombre d'espèces annuelles, vivaces ou ligneuses, et pour chacune d'elles il discute avec soin les circonstances météorologiques qui en ont arrêté la migration dans le sens de l'un des quatre points cardinaux.

On peut, dans ces considérations de géographie botanique, se borner à l'étude d'un seul continent, et même sur le plus petit de tous, celui que nous habitons, l'influence de climats se fait sentir de la manière la plus évidente.

Voici dans quels termes Schouw fait ressortir les contrastes du nord et du midi de l'Europe :

« La partie méridionale de cette grande presqu'île, dit-il, est montagneuse et n'a point de plaines étendues ; le nord du continent présente deux grandes dépressions, celle de l'Allemagne et celle de la Russie. De là une grande uniformité dans le paysage et dans les habitudes, de là un commerce considérable par voie de terre. Les populations qui couvrent ces vastes plaines ne voient jamais la mer et restent étrangères à toute occupation maritime. Le plateau le plus étendu et le plus élevé de l'Europe se trouve dans le Midi, en Espagne ; dans le Nord, le plus remarquable est celui de la Bavière. Les Alpes sont la chaîne de montagnes la plus élevée. Dans le Sud, les montagnes sont plus hautes que dans le Nord ; ainsi, la sierra Nevada, l'Etna, les Apennins et les sommets de la Corse dépassent les massifs de la Scandinavie et des Carpathes.

» En s'élevant sur ses montagnes, l'habitant du midi de l'Europe trouve les climats et les végétaux du Nord, tandis que la nature méridionale est inconnue aux habitants des parties septentrionales du continent. L'Italien et l'Espagnol rencontrent à mi-côte de leurs montagnes les bois de hêtres, de noise-

tiers, les champs de seigle et les prairies du Nord ; plus haut,
ils trouvent la flore de la Laponie et des neiges éternelles. Mais
l'Allemand, le Suédois et le Russe ne connaissent ni le laurier,
ni le myrte, ni les bois toujours verts, ni les champs d'oliviers,
ni les jardins d'orangers, ni les hivers mitigés et la transparence
de l'air des régions méridionales.

» Les plaines du nord de l'Europe étant fort éloignées de la
mer, tandis que le Sud est profondément découpé par elle, le
contraste entre les climats orientaux et occidentaux s'efface à
mesure qu'on descend vers le midi. Dans le Nord, ce sont les
côtes et les îles de l'Océan qui jouissent des climats les plus
doux; dans le Sud, les côtes océaniennes, au contraire, sont
moins chaudes que les rivages méditerranéens. La différence
de température entre le Nord et le Midi est plus marquée en
hiver qu'en été : ainsi l'hiver de Vienne est, en moyenne, de
11 degrés centigrades plus froid que celui de Palerme ; l'été
de Vienne n'est que de 3 degrés moins chaud que celui de
Palerme. L'alternative des hivers froids suivis d'étés chauds,
qu'on observe dans le Nord, a une heureuse influence sur la
végétation ; celle-ci s'arrête complétement pendant quelques
mois, pour recommencer avec une nouvelle vigueur et une
activité favorisées par la longueur des jours, qui augmente à
mesure qu'on s'avance vers le pôle. Cette différence entre les
saisons prête au printemps du Nord un charme qui disparaît
dans le Midi. Dans le Nord, un air tiède succède brusquement
aux vents âpres de l'hiver, les rivières et les lacs dégèlent ; le
linceul de neige qui pesait sur la terre disparaît et découvre un
tapis verdoyant; les arbres et les arbrisseaux poussent de jeunes
feuilles ; les oiseaux arrivent et les insectes bruissent. Rien de
semblable dans le Midi : la transition est insensible ; les occupations du cultivateur ne sont pas interrompues, car en hiver il
façonne sa vigne ou ses oliviers comme dans les autres saisons
de l'année.

» Dans le Nord, la pluie est distribuée d'une manière à peu près égale entre les diverses saisons ; dans le Midi, les étés sont secs, et il pleut surtout au printemps et en automne.

» Ces différences se traduisent dans la végétation. Dans le Midi, une plus grande variété d'espèces, surtout parmi les arbres et les arbrisseaux, des formes tropicales ; des plantes grimpantes, bulbeuses ou aromatiques ; des bois composés d'essences à feuilles persistantes. Le Nord s'enorgueillit de ses prairies veloutées et de la fraîche verdure de ses forêts ; elle se maintient même au fort de l'été, dans une saison où les chaleurs dessèchent les campagnes du Midi, que le soleil colore de ces tons jaunâtres dont l'éclat fatigue des yeux habitués à se reposer sur les verts tapis des pays septentrionaux.

» Le seigle est la céréale caractéristique du Nord, le froment celle du Midi ; il est, avec le maïs et le riz, la base de la nourriture des populations. La pomme de terre, le blé-sarrasin, sont rarement cultivés dans le Midi. La bière est la boisson de l'homme du Nord, le vin celle de l'homme du Midi. La limite de la vigne remonte plus haut que le grand massif des Alpes ; mais la ligne qui sépare les pays à beurre de ceux à huile coïncide avec cette barrière naturelle. Les légumes et les fruits abondent dans l'Europe méridionale ; à mesure qu'on s'avance vers le pôle, leur proportion diminue : de là des différences tranchées dans le mode d'alimentation. L'homme du Nord mange du pain noir, du beurre, beaucoup de viande et peu de légumes ; l'habitant du Sud a du pain blanc, des galettes de maïs, de l'huile, beaucoup de légumes et de fruits, et consomme moins de viande ; il boit habituellement du vin, mais s'enivre rarement. »

Éloignons-nous de l'Europe et nous verrons, avec Schouw, que chaque peuple a pour ainsi dire une plante caractéristique sur laquelle reposent son existence et sa civilisation. ˙

« Sous le beau ciel dont jouissent les îles de l'océan Pacifique,

entre les tropiques, l'arbre à pain (*Artocarpus incisa*) constitue
la nourriture principale des habitants de l'Océanie. Ce bel arbre
porte un grand nombre de fruits farineux, dont le goût, quand
ils sont cuits, rappelle complétement celui du pain de froment.
Trois arbres nourrissent un homme pendant huit mois de l'année, car ses fruits se renouvellent sans cesse. Dans les quatre
mois où l'arbre est stérile, les Océaniens mangent ses fruits
conservés en terre dans des trous, où ils subissent une espèce
de fermentation. La vie, dit Cook, est facile dans ces îles for-
tunées : dix arbres suffisent à l'entretien d'une famille, car leur
bois sert à la construction des canots, et l'écorce est employée
à tisser des vêtements. Le cocotier joue également un grand
rôle sur les îles formées par des coraux. Le tronc fournit le
bois ; le fruit, sa graine au goût d'amande, de l'huile et du lait ;
l'enveloppe ligneuse sert de vase ; les filaments qui l'entourent
peuvent se tresser ; les feuilles sont utilisées pour couvrir les
cabanes ; le bourgeon terminal se mange, et le tronc donne le
vin de palme.

» Le lin de la Nouvelle-Zélande (*Phormium tenax*) est la
plante caractéristique de cet archipel ; ses longues feuilles
fournissent une fibre résistante, utilisée par les habitants pour
tous leurs besoins.

» Les îles de l'archipel Indien étaient appelées îles aux Épices :
c'est là que croissent le giroflier, le muscadier, le poivre et le
gingembre.

» Le maïs, originaire d'Amérique, était principalement cultivé au Pérou. Il mûrissait à de grandes élévations, même près
du temple du Soleil, bâti sur une île du lac de Titicaca, à
3915 mètres au-dessus de la mer. Ses grains se distribuaient
aux populations, qui les considéraient comme un trésor des
plus précieux. Nous devons encore à l'Amérique la pomme de
terre, qui nourrissait aussi les peuplades aborigènes.

» Avant l'arrivée des Européens, on cultivait sur les plateaux du Mexique le maguey (*Agave potatorum*). Cette plante fleurit dans son pays natal au bout de huit à dix ans seulement. Au moment où la hampe doit pousser, on la coupe, et trois fois par jour on recueille un suc qu'on laisse fermenter : c'est la boisson connue sous le nom de *pulque*, et que les Mexicains préfèrent aux meilleurs vins. Les champs d'agaves ne produisent, en général, qu'au bout de quinze ans. La consommation du *pulque* est telle qu'on l'estime un million de piastres (1) pour les seules villes de Mexico, Puebla et Toluca. Les fibres d'une autre espèce (*Agave americana*) sont employées pour tisser des étoffes.

» Au-dessus de la zone où croît l'agave, plus haut que celle de l'orge et du seigle, les Mexicains se nourrissent des graines féculentes du *Chenopodium quinoa* : on en fait des bouillies et un chocolat appelé *chocolat de montagne*.

» L'existence de quelques peuplades sauvages est intimement liée non pas à des plantes cultivées, mais à des végétaux sauvages comme elles. Pendant la saison des pluies, les parties inférieures du cours de l'Orénoque, habitées par les Guaraunos, sont complétement inondées ; alors ces sauvages vivent comme des singes, sur les arbres. Plusieurs espèces de palmiers du genre *Mauritia* suffisent à tous leurs besoins. Avec les pétioles des feuilles, ils tressent des hamacs, qu'ils suspendent d'un arbre à l'autre ; ils mangent ses fruits, préparent un vin avec sa séve, et une espèce de pain avec sa moelle féculente et analogue au sagou.

» Tournons nos regards vers l'Afrique. Sa partie septentrionale nous présente une large zone dépourvue de plantes ; mais le palmier-dattier y prospère admirablement. Dans le midi de la péninsule arabique, le café est l'arbuste caractéristique du pays. L'Hindou vit presque exclusivement de riz, et confec-

(1) 5 400 000 francs environ.

tionne ses vêtements avec le coton qu'il cultive. Une mauvaise
récolte de riz est suivie de famine. La plante caractéristique
des Chinois n'est pas difficile à deviner : c'est le thé, qui remplace la bière, le vin et l'eau-de-vie de l'Europe. Les peuples
qui occupent l'Europe et l'Asie occidentale appartiennent à la
race indo-caucasique ; le froment, le seigle et l'avoine sont la
base de leur nourriture ; toute l'agriculture de ces immenses
contrées repose sur trois graminées. L'olivier est l'emblème de
l'Europe méditerranéenne ; il fournit à la fois la matière grasse,
sans laquelle toute alimentation est insuffisante, et un liquide
combustible pour l'éclairage. La vigne est encore l'héritage de
cette zone privilégiée. Le Lapon de race mongole n'a point
de plante caractéristique, à moins de considérer comme telle le
lichen (*Cenomyce rangiferina*), qui nourrit ses rennes pendant
l'hiver.

» Nous venons de tracer une esquisse de la distribution originaire des plantes caractéristiques : mais l'Européen a modifié
profondément cet ordre initial ; il s'est approprié toutes les
plantes qui pouvaient réussir en Europe, et le commerce lui
apporte les produits de celles qu'il n'a pu naturaliser. Son rôle
est de contribuer puissamment à la diffusion des espèces utiles
et de les importer partout où elles ont chance de réussir. L'Européen du Nord, en particulier, a dû tout acquérir. Le chou, la
carotte, la rave et l'asperge étaient les seuls végétaux alimentaires indigènes, et encore a-t-il fallu les perfectionner par la
culture pour développer leur volume et les rendre mangeables.
C'est une preuve de la supériorité intellectuelle et de l'énergie
morale de ces populations ; elles ont fait ce que nous voyons
tous les jours dans le monde : le fils intelligent d'un homme
pauvre s'élever à force de travail et dépasser le riche héritier
qui avait sur lui une avance considérable. »

Les mêmes causes qui limitent l'extension des plantes vers le
nord les arrêtent sur le flanc des hautes montagnes. Le bota-

niste qui, partant du pied des Alpes ou des Pyrénées, monte sur
un de leurs sommets, traverse des climats analogues à ceux
qu'il rencontrerait en marchant vers le nord, sans quitter la
plaine. A mesure qu'il s'élève, l'humidité augmente, les brouillards deviennent plus communs ; la température s'abaisse rapidement en été, plus lentement en hiver, mais, en moyenne,
d'un degré centigrade pour 180 mètres de hauteur verticale.
Le voyageur trouve donc un climat analogue, soit en s'élevant
de 180 mètres, soit en s'avançant dans les plaines de la France
de 22 myriamètres vers le nord (1). Il traverse aussi des zones
de végétation semblables. Au pied du Canigou, par exemple,
l'oranger mûrit ses fruits dans des jardins entourés de murs,
puis le voyageur traverse des champs d'oliviers, de maïs, des
bouquets de chêne vert, des vignobles célèbres par leurs vins ;
mais à 420 mètres de hauteur l'olivier l'abandonne, à 550 mètres
la vigne s'arrête, à 800 mètres c'est le châtaignier ; à 1320 mètres
il rencontre les premiers rhododendrons, dont les touffes fleuries ravissent toujours les yeux de l'ami des montagnes, car elles
lui annoncent qu'il entre dans l'air pur des régions alpines. Les
derniers champs de seigle et de pommes de terre, que l'infatigable Catalan va cultiver à l'extrême limite où il peut espérer
une récolte, ne dépassent pas 1640 mètres. A cette hauteur,
le hêtre, le sapin argenté, le pin, le bouleau, ombragent le sol ;
mais leur taille se réduit peu à peu sous l'influence combinée
du froid, du vent et du poids de la neige. Le sapin s'arrête à
1950 mètres, le bouleau à 2000 mètres, le pin gravit la montagne jusqu'à la hauteur de 2430 mètres. Au-dessus s'étend une
pelouse composée de plantes alpines ou polaires inconnues
aux régions tempérées. Le rhododendron ne dépasse pas 2540
mètres. Le genévrier seul, rabougri, couché sur le sol, monte

---

(1) J'ai pris pour base de mes calculs les températures annuelles moyennes
de Toulouse, 12°,1, et de Paris, 10°,1, dernier résultat obtenu après une discussion approfondie par M. Renou.

jusqu'au sommet, à 2785 mètres, où des plantes dorment ensevelies pendant neuf mois sous la neige, et croissent, fleurissent
et fructifient en trois mois. Ces observations, recueillies sur le
Canigou par M. Aimé Massot, peuvent s'appliquer aux Alpes ;
à leur pied seulement on ne voit ni l'oranger, ni le chêne vert,
ni l'olivier. La vigne monte sur leurs flancs aussi haut que dans
les Pyrénées, mais le vin qu'elle produit trahit suffisamment
la différence des latitudes et des climats. Après la vigne vient
la région des châtaigniers, des noyers, des chênes et des hêtres,
puis celle des prairies subalpines, arrosées par d'innombrables
ruisseaux bordés de frênes et d'aunes. Plus haut, commence la
région des arbres verts, du sorbier des oiseleurs et de l'aune
des montagnes. Au-dessus est la prairie alpine, dépourvue d'arbres et s'élevant jusqu'à la limite des neiges perpétuelles, dont
les bords, fondant sous l'influence du soleil d'été, entretiennent
au-dessous d'elles une éternelle fraîcheur. A peine la neige
a-t-elle disparu, que le gazon la remplace, et les chaleurs de l'été
variant chaque année, on voit souvent des vaches paissant
sur une pente qui, les années précédentes, était restée ensevelie
sous la neige.

L'ordre de succession des végétaux n'est pas le même dans
les différentes chaînes de montagnes étudiées jusqu'ici. Tantôt
le bouleau monte plus haut que le pin ou le sapin, tantôt c'est
le contraire. Le hêtre dépasse l'alizier dans les Pyrénées, tandis
qu'il est dépassé par lui dans les Alpes du Tyrol. L'orientation
de la montagne, l'inclinaison de ses contre-forts, les abris formés par des chaînes collatérales, la direction habituelle des
vents, modifient les limites des différentes essences. Ainsi, sur
le Ventoux, sommet isolé qui s'élève dans la plaine du Rhône,
certaines espèces n'existent que sur le versant sud ; d'autres ne
se trouvent que sur le contre-fort tourné vers le nord. Les
hêtres, les lavandes, les genévriers, s'élèvent moins haut sur
l'escarpement du nord que sur la pente méridionale ; la diffé-

rence moyenne est de 245 mètres. Sur l'Etna, montagne isolée
comme le Ventoux, cette différence est de 350 mètres, d'après
les mesures de M. Gemellaro. La situation plus australe de la
montagne, la plus grande intensité de la chaleur et de la lumière
qui frappent le côté méridional du volcan, rendent compte de
l'écart des résultats obtenus en France et en Sicile.

Les cultures s'échelonnent sur les flancs des montagnes comme
les plantes sauvages; mais ici des éléments politiques et sociaux
viennent compliquer les influences climatologiques et géologiques. Ainsi, dans la chaîne des Alpes pennines, qui unit le
Mont-Blanc au Mont-Rose, la limite des champs cultivés est
plus élevée sur le versant nord que sur le versant sud. Météoro-
logiquement, c'est le contraire qui devrait avoir lieu : mais la
population est plus dense en Suisse qu'en Piémont; elle est
aussi plus énergique, et le paysan valaisan sème son seigle ou
son orge jusqu'à la limite extrême où il peut espérer une récolte
dans les années favorables. En Europe, cette échelle de culture
est bornée, mais elle s'étend dès qu'on s'approche de l'équateur.
Déjà dans l'Andalousie, le coton et la canne à sucre réussissent
au bord de la mer; le dattier, la figue d'Inde, l'oranger, le
chêne-liége, l'olivier, la vigne, les noyers, les mûriers et les
châtaigniers s'étagent sur les flancs de la sierra Nevada depuis
la plaine jusqu'à la hauteur de 1600 mètres; les céréales ne
cessent qu'à 2500 mètres : au-dessus de cette limite, on ne
trouve plus de végétaux cultivés, mais des pâturages seulement.

L'échelle de culture la plus étendue qui existe dans le monde
se déroule sur les pentes des Andes. Au bord de la mer on cultive le sucre, l'indigo, le café, les bananes; plus haut, le coton;
au-dessus, le maïs, les patates, le blé d'Europe. Les noix, les
pommes, le froment et l'orge s'arrêtent à 3300 mètres; mais
les pommes de terre, l'*ulluco* et la capucine tubéreuse montent
jusqu'à 4000 mètres : c'est à cette hauteur seulement que cessent les cultures. Au-dessus sont des pâturages parcourus par des

lamas, des brebis, des bœufs et des chèvres. La limite des neiges
éternelles est à 4800 mètres : c'est la hauteur du Mont-Blanc
en Europe (1).

Parmi les causes qui expliquent et déterminent la distribution
des végétaux sur le globe, il faut encore compter l'influence du
sol. Comme l'atmosphère, le sol agit sur les végétaux d'abord
par sa température. Certains sols s'échauffent prodigieusement
sous l'influence des rayons solaires et se refroidissent ensuite
rapidement. D'autres s'échauffent peu et se refroidissent à peine.
De là des actions très-diverses sur les racines et la partie inférieure de la tige. A mesure qu'on s'élève sur les hautes montagnes, la chaleur relative du sol, comparée à celle de l'air,
augmente dans une progression constante. La raison en est facile
à comprendre. En traversant l'atmosphère, les rayons solaires lui
abandonnent une partie de leur chaleur ; par conséquent, plus
la couche d'air sera mince, moins leur chaleur sera diminuée.
Or, sur une montagne, la couche atmosphérique est moins épaisse
de toute la hauteur comprise entre la plaine et le sommet de la
montagne ; donc les rayons solaires qui le frapperont auront
perdu une quantité de chaleur moindre que ceux qui descendent jusque dans la plaine. Ainsi, sur le Faulhorn, montagne du
canton de Berne, élevée de 2680 mètres au-dessus du niveau de
la mer, la température *moyenne* du sol, à la profondeur de 2 décimètres, était, par un beau jour, égale au *maximum* de celle de
l'air (2). Cette chaleur du sol, jointe à l'intensité de la lumière

(1) Nous regrettons de ne pouvoir mettre sous les yeux du lecteur les belles
planches figuratives publiées par M. Ed. Boissier dans son *Voyage botanique en
Espagne*, et le *Tableau de la végétation des régions équinoxiales* de M. de
Humboldt. Ces planches parlent aux yeux comme à l'esprit, et gravent dans le
souvenir l'image des zones de végétation qu'elles représentent.

(2) Deux séries météorologiques d'observations bihoraires comprises entre
le 16 et le 18 août 1842, et plus tard entre le 21 septembre et le 2 octobre 1844, ont été faites par Bravais, Peltier et moi sur ce même sommet.
Les cent vingt-cinq observations des deux séries continuées par le beau et le

et à l'irrigation permanente provenant de la fonte des neiges, nous explique la variété et la vivacité de couleur des fleurs alpines : elles sont chauffées en dessous, comme les plantes que nous élevons sur couche ou dans nos serres. La chaleur de la terre supplée à l'insuffisance de celle de l'air.

Le sol n'agit pas uniquement sur les végétaux par sa température ; sa compacité ou son état de désagrégation, sa dureté, sa densité, sa perméabilité, ses qualités physiques en un mot, jouent un rôle capital. Chacun sait en effet que l'on ne trouve pas les mêmes plantes sur du sable, des terres argileuses ou des rochers compactes. Cette influence est-elle prédominante, ou bien les plantes sont-elles également sensibles à la composition chimique du sol ? Telle espèce exige-t-elle pour se maintenir la présence de certaines substances telles que la potasse, la

mauvais temps, avec un ciel clair ou nuageux, donnent, pour la température moyenne du sol entre six heures du matin et six heures du soir, 11°,75, celle de l'air n'étant que de 5°,40. Il devenait évident que l'échauffement du sol était deux fois plus fort que celui de l'air ; mais nous ne savions pas quelle avait été pendant les mêmes périodes l'échauffement relatif de la terre et du sol dans la plaine suisse. Depuis longtemps je désirais combler cette lacune et constater quel était avec un ciel pur et un air calme, au même instant physique, l'échauffement relatif d'une même espèce de sol sur un sommet élevé et dans une plaine découverte. Bagnères-de-Bigorre et le pic du Midi me parurent réunir toutes les conditions désirables pour faire ces expériences. La distance horizontale des deux points, mesurée sur la nouvelle carte de l'état-major, n'est que 14 450 mètres. Les deux points sont sous le même méridien. Le pic, parfaitement isolé de la chaîne principale des Pyrénées, s'élève à 2877 mètres au-dessus de la mer : ce chiffre mérite toute confiance, le pic du Midi étant un des points principaux de la triangulation qui a servi de base à la nouvelle Carte de France. D'un autre côté, j'ai pu rattacher par un seul coup de niveau le point où j'observais, dans le jardin de mon ami le docteur Costallat, à Bagnères, au nivellement général des chemins de fer de France ; ce point est à 551 mètres au-dessus de l'Océan. La différence de niveau des deux stations est donc de 2326 mètres. En outre, la vallée de Bagnères n'est point une de ces vallées étroites où la réflexion des rayons du soleil exagère les températures, puisque sa largeur, prise sur la crête des coteaux qui la bornent au levant et au couchant, atteint 2800 mètres. On voit qu'il serait difficile de trouver dans les Alpes

chaux, la magnésie, la silice? Sur ce point, les botanistes et les
agriculteurs sont divisés. Un savant dont la Suisse regrettera
longtemps la perte, Thurmann, a soutenu la prédominance des
conditions physiques. Habitant la petite ville de Porentruy, au
milieu de la chaîne calcaire du Jura, non loin des Vosges, qui
sont granitiques, et du petit groupe volcanique du Kaiserstuhl,
Thurmann avait été frappé de voir les mêmes espèces végéter
sur des sols d'une composition physique analogue, mais dont les
éléments chimiques étaient totalement différents. Ainsi il retrouvait les mêmes plantes sur un escarpement calcaire, un sommet
volcanique ou un dôme granitique; d'autres végétaient également bien dans des sables ou des éboulements provenant de
roches très-diverses.

M. Henri Lecoq a signalé beaucoup de faits de ce genre en

ou dans les Pyrénées deux stations plus favorables pour faire les observations
correspondantes que j'avais en vue : elles n'eussent point été comparables si un
thermomètre avait été placé à la surface du sol naturel de la montagne, tandis
que l'autre aurait reposé sur le sol du jardin de M. Costallat. Pour que les expériences fussent probantes, il fallait observer l'échauffement de la même terre
aux deux stations. J'ai choisi le terreau résultant de la décomposition du bois
que l'on trouve dans les vieux saules creux ; c'est une terre végétale, puisque
l'on voit souvent des plantes telles que des ronces, des chèvrefeuilles, des su-
reaux, etc., y pousser avec une grande vigueur ; elle est, de plus, homogène,
comparable à elle-même et facile à se procurer dans tous les pays. La moyenne
des températures de l'air à l'ombre dans les vingt observations faites par un
beau soleil, un ciel pur et un air calme, a été à Bagnères de $22^{\circ},3$; sur le pic, de
$10^{\circ},1$ seulement. La température moyenne de la *surface du sol* a été à Bagnères de $36^{\circ},1$; sur le pic, de $33^{\circ},8$. L'excès moyen de la température du sol
sur celle de l'air aux deux stations est donc comme $10 : 17$, c'est-à-dire presque
double sur la montagne. Il y a plus : en moyenne, l'échauffement *absolu* du sol de
la plaine a été supérieur de $2^{\circ},3$ à celui du sommet; toutefois, le 10 septembre,
de 10 heures à 11 heures 30 minutes, la température du sol au sommet du pic
a été plus élevée de $6^{\circ},9$ que celle du sol à Bagnères, quoique la moyenne de
l'air fût de $23^{\circ},2$ dans ce point de la ville, et de $13^{\circ},8$ sur le pic du Midi.
A 5 centimètres de profondeur, l'échauffement relatif du sol a été le même. Ces
expériences mettent hors de doute la plus grande puissance calorifique du soleil
sur la montagne que dans la plaine.

Auvergne et sur le plateau central de la France, où les terrains
les plus divers se trouvent réunis sur un espace peu étendu.
D'un autre côté, MM. Unger en Tyrol, Mohl en Suisse, Schnizlein et Frickhinger dans le nord de la Bavière, et M. Sendtner
dans le sud du même pays, ont fait ressortir l'influence de la
composition chimique. M. Alph. de Candolle, résumant tous ces
travaux partiels et comparant les mêmes espèces observées dans
des contrées éloignées, conclut à la prédominance de la constitution physique comme condition déterminante de la station
d'une espèce végétale, quoique certaines plantes montrent une
prédilection marquée pour les sols contenant certains principes.
Le châtaignier, la digitale pourprée, le genêt ordinaire, affectionnent les terrains siliceux : l'hellébore fétide, le dompte-venin,
la grande gentiane, préfèrent les sols calcaires ; mais en général
les végétaux qui dans un pays ne croissent jamais que dans un
terrain déterminé, se montreront ailleurs sur un sol analogue
par ses propriétés, différent par ses éléments minéralogiques.
Ainsi, en herborisant dans les limites étroites d'un département,
un botaniste pourra croire pendant quelque temps à l'influence
chimique du sol ; mais il sera détrompé, s'il élargit le cercle de
ses observations pour reconnaître si l'espèce qu'il trouvait uniquement sur une roche lui reste constamment fidèle dans tous
les pays. M. Alph. de Candolle a analysé sous ce point de vue
les 45 espèces que M. Mohl n'avait trouvées que sur des terrains
siliceux en Suisse et en Autriche ; or, 19 leur deviennent infidèles dans d'autres climats. Sur 67 espèces propres au calcaire,
36 ont été trouvées hors de Suisse, sur des terrains privés de
carbonate de chaux. Sur 43 espèces que Wahlenberg n'avait
rencontrées dans les Carpathes que sur les calcaires, il en est
22 qu'il revit sur les roches cristallines en Suisse et en Laponie. Des voyages multipliés et bien dirigés réduiraient encore
le nombre de ces espèces exclusives.

Les plantes maritimes font seules exception à cette règle : le

sel est indispensable à leur existence, jamais aussi elles ne s'é-
cartent du rivage ; mais on les trouve dans les eaux salées ou
saumâtres éloignées de la mer et aux alentours des sources
minérales. La conclusion à tirer de ces faits, c'est que les conditions physiques ont une influence prédominante pour les
espèces terrestres, tandis que l'existence des plantes maritimes
est liée à la présence des sels qui entrent dans la composition
de l'eau de mer ; elles ne sauraient s'accommoder de l'eau
douce, mais la plupart végètent très-bien dans un mélange d'eau
douce et d'eau salée, tel que celui des eaux saumâtres dans les
lagunes, aux embouchures des fleuves et dans les marais salants.

III. — DE LA NATURALISATION ET DE L'ACCLIMATATION DES VÉGÉTAUX.
— DE L'APPARITION DES ESPÈCES SUR LE GLOBE.

Nous connaissons maintenant les lois auxquelles est soumise
la distribution des végétaux sur le globe. Après avoir résumé
l'ensemble des notions sur lesquelles repose la géographie botanique, il nous reste à donner une idée de l'intérêt des questions
qu'elle peut nous aider à résoudre, et qui touchent, les unes aux
applications possibles, les autres aux principes mêmes de la
science. Parmi les premières, nous citerons la *naturalisation*,
l'*acclimatation des végétaux ;* parmi les secondes, l'*apparition des
espèces à la surface du globe.*

La population mâle et femelle d'un pays ne se compose pas
uniquement des indigènes ou des descendants de familles qui
l'habitent depuis plusieurs siècles : les événements les plus divers
y amènent des étrangers qui s'y établissent, s'y naturalisent et se
confondent, après un petit nombre de générations, avec les
habitants primitifs de la contrée. Il en est de même des populations végétales. Une flore se compose d'espèces indigènes,
connues de temps immémorial dans le pays, et d'autres intro-

duites successivement par les causes les plus variées. Les courants marins, les rivières, les vents, les animaux, portent des graines d'un pays à l'autre ; mais c'est l'homme surtout qui est l'agent volontaire ou involontaire de ces transports. Les semences de céréales envoyées d'Europe en Amérique, ou réciproquement, ont introduit dans les moissons des deux mondes des plantes étrangères dont les graines étaient mêlées à celles du froment, du seigle ou de l'orge. Souvent ces graines, semées avec le blé, ne lèvent pas dans le champ lointain où le hasard les a jetées, mais souvent aussi elles germent et produisent une plante. Si les nouvelles conditions d'existence où elle se trouve placée lui conviennent, la plante vit et se multiplie. C'est ainsi que plusieurs amarantes et l'une des mauvaises herbes les plus communes en France, l'*Erigeron* du Canada, nous sont venues de ce pays avec des graines de céréales. Réciproquement, les cultivateurs des États-Unis ont vu paraître dans leurs moissons la bourse-à-pasteur, des espèces de luzerne (*Medicago*), le chrysanthème blanc, le seneçon vulgaire, espèces communes dans les champs de blé de l'Europe, mais étrangères à l'Amérique.

Les parcs, les jardins, et surtout les jardins botaniques, sont des centres de naturalisation (1). La plante se répand d'abord dans l'enceinte du jardin, s'y multiplie, mais ne tarde pas à la franchir pour se propager dans la campagne, où elle se maintient quelquefois. Près de Montpellier, sur les bords du Lez canalisé, qui va se jeter dans la mer, se trouve une petite gare appelée le port Juvénal. C'est là que les tartanes de Jacques Cœur venaient au XVᵉ siècle débarquer les précieux tissus et les parfums de l'Orient ; actuellement on y sèche des laines provenant des échelles du Levant, de la mer Noire, d'Algérie, de Buenos-Ayres et d'autres contrées. Ces laines sont chargées de graines qui se

(1) C'est ainsi que vingt-quatre espèces exotiques, c'est-à-dire originaires d'Asie, d'Afrique ou d'Amérique, se sont naturalisées spontanément dans le jardin des plantes de Montpellier.

sont accrochées à la toison des moutons. Étalées sur des cailloux
brûlants qui recouvrent un sol humide, elles laissent tomber ces
graines, qui germent entre les pierres, et le botaniste étonné
voit paraître chaque année des plantes de l'Asie, de l'Afrique
ou de l'Amérique. M. le professeur Godron (de Nancy), et
M. Cosson, en ont décrit 475 espèces. La plupart ne se perpé-
tuent pas sur le nouveau sol où le hasard les a fait naître, elles
vivent un ou deux ans, puis disparaissent sans retour ; mais quelques-unes se sont répandues et naturalisées dans les environs
de Montpellier. Quoique plusieurs soient très-communes,
d'autres remarquables par leur taille, aucune cependant n'est
décrite dans la *Flore de Montpellier* que le célèbre Magnol
publiait en 1686, preuve qu'elles n'existaient pas de son vivant
aux environs de cette ville. M. Hewett-Watson s'est attaché, dans
dans son *Cybele britannica*, à distinguer les hôtes étrangers qui
sont venus se mêler à la population indigène de l'Angleterre ;
il en compte en tout 83 espèces dont l'origine étrangère est certaine : 10 viennent d'Amérique, les autres des régions européennes voisines, de l'Asie ou de l'Afrique. La France en possède certainement un beaucoup plus grand nombre, mais sa
position continentale rend les recherches plus difficiles et les
conclusions moins sûres.

Quelques chiffres donneront une idée de l'importance de ces
naturalisations. Tous sont au-dessous de la vérité, car il est très-
difficile de constater après coup l'apparition d'une espèce introduite depuis plusieurs siècles. Cependant, depuis la découverte
de l'Amérique, qui ne remonte qu'à 373 ans, il y a déjà 64 plantes
de ce continent qui se sont multipliées et vulgarisées spontanément dans le nôtre. Réciproquement, les botanistes américains
nous signalent 172 espèces européennes naturalisées dans les
États-Unis et le Canada. Ces échanges sont trop peu nombreux
pour altérer le caractère des flores, mais ils nous montrent que
certains végétaux ont une nature plastique qui s'accommode de

conditions d'existence en apparence assez diverses. La plupart
au contraire ne prospèrent sous un ciel étranger que par les soins
de l'homme, ou même périssent, à moins d'être placés dans le
climat artificiel des serres chaudes ou tempérées.

La plupart des plantes alimentaires, industrielles ou ornementales que nous cultivons sont originaires de contrées éloignées.
La France, si favorisée du ciel, réduite à la culture des végétaux indigènes, ne pourrait pas nourrir le quart de ses habitants.
Toutes les céréales, excepté le seigle et l'avoine, tous les arbres
fruitiers, excepté le poirier et le pommier, nous viennent de
l'Asie centrale. L'Amérique nous a donné le maïs, la pomme
de terre et le tabac. Quoique cultivées depuis des siècles, ces
espèces ne sont pas naturalisées en Europe; elles ne se propagent
pas spontanément et sans culture. Les soins de l'homme peuvent
seuls les perpétuer. Abandonnées à elles-mêmes, les céréales
ne se reproduisent plus et disparaissent; les fruits à couteau
redeviennent acerbes, la vigne dégénère. Il faut toute la science,
tous les soins de l'agriculteur pour conserver et améliorer ces
précieux végétaux, sur lesquels repose l'existence même des
peuples européens. De redoutables avertissements, la maladie
des pommes de terre, celle de la vigne, ont montré que ces
conquêtes végétales, réputées définitives, peuvent encore nous
échapper. Une culture prolongée pendant des siècles, des modes
anormaux de multiplication, des agglomérations trop considérables des mêmes végétaux dans une contrée limitée, sont peut-
être, comme les grandes agglomérations humaines, des causes
permanentes d'épidémies destructives. Quoi qu'il en soit, l'éveil
a été donné, et l'on a cherché de tous côtés dans les plantes
exotiques des espèces alimentaires propres à remplacer celles
dont la perte est sinon probable, du moins possible. Cette recherche est logique et sera couronnée de succès. Presque tous nos
végétaux utiles provenant de ce vaste continent de l'Asie, dont
nous ne connaissons que les bords, et la moitié des plantes du

globe étant encore inconnue, il est évident que nous devons trouver parmi les espèces cultivées par d'autres peuples, ou même parmi les plantes sauvages, des végétaux alimentaires nouveaux. On ne saurait donc trop multiplier les essais : sur le nombre, quelques-uns réussiront; mais il faut se garder des illusions dont l'expérience a désabusé tous les bons esprits. Un végétal naturalisé et définitivement acquis à une contrée, est celui qui se reproduit spontanément, sans le secours de l'homme, comme il le ferait dans son pays natal. L'acacia commun, par exemple, originaire de l'Amérique septentrionale, est naturalisé dans l'Europe moyenne, car il se ressème de lui-même et devient sauvage dans nos haies et dans nos bois. Le marronnier d'Inde n'est pas naturalisé; sa graine, tombée sur le sol, germe sans doute, et l'arbre commence à pousser, mais il périt bientôt si l'homme ne lui donne des soins. Ainsi donc rien de plus rare que les naturalisations complètes. Mais, non content de naturaliser les plantes et les animaux utiles, l'homme a prétendu les acclimater. Il s'est flatté de l'espoir qu'un végétal provenant d'un pays chaud s'habituerait peu à peu à un climat plus rigoureux; il a cru que la graine récoltée sur l'individu cultivé dans sa nouvelle patrie donnerait des sujets plus robustes. Douce chimère ! comme l'a dit Dupetit-Thouars. Le végétal vit tant que le thermomètre et l'hygromètre se maintiennent dans les limites qu'il peut supporter; cette limite dépassée, il périt. Chaque hiver rigoureux est pour les horticulteurs passionnés une source d'amères déceptions. L'arbre qu'on croyait acclimaté, parce qu'il avait traversé plusieurs hivers semblables à ceux de son pays, meurt dès que le thermomètre s'abaisse au-dessous du minimum de son climat natal. Les grands hivers de 1709, 1789, 1820 et 1830 ont tué des arbres que nous sommes habitués à considérer comme indigènes, tels que les noyers, les châtaigniers et les mûriers. Tous les vingt ans les oliviers de la Provence et les orangers de la Ligurie meurent de froid sur un point ou sur un autre. Leur mort nous rappelle que dans les contrées d'où ils proviennent, le mercure ne descend jamais au-dessous du point de congélation. .

Ce que j'ai dit des végétaux est également vrai des animaux : leur acclimatation est une chimère. Chaque espèce vit et se reproduit dans certaines conditions de température et d'alimentation ; en dehors de ces conditions, elle meurt. C'est au zoologiste intelligent de découvrir celles dont la nature plus flexible se prête aux variations de nos climats septentrionaux ; mais il doit renoncer à la prétention de modifier leur organisme. Le renne n'a pu se naturaliser dans les montagnes de l'Écosse, dont le climat et la constitution physique sont si semblables à ceux de la Laponie. Le cheval au contraire est le fidèle serviteur de l'homme sur toute la terre, depuis les déserts brûlants de l'Arabie jusqu'aux froides montagnes de l'Islande et de la Scandinavie. Le chien a suivi l'Esquimau jusque dans ces contrées couvertes de neiges éternelles où la mer elle-même ne dégèle plus ; mais ce n'est point l'art humain qui a transformé ces animaux et plié leur constitution à des influences si diverses : la nature avait tout fait, l'homme en a seulement profité. Les animaux des pays chauds, que leur organisation n'avait pas acclimatés d'avance, ont toujours péri en Europe ; la phthisie les a invariablement emportés. L'homme seul peut braver impunément tous les climats, parce qu'il modifie son vêtement, son habitation, sa nourriture, et parce qu'il connaît l'usage du feu ; mais l'animal ne s'habitue pas plus à un climat que l'homme ne le ferait, s'il voulait vivre nu et sans abri dans les régions septentrionales, comme il le peut impunément dans quelques contrées privilégiées des zones tropicales. Son intelligence, son industrie, l'ont rendu cosmopolite ; par son organisation, il ne l'était pas. Je n'ai garde de vouloir décourager les météorologistes, les botanistes et les zoologistes qui se livrent à des essais de naturalisation : il faut en faire beaucoup, et l'expérience prouve que les témérités mêmes ont souvent été suivies de succès. Quel est le botaniste qui aurait cru que l'Agave, le *Dasylirion gracile*, le *Jubœa spectabilis*, originaires d'Amérique, le *Lagerstrœmia* et le *Nelumbium* de l'Inde, pourraient vivre dans le midi de la France ; que le paon, la pintade et le kangurou s'accommoderaient de nos hivers? Mais, tout en proclamant l'importance et l'utilité de ces tentatives, il ne faut pas abuser le public sur le but qu'on peut atteindre. Naturaliser des plantes et des animaux est possible ; les acclimater ne l'est pas.

A côté de ces questions d'un intérêt tout pratique, la géographie botanique en soulève d'autres d'un ordre essentiellement philosophique. Comment la végétation actuelle s'est-elle établie à la surface du globe? Chaque espèce était-elle originairement représentée par un seul individu, père de tous ceux qui existent actuellement, ou bien un certain nombre d'individus ont-ils paru simultanément sur plusieurs points? En un mot, pour parler le langage des naturalistes, y a-t-il eu originairement des centres de création multiples et distincts d'où les plantes se sont répandues en s'irradiant, jusqu'à ce qu'elles fussent arrêtées dans leur migration par des conditions incompatibles avec leur existence? A l'apparition de la végétation actuelle, la surface terrestre était-elle disposée comme aujourd'hui, ou bien la distribution des terres et des mers et le relief du sol différaient-ils de l'état présent? Toutes ces questions et d'autres encore ont vivement éveillé la curiosité des botanistes et des géologues penseurs. Ces problèmes ne sont pas résolus, tous sont encore enveloppés d'obscurités ; mais la lumière commence à poindre. Ma tâche est de résumer en peu de mots le plus clair de nos connaissances sur ce sujet. Toutefois, avant d'arriver à l'apparition des végétaux actuels, je dois donner une idée de ceux dont les analogues n'existent plus, mais qui sont conservés à l'état fossile dans le sein de la terre. Grâce aux travaux de MM. Adolphe Brongniart,

Alexandre Braun, Henri Goeppert, de Sternberg, Unger, Corda, Lindley, William Hutton, Schimper, Oswald Heer et Bunbury, la paléontologie végétale a suivi les progrès de la paléontologie animale, et nous pouvons nous faire une idée de la végétation des périodes géologiques pendant lesquelles vivaient les animaux étranges dont les dépouilles sont mêlées à celles des végétaux fossiles.

Dans l'origine, notre globe était une masse incandescente à moitié fondue, tournant autour du soleil ; sa rotation sur elle-même, en aplatissant ses pôles et en renflant son équateur, lui a donné la forme qu'elle a conservée depuis. Pendant cette période, aucun être organisé ne pouvait vivre à sa surface. Après des milliers de siècles, le globe s'est refroidi ; l'eau, se condensant à sa surface, forma les mers ; dans ces mers apparurent les premiers animaux, les premières algues marines ; des îles surgirent peu à peu, une végétation terrestre s'y établit : c'étaient de grands arbres sans fleurs, appartenant à des familles cryptogames, qui ne sont plus représentés dans la flore actuelle que par d'humbles plantes. L'aspect de ces premiers arbres rappelle celui de cyprès gigantesques ou des arbres à feuilles pendantes (*Dracæna*) des pays chauds. La terre ferme se réduisait alors à quelques archipels, la végétation était rare et clair-semée. Mais, dans la période suivante, de vastes et humides forêts couvrent une portion de la surface terrestre, des arbres au large feuillage ombragent les marais où paraissent les premiers reptiles. Ces arbres renversés, entassés les uns sur les autres pendant des siècles, ont formé la houille, soit qu'ils tombassent sur place et subissent une transformation analogue à celle des mousses qui se changent en tourbe dans les marais des pays froids, soit qu'entraînés par de puissants courants, ils vinssent s'accumuler à l'embouchure des fleuves de cette époque. Des accumulations analogues se font encore actuellement à l'embouchure des grands fleuves de l'Amérique, et surtout du Mississipi.

Depuis la période houillère jusqu'à celle de la craie, le caractère de la végétation reste le même : ce sont toujours des plantes cryptogames qui occupent le sol ; mais après le dépôt de la craie, des arbres semblables aux nôtres se mêlent aux formes primordiales. Les genres modernes vont sans cesse en augmentant de nombre dans les deux premières périodes tertiaires qui correspondent aux terrains des environs de Paris. A cette époque, la végétation est complétement changée ; les végétaux primitifs auxquels nous devons la houille ont disparu ; le paysage a l'aspect de celui des pays chauds et des zones tempérées. Les arbres ressemblent à des saules, à des pins, à des palmiers. Enfin, dans la période tertiaire la plus récente, ce sont des arbres voisins de nos acacias, de nos érables, de nos peupliers, qui ombragent le sol ; c'est l'aurore de la végétation actuelle, de celle qui doit orner la terre à l'apparition de l'homme. Les arbres du Japon, les forêts de l'Amérique septentrionale, rappellent le mieux cette période végétale, et semblent relier ainsi la flore actuelle à la dernière des flores disparues.

Les plantes qui nous entourent n'ont pas paru simultanément sur toute la surface terrestre. Dès qu'une· terre surgissait au-dessus des eaux, quelques humbles lichens s'attachaient à la roche ; sur le terreau résultant de la décomposition lente de ces lichens, des mousses pouvaient se fixer ; à leur tour, elles préparaient le sol, où se montraient quelques plantes annuelles, puis des espèces vivaces, enfin des arbustes et des arbres. C'est ainsi que les récifs de coraux de l'océan Pacifique se revêtent de végétation dès qu'un mouvement du sol les a élevés au-dessus de la mer. Autour de nous, sur les murs abandonnés et les édifices en ruines, nous voyons la végétation s'établir en suivant la même progression : c'est l'humble mousse qui prépare le sol où les alsines, le muflier, la giroflée, puis des figuiers, des érables, des micocouliers, prennent racine, et égayent la

sombre ruine par leur fraîche verdure. Comme celui d'un récif,
comme celui d'une muraille, le peuplement végétal du globe a été
l'œuvre des siècles. A l'embouchure du Mississipi, les alluvions
déposées par le fleuve ont 200 mètres d'épaisseur; dans ces alluvions sont ensevelies des couches distinctes, composées de végétaux actuels. D'abord on trouve un lit de graminées et de plantes
herbacées indiquant l'ancienne existence de prairies analogues
à celles qui s'étendent encore sur les rives des grands lacs
américains et du golfe du Mexique. M. Ch. Lyell assigne à la période ainsi représentée une durée qui ne peut pas être inférieure à 1500 ans. Au-dessus sont des accumulations de cyprès
chauves séparées par des masses de sable ; puis viennent des
lits formés exclusivement de chênes semblables à ceux qui croissent actuellement sur les bords du fleuve. Sur les troncs de ces
arbres on a pu compter les couches annuelles de bois. Chacune
d'elles correspondant à une année, on en déduit l'âge de la
forêt : or, on trouve dix lits de ces chênes superposés, et en
additionnant l'âge de tous ces arbres accumulés, on arrive au
nombre effrayant de 158 000 ans. Tel serait le temps qui s'est
écoulé entre les prairies primitives du delta du Mississipi et
l'époque présente.

L'Amérique n'est pas le seul pays où l'on trouve les restes
de végétations différentes qui se sont succédé sur la même place.
Des troncs de pins et de sapins sont ensevelis dans les tourbières
des Alpes, élevées bien au-dessus de la limite actuelle des
arbres. Dans celles de la plaine, on déterre également des troncs
d'espèces étrangères à la contrée : c'est ainsi qu'en Angleterre
on trouve le sapin, qui n'est point spontané dans les îles Britanniques. La végétation actuelle a donc traversé des phases successives qui remontent au delà de toutes les traditions historiques. A l'apparition des végétaux qui vivent autour de nous,
la surface du globe n'était point ce qu'elle est aujourd'hui : la
distribution des terres et des eaux, la délimitation des continents,

le nombre et la forme des îles différaient de ce que nous voyons autour de nous. Tout prouve, en effet, que les terres se sont couvertes de végétaux à mesure qu'elles ont été émergées. Certaines flores sont plus anciennes, d'autres au contraire sont plus récentes. Des îles voisines de grands continents, comme les Galapagos, sur les côtes du Chili, certains îlots dans l'archipel grec et dans le groupe des Canaries, ont une végétation tellement différente de celle du continent voisin, qu'il est impossible d'admettre une création simultanée. La nature géologique du sol confirme cette induction, lorsqu'elle nous fait voir qu'à l'époque où l'une des terres était exondée, l'autre était encore couverte par les eaux. Il n'est point de naturaliste qui ne considère la faune ou la flore de l'Australie comme une création à part, antérieure à celle du reste de la terre. Enfin, on peut démontrer que des pays séparés aujourd'hui par la mer étaient réunis à l'époque où les plantes se sont répandues à la surface du globe : Edward Forbes l'a prouvé pour l'Angleterre. Ce pays ne compte pas une seule espèce végétale ou animale aborigène qui ne se retrouve sur le continent voisin, soit en France, soit en Allemagne. Il y a plus : quelques-unes de ces espèces n'ont pas encore traversé le bras de mer qui sépare l'Angleterre de l'Irlande ; cette île elle-même possède des espèces étrangères à l'Angleterre, mais qui lui sont communes avec le nord de l'Espagne. Tous ces faits semblent indiquer qu'à l'époque de la dissémination des végétaux, l'Angleterre était unie au continent. La géologie s'accorde avec la botanique pour le faire présumer. En effet, la séparation des deux pays est un événement relativement très-récent et postérieur au dépôt des cailloux roulés qui couvrent la surface du sol sur les deux rives de la Manche. D'un autre côté, rien ne s'oppose géologiquement à ce que l'Irlande, l'Espagne et les Açores ne formassent un continent unique (peut-être l'Atlantide de Platon) à une époque où la végétation actuelle existait déjà. Depuis son apparition, des

affaissements du sol ont séparé ces pays ; mais malgré le changement de climat qui en a été la suite nécessaire, l'Irlande a
conservé quelques plantes espagnoles, témoins muets de l'ancienne union des deux terres.

Les études de M. Alph. de Candolle sur les espèces disjointes
prouvent que ces singularités ne sont pas particulières à l'Irlande. Une espèce disjointe est celle qui se montre çà et là d'une
manière bizarre et inexplicable par la géographie et la climatologie actuelles. Je choisis deux exemples. Le palmier nain
(*Chamœrops humilis*) existe dans le midi du Portugal, dans toute
la partie méridionale et orientale de l'Espagne ; il manque dans
le Roussillon et le Languedoc, la Corse, le nord de la Sardaigne,
mais apparaît sur un espace restreint de la côte de Nice et à l'île
de Capraia, près de Livourne ; puis il manque de nouveau dans
tout le nord de la péninsule italique : il ne reparaît qu'aux
environs de Terracine, sur les limites du royaume de Naples
et des États du pape, devient commun dans l'île de Caprée, et
surtout en Sicile. Dans la partie orientale de la péninsule italique, il se trouve à Tarente, puis en face sur la côte de Dalmatie, où il descend jusqu'au golfe de Corinthe ; mais il n'existe
ni en Grèce, ni dans les îles de Zante et de Corfou. Trop commun en Algérie, où il est le plus grand obstacle aux défriche-
ments, on ne le rencontre pas en Égypte, mais seulement en
Nubie. Aucune considération géologique ou météorologique
n'explique une distribution aussi singulière. Pourquoi le palmier nain manque-t-il dans la Corse et dans la partie septentrionale de la Sardaigne, tandis qu'il se trouve au nord, près de
Nice ; à l'est, dans la petite île de Capraia ; à l'ouest, sur toute
la côte d'Espagne ? D'anciennes connexions de terres séparées
maintenant par la mer peuvent seules rendre compte de cette
dispersion capricieuse.

Le bel arbrisseau connu sous le nom de *Rhododendron ponticum* nous fournit un second exemple. Sa patrie originelle, c'est

le littoral de la mer Noire, au pied du Caucase, et les environs
du mont Olympe, de Smyrne à Nicomédie. Inconnu dans tout
l'archipel grec, la Morée, la Turquie d'Europe, l'Italie, la Sicile,
les Baléares, l'Algérie, il forme une colonie lointaine dans les
montagnes du sud de l'Espagne appelées la sierra de Monchique,
et dans les Algarves du Portugal. Je pourrais, avec M. de Candolle, multiplier ces exemples : les deux que je viens de citer
me paraissent suffisants, sinon pour convaincre, du moins pour
faire réfléchir les botanistes et les géologues.

Un autre fait n'est pas moins caractéristique. Certaines plantes
vivant dans les étangs et les marais, telles que le nénuphar, le
Villarsia nymphoides, la châtaigne d'eau (*Trapa natans*), la sagit-
taire, sont extrêmement répandues en Europe, mais manquent
généralement dans le pourtour des Alpes de la Suisse et de la
Savoie; elles y vivraient comme ailleurs, on s'en est assuré
positivement : jetées dans des marais, elles s'y sont multipliées
au point de devenir incommodes. Il a donc fallu qu'à l'époque
où elles se sont répandues en Europe, un obstacle quelconque
les empêchât de s'établir dans le bassin suisse. Cet obstacle,
c'étaient les glaciers qui remplissaient alors toute la vallée comprise entre les Alpes et le Jura. On sait, en effet, que cette ancienne extension des glaciers, dont les blocs erratiques sont les
témoins irrécusables, est le dernier grand fait géologique antérieur à l'ère actuelle. Il a coïncidé avec l'époque de la dispersion
des plantes aquatiques, qui n'ont pu se répandre dans des contrées couvertes d'un épais manteau de glace.

Existe-t-il un ou plusieurs centres de création végétale?
Est-il probable qu'une espèce ait d'abord paru sur un point du
globe, et se soit répandue de là dans toutes les contrées où nous
la rencontrons actuellement? ou bien devons-nous admettre
des centres de création multiples? Donnons d'abord la parole
aux faits. Trois espèces (1) n'ont été observées jusqu'ici qu'en

(1) *Eriocaulon septangulare, Sisyrinchium anceps, Spiranthes cernua.*

Irlande et aux États-Unis; un grand nombre existent uniquement en Asie et en Afrique, ou en Amérique et en Asie. D'autres
habitent les zones tempérées des deux hémisphères, et sont
séparées par l'immense intervalle des zones tropicales et intertropicales du globe. Parmi ces végétaux, on en cite qui, dans
l'hémisphère nord, ont été observés en Laponie seulement, dans
l'hémisphère sud à la Terre de Feu et à la Nouvelle-Zélande ;
d'autres n'ont été vus qu'aux États-Unis et sur les bords de la
Méditerranée d'un côté, et de l'autre en Patagonie. Plantes des
pays froids ou tempérés, elles ne sauraient vivre sous l'équateur ; une propagation de proche en proche est donc radicalement impossible, et le transport des graines d'un bout du monde
à l'autre l'est également, car il n'existe pas de courant aérien
ou aqueux qui puisse leur faire parcourir cet immense trajet.
Les mêmes faits se reproduisent, si l'on considère des contrées
très-éloignées l'une de l'autre dans le sens de l'est à l'ouest. On
ne saurait les expliquer raisonnablement à l'aide des connexions
géologiques de terres séparées aujourd'hui par de vastes mers.
En effet, à l'époque de la dispersion des espèces, quand la constitution du globe était différente, les climats l'étaient aussi, car
ils sont la conséquence immédiate de cette constitution. Or, nous
trouvons aux extrémités polaires des deux hémisphères des
plantes que la chaleur la plus modérée fait périr rapidement.
A l'époque de leur apparition, le climat était donc aussi froid
qu'il l'est aujourd'hui ; la distribution des terres et des mers, le
relief du sol, causes déterminantes du climat, ne différaient
pas de l'état actuel, et l'ancienne connexion de grands continents séparés aujourd'hui par l'immensité des mers devient
une hypothèse inadmissible. La paléontologie confirme ces
inductions : elle nous apprend que les climats ont été par toute
la terre plus chauds qu'ils ne sont actuellement. A la fin de
l'époque géologique la plus récente, appelée *pliocène* par les
savants, les éléphants habitaient les environs de Paris, les lions

et les tigres le midi de la France. Ce n'est donc pas dans cette
période que ces plantes auraient pu s'établir : elle fut suivie, il
est vrai, de la période de froid due à l'extension des glaciers qui
rayonnaient autour des Alpes, des Pyrénées, des Vosges, et
recouvraient toutes les terres polaires. Aussi Edward Forbes
considère-t-il l'époque glaciaire comme celle de la dispersion
des plantes alpines. Cette opinion, soutenable pour un hémisphère considéré séparément, ne l'est plus quand il s'agit d'expliquer le transport des espèces polaires à travers l'équateur,
où la chaleur paraît avoir été la même qu'aujourd'hui. Une
autre conséquence résulte de l'étude des animaux et des végétaux fossiles, c'est que pendant les périodes géologiques, les
climats étaient beaucoup plus uniformes qu'ils ne le sont
actuellement. Par conséquent, si des connexions de terres peuvent expliquer la présence de plantes sur des points relativement peu éloignés, je crois que leur existence à l'extrémité des
deux hémisphères terrestres ne peut avoir d'autre cause que
la multiplicité des centres de création. Tout dans l'étude de la
géographie botanique nous ramène à cette idée.

Une dernière question a été soulevée récemment. L'apparition des différentes familles végétales sur le globe a-t-elle été
successive ou simultanée? La terre s'est-elle couverte indifféremment de toutes les espèces qui composent l'ensemble du
règne végétal, ou bien cette apparition a-t-elle été lente et progressive? Il est probable que les familles et les genres se sont
produits l'un après l'autre dans un ordre hiérarchique : c'est
encore la géologie qui jette quelque lumière sur ces premiers
jours de la création actuelle. En effet, comme nous l'avons
vu, les cryptogames dominent dans les terrains anciens, puis
viennent les conifères et les monocotylédones ; les terrains
les plus modernes nous offrent des dicotylédones polypétales,
des végétaux de la famille des mauves, des érables, des saules,
des chênes, des bouleaux, du myrte et de la rose, mais à peine

quelques dicotylédones gamopétales, par exemple des plantes
de l'immense famille des Synanthérées, qui forme actuellement un dixième de la végétation du globe : or ces plantes sont
celles dont la structure est la plus compliquée. L'ordre hiérarchique que les végétaux enfouis dans le sein de la terre ont
suivi dans leur succession a également dû présider à l'apparition des végétaux vivants. Il y a des espèces plus jeunes les unes
que les autres ; la création actuelle a continué la création anté-
diluvienne et se continue peut-être encore : rien ne nous prouve
en effet qu'il ne se produise pas continuellement de nouvelles
espèces. Lorsque des contrées parfaitement connues et jour-
nellement explorées offrent sans cesse, aux yeux des botanistes,
des formes nouvelles, il est permis de dire que celles-ci avaient
échappé à l'attention de leurs devanciers, mais on ne peut pas
démontrer qu'elles ne se soient pas produites récemment. Cette
opinion a été formulée et appuyée de considérations ingénieuses
par M. Henri Lecoq, dans sa *Géographie botanique du plateau central
de la France;* elle mérite toute l'attention des naturalistes philosophes, et la solution d'un tel problème fixerait à jamais leurs
idées sur la notion si délicate et si difficile de l'*espèce.*

La science, comme on le voit, a essayé de soulever un coin
du voile qui couvre l'origine mystérieuse du monde organisé
dont nous faisons partie. Grâce à l'astronomie, à la physique du
globe, à la géologie et à la paléontologie, on entrevoit dans un
lointain obscur, à travers des milliers de siècles, comment le
noyau incandescent de la terre s'est refroidi, puis peuplé d'animaux et de végétaux ; comment des changements lents et successifs, des révolutions séculaires, ont fait disparaître, l'une
après l'autre, de nombreuses créations, ébauches imparfaites
de la création actuelle. Enfin, sur le globe complétement froid,
les terres émergées se couvrent peu à peu d'une végétation
plus belle et plus variée que les précédentes; les créations
partielles se complètent et persistent; des circonstances sem-

blables amènent l'apparition d'êtres identiques ou analogues, et lorsque la terre est parée de fleurs et peuplée d'animaux, l'homme apparaît. Son origine, comme celle des autres êtres organisés supérieurs, se perd dans la nuit des temps; mais, comme eux, il appartient à la période moderne. Sa suprématie intellectuelle l'élève au-dessus de tout ce qui existe autour de lui, et semble le confirmer dans cette orgueilleuse pensée, que les créations précédentes n'ont eu d'autre but que de préparer son avénement, en rendant la terre digne de recevoir un être capable de comprendre le monde et de le dominer.

LE SPITZBERG

TABLEAU D'UN ARCHIPEL A L'ÉPOQUE GLACIAIRE.

Placé sous le méridien de l'Europe centrale et de la presqu'ile scandinave, entre 76° 30′ et 80° 50′ de latitude, le Spitzberg est, pour ainsi dire, la sentinelle avancée de notre continent vers le Nord. C'est dans ces îles où l'hiver règne pendant dix mois de l'année, que la vie organique s'éteint, faute de chaleur et de lumière ; c'est là que le naturaliste recueille les dernières plantes et observe les derniers animaux ; c'est la limite extrême de la faune et de la flore européennes. Au delà, tout est mort, et une banquise de glaces éternelles s'étend jusqu'au pôle boréal. Au Spitzberg lui-même, les neiges ne fondent que sur le bord de la mer, dans les localités privilégiées ; mais les montagnes restent toujours blanches, même pendant les trois mois de l'été. Toutes les vallées sont comblées par de puissants glaciers qui descendent jusqu'à la mer ; aussi ces îles sont-elles l'image fidèle de l'époque géologique qui a précédé immédiatement celle où nous vivons, l'époque glaciaire. Pendant cette période un manteau de glace couvrait tout le nord de l'Europe jusqu'au 53ᵉ degré de latitude ; toutes les vallées des chaînes de montagnes, telles que les Vosges, le Jura, les Alpes, les Pyrénées, les Carpathes, le Caucase, l'Himalaya, et même celles de la Nouvelle-Zélande, étaient occupées par des glaciers qui s'étendaient plus ou moins loin dans les plaines voisines. Le Spitzberg réalise donc à nos yeux l'image d'une phase géologique dont les traces se rencontrent presque partout. Le petit nombre d'animaux et de végétaux qui habitent ces îles sont ceux qui résistent le mieux au froid et réclament le moins de cette chaleur solaire, source de la vie des êtres organisés. Sous ce double point de vue, le tableau physique de cette portion des terres arctiques tracé par un voyageur qui l'a vu à deux reprises différentes, et complété par l'étude des explorations anciennes et modernes, mérite d'être exposé devant le public éclairé qui s'intéresse à la description et à l'histoire de notre planète.

L'archipel du Spitzberg se compose d'une île principale qui a donné son nom à tout le groupe, et de deux autres grandes îles, l'une, plus petite, au sud, l'autre, plus grande, au nord, la terre des États et la terre du Nord-Est. L'île du Prince-Charles est située sur la côte occidentale, et une chaîne de petits îlots, appelée les Sept îles, s'avance directement vers le pôle. L'îlot de la Table est le dernier rocher qui surgisse au sein de la mer Glaciale.

Avant de décrire le Spitzberg, traçons rapidement l'histoire de sa découverte et des explorations dont il a été le théâtre.

DÉCOUVERTE ET EXPLORATIONS DU SPITZBERG.

Vers la fin du XVIe siècle, les Hollandais, affranchis du joug espagnol, cherchaient à étendre leur commerce dans toutes les parties du monde, et particulièrement dans le Levant. Forcées de longer les côtes occidentales de l'Espagne, leurs paisibles galiotes y rencontraient les corsaires espagnols. L'idée d'aller aux Indes par le Nord surgit dans les esprits. Les Provinces-Unies équipèrent dans ce but trois bâtiments : le *Cygne*, commandé par Cornelis ; le *Mercure*, par Ysbrandtz, et le *Messager*, par Barentz. Ces navires s'avancèrent jusqu'au détroit de Waigatz ou de Kara, qui sépare la Nouvelle-Zemble de la Russie, et crurent avoir découvert le passage cherché. Une seconde expédition, commandée par Heemskerke, le traversa l'année suivante. La saison étant trop avancée, les navires furent forcés de revenir en Hollande. Découragés par ces insuccès, les États généraux refusèrent de solder une troisième expédition, mais promirent une prime considérable à celui qui parviendrait à découvrir ce passage. La ville d'Amsterdam résolut de faire une nouvelle tentative. Elle équipa deux navires, dont l'un était sous les ordres d'Heemskerke, l'autre sous ceux de Jean Cornelis. Guillaume Barentz était le pilote et l'âme de l'expédition (1) : elle partit du Texel le 18 mai 1596. Le 9 juin, les Hollandais découvrirent une île d'un aspect désolé ; une montagne nue s'élevait au milieu. Barentz lui donna le nom de *Jammerberg*, montagne de la désolation, et ses hommes ayant tué un ours colossal, l'île reçut le nom de *Beeren-eiland*. C'est celle que l'Anglais Steven Bennet a reconnue en 1603, et nommée *Cherry-island*, du nom de son armateur. Située entre la Norvége et le Spitzberg, par 74° 35′, elle est quelquefois visitée par les chasseurs d'ours et les pêcheurs de morses. En quittant Beeren-eiland, les navires piquèrent dans l'ouest-nord-ouest. Le 17 juin, ils étaient par 81° 10′ de latitude, et en louvoyant pour sortir des glaces, ils découvrirent une terre élevée et couverte de neige. Le 21, ils mouillèrent dans une baie, celle de Smeerenberg, par 79° 44′ de latitude, entre les îles et la terre. Continuant à longer cette terre dans la direction du sud-sud-est, et la voyant hérissée de montagnes aiguës, ils lui donnèrent le nom de *Spitzbergen*, et suivirent la côte jusqu'à son extrémité, par 76° 35′. Le 1ᵉʳ juillet, ils revirent l'île de l'Ours.

Différant dans leurs appréciations sur la route à suivre, les commandants se séparèrent. Barentz se dirigea vers le nord-est, hiverna à la Nouvelle-Zemble, et mourut dans une embarcation, le printemps suivant, en quittant cette terre désolée et en vue du cap qu'il avait doublé l'année précédente avec une si vive émotion ; car il croyait avoir découvert ce passage du nord-est,

(1) Voyez, sur ce sujet, *Histoire du pays nommé Spitzberghe, monstrant comment qu'il est trouvée son naturel et ses animauls*. En Amsterdam, à l'enseigne des Cartes nautiques, 1613.

qui devait ouvrir une route nouvelle au commerce de sa patrie. Cependant Cornelis était remonté dans le nord, et s'était retrouvé sur les côtes du Spitzberg par 80° de latitude, près de l'île Amsterdam, où son navire avait jeté l'ancre le mois précédent.

En 1607, un Anglais, Henri Hudson, reconnut dans un même voyage la côte est du Groenland jusqu'au 73ᵉ degré de latitude, et la côte occidentale du Spitzberg, et il s'avança en mer presque jusqu'au 82ᵉ, où il fut arrêté par la banquise. Dans les années qui suivirent, Jones Poole, Robert Fotherby, et un grand nombre de baleiniers basques, hollandais et anglais, visitèrent le Spitzberg.

En 1614, Baffin et Fotherby poussèrent jusqu'au 80ᵉ degré, débarquèrent sur la banquise qui tenait à la terre, s'avancèrent à pied vers le nord-est, et furent arrêtés par une barrière de glaces infranchissable, à huit lieues du point où ils avaient abordé.

Pendant tout le cours du xviiᵉ siècle, de nombreux baleiniers fréquentaient les côtes du Spitzberg. De juin à septembre, les baies des parages septentrionaux étaient animées par un grand concours de marins actifs et résolus ; chaque nation avait la sienne. Des villages composés de maisons en planches apportées par les navires s'élevaient comme par enchantement : le plus beau était celui de Smeerenberg ; les Hollandais y retrouvaient les estaminets d'Amsterdam, et un quartier appelé *Haarlemer-cookery* était consacré à la fonte de la graisse de baleine. Vers l'automne, ces colonies temporaires disparaissaient ; maisons et habitants retournaient en Hollande. En 1633, sept hommes passèrent l'hiver, et furent retrouvés sains et saufs. L'année suivante, sept autres voulurent braver les mêmes périls. Le soleil disparut le 20 octobre ; un mois après, un d'eux présenta des symptômes de scorbut, et succomba le 24 janvier. Atteints tous successivement de cette cruelle maladie, ils cessèrent le 26 février d'écrire leur journal. Celui qui le rédigeait traça d'une main tremblante ces dernières lignes : « Nous sommes encore quatre couchés dans notre cabane, si faibles et si malades, que nous ne pouvons plus nous aider les uns les autres. Nous prions le bon Dieu de venir à notre secours et de nous enlever de ce monde où nous n'avons plus la force de vivre. » Ces tentatives et celles que font encore les chasseurs russes prouvent qu'il est possible d'hiverner au Spitzberg. Je pense comme Scoresby, que dans une habitation convenable en bois, avec de la houille, des conserves alimentaires et du vin généreux, un pareil hivernage ne présenterait pas de sérieux dangers.

Parlons actuellement du voyage qui a le plus contribué à faire connaître le Spitzberg : c'est celui d'un baleinier hambourgeois appelé Frédéric Martens. Sorti de l'Elbe le 15 avril 1671, il revint le 29 août. Après avoir reconnu l'île de Jan Mayen, il s'était dirigé vers le nord du Spitzberg, avait chassé les baleines sur la côte nord-ouest, entre la baie de la Madeleine et le détroit de Hinlopen, et s'était avancé jusqu'au 81e degré de latitude. Il descendit à terre à Magdalena-bay, à Fairhaven, à Smeerenberg, à la baie des Moules (*Mussel-bay*), et au havre Sud (*Zuidhaven*). Sa relation est fort complète. Il décrit le Spitzberg, puis traite de la mer, de la glace, de l'air, des plantes, des animaux ; donne les détails les plus intéressants et les plus véridiques sur les mœurs et la pêche de la baleine ou des grands cétacés que l'on trouvait sur les côtes du Spitzberg à cette époque (1).

La pêche attirait toujours un grand nombre de navires dans ces parages ; mais les navigateurs, les explorateurs des mers polaires se dirigeaient vers les côtes septentrionales de l'Amérique, à la recherche de ce passage de l'Atlantique dans la mer

___

(1) *Recueil de Voiages au Nord*, t. II : *Journal d'un voyage au Spitzberghen*, par Frédéric Martens (de Hambourg), *suivi d'une description de Spitzberghen*. In-18, Amsterdam, 1715, avec 17 planches.

Pacifique, dont Maclure devait achever la découverte de nos jours.

Le premier voyage purement scientifique sur les côtes du Spitzberg est celui de Jean-Constantin Phipps (1), depuis lord Mulgrave, et de Skeffington Lutwidge, sur les navires le *Race-horse* et la *Carcass*, accompagnés de l'astronome Lyons et du physicien Irving. Le but de l'expédition était de s'approcher le plus possible du pôle boréal. Les navires sortirent le 2 juin 1773 de la Tamise, et découvrirent la côte méridionale du Spitzberg le 28 au soir. Le 4 juillet, ils mouillèrent dans une petite baie au sud de celle de Hambourg; s'avancèrent ensuite par 80° 48', où ils furent arrêtés par la banquise, et de là dans l'est vers les Sept-Iles, naviguant toujours au milieu des glaces flottantes. Les 5, 6 et 7 août, ils coururent les plus grands dangers; les navires, entourés de glace, restèrent immobiles, malgré les efforts des deux équipages. Déjà les embarcations étaient à la mer et parées, lorsqu'on s'aperçut que les glaces se mettaient en mouvement et entraînaient les navires vers l'ouest. Le 10, ils se trouvaient en pleine mer. Naviguant désormais dans une mer libre, ils étaient de retour en Angleterre au milieu de septembre. Phipps a abordé sur plusieurs points du Spitzberg, au sud de la baie de Hambourg, sur l'île d'Amsterdam, sur Walden-island, sur l'île Basse (*Low island*) et à l'île Moffen. C'est le premier voyage où l'on ait fait des observations météorologiques régulières. Le docteur Irving s'efforça de déterminer la température de la mer à diverses profondeurs avec un thermomètre imaginé par Cavendish, et Lyons mit à l'épreuve plusieurs méthodes pour déterminer la position du navire par l'estime et le chronomètre. Dans sa relation, Phipps donne un journal circonstancié de son voyage, tous les détails des observations et des expériences, et enfin une liste, avec figures, des animaux et des végétaux observés pendant la campagne.

(1) *Voyage towards the North-pole*, 1774, traduit en français en 1775.

Au commencement du xixᵉ siècle, nous trouvons une série de voyages exécutés par un seul navigateur qui, pour le nombre, l'exactitude et la variété des travaux accomplis, ne peut être comparé à aucun de ses prédécesseurs, et ne sera jamais dépassé comme observateur. William Scoresby, fils d'un capitaine baleinier, fit dix-sept voyages au Spitzberg. Trop jeune pour se livrer à des recherches suivies pendant les premiers, ce sont les résultats des douze derniers, entrepris dans les années comprises entre 1807 et 1818, qui forment la matière de l'excellent ouvrage qu'il a publié sur les mers arctiques (1). Quand on réfléchit que Scoresby était lui-même un baleinier des plus entreprenants, on ne peut s'empêcher d'admirer comment il a su acquérir les connaissances nécessaires et trouver le temps indispensable pour tracer un tableau complet du Spitzberg, de ses mers, de ses glaces, de son climat et de ses productions naturelles. Pour se faire une juste idée de son exactitude et de sa sagacité, il faut avoir revu ce qu'il a vu et contrôlé ce qu'il a écrit. Comme les voyages de de Saussure, avec lequel il a les plus grands rapports par l'ingénuité des observations toujours exemptes d'idées préconçues et une certaine timidité dans les conclusions, son livre sera toujours le point de départ de toute recherche scientifique dans les mers arctiques. Les résultats plus nombreux et plus exacts obtenus par ses successeurs sont dus, non pas à leurs qualités personnelles, mais aux instruments plus parfaits et aux méthodes plus exactes que les progrès incessants de la physique ont mis à leur disposition. De même, les géologues qui parcourent les Alpes n'observent pas mieux que de Saussure, mais savent plus que lui. Scoresby est le de Saussure des mers arctiques, et je suis assuré que tous ceux qui ont visité à la fois les Alpes et la mer Glaciale confirmeront ce jugement.

(1) *An Account of the artic regions, with an history and description of the Northern whalefishery, illustrated by twenty-four engravings.* 2 vol. in-8º, 1820.

En 1807, le *Shannon*, sous les ordres du capitaine Brocke, fit une reconnaissance des côtes occidentales du Spitzberg, qui a servi de base à la géographie et à l'hydrographie de ces parages.

Mentionnons seulement pour mémoire le voyage infructueux de la *Dorothée*, commandée par le capitaine David Buchan, et du *Trent*, sous les ordres du lieutenant John Franklin, qui a trouvé, il y a vingt ans, une mort glorieuse en tentant de découvrir ce passage du nord-ouest que lui-même, Ross et Parry cherchèrent vainement pendant si longtemps. Les deux navires, partis des îles Shetland le 27 mai 1818, atteignirent le 80e degré près du Spitzberg. La banquise formait une barrière infranchissable : retenus pendant huit jours dans les glaces, ils vinrent mouiller à Fairhaven. Une seconde tentative, où ils s'élevèrent jusqu'à 80° 32', ne fut pas plus heureuse ; et, après avoir essuyé un terrible coup de vent au milieu des glaces flottantes, ils regagnèrent la baie de Smeerenberg, y restèrent un mois pour réparer leurs avaries, et revinrent en Angleterre le 10 octobre.

Cet insuccès ne découragea pas l'amirauté anglaise, qui envoya en 1823 la corvette le *Griper* sur les côtes du Spitzberg : elle était commandée par le capitaine Clavering, le lieutenant Forster, et portait le capitaine, depuis général d'artillerie, Sabine, qui devait faire et fit en effet d'importantes expériences avec le pendule pour la détermination de la figure et de la densité de la terre, avec le baromètre pour la mesure des hauteurs, puis des observations variées sur la température, la végétation, etc. Le *Griper*, parti en mai d'Angleterre, séjourna dans Fairhaven par 79° 46' de latitude, et revint par les côtes orientales du Groenland, qui furent explorées du 72e au 76e degré de latitude.

Phipps et Scoresby avaient émis l'opinion que la banquise qui arrêtait tous les navigateurs dans leurs tentatives pour atteindre le pôle nord formait une plaine unie sur laquelle on

pourrait s'avancer à pied ou en traîneau. Cette idée frappa l'imagination d'Édouard Parry. Il n'était âgé que de trente-sept ans,
avait déjà fait quatre voyages dans le Nord et passé deux hivers
au fond de la mer de Baffin, l'un à l'île Melville, l'autre à Port-
Bowen, dans le détroit du Prince-Régent : nul homme n'était
donc mieux préparé que lui pour une pareille expédition. Le
27 mars, il partit sur l'*Hecla*, toucha à Hammerfest, reconnut
la pointe d'Hackluit le 14 mai, entra dans Magdalena-bay, et
après plusieurs bordées vers le nord, il laissa son navire dans
Hecla-cove, anse de la baie de *Treurenburg*. L'*Hecla* y resta du
20 juin au 28 août, pendant que Parry cherchait avec ses embarcations et des traîneaux à s'avancer vers le pôle sur la banquise : malheureusement celle-ci était entraînée vers le sud, tandis que Parry et ses compagnons marchaient vers le nord. Après
trente et un jours de fatigues inouïes, ils ne se trouvaient que
par 82° 44' de latitude. Pousser plus loin sur cette banquise, qui
n'était point une surface unie comme Phipps et Scoresby l'avaient
jugé de loin, mais une espèce de glacier hérissé de pointes
séparées par des crevasses et des intervalles où la mer était
libre, eût été à la fois impossible et inutile, puisque la banquise
dérivait vers le sud à mesure que Parry s'avançait vers le nord.
Parry revint donc à Hecla-cove, le 20 août, après avoir visité
la plupart des îles les plus septentrionales du Spitzberg ; savoir :
Low island, Walden-island, l'île *Moffen* et enfin *Little-Table
island* et *Ross-inlet*, la plus boréale de toutes.

L'intéressante relation de Parry (1) est suivie d'un appendice
contenant : quatre mois d'observations météorologiques faites
dans les mers du Spitzberg, à Hecla-cove, par latitude 79° 55',
et pendant son excursion sur la banquise ; des mesures de la
température de la mer à diverses profondeurs, que j'ai discutées

(1) *An Attempt to reach the North-pole.* In-4°, 1828.

CH. MARTINS.   5

ailleurs (1) ; et l'énumération des plantes et des animaux observés dans la partie septentrionale du Spitzberg, par Ross,
Forster et Halse, officiers de l'*Hecla*.

La même année où Parry échouait dans sa tentative, M. Keilhau, professeur de géologie à Christiania, se trouvait à Hammerfest, après avoir visité la Laponie norvégienne : il y rencontra un
Allemand, M. de Lowenhigh, qui venait de parcourir la Russie
jusqu'à Arkhangel, et deux Anglais, MM. Everest. Ces messieurs
résolurent de partir pour le Spitzberg, et d'aborder à l'établissement russe qui se trouve au sud de l'île orientale découverte en 1616 par les Hollandais, et appelée *terre des États*.
Ils s'embarquèrent sur un petit brick, avec six hommes d'équipage, le 15 août. Le 20, ils abordèrent à Beeren-eiland, où ils
restèrent jusqu'au 22. La température oscillait entre 3°,1 et
5°,4. Deux sources qui sourdaient d'une couche de gravier
de 3 mètres d'épaisseur marquaient, l'une 0°,7, l'autre 4°,7.
Keilhau recueillit dans cette île 28 plantes phanérogames et
23 cryptogames. Le 27, le navire était à six milles d'*Ice-sound*,
et le 3 septembre, près du cap sud du Spitzberg. Après avoir
essuyé un orage, ils s'engagèrent dans les Mille îles, où ils trouvèrent de la glace et un nombre considérable de phoques et de
morses, et, après avoir navigué péniblement dans les glaces, le
navire aborda, le 10 septembre, à l'établissement qui se trouve
sur la côte occidentale de la terre des États, appelée aussi Spitzberg oriental. La maison installée pour abriter trente à quarante
hommes était alors sans habitants. Keilhau recueillit dans les
environs 26 végétaux phanérogames et 34 cryptogames, et fit
de nombreuses observations géologiques qu'il a consignées
dans sa narration (2).

(1) *Mémoire sur les températures de la mer Glaciale* (*Voyages en Scandinavie et au Spitzberg de la corvette la Recherche*, Géographie physique, t. II,
p. 279, et *Annales de physique et de chimie*, 1849).

(2) *Reise i œst og vest Finmarken samt til Beeren-eiland og Spitzbergen*.
Christiania, 1831.

L'ordre chronologique m'amène à parler des deux voyages au Spitzberg que j'ai faits comme membre de la commission scientifique du Nord, en 1838 et 1839. Cette commission se composait de MM. Gaimard, Lottin, A. Bravais, X. Marmier, E. Robert, Mayer et moi. La *Recherche*, navire construit pour naviguer dans les mers du Nord, commandée par M. Fabvre, lieutenant de vaisseau, mort amiral en 1864, avait été désignée pour ce voyage. Nous quittâmes le Havre le 13 juin 1838; le 26, nous entrions dans le fiord de Drontheim, et le 27 nous étions mouillés devant l'ancienne capitale de la Norvége. La corvette y séjourna jusqu'au 3 juillet, et le 13 elle entrait dans la belle baie de Hammerfest, la ville la plus septentrionale de l'Europe. Le 15 juillet, le navire repartait pour le Spitzberg. Le lendemain, nous rencontrâmes un banc de glaces flottantes au milieu desquelles nous naviguâmes pendant trois jours : ces glaces s'étendaient probablement jusqu'à Beeren-eiland; elles n'étaient pas très-élevées, puisqu'elles ne dépassaient pas les bastingages du navire. Leur volume variait prodigieusement et était souvent difficile à estimer, même approximativement. Quelquefois une glace très-petite en apparence n'est que la pointe saillante hors de l'eau d'une énorme pyramide dont les quatre cinquièmes sont immergés. Celles qui ont la forme d'un parallélipipède présentent une grande surface plane, rarement salie par du sable ; les glaçons presque entièrement fondus affectent les formes les plus bizarres et les plus contournées. Il fallait à tout prix éviter un abordage avec ces masses flottantes ; aussi l'officier de quart se tenait-il sur l'avant du navire, indiquant par signes au timonier de mettre la barre du gouvernail à bâbord ou à tribord. Le jour perpétuel favorisait notre navigation, mais des brumes épaisses la contrariaient souvent. L'officier avait peine à distinguer les glaces flottantes, et le timonier n'apercevant plus les signes du commandant, les ordres se transmettaient par les mousses, qui couraient sans cesse de l'avant à l'arrière.

Les glaces flottantes sont un spectacle dont on ne se lasse pas : des grottes, des cavernes, creusées à la ligne de flottaison par les vagues, sont colorées des plus belles teintes azurées, et, par une mer un peu grosse, quand ces glaces sont balancées par la houle, ces teintes présentent toutes les nuances depuis le blanc le plus pur jusqu'au bleu d'outre-mer. Si les blocs sont nombreux, on entend une crépitation semblable à celle des étincelles électriques ; elle est due probablement, comme celle des glaciers, à des milliers de bulles d'air qui se dégagent de la glace à mesure qu'elle fond au contact de l'eau. Le 24 juillet, nous entrions dans la baie de Bell-sound, par latitude 77° 30' ; nous y restâmes jusqu'au 4 août. Une foule d'observations et deux séries météorologiques horaires y ont été faites, de 30 juillet au 4 août, l'une à 5^m,45 au-dessus de la mer, l'autre sur une montagne, le Slaadberg, à 564 mètres d'altitude. Le 12 août, la corvette rentrait dans le port de Hammerfest.

En 1839, la *Recherche* partit de nouveau du Havre le 14 juin, et mouillait le 25 juin devant Thorshavn, capitale des îles Feroë, par latitude 62° 3'. Le 12 juillet, la corvette était de nouveau à Hammerfest, et le 31 elle entrait dans Magdalena-bay, par latitude 79° 34', longitude 8° 49'. Une série horaire fut continuée sans interruption, du 1er au 12 août, à 6 mètres au-dessus du niveau de la mer. Chacun des membres de la commission et des officiers employa utilement tous les instants. L'absence de nuit doublait le temps du travail. On trouvera, dans le grand ouvrage publié par les soins du département de la Marine, les résultats de ces études et de celles auxquelles se livrèrent deux membres de la commission, MM. Lottin et Bravais, et deux savants suédois, MM. Lilliehoeck et Siljestroem, qui passèrent l'hiver de 1838 à 1839 à Bossekop, en Laponie, par 70° de latitude et 21° 10' de longitude orientale (1).

(1) *Voyages en Scandinavie et au Spitzberg de la corvette la Recherche,* 41 volumes in-8°, avec atlas.

Depuis cette époque deux voyages scientifiques ont été faits au Spitzberg : le premier, en 1858, par le professeur Nordenskiöld de Helsingfors ; le second, par une commission suédoise. En 1861, M. Nordenskiöld, accompagné de MM. Torell et Quennerstedt, longea la côte occidentale, et atteignit Smeerenberg, après avoir visité tous les fiords compris entre Horn-sound et l'île d'Amsterdam. Ces messieurs séjournèrent deux mois au Spitzberg. Les détails de ce voyage ne me sont pas connus. L'expédition suédoise a étudié principalement le nord du Spitzberg, savoir, le détroit de Van Hinlopen, qui le sépare de la terre du Nord-Est ; l'extrémité septentrionale de cette même terre du Nord-Est, et la chaîne d'îlots qui s'avancent vers le pôle. Nous profiterons des travaux accomplis par les membres de cette commission, MM. Nordenskiöld, Malmgrén, Chydenius, Blomstrand, Dunér et Torell ; mais la relation du voyage, interrompue par la mort prématurée du docteur Chydenius, n'a pas encore paru. Cependant un grand nombre de résultats ont déjà été publiés en Suédois et dans les communications géographiques de Petermann. M. Nordenskiöld a fait connaître les déterminations astronomiques faites au nord du Spitzberg, sur la terre du Nord-Est et dans les Sept îles. Le même, avec le concours de Blomstrand, a donné une carte géologique de cette portion de l'archipel. Les observations magnétiques sont dues à Chydenius ; le même a jalonné les points qui pourraient servir à la mesure d'un arc du méridien, qui, compris entre 79° 8′ et 80° 50′, serait de la plus haute importance pour la détermination plus exacte de l'aplatissement de la terre. Malmgrén a donné la liste des mammifères, des oiseaux et des plantes du Spitzberg, et Torell un aperçu général sur la géographie physique des régions arctiques. Nous terminons ici l'exposé succinct des principales explorations du Spitzberg pour passer à la description de ce pays.

CLIMAT DU SPITZBERG.

Quand on songe qu'au Spitzberg la hauteur du soleil ne dépasse jamais 37 degrés, même dans les parties les plus méridionales; que ses rayons obliques, traversant une épaisseur
énorme d'atmosphère, n'arrivent à la terre qu'après avoir perdu
presque toute leur chaleur, et rasent, pour ainsi dire, la surface
du sol, au lieu de le frapper perpendiculairement, comme dans
les pays chauds ; si l'on ajoute que du 26 octobre au 16 février,
l'astre ne se montre plus, et qu'une nuit de quatre mois enveloppe cette terre glacée; si l'on réfléchit que, dans la période
de 128 jours pendant laquelle la nuit alterne avec la clarté du
soleil, celui-ci s'élève à peine au-dessus de l'horizon, on comprendra que le climat du Spitzberg soit des plus rigoureux. La
présence continuelle de l'astre pendant quatre mois de l'année
ne compense pas son absence pendant le même espace de
temps, ni l'obliquité de ses rayons ; même pendant les mois de
juillet et d'août, il est le plus souvent obscurci par des brumes
qui s'élèvent de la mer. Jamais le ciel n'est serein pendant une
journée tout entière. En outre, des vents violents refroidis par
les banquises, ou par les glaciers, viennent à de courts intervalles abaisser la température de l'atmosphère. Néanmoins le
climat du Spitzberg est moins froid que celui des parties septentrionales de l'Amérique, situées sous la même latitude, savoir, l'extrémité de la baie de Baffin, connue sous le nom de
Smith-sound. C'est dans ces régions que les météorologistes ont
placé le pôle du froid de l'hémisphère septentrional, qui ne
coincide nullement avec celui de la terre, mais se trouve, en
Amérique, par 98° de longitude occidentale et sous le 78° degré
de latitude. Si le climat du Spitzberg est moins rigoureux que
celui de ces régions continentales, c'est aussi parce que le
Spitzberg est un archipel dont les eaux sont réchauffées par le
Gulfstream, grand courant d'eau tiède, qui prend naissance

dans le golfe du Mexique, traverse l'Atlantique, et vient expirer dans la mer Blanche et sur les côtes occidentales du Spitzberg. Aussi celles-ci sont-elles toujours libres en été, tandis que les côtes orientales, bloquées par des glaces flottantes, sont rarement accessibles aux pêcheurs de phoques et de morses, qui seuls fréquentent ces parages désolés.

Je ne fatiguerai pas le lecteur des méthodes que j'ai employées et des calculs que j'ai faits pour exprimer en chiffres les températures moyennes du Spitzberg. J'ai utilisé les observations de Phipps, celles de Parry, de Scoresby, et celles de la commission scientifique du Nord au Spitzberg et en Laponie. Mes résultats étant sensiblement d'accord avec ceux que Scoresby a déduits de ses propres observations, les nombres obtenus méritent la confiance des savants. Comme lui, j'ai calculé les températures pour la partie moyenne de l'île située sous le 78e degré de latitude. Le tableau suivant présente les températures moyennes de chaque mois exprimées en degrés centigrades. Afin que le lecteur puisse se faire une juste idée de la rigueur de ce climat, je mets en regard les températures correspondantes pour Paris, calculées par M. Renou, et basées sur quarante-cinq ans d'observations (1816 à 1860) faites à l'Observatoire de Paris.

Températures moyennes mensuelles au Spitzberg, sous le 78e degré de latitude, et à Paris, sous 48° 50'.

	SPITZBERG.	PARIS.
Janvier	— 18°,2	2°,3
Février	— 17°,1	3°,9
Mars	— 15°,6	6°,3
Avril	— 9°,9	10°,0
Mai	— 5°,3	13°,8
Juin	— 0°,3	17°,3
Juillet	+ 2°,8	18°,7
Août	+ 1°,4	18°,5
Septembre	— 2°,5	15°,5
Octobre	— 8°,5	11°,2
Novembre	— 14°,5	6°,6
Décembre	— 15°,0	3°,5

La moyenne de l'année est donc de — 8°,6, celle de Paris étant de + 10°,6 ; la différence s'élève à 19 degrés.

Les températures moyennes ne sont pas suffisantes pour se faire une juste idée d'un climat, car la même moyenne peut correspondre à des extrêmes très-différents. Voici quelques températures extrêmes observées au Spitzberg, du mois d'avril à celui d'août. En avril, Scoresby n'a pas vu le thermomètre en mer au-dessus de — 1°,1. En mai, la plus haute température fut de + 1°,1. Six fois seulement le thermomètre s'éleva au-dessus du point de congélation. Le mois de mai est donc encore un mois d'hiver. En juin, le mercure dépasse souvent le zéro de l'échelle thermométrique, et Scoresby l'a vu marquer 5°,6, mais en 1810 il est encore descendu à — 9°,4. En juillet, je ne l'ai jamais vu s'élever au-dessus de 5°,7, ni s'abaisser au-dessous de 2°,7 : on voit que la température est d'une uniformité remarquable, puisqu'elle ne varie que de 3 degrés. Même phénomène en août, où j'ai vu, sous le 78° de latitude, le thermomètre en mer osciller entre 1°,2 et 3°,0. Pour donner une idée de l'absence de chaleur du Spitzberg, je dirai qu'en onze ans, de 1807 à 1818, Scoresby n'a vu qu'une seule fois, le 29 juillet 1815, le thermomètre à 14°,4 ; Parry, à 12°,8, le 19 juillet 1827, et moi-même à 8°,2, en août 1838. La plus haute température, 16°,0, a été notée par l'expédition suédoise le 15 juillet 1861. Quant au froid, nous n'avons pas de renseignements précis pour l'hiver, mais il est probable que le mercure y gèle quelquefois et que le thermomètre se tient souvent entre — 20 et —30 degrés, car Scoresby a encore observé — 17°,8 le 18 avril 1810, et même —18°,9 le 13 mai 1814. Il tombe de la neige dans tous les mois de l'année. Au mouillage de la baie de la Madeleine, par 79° 34' de latitude, la corvette *la Recherche* en était couverte pendant les premiers jours d'août 1839. Dans le journal de Scoresby, il n'est pas de mois où elle ne soit indiquée. Le temps est d'une inconstance remarquable. A un calme plat succèdent de violents coups de vent. Le ciel, serein pendant quelques heures, se couvre de nuages; les brumes sont presque continuelles et d'une épaisseur telle, que l'on ne distingue pas les objets à quelques pas devant soi : ces brumes, humides, froides, pénétrantes, mouillent souvent comme de la pluie. Les orages sont inconnus dans ces parages; même pendant l'été, jamais le bruit du tonnerre ne trouble le silence de ces mers désertes. Aux approches de l'automne, les brumes augmentent, la pluie se change en neige; le soleil s'élevant de moins en moins au-dessus de l'horizon, sa clarté s'affaiblit encore. Le 23 août, l'astre se couche pour la première fois dans le Nord : cette première nuit n'est qu'un crépuscule prolongé; mais, à partir de ce moment, la durée des jours diminue rapidement. Enfin, le 26 octobre, le soleil descend dans la mer pour ne plus reparaître. Pendant quelque temps encore le reflet d'une aurore qui n'annonce plus le jour, illumine le ciel aux environs de midi, mais ce crépuscule devient de plus en plus court et de plus en plus pâle, jusqu'à ce qu'il s'éteigne complétement. La lune est alors le seul astre qui éclaire la terre, et sa lumière blafarde, réfléchie par les neiges, révèle la sombre tristesse de cette terre ensevelie sous la neige et de cette mer voilée par la brume figée par la glace.

Mais d'autres clartés remplacent celle de la lune, ce sont celles des aurores boréales, qui, fortes ou faibles, se montrent toutes les nuits pour l'observateur attentif. Tantôt ce sont de simples lueurs diffuses ou des plaques lumineuses; tantôt des rayons frémissants d'une éclatante blancheur, qui parcourent tout le firmament en partant de l'horizon, comme si un pinceau invisible se promenait sur la voûte céleste : quelquefois il s'arrête; les rayons inachevés n'atteignent pas le zénith, mais l'aurore se continue sur un autre point; un bouquet de rayons s'élance, s'élargit en éventail, puis pâlit et s'éteint. D'autres fois de longues draperies dorées flottent au-dessus de la tête du spectateur, se replient sur elles-mêmes de mille manières, et ondulent comme si le vent les agitait. En apparence elles semblent peu élevées dans l'atmosphère, et l'on s'étonne de ne pas entendre le frôlement des replis qui glissent l'un sur l'autre. Le plus souvent un arc lumineux se dessine vers le nord; un segment noir le sépare de l'horizon, et contraste par sa couleur foncée avec l'arc d'un blanc éclatant ou d'un rouge brillant qui lance les rayons, s'étend, se divise, et représente bientôt un éventail lumineux qui remplit le ciel boréal, monte peu à peu vers le zénith, où les rayons, en se réunissant, forment une couronne qui, à son tour, darde des jets lumineux dans tous les sens. Alors le ciel semble une coupole de feu; le bleu, le vert, le rouge, le jaune, le blanc, se jouent, dans les rayons palpitants de l'aurore. Mais ce brillant spectacle dure peu d'instants. La couronne cesse d'abord de lancer des jets lumineux, puis s'affaiblit peu à peu; une lueur diffuse remplit le ciel; çà et là quelques plaques lumineuses semblables à de légers nuages s'étendent et se resserrent avec une incroyable rapidité, comme un cœur qui palpite. Bientôt ils pâlissent à leur tour, tout se confond et s'efface : l'aurore semble être à son agonie. Les étoiles, que sa lumière avait obscurcies, brillent d'un nouvel éclat, et la longue nuit polaire, sombre et profonde, règne de nouveau en souveraine sur les solitudes glacées de la terre et de l'Océan. Devant de tels phénomènes, le poëte, l'artiste, s'inclinent et avouent leur impuissance; le savant seul ne désespère pas : après avoir admiré ce spectacle, il l'étudie, l'analyse, le compare, le discute, et il arrive à prouver que ces aurores sont dues aux radiations électriques des pôles de la terre, aimant colossal dont le pôle boréal se trouve dans le nord de l'Amérique septentrionale, non loin du pôle du froid de notre hémisphère, tandis que son pôle austral est en mer, au sud de l'Australie, près de la terre Victoria, découverte par James Ross.

Quelques indications suffiront pour prouver la nature électromagnétique de l'aurore boréale. Au Spitzberg, une aiguille aimantée suspendue horizontalement à un fil de soie non tordu est tournée vers l'ouest : dès le début de l'aurore, le physicien qui observe cette aiguille s'aperçoit qu'au lieu d'être sensiblement immobile, elle semble en proie à une inquiétude inusitée et se déplace rapidement à droite et à gauche, et de gauche à droite. A mesure que l'aurore devient plus brillante, l'agitation de l'aiguille augmente, et, sans sortir de son cabinet, l'observateur juge de l'intensité de l'aurore boréale par l'amplitude des déplacements de l'aiguille. Enfin, quand la couronne boréale se forme, son centre se trouve précisément sur le prolongement d'une autre aiguille magnétique librement suspendue sur une chape et orientée dans le sens du méridien magnétique ; elle n'est point horizontale, mais inclinée vers le pôle magnétique, et se nomme *aiguille d'inclinaison*. Les aurores boréales sont donc intimement unies aux phénomènes magnétiques du globe terrestre, et il était réservé à un célèbre physicien, M. Auguste de la Rive, de réaliser expérimentalement les principaux phénomènes de l'aurore boréale sur une boule de bois représentant le globe terrestre et convenablement électrisée.

Presque toutes les nuits polaires sont éclairées par des aurores boréales plus ou moins brillantes ; mais à partir du milieu de janvier, le crépuscule de midi devient plus sensible, l'aurore annonçant le retour du soleil s'agrandit et monte vers le zénith. Enfin, le 16 février, un segment du disque solaire, semblable à un point lumineux, brille un moment pour s'éteindre aussitôt ; mais à chaque midi le segment s'élargit, jusqu'à ce que l'orbe tout entier s'élève au-dessus de la mer : c'est la fin de la longue nuit de l'hiver. Des alternatives de jour et de nuit se succèdent pendant soixante-cinq jours, jusqu'au 21 avril, commencement d'un jour de quatre mois, pendant lesquels le soleil tourne autour de l'horizon sans jamais disparaître au-dessous. Passons à la description physique du Spitzberg.

·CONSTITUTION PHYSIQUE ET GÉOLOGIQUE DU SPITZBERG.

Spitzbergen, montagnes pointues, tel est le nom que les navigateurs hollandais donnèrent à ces îles qu'ils venaient de découvrir : et en effet, de la mer on ne voit que des sommets aigus aussi loin que la vue peut porter. Ces montagnes ne sont pas très-élevées, leur altitude varie entre 500 et 1200 mètres ; partout elles s'avancent jusqu'au bord de la mer, et il n'existe en général qu'une étroite bande de terre qui forme le rivage. Aux deux extrémités de l'île, au nord et au sud, le sol est moins accidenté, les vallées sont plus larges et le pays prend l'aspect d'un plateau. Trois de ces baies profondes et ramifiées, appelées *fiords* par les Norvégiens, découpent la côte occidentale du Spitzberg. Ce sont, du sud au nord, *Horn-sound*, la baie de la Corne ; *Bell-sound*, la baie de la Cloche ; *Ice-sound*, la baie des Glaces ; *Cross-bay*, la baie de la Croix ; *King's-bay*, la baie du Roi. La baie de Hambourg et celle de la Madeleine sont des golfes moins profonds et moins ramifiés.

Toutes les vallées, dans le nord comme dans le sud du Spitzberg, sont comblées par des glaciers qui descendent jusqu'à la mer. Leur longueur est variable : le plus long que j'ai vu, celui de Bell-sound, avait 18 kilomètres de long sur 6 kilomètres de large ; celui du fond de Magdalena-bay, 1840 mètres de long sur 1580 mètres de large au bord de la mer. Suivant Scoresby, les deux plus grands glaciers sont ceux du cap sud et un autre au nord de Horn-sound, qui tous deux ont 20 kilomètres de large au bord de la mer et une longueur inconnue. Les sept glaciers qui bordent la côte au nord de l'île du Prince-Charles ont chacun près de 4 kilomètres de large. Tous ces glaciers forment à leur extrémité inférieure de grands murs ou escarpements de glace qui s'élèvent verticalement au-dessus de l'eau à des hauteurs qui varient entre 30 et 120 mètres. Les premiers navigateurs hollandais et anglais, voyant ces murailles colossales de glace qui dépassaient la hauteur des mâts de leurs navires, les désignèrent sous le nom de montagnes de glace (*icebergs*), ne soupçonnant pas leur analogie avec les glaciers de l'intérieur du continent : le nom leur est resté, et Phipps, Parry, Scoresby lui-même, ignoraient la nature de ces fleuves de glace qui s'écoulaient sous leurs yeux dans les flots. Quand j'abordai pour la première fois au Spitzberg, en 1838, je reconnus immédiatement les glaciers que j'avais si souvent admirés en Suisse. L'origine est la même, mais les différences tiennent au climat, au voisinage de la mer et à la faible élévation des montagnes du Spitzberg.

Un glacier se forme par l'accumulation des neiges, pendant l'hiver des pays froids, dans une plaine, une dépression du sol ou une vallée. Cette neige fond partiellement en été; regèle, fond de nouveau, s'infiltre d'eau; gèle définitivement à l'entrée de l'hiver, et se transforme ainsi d'abord en *névé*, puis en glace plus ou moins compacte, mais toujours remplie des nombreuses bulles d'air qui étaient logées dans les interstices de la neige. Ces masses de glace, dont l'imagination serait tentée de faire l'emblème de l'immobilité et de la rigidité la plus absolue, sont douées d'un mouvement de progression dû à leur plasticité et à la pression des parties supérieures. Ce mouvement lent, mais continu, plus rapide en été qu'en hiver, pousse sans cesse en avant l'extrémité inférieure du glacier. En Suisse, cette extrémité inférieure descend souvent dans les vallées habitées, telles que celles de Chamounix, de Mont-Joie et du val Veni, autour du Mont-Blanc; de Zermatt, de Saas et de Gressoney, autour du Mont-Rose; de Grindelwald, au pied des hautes Alpes bernoises. Au Spitzberg, le glacier, après un trajet plus ou moins long, arrive à la mer. Quand le rivage est rectiligne, il ne le dépasse pas; mais au fond d'une baie dont le rivage est courbe, il continue à progresser en s'appuyant sur les côtés de la baie et en s'avançant au-dessus de l'eau qu'il surplombe. On le conçoit aisément. En été, l'eau de la mer, au fond des baies, est toujours à une température un peu supérieure à zéro : le glacier fond au contact de cette eau, et quand la marée est basse, on aperçoit un intervalle entre la glace et la surface de l'eau. Le glacier, n'étant plus soutenu, s'écroule partiellement ; des blocs immenses se détachent, tombent à la mer, disparaissent sous l'eau, reparaissent en tournant sur eux-mêmes, oscillent pendant quelques instants, jusqu'à ce qu'ils aient pris leur position d'équilibre. Ces blocs détachés des glaciers forment les glaces flottantes. Deux fois tous les jours, à la marée basse, au fond de Bell-sound et de Magdalena-bay, nous assistions à cet écroulement partiel de l'extrémité des glaciers. Un bruit comparable à celui du tonnerre accompagnait leur chute ; la mer, soulevée, s'avançait sur le rivage en formant un raz de marée ; le golfe se couvrait de glaces flottantes qui, entraînées par le jusant, sortaient comme des flottes de la baie pour gagner la pleine mer, ou bien échouaient çà et là sur le rivage, dans les points où l'eau n'était pas profonde. Ces glaces flottantes n'avaient guère plus de 4 à 5 mètres de hauteur au-dessus de l'eau, car les quatre cinquièmes d'une glace flottante sont immergés dans l'eau. Les glaces flottantes de la baie de Baffin sont beaucoup plus élevées : elles dépassent quelquefois la mâture des navires ; mais dans cette baie la température de la mer est-dessous de zéro, le glacier ne fond pas au contact de l'eau, il descend dans le fond de la mer, et les portions qui s'en détachent sont plus hautes de toute la partie immergée qui, dans les baies du Spitzberg, est détruite par la fusion.

Les glaciers du Spitzberg sont en général unis, et présentent rarement ces aiguilles, ces prismes de glace que les voyageurs admirent au glacier des Bossons, à celui de Talèfre, près de Chamounix, et sur d'autres glaciers de la Suisse. Ces surfaces hérissées d'aiguilles correspondent toujours à des pentes rapides

du glacier, qui se rompt en tombant, pour ainsi dire, en cascade
sur des plans fortement inclinés. Si ceux-ci se trouvent à l'extrémité inférieure de ce glacier, les grandes chaleurs de l'été
fondent, amincissent, effilent ces aiguilles et ces prismes, qui
prennent alors les formes les plus pittoresques. Au Spitzberg,
les pentes sont faibles et uniformes, et les chaleurs de l'été impuissantes pour fondre la glace. C'est seulement au milieu du jour
que la surface du glacier est parcourue par de petits filets d'eau
qui tombent quelquefois en cascade dans la mer, mais s'arrêtent
dès que le soleil cesse de luire ou que la température s'abaisse.
Cependant j'ai observé des aiguilles sur les parties latérales du
grand glacier de Bell-sound ; mais il n'en existait plus sur celui
de Magdalena-bay, au nord du Spitzberg. Comme ceux de la
Suisse, les glaciers de ces îles présentent des crevasses transversales souvent très-larges et très-profondes.

La grotte azurée de l'Arveyron, creusée dans le glacier du
Bois, près de Chamounix, celles des glaciers de Grindelwald et
de Rosenlaui, dans le canton de Berne, tant admirées des touristes, sont des miniatures, comparées aux cavernes ouvertes
dans l'escarpement terminal des glaciers du Spitzberg. Un jour
que j'avais pris des températures de la mer devant le glacier
de Bell-sound, je proposai aux matelots qui m'accompagnaient
d'entrer avec l'embarcation dans une de ces cavernes. Je leur
exposai les chances que nous courions, ne voulant rien tenter
sans leur assentiment. Ils furent unanimes pour accepter.
Quand notre canot eut franchi l'entrée, nous nous trouvâmes
dans une immense cathédrale gothique ; de longs cylindres de
glace à pointe conique descendaient de la voûte, les anfractuosités semblaient autant de chapelles dépendantes de la nef principale ; de larges fentes partageaient les murs, et les intervalles
pleins, simulant des arceaux, s'élançaient vers les cintres ; des
teintes azurées se jouaient sur la glace et se reflétaient dans
l'eau. Les matelots, tous Bretons, étaient, comme moi, muets

d'admiration. Mais une contemplation trop prolongée eût été dangereuse ; nous regagnâmes bientôt l'étroite ouverture par laquelle nous avions pénétré dans ce temple de l'Hiver, et, revenus à bord de la corvette, nous gardâmes le silence sur une escapade qui eût été justement blâmée. Le soir, nous vîmes du rivage notre cathédrale du matin s'incliner lentement, puis se détacher du glacier, s'abîmer dans les flots, et reparaître émiettée en mille fragments de glace que la marée descendante entraîna vers la pleine mer.

Tous les voyageurs qui ont vu les glaciers des Alpes ont été frappés du grand nombre de blocs de pierre gisant à leur surface. Ces blocs proviennent des montagnes voisines qui s'écroulent été comme hiver, et recouvrent le glacier de débris : plus les montagnes qui le dominent sont élevées, plus les débris sont nombreux. Ces accumulations de roches brisées, appelées *moraines*, ne sont pas dispersées au hasard : les unes forment de longues traînées sensiblement parallèles, disposées le long des bords du glacier, ce sont les *moraines latérales ;* les autres occupent la partie moyenne du champ de glace, on les appelle *moraines médianes :* elles sont le résultat de la fusion des moraines latérales de deux glaciers qui se réunissent en un seul. De même, au confluent de deux rivières dont les eaux sont de couleur différente, on reconnaît *au milieu* du fleuve formé par la réunion des deux rivières une coloration due au mélange des eaux de chaque affluent. Dans sa progression incessante, le glacier entraîne, comme le ferait un cours d'eau, les débris dont il est chargé ; arrivés à l'extrémité terminale, ces débris tombent l'un après l'autre sur le sol, au pied du glacier. Leur accumulation produit une digue concentrique à l'escarpement du glacier : cette digue se nomme *moraine terminale.* En Suisse, certains glaciers, celui de l'Unter-Aar, la mer de glace de Chamounix, le glacier du Miage, celui de Zmutt, près de Zermatt, sont couverts de blocs de pierre, sous lesquels la glace disparaît presque totalement; cela tient à ce que ces glaciers sont dominés par de très-hautes montagnes composées de roches qui se fendent, se fragmentent et se démolissent perpétuellement. Au contraire, au Spitzberg, les montagnes, étant peu élevées, sont pour ainsi dire enfouies dans les glaciers; leur pointe seule fait saillie hors des masses glacées qui les entourent; peu de débris tombent donc sur les glaciers. Il en résulte que les moraines sont moins considérables. Ajoutons encore que les glaciers du Spitzberg correspondent à la partie supérieure des glaciers de la Suisse, à celle qui est au-dessus de la ligne des neiges éternelles, ou, si l'on aime mieux, au-dessus des limites de la végétation arborescente. Or, plus on s'élève sur un glacier des Alpes, plus les moraines latérales et médianes diminuent de largeur et de puissance, jusqu'à ce qu'elles s'amincissent et disparaissent enfin sous les hauts névés des cirques dont le glacier n'est qu'un émissaire, de même que les torrents des montagnes prennent souvent leur source dans un ou plusieurs lacs étagés les uns au-dessus des autres. Pour toutes ces raisons, les moraines latérales et médianes sont peu apparentes sur les glaciers du Spitzberg; un certain nombre de blocs se remarquent sur les bords et quelquefois au milieu, mais la glace ne disparaît jamais comme dans les Alpes, sous la masse des débris qui la recouvrent. Quant aux moraines terminales, c'est au fond de la mer qu'il faut les chercher, puisque l'escarpement terminal la surplombe presque toujours: ainsi les blocs de pierre tombent avec les blocs de glace, et forment une moraine frontale sous-marine dont les deux extrémités sont parfois visibles sur le rivage. M. O. Torell a remarqué que partout, près de la côte du Spitzberg, le fond de la mer se composait de blocs et de cailloux, rarement de sable ou de limon. Le même observateur a retrouvé sur les glaciers du Spitzberg toutes les particularités notées sur ceux des Alpes : la stratification de la glace, les bandes bleues, et l'action sur les roches encaissantes, qui sont arrondies, polies et striées comme celles de la Suisse.

Les glaciers descendant jusqu'à la mer, il n'y a ni fleuves ni rivières au Spitzberg. Quelques faibles ruisseaux s'échappent quelquefois des flancs du glacier, mais ils tarissent souvent. Le sol étant toujours gelé à quelques décimètres de profondeur, les sources sont inconnues dans ces îles.

La géologie des côtes occidentales du Spitzberg a été étudiée par Keilhau, les membres de la commission française, et, dans ces derniers temps, par MM. Nordenskiöld et Blomstrand. Sans entrer dans des détails peu intéressants pour le lecteur, je dirai que les montagnes du Spitzberg sont formées en général de roches cristallines. Le granite y est très-commun. Les sept îles, au nord de l'archipel, sont entièrement granitiques. Le granite est donc la roche dont se composent les dernières terres dans le nord de l'Europe. Plus au sud apparaissent des calcaires quelquefois dolomitiques, appartenant probablement aux étages inférieurs des terrains de sédiment, et traversés par des filons de roches hypersténiques, espèce de porphyre fort rare qui ne se rencontre qu'en Scandinavie et au Labrador. Sur d'autres points, on a retrouvé les mêmes roches; mais dans le détroit de Hinlopen et près de Bell-sound, on observe des calcaires fossilifères. D'après l'inspection des fossiles, M. de Koninck les a rapportés au terrain permien, formation reposant sur le terrain houiller, et qui tire son nom du gouvernement de Perm, en Russie. Dans la baie du Roi (*King's-bay*), M. Blomstrand a signalé ce terrain carbonifère avec des traces de combustible. On comprend toutes les difficultés que rencontre le géologue dans un pays couvert de neige et de glace. Néanmoins, d'après les indications que nous possédons, on peut dire que le Spitzberg appartient aux formations anciennes du globe, aux terres émergées

dès l'origine du monde, où manquent tous les terrains correspondant aux mers disparues, immenses bassins où se sont
déposées les couches jurassiques, crétacées et tertiaires.

FLORE DU SPITZBERG.

Après le tableau que nous avons tracé du climat et de la constitution physique du Spitzberg, le titre de ce chapitre doit
sembler invraisemblable. Quelle végétation peut-il y avoir dans
un pays couvert de neige et de glace, où la température moyenne
de l'été est de + 1°,3, c'est-à-dire inférieure à celle du mois
de janvier à Paris? Existe-t-il des plantes capables de vivre et
de se propager dans de pareilles conditions de sol et de climat?
Néanmoins, quand on aborde au Spitzberg, on aperçoit çà et
là certaines places favorablement exposées, où la neige a disparu. Ces îles de terre éparses au milieu des champs de névé
qui les entourent, semblent d'abord complétement nues; mais
en s'approchant, on distingue de petites plantes microscopiques
pressées contre le sol, cachées dans ses fissures, collées contre
les talus tournés vers le midi, abritées par des pierres ou perdues dans les petites mousses et les lichens gris qui tapissent
les rochers. Les dépressions humides, couvertes de grandes
mousses du plus beau vert, reposent l'œil attristé par la couleur
noire des rochers et le blanc uniforme de la neige. Au pied des
falaises habitées par des oiseaux marins, dont le guano active
la végétation sur la terre qu'il échauffe, des renoncules, des
Cochlearia, des graminées, atteignent quelquefois une hauteur de plusieurs décimètres, et au milieu des éboulements de
pierres s'élève un pavot à fleurs jaunes (*Papaver nudicaule*), qui
ne déparerait pas les corbeilles de nos jardins. Nulle part un
arbuste ou un arbre : les derniers de tous, le bouleau blanc,
le sorbier des oiseleurs et le pin sylvestre, s'arrêtent en Norvége, sous le 70ᵉ degré de latitude. Néanmoins quelques

végétaux sont de consistance ligneuse : d'abord, deux petites
espèces de saules appliqués contre la terre, dont l'un, le saule
à feuilles réticulées, qui croît également dans les Alpes, et un
arbrisseau s'élevant au-dessus des mousses humides, l'*Empetrum nigrum,* qu'on trouve dans les marais tourbeux de
l'Europe, jusqu'en Espagne et en Italie. Les autres plantes sont
d'humbles herbes sans tige, dont les fleurs s'épanouissent au ras
du sol. La plupart sont si petites, qu'elles échappent aux yeux du
botaniste ; on ne les aperçoit qu'en regardant soigneusement
à ses pieds. La preuve en est dans le lent accroissement de
l'inventaire des plantes phanérogames du Spitzberg, qui n'a été
complété que peu à peu par les recherches successives des
voyageurs qui ont exploré ces îles. Ainsi, en 1675, Frédéric
Martens, de Hambourg, décrit et figure seulement 11 espèces
terrestres ; Phipps, en 1773, n'en rapporta que 12, qui furent
nommées et décrites par Solander. Scoresby était presque toujours à la mer ; aussi le nombre total des espèces qu'il a recueillies dans ses voyages ne s'élève-t-il qu'à 15, décrites en
1820 par le célèbre Robert Brown. En 1823, le capitaine, actuellement général Sabine, en rassembla 24, que sir W. Hooker
prit le soin de déterminer. Le même botaniste a fait connaître
les 40 espèces récoltées par Parry en 1827, pendant son séjour
au nord du Spitzberg. Sommerfelt a ensuite dénommé 42 espèces rapportées la même année par Keilhau du Spitzberg méridional et de l'île de l'Ours. En 1838 et 1839, un botaniste
danois, M. Vahl et moi, avons recueilli à Bell-sound, à Magdalena-bay et à Smeerenberg, 57 espèces. Le voyage de MM. Torell, Nordenskiöld et Quennerstedt, en 1858, a enrichi la
flore du Spitzberg de 6 espèces, et celui de la commission
scientifique suédoise, en 1861, de 21. M. Malmgrén, botaniste
de l'expédition, en éliminant les doubles emplois et distinguant les espèces confondues par ses prédécesseurs, porte
à 93 le nombre total des plantes phanérogames du Spitzberg.

Je ne parlerai pas des cryptogames, c'est-à-dire des mousses qui tapissent le fond des dépressions humides, et recouvrent les marais tourbeux. Je passe également sous silence les lichens, qui croissent sur les pierres jusqu'au sommet des montagnes, et résistent aux froids les plus rigoureux ; car la plupart ne sont jamais recouverts par la neige. M. Lindblom portait déjà le nombre de ces cryptogames à 152 avant les deux dernières expéditions suédoises. On voit que la loi émise par Linné sur la prédominance des cryptogames dans le Nord se vérifie pleinement, et en additionnant les phanérogames avec les cryptogames, la somme totale des végétaux connus du Spitzberg s'élèverait à 245 espèces.

Le nombre des phanérogames du Spitzberg, qui ne monte qu'à 93, est extrêmement restreint. En effet, l'Islande, située sous le 65ᵉ degré de latitude, et dont la superficie est beaucoup plus petite, en renferme encore 402. En allant vers le sud, la proportion augmente rapidement, puisque l'Irlande, plus petite également que le Spitzberg, en nourrit 960. Les végétaux de cette île sont donc les enfants perdus de la flore européenne, ceux de tous qui résistent le mieux au froid, ou plutôt, puisque la neige les recouvre en hiver, ceux qui peuvent vivre et fleurir avec la plus petite somme de chaleur.

Des 93 phanérogames du Spitzberg, une seule espèce est alimentaire : c'est le *Cochlearia fenestrata*, dont trois congénères, *Cochlearia officinalis*, *C. danica* et *C. anglica*, habitent les côtes de l'océan Atlantique. Ces plantes, renfermant un principe âcre et amer, sont employées en médecine comme antiscorbutiques, mais ne servent pas d'aliment. Au Spitzberg, vu l'absence de chaleur atmosphérique, ces principes se développent si peu, que le cochléaria peut être mangé en salade, précieuse ressource pour les navigateurs ; car ses propriétés antiscorbutiques, quoique affaiblies, n'en subsistent pas moins, et préviennent une affection que le froid, l'humidité, l'usage de viandes salées et la privation de végétaux conspirent à développer. Pendant l'été, les graminées sont une précieuse ressource pour les rennes, le seul animal herbivore qui habite le Spitzberg.

Je crois devoir donner ici la liste complète des plantes du Spitzberg, disposées par familles naturelles :

VÉGÉTAUX PHANÉROGAMES DU SPITZBERG.

Nota. — Les espèces en italique existent en France. Les espèces distinguées par un astérisque sont exclusivement arctiques et manquent en Scandinavie.

RANUNCULACEÆ. *Ranunculus glacialis*, L. ; R. hyperboreus, Rottb.; R. pygmæus, Wgb. ; R. nivalis, L. ; R. sulfureus, Sol. ; *R. arcticus, Richards.

PAPAVERACEÆ. Papaver nudicaule, L.

CRUCIFERÆ. *Cardamine pratensis*, L. ; *C. bellidifolia*, L. ; *Arabis alpina*, L. ; *Parrya arctica, R. Br.; *Eutrema Edwardsii, R. Br.; *Braya purpurascens, R. Br. ; Draba alpina, L. ; *D. glacialis, Adams; *D. pauciflora,? R. Br. ; *D. micropetala,? Hook. ; D. nivalis, Liljebl. ; *D. arctica, Fl. Dan. ; *D. corymbosa, R. Br.; D. rupestris, R. Br. ; D. hirta, L. ; *D. Wahlenbergii*, Hartm. ; Cochlearia fenestrata, R. Br.

CARYOPHYLLEÆ. *Silene acaulis*, L.; Wahlbergella (Lychnis) apetala, Fr. ; W. affinis, Fr. ; *Stellaria Edwardsii, R. Br. ; *S. humifusa, Rottb. ; *Cerastium alpinum*, L. ; Arenaria ciliata, L. ; *A. Rossii, R. Br. ; *A. biflora*, L. ; *Alsine rubella*, Wbg. ; *Ammadenia (Arenaria) peploides*, Gm. ; Sagina nivalis, Fr.

ROSACEÆ. *Dryas octopetala*, L. ; *Potentilla pulchella, R. Br. ; P. maculata, Pourr.; *P. nivea*, L. ; *P. emarginata, Pursh.

SAXIFRAGEÆ. Saxifraga hieracifolia, Waldst. et Kit. ; S. nivalis, L. ; S. foliolosa, R. Br.; *S. oppositifolia*, L. ; *S. flagellaris, Sternb.; *S. hirculus*, L.; *S. aizoides*, L. ; S. cernua, L. ; S. rivularis, L. ; S. cæspitosa, L. ; *Chrysosplenium alternifolium* var. tetrandrum, Th. Fr.

SYNANTHEREÆ. *Arnica alpina*, Murray ; *Erigeron uniflorus*, L.; *Nardosmia (Tussilago) frigida*, Cass. ; *Taraxacum palustre*, Sm.; *T. phymatocarpum, Vahl.

BORRAGINEÆ. Mertensia (Pulmonaria) maritima, L.

POLEMONIACEÆ. *Polemonium pulchellum, Ledeb.

SCROFULARIACEÆ. Pedicularis hirsuta, L.

ERICACEÆ. Andromeda tetragona, L.

EMPETREÆ. *Empetrum nigrum*, L.

POLYGONEÆ. *Polygonum viviparum*, L. ; *Oxyria digyna*, Campd.

SALICINEÆ. *Salix reticulata*, L. ; S. polaris, Wbg.

JUNCACEÆ. Juncus biglumis, L. ; Luzula hyperborea, R. Br. ; L. arctica, Blytt.

CYPERACEÆ. *Eriophorum capitatum*, Host. ; Carex pulla, Good. ; C. misandra, R. Br. ; C. glareosa, Wbg. ; C. nardina, Fr. ; *C. rupestris*, All.

GRAMINEÆ. Alopecurus alpinus, Sm., R. Br. ; Aira alpina, L. ; Calamagrostis neglecta, Ehrh. ; *Trisetum subspicatum*, P. Beauv. ; *Hierochloa pauciflora, R. Br. ; *Dupontia psilosantha, Rupr. ; *D. Fischeri, R. Br. ; *Poa pratensis* var. alpigena, Fr. ; *P. cenisia*, All. , P. stricta, Lindeb. ; *P. abbreviata, R. Br. ; P. Vahliana, Liebm. ; *Glyceria angustata, Mgr. ; Catabrosa algida, Fr. ; *C. vilfoidea, Anders. ; Festuca hirsuta, Fl. Dan. ; *F. ovina*, L. ; *F. brevifolia, R. Br.

Les personnes auxquelles la botanique n'est pas étrangère pourront retrouver un certain nombre de ces plantes dans divers pays. Ainsi, sur les 93 phanérogames du Spitzberg, 69 espèces existent en Scandinavie, et 28 même en France. Ces dernières sont imprimées en italique dans la liste précédente. La cardamine des prés, le pissenlit des marais et la fétuque des brebis se rencontrent dans nos plaines. La sabline à feuilles de pourpier (*Arenaria peploides*) croît sur les bords de la mer ; le *Chrysosplenium alternifolium*, dans les bois humides des montagnes. L'*Empetrum nigrum* et le *Saxifraga hirculus* sont des plantes des marais tourbeux. Les autres espèces habitent les parties les plus élevées des Alpes et des Pyrénées.

Que le lecteur ne se hâte pas d'admettre des centres multiples de création, et de penser que ces 28 espèces françaises n'ont point une origine commune avec leurs sœurs du Spitzberg, mais qu'elles auraient paru simultanément ou à des époques différentes autour du pôle, dans les marais de la France et sur les sommets neigeux des Alpes et des Pyrénées. Les progrès récents de la géographie botanique ne permettent pas d'admettre une semblable conclusion. On a d'abord constaté que la flore de toutes les contrées glacées qui entourent le pôle nord est d'une uniformité remarquable. M. Malmgrén nous apprend que, sur les 93 plantes phanérogames du Spitzberg, 81 se retrouvent au Groenland. Plus à l'ouest, les îles qui bordent les détroits de Lancastre, de Barrow et de Melville, situés dans l'Amérique septentrionale, près du 75ᵉ degré de latitude nord, ont 58 plantes communes avec la partie septentrionale du Spitzberg. Celles qui manquent en Amérique sont en général des espèces de la côte occidentale de l'île qui appartiennent plus spécialement à la flore continentale du nord de l'Europe. Vers l'est, dans la Sibérie asiatique, sur la presqu'île de Taymir, par 100° de longitude est et 75° de latitude, M. Middendorf a recueilli 124 phanérogames, dont 53 habitent également le Spitzberg.

On le voit, la couronne des modestes fleurs qui entoure le pôle boréal n'est pas variée sous les différents méridiens comme les autres ceintures végétales qui ceignent le globe terrestre : ce sont partout les mêmes plantes ou des espèces appartenant aux mêmes genres et aux mêmes familles ; ce sont toujours les Graminées, les Crucifères, les Caryophyllées et les Saxifragées qui dominent ; et parmi les genres, les *Draba*, les saxifrages, les renoncules, les *Carex* et les paturins. Toutes ces espèces sont vivaces : c'est une condition de leur existence, car il en est bien peu qui puissent, chaque année, nouer leurs fruits et mûrir leurs graines. Or, une plante annuelle disparaît d'un pays, s'il arrive une seule fois que ses graines ne parviennent pas à maturité.

Il existe donc une flore arctique ; mais celle du Spitzberg est aussi le prolongement de la flore scandinave, qui se mêle dans cette île à la flore arctique proprement dite. En effet, ces deux régions ont 69 espèces communes ; restent 24 espèces propres au Spitzberg, mais qui toutes se trouvent dans l'Amérique boréale, le nord de la Sibérie et à la Nouvelle-Zemble : ce sont les plantes arctiques par excellence, celles qui caractérisent le mieux la flore circompolaire. Je les ai distinguées des autres par un astérisque. En résumé, la flore du Spitzberg se compose du mélange de deux flores, l'une européenne, dominante en raison du voisinage de la Scandinavie, l'autre arctique, c'est-à-dire américaine et asiatique.

Cette flore est circonscrite dans les hautes latitudes par une barrière infranchissable pour elle : la chaleur des étés. Mais avant la période actuelle, la terre a traversé une période de froid, les glacier sont formé une calotte qui, rayonnant du pôle, s'est avancée jusqu'au milieu de l'Europe, de l'Amérique et de l'Asie, transportant des blocs de pierre, des amas de sable et de gravier, et avec eux les plantes qui les habitaient : ces plantes se sont propagées de proche en proche vers le sud. Lorsqu'une température plus élevée a amené la fusion et le retrait des glaciers, ces plantes, surprises par la chaleur, ont disparu presque toutes des plaines de l'Europe, mais elles se sont maintenues dans les montagnes telles que les Sudètes, qui comprennent toutes les chaînes de l'Allemagne septentrionale, dans le Harz, dans les Vosges et surtout dans les Alpes. Ainsi, suivant M. Heer, la Suisse compte actuellement 360 espèces alpines, dont 158 se retrouvent dans le nord de l'Europe : il en énumère 42 qui habitent même les plaines du canton de Zurich. Quelques exemples spéciaux vont mettre ces vérités en évidence.

La montagne du Faulhorn, dans le canton de Berne, fait partie d'une chaîne de montagnes calcaires située en face des hautes Alpes bernoises. Son pied septentrional plonge dans le lac de Brienz, tandis que la pente sud aboutit à la vallée de Grindelwald. Du haut de ce belvédère, la vue embrasse toute la chaîne des Alpes, depuis le Sustenhorn, dans le canton d'Uri, jusqu'aux Diablerets, dans celui de Vaud. Le Faulhorn se termine par un cône qui s'élève au-dessus d'un plateau sur lequel se trouve un petit glacier. Ce cône, en pente assez douce vers le midi, forme un abrupt du côté du nord : sa hauteur totale est de 65 mètres, sa superficie de 4 hectares et demi, et le sommet est à 2683 mètres au-dessus de la mer. Il se compose d'un calcaire noir appartenant à l'étage néocomien inférieur. Facilement désagrégé par les agents atmosphériques, ce calcaire nous explique le nom de Faulhorn (*montagne pourrie*) que ce sommet remarquable a reçu des premiers habitants du pays. Sur ce cône, couvert de neige huit mois de l'année, j'ai recueilli pendant plusieurs séjours, en 1841, 1842, 1844 et 1846, avec mon ami Auguste Bravais, 132 espèces phanérogames dont voici la liste :

VÉGÉTAUX PHANÉROGAMES DU SOMMET DU FAULHORN.

Nota. — Les plantes munies d'un astérisque se retrouvent en Laponie. Les espèces imprimées en italique existent également au sommet du pic du Midi de Bigorre, dans les Pyrénées.

RANUNCULACEÆ. Ranunculus montanus, Wild. ; * R. glacialis, L. ; R. alpestris, L. ; Aconitum napellus, L.

CRUCIFERÆ. *Arabis alpina, L. ; A. Gerardi, Besser ; * Cardamine bellidifolia, Gaud. ; Draba fladnizensis, Wulf. ; D. frigida, Suter ; *D. aizoides, L. ; Thlaspi rotundifolium, Gaud. ; *Capsella bursa-pastoris, DC. ; Lepidium alpinum, L.

VIOLARIEÆ. Viola calcarata, L.

CISTINEÆ. Helianthemum alpestre, DC.

CARYOPHYLLEÆ. Silene inflata, Sm. ; *S. acaulis, L. ; Mœhringia polygonoides, Mert. et Koch ; *Alsine verna*, Bartl. ; Spergula saginoides, L. ; Arenaria biflora, L. ; A. ciliata, L. ; *Stellaria media, Sm. ; S. cerastoides, L. ; Cerastium arvense, L. ; *C. latifolium, L. ; Cherleria sedoides, L.

PAPILIONACEÆ. Trifolium pratense, L. ; T. badium, L. ; T. cæspitosum, Reyn. ; *Astragalus alpinus, L. ; * Oxytropis lapponica, Gay ; *O. campestris, DC. ; *Hedysarum obscurum, L.

ROSACEÆ. *Sibbaldia procumbens, L. ; *Dryas octopetala, L. ; Geum reptans, L. ; G. montanum, L. ; Potentilla glacialis, Hall. ; P. salisburgensis, Hæncke ; P. grandiflora, L. ; P. aurea, L. ; *Alchemilla vulgaris, L. ; *A. alpina, L. ; A. pentaphylla, L. ; A. fissa, Schum.

ONAGRARIEÆ. *Epilobium alpinum, L.

CRASSULACEÆ. Sedum repens, Schl. ; S. atratum, L.

SAXIFRAGEÆ. *Saxifraga stellaris, L. ; S. aizoides, L. ; S. bryoides, L. ; S. muscoides, Wulf. ; S. planifolia, Lapeyr. ; S. aizoon, Jacq. ; *S. oppositifolia, L. ; S. androsacea, L. ; S. Seguierii, Spr.

OMBELLIFERÆ. Gaya simplex, Gaud. ; Ligusticum mutellina, Cr. ; *Carum carvi, L.

RUBIACEÆ. Galium helveticum, Weig. ; G. sylvestre var. alpestre Koch.

DIPSACEÆ. Scabiosa lucida, Vill.

SYNANTHEREÆ. Tussilago alpina, L. ; *Erigeron uniflorus, L. ; *E. alpinus, L. ; Aster alpinus, L. ; Arnica scorpioides, L. ; Artemisia spicata, L. ; *Chrysanthemum leucanthemum, L. ; Pyrethrum alpinum, Willd. ; Achillæa atrata, L. ; *Omolotheca supina var. subacaulis, DC. ; Cirsium spinosissimum, Scop. ; Leontodon aureum, L. ; L. hispidus, L. ; *Taraxacum dens-leonis, Desf.

CAMPANULACEÆ. Campanula linifolia, Lam. ; C. pusilla, Hæncke ; *Phyteuma hemisphericum*, L.

PRIMULACEÆ. *Primula farinosa, L. ; Androsace helvetica, Gaud. ; A. alpina, Gaud. ; A. pennina, Gaud. ; A. obtusifolia, All. ; A. chamæjasme, Willd. ; Soldanella alpina, L.

GENTIANEÆ. *Gentiana acaulis*, L. ; G. bavarica, L. ; *G. verna*, L. ; G. campestris, L. ; *G. nivalis, L. ; G. glacialis, A. Thom.

BORRAGINEÆ. *Myosotis sylvatica* var. *alpestris*, Koch.

SCROFULARIACEÆ. *Linaria alpina*, DC. ; Veronica aphylla, L. ; * *V. saxatilis*, Jacq. ; V. bellidioides, L. ; *V. alpina, L. ; *V. serpyllifolia, L. ; *Bartsia alpina, L. ; Euphrasia minima, Jacq. ; Pedicularis versicolor, Wbg. ; P. verticillata, L.

LABIATÆ. *Thymus serpyllum*, L.

PLANTAGINEÆ. Plantago montana, Lamk ; *P. alpina*, L.

CHENOPODEÆ. Blitum bonus-Henricus, C. A. M.

POLYGONEÆ. *Polygonum viviparum*, L. ; *Oxyria digyna*, Cambd.

SALICINEÆ. *Salix herbacea, L. ; *S. retusa*, L.

LILIACEÆ. Lloydia serotina, Salisb. (Phalangium serotinum, Lamk).

JUNCEÆ. Juncus Jacquini, L. ; Luzula spadicea, DC. ; *L. spicata, DC. ; Elyna subspicata, Schr.

CYPERACEÆ. Carex fœtida, All. ; *C. curvula*, All. ; *C. nigra*, All. ; C. sempervirens, Vill.

GRAMINEÆ. *Phleum alpinum, L. ; Sesleria cærulea, L. ; *Agrostis rupestris, All. ; *A. alpina*, Willd. ; Avena versicolor, Vill. ; * *Trisetum subspicatum* P. Beauv. ; *Poa annua, L. ; *P. alpina var. vivipara ; *P. alpina*, L., brevifolia, Gaud. ; *Poa laxa, Hæncke ; *Festuca violacea*, Gaud. ; F. pumila, Vill. ; F. Halleri, Vill.

Parmi ces plantes, j'en trouve 8 qui font partie de la flore du Spitzberg, savoir : *Ranunculus glacialis, Cardamine bellidifolia, Silene acaulis, Arenaria biflora, Dryas octopetala, Erigeron uniflorus, Saxifraga oppositifolia* et *Polygonum viviparum*, et 40 marquées d'un astérisque que j'ai vues également en Laponie. Aucune de ces plantes n'appartient à la flore arctique proprement dite, toutes font partie de la flore scandinave. Le petit nombre de plantes du Spitzberg sur le Faulhorn s'explique par deux raisons. Quoique la moyenne annuelle soit de —2°,3, l'été est chaud relativement à celui du Spitzberg : on peut estimer sa moyenne à 3°,3, et vers le milieu du jour le thermomètre oscille souvent autour de

10 degrés. Le sol, en outre, s'échauffe considérablement, comme
sur toutes les hautes montagnes (1), tandis qu'au Spitzberg il est
toujours froid, humide et gelé à quelques décimètres de profondeur. Le sol du Faulhorn est donc trop chaud pour les plantes du
Spitzberg, et il n'est pas assez humide. Le cône terminal, formé
de calcaire noir désagrégé, tourné vers le midi et à forte pente,
est sec et aride lorsque les neiges ont disparu, tandis que le sol
du Spitzberg est toujours humide et même spongieux, dans toutes les parties où la végétation se développe. Les autres plantes
qui ornent le cône terminal du Faulhorn sont des espèces du
nord de l'Europe, des plantes alpines ou des végétaux qui,
de la plaine suisse et de la région inférieure des montagnes,
se sont élevés jusqu'au sommet.

Étudions maintenant la flore d'une autre localité bien circonscrite, mais qui se trouve dans des conditions fort différentes
de celles du sommet du Faulhorn : c'est le Jardin de la mer de
glace de Chamounix. Je ne connais pas dans les Alpes de localité
qui rappelle mieux le Spitzberg que le grand cirque de névé,
appendice de la mer de glace au milieu duquel se trouve la
pelouse connue sous le nom de *Courtil* ou *Jardin*. L'aiguille du
Moine et l'aiguille Verte, la Tour des Courtes, les aiguilles de
Triolet et de Léchaud le dominent de tous côtés ; la cime du
Mont-Blanc s'élève majestueusement au-dessus de l'immense
couloir par lequel le glacier du géant descend vers la mer de
glace ; le puissant glacier de Talèfre remplit le fond du cirque.
Si, par l'imagination, le voyageur, placé au Jardin, suppose que
la mer baigne le pied de l'amphithéâtre dont il occupe le
centre, il peut se dire qu'il a une idée des aspects du Spitzberg.
L'îlot dépourvu de neige sur lequel il se trouve est une analogie
de plus, et la comparaison de la végétation de cet îlot avec celle
du Spitzberg une des plus légitimes et des plus intéressantes qui

(1) Voyez la note 2, page 36.

puissent être faites. Pictet et Forbes ont trouvé que le Jardin était à 2756 mètres au-dessus de la mer ; sa longueur est de 800 mètres, sa largeur de 300 environ ; sa distance aux rochers les plus voisins où croissent quelques plantes, de 800 mètres au moins. Le Jardin est un groupe de roches de protogine polies et striées faisant saillie entre les deux affluents qui forment le glacier de Talèfre : le premier et le plus grand, descendant de la portion du cirque comprise entre la Tour des Courtes et les aiguilles de Triolet et de Léchaud ; le second, plus petit, de l'aiguille Verte et de celle du Moine. Deux moraines flanquent ces rochers : celle de gauche est la plus puissante ; une source jaillit au milieu de la pelouse et forme un petit ruisseau. Les détritus de la moraine se sont peu à peu couverts de plantes et convertis en un tapis de verdure dont la couleur contraste singulièrement avec les blancs névés qui l'entourent. Mon ami M. Alphonse de Candolle a réuni dans un herbier spécial les plantes provenant de cette localité, et recueillies par différents voyageurs qui l'ont visitée aux époques suivantes, que je range par ordre de date mensuelle. J'ai herborisé au Jardin le 24 juillet 1846 ; M. Percy, d'Édimbourg, le 26 juillet 1836 ; mademoiselle d'Angeville, le 3 août 1838 ; M. H. Metert, de Genève, le 8 août 1837 ; M. Alph. de Candolle, le 12 août 1838 ; enfin M. Venance Payot, naturaliste de Chamounix, y est allé plusieurs fois, et a publié en 1858 un catalogue de ces plantes. Je les ai vues presque toutes dans l'herbier de M. de Candolle, à Genève, et j'ai vérifié leur nom et leur synonymie en octobre 1854, avec M. Müller, conservateur de l'herbier. On peut considérer cette florule comme aussi complète que celle du Faulhorn, et je la donne ici, en ajoutant que les espèces marquées d'un astérisque se retrouvent également dans la Laponie septentrionale, et celles imprimées en italique, au Faulhorn.

VÉGÉTAUX PHANÉROGAMES DU JARDIN DE LA MER DE GLACE DE CHAMOUNIX.

Nota. — Les espèces munies d'un astérisque se retrouvent en Laponie; celles imprimées en italique, sur le sommet du Faulhorn.

RANUNCULACEÆ. *Ranunculus glacialis*, L.; *R. montanus*, Willd.; R. Villarsii, DC.

CRUCIFERÆ. *Draba frigida*, Gaud.; *Cardamine bellidifolia*, L.; C. resedifolia, L.; Sisymbrium pinnatifidum, DC.

CARYOPHYLLEÆ. Silene rupestris var. subacaulis, L.; *S. acaulis*, L.; *Spergula saginoides*, L.; Arenaria rubra, L.; A. serpyllifolia, L.; A. nivalis, Godr.; *A. biflora*, L.; *Cherleria sedoides*, L.; *Stellaria cerastoides*, L.; *Cerastium latifolium*, L.; *C. alpinum, DC., var. lanatum; *Spergula saginoides*, L.

PAPILIONACEÆ. Trifolium alpinum, L.

ROSACEÆ. *Sibbaldia procumbens*, L.; *Geum montanum*, L.; *Potentilla aurea*, L.; P. glacialis, Hall.; *P. grandiflora*, L.; *Alchemilla pentaphylla*, L.

ONAGRARIEÆ. *Epilobium alpinum*, L.

CRASSULACEÆ. *Sedum atratum*, L.; *S. repens*, Schl.; *S. annuum, L.; Sempervivum montanum, L.; S. arachnoideum, L.

SAXIFRAGEÆ. *Saxifraga stellaris*, L.; S. aspera, L.; *S. bryoides*, L.

UMBELLIFERÆ. Meum mutellina, Gœrtn.; *Gaya simplex*, Gaud.; Buplevrum stellatum, L.

SYNANTHEREÆ. Cacalia alpina, Jacq.; C. leucophylla, Willd.; *Tussilago alpina*, L.; *Erigeron uniflorus*, L.; *E. alpinus*, L.; *Pyrethrum alpinum*, Willd.; *Omolotheca supina*, Cass.; *Gnaphalium dioicum, L.; *G. alpinum, Vill.; Arnica montana, L.; Senecio incanus, L.; *Cirsium spinosissimum*, Scop.; Taraxacum lævigatum, DC.; Leontodon squamosum, Lamk; *L. aureum*, L.; *Hieracium alpinum, L.; H. angustifolium, Hoppe, H. glanduliferum, Hoppe; H. Halleri, Vill.

CAMPANULACEÆ. *Phyteuma hemisphericum*, L.; Campanula barbata, L.

PRIMULACEÆ. Primula viscosa, Vill.

GENTIANEÆ. Gentiana purpurea, L.; G. acaulis, L.; G. excisa, Presl.

SCROFULARIACEÆ. *Linaria alpina*, DC.; *Veronica alpina*, L.; *V. bellidioides*, L.; *Euphrasia minima*, Jacq.

PLANTAGINEÆ. Plantago alpina, L.

SALICINEÆ. *Salix herbacea*, L.

JUNCEÆ. *Juncus Jacquini*, L.; *J. trifidus, L.; Luzula lutea, DC.; *L. spadicea*, DC.; *L. spicata, DC.

CYPERACEÆ. *Carex curvula*, All.; *C. fœtida*, Vill.; *C. sempervirens*, Vill.; C. ferruginea, Scop.

GRAMINEÆ. *Phleum alpinum, L.; Anthoxanthum odoratum, L.; *Agrostis rupestris*, All.; A. alpina, Scop.; Avena versicolor, Vill.; Poa laxa, Hæncke; P. laxa var. flavescens, Koch; *P. alpina, L.; P. alpina var. *vivipara*, L.; *Festuca Halleri*, All.

Il existe donc 87 végétaux phanérogames au Jardin : pour avoir la flore complète, il faut y ajouter 16 mousses, 2 hépatiques et 23 lichens, ce qui porte à 128 le nombre total des plantes qui croissent dans cet îlot de terre entouré de glaces éternelles.

Sur les 87 phanérogames, il y en a 50 imprimés en italique, c'est-à-dire plus de la moitié qui croissent également sur le Faulhorn. Or, celui-ci étant un sommet isolé en face des Alpes bernoises, l'autre un îlot de végétation dans un cirque faisant partie du Mont-Blanc, et par conséquent dans des conditions physiques bien différentes, nous pouvons en conclure que ces deux florules représentent bien la végétation alpine à sa dernière limite au-dessous de la ligne de ce que l'on appelle communément les neiges éternelles. Parmi ces 87 espèces, je n'en trouve que 5 qui fassent partie de la flore du Spitzberg; ce sont: *Ranunculus glacialis, Cardamine bellidifolia, Cerastium alpinum, Arenaria biflora* et *Erigeron uniflorus*, la même proportion environ qu'au Faulhorn; mais il y en a 24 qui se retrouvent en Laponie. En résumé, le sommet du Faulhorn et le Jardin ont 50 plantes communes. La proportion des plantes laponnes est de 30 pour 100 au Faulhorn, et de 28 au Jardin, environ du tiers dans les deux localités; mais sur le sommet du Faulhorn et au Jardin, celles du Spitzberg ne forment que 6 pour 100 du nombre total. Répétons encore qu'aucune de ces plantes n'appartient à la flore arctique ou circompolaire. La flore subnivale des Alpes correspond donc à celle de la Laponie septentrionale, des environs de l'Altenfiord, par exemple, et, pour trouver une végétation analogue à celle du Spitzberg, il faut nous élever plus haut dans les Alpes, au-dessus de la limite des neiges éternelles.

Au sommet des glaciers, sur le revers septentrional du Mont-Blanc, se trouve une petite chaîne de rochers isolés formant une île au milieu de la mer de glace qui les environne. Ils séparent l'un de l'autre, à leur partie supérieure, les glaciers des Bossons

et de Taconnay, et sont éloignés de 800 mètres de la montagne
de la Côte, et de 2 kilomètres de la pierre de l'Échelle, les points
les plus rapprochés où il y ait de la végétation. Leur direction est du nord-nord-est au sud-sud-ouest. L'extrémité la plus
déclive se trouve à 3050 mètres au-dessus de la mer; la plus
élevée, appelée par de Saussure *Rocher de l'heureux retour*, à
3470 mètres d'altitude. Ces rochers sont formés de feuillets
verticaux de protogine schisteuse, entre lesquels les plantes
trouvent un abri et un sol formé par la décomposition de la
roche. Les ascensions au Mont-Blanc de MM. Marckham Sher-
vill, le 27 août 1825, Auldjo, le 8 août 1827, et Martin-Barry,
le 17 septembre 1834, avaient porté à 8 le nombre total des
phanérogames de cet îlot glaciaire. Je le visitai trois fois, le
31 juillet et le 2 septembre 1844, puis le 28 juillet 1846, et j'ex-
plorai principalement, non sans péril, l'escarpement tourné
vers le sud-est, qui domine le chaos de *séracs* du glacier des Bossons. J'y récoltai 19 plantes phanérogames. M. Venance Payot,
naturaliste à Chamounix, escalada de nouveau ces rochers
le 30 août 1861, et y trouva 5 espèces que je n'y avais pas remar-
quées. Je donne plus loin la liste de ces 24 plantes, dont 5 imprimées en italique, appartiennent aussi à la flore du Spitzberg.
Aux Grands-Mulets, la proportion des espèces du Spitzberg
est, comme on le voit, 21 pour 100, et sauf l'*Agrostis rupestris*,
il n'y a point de plante appartenant à la flore laponne. Cette
florule se compose donc exclusivement d'espèces très-alpines
mêlées à un cinquième de plantes du Spitzberg. Les Grands-
Mulets sont une des stations les plus élevées d'un rongeur, le
campagnol des neiges (*Arvicola nivalis*, Mart.), qui se nourrit
spécialement des plantes dont nous donnons la liste. M. Payot
a en outre recueilli aux Grands-Mulets 26 mousses, 2 hépatiques et 28 lichens; ce qui donne 80 espèces pour le nombre
total des végétaux vasculaires et cellulaires de ces rochers
dépourvus en apparence de toute végétation.

VÉGÉTAUX PHANÉROGAMES DÉS GRANDS-MULETS.

Draba fladnizensis, Wulf. ; D. frigida, Gaud. ; *Cardamine bellidifolia*, L. ; C. resedifolia, Saut. ; *Silene acaulis*, L. ; Potentilla frigida, Vill. ; Phyteuma hemisphericum, L. ; Pyrethrum alpinum, Willd.; *Erigeron uniflorus*, L. ; Saxifraga bryoides, L. ; S. groenlandica, L. ; S. muscoides, Auct. ; *S. oppositifolia*, L. ; Androsace helvetica, Gaud. ; A. pubescens, DC. ; Gentiana verna, L.

Luzula spicata, DC. ; Festuca Halleri, Vill. ; Poa laxa, Hæncke ; P. cæsia, Sm. ; P. alpina var. vivipara, L. ; *Trisetum subspicatum*, Pal. Beauv. ; *Agrostis rupestris, All. ; Carex nigra, All.

Voyons si la loi se confirme dans le groupe du Mont-Rose.

Pendant un séjour de deux semaines, du 13 au 26 septembre 1851, à la cabane de Vincent, sur le versant méridional du Mont-Rose, et à une élévation de 3158 mètres au-dessus de la mer, MM. A. et H. Schlagintweit ont recueilli autour de cette station, sur le gneiss 47, plantes phanérogames, dont 10 font partie de la flore du Spitzberg; elles sont imprimées en italique dans la liste ci-jointe.

VÉGÉTAUX PHANÉROGAMES DES ENVIRONS DE LA CABANE DE VINCENT,
SUR LE MONT-ROSE.

Ranunculus glacialis, Hutchinsia petræa, R. Br. ; Thlaspi cepæfolium, Koch ; T. corymbosum, Gaud. ; T. rotundifolium, Gaud. ; *Cardamine bellidifolia*, L. ; *Silene acaulis*, L. ; *Cerastium latifolium, L. ; Cherleria sedoides, L. ; Potentilla alpestris, Hall. ; *Saxifraga aizoides*, S. bryoides, S. biflora, All. ; S. exarata, Vill. ; S. muscoides, *S. oppositifolia*, S. retusa, Gouan ; S. stellaris ; Achillæa hybrida, Gaud. ; Artemisia mutellina, Vill. ; A. spicata, Wulf. ; Aster alpinus, Chrysanthemum alpinum, *Erigeron uniflorus*, Phyteuma pauciflorum, L. ; Myosotis nana, Linaria alpina, Veronica alpina, Gentiana verna, G. imbricata, Froehl. ; Androsace glacialis, Hoppe ; Primula Dyniana Lagasca ; *Oxyria digyna*, *Salix herbacea, S. reticulata*.

*Agrostis rupestris, All. ; *Trisetum subspicatum*, Pal. Beauv. ; Festuca Halleri, All. ; F. ovina, Poa alpina, P. laxa, Hæncke ; P. minor, Gaud. ; Kœeria hirsuta, Gaud. ; Elyna spicata, Schrad. ; *Luzula spicata, DC. ; Carex nigra, All.

La proportion des plantes du Spitzberg est également d'un cinquième comme aux Grands-Mulets, et *Cerastium latifolium*,

Salix herbacea, *Luzula spicata* et *Agrostis rupestris*, sont les seules plantes laponnes étrangères au Spitzberg. Les 33 autres espèces sont exclusivement alpines.

Au point culminant du col Saint-Théodule, qui mène de la vallée de Zermatt, en Valais, dans le val Tornanche, en Piémont, se trouve encore un îlot dépourvu de neige, mais entouré de tous côtés d'immenses glaciers. C'est là que de Saussure séjourna en 1789.

Ce point est situé à 3350 mètres au-dessus de la mer. Je le visitai avec MM. Q. Sella et B. Gastaldi, le 17 septembre 1852, et j'y recueillis sur les schistes serpentineux les plantes suivantes, dont M. Reuter a bien voulu vérifier les déterminations :

VÉGÉTAUX PHANÉROGAMES DU POINT CULMINANT DU COL SAINT-THÉODULE.

Ranunculus glacialis, L. ; Thlaspi rotundifolium, Gaud. ; Draba pyrenaica, L. ; D. tomentosa, Wahl. ; Geum reptans, L. ; Saxifraga planifolia, Lap. ; S. muscoides, Wulf. ; *S. oppositifolia*, L. ; Pyrethrum alpinum, Willd. ; *Erigeron uniflorus*, L. ; Artemisia spicata, L. ; Androsace pennina, Gaud. ; Poa laxa, Hæncke.

Cette liste est loin d'être complète, et cependant sur 13 plantes il y en a 3, imprimées en italique, qui se retrouvent au Spitzberg. Je désirerais vivement que quelque jeune botaniste, suisse ou italien, prît à tâche de faire la florule de cette intéressante localité. Cela serait d'autant plus facile, qu'il y existe depuis dix ans un petit hôtel dans lequel M. Dollfus-Ausset a séjourné en 1864, du 22 août au 3 septembre : la température la plus élevée qu'il ait notée à l'ombre a été de 6°,2, et la plus base de — 16°,0. On voit que le climat est d'une rigueur qui ne le cède en rien à celui du Spitzberg, et il est très-probable que des herborisations attentives faites dans les mois de juillet, d'août et de septembre fourniraient une notable proportion d'espèces indigènes du Spitzberg et de la Laponie septentrionale.

Ce tableau ne serait pas achevé si nous ne jetions pas un coup d'œil sur les Pyrénées, pour savoir si la flore arctique y a laissé quelques représentants depuis le retrait des glaciers qui, dans cette chaîne comme dans les autres, descendaient jusque dans les plaines de la France et de l'Espagne.

La végétation des Pyrénées ressemble beaucoup à celle des Alpes. M. Zetterstedt compte en tout 68 plantes *alpines* communes aux Pyrénées, aux Alpes et aux montagnes de la Scandinavie, et une seule, le *Menzieza* (*Phyllodoce*) *cœrulœa*, qui ne se trouve qu'en Scandinavie et dans les Pyrénées.

Ramond, après trente-cinq ascensions faites au pic du Midi de Bagnères, en quinze années, et comprises entre le 20 juillet et le 7 octobre, s'est appliqué à recueillir toutes les plantes du cône terminal dont la hauteur est de 16 mètres, le sommet à 2877 mètres au-dessus de la mer, et la superficie de quelques ares seulement : il y a observé 71 plantes phanérogames. La liste est bien complète, car les recherches ultérieures des botanistes ne l'ont point accrue. M. Charles Desmoulins, qui fit l'ascension le 17 octobre 1840, ne cite que le *Stellaria cerastoides* qui avait échappé aux yeux perçants de Ramond. Sur ces 72 plantes végétant entre 2860 et 2877 mètres, il y en a 35 qui existent également sur le Faulhorn (1) : c'est le fonds commun de la végétation des hauts sommets; 7 (*Poa cenisia, Oxyria digyna, Erigeron uniflorus, Draba nivalis, Arenaria ciliata, Silene acaulis* et *Saxifraga oppositifolia*) se trouvent à la fois sur le pic du Midi, par 43° de latitude, au-dessus de 2860 mètres, et au Spitzberg sous le 78ᵉ degré, au bord de la mer. Relativement au nombre total des espèces, la flore du pic du Midi est plus riche en plantes du Spitzberg que celle du Faulhorn, car leur proportion est de 10 pour 100, au lieu de 6 comme sur le sommet alpin. Faut-il attribuer cette différence à la plus grande

(1) Ce sont les espèces imprimées en italique dans la liste des plantes du Faulhorn (page 90).

élévation du pic ou à d'autres circonstances liées à la distribution originaire des végétaux? C'est ce que personne ne saurait dire dans l'état actuel de nos connaissances. Mais cette ressemblance dans la végétation des deux sommets éloignés prouve une communauté d'origine, et indique un fonds commun de végétation qui a été modifié ensuite par des circonstances dépendantes du climat, de la position géographique, du mélange avec des plantes de pays voisins ou même des espèces dérivées de celles des dernières flores géologiques dont nous retrouvons les restes dans les terrains les plus récents. Toutes ces considérations justifient la proposition par laquelle je commençais ce chapitre : « La plupart des plantes du Spitzberg sont les enfants perdus de la flore européenne, et un certain nombre d'entre elles se sont maintenues depuis l'époque glaciaire sur les sommets des Alpes et des Pyrénées, et dans les localités humides ou tourbeuses de l'Europe moyenne. »

FAUNE DU SPITZBERG.

Mammifères.

Parlons d'abord des mammifères terrestres, qui ne sont qu'au nombre de quatre. L'ours blanc (*Ursus maritimus*, L.) est le plus connu. Rare sur les côtes en été, il ne se voit guère qu'au nord du Spitzberg. Parry en a rencontré un sur la banquise par 81° 30′ de latitude, dans sa tentative pour atteindre le pôle en marchant sur la glace. L'animal fut tué par les matelots; mais, de leur côté, les ours se vengèrent à leur façon. Lorsque Parry et ses compagnons foulèrent de nouveau la terre, le 11 août 1827, en abordant à Ross-inlet, après avoir cheminé sur la banquise pendant quarante jours, les provisions avaient été mangées par les ours. Nelson, qui fit l'expédition de Phipps comme midshipman, soutint seul un combat contre un ours, et quand on demandait à cet adolescent grêle et délicat, qui devait devenir un jour le premier des amiraux, comment il avait eu l'audace de se mesurer avec un animal aussi redoutable, il répondit simplement : « Je voulais rapporter sa peau à mon père. » MM. Torell et Nordenskiöld ont vu des ours dans leurs excursions vers le nord du Spitzberg. L'estomac d'un de ces animaux était rempli d'herbe. Ils ne sont donc pas uniquement carnivores, quoique cependant les phoques et les morses soient leur proie habituelle. Aussi les ours ne quittent guère les glaces flottantes, qui sont également le séjour habituel des chiens et des bœufs marins.

Autant l'ours blanc est rare, autant le renard bleu (*Canis lagopus*, L.) est commun. En été, son pelage est d'un brun sale ; en hiver, il devient blanc ou d'un bleu ardoisé très-foncé. C'est une fourrure très-recherchée dans le Nord ; mais pour l'avoir dans toute sa beauté, il faut tuer l'animal pendant l'hiver. En entrant dans la baie de Bell-sound, au Spitzberg, le 25 juillet 1838, nous fûmes frappés par la vue de grandes croix russes de forme triangulaire, plantées sur le bord de la mer ; dans le voisinage était une cabane, et sur le rivage un petit navire abandonné. Ces croix recouvraient les corps de pauvres serfs russes qui étaient venus passer l'hiver au Spitzberg pour chasser le renard bleu. Quelques-uns étaient morts du scorbut, les autres avaient survécu. Nous apprîmes depuis qu'ils étaient venus d'Arkhangel, et ne se trouvant plus assez nombreux pour armer leur bateau, ils avaient rejoint dans une embarcation un navire norvégien qui était en vue. Autour de la cabane nous vîmes les restes des piéges qu'ils avaient tendus pour prendre des renards bleus. Ces animaux creusent de profonds terriers à plusieurs ouvertures, et garnissent de mousse la chambre qu'ils habitent. En été, les oiseaux qui viennent pondre au Spitzberg et élever leurs petits, fournissent à ces renards une pâture abondante ; alors ils deviennent très-gras. Nous en jugeâmes par plusieurs individus qui furent tués par les officiers de la *Recherche*. En hiver, ces animaux jeûnent, et leur faim est telle, qu'ils s'attaquent à tout. Quand Behring fit naufrage sur les îles du détroit qni porte son nom, les renards bleus cherchaient à arracher les semelles des bottes aux hommes endormis, et sur l'île Jan-Mayen, MM. Vogt et Berna étaient obligés de défendre contre eux, à coups de fusil, leurs habits et leurs provisions.

Un seul petit rongeur, le campagnol de la baie d'Hudson, habite le Spitzberg. Sa robe d'hiver est blanche, celle de l'été variable ; il représente au Spitzberg le lemming de Norvége, si célèbre par ses migrations.

Le renne sauvage, ou le cerf du Nord (*Cervus tarandus*, L.), n'est pas très-rare au Spitzberg. En été, il trouve sur les bords de la mer l'herbe qui est sa nourriture normale et habituelle, et en hiver il gratte la neige, sous laquelle il découvre des lichens et des mousses ; mais il maigrit alors prodigieusement, pour engraisser de nouveau pendant la belle saison. Le renne est le seul animal du Spitzberg dont la chair soit à la fois agréable et nourrissante ; elle a beaucoup d'analogie avec celle du chevreuil. Le renne suffit à tous les besoins des Lapons, dont l'existence repose uniquement sur les nombreux troupeaux qu'ils parquent en été dans les îles ou promènent sur les montagnes de leur pays, tandis qu'ils les rassemblent en hiver autour de leurs villages, où la terre produit abondamment des lichens, qui la recouvrent de leurs plaques couleur de soufre. En hiver, le renne retrouve sous la neige ces lichens ramollis par l'eau qui filtre, en automne et au printemps, sous les neiges fondantes : leur tissu coriace, devenu tendre, est plus aisément broyé par les molaires de l'animal. Au Spitzberg, les rennes ne se montrent pas par grandes troupes, mais par petits groupes isolés ; ils sont très-craintifs, très-sauvages, et se laissent difficilement approcher : aussi est-il rare qu'on en tue beaucoup à la fois. Le renne n'a d'autre ennemi que l'ours blanc ; mais celui-ci ne chasse guère sur la terre ferme, et il ne pourrait atteindre que par surprise un animal aussi méfiant et aussi rapide à la course que le cerf du Nord.

Dans les contrées boréales, la mer est toujours plus peuplée que la terre. Cette règle n'est pas en défaut pour les mammifères. Quatre seulement sont terrestres, mais douze sont marins. Parlons d'abord des phoques ou chiens marins. Vivant de poissons, ils se rapprochent par leurs mœurs des carnassiers amphibies, tels que les loutres, dont l'aspect et l'organisation extérieure sont ceux des carnivores ordinaires. Les phoques forment la transition entre ces animaux et les cétacés. Leurs membres, en forme de rames, ne leur permettent pas de se mouvoir à terre ; ils ne peuvent que se traîner péniblement, mais ils plongent et nagent admirablement à l'aide des membres postérieurs qui, placés dans le prolongement du corps, rappellent par leur position et par leur forme la queue des cétacés, tels que les dauphins et les marsouins. Trois espèces de phoques habitent les côtes du Spitzberg (1), et vivent de poissons, de mollusques et de crustacés. Ils se tiennent en général dans les baies tranquilles, où la nourriture est plus abondante, et c'est là que tous les ans des pêcheurs russes et norvégiens leur font une guerre implacable. Nul animal ne mérite moins cette persécution. On ne le poursuit que pour s'emparer de sa peau et extraire l'huile de sa graisse ; lui-même, paisible et inoffensif, essaye de se rapprocher de l'homme ; ses grands yeux, d'une douceur incomparable, semblent implorer sa bienveillance, ou du moins sa pitié. Lorsque je passais des heures entières devant le glacier de Magdalena-bay pour prendre la température du fond de la mer, un phoque arrivait chaque fois ; il nageait autour de l'embarcation, élevait sa tête au-dessus de l'eau, et paraissait vouloir deviner à quelle occupation se livraient les êtres, nouveaux pour lui, qui troublaient sa solitude. Je me gardais bien de l'effaroucher, et il s'approchait tous les jours davantage. Il dut croire que

(1) *Phoca barbata*, Fabr. ; *P. groenlandica*, Fabr. ; *P. hispida*, Erxleben (*P. fœtida*, Fabr.).

l'homme n'est pas un animal malfaisant ; devenu confiant, il voulut contempler la corvette de trop près, et fut tué d'un coup de fusil. Nous quittâmes la baie de la Madeleine quelques jours après, et je n'eus pas le temps de regretter cet animal qui venait par sa présence animer ces eaux glaciales, et abréger les longues heures que les exigences de la physique me forçaient à passer avec quelques matelots devant la muraille de glace qui terminait la baie. Il s'agissait de savoir si l'eau de mer descend au-dessous de la température de zéro sans geler. Quelques chiffres sont le résultat définitif de ce long et pénible travail. Je me figure que le phoque aurait bien ri, s'il avait su pourquoi cet homme venu de si loin se morfondait si longtemps dans une embarcation, devant un glacier du Spitzberg.

En hiver, le phoque est exposé à d'autres dangers : les fiords gèlent, et le besoin de respirer l'amène dans le voisinage des trous et des intervalles que la croûte de glace présente de loin en loin. Mais quand il veut émerger hors de l'eau, l'ours polaire est là qui le guette et le saisit avec sa formidable griffe ; le phoque plonge de nouveau, heureux s'il rencontre un autre trou par lequel il puisse sortir la tête hors de l'eau et respirer un moment. S'il ne trouve pas d'ouverture dans le voisinage, il meurt dévoré par l'ours ou asphyxié sous la glace.

Certaines espèces de phoques ne sont pas sédentaires, mais naviguent sur les bancs de glaces flottantes que les vents et les courants poussent dans toutes les directions sur la mer Glaciale. Ainsi M. Torell a vu des troupeaux de phoques du Groenland (*Phoca groenlandica*) sur des glaces flottantes, entre l'île de l'Ours et le Spitzberg. Dans cette dernière île, le phoque du Groenland manquait totalement, tandis que le phoque à moustaches (*Phoca barbata*) était très-commun : il se tenait sur la glace qui remplissait les baies et les fiords ; mais quand celle-ci fut entraînée en juillet vers la pleine mer, ce phoque émigra à son tour, et l'on ne rencontrait plus que le phoque fétide.

Le morse ou vache marine (*Trichechus rosmarus*) est un autre animal appartenant à la même famille que les phoques. C'est un de ces êtres que l'homme du monde appelle difformes, parce qu'ils ne rentrent dans aucun des moules auxquels nous attachons actuellement l'idée de beauté : sa tête, à peine séparée du corps, porte deux énormes canines recourbées en arrière, qui sortent de sa gueule. Son corps cylindrique atteint quelquefois 5 mètres de long et 3 mètres de circonférence. Ses membres ressemblent à ceux des phoques. A terre, vu le poids de son corps, le morse se meut encore plus difficilement que le phoque, mais il nage admirablement, vit par troupes sur les côtes, ou navigue sur les glaces flottantes. Il se nourrit de mollusques, parmi lesquels deux coquilles bivalves (*Mya truncata* et *Saxicava rugosa*) forment la base de son alimentation. On ne se hasarde guère à attaquer les morses à la mer, car ils se défendent mutuellement, attaquent les embarcations, et les font chavirer en se suspendant du même côté à l'aide des longues canines dont leur mâchoire supérieure est armée. C'est à terre, où ils peuvent à peine se traîner, que l'homme les tue lâchement à coups de lance et de harpon. Leur peau, qui sert à faire des soupentes de carrosses, leurs dents, l'huile de leur graisse, sont les produits qui allument la cupidité des chasseurs. Aussi les morses sont-ils devenus rares sur les côtes occidentales du Spitzberg. Je n'en ai vu qu'un seul qui naviguait endormi sur une glace flottante. Un coup de fusil le réveilla, mais il n'avait pas été blessé, et disparut immédiatement sous les flots. Ces animaux sont plus communs sur la côte orientale du Spitzberg, qui est habituellement bloquée par les glaces. Dans les années où cette banquise se rompt, les chasseurs se rendent dans ces parages ; les morses se sont multipliés en paix, et l'on en fait un horrible massacre.

Tous les autres mammifères marins du Spitzberg appartiennent à la famille des Cétacés. Extérieurement, ces animaux ressemblent aux poissons, dont ils diffèrent néanmoins radicalement : car ils mettent au monde des petits vivants que la mère allaite pendant longtemps ; ils respirent par des poumons, et n'ont que deux nageoires, ou plutôt deux rames pectorales dont la structure est celle des membres antérieurs d'un mammifère, et non d'un poisson. Sur le dos on remarque souvent une nageoire dorsale. Les membres postérieurs manquent complétement. La queue, ordinairement fourchue, est horizontale, et non verticale comme celle des poissons : c'est un puissant instrument de locomotion, qui agit à la manière de l'hélice des bateaux à vapeur. Chez la plupart des cétacés, la tête égale le quart ou même plus de la longueur de l'animal, et tous ceux dont nous allons parler sont connus des naturalistes sous le nom de *Cétacés souffleurs*. Ils portent en effet à la partie postérieure et supérieure de leur tête une ouverture qui communique avec l'arrière-bouche et les fosses nasales ; ces animaux expulsent avec force par cette ouverture l'air qui a pénétré dans leurs poumons ou l'eau qui remplit leur gueule. Dans ce dernier cas, un jet s'élance au-dessus de leur tête. De loin on reconnaît les baleines à ce jet d'eau, qu'on a vu s'élever à la hauteur de 12 mètres. Tous ces cétacés sont carnivores, et leur bouche est garnie de dents similaires et pointues, ou de fanons, appelés vulgairement *baleines*.

Commençons par les dauphins, qui sont relativement les plus petits des cétacés. Le dauphin blanc, ou beluga (*Delphinapterus leucas*, Pallas), est un animal d'un blanc sale, de 4 à 6 mètres de long ; il nage en faisant des culbutes dans l'eau à la manière des marsouins, et en soufflant avec force pour rejeter l'air par l'évent qui s'ouvre verticalement au-dessus du museau ; il n'a point de nageoire dorsale. Deux d'entre eux passèrent un jour près d'une embarcation dans laquelle je me trouvais avec quelques matelots ; nous comprîmes tous qu'un seul coup de leur puissante queue aurait suffi pour la faire chavirer.

L'épaulard, ou dauphin gladiateur, *Butzkopf* des Hollandais (*Phocœna orca*, Cuv.), est un marsouin dont la nageoire dorsale ressemble à un sabre ; il atteint 6 à 8 mètres, et vit en troupes qui, dit-on, attaquent la baleine. Il nage avec une telle rapidité, qu'il est impossible de le harponner : on le tue à coups de fusil.

Les narvals-licornes (1) sont de grands cétacés longs de 4 à 6 mètres, armés d'une dent mesurant de 2 à 3 mètres, qui s'avance au delà du museau, dans le prolongement du corps. Cette dent unique devrait être double, mais l'une avorte presque toujours, l'autre se développe seule ; elle est fusiforme, contournée en spirale et d'une consistance éburnée, comme celle que la Fable a placée sur la tête de l'animal fantastique appelé licorne. Chez la femelle, les deux dents avortent et ne font pas saillie hors de leur alvéole. Malgré la redoutable lance dont le narval est armé, c'est un animal inoffensif, car il se nourrit de petits poissons et de mollusques. Un autre cétacé qui se rapproche des baleines est l'hyperoodon à bec (*Hyperoodon borealis.* Nils, *H. rostratus*, Wesm.) ; il n'a point la dent du narval, mais simplement un museau proéminent. C'est un animal qui ne dépasse jamais 8 mètres de longueur, et dont la peau est d'un noir uniforme sur tout le corps. La nageoire dorsale s'élève au commencement du tiers postérieur du corps. Les dents sont à peine visibles et tombent de bonne heure ; la langue est soudée à la mâchoire inférieure. Cet animal se nourrit également de poissons, de mollusques et d'holothuries.

On a souvent fait observer que les plus grands animaux de la création sont les cétacés des mers polaires en général, et les baleines en particulier. Deux espèces fréquentent habituellement les parages du Spitzberg. La première est le gibbar ou rorqual du Nord (*Balænoptera boops*, L.). C'est le plus long des animaux, car il en est qui mesurent 34 mètres de la tête à la queue, et la plupart en ont 25 à 30. Mais sa grosseur n'est pas propor-

---

(1) *Monodon monoceros*, L.

tionnée à sa taille, car ce rorqual est le moins massif des cétacés. Son corps, pour ainsi dire cylindrique, se confond avec une tête allongée qui forme presque le quart de la longueur totale de l'animal. Des plis longitudinaux, dont l'usage est inconnu, s'étendent du bord de la mâchoire jusqu'au nombril, et sur le dos s'élève une grande nageoire formée de graisse, qui lui a valu le nom de gibbar et de balænoptère. Des fanons garnissent sa bouche, et il se nourrit de petits poissons et de mollusques. Plus sauvage que la baleine, il est plus difficile à harponner. Sa peau donne peu d'huile ; aussi les baleiniers le poursuivent-ils avec moins d'acharnement et seulement à défaut de baleine franche. Quelques individus échoués sur les côtes de l'Océan en hiver ont été décrits par divers auteurs. Ces accidents prouvent que le rorqual du Nord entreprend de longs voyages dans les parties tempérées de l'Atlantique.

Les mers du Spitzberg nourrissent une autre espèce de balénoptère très-semblable à la précédente, mais que quelques naturalistes en distinguent sous le nom de rorqual géant (1). Il en est encore une troisième, la plus petite de toutes : c'est le rorqual à museau pointu (2), cétacé de 10 mètres de long : comme les deux autres, il présente des plis sous la poitrine et sous le ventre. Ses fanons, au lieu d'être noirs comme ceux des autres rorquals et de la baleine, sont d'un blanc jaunâtre. Il a le même genre de vie que ses congénères.

Nous n'avons plus à parler que de la baleine franche (3), le plus grand et le plus gros des animaux de la création actuelle. Elle se distingue des rorquals par l'absence de nageoire dorsale et de plis sous le ventre ; des hyperoodons, parce que sa gueule est garnie de fanons et non de dents. La baleine du Nord

(1) *Balænoptera gigas*, Eschr.
(2) *Balænoptera rostrata*, Fabr.
(3) *Balæna mysticetus*, L.

atteint souvent 20 mètres de long; sa tête forme le tiers de la longueur de l'animal. Son poids moyen peut être estimé à 100 000 kilogrammes. Les nageoires ont 3 mètres de long sur 2 de large. La peau, avec sa graisse, offre une épaisseur de 20 à 50 centimètres. Les fanons qui garnissent la gueule ont de 3 à 5 mètres de longueur. Cet être gigantesque ne se nourrit que de petits animaux marins, tels que des méduses, des crustacés, des sèches, et surtout la Clio boréale, petit mollusque à deux nageoires qui fourmille dans les mers du Nord. La baleine ouvre sa large gueule en nageant avec rapidité; les petits animaux engloutis dans ce gouffre béant ne peuvent en sortir, retenus qu'ils sont par les fanons; alors le colosse ferme sa gueule, rejette l'eau par ses évents, et avale ensuite les milliers de petits animaux marins prisonniers entre ses mâchoires.

Jadis la baleine était très-commune sur les côtes occidentales du Spitzberg, spécialement entre le 78e et le 80e degré. Des flottes de navires hollandais, anglais et français, se rendaient annuellement dans ces parages, et tous les bâtiments revenaient chargés d'huile et de fanons. Quand la baleine devint plus rare, on la poursuivit jusque dans la banquise, où la mer est souvent libre par places; les baleiniers hollandais ne craignaient pas de mettre toutes voiles dehors et de fendre la glace compacte avec la cuirasse qui garnissait l'avant de leurs navires; ils poursuivaient dans ces lacs intérieurs les baleines, qui se croyaient à l'abri de leurs coups. Pour traverser de nouveau la banquise et retrouver la pleine mer, ils se fiaient aux vents et aux courants. Les navigateurs envoyés à la recherche de John Franklin ont seuls égalé l'audace de ces hardis marins. Cependant le nombre des baleines diminuait chaque année. La femelle ne donne en effet naissance qu'à un seul petit, après une gestation de dix mois, et les baleines pourchassées au Spitzberg se sont réfugiées sur les côtes du Groenland et dans la baie de

Baffin, où les baleiniers vont les chercher actuellement jusque
sous le 78e degré de latitude, dans les détroits de Lancastre et
de Melville.

Oiseaux.

En été, le nombre des oiseaux qui hantent le Spitzberg est
incalculable, mais la liste des espèces est fort courte : elle ne
s'élève pas au-dessus de 22, dont deux seulement sont des
oiseaux terrestres; les autres sont des oiseaux marins ou aquatiques. Une seule espèce, le lagopède du Nord, n'émigre pas ;
tous les autres sont de passage.

OISEAUX DU SPITZBERG.

Passereaux. Emberiza nivalis, L.

Gallinacés. Lagopus hyperborea (Tetrao lagopus, L.).

Échassiers. Charadrius hiaticula, L.; Tringa maritima, Brunn.; Phalaropus
fulicarius, L.

Palmipèdes. Sterna arctica, Temm.; Larus eburneus, Phipps; L. tridacty-
lus, L.; L. glaucus, Brunn.; Lestris parasitica, Nils.; Procellaria glacialis, L.;
Anser bernicla, L.; A. leucopsis, Bechst.; A. segetum, Gmel.; Anas
glacialis, L.; Somateria mollissima, L.; S. spectabilis, L.; Colymbus sep-
tentrionalis, L.; Uria grylle, L.; U. Brunnichii, L.; Alca alle, L.; Mormon
arcticus, L.

Si le nombre des espèces est restreint, celui des individus
est tellement considérable, que leur présence anime les côtes
silencieuses et désolées du Spitzberg. Au premier abord,
on a de la peine à se rendre compte de ce prodigieux concours. La terre est couverte de neige, la végétation très-pauvre ;
les insectes, au nombre de 15 espèces seulement. Un petit
nombre de marais tourbeux entre les montagnes et la mer ne
nourrissent ni vers, ni mollusques, ni poissons, mais la mer
fourmille d'animaux, surtout de mollusques et de crustacés.

Ici le nombre des espèces est également limité; on ne connaît que 10 espèces de poissons sur les côtes du Spitzberg. Le merlan polaire est le plus commun de tous.

Un grand nombre d'oiseaux marins, qui l'hiver habitent nos côtes, vont pondre au Spitzberg, où ils sont sûrs de trouver une nourriture abondante et la paix. Tous ne pondent et ne couvent pas indifféremment sur tous les points de la côte. Les uns, tels que les oies, se plaisent sur les rivages de la grande terre; les autres, comme les eiders et le stercoraire, affectionnent les petites îles basses et semées de flaques d'eau; la plupart se réfugient sur les rochers qui surplombent directement la mer, et leur nombre est tel, que ces rochers sont connus sous le nom de montagnes d'oiseaux (*Vogelberge*). Les escarpements de ces rochers, formés d'assises en retraite les uns derrière les autres, semblables aux galeries et aux loges d'une salle de spectacle, sont couverts de femelles accroupies sur leurs œufs, la tête tournée vers la mer, aussi nombreuses, aussi serrées que les spectateurs dans un théâtre le jour d'une première représentation. Devant le rocher, les mâles forment un nuage d'oiseaux s'élevant dans les airs, rasant les flots et plongeant pour pêcher les petits crustacés qui constituent la principale nourriture des couveuses. Décrire l'agitation, le tourbillonnement, le bruit, les cris, les coassements, les sifflements de ces milliers d'oiseaux de taille, de couleur, d'allure, de voix si diverses, est complétement impossible. Le chasseur, étourdi, ahuri, ne sait où faire feu dans ce tourbillon vivant; il est incapable de distinguer, et encore moins de suivre l'oiseau qu'il veut ajuster. De guerre lasse, il tire au milieu du nuage. Le coup part; alors le scandale est au comble : des nuées d'oiseaux perchés sur les rochers ou nageant sur l'eau s'envolent à leur tour et se mêlent aux autres; une immense clameur discordante s'élève dans les cieux. Loin de se dissiper, le nuage tourbillonne encore plus. Les cormorans, immobiles auparavant sur les rochers à fleur d'eau, s'agitent bruyamment ; les hirondelles de mer volent en cercle autour de la tête du chasseur et le frappent de l'aile au visage. Toutes ces espèces si diverses, réunies pacifiquement sur un rocher isolé au milieu des vagues de l'océan Glacial, semblent reprocher à l'homme de venir troubler jusqu'au bout du monde la grande œuvre de la nature, celle de la reproduction et de la conservation des espèces animales. Les femelles seules, enchaînées par l'amour maternel, se contentent de mêler leurs plaintes à celles des mâles indignés ; elles restent immobiles sur leurs œufs, jusqu'à ce qu'on les enlève de force ou qu'elles tombent frappées sur ce nid qui recélait les espérances et les joies de la famille.

Les oiseaux ne sont pas rangés au hasard sur les corniches des rochers. Dans une salle de spectacle, la richesse établit entre les spectateurs une classification qui serait probablement fort différente, si elle était fondée sur le goût ou l'intelligence ; de même, sur un *Vogelberg*, les espèces ornithologiques ne sont point mêlées confusément. Il en est où domine le pétrel du Nord (*Procellaria glacialis*), le plus hardi des oiseaux de mer. M. Malmgrén a vu un rocher de ce genre par 80° 24'. Les guillemots à miroir (*Uria grylle*) occupaient les assises inférieures ; les pétrels, les gradins intermédiaires, sur une hauteur de 250 mètres, et en haut était la mouette à manteau gris. Sur un autre rocher, c'était la mouette blanche (*Larus eburneus*) qui formait la majorité ; plus haut était la mouette à trois doigts, et enfin, comme précédemment, la mouette à manteau gris. Sur certains rochers, ce sont les pingouins (*Alca alle*) qui garnissent toutes les saillies jusqu'à la hauteur de 30 à 60 mètres ; au-dessus, c'est le guillemot à miroir (*Uria grylle*) en grand nombre ; ensuite le macareux du Nord (*Mormon arcticus*), et enfin le petit guillemot (*Uria Brunnichii*), qui se trouve au Spitzberg en troupes innombrables.

Sur ces rochers verticaux, les oiseaux sont à l'abri des poursuites de leur plus cruel ennemi, le renard bleu, aussi friand des œufs que des mères. Il n'en serait pas de même pour ceux qui nichent sur les îles basses que la glace unit au continent; les eiders le savent si bien, qu'ils ne s'y établissent jamais, tant que l'île n'est pas entièrement entourée d'eau : sans cela toutes les femelles deviendraient la proie des renards. En effet, le nid est au niveau du sol, creusé dans le sable et tapissé du précieux duvet que nous connaissons sous le nom d'édredon. La femelle arrache ces plumes de son propre ventre. L'homme exploite cet instinct de la femelle de l'eider. Sur toute la côte de Norvége, les îles où les eiders viennent couver sont des propriétés d'un prix élevé. Un gardien logé sur l'îlot protége les eiders, qui ne craignent pas de faire leur nid jusque sous le seuil de sa maison. Tirer un coup de fusil dans une de ces îles, est un acte puni d'une forte amende. Le gardien enlève par deux fois l'édredon qui tapisse le nid, après avoir éloigné doucement la femelle; mais lorsque pour la troisième fois elle arrache le duvet de son ventre, il la laisse achever en paix sa couvée, car il sait qu'elle reviendra l'année suivante lui apporter un nouveau tribut.

Les palmipèdes dominent parmi les oiseaux du Spitzberg précisément parce qu'ils vivent tous d'animaux marins. Les trois seuls échassiers, le sanderling, la maubèche noirâtre et le pharlarope, vivent au bord de la mer et près des petits étangs. Les deux premiers se nourrissent d'une larve de diptère très-commune dans la mousse, d'une espèce de lombric, ou de petits crustacés flottant à la surface de la mer, près du rivage; le troisième recherche une petite algue sphérique qui paraît être un nostoc. Aucun oiseau insectivore ne pourrait subsister au Spitzberg, où il n'y a ni coléoptères, ni lépidoptères, ni hémiptères, ni orthoptères.

Le lagopède, le bruant des neiges et les trois espèces de bernaches sont les seules espèces herbivores; aussi ces oiseaux sont-ils rares, sauf la bernache cravant (*Anser bernicla*). Le

CH. MARTINS.

8

lagopède hiverne au Spitzberg, et son existence pendant les grands froids est un problème, comme celle du renne. Parmi les palmipèdes, les mouettes ou goëlands jouent le rôle d'oiseaux de proie ; ce sont eux, en effet, qui se nourrissent spécialement de poissons, dépècent les cadavres des cétacés, et s'abattent en nombre immense sur la peau de la baleine amarrée le long du navire, pendant qu'on la dépèce. Le stercoraire (*Lestris parasitica*) s'attaque aux autres oiseaux, les force à vomir la nourriture qu'ils ont avalée, et la saisit en l'air pendant qu'elle tombe. Les pétrels vont chercher leur proie en pleine mer et suivent souvent les navires. Les autres oiseaux nagent à la surface des eaux et plongent pour y trouver leur subsistance ; ce sont eux qui animent les côtes du Spitzberg. D'abord familiers, ils ne fuient pas à l'approche de l'homme : les guillemots tournent autour des embarcations, les hirondelles de mer effleurent la tête des rameurs de leur vol rapide ; mais les premiers coups de fusil mettent fin à ces familiarités, et au bout de quelques jours ces oiseaux si confiants deviennent sauvages et craintifs comme ceux des pays civilisés.

Poissons et animaux invertébrés.

Je n'insisterai pas sur les autres classes du règne animal, j'en ai déjà parlé incidemment à propos des animaux inférieurs dont se nourrissent les cétacés. Sous ce rigoureux climat, c'est toujours la même pauvreté en espèces et la même richesse en individus. Il n'existe pas un seul reptile au Spitzberg. Les poissons, appartenant à dix espèces de scorpænoïdes, de blennies, de saumons et de morues, deviennent de moins en moins communs, à mesure qu'on s'avance vers le nord ; le merlan polaire (1) est le seul qui soit abondant.

_____

(1) *Merlangus polaris.*

Les mollusques côtiers sont rares. M. Torell n'a observé que la *Littorina groenlandica*, mais certaines espèces pélagiques sont très-répandues, en particulier un ptéropode, la clio boréale, qui sert de principale nourriture aux baleines ; et d'autres mollusques appartenant à la classe des acéphales, des gastéropodes et des brachiopodes. Je donne en note la liste de celles que M. Torell a signalées (1) ; toutes se retrouvent dans les dépôts glaciaires de la Suède.

Quand on explore le rivage au Spitzberg, il semblerait que la mer ne nourrisse aucun crustacé ; mais si l'on ouvre le gésier des oiseaux marins, on le trouve rempli des débris de ces animaux, et l'on est forcé d'en conclure que les crustacés abondent dans la mer Glaciale. M. Gœs énumère six espèces faisant partie d'une seule famille, celle des Crustacés décapodes à yeux pédonculés (2), famille à laquelle appartiennent les crabes, les bernard-l'ermite et les gécarcins.

Nous avons déjà dit qu'il n'existe que quinze espèces d'insectes au Spitzberg : savoir, quelques espèces de thysanoures, des diptères, des hyménoptères, et une espèce de phrygane ou névroptère. Les arachnides sont représentées par quatre ou cinq espèces d'*Acarus*.

Les animaux inférieurs appartenant à la classe des rayonnés ne sont pas encore bien connus; mais on sait qu'il s'y trouve des étoiles de mer, déjà figurées par Frédéric Martens; des méduses et des béroés, qui, dans certains parages, sont tellement nombreuses, que la couleur de l'eau de mer en est changée et passe du bleu au vert jaunâtre, suivant le témoignage de

(1) *Mya truncata, Saxicava rugosa, Pecten islandicus, Cardium groenlandicum, Arca glacialis, Astarte corrugata, Leda pernula, Yoldia arctica, Natica clausa, N. Johnstonii, Tritonium norvegicum, T. cyaneum, T. clathratum, Trichotropis borealis, Terebratella Spitzbergensis.*

(2) *Hyas araneus*, L. ; *Pagurus pubescens*, Kroey ; *Hippolyte Gaimardi*, M. Edw. ; *H. Phippsi*, Kroey ; *H. Sowerbyi*, Leach, et *H. polaris*, Sab.

Scoresby, qui a navigué des heures entières dans cette eau verte ou *green-water*, comme il l'appelle lui-même.

Ici se termine notre tableau physique du Spitzberg. Dès le commencement nous avons dit que cet archipel était l'image d'une époque géologique antérieure à la nôtre, celle où une partie de l'Europe et de l'Amérique dormait ensevelie sous d'immenses glaciers semblables à ceux qui remplissent actuellement les vallées du Spitzberg, et couvrent les plaines du Groenland. Les blocs erratiques de l'Allemagne septentrionale, les roches polies et striées de la Scandinavie, de la Finlande, de l'Écosse et du nord de l'Amérique, sont les témoins muets de cette ancienne extension de la calotte des glaces polaires. Les plantes arctiques qui végètent encore dans les marais et sur les hautes montagnes de l'Europe en sont les preuves vivantes. Les animaux, à leur tour, démontrent cette ancienne extension. Ainsi, déjà en 1846, Edward Forbes prouvait que les coquilles qui se trouvent dans le terrain erratique, en Écosse, dans le nord de l'Angleterre, en Irlande et dans l'île de Man, étaient des coquilles appartenant à des espèces arctiques inconnues actuellement dans les mers qui baignent les côtes d'Angleterre, mais vivant la plupart sur celles du Labrador. La mer qui entourait l'Angleterre avait une température inférieure à sa température actuelle. A cette époque les îles Britanniques n'étaient pas encore complétement émergées, et se reliaient à l'Islande et au continent européen. En Suède, on trouve des couches fossilifères qui atteignent quelquefois une épaisseur de 12 mètres, et sont à 200 et même à 250 mètres au-dessus de la mer. Celles d'Udevalla, près de Gothembourg, sont les plus célèbres ; les coquilles qu'elles contiennent dénotent des eaux aussi froides que celles qui baignent les côtes du Groenland occidental. En Russie, MM. Murchison et de Verneuil ont trouvé, sur les bords de la Dwina, des lits de coquilles arctiques. En Amérique, à l'embouchure du Saint-Laurent, on a reconnu des espèces identiques avec celles qui appartiennent à la période glaciaire de la Suède. Une espèce très-commune dans les mers arctiques, la *Mya trun-cata*, se trouve à l'état fossile dans les couches les plus récentes de la Sicile, mais l'animal a disparu complétement de la Méditerranée. Un savant suédois que nous avons nommé parmi les explorateurs du Spitzberg, M. Torell, a fait l'énumération de ces coquilles arctiques trouvées dans les couches les plus superficielles de l'Angleterre et de la Suède, et les a comparées lui-même avec les individus vivants des régions arctiques en général et du Spitzberg en particulier (1).

Nous avons vu qu'un certain nombre de plantes se sont maintenues dans l'Europe moyenne, après le retrait des grands glaciers. Certaines espèces animales nous présentent le même phénomène. Dans les mers qui entourent les îles Britanniques, on pêche à des profondeurs de 160 à 200 mètres des mollusques qui ne vivent plus actuellement que dans les mers arctiques; plusieurs sont même identiques avec ceux qui se trouvent dans les couches de l'époque glaciaire, connues sous le nom de *drift*, en Écosse et dans le nord de l'Angleterre. La couche superficielle du sol appelée *lehm* dans la vallée du Rhin, entre Bâle et Strasbourg, nous a également conservé des coquilles d'*Helix* qu'on ne rencontre vivantes que sur les sommets des Alpes. Pendant la période où la plaine suisse était recouverte d'un vaste manteau de glace qui refroidissait toutes les contrées voisines, ces escargots pouvaient vivre et se multiplier dans la vallée du Rhin; actuellement ils ne retrouvent que sur les hautes montagnes le climat qui convient à leur organisation.

Il est des faits encore plus surprenants : un naturaliste suédois, M. Lovén, a pêché par de grandes profondeurs, dans les

_____

(1) Voici les noms de quelques-unes de ces espèces : *Pecten islandicus, Arca glacialis, Terebratella Spitzbergensis, Yoldia arctica, Tritonium gracile, Trichotropis borealis, Piliscus probus, Scalaria Eschrichtii.*

grands lacs Wennern et Wettern de la Suède, des crustacés (1) qui non-seulement sont des espèces arctiques, mais encore des espèces marines appartenant soit à la mer Glaciale, soit au golfe de Bothnie. La présence de ces animaux prouve qu'à l'époque glaciaire, ces lacs communiquaient avec la mer Baltique, et formaient des fiords profonds comme ceux qui découpent actuellement les côtes occidentales de la Scandinavie. Peu à peu la presqu'île se souleva comme elle le fait encore aujourd'hui, les fiords devinrent des lacs alimentés par des cours d'eau superficiels et des sources souterraines. La plupart des animaux marins périrent, mais quelques-uns s'habituèrent peu à peu à vivre dans une eau moins salée, et persistèrent jusqu'à nos jours. Les huîtres et beaucoup d'animaux des étangs saumâtres nous présentent le même phénomène. Organisés pour habiter des eaux dont le degré de salure varie beaucoup dans le cours de l'année, suivant les pluies ou l'évaporation, ils finissent par s'accoutumer à l'eau douce. Un changement brusque leur serait fatal, mais une transition ménagée permet à l'organisme de prendre de nouvelles habitudes. La salure des fiords varie également suivant que les rivières et les ruisseaux, gonflés par la fonte des neiges ou les pluies continues, y apportent une grande masse d'eau douce, ou bien que tous les affluents étant arrêtés par les froids de l'hiver, les tempêtes du large poussent les eaux salées jusqu'au fond des canaux les plus reculés. On comprend donc que les crustacés dont les ancêtres peuplaient ces fiords, remplacés actuellement par les deux grands lacs suédois, soient restés cachés dans les grandes profondeurs de ces nappes d'eau douce, témoins vivants de la dépression de la Scandinavie au-dessous de la mer Glaciale qui l'entourait alors, et de son soulèvement lent et graduel à partir de cette époque.

---

(1) *Mysis relicta, Gammarus loricatus, Idothea entomon, Pontoporeia affinis.*

Partout sur les côtes de Suède et de Norvége on trouve, au-dessus du rivage actuel, des traces évidentes d'anciens rivages, qui permettent non-seulement de constater, mais encore de mesurer le soulèvement de la côte. Ces lignes d'anciens niveaux de la mer correspondent à des lits de coquilles arctiques, et la géologie, d'accord avec la zoologie, nous démontre à la fois l'existence d'une période glaciaire, et l'oscillation perpétuelle de la croûte terrestre, attestée dans presque tout le pays par le soulèvement ou l'affaissement des côtes dans les îles et sur les continents (1).

Les terres voisines du pôle sud nous offrent, comme celles du pôle nord, l'image non affaiblie de l'époque glaciaire. Les rivages de Sabrina, d'Adélie et de Victoria, découverts par Dumont d'Urville et James Ross, sont ensevelis sous les glaciers, comme le Spitzberg et le Groenland. La mer est sillonnée par des légions de glaces flottantes que les courants entraînent vers le nord. A la Nouvelle-Zélande, Hochstetter a vu, sur la courte pente de la chaîne centrale, des glaciers s'arrêter à 200 mètres seulement au-dessus de l'Océan, et entourés d'une riche végétation de fougères arborescentes. Partout l'île porte les traces non équivoques d'une époque où ces glaciers descendaient jusqu'à la mer. Ainsi la période de froid a régné sur tout le globe, et c'est vainement qu'on chercherait à l'expliquer par des changements locaux dans la configuration des terres et des mers. Une cause générale peut seule rendre compte d'un phénomène qui, rayonnant des deux pôles du globe, s'est étendu sur la moitié de chacun des hémisphères terrestres.

Ici se termine cette longue et sérieuse étude ; nous sommes-nous trompé en pensant que le lecteur nous suivrait sans fa-

(1) Voyez, sur ce sujet, le mémoire de Bravais sur les lignes d'ancien niveau de la mer (*Voyages en Scandinavie de la corvette la Recherche*, Géographie physique, t. I, p. 1), et une *Étude* de M. E. Reclus (*Revue des deux mondes*, 1er janvier 1865).

tigue pendant que nous déroulions sous ses yeux le tableau
sévère des terres et des mers les plus septentrionales de l'Europe, séjour de plantes et d'animaux qui peuvent vivre sans
chaleur pendant l'été, et résister pendant l'hiver à des froids
effrayants pour l'imagination la moins impressionnable. Des
hommes, des héros, Barentz, Franklin, les deux Ross, Richardson, Parry, Maclure, Maclintock, Inglefield, Belcher, Penny,
Bellot, Kane, les ont affrontés, mais ils étaient animés par des
sentiments qui élèvent l'homme au-dessus de toutes les difficultés et le rendent indifférent à tous les dangers, le feu sacré
de la science et l'amour de la véritable gloire, celle qui consiste
non pas à tuer son semblable, mais à servir et à honorer l'humanité.

LE CAP NORD

DE LA LAPONIE.

C'est le 13 août 1838 que je partis de Hammerfest pour visiter
le cap Nord. Deux embarcations contenaient la plupart des officiers de la corvette *la Recherche,* qui avait amené en Laponie et
devait conduire au Spitzberg les membres de la commission
scientifique du Nord. En sortant du port, nous entràmes immédiatement dans le large canal compris entre les îles de Qualoe
et de Soroe, et nous ne tardâmes pas à nous trouver presque
en pleine mer. L'air était calme, et même trop calme, car nous
n'avancions qu'à force d'avirons, et tandis que la légère barque
norvégienne glissait rapidement sur les eaux, la lourde chaloupe
de la corvette avait peine à la suivre. Le soir, nous débarquâmes
à Rolfsoe : c'est une île habitée par quelques pêcheurs. Nous
y passâmes quelques heures pour laisser reposer les matelots
fatigués, et j'eus le temps d'y ramasser quelques plantes de nos
plaines et de nos montagnes, qui atteignent dans cet îlot leur
limite septentrionale.

En quittant Rolfsoe, nous nous dirigeâmes vers l'est pour
traverser le Havoe-sund, étroit canal qui sépare l'île de Havoe
de la dernière pointe du continent européen. Un marchand,
M. Ulich, dont le père avait reçu le roi Louis-Philippe pendant
son voyage en Laponie, demeure seul dans cette île solitaire.
Sa maison blanche, avec des contrevents verts, est entourée de
prairies et assise sur une petite éminence qui domine le rivage.
De nombreux magasins bordent la mer, et les navires des
pêcheurs viennent y débarquer leur poisson, et prendre en
échange des denrées de toutes sortes. A l'entrée du détroit se
trouve une jolie église, où des prédicateurs ambulants célèbrent

le culte luthérien pour les habitants d'alentour. Ceux-ci viennent en bateaux des points les plus éloignés de l'archipel, as-
sistent à l'office divin, causent de leurs affaires, et malheureusement aussi s'enivrent de liqueurs fortes. Ces églises et ces maisons de marchands, isolées sur une île éloignée ou sur un promontoire désert, surprennent toujours le voyageur qui visite
la Norvége pour la première fois. On ne comprend pas à quel
commerce peut se livrer un marchand qui habite la solitude ;
mais ce marchand est, comme l'église, le centre commun de
ces populations éparses. Les Lapons, pasteurs et nomades, er-
rant pendant l'été sur la côte et dans les îles voisines avec leurs
troupeaux de rennes, lui apportent les peaux et les cornes des
animaux qu'ils ont sacrifiés pour se nourrir. Des Lapons sédentaires et pêcheurs habitent au fond d'un fiord reculé, où ils
vivent du produit de leur pêche, dont ils vendent le surplus. Les
Queens, ou métis de Lapons et de Finlandais, servent d'ouvriers.
Les Russes qui viennent d'Arkhangel faire la pêche dans les
eaux du Spitzberg et du cap Nord, et les Norvégiens qui se
livrent à la même industrie, trafiquent avec lui. Ces marchands
dispersés sur la côte achètent le poisson en détail et l'envoient
aux négociants de Hammerfest et de Bergen, qui expédient des
cargaisons de morue sèche dans toutes les parties du monde.
De son côté, le négociant de l'île de Havoe pourvoit aux besoins des pauvres populations qui l'environnent, et leur vend
tous les objets nécessaires à leur vie nomade.

M. Ulich n'avait rien négligé pour embellir sa solitude : il
cultivait un petit jardin où il me montra des choux frisés, des
choux-raves fort beaux, des pois qui avaient 3 décimètres de
haut et qui donnent quelquefois des gousses mangeables, des
carottes dont les racines atteignent la grosseur de l'index, des
betteraves qui acquièrent le même volume, des laitues, du cres-
son, et des choux-fleurs qui ne réussissent guère que tous les
cinq ou six ans environ. On ne s'en étonnera pas quand on saura

que la température moyenne de l'année est de 1 degré centigrade au-dessous de zéro ; les températures des différentes saisons sont approximativement les suivantes :

Hiver........ — 8°   Été.......... + 6°
Printemps...: — 5°   Automne ..... + 2°

En hiver, le thermomètre descend quelquefois à — 15 degrés,
mais rarement au-dessous ; en été, le maximum est en général
de + 15 degrés. La plus grande amplitude de l'oscillation thermométrique est donc de 30 degrés centigrades.

En face de la maison de M. Ulich s'élève un promontoire ;
c'est le plus avancé du continent européen. Le sommet est à
316 mètres au-dessus de la mer, mais il n'a ni la majesté ni
la célébrité de celui qui porte le nom de cap Nord, et qui termine l'île de Mageroe, la plus septentrionale de l'Europe. Sur
les pentes de ce cap Nord continental, j'observai les plantes
des environs de Hammerfest : des bouleaux blancs rabougris,
le bouleau nain en abondance, et quelques bouquets du saule
des Lapons. Au sommet se trouve un signal circulaire, formé
de pierres entassées, et ressemblant à la base d'une tour.
Les plantes phanérogames avaient disparu de ce cap battu sans
cesse par les vents qui viennent l'assaillir librement de tous
les points de l'horizon ; mais la terre était littéralement blanche
de lichens : ils envahissaient tout le terrain et même les branches desséchées des arbustes qui avaient essayé de s'y établir.
Cet aspect me rappela le beau tableau par lequel Linné termine
ses prolégomènes de son *Flora Lapponica* : « La dynastie des
palmiers règne sur les parties les plus chaudes du globe ; les
zones tropicales sont habitées par des végétaux frutescents ;
une riche couronne de plantes entoure les plages de l'Europe
méridionale ; des troupes de vertes graminées occupent la
Hollande et le Danemark ; de nombreuses tribus de mousses
se sont cantonnées dans la Suède ; mais ce sont les algues blafardes ou les blancs lichens qui végètent seuls dans la froide

Laponie, la plus reculée des terres habitables. Les derniers des végétaux couvrent la dernière des terres. »

En sortant du détroit de Havoe, nous passâmes près d'une île peu élevée, la verte Masoe, autrefois habitée, maintenant déserte, et nous allâmes coucher le soir dans une petite baie de l'île, appelée Giestvaer, où demeurent un pauvre marchand et quelques pêcheurs. Nous y passâmes une partie de la nuit, et repartîmes le lendemain pour le cap Nord. Nous découvrîmes bientôt les Stappen, noirs écueils qui s'élèvent comme des tours au sein des flots. De nombreux oiseaux de mer, des mouettes, des goëlands, des stercoraires, volaient à l'entour. Ces derniers, vrais forbans de l'air, font la chasse aux oiseaux plus faibles qu'eux, les forcent à rendre gorge et à rejeter les poissons et les crustacés dont ils se sont nourris. Au moment où l'animal fatigué les laisse échapper, le stercoraire se précipite sur cette proie dégoûtante et la saisit avant qu'elle tombe à la mer. Plusieurs fois nous fûmes témoins de ces combats où la victime semble payer un tribut pour échapper aux poursuites d'un solliciteur importun. Cependant le vent fraîchissait et soulevait les vagues de l'océan Glacial ; cette mer houleuse et tourmentée nous annonçait le voisinage de ce promontoire redouté des navigateurs, qu'on appelle le cap Nord, et qu'on pourrait appeler aussi le cap des tempêtes. En effet, dans ces parages, jamais la mer n'est tranquille, même dans les temps les plus calmes, car les houles de tous les gros temps de l'Atlantique, de la mer Glaciale et de la mer Blanche viennent expirer au pied de cette jetée, qui s'avance dans l'Océan entre les vastes continents de l'Amérique et de l'Asie septentrionales. Le vent contraire nous forçait de louvoyer, et longtemps nous eûmes sous les yeux le spectacle imposant et sévère de cette masse de rochers. Allongée comme une proue de navire, elle semble aller au-devant des flots impuissants de la mer, qui se brisent contre elle depuis l'origine des âges. Enfin, nous

courûmes une dernière bordée, et vînmes mouiller à l'est du
cap Nord, dans une petite baie à laquelle sa forme a fait donner
le nom de baie de la Corne, ou *Hornvig*.

Combien je fus agréablement surpris, en descendant à terre,
de me trouver au milieu de la plus riche prairie subalpine qu'il
fût possible de voir ! L'herbe haute et touffue me venait aux
genoux, et je rencontrais à l'extrémité de l'Europe les plantes
que j'avais admirées si souvent dans les Alpes de la Suisse ;
c'étaient elles, aussi vigoureuses, aussi brillantes et plus grandes
que dans leurs montagnes (1). A droite, se dressait la masse
imposante du cap Nord, noire, escarpée, inaccessible. Devant
nous, une pente roide, mais verdoyante, permettait d'atteindre
au sommet, en contournant la base du promontoire. Je recueil-
lais avec ardeur toutes les plantes qui s'offraient à ma vue : il
me semblait qu'elles avaient un intérêt particulier, puisqu'elles
étaient pour ainsi dire les plus robustes et les plus aventureuses
d'entre leurs sœurs européennes (2). Je me plaisais à retrouver
parmi elles des plantes des environs de Paris ; elles me semblaient
dépaysées comme moi sur ce noir rocher battu par les flots.
J'étais tenté de leur demander pourquoi elles avaient quitté les
bords des champs cultivés et les ombrages paisibles du bois de
Meudon, où elles reçoivent les hommages des botanistes pari-
siens, pour vivre tristement parmi des étrangères, car les
plantes alpines étaient en majorité. Au haut de la pente,
je me trouvai sur un plateau nu, dépouillé, parsemé de flaques
d'eau. Au loin, à perte de vue, se déroulent des plans successifs,

(1) Je nomme ici les principales pour les amateurs de botanique : *Trollius
europæus, Bartsia alpina, Archangelica officinalis, Alchemilla alpina, Geranium sylvaticum, Viola biflora, Hieracium alpinum, Oxyria reniformis,
Arabis alpina, Polygonum viviparum, Phleum alpinum, Poa alpina.*

(2) Je citerai *Cerastium arvense, Capsella bursa-pastoris, Veronica serpyllifolia, Taraxacum dens-leonis, Solidago virga aurea, Rumex acetosa, Chæro-
phyllum sylvestre, Spiræa ulmaria, Parnassia palustris, Anthoxanthum
odoratum.*

de grandes ondulations de terrains uniformes, peu accidentés, séparés par des lacs ou des bas-fonds marécageux : tout est froid, immobile, désolé. Tandis que le calme régnait dans la belle prairie que j'ai décrite, un vent du nord furieux balayait le plateau du cap et nous empêchait presque de marcher. Nous avançâmes néanmoins et parvînmes jusqu'à l'extrémité. Jamais je n'oublierai la sombre grandeur du spectacle qui s'offrait à mes yeux. Devant nous s'étendait l'océan Glacial, dont les limites sont au pôle, s'agitant au-dessous d'une épaisse couche de nuages qui semblaient peser sur lui ; à gauche, une pointe de terre longue et basse bordée d'écume ; à droite, quelques îlots sans nom. Quand je me penchais sur le bord du précipice qui termine le cap, je voyais la mer se briser au pied de l'escarpement à une profondeur de 1000 pieds au-dessous de moi. De cette hauteur, les lames énormes venues en ligne droite du Groenland, du Spitzberg ou de la Nouvelle-Zemble, ne formaient, en se brisant, qu'un mince liséré d'écume, comme feraient les rides d'un petit lac poussées doucement vers le rivage par un léger souffle de vent.

Le sommet le plus élevé du cap Nord est, d'après mes observations, à 308 mètres au-dessus de la mer ; il est surmonté d'un petit rocher sur lequel les voyageurs gravent leur nom. J'y lus avec respect celui de Parrot, célèbre par ses voyages dans les Alpes, l'Ararat et le Caucase. Même ce dernier rocher n'est pas dépourvu de toute végétation : de petites plaques circulaires de parmélies et d'ombilicaires noires comme la roche s'étaient attachées à elle, et une mousse microscopique (*Orthotrichum Floerkianum*) se cachait dans les fentes. Sur le plateau, il y avait aussi quelques plantes souffreteuses, dépouillées par les vents, couchées sur le sol, ou cherchant un abri derrière les plis du terrain qui pouvaient les protéger contre les rafales continuelles qui balayent le cap Nord.

UN HIVERNAGE SCIENTIFIQUE

EN LAPONIE.

Le 13 juin 1838, la corvette *la Recherche* quittait le port du
Hàvre pour se diriger vers le Nord. Elle emportait une commission chargée par le roi et le ministre de la marine de faire des
observations scientifiques de tout genre, afin que le nom de la
France figurât parmi les nombreuses expéditions polaires auxquelles la Hollande, l'Angleterre et la Russie avaient seules pris
part jusqu'ici. Le 27 juin, la corvette toucha à Drontheim, ancienne capitale de la Norvége, où elle reçut à son bord quelques
savants suédois, norvégiens et danois désignés par leurs gouvernements pour faire partie du voyage. Peu de jours après, la
Recherche s'éloigna de Drontheim, et se dirigea vers Hammerfest, petite ville de 500 habitants, située à l'extrémité de la
péninsule scandinave, dans la province appelée le Finmark
occidental.

Le 13 juillet, la corvette entra dans le port de Hammerfest,
qu'elle quitta presque aussitôt pour se rendre au Spitzberg. Rien
n'entrava sa navigation : favorisé par un jour perpétuel, le navire
traversa sans accident l'extrémité d'un banc de glaces flottantes,
et mouilla, le 25 juillet, dans la baie de Bell-sound, par 77° 30′
de latitude septentrionale. Après un séjour trop court au gré
des naturalistes et des physiciens de l'expédition, la *Recherche*
appareilla de nouveau, et le 12 août elle laissa tomber l'ancre
dans le port de Hammerfest. Ici la commission se divisa :
quelques membres franchirent la chaîne des Alpes scandi-
naves, et retournèrent en France par Stockholm et Copenhague ; d'autres revinrent directement avec la *Recherche*. Enfin,

MM. Lilliehöok et Siljestroem, physiciens suédois, Lottin et Bravais, officiers de la marine française, et Bevalet, dessinateur, restèrent pour hiverner en Laponie, et se livrer à une suite d'observations sur la météorologie et la physique du globe. Après avoir visité les parages voisins, ils se décidèrent à fixer leur séjour à Bossekop, petit comptoir situé au fond d'un fiord qui pénètre profondément dans les terres. Les Norvégiens désignent sous le nom de *fiords* ces golfes étroits et sinueux qui découpent la côte occidentale de leur pays. Tantôt ils ressemblent à de grands lacs, tantôt on les prendrait pour des canaux creusés par la main de l'homme. Leur profondeur est souvent considérable, mais ils sont abrités par des terres élevées, et la houle de l'Océan vient expirer au milieu de leurs longues ramifications.

Plusieurs motifs devaient décider à choisir la station de Bossekop pour un hivernage consacré à la météorologie. Les montagnes situées au nord de ce comptoir ne sont ni assez hautes ni assez rapprochées pour masquer la vue des aurores boréales. La mer étant assez éloignée, le ciel n'est pas couvert de brumes perpétuelles comme celui de Hammerfest. D'un autre côté, le fiord permettait d'étudier les marées, les phénomènes du mirage et la température des eaux. A Hammerfest, le thermomètre descend rarement à 15 degrés au-dessous de zéro ; à Bossekop, nos savants pouvaient compter sur des températures plus basses, et observer les phénomènes physiques qui les accompagnent. Enfin, le voisinage d'une forêt, d'un grand fleuve, de montagnes élevées et de plaines assez étendues favorisait toutes les expériences qu'ils avaient le dessein d'entreprendre.

Avant de commencer l'historique de leurs travaux, tâchons de donner une idée des contrées encore peu connues qui en furent le théâtre ; car le savant, comme le peintre, cherche une terre neuve et peu explorée, où il puisse moissonner à pleines mains, au lieu de glaner à la suite de ses prédécesseurs.

En quittant Hammerfest, le voyageur qui retourne vers le midi pénètre dans le fiord d'Alten par une passe étroite. Pendant quelque temps il n'aperçoit que des pentes verdoyantes dont l'herbe touffue descend jusqu'au rivage et se confond avec les algues marines. Bientôt des rochers abrupts se dressent autour de lui, et leur image, réfléchie dans ces eaux limpides, semble doubler la hauteur des falaises. De loin en loin une légère fumée trahit la hutte d'un Lapon solitaire. Un canot échoué sur la plage, et quelques morues séchant au soleil, suspendues à de longues perches, annoncent le séjour d'un pauvre pêcheur norvégien. Mais en général le rivage est désert, et l'œil attristé ne découvre pas même un arbre dont les balancements réguliers animeraient cette nature immobile. Un calme profond, que le bruissement du feuillage n'a jamais troublé, règne dans cette solitude. Seulement, à de longs intervalles, de lourds eiders, cachés dans une anse solitaire, s'envolent bruyamment et s'éparpillent au loin en glissant sur les eaux ; ou bien c'est une cascade blanchissante qui gronde au milieu des rochers. Pendant quelque temps on entend son fracas monotone ; puis tout à coup, au détour de quelque promontoire, il cesse brusquement, et n'est plus qu'un murmure lointain qui se perd à son tour dans le silence. Souvent un cap noir et dépouillé se détache de la côte, et semble barrer le fond du golfe ; mais à mesure que l'embarcation s'approche, la passe s'ouvre devant elle, et un large bassin la reçoit dans ses eaux tranquilles. Enfin, après avoir doublé un gros rocher formé de couches bizarrement contournées, le vent mollit, la voile détendue retombe le long du mât, et le canot s'arrête de lui-même au fond d'une baie peu profonde dont la courbe gracieuse se développe sur le rivage. Quelques magasins entourent le débarcadère, et des habitations disséminées sur le penchant d'une longue colline semblent inviter le voyageur à leur demander un abri. C'est le village de Bossekop. Le chef du district et quelques marchands norvégiens, qui commercent avec les Lapons, habitent ces modestes maisons de bois. Derrière le village s'étend une grande forêt de pins sylvestres ; des genévriers, des bruyères, des myrtilles et d'autres plantes amies du froid croissent sous leur ombrage. Si l'on traverse la forêt en se dirigeant vers l'est, on retrouve de nouveau les eaux du fiord, toujours calmes et limpides. Vers le sud, ce sont des marais tourbeux, au milieu desquels s'aventurent quelques pins rabougris qui restent à l'état de buissons sous l'influence ennemie de ce sol spongieux et humide. Plus loin, on découvre le fleuve d'Alten, qui coule majestueusement vers la mer Glaciale, au milieu des rives sablonneuses qu'il s'est créées lui-même. Partout, à l'horizon, de hautes montagnes couvertes de neige, et, à chaque détour du chemin, le fiord inattendu, dont les eaux bleuâtres s'insinuent entre les plans du tableau. Dans les rares instants où le soleil est sans nuage, ce paysage est comparable à ceux qui encadrent les lacs de la Suisse et de la Norvége méridionale. Combien il me parut beau, lorsqu'au retour du Spitzberg, mes yeux, attristés si longtemps par la vue de noirs rochers et de plages couvertes de neige, purent se récréer à ce riant aspect ! Combien les arbres me semblaient grands et touffus, les gazons verts, l'air doux et agréablement parfumé de l'odeur résineuse des pins ! Mais, hélas ! le plus souvent un voile de brume enveloppe toute la contrée, ou bien un jour sans lumière décolore le tableau ; car le soleil, toujours voisin de l'horizon, est impuissant à percer de ses pâles rayons les nuages que le vent de mer accumule incessamment sur les montagnes.

Au sortir de la forêt de pins, un petit hameau, entouré de champs d'orge bien cultivés, surprend agréablement le voyageur. Ces champs sont les sentinelles avancées de l'agriculture européenne. Il faut même reculer d'un degré vers le sud, le long de la côte occidentale de la Norvége, pour retrouver des cultures analogues. Le village se nomme Elvebaken, et doit à son heureuse situation un climat relativement doux et ses moissons exceptionnelles. Des collines sablonneuses le protégent contre les vents froids de l'est, et le terrain d'alluvion qui constitue le sol absorbe rapidement la pluie, ou s'échauffe en peu d'instants aux faibles rayons du soleil boréal. Cependant, même dans les meilleures années, le grain ne mûrit qu'imparfaitement, et la récolte ne se fait jamais avant le milieu de septembre.

En se dirigeant à l'ouest, le fiord se rétrécit une dernière fois et se termine par le petit golfe de Kaafiord, où se trouve une vaste exploitation de mines de cuivre. Il y a douze ans, cette contrée était déserte et inhabitée. Un Lapon, en surveillant ses rennes, trouve une pierre brillante qu'il rapporte au consul anglais à Hammerfest. C'était un riche minerai de cuivre, contenant 50 pour 100 de métal. Le consul, M. Crowe, part pour l'Angleterre, réunit des fonds, et il a dirigé longtemps cette immense exploitation. Quinze cents ouvriers extraient le minerai, le pulvérisent et le convertissent en lingots. Des navires viennent d'Angleterre, chargés de houille, et repartent chargés de cuivre. Ce voisinage fut précieux pour nos savants ; car ils trouvèrent, dans le chef de l'établissement et les deux ingénieurs, MM. Thomas et Ihle, des collaborateurs zélés qui continuèrent la série météorologique interrompue par le départ des observateurs de Bossekop.

LIGNES D'ANCIEN NIVEAU DE LA MER.

Le fiord d'Alten, dont nous avons décrit l'aspect général, fut le premier théâtre des recherches de M. Bravais, l'un des membres les plus actifs de la commission. Près de Hammerfest, il avait remarqué, sur les pentes des montagnes, deux lignes de ressaut parallèles et horizontales. A ne considérer que leur forme, elles ressemblaient aux berges d'un canal, et leur position à mi-côte rappelait les banquettes des ouvrages de fortification. Un lac situé dans le voisinage était entouré de berges semblables fort élevées au-dessus de son niveau, et mille indices trop longs à énumérer montraient clairement que ce lac était autrefois une baie, tandis que maintenant ses eaux se jettent dans la mer en formant une cascade élevée de 5 mètres environ. La première pensée de M. Bravais fut de mesurer la hauteur de ces berges singulières au-dessus du niveau de l'Océan ; mais, pour y réussir, il fallait un point de départ qui ne changeât pas. Or, sans être aussi fortes que sur les côtes de la Normandie, les marées de la mer Glaciale font varier son niveau de 2 à 4 mètres, suivant les heures de la journée. Déterminer le niveau moyen de la mer dans chaque point du fiord était chose impossible ; mais pour celui qui n'est point parqué dans une étroite spécialité, toutes les sciences se prêtent un mutuel appui, et dans cette circonstance la botanique a fourni les moyens de résoudre une difficulté de géométrie pratique. Tous les contours des fiords de la Norvége sont tapissés par une algue ou plante marine pourvue de petites vessies remplies d'air, qui la font surnager à la surface de l'eau : c'est le *Fucus vesiculosus* des botanistes. Or, l'existence de ces fucus est subordonnée à la condition de rester chaque jour plongés dans l'eau pendant un temps suffisant ; il en résulte qu'ils doivent former une ligne invariable et parallèle à la surface des eaux. Au-dessus de cette ligne, la mer ne séjourne pas assez longtemps pour que la plante puisse végéter, et l'algue s'arrête brusquement à une limite parfaitement tranchée. C'est un joli spectacle de voir, à la marée basse, le fiord encadré dans une bordure d'un brun jaunâtre qui contraste avec le vert des prairies et la couleur noire des rochers. Des mesures rigoureuses, faites à Hammerfest et à Bossekop, prouvèrent que cette ligne est élevée de 6 décimètres au-dessus du niveau moyen de la mer.

Le point de départ une fois déterminé, il était facile de me-

surer la hauteur des berges anciennes au-dessus de la ligne des
fucus, à l'aide du baromètre ou d'un niveau. En longeant
dans une embarcation les sinuosités du fiord, M. Bravais ne
tarda pas à reconnaître des berges semblables à celles de Hammerfest. Mais dans les parties rentrantes du rivage, au fond des
anses, à l'embouchure des ruisseaux ou des rivières, ces berges,
au lieu de simples banquettes, se présentaient sous la forme
de terrasses terminées supérieurement par un plan horizontal,
et antérieurement par un talus régulier qui plongeait vers la
mer. Ce talus était quelquefois interrompu par des gradins
parallèles semblables à ceux dont nous avons parlé. Composées
d'un sable fin et homogène, ces grandes terrasses offrent une
telle régularité, qu'on est tenté de les prendre pour de véritables
redoutes, pour des ouvrages de fortification destinés à défendre
l'entrée des vallées, qu'elles ferment complétement du côté de
la mer. Quand la côte est formée par des falaises escarpées,
alors l'œil y découvre souvent des lignes noires, parallèles
entre elles, et en s'élevant du rivage vers ces lignes, on reconnaît qu'elles correspondent à une entaille plus ou moins profonde, à une érosion plus ou moins marquée qui creuse le
rocher. Ces lignes d'érosion sont les traces d'un ancien rivage
émergé par suite du soulèvement de la côte. L'usure des rochers, les cavités, les cavernes formées par l'action des vagues,
l'aspect arrondi des surfaces, tout rappelle le rivage actuel qui
se trouve souvent à 30 mètres au-dessous. Les terrasses et les
banquettes sont aussi des marques de l'ancien niveau des eaux :
on les retrouve en France, sur les bords des canaux et des lacs,
dont l'étiage varie tout en se maintenant pendant quelque temps
à des hauteurs déterminées.

C'est un fait connu depuis longtemps, que les côtes de Norvége et de Suède sont sujettes à des oscillations, dont quelques-
unes remontent aux époques historiques. Quelquefois la côte
s'abaisse ; le plus souvent elle s'élève, non par des secousses

brusques, mais d'une manière tellement lente, que la différence
de niveau ne devient sensible qu'au bout d'un grand nombre
d'années. Ainsi donc, la mer avait laissé, le long du fiord
d'Alten, des traces de son séjour. L'apparence de ces traces
varie suivant la forme de la côte et la nature de la roche :
à l'entrée des vallées et au fond des anses, des terrasses de
sable ; sur le penchant des montagnes, des berges ou banquettes
horizontales ; le long des rochers, des lignes d'érosion parallèles.

Ces traces sont-elles continues, ou, en d'autres termes, for-
ment-elles une ou plusieurs lignes que l'on puisse suivre sans
interruption, depuis l'entrée du fiord jusqu'à son extrémité ?
M. Bravais s'est assuré qu'il en était ainsi, et qu'on pouvait
distinguer deux lignes qui, partant de Hammerfest, aboutis-
saient à Bossekop et coïncidaient avec les banquettes, les terrasses et les lignes d'érosion. Ces traces sont-elles parallèles à
la surface de l'Océan ? Quand on navigue entre les deux rives du
fiord, et qu'on regarde ces lignes d'ancien niveau de la mer,
elles semblent rigoureusement horizontales dans tout l'espace
que l'œil peut embrasser ; mais la longueur totale du fiord
étant de 8 myriamètres environ, il était imposible de savoir
si ces lignes sont parallèles dans toute leur longueur à la surface de la mer, ou, en d'autres termes, si elles sont horizontales. Heureusement le soin qu'on a pris de mesurer de distance en distance la hauteur de ces lignes au-dessus du rivage
nous donne immédiatement la solution du problème. Près
de Hammerfest, la berge supérieure était à 28^m,6, l'inférieure
à 14^m,1 au-dessus de la mer. Dans le milieu du golfe, les hauteurs deviennent plus considérables, et au fond du fiord elles
sont de 67^m,4 pour la ligne supérieure et de 27^m,7 pour l'inférieure. Ainsi donc : 1° ces lignes ne sont point horizontales ;
2° elles ne sont point parfaitement parallèles entre elles ; 3° elles
ne sont pas même rectilignes, et vers le milieu du fiord la ligne

qui part de Hammerfest fait un angle avec celle qui se termine près de Bossekop.

Les conséquences de ces mesures sont importantes pour la géologie, et M. Elie de Beaumont les a fait ressortir avec soin dans son excellent rapport sur ce travail. En effet, tant qu'on s'était imaginé, en se fiant au seul témoignage des yeux, que ces traces d'ancien niveau des eaux étaient rectilignes et parallèles à la surface de la mer, on pouvait croire que l'Océan, en s'abaissant, avait laissé ainsi une trace horizontale sur la côte : on était en droit de supposer qu'en empiétant sur certains rivages, il se retirait de certains autres, et se déplaçait ainsi lentement à la surface du globe. Mais les traces d'ancien niveau n'étant ni horizontales ni parallèles entre elles, cette hypothèse est inadmissible ; car une surface liquide ne peut laisser qu'une trace horizontale comme elle. Ce n'est donc point la mer qui a baissé, c'est la côte qui s'est soulevée. Ce soulèvement a été d'autant plus considérable, qu'on pénètre plus avant dans les terres : il s'est fait par saccades interrompues par deux longs intervalles de repos. Le plus fort soulèvement a été de 40 mètres à Bossekop, le plus faible de 14 à Hammerfest. C'est ainsi que dans une science où le désir de généraliser fait souvent négliger l'observation des faits, M. Bravais, procédant par une méthode rigoureuse, a donné une démonstration du soulèvement de la côte de Norvége que les voyageurs antérieurs à lui avaient reconnu sans pouvoir le prouver d'une manière mathématique.

A quelle époque remonte ce soulèvement? C'est une question difficile à résoudre. En Suède, on a des preuves certaines qu'il continue depuis les temps historiques. Des anneaux destinés à amarrer des navires ont été trouvés à une grande distance et à une grande hauteur au-dessus du rivage. En Laponie, où la civilisation a pénétré depuis si peu de temps, il n'existe point encore de monuments historiques remontant à plus de deux siècles. Mais les terrasses sont souvent couvertes de pins dont quelques-uns sont âgés de quatre cents ans et au delà : ainsi donc, l'émergence de ces terrasses ne saurait être postérieure à ce laps de temps. Il est probable aussi que le soulèvement de la côte du Finmark n'est pas antérieur aux dernières révolutions du globe, car on trouve, dans quelques points au-dessus du niveau de la mer, des coquilles qui vivent encore dans son sein, et appartiennent par conséquent à l'époque zoologique dont l'homme fait partie.

INSTALLATION DES INSTRUMENTS.

Le 1er septembre 1838, MM. Lottin, Lilliehöok, Bravais et Siljestroem étaient réunis à Bossekop. L'habitation d'un marchand avait été choisie comme point central : c'est là que demeuraient les Français ; les deux Suédois s'étaient casés dans deux petites maisons séparées. Mais loger les hommes n'était rien, il fallait installer les appareils. On avait tiré des flancs de la corvette une masse énorme d'instruments : des théodolites, des baromètres, des thermomètres, des actinomètres, des pyrhéliomètres, des télescopes, des boussoles gigantesques, voire même un équipage pour forer un puits artésien. Tout cela gisait pêle-mêle dans une vaste salle ; tout cela demandait une place, une installation. On s'occupa d'abord de l'observatoire astronomique. Une petite maison de bois fut achetée, et comme elle n'était pas dans une situation convenable, on la démonta pour la rebâtir ailleurs. Les poutres équarries qui composaient sa charpente furent enlevées, numérotées à mesure et transportées au sommet de la colline, où la maison fut reconstruite. Encouragé par l'exemple, M. Lilliehöok fit aussi déplacer la sienne, afin que rien ne lui dérobât la vue de l'horizon. Les maisons mises en leur lieu et place, il fallut y établir des piles de maçonnerie pour les instruments, construire un fourneau dans le laboratoire, forer dans le sol un puits artésien, afin d'observer la température de la terre à diverses profondeurs. Mais que de peines, quelle surveillance pour ces opérations si simples dans les pays civilisés ! Au lieu d'ouvriers intelligents, des Lapons et des Finlandais, maladroits et lents à faire mourir mille fois d'impatience; puis l'ignorance de la langue : le français, le suédois, le norvégien se croisant et se combinant avec le langage mimique, et les savants forcés à chaque instant de mettre eux-mêmes la main à l'œuvre. Après l'observatoire astronomique, on en établit cinq autres, éloignés les uns des autres, et où se trouvaient divers appareils magnétiques et météorologiques.

Un mât de marée fut planté dans la mer, près du rivage. C'était un poteau vertical divisé en parties égales d'un décimètre de hauteur, alternativement noires et blanches, et numérotées de bas en haut. A l'aide d'une lunette, on pouvait lire de loin quelle était la hauteur de la mer à chaque heure du jour.

FLUX ET REFLUX DE LA MER.

La connaissance des marées est indispensable au navigateur, mais elle est aussi d'un grand intérêt pour l'astronome. On sait, en effet, que le flux et le reflux sont dus à l'attraction que la lune et le soleil exercent sur la masse mobile des mers. Or, si l'on arrive à bien connaître un jour les marées dans le monde entier; si l'on parvient à pouvoir apprécier exactement l'influence de la latitude, de la forme des côtes, de la pression barométrique, de la direction et de la force des vents sur la grandeur et la durée de ces oscillations, on en déduira plus rigoureusement qu'on ne l'a fait jusqu'ici le poids absolu de la lune. En effet, la distance et la position de cet astre relativement au soleil et à la terre, sa grandeur, la masse du soleil et les lois de l'attraction étant connues, il est évident que l'analyse mathématique, après avoir fait la part de ces différentes causes, peut remonter de l'effet produit, c'est-à-dire de la hauteur et de la durée des marées, jusqu'au seul élément qui reste à déterminer, savoir, la densité de la lune. Cette recherche est d'autant plus intéressante, que la densité conclue jusqu'ici de l'étude du flux et du reflux diffère de celle à laquelle on a été conduit par des considérations purement astronomiques, et il est possible que ce désaccord, assez faible d'ailleurs, dépende uniquement de l'imperfection de nos connaissances au sujet des marées.

ASTRONOMIE, ÉTOILES FILANTES.

L'utilité d'un observatoire astronomique ne pouvait être mise en doute. Il était indispensable, en effet, de déterminer très-exactement la latitude de Bossekop en prenant un grand nombre de hauteurs du soleil et des étoiles. La longitude ou la différence entre les méridiens de Paris et de Bossekop a été fixée rigoureusement à l'aide des excellents chronomètres que l'expédition avait emportés et en comparant la position de la lune à celle des étoiles qui l'avoisinent. La longitude et la latitude étant ainsi déterminées, cet observatoire servira de point de départ pour toutes les opérations géographiques ou hydrographiques qu'on exécutera par la suite dans le Finmark occidental.

L'aspect du ciel boréal était un spectacle nouveau pour des astronomes français. L'étoile polaire, qui, à Paris, est à 49° au-dessus de l'horizon, semblait occuper le zénith. Une foule de constellations qui, pour nous, se couchent chaque soir, restaient visibles toute la nuit, tandis que celles qui sont voisines de l'équateur s'élevaient à peine au-dessus de l'horizon du côté du midi. Ainsi Sirius, cette grande étoile qui, en hiver, brille sur le ciel de Paris, se montrait seulement pendant quelques instants au-dessus de la noire silhouette des montagnes. En

automne, les observateurs furent témoins d'un curieux phénomène. Tout le monde sait que la lune se lève toutes les nuits
environ trois quarts d'heure plus tard que la veille ; mais en
septembre, dans les contrées boréales, la pleine lune se lève
au contraire quelques instants plus tôt que le jour précédent.
Comme cette époque coïncide en Écosse avec la récolte des
céréales, la pleine lune de septembre y est connue sous le nom
de *lune des moissons.*

Bossekop étant situé sous le 70e degré de latitude, nos savants virent le soleil décrire au-dessus de leur horizon des
arcs de plus en plus petits : enfin, le 17 novembre, à midi,
on n'aperçut que la partie supérieure de son disque, et le
jour suivant il ne se leva plus. Seulement, aux environs de
midi, une lueur, dont l'éclat diminuait chaque jour, paraissait
dans la direction du sud. Vers le solstice d'hiver (21 décembre),
cette lueur ne jetait plus qu'une clarté douteuse, et tout le pays
resta plongé dans une éternelle nuit. Au commencement de
janvier, la lueur reprit un peu d'éclat, et le 30 du même mois
les acclamations unanimes des habitants placés aux fenêtres ou
sur les lieux élevés saluèrent le retour de l'astre si impatiemment
attendu. Ce jour-là tout travail est suspendu ; on se félicite,
on danse, on boit à la résurrection du soleil. Alors aussi se
vident les nombreuses gageures et les interminables discussions
dont les montres et les pendules ont fait les frais pendant tout
l'hiver. En effet, le soleil ne paraissant plus, il devient impossible de régler les horloges ; il faut se fier à la régularité de
leur marche. Or, chacun vante son échappement et dénigre les
autres. Cette confiance va si loin, qu'un habitant de Hammerfest
ne craignit pas d'opposer les assertions d'une horloge de la
forêt Noire au témoignage unanime des chronomètres de la
commission. Le moment où le soleil paraît est un instant
décisif qui lève tous les doutes, et les aiguilles trop éloignées
de midi sont convaincues de mensonge. A partir de cet instant,

le soleil s'élève chaque jour de plus en plus, et finit par ne plus
se coucher. Vers minuit, l'astre s'approche de l'horizon ; mais,
au lieu de se plonger dans la mer, ou de disparaître derrière
les montagnes, il se relève aussitôt, et recommence à décrire un
nouveau cercle. Aussi, pendant l'été, un jour éternel règne-t-il
en Laponie, jour aussi fatigant que la longue nuit qui lui succède est triste et monotone.

Depuis un certain nombre d'années, les étoiles filantes ont
attiré l'attention des astronomes. En cherchant à estimer leur
nombre, on a découvert certaines époques fixes où elles sont
plus fréquentes qu'à d'autres. Les nuits du 13 et du 14 novembre sont dans ce cas. Mais, pour rendre leurs observations
plus utiles et plus complètes, nos météorologistes résolurent de
se séparer. Ainsi, tandis que MM. Lottin et Lilliehöok restaient
à Bossekop, MM. Bravais et Siljestroem se rendaient à Jupvig,
habitation d'un marchand située dans le fond de l'une des
branches latérales du grand fiord d'Alten. Ils avaient ainsi
le double avantage d'embrasser une plus grande portion du
ciel, et de pouvoir calculer plus tard la hauteur de ces météores.
Le 12 novembre, MM. Bravais et Siljestroem s'embarquèrent
dans un petit bateau norvégien pour aller exécuter cette opération ; le thermomètre était à 15 degrés au-dessous de zéro.
D'abord le vent fut favorable ; mais bientôt il devint contraire,
et ils eurent à combattre contre la houle. A chaque instant,
leur canot embarquait des lames, et ils arrivèrent à Jupvig
pénétrés par le froid, car l'eau de mer avait trempé leurs
vêtements, et les avait recouverts, en se gelant, d'une couche
de glaçons. A Jupvig, les maisons étaient ensevelies sous la
neige ; mais le marchand reçut les voyageurs avec cordialité,
et ils trouvèrent bientôt le sommeil sous une épaisse couche
d'édredon. Décidés à passer la nuit suivante en plein air, ils
firent transporter une tente sur une éminence voisine, pour
abriter celui des deux qui tour à tour devait tenir le crayon et

la montre pour noter l'apparition et le trajet des étoiles filantes. Un grand feu fut allumé dans l'intérieur de la tente ; mais la fumée était telle, qu'ils ne pouvaient y rester qu'en se tenant près de la porte, le dos tourné vers le foyer. Heureusement, dans l'après-midi, le thermomètre était remonté, et se tint dans la nuit à 4 degrés au-dessous de zéro. Toutefois de violentes rafales de neige fine et piquante venaient à tout moment assaillir les observateurs, et le ciel, alternativement serein et nuageux, se couvrit et se découvrit plus de vingt fois dans le courant de la nuit. Ces obstacles réunis les empêchèrent de compter au delà de trente et un météores. Ceux de nous qui, pendant l'hiver, ne sortent jamais que bien enveloppés de fourrures et se réchauffent promptement par une marche rapide, ne sauraient se figurer combien les sensations sont différentes lorsqu'on est condamné à l'immobilité par des observations qu'il faut enregistrer à mesure qu'on les fait. Avec des gants on ne saurait écrire rapidement, et l'on a beau s'agiter dans un espace borné, le froid s'insinue peu à peu à travers les vêtements, vous saisit et ne vous quitte plus. Quand le temps est calme, ce froid est supportable ; il ne l'est plus dès que l'air est en mouvement, le thermomètre ne fût-il qu'à 2 ou 3 degrés au-dessous de zéro : aussi nos deux astronomes payèrent-ils leurs excès météorologiques, l'un de quelques jours de fièvre, l'autre d'une légère ophthalmie qu'il avait contractée dans la tente enfumée.

Pendant la nuit du 7 au 8 décembre, le thermomètre se tint entre 20 et 23 degrés au-dessous de zéro. Le ciel était d'une pureté admirable, et en une heure et demie MM. Lottin et Bravais comptèrent cinquante-deux étoiles filantes. Cette même nuit fut notée à Newhaven aux États-Unis, en Chine, à Bruxelles, à Parme et à Toulon, pour le nombre extraordinaire de ces météores. Dans celle du 2 au 3 janvier, on voyait une ou deux étoiles filantes toutes les cinq minutes, et cette nuit a été

signalée depuis lors par MM. Wartmann et Quetelet pour la
fréquence de ces apparitions.

SÉRIE MÉTÉOROLOGIQUE.

Indépendamment de ces observations détachées, nos savants
avaient organisé, dès le 6 septembre, un service météorologique
de jour et de nuit. La journée était partagée en trois périodes,
l'une de douze heures, savoir : de huit heures du matin à huit
heures du soir, les deux autres de huit heures du soir à huit
heures du matin. Chacun d'eux était tour à tour chargé, pendant ces périodes, d'observer tous les instruments. La hauteur
du baromètre et du thermomètre était notée toutes les deux
heures, et souvent toutes les heures, ainsi que la direction du
vent, l'état du ciel, et la température de la terre à sa surface.
Parmi les six appareils magnétiques, quelques-uns étaient bo-
servés aussi souvent que les instruments météorologiques,
d'autres à des intervalles plus longs. A certaines époques con-
venues, on suivait de cinq en cinq minutes la marche de l'aiguille magnétique pendant vingt-quatre heures consécutives.
Suppléant au nombre par le zèle, nos courageux physiciens
restaient quelquefois trois heures de suite l'œil fixé à la lunette
dans une cabane glaciale, où le thermomètre descendait à
— 10 degrés, sans qu'ils pussent allumer du feu, parce que les
variations de la température auraient agi sur celles de l'aiguille. Après ces trois heures, ils couraient, au milieu de la
nuit, par le verglas, la neige et le vent, à un autre observatoire
où les attendait un travail aussi pénible et non moins fasti-
dieux. Mais ils étaient animés par le feu sacré de la science et
soutenus par l'espoir de voir jaillir un jour quelque découverte
nouvelle de ces longues suites de chiffres qu'ils accumulaient
incessamment : matériaux précieux où tous les savants de
l'Europe peuvent puiser avec une entière confiance les éléments

de leurs travaux météorologiques. La nuit, quand une brillante aurore boréale éclairait le ciel, alors tous étaient à leur poste : les uns suivaient la perturbation des aiguilles aimantées ; les autres, en plein air, souvent par 20 degrés de froid, notaient les diverses phases du phénomène ou mesuraient sa hauteur au-dessus de l'horizon. Les têtes de vis de leurs instruments étaient tellement froides, qu'ils étaient obligés de les garnir de drap : sans cette précaution, leurs doigts restaient collés au cuivre par l'humidité de la peau qui se congelait à l'instant. Quand leurs mains, roides et engourdies, refusaient de tenir le crayon ou de diriger l'instrument, ils n'avaient d'autre moyen pour les réchauffer que de les frapper violemment l'une contre l'autre jusqu'à ce que la douleur y rappelât un peu de chaleur et de sensibilité.

Malgré tous les obstacles que leur opposait un climat rigou-reux, ils ont accompli, dans l'espace de huit mois, une masse de travaux telle, que je désespère de les indiquer dans cette analyse. Forcé de choisir, je me bornerai à quelques résultats qui peuvent être facilement exposés ; la discussion des autres se trouve dans le grand ouvrage publié par l'État sous le titre de : *Voyages de la corvette* LA RECHERCHE *en Scandinavie, en Laponie et au Spitzberg.*

TEMPÉRATURE.

Bossekop n'a pas un climat très-rigoureux, eu égard à sa distance du pôle. Cela tient au voisinage de la mer du Nord, qui est sans cesse réchauffée par les différentes branches du Gulfstream. Ce grand courant d'eau chaude prend sa source dans le golfe du Mexique, où sa température est de 27 degrés et au-dessus ; il contourne les côtes de l'Écosse, vient longer celles de la Norvége, et se perdre enfin dans l'océan Glacial et la mer Blanche. L'existence de ce courant ne saurait être niée, car j'ai ramassé moi-même au cap Nord, parmi les galets du rivage, une graine de *Mimosa scandens*, arbrisseau de l'Amérique méridionale, et l'on en trouve de semblables dans toutes les cabanes des pêcheurs de la côte.

Jusqu'au 7 octobre 1838, le thermomètre se tint au-dessus de zéro ; mais dans cette journée, il descendit au-dessous du point de congélation, et, après quelques oscillations, il s'arrêta à — 12° dans la nuit du 17. En novembre, son point le plus bas fut — 21°,4. Au commencement de décembre, il ne s'éleva jamais au-dessus de — 10°, et atteignit, le 7, à minuit, son point le plus bas, qui fut de — 23°,5. Au milieu de décembre, il remonta de nouveau au-dessus de zéro et s'y maintint jusqu'au 22. Le 18, il s'était même élevé jusqu'à 6 degrés. La fin du mois ne fut pas rigoureuse ; mais, à partir du 1er janvier, le froid recommença, sans être aussi intense que dans le mois précédent. Vers la fin de janvier, le thermomètre oscilla de nouveau pendant quelques jours autour de zéro. En février, il se tint en général entre — 5° et — 12° ; mais, dans la première semaine de mars, il retomba à — 20°, pour remonter à zéro vers le milieu du mois, et redescendre de nouveau à — 19° dans les derniers jours du même mois. Avec le 1er avril, l'air devint plus tiède, et le dégel commença ; le thermomètre se tenait à quelques degrés au-dessous de zéro, et, malgré quelques recrudescences de froid, l'hiver pouvait être considéré comme fini, quoique le printemps n'eût pas encore secoué le linceul de neige sous lequel la terre était ensevelie.

Quand on examine avec soin les causes de ces fluctuations, souvent très-rapides, de la température, puisque le thermomètre variait quelquefois de 6 à 8 degrés en quelques heures, on ne tarde pas à s'apercevoir qu'elles sont dues principalement aux changements survenus dans la direction du vent, dont la chaleur n'est pas la même, suivant les contrées d'où il souffle. A Paris, en hiver, c'est en général par le vent de nord-est qu'il fait le plus froid, tandis que l'ouest et le sud-ouest amènent le dégel. Cela provient de ce que le nord-est, avant d'arriver jusqu'à nous, s'est refroidi en passant sur les déserts glacés de la Sibérie et les plaines couvertes de neige de la Russie et de l'Allemagne septentrionale. Le sud-ouest, au contraire, originaire de régions voisines de l'équateur, souffle en balayant sur l'Atlantique les chaudes vapeurs du Gulfstream.

A Bossekop, le vent le plus froid était celui du sud-est, le plus chaud celui du sud-ouest, et les vents intermédiaires venaient se ranger, sous ce rapport, dans l'ordre suivant : est, nord-est, nord, nord-ouest, ouest. La disposition des mers et des continents autour du cap Nord et la température de l'Océan, qui est beaucoup plus élevée que celle de la terre, pendant l'hiver, expliquent ces anomalies. Le vent de mer, le sud-ouest, est le plus chaud, à Bossekop comme à Paris ; mais les terres glacées, au lieu d'être dans le nord-est, se trouvent au sud-est, sur le plateau de la Laponie. Cette influence de la terre est si grande, que le vent du nord, qui souffle directement de la mer Glaciale, est plus chaud que celui du sud, qui arrive de l'intérieur de la presqu'île scandinave.

On sait que la chaleur n'est pas la même aux différentes heures du jour et de la nuit : c'est ce qu'on nomme la variation diurne de la température. Ainsi, dans les plaines de nos climats, on observe la marche suivante. Avant le lever du soleil, l'air est plus froid qu'à aucun autre moment de la journée ; vers neuf heures du matin, sa température est égale à la moyenne du jour ; puis elle continue à croître jusque vers trois heures de l'après-midi, époque à laquelle elle atteint son degré le plus élevé. A partir de ce moment, elle décroît sans cesse, revient à la moyenne entre huit et neuf heures du soir, et atteint de nouveau son *minimum* avant le lever du soleil. On comprend aisément que ces variations soient un effet de la marche diurne du soleil, qui échauffe de plus en plus la terre, à mesure qu'il s'élève davantage au-dessus de l'horizon. A peine est-il couché, qu'elle se refroidit par rayonnement, sans que rien vienne compenser ses pertes de chaleur.

La marche diurne de la température étant réglée, dans nos climats, par celle du soleil, il était curieux de voir quelles sont les variations de cette température pendant les vingt-quatre heures, lorsque le soleil, toujours au-dessous de l'horizon, n'a plus qu'une très-faible influence sur la chaleur de l'atmosphère. En prenant la température moyenne des quarante jours de nuit qui ont précédé ou suivi le solstice d'hiver, on voit que sa variation horaire est de 4 dixièmes de degré seulement, tandis qu'elle s'élève à plusieurs degrés pendant l'hiver de nos climats. De plus, le moment le plus froid de la journée étant à six heures du soir, le plus chaud à onze heures du matin, la marche diurne de la température est alors, comme on le voit, complétement indépendante de la marche du soleil, et s'explique par d'autres influences, générales ou locales, que l'analyse des observations permettra de déterminer avec quelque probabilité.

L'absence du soleil était favorable à un genre d'expériences dont l'intérêt n'est pas moins grand. A mesure qu'on s'élève dans l'atmosphère, soit sur une montagne, soit en aérostat, on traverse des couches d'air de plus en plus froides, ou, en d'autres termes, la température décroît avec la hauteur. Mais cette loi, vraie en général, n'est point sans exception : ainsi, pendant l'hiver, on a souvent signalé, dans les pays montueux, des interversions singulières de la température ; il est arrivé qu'il faisait plus chaud au sommet qu'au pied d'une montagne. En est-il de même dans le voisinage du pôle ? Lorsque le soleil paraît sur l'horizon, les expériences sont peu concluantes; car les influences de la journée se prolongent dans la nuit, et altèrent les résultats. En outre, il faut choisir un moment où le temps soit stable et l'état du ciel uniforme. Selon que la brise était

nulle ou modérée MM. Lottin et Bravais se servaient tour
à tour de ballons captifs ou de cerfs-volants. A ces appareils
étaient fixés des thermomètres à *maxima* et à *minima*, c'est-à-
dire des instruments qui conservent l'indication des plus
hautes et des plus basses températures auxquelles ils ont
été soumis. Ces sondes aériennes, comprises entre 70 et 450
mètres d'élévation, ont montré que la température croissait, en
général, avec la hauteur. La différence s'élevait quelquefois
jusqu'à 6 degrés. En moyenne, l'accroissement a été de 1°,6
pour les 100 premiers mètres ; au delà de cette limite, le
ballon traversait des couches atmosphériques de plus en plus
froides. Ce fait singulier peut s'expliquer ainsi. Sur le grand
plateau de la Laponie, l'hiver est très-rigoureux, car le thermomètre y descend souvent à — 40 degrés. Il en résulte que l'air y
devient plus dense et plus pesant: il descend donc vers les
côtes, sans quitter la surface de la terre ; de là le vent de sud-est
si commun à Bossekop. Mais la mer étant plus chaude que le
sol, un courant d'air ascendant s'élève au-dessus d'elle, et coule
vers la terre, attiré par le vide qui se forme sur le plateau
lapon. Ainsi donc, habituellement, deux courants superposés
règnent dans l'atmosphère : l'inférieur est de l'air froid, le
supérieur de l'air chaud. Ouvrez la porte d'une chambre
échauffée, qui communique avec une pièce froide, et vous
verrez le même phénomène. La flamme d'une bougie placée
en haut de la porte se dirige en dehors ; celle que vous
mettez en bas se dirige vers l'intérieur. Ainsi, quand le thermomètre s'élevait dans les airs, il rencontrait le courant marin,
dont la température était supérieure à celle de la brise de terre.

Le 4 octobre, les plaines furent blanchies par la première
neige, et elle n'était pas entièrement fondue vers le milieu de
mai. Quand le thermomètre se tenait à quelques degrés au-
dessous de zéro, la neige tombait souvent d'une manière continue et à gros flocons. Il n'en était pas de même quand la

température était au-dessous de — 15 degrés. On sait, en effet, que la neige est rare par les grands froids. Aussi, en Sibérie, où les hivers sont extrêmement rigoureux, la quantité de neige qui tombe est-elle moindre que dans les contrées où les hivers sont plus tempérés. Sur les Alpes de la Suisse, c'est vers la limite des arbres, à 2000 mètres environ, qu'ont lieu les accumulations de neige les plus considérables ; plus haut, il en tombe moins. C'est un fait à noter, que nos savants virent une neige abondante couvrir le sol malgré des températures de — 18 degrés à — 20°,6. Ils virent aussi que, de toutes les formes cristallines de la neige, celle en étoile était une des plus fréquentes (1). La température la plus, basse à laquelle ils aient observé une chute de neige étoilée a été — 12 degrés ; les étoiles avaient à peine 2 millimètres de diamètre.

En réunissant les observations de MM. Lottin, A. Bravais, Lilliehöök et Siljestroem à celles que MM. Crowe, Thomas et Ihle ont continuées pendant quatre années après le départ des observateurs français et suédois, il est facile d'en déduire la température moyenne de Bossekop : je l'ai trouvée de 0°,49, c'est-à-dire très-voisine de zéro, et, par conséquent inférieure de 10 degrés à celle de Paris ; on pourrait ensuite comparer cette moyenne avec les températures des puits, des sources et du sol à différentes profondeurs. Quelques détails sur ces dernières ne seront.peut-être pas sans intérêt.

A mesure que la terre est échauffée par le soleil dans le cours de la journée ou pendant la succession des saisons, cette chaleur pénètre dans le sol, et agit sur les thermomètres qui y sont enfouis. A une faible profondeur, le thermomètre est affecté par les variations diurnes de la température, et la hauteur de la colonne change dans l'intervalle de vingt-quatre heures. Mais à 1m,5 au-dessous de la surface, ces variations n'affectent

_____

(1) Voyez Kœmtz, *Cours complet de météorologie*, traduction française, p. 126, et planche IV.

plus l'instrument, et à 20 mètres environ le thermomètre n'est pas même influencé par les variations *annuelles ;* c'est dire qu'il indique toujours la même température. Tel était le résultat général des expériences faites à Paris, à Bruxelles, à Edimbourg et à Upsal, sur la profondeur à laquelle s'éteignent les variations diurnes et annuelles de la température. M. Bravais voulut les répéter à Bossekop : il se proposait de faire un trou de sonde de 20 mètres profondeur; la rupture de la tarière de forage, accident irréparable dans ces localités, le força de s'arrêter à 8^m,5. Un thermomètre fut descendu dans ce puits, et, pendant tout le cours d'une année, la colonne ne s'est point allongée ni raccourcie d'un degré. Ce fait permet de calculer à quelle profondeur elle serait restée immobile comme celle du thermomètre qui se trouve à 28 mètres au-dessous du sol de l'Observatoire de Paris. Des instruments moins profondément enfouis, et lus régulièrement à des intervalles convenables, permettront aussi d'établir la loi de la propagation de la chaleur dans le sol et dans la neige pendant l'hiver du Finmark.

Il me serait impossible de rendre compte, sans abuser de la patience du lecteur, des observations faites sur la température des puits, des sources et de la mer : ces dernières surtout ont été suivies régulièrement à Bossekop et à Kaafiord, pour s'assurer si les marées ont quelque influence sur la chaleur des eaux du golfe, et voir dans quelles conditions elles se couvrent de glace. Le résultat le plus positif a été que, même par des froids dépassant 20 degrés au-dessous de zéro, les fiords du Finmark ne gèlent point, tandis que de lourdes charrettes chargées de minerai traversent le fleuve d'Alten pendant tout l'hiver. De plus, l'eau de la mer est en général plus chaude que l'air; aussi émet-elle presque toujours une vapeur semblable à une épaisse fumée, et les Lapons pêcheurs y trempent fréquemment leurs gants pour se réchauffer les mains.

PRESSION ATMOSPHÉRIQUE.

Les observations barométriques faites à Bossekop pendant
l'hiver de 1838 à 1839 ne sont pas moins intéressantes aux yeux
des savants que celles qui se rapportent à la mesure des températures. Mais cet intérêt étant moins général, je me bornerai à donner ici quelques résultats faciles à comprendre et
à énoncer.

Tout le monde sait que, d'après la hauteur du baromètre, on
peut, avec quelque certitude, prévoir le temps. Ainsi, quand le
baromètre est haut, il est probable que le temps sera beau ;
s'il est bas, on doit craindre qu'il ne devienne mauvais. En
réalité, ces indications dépendent de la direction du vent.
Ainsi, à Paris, c'est avec le nord-est que le baromètre atteint sa
plus grande hauteur, c'est par le sud-ouest qu'il est le plus bas.
Or, le nord-est étant un vent sec, le sud-ouest un vent chargé
de pluie, il est clair que si le baromètre est haut, il y a chance de
beau temps ; s'il est bas, probabilité de pluie. Mais cette règle,
vraie pour la France, ne l'est pas pour tous les pays. Ainsi,
dans l'Allemagne méridionale, c'est le nord-ouest qui est le
vent pluvieux ; en Suède, le long du golfe de Bothnie, c'est le
vent d'est qui amène le mauvais temps. Dans ces contrées, une
forte baisse barométrique n'est pas un présage de pluie, et
à Pétersbourg, où il pleut également par tous les vents, il n'y
a plus aucune relation entre la hauteur du baromètre et les
changements de temps. A Bossekop, on observe quelque chose
d'analogue ; car si l'on range les vents en deux groupes, suivant
la hauteur de la colonne barométrique correspondante, on
trouve, en commençant par ceux avec lesquels le baromètre se
tient le plus haut : le nord-est, le nord, le nord-ouest, l'ouest
et le sud-ouest, qui sont tous des vents de mer. Le second
groupe comprendra l'est, le sud-est et le sud, qui soufflent de

la terre. Or, le sud-est étant un vent sec et ceux d'ouest des vents humides, on voit qu'une baisse du baromètre est un présage de beau temps. On remarque en outre que les vents chauds élèvent le baromètre, tandis que les vents froids le dépriment, ce qui est l'opposé de ce qu'on observe généralement pendant l'hiver dans les autres parties de l'Europe.

Imaginons un instant qu'on note exactement chaque mois le point le plus bas et le point le plus élevé du baromètre. On donnera le nom d'oscillation *mensuelle* à la différence entre les deux hauteurs observées. Si l'on fait ces observations pendant plusieurs années consécutives, et qu'on prenne la moyenne des différences observées, on obtiendra l'oscillation *mensuelle moyenne :* cette différence va toujours en augmentant à mesure qu'on s'éloigne de l'équateur. Ainsi, en hiver, elle est à la Havane de $9^{mm},6$; à Marseille de $23^{mm},1$; à Berlin de $33^{mm},1$. A Bossekop, la commission du Nord a trouvé qu'elle s'élevait à $38^{mm},5$, ce qui confirme la loi que nous avons énoncée.

On peut se représenter l'atmosphère comme une mer profonde au sein de laquelle nous sommes plongés. Cette mer présente à sa surface des vagues et des ondulations semblables à celles de la mer véritable. Ces vagues, quand elles passent sur nos têtes, font monter le baromètre. Aussi, depuis longtemps, les météorologistes étaient-ils préoccupés du désir de suivre la marche de ces vagues atmosphériques, en comparant les variations successives du baromètre dans différentes contrées ; c'est dans ce but que nous résolûmes, M. Delcros et moi, d'observer le baromètre toutes les heures, jour et nuit, à Paris, tandis que nos collaborateurs en faisaient autant à Bossekop. Ces observations furent continuées pendant cinq semaines, en mars et avril 1839. Mais en comparant la marche des instruments à Paris et à Bossekop, on ne trouve aucune correspondance évidente, aucun rapport constant entre les variations de la pression atmosphérique. Il faudrait donc un certain nombre de points

intermédiaires qui nous apprissent quels ont été les changements de la pression dans toute la zone qui sépare Paris et
Bossekop. Quand le monde civilisé sera couvert d'un réseau de
stations météorologiques, alors on pourra résoudre ce problème
et beaucoup d'autres encore, dont la solution n'est possible
que par l'observation simultanée des phénomènes atmosphériques.

La réalisation de ce vœu n'est peut-être pas bien éloignée.
Déjà un grand nombre de stations existent en Europe. Leurs
observations simultanées, centralisées par la télégraphie électrique dans les grands observatoires des principaux pays, permettront un jour de dégager les lois qui président aux perturbations de l'atmosphère terrestre et à la propagation des ondes
aériennes dont nous venons de parler.

AURORES BORÉALES.

Les recherches dont nous avons parlé jusqu'ici peuvent être
faites dans tous les pays, mais il en est qu'on ne saurait entreprendre que dans le voisinage des pôles : je veux parler de
l'étude des aurores boréales.

Dans nos climats, l'aurore boréale est un phénomène rare et
de courte durée. Deux ou trois fois par an, on aperçoit au-
dessus de l'horizon, et dans la direction du nord, une lueur qui
ne tarde pas à disparaître. Ses teintes sont celles du crépuscule,
et comme elle se montre souvent à l'entrée de la nuit, l'observateur inattentif ou mal orienté ne la distingue pas des reflets
rougeâtres qui persistent quelquefois assez longtemps après
le coucher du soleil. Souvent même on a confondu l'aurore
boréale avec la lueur d'un grand incendie. Dans le Nord, ces
erreurs sont impossibles ; le phénomène s'y montre avec un
éclat et une magnificence tels, que rien ne saurait lui être comparé. Brillant et varié comme celui d'un feu d'artifice, le spec-

tacle change à chaque instant. Le peintre n'a pas le temps de saisir les formes et les teintes de ces lueurs fugitives ; le poëte doit renoncer à les décrire. Jamais une aurore boréale ne ressemble à l'autre ; elles varient jusqu'à l'infini. Je me bornerai donc à indiquer les diverses phases du phénomène tel qu'il se présente le plus souvent, afin de les rattacher ensuite aux changements qu'elles déterminent dans la direction des aimants.

Pour donner une idée des travaux de la commission sur les aurores boréales, je ne saurais mieux faire que de rapporter textuellement l'analyse que M. Élie de Beaumont en a faite dans le remarquable éloge d'Auguste Bravais prononcé par le savant secrétaire perpétuel de l'Académie des sciences dans la séance publique du 6 février 1865 :

« Lorsque les premières clartés, encore douteuses, d'une aurore boréale commencent à se répandre dans le ciel, on aperçoit d'abord à l'horizon, un peu à l'ouest du nord, un segment obscur qui, 'suivant les conjectures très-vraisemblables de Bravais, ne serait autre chose que la masse compacte des brumes dont se couvrent presque constamment les eaux tempérées de la mer polaire. Au-dessus du segment obscur apparaissent bientôt des lueurs semblables à celles d'un incendie, résultant peut-être simplement des feux encore lointains de l'aurore boréale reflétés sur la surface des vapeurs marines. Quelque temps après, un arc lumineux se dessine au-dessus du segment obscur. Ses deux extrémités, ses deux pieds, s'appuient sur l'horizon, et son point culminant, qui le partage en deux parties égales et symétriques, est situé le plus souvent dans le voisinage du méridien magnétique. En moyenne, il tombe un peu à l'ouest de ce méridien, dont il s'éloigne progressivement à mesure qu'il se trouve plus élevé au-dessus du bord septentrional de l'horizon, surtout lorsque, dépassant le zénith, il se rapproche de l'horizon méridional, dont il est distant, dans certains cas, de quelques degrés seulement.

» Quelquefois plusieurs arcs différents se montrent en même temps; très-souvent on en voit deux, plus rarement trois; on en a compté jusqu'à neuf à la fois.

» Leur largeur, qui est moyennement de 7 à 8 degrés, peut excéder 25 degrés, notamment dans la partie culminante, lors-qu'elle passe près du zénith. Par la combinaison des mesures, cette dernière remarque conduit à admettre que les arcs de l'aurore boréale sont aplatis parallèlement à la surface de la terre, et elle a suggéré à Bravais un des moyens propres à fournir la mesure de la hauteur à laquelle ils se trouvent au-dessus du sol.

» Depuis longtemps on s'était préoccupé de cette hauteur, et l'on avait pensé avec raison qu'on pourrait la calculer d'après la parallaxe résultant de deux observations d'un même arc, faites simultanément par deux observateurs placés à une distance connue. Afin de se ménager ce moyen de détermination, Bravais passa treize jours, du 9 au 22 janvier 1838, à Jupvig, lieu situé à 15 kilomètres vers le nord de Bossekop, pour y suivre de son côté les aurores boréales que ses collaborateurs observaient aux mêmes instants à la station ordinaire.

» Les formes d'un grand nombre d'arcs, et surtout celles des arcs les plus réguliers, ont été relevées par la commission avec un grand soin, et Bravais, en les discutant, au moyen de con-structions géométriques élégantes et de formules trigono-métriques très-habilement réduites à une grande simplicité, a fait voir que tous ces arcs pouvaient être considérés, con-formément à l'hypothèse de l'illustre correspondant de l'In-stitut, M. Hansteen (de Christiania), comme les perspectives d'anneaux circulaires ayant leur centre sur le rayon terrestre dirigé vers le pôle magnétique et leur plan perpendiculaire à ce rayon.

» Ses formules lui ont donné, pour chaque cas, l'élévation de l'anneau au-dessus de la surface de la terre, et ce moyen de

mesure, combiné avec les deux autres déjà indiqués, l'a conduit à conclure que les arcs d'aurore boréale sont placés à une
élévation de 100 à 200 kilomètres, dans la région où les étoiles
filantes et les bolides deviennent incandescents et lumineux,
c'est-à-dire vers les limites extrêmes de l'atmosphère terrestre,
dont on avait supposé pendant longtemps la hauteur moins
considérable.

» La couleur des arcs de l'aurore boréale est ordinairement
le blanc jaunâtre uniforme. Ils sont doués d'assez de transparence pour qu'on puisse apercevoir les étoiles à travers.
L'éclat des arcs les plus brillants égale celui des étoiles de
première grandeur; mais le plus grand nombre ne peuvent se
comparer qu'aux étoiles de deuxième, troisième, quatrième
grandeur.

» La position de chaque arc n'est pas invariable pendant
toute la durée de son existence. Souvent au contraire elle change
avec beaucoup de rapidité, ce qui oblige l'observateur à opérer
avec une grande prestesse, pour donner aux différentes parties
d'un même arc des positions exactement correspondantes entre
elles. Dans leurs mouvements, tantôt les arcs se rapprochent
du zénith, et tantôt ils s'en éloignent, soit vers le nord, soit
vers le sud. Leur bord le plus voisin de l'horizon est ordinairement le mieux terminé. Ils n'ont pas toujours des formes régulières; on les voit prendre mille configurations bizarres, telles
que celle d'une draperie ondulante ou bien celle d'un crochet.
Ils montrent quelquefois, surtout vers la fin, une tendance à se
décomposer en rayons courts dirigés dans le sens de la largeur
de l'arc.

» Après les arcs, à une heure un peu plus avancée, apparaissent les rayons proprement dits, qui sont le second type
auquel peuvent se rapporter les lueurs de l'aurore boréale. Les
rayons sont des colonnes lumineuses beaucoup plus longues
que larges, dont la prolongation vers le haut irait aboutir au

zénith magnétique, point du concours apparent de toutes les lignes parallèles à l'aiguille d'inclinaison, et situé, à Bossekop, à 13 degrés seulement vers le sud du zénith astronomique.

» L'éclat des rayons est variable comme celui des arcs, et généralement plus vif.

» Les rayons sont susceptibles de deux mouvements, l'un en vertu duquel le rayon s'allonge vers le zénith ou vers l'horizon, l'autre qui le déplace latéralement et parallèlement à lui-même. Ces mouvements sont parfois d'une excessive rapidité, et il n'est pas rare de voir les rayons *darder* leur lumière, par un mouvement vibratile, vers le zénith, et plus souvent encore vers l'horizon, avec une vivacité extrême. Lorsque ces mouvements sont alternatifs, le rayon semble *jouer* ou *danser*. Ce sont les *capræ saltantes* des anciens auteurs, les *marionnettes* des habitants de Terre-Neuve, les *merry dancers* des Anglais. En général, plus les mouvements sont rapides, plus les rayons deviennent brillants.

» La couleur des rayons de l'aurore boréale est ordinairement blanche ou jaune pâle, quelquefois rougeâtre. Lorsque les mouvements vibratiles des rayons deviennent très-précipités, la teinte jaune brillante se concentre dans leur partie moyenne, et les extrémités opposées se colorent en rouge violacé et en vert, le rouge se montrant toujours du côté où le rayon darde sa lumière.

» Les rayons se réunissent quelquefois au zénith magnétique pour y former une couronne complète ou incomplète. Lorsque ces rayons, entrant en mouvement, prennent un vif éclat et se dépouillent de leur teinte jaunâtre habituelle pour se colorer en rouge et en vert, la couronne offre le plus haut degré de magnificence que puisse déployer l'aurore boréale.

» Les mouvements vibratiles dont les rayons sont animés se changent, à des moments donnés, en une sorte de palpitation générale qui s'empare de toutes les lueurs de l'aurore boréale, des arcs aussi bien que des rayons. C'est l'annonce plus ou moins prochaine de la décroissance du brillant météore.

» Les splendeurs de l'aurore boréale semblent avoir été données aux régions septentrionales comme un dédommagement de l'absence du soleil ; et ces clartés polaires, à peine visibles deux ou trois fois par an sur l'horizon de Paris, illuminent presque tous les soirs les horizons dont l'astre du jour s'est éloigné. On ne les y observe pas pendant le jour non interrompu de l'été : c'est à la fin d'août, et surtout à l'époque de l'équinoxe d'automne, qu'elles commencent à se multiplier en Laponie, où leur fréquence diminue à l'équinoxe du printemps, et surtout vers la fin du mois d'avril. Pendant cet intervalle de plus de six mois, les nuits privées d'aurore boréale sont en très-petit nombre.

» Les aurores sont donc soumises dans leurs apparitions au cours des saisons, et, ce qui n'est pas moins remarquable, c'est que, même pendant la nuit hivernale, les heures de leur commencement et de leurs différentes phases restent dans un rapport constant avec l'heure du passage au méridien du soleil devenu invisible. Elles se montrent toujours pendant les heures correspondant à la nuit de nos zones tempérées. C'est généralement entre dix et onze heures du soir qu'elles se revêtent des éclatantes couleurs qui en distinguent quelques-unes. Cette époque de la nuit est la période la plus brillante du météore, qui disparaît ordinairement vers le matin.

» Bravais a constaté qu'à la lumière d'une brillante aurore boréale, il pouvait lire une page imprimée en petit texte presque aussi facilement qu'à la lumière de la pleine lune. La lune dans son plein est en opposition avec le soleil, et là où le soleil ne se lève pas, on la voit presque constamment sur l'horizon. La double lumière de l'astre des nuits et de l'aurore boréale diminue beaucoup pour les régions polaires l'obscurité de la nuit hivernale. Ces clartés irrégulières suffisent aux Lapons, aux Samoyèdes, aux Esquimaux, traînés par leurs rennes ou par leurs chiens, pour parcourir en traîneau les neiges sans limites qui couvrent leur pays ; et, lorsque l'absence du soleil tend à assombrir leurs idées, l'éclat capricieux des apparitions lumineuses leur présente des images fantastiques bien propres à réveiller leur imagination, et sur lesquelles elle s'est merveilleusement exercée.

» Malgré les mouvements dont sont doués les arcs et les rayons de l'aurore boréale, il est évident qu'ils suivent le mouvement de rotation de la terre. L'aurore boréale est donc un phénomène atmosphérique, et non un phénomène cosmique. Canton, M. Becquerel et d'autres physiciens ont signalé la ressemblance qu'offrent les teintes rouges violacées de ce météore avec celles que déploie l'électricité en se mouvant dans le vide. Cette circonstance, jointe à l'action si souvent constatée de l'aurore boréale sur l'aiguille aimantée, a porté les physiciens à la ranger parmi les phénomènes électriques. Bravais a adopté cette opinion, dont un illustre physicien, M. de la Rive, a récemment vérifié l'exactitude par une magnifique expérience. »

L'aurore boréale est-elle un phénomène constant ? Pour nos climats, la réponse ne saurait être douteuse, on en aperçoit au plus cinq ou six tous les ans ; dans le Nord, il n'en est pas de même. Si vous interrogez les habitants, ils vous diront que les aurores sont fréquentes, mais ne brillent pas toutes les nuits ; c'est qu'ils n'aperçoivent que celles dont l'éclat est assez grand pour illuminer subitement les fenêtres de leurs habitations. Toutes les lueurs aurorales, vagues et diffuses qui se montrent à l'horizon, passent inaperçues. Elles ne pouvaient échapper à nos savants, car l'un d'eux veillait toujours pendant la nuit, et leurs yeux exercés savaient distinguer la moindre teinte lumineuse qui paraissait dans le ciel. Du 12 septembre 1838 au 18 avril 1839, ils virent cent cinquante-trois aurores boréales, sans compter six ou sept nuits de lueurs douteuses. Je ne trouve pas dans leurs registres la mention d'une nuit claire d'un bout à l'autre qui n'ait offert ce phénomène. Ainsi donc, on doit admettre que l'aurore boréale s'est montrée toutes les nuits où l'état du ciel a permis de l'apercevoir. D'un autre côté, on ne peut pas supposer que l'aurore boréale manquât précisément chaque fois que le ciel était couvert de nuages, et l'on est en droit d'affirmer que ce phénomène se reproduisait probablement toutes les nuits. Néanmoins il serait téméraire de conclure du présent à l'avenir, car on a remarqué des périodes séculaires pour la fréquence de ces apparitions. Très-communes de 1707 à 1790, elles devinrent rares pendant les trente ans qui suivirent, mais depuis 1820 on les revoit plus souvent. Pour constater rigoureusement cette intermittence, il faudrait que les observateurs du Nord eussent le courage de veiller tour à tour, afin que nulle aurore n'échappât à leur attention ; sans cela leur fréquence ne serait que la mesure du zèle des météorologistes, et, comme l'observation des phénomènes célestes compte tous les jours plus de coopérateurs, je ne serais pas étonné d'apprendre que le nombre des aurores boréales va sans cesse en s'accroissant.

Les opinions sur la hauteur des aurores boréales sont extrêmement variées. Quelques-uns les relèguent au delà des limites de notre atmosphère, tandis que les voyageurs anglais ont prétendu les avoir vues au-dessous des nuages, ou bien rasant le sol et s'interposant entre eux et leurs compagnons. Comme ils observaient dans l'Amérique du Nord, où est situé le pôle magnétique, il est possible qu'ils aient vu en effet des aurores boréales presque au niveau du sol ; mais à Bossekop, un examen attentif a prouvé que ces apparences sont trompeuses et peuvent s'expliquer par la réflexion de l'aurore sur la neige ou sur des nuages.

MAGNÉTISME TERRESTRE.

Il me reste une tâche difficile, celle d'exposer les influences de l'aurore boréale sur l'aiguille aimantée. Pour analyser ces influences, plusieurs appareils sont nécessaires. Le premier est la boussole de variation. Imaginez une grande aiguille aimantée suspendue horizontalement à un faisceau de soie sans torsion. Ce faisceau est attaché à une traverse supportée par des colonnes fixes qui reposent sur une plaque de marbre horizontale. Une échelle graduée sert à estimer les déviations de l'aiguille. Celle-ci, en effet, n'est jamais immobile ; sans cesse elle marche à l'est ou à l'ouest d'une manière assez régulière ; mais dès que l'aurore paraît, l'aiguille montre une agitation extraordinaire. Presque toujours la pointe nord commence à marcher vers l'ouest, puis revient à son point de départ, le dépasse vers l'est, et ne s'arrête qu'après une série d'allées et de venues fort irrégulières. C'est surtout pendant les couronnes boréales, quand l'aurore est dans toute sa splendeur, que la déviation est forte. La plus grande, observée le 4 février, a été de 4 degrés et demi, ou de la quatre-vingtième partie de la circonférence. Les aurores boréales peu brillantes, celles dont la lumière est diffuse, et qui n'abandonnent pas l'horizon, agissent au contraire fort peu sur le barreau aimanté. Quand le ciel est pur et sans aurore, l'aiguille n'est jamais agitée, mais ses mouvements sont lents et mesurés comme dans nos climats.

L'aiguille dont nous venons de parler ne reste horizontale que par suite d'une position particulière du point de suspension. Si l'on cherche quelle est la direction d'une aiguille aimantée librement suspendue par son centre, on voit qu'elle est inclinée à l'horizon. Une aiguille de ce genre se nomme aiguille d'inclinaison. A Bossekop, cette aiguille était inclinée de 76° 20', et la commission put vérifier à plusieurs reprises ce fait observé depuis longtemps, que les couronnes qui accompagnent les belles aurores boréales se trouvent toujours dans la région du ciel où irait aboutir l'aiguille d'inclinaison suffisamment prolongée. Cette dépendance étroite entre la direction de l'aiguille et la position de la couronne sur la voûte céleste montre la connexion intime qui rattache les aurores boréales aux perturbations du magnétisme terrestre.

L'aiguille, librement suspendue par son centre, obéit à deux forces, l'une horizontale, l'autre verticale. Pour mesurer les variations de ces deux forces, il faut deux appareils différents ; ils furent observés avec persévérance. On constata que l'intensité de la force horizontale augmente lorsque l'aurore va paraître ; ensuite elle diminue, et, lorsque celle-ci arrive au zénith, elle est moindre qu'avant l'apparition de l'aurore. Quant à l'intensité verticale, elle est plus faible pendant les aurores boréales.

Quelle est la liaison qui existe entre ce phénomène et les forces qui déterminent la position de l'aiguille aimantée ? C'est là un des plus grands problèmes de la physique moderne, et sa solution conduirait probablement à la connaissance de la nature intime de ces forces mystérieuses, et de l'aurore boréale elle-même. Félicitons, en attendant, nos compatriotes et leurs collègues d'avoir avancé la solution de la question en étudiant simultanément l'action des aurores boréales sur tous les appareils magnétiques connus à l'époque où ils ont observé.

MESURES CÉPHALOMÉTRIQUES.

La nature inanimée a été le principal, mais non le seul objet des études de la commission du Nord. Le Finmark est le rendez-vous commun de trois races distinctes : les Norvégiens, les Finlandais et les Lapons. Ces races diffèrent par l'intelligence, la langue, la physionomie, la taille, les mœurs et le costume.

Jadis on se fût contenté de ces caractères distinctifs; mais depuis que toutes les sciences tendent de plus en plus vers l'exactitude, les descriptions pittoresques ne suffisent plus. La tête étant le siége des organes des sens et de l'intelligence, sa forme est d'une grande importance pour caractériser les races humaines, et tous les voyageurs ont coutume de rapporter quelques crânes des pays qu'ils ont visités. En dehors des difficultés physiques et des inconvénients moraux qui entravent ce genre de collection, il était matériellement impossible d'y songer dans le Finmark. On n'aurait pu reconnaître dans un cimetière les têtes des trois races qui s'y trouvent confondues. D'ailleurs l'utilité de ces collections est moins réelle qu'on ne le croit généralement. En effet, on rapporte deux ou trois crânes qu'on regarde comme des types, tandis qu'ils peuvent fort bien être complétement exceptionnels. Or, que dirait-on d'un voyageur qui présenterait le vaste crâne de Cuvier ou la petite tête de certains idiots comme étant le type crâniologique de notre pays ?

Un crâne type, en ethnologie, c'est celui qui présente une forme et des dimensions moyennes également éloignées des extrêmes de grandeur et de petitesse. Mais comment reconnaître ce crâne moyen ? Rien ne l'indiquera ; car on ignore précisément quelles sont ces dimensions moyennes qu'il est essentiel de connaître. Si l'on pouvait mesurer les diamètres de la tête sur des hommes vivants, toutes les difficultés seraient levées à la fois. Le céphalomètre du docteur Anthelme permet de le faire. C'est un instrument composé de deux cercles de cuivre, l'un fixe, qui entoure la tête, l'autre mobile, qui se meut d'avant en arrière. Cet instrument, fondé sur le principe des coordonnées polaires des géomètres, donne la distance du centre du crâne à tous les points de sa périphérie. Ce centre se trouve au milieu de la ligne droite qui joint les deux trous auditifs. Après avoir mesuré le crâne d'un individu avec ce céphalomètre, on peut reproduire exactement sa forme et sa grandeur avec le

plâtre ou l'argile. Mais tant de soins ne sont pas nécessaires :
il suffit de mesurer la distance d'une vingtaine de points de la
périphérie du crâne à son centre, sur une courbure qui, partant
de la racine du nez, vienne aboutir au milieu de la nuque. On
obtient ainsi la coupe du crâne par un plan vertical qui sépare-
rait la tête en deux moitiés symétriques, l'une gauche et l'autre
droite. Cette coupe antéro-postérieure caractérisera parfaitement la forme de l'ensemble. On complète, si l'on veut,
cette mesure médiane par des mesures latérales, correspondantes à des coupes transversales allant d'une oreille à l'autre,
et qui sépareront la tête en deux parties non symétriques, l'une
postérieure et l'autre antérieure. C'est ainsi que nous avons
opéré, Bravais et moi, sur cent quarante individus, qui se
prêtaient volontiers à cette opération. Le tout était de décider
le premier ; ensuite les autres venaient en foule, attirés par
l'attrait d'une faible récompense.

Ces mensurations faites sur un grand nombre de têtes appartenant à une même nation permettent de prendre la longueur *moyenne* de chacun des rayons qui, du centre du crâne,
viennent aboutir à la périphérie ; puis, avec tous ces rayons
moyens, on construit une tête fictive qui sera réellement le
type de la race, puisqu'elle offre les dimensions *moyennes* du
crâne qui la caractérise. Il est possible, il est probable même
que nul individu en particulier ne possède le crâne moyen de
sa race ou de sa nation : ce crâne moyen est idéal ; mais il n'en
représente pas moins le type cérébral de la nation ou de la race.
Ces résultats numériques pourront remplacer désormais l'étude
de crânes isolés, dont les formes et les dimensions sont nécessairement individuelles, et ne permettent point de s'élever à
des considérations générales sur la configuration de la tête
dans les différentes variétés de l'espèce humaine.

CONCLUSIONS ET ESPÉRANCES.

Tel est le résumé fort incomplet et fort abrégé des travaux exécutés, dans l'espace de huit mois, par MM. Lottin, Bravais, Lilliehöok et Siljestroem. Le 18 avril 1839, MM. Lottin et Lilliehöok reprirent le chemin de Stockholm, et traversèrent en traîneau le plateau de la Laponie. M. Siljestroem partit plus tard, et parcourut les Alpes norvégiennes, depuis Bossekop jusqu'à Christiania. Bravais resta pour continuer la série météorologique, et achever l'étude des lignes d'ancien niveau de la mer. Enfin, dans les premiers jours de septembre, il quitta Bossekop à son tour, pour revenir en France avec les membres de la commission que la *Recherche* avait ramenés une seconde fois dans le Nord.

Les deux voyages de la corvette, et l'hivernage qui les a séparés, sont le premier essai d'une expédition scientifique où l'on a longuement séjourné dans un pays pour l'étudier sous tous les points de vue. C'est au public scientifique à juger si ces campagnes sont préférables à celles où l'on touche à un grand nombre de points sans s'arrêter longtemps dans chaque relâche. En y réfléchissant, on trouvera sans doute que les avantages se compensent, et que chaque genre de voyage profite aux diverses branches des connaissances humaines d'une manière différente. On doit donc louer sans réserve le roi Louis-Philippe, que des souvenirs de jeunesse disposaient d'ailleurs à encourager une expédition dans le nord de l'Europe ; approuver hautement le ministre de la marine qui l'a ordonnée, et féliciter M. Gaimard, président de la commission, dont les démarches actives et persévérantes ont assuré la réalisation des volontés ministérielles. Grâce à eux, la France est entrée la première dans une voie où l'Angleterre n'a pas tardé à la suivre, en ordonnant l'expédition du capitaine James Ross, et la fondation de nombreux obser vatoires météorologiques dans toutes les parties du monde.

Au retour des deux voyages, qui comprennent une période de deux ans environ, chacun des membres de la commission du Nord éprouvait le chagrin de laisser tant à faire aux explorateurs futurs. Les météorologistes surtout quittaient à regret une région où tous les phénomènes dont ils s'occupent se montrent avec un éclat et une grandeur qu'ils ne présentent plus dans les zones tempérées. Les aurores boréales, malgré tous leurs efforts, restaient une énigme indéchiffrable, qu'on a d'autant moins la prétention d'expliquer qu'on les a observées plus longtemps. Aussi un retour dans le Nord était-il dans les vœux de la plupart. Cependant quelques objections se présentent et demandent à être discutées. Depuis le départ de Bossekop, les ingénieurs des mines de Kaafiord ont continué la série régulière des travaux météorologiques aussi complétement que possible. On possède donc maintenant quatre années d'observations faites au fond de l'Altenfiord. C'en est assez pour que ce climat soit mieux connu que celui de la plupart des villes du centre de la France. Mais il est un autre point du globe qui appelle à la fois l'attention des savants et des navigateurs, c'est l'île qui termine l'Amérique méridionale, c'est la Terre de Feu. Là, non loin du pôle austral, on retrouverait les circonstances climatériques du Nord, modifiées par les conditions physiques d'un autre hémisphère. Tout en étudiant les phénomènes en eux-mêmes, on les comparerait sans cesse à ceux de l'hémisphère opposé. De ces études répétées, de ces parallèles continuels jailliraient de nouvelles lumières, et, au lieu de se borner à une expédition isolée, notre pays aurait l'honneur d'achever complétement l'entreprise qu'il a commencée.

Depuis quelques années les grandes nations maritimes sont entrées dans cette voie. Les Russes, les Anglais, les Américains établissent des observatoires météorologiques dans toute l'étendue de leurs possessions. Ces observatoires sont permanents;

les séries se continuent pendant plusieurs années. On acquiert ainsi une connaissance intime du climat et de son influence; on dresse l'inventaire complet des productions spontanées du sol, et l'on ne fait point au hasard des essais de naturalisation souvent impossibles. Les colons peuvent s'établir avec sécurité dans un pays préalablement étudié sous tous les points de vue qui peuvent assurer le succès d'un établissement lointain. C'est ainsi que l'Angleterre doit à ses missionnaires des notions incomplètes, mais suffisantes, sur les contrées qu'elle veut conquérir. Elle prépare toujours avec sollicitude l'avenir de ses colonies. Tout est longuement prévu et sagement calculé. Imitons son exemple, mais remplaçons les missionnaires religieux par des missionnaires de la science. Leur zèle plus éclairé n'en sera pas moins ardent; leurs renseignements, plus exacts, seront aussi plus utiles. Au lieu de jeter le trouble dans les consciences, au lieu d'imposer à des peuples enfants de sombres croyances ou des pratiques puériles, nous cultiverons leurs facultés morales et intellectuelles, et à mesure que leur intelligence se développera, ils deviendront meilleurs, et partant plus heureux.

VOYAGE EN LAPONIE

DE LA MER GLACIALE AU GOLFE DE BOTHNIE.

Dans l'automne de 1839, l'auteur du récit qui va suivre traversa avec Auguste Bravais l'isthme qui joint la mer Glaciale au fond du golfe de Bothnie. De Bossekop à Karesuando, ils voyagèrent dans la compagnie de leurs collègues MM. Gaimard, Marmier, Durocher, Anglès, Lauvergne et Giraud. Mais à Karesuando ils se séparèrent du reste de la commission, et descendirent seuls sur le Muonio et le Torneo-elf, jusqu'à Haparanda, ville suédoise qui s'élève en face de Tornéo, actuellement incorporé à l'empire de Russie. Le baromètre en main, ils ont nivelé le large plateau lapon, en déterminant avec soin les limites altitudinales des différentes zones de végétation. Depuis les rives de l'océan Glacial jusqu'aux sommets dénudés du Kiölen, ils ont vu la flore s'appauvrir peu à peu, puis reparaître graduellement sur le versant méridional du massif, à mesure qu'ils approchaient des grands fleuves qui se versent dans le golfe de Bothnie.

En 1806, un voyageur célèbre, Léopold de Buch (1), avait suivi le même itinéraire. Depuis Bossekop jusqu'à Kautokeino, les tracés sont probablement identiques. A Kautokeino, les deux routes se séparent pour se rejoindre à Palajocki, sur les bords du Muonio-elf ; de là un même chemin naturel, le courant de ce grand fleuve, nous a conduits comme lui à l'ancienne ville de Tornéo. En suivant les traces d'un observateur aussi habile, il n'y a plus qu'à glaner sous le rapport scientifique, et,

(1) *Reise durch Norwegen und Lappland*, 1810.

sous le point de vue littéraire, peu d'écrivains pourraient se
flatter d'égaler le charme de son style et le coloris de ses descriptions. Peut-être cependant nos mesures barométriques mé-
ritent-elles plus de confiance que les siennes; car nous avions un
avantage dont il a été privé à une époque où la météorologie était
moins cultivée qu'elle ne l'est actuellement. Des observateurs
habiles et consciencieux, MM. Thomas et Ihle, à Kaafiord, et
M. le pasteur Læstadius, à Karesuando, observaient trois fois par
jour de bons instruments comparés avec les nôtres, et placés à
des hauteurs au-dessus de la mer ou altitudes que l'on peut admettre comme suffisamment connues. Moins heureux que nous,
de Buch a dû probablement chercher à de grandes distances
des observations qui pussent être combinées avec les siennes
pour servir à la détermination des différents points de son
nivellement.

Dans la belle saison, le mois de septembre est presque le seul
pendant lequel la traversée de la Laponie puisse être entreprise.
Du 20 novembre au 20 avril, le voyage peut se faire sur un traîneau attelé de rennes ; il n'offre alors d'autres inconvénients
que la rigueur du froid, la réverbération des neiges et la fatigue
du traîneau, qui est grande pour le voyageur inaccoutumé à ce
mode pénible de locomotion. Au printemps, la fonte des neiges
s'oppose à toute tentative. En juillet et en août, les neiges sont
en grande partie fondues ; mais le sol marécageux de la Laponie
est encore imbibé d'eau, et des nuées de cousins s'abattent
avec rage sur les malheureux voyageurs. Ceux qui ont choisi
ces deux mois se sont presque tous repentis de leur audace.
MM. Sibuet et de Beaumont ont été dans ce cas. En octobre, il
est trop tard, la neige commence à tenir sur le sol, et si elle
tombe trop abondamment, elle peut compromettre la vie des
chevaux, en couvrant complétement les pâturages où ils trouvent leur nourriture.

Ce fut le 6 septembre 1839 que nous quittâmes Bossekop.

Bravais, qui venait de passer treize mois consécutifs dans ce district solitaire, était à peine remis des suites d'une maladie douloureuse du genou : heureusement le sort le favorisa d'un excellent cheval, patient, courageux, dur à la fatigue. Prudent dans les mauvais passages, il semblait réserver toute sa hardiesse pour les pentes de neige que nous rencontrions sur notre route ; attaquant leur talus par la ligne de plus grande pente, il le gravissait rapidement, et tenait à honneur d'être en tête de la caravane. Une chute aurait pu être funeste à son cavalier et renouveler ses douleurs ; mais jamais il ne broncha, même en traversant les marais tourbeux et défoncés que l'on rencontre si souvent en Laponie. Nous ne donnerons pas ici les détails historiques du voyage de la caravane ; nous insisterons seulement sur les observations qui nous sont propres ; elles concernent, presque toutes, les sciences physiques ou naturelles.

Le 6 septembre au soir, nous vînmes coucher à Eiby (Aiby sur la carte du capitaine Roosen), aux bords de l'Alten-elv. La route qui conduit à Eiby s'éloigne peu des rives sablonneuses du fleuve, et traverse de belles forêts de pins (*Pinus sylvestris*), de bouleaux (*Betula alba*) (1), d'aunes (*Alnus incana,* β *virescens,* Wahlenb.), entremêlés de buissons rabougris du genévrier commun, du groseillier rouge, du *Rubus arcticus* et du *Tamarix germanica*. Les bouleaux ont en général 15 mètres de haut, et, parmi les pins, quelques-uns atteignent 20 mètres d'élévation. Eiby lui-même est situé dans un fond, presque au niveau des eaux de l'Alten-elv, et entouré de beaux arbres au milieu desquels on a ménagé une assez large clairière. La vallée, presque

(1) Quelques botanistes, M. Griscbach entre autres, rapportent le bouleau blanc de la Norvége au *Betula pubescens*, Ehrh. (*B. carpatica*, Willd.), qu'ils regardent comme une espèce distincte du *Betula alba*, L. Nos échantillons se rapportent en effet au *B. pubescens*, Ehrh. Mais, à l'exemple de Linné, Wahlenberg, Fries, Hartmann, Blytt, et Spach, qui s'est occupé en dernier lieu du genre *Betula*, nous considérerons cette prétendue espèce comme une simple variété du bouleau commun.

fermée de tous côtés, est dominée par des terrasses sablonneuses et boisées qui s'élèvent à la hauteur d'une trentaine de mètres au-dessus du sol alluvial de la vallée. L'influence de cet abri se manifeste dans le port des bouleaux. Ils n'ont plus cette physionomie roide, ces branches rigides et dressées des bouleaux qui habitent les bords de la mer ou les environs de Hammerfest. L'arbre a repris une partie de sa grâce méridionale ; son tronc s'élance, et ses branches très-flexibles retombent vers la terre et se balancent au souffle de la brise. Voici la cause principale de ces différences d'aspect. Au retour du printemps, lorsque le bouleau ne reçoit du pâle soleil de la Laponie qu'une chaleur insuffisante, ses bourgeons ne donnent naissance qu'à des rameaux gros et courts, portant à leur extrémité quatre à six feuilles disposées en rosette. L'été qui lui succède est-il froid et humide, alors la pousse annuelle atteint seulement quelques millimètres de longueur ; mais son diamètre est considérable. Sur ces branches avortées, les spirales *à deux ou trois parallèles* se montrent avec évidence : on dirait un rhizome de fougère. Ces rameaux sont toujours rigides et dressés vers le ciel. Vienne un été plus chaud qu'à l'ordinaire, alors le rameau s'allonge en s'amincissant, les feuilles s'écartent l'une de l'autre, et la branche grêle et flexible retombe vers le sol comme celles du bouleau de nos climats. Quelquefois le même rameau présente successivement les deux aspects, de telle sorte qu'il paraît noué de distance en distance.

Le 7 septembre, nous partîmes d'Eiby vers onze heures et demie du matin, et ne tardâmes pas à nous élever vers la chaîne du Kiölen ; à midi, nous sortions d'une forêt marécageuse ; toutefois la végétation arborescente s'élève plus haut. A deux heures trois quarts, nous arrivâmes aux derniers pins sylvestres ; leur limite est à 249 mètres sur la mer. A trois heures et demie, nous étions parvenus à une hauteur à laquelle le bouleau cesse de croître d'une manière continue, c'est-à-dire, à 380 mètres :

à cette élévation les bouleaux épars se rabougrissent peu à peu, et disparaissent entièrement au-dessus de 432 mètres.

La limite altitudinale des bouleaux est en général plus facile à déterminer que celle des pins ; elle forme sur le flanc des montagnes une ligne nette et bien tranchée. Quant aux pins, il n'en est point ainsi : ces arbres croissent en massifs, ne s'élèvent pas beaucoup sur le flanc des montagnes ; mais les individus isolés montent beaucoup plus haut. Ainsi, Bravais a trouvé un petit pin isolé, de 6 décimètres de hauteur, sur le versant nord du Storvandsfield, à une altitude de 500 mètres environ.

A cinq heures, nous franchîmes le chaînon le plus boréal du Kiölen, qui a 558 mètres d'élévation, et nous descendîmes dans la vallée du Karajocki, latérale à celle de l'Alten-elv. Sur le versant méridional de ce chaînon, les bouleaux montent très-haut : nous rencontrâmes les premiers vers cinq heures et demie ; ils étaient très-rabougris, et situés dans des localités abritées, à partir de 534 mètres d'élévation. Près de ces bouleaux, se trouvaient des roches polies et striées analogues à celles qu'on trouve au Kongshavnsfield ; nous n'eûmes pas le loisir de les examiner attentivement. A six heures et demie, nous avions atteint le lieu où nous devions passer la nuit. C'est une île entourée par deux bras du Karajocki ; son sol est élevé de 423 mètres au-dessus de la mer. Il est évident que c'est la station où vint coucher de Buch, le 4 septembre 1806 (1). Il lui assigne 467 mètres de hauteur. L'île est très-verte et offre une herbe abondante pour les chevaux : elle est couverte de bouleaux et de saules. La température de cette région est basse, même en été, car l'île est dominée par une masse de neige qui repose sur un escarpement tourné vers le nord-est, et qui ne disparaît jamais complétement. Notre guide l'a toujours vue, depuis trente ans qu'il parcourt ces montagnes.

(1) *Reise durch Norwegen und Lappland.* t. II, p. 142.

Le lendemain, 8 septembre, nous partîmes à six heures et demie du matin. En quittant la station, nous commençâmes à monter, aussitôt après avoir passé la rivière à gué. Une brume piquante nous enveloppait de toutes parts ; mais bientôt nous la laissâmes au-dessous de nous, et nous vîmes un beau soleil briller au-dessus de nos têtes. L'*arc-en-ciel blanc* se dessinait sur la brume à une très-faible distance de nous et à l'opposite du soleil ; il eût été très-intéressant de mesurer son diamètre, la marche rapide de la caravane ne nous le permit pas.

Aussitôt qu'on a quitté le fond de la vallée, on perd de vue les bouleaux, qui ne remontent pas sur le versant septentrional de la seconde chaîne que nous allions traverser. Le faîte de ce massif est un vaste plateau appelé Nuppivara, dont le premier gradin, que nous atteignîmes vers huit heures, est à près de 600 mètres au-dessus de la mer.

Rien ne peut donner une idée de l'aspect désolé et cependant grandiose de ce plateau élevé. Les larges ondulations du terrain, toujours les mêmes, se succèdent indéfiniment les unes aux autres. Rarement un rocher aux formes abruptes, dépassant le niveau général, rompt momentanément l'uniformité du paysage. Partout la roche est à nu ; seulement çà et là des buissons rabougris de bouleau nain, et quelques végétaux (1) plus humbles encore se cachent dans les replis du terrain où ils sont à l'abri des vents glacés qui se promènent librement sur ces espaces découverts. Des lacs solitaires dorment dans les grandes dépressions du sol. Les uns, d'une vaste étendue, ajoutent encore à la monotonie de cet aspect. Les autres, plus petits, ne sauraient l'animer ; car aucun arbre, aucune herbe ne baigne ses racines dans leurs eaux jaunâtres, aucun mollusque ne rampe sur leurs bords dénudés, aucun oiseau ne rase leur sur-

_____

(1) *Empetrum nigrum, Lychnis alpina, Andromeda tetragona, Poa alpina.*

face de son aile rapide ; leurs profondeurs seules sont habitées par de nombreux poissons que les Lapons viennent pêcher en automne. Pendant l'été, des myriades de cousins s'élancent de ces lacs, et interdisent aux voyageurs le trajet de ce plateau. En hiver tout gèle ; et pendant huit mois la terre et l'eau disparaissent sous un linceul de neige. Le sentiment de l'isolement et de l'abandon remplit l'âme du voyageur qui traverse ces déserts du Nord. Rien ne vit autour de lui, tout est silencieux et mort (1). Toujours au centre d'un paysage qui ne change pas, voyant toujours dans la même direction les cimes neigeuses de la chaîne lointaine du Lyngen, qui se perd à l'occident, il est tenté de croire qu'il n'avance pas, mais qu'il tourne sans cesse dans un cercle magique.

Cependant le *wappus*, ou guide lapon, nous dirigeait sans hésiter dans ces solitudes. Rien n'accélérait, rien ne pouvait retarder sa marche uniforme. D'un pas égal il traversait les marais tourbeux, ou montait le long des pentes les plus rapides ; souvent il nous apparaissait au haut d'une éminence, se projetant sur le ciel avec son long bâton sur l'épaule, comme le guide et le chef de qui dépendait le salut de notre caravane. Aucun événement ne vint faire diversion à la monotonie de cette journée ; seulement des milliers de lemmings, effrayés par le bruit de nos chevaux, couraient çà et là, et deux rennes sauvages, après nous avoir regardés quelques instants avec étonnement, disparurent à l'horizon, comme un gibier fantastique.

Vers quatre heures et demie, nous commençâmes à descendre, mais sur des pentes peu inclinées. A sept heures, nous étions sur un plateau qui borde la rive orientale d'un grand lac nommé Törö par les Lapons, et dont la longueur est d'un myriamètre environ. Le baromètre indiquait 687 mètres d'élévation.

(1) Voyez le *Voyage* de de Buch, t. II, p. 144.

A sept heures et demie, nous rencontrâmes les premiers saules (*Salix Lapponum*, L.), croissant pêle-mêle avec le genévrier commun. Un peu au-dessous, se trouvaient des pâturages marécageux. Il eût été impossible de trouver entre ce point et le précédent un autre lieu où nous eussions pu allumer du feu et faire paître nos chevaux. Cette station est Lipsäkoppi, à 610 mètres au-dessus du niveau de la mer.

Il est difficile de ne pas reconnaître dans ce lac de Törö celui que de Buch désigne sous le nom de Zhjolmijaure ; le savant voyageur lui donne la forme allongée que nous venons de décrire, la même longueur, et une altitude de 682 mètres (1). Le ruisseau qui coulait à côté de notre camp était certainement le Lipsajocki, ou au moins un de ses affluents : sur ses bords le saule des Lapons s'élevait à 2 mètres de hauteur.

Partis le jour suivant à huit heures du matin, nous suivîmes d'abord les sinuosités d'une petite vallée dépourvue d'eau, qui paraît être un ancien fond de rivière, quoique l'on n'y voie point de cailloux roulés. L'alternance des angles saillants et rentrants de ses bords est très-régulière. A huit heures et quelques minutes, nous vîmes reparaître le genévrier ; à dix heures et demie, nous étions sur la rive droite d'un des affluents du Lipsajocki : c'est le Vottajocki. La halte que nous fîmes sur ses bords a été dessinée par M. Lauvergne. Sur les bords de la rivière, le *Salix Lapponum* a plus de 3 mètres de hauteur. Ce saule affectionne singulièrement les eaux courantes : c'est une de ces plantes qui s'élèvent sur les montagnes en remontant le long des torrents, tandis que d'autres préfèrent gravir les crêtes rocheuses qui unissent le sommet des montagnes à leur base. Nous étions alors à 531 mètres au-dessus de la mer, et les bouleaux n'avaient pas encore reparu.

Nous quittâmes, peu après midi, notre agréable halte de la

_____

(1) *Loc. cit.*, t. II, p. 154.

rive gauche du Vottajocki; le district parcouru devenait moins accidenté. A quatre heures trois quarts, nous vîmes reparaître les bouleaux sur le penchant d'un vaste plateau légèrement incliné vers le sud; ils cessaient brusquement à 477 mètres au-dessus de la mer. La détermination de cette hauteur nous paraît assez exacte. Aucun abri ou influence locale n'a pu altérer ici la limite naturelle de ces arbres; le plateau où ils croissent est tout à fait découvert : un assez grand nombre d'entre eux étaient morts ou brisés. C'est probablement le froid et le vent qui limitent ici leur croissance. Rabougris d'abord, et atteignant à peine la taille d'un mètre, on les voit grandir rapidement à mesure que l'on continue à descendre vers le sud. Une heure plus loin, à la hauteur de 447 mètres, ces mêmes bouleaux ont déjà 5 mètres d'élévation. Il est très-probable que les arbres les plus avancés servent à protéger les autres contre le vent du nord, et que les bouleaux de la zone la plus élevée acquerraient un plus grand développement s'ils étaient abrités. A cette même hauteur (447 mètres), nous rencontrâmes le premier pied de sorbier des oiseleurs.

De Buch assigne 504 mètres à la limite des bouleaux en ce lieu (1). Cette différence peut provenir des erreurs de la mesure; il serait possible cependant que de Buch eût observé la limite auprès de quelque pied abrité.

A six heures un quart, nous fîmes halte, et dressâmes notre tente pour la nuit, sous de grands bouleaux et dans une situation agréable, près des bords d'une petite rivière, qui est probablement le Lipsajocki. Nos guides désignèrent ce lieu sous le nom de Judsövuomi. Trois observations nous donnent 391 mètres pour l'élévation de ce point.

Dans ces deux journées de voyage, nous avons été accompagnés de légions innombrables de lemmings (*Mus lemmus*, L.)

(1) *Loc. cit.*, t. II, p. 167.

qui émigraient vers le sud. Au-dessous de la limite des bouleaux, leur nombre diminuait un peu. Très-communs sur les
plateaux, dans les lieux secs et arides, ils étaient plus rares
dans les fonds et les endroits marécageux, et couraient çà et là
avec une grande vitesse. Poursuivis, ils se cachaient sous les
touffes de bouleau nain ou cherchaient à se défendre. Lorsque
nous eûmes rejoint la tête de la colonne, près des rapides
d'Eyenpaïka, sur le fleuve Muonio, nous reconnûmes clairement qu'ils marchaient tous dans la même direction. J'ai, il y
a longtemps déjà, publié les observations que nous avons faites
sur ces animaux (1).

Le 10 septembre, à cinq heures un quart du matin, nous traversâmes la rivière sur les bords de laquelle nous avions dressé
notre tente, et, abandonnant la route ordinaire, nous nous
dirigeâmes sur un monticule voisin, où nous apercevions une
limite bien tranchée du *Betula alba*. Le sommet était un plateau
découvert, allongé du N.-N.-O. au S.-S.-E. ; nous pendîmes
notre baromètre à côté d'un arbre isolé, à 30 mètres environ
au-dessus de la limite des bouleaux en massifs. Nous trouvâmes ainsi que l'individu isolé était à 508 mètres au-dessus de
la mer, et la limite générale sur la face S.-O. de la montagne à
480 mètres, détermination concordante avec celle de la veille.
A cette limite, les bouleaux atteignaient encore 2 à 3 mètres de
taille. Sur le plateau, fort aride d'ailleurs, croissaient le *Salix
Lapponum*, le *Betula nana*, l'*Empetrum nigrum*. Cette montagne,
élevée d'environ 520 mètres, est probablement le *Lilla Lipza*
de la carte de de Buch.

Revenus à Judsövuomi, nous y trouvâmes les autres membres
de la commission, et quittâmes notre campement vers huit heures
du matin. Nous passâmes le Siaberdajocki en bateau ; c'est l'af-

(1) Voyez la *Revue zoologique*, rédigée par M. Guérin - Méneville,
juillet 1840.

fluent le plus considérable de l'Alten-elv. De Buch fut obligé de le traverser à gué et le fit avec assez de peine. Au printemps, le passage de cette rivière doit être fort difficile. Le même jour, à trois heures et demie, nous atteignîmes Kautokeino, village important de la Laponie norvégienne. Nous nous installâmes dans la maison du *prœstgaard*, alors entièrement inoccupée, car le pasteur n'y séjourne qu'en hiver. Notre baromètre fut placé au rez-de-chaussée, dans la salle même où M. Lottin avait séjourné quelques mois auparavant. Nos observations météorologiques comprennent les 11, 12, 13 et 14 septembre 1839. Jointes à celles de M. Lottin, elles assignent au rez-de-chaussée du prœstgaard de Kautokeino une élévation de 301 mètres au-dessus de la mer (1). Les eaux de l'Alten sont à 295 mètres environ. La cure est la maison le plus remarquable de tout le village ; il est habité par des Finlandais ou Finnois et par des Lapons, les uns sédentaires, les autres nomades, qui viennent s'y fixer en hiver. Les habitations sont éparpillées au milieu de grandes prairies ; une partie est bâtie sur la rive gauche du fleuve, mais le prœstgaard et l'église occupent l'autre rive. Sur une hauteur, nous trouvâmes un puits creusé dans le sable : il avait $5^m,75$ de profondeur totale ; celle de l'eau était de $1^m,30$. Les parois du puits étaient couvertes d'une couche de glace de 2 mètres de haut à partir de la surface de l'eau. Cette glace avait dû persister tout l'été, et ce fait seul suffit pour donner une idée de la sévérité du climat.

Sans les froids rigoureux de l'hiver, Kautokeino ne serait point un séjour désagréable. La localité est très-découverte, et environnée de petits plateaux dont la pente douce est dirigée vers la rivière. Celle-ci est bordée de terrains sablonneux, dont le niveau supérieur est à 20 mètres au-dessus du fleuve. La vue du ciel est complétement dégagée ; les montagnes occupent les

(1) De Buch (tome II, p. 183) avait trouvé 255 mètres.

derniers plans de l'horizon. Ce lieu serait donc très-favorable
pour des observations astronomiques, et formerait une excellente station pour essayer des mesures de la hauteur des aurores boréales, mesures qui correspondraient à celles que d'autres
observateurs feraient simultanément à Bossekop. La ligne qui
joint les deux stations fait un angle fort aigu avec le méridien
magnétique. On a en effet :

Præstgaard de Kautokeino :

Latitude = 69° 0′ 34″ N. Longitude = 20° 59′ 51″ E.

Bossekop, maison de M. Klerck :

Latitude = 69° 58′ 0″ N. Longitude = 21° 4′ 15″ E.

Ainsi l'azimut de la station boréale serait le Nord 1° 30′ E., par
rapport à la station australe, et le vertical commun aux deux
stations ferait un angle de 12° avec le plan du méridien magnétique ; l'arc qui joint les deux stations aurait 107 kilomètres de
longueur. Ces circonstances seraient très-favorables à la détermination de la parallaxe des aurores boréales. Les brumes de
la mer ne peuvent arriver que difficilement jusqu'à cette distance, et le ciel doit être généralement serein.

On trouve quelques beaux bouleaux dans le cimetière atte-
nant à l'église, ainsi que sur les hauteurs voisines, mais on n'y
voit pas de pins ; cet arbre existait cependant, il y a moins d'un
siècle, aux environs de Kautokeino. L'existence du pin sylvestre
à cette élévation (320 mètres) n'a rien d'extraordinaire, puisqu'il
s'élève plus haut, près de Karajocki, de Kalanito et de Suvajervi.
Si donc il ne croît plus actuellement à Kautokeino, c'est que
les habitants l'ont fait disparaître en l'employant à la construction de leurs maisons. Or, on sait que dans beaucoup de pays,
les forêts, une fois détruites, ne se reproduisent plus. Les différentes espèces de *Vaccinium* (*V. myrtillus*, *V. vitis idæa*,
V. uliginosum) et d'*Arbutus* (*A. alpina*, *A. uva ursi*) sont très-
abondantes autour de Kautokeino, mais leurs baies étaient à

peine mûres. Deux Graminées, *Festuca ovina* et *Aïra flexuosa*, attéignaient une taille gigantesque dans les sables humides de l'Alten-elv. Parmi les oiseaux, une espèce assez rare, le *Strix kaparakok*, est fort commune dans les environs.

Le 13 au soir, nous eûmes la vue d'une belle aurore boréale, sur un ciel malheureusement très-nuageux ; pendant la nuit, le thermomètre descendit à — 5 degrés.

Nous quittâmes Kautokeino le 14 septembre, à midi et demi, nous dirigeant vers Karesuando, et nous atteignîmes à cinq heures un quart l'habitation finnoise de Kalanito, après avoir traversé deux petites rivières, l'Everijocki et l'Akijocki. On peut remonter le fleuve en bateau de Kautokeino jusqu'à Kalanito. Une partie des membres de la commission suivit cette route, et arriva une demi-heure avant le gros de la caravane, qui avait pris la route de terre. Les environs de Kalanito sont assez bien boisés; sous les bouleaux et les saules, qui atteignent une assez grande taille (10 mètres environ), on voit croître plusieurs espèces intéressantes, telles que : *Polemonium cœruleum*, L.; *Geranium sylvaticum*, L.; *Veronica longifolia*, L., var. γ *incisa*, Hartm.; *Carduus heterophyllus*, L.; *Galium uliginosum* L.; *Alopecurus fulvus*, Sm.; *Calamagrostis phragmitoides*, Hartm.; *Triticum repens*, L., et quelques autres plantes propres à ces régions glacées. La plaine qui s'étend devant l'habitation est à 307 mètres au-dessus de la mer.

Entre Kautokeino et Kalanito, le sol offre des ondulations douces, et, en beaucoup de lieux, de grandes cavités coniques que séparent de petites éminences en forme de dômes allongés. On ne trouve pas d'eau dans le fond de ces entonnoirs naturels. Le lichen des rennes (*Cenomyce rangiferina*, Achar.) couvre le sol, et exclut presque toute autre végétation herbacée. Sa teinte jaune donne au paysage un aspect tout particulier : on dirait un terrain saupoudré de soufre, et les entonnoirs coniques dont on est entouré contribuent à entretenir l'illusion. Le lichen des rennes forme la principale nourriture de ces animaux pendant l'hiver. En été, ils broutent l'herbe et les feuilles des arbres, comme [les ruminants de nos climats. Le lichen n'est mangeable qu'en hiver, lorsqu'un séjour prolongé sous la neige a ramolli ses lames, qui sont dures et coriaces en été. La nature et la couleur du sol, dans le district dont nous venons de parler, expliquent les récits probablement exagérés sur la chaleur intolérable dont quelques voyageurs ont souffert en traversant la Laponie. On comprend que l'action continue des rayons d'un soleil qui ne se couche point finisse par échauffer prodigieusement les lichens desséchés qui recouvrent tout le sol, et réagisse sur la couche d'air qui est en contact avec eux. Si l'on ajoute à cela la réverbération des rayons solaires par les plis nombreux du terrain, on comprendra qu'on ait pu éprouver en Laponie une chaleur presque aussi forte que dans les déserts de l'Afrique.

Le 15 septembre, à six heures et demie du matin, nous quittâmes Kalanito, et suivîmes la rive droite de l'Alten-elv. Nous avions abandonné la veille la rive gauche, et traversé la rivière à gué devant Kalanito. Il était tombé de la neige pendant la nuit, et nous en avions plusieurs centimètres autour de nous ; mais, dans la soirée, elle se trouva presque entièrement fondue.

A une hauteur de 341 mètres au-dessus de la mer, nous vîmes reparaître les pins sylvestres : leur limite altitudinale est ici notablement plus élevée que dans le district d'Alten. Ils étaient rabougris, il est vrai ; mais, à cette même hauteur, leur apparence était beaucoup plus belle sur les versants qui regardent l'occident. Vers neuf heures, nous déterminâmes une autre limite sur un petit plateau, à 374 mètres d'élévation ; nous remarquâmes que les pentes tournées vers l'est n'offraient aucun pied de ces arbres précieux, tandis que ceux du plateau avaient près de 5 mètres d'élévation. A midi et demi, nous franchîmes une petite rivière nommée le Suobadusjocki, et nous nous arrêtâmes quelque temps sur ses bords. C'est un des affluents de l'Alten-elv, auquel nous avions fait nos adieux à Kalanito ; il coule du S.-E. vers le N.-O. Nous étions là à 451 mètres au-dessus du niveau de la mer, et nous avions l'Alten-elv à notre droite ; les sources de cette dernière rivière sont vers l'ouest, à 6 myriamètres environ de notre station de Suvajervi. Depuis Kalanito, le pays est en général plat ou simplement ondulé ; son niveau moyen ne s'élève pas au-dessus de 470 mètres ; les eaux coulent vers le nord. Les lacs sont nombreux, mais peu étendus• Le terrain qui les entoure est souvent plus bas que le niveau de leurs eaux ; mais de petits bourrelets tourbeux, bordés de saules, s'opposent à leur écoulement. En favorisant la crois-sance des mousses, la formation de la tourbe, le développement et l'entrecroisement des racines des saules, des joncs et des *Carex*, ces eaux stagnantes contribuent elles-mêmes à élever la digue qui maintient la constance de leur niveau. Peut-être les ingénieurs trouveraient-ils d'utiles indications dans l'étude de ces endiguements naturels. Malgré cette disposition singulière, ces lacs ont un écoulement, mais il est très-lent. Les affluents offrent probablement des retenues semblables, échelonnées les unes au-dessus des autres, et formant autant de biefs et de sas dont la nature a fait tous les frais.

Nous traversâmes, dans la soirée, la ligne de séparation des eaux des deux mers, et nous franchîmes la dernière chaîne qui nous séparait de la grande vallée du Muonio-elv. Cette chaîne est basse (environ 550 mètres d'élévation), et n'offre aucun point bien saillant, comme l'avait déjà remarqué de Buch, dont la route sous cette latitude était d'ailleurs plus orientale que la nôtre. Le point culminant du passage que nous avons franchi est à 532 mètres au-dessus de la mer. Le pin avait complétement disparu ; en revanche, nous obtînmes quelques limites altitudi-nales de bouleaux. Ainsi, vers deux heures trois quarts, nous trouvâmes ces arbres à 433 mètres, sur un plateau où ils étaient

complétement rabougris. Sur une colline voisine, à l'exposition
du levant, ils atteignaient 520 mètres ; sur un petit plateau
adossé au flanc septentrional d'une colline, 498 mètres ; et à
l'exposition du S.-O., les bouleaux rabougris s'élevaient jusqu'à
530 mètres. Dans le même lieu et sur le même versant, le sorbier atteint l'altitude de 474 mètres. On voit que la limite du
Sorbus aucuparia est de 40 à 50 mètres plus basse que celle
du bouleau. Là le *Cenomyce rangiferina* envahissait de nouveau
complétement le sol, ne laissant guère de place qu'à l'*Empetrum nigrum* et à quelques *Arbutus*. De Buch avait déjà constaté
avant nous que ce lichen est le plus abondant (1) entre les
limites du pin et du bouleau (350 à 500 mètres).

A sept heures du soir, nous atteignîmes Suvajervi ; nous ve-
nions d'entrer sur le territoire russe. Suvajervi n'est qu'une
misérable cabane habitée par deux Lapons sédentaires, et située
sur le bord du lac du même nom, dont nos observations fixent
la hauteur à 409 mètres. Ce lac est assez grand, et peut avoir
un demi-myriamètre de longueur ; il est poissonneux, et son
nom lapon indique qu'il a une considérable profondeur. Ses
bords sont d'ailleurs très-arides.

Le 16 septembre, à midi et demi, nous quittâmes la case
laponne de Suvajervi, et traversant un district de moins en
moins montagneux, nous atteignîmes Karesuando vers sept
heures du soir. Une pente assez uniforme mène de la première
à la seconde de ces stations. A deux heures et demie, nous
vîmes reparaître les pins sylvestres ; sur un versant tourné vers
l'O.-S.-O., ils montaient jusqu'à 410 mètres. Ces pins étaient déjà
de haute taille, car ils atteignaient 10 mètres d'élévation. Un peu
plus loin, nous les vîmes sur le même versant, à une hauteur
que nous estimâmes supérieure à la première de 60 mètres
environ. Ces nombres s'accordent avec ceux de Léopold de Buch

---

(1) *Reise durch Norwegen und Lappland*, t. II, p. 212.

qui, à la même latitude, mais quelques myriamètres plus à l'est, a trouvé cette limite à 405 mètres. A leur réapparition, les pins s'associent immédiatement en grandes forêts qui règnent presque sans interruption jusqu'au golfe de Bothnie (1).

A Karesuando, nous nous installâmes chez le pasteur Læstadius, qui avait bien voulu prendre part, à diverses reprises, aux travaux de la commission. Notre premier soin fut de comparer nos deux baromètres avec le baromètre n° 8 d'Ernst, que le gouvernement français avait mis à sa disposition, pour faciliter ses recherches météorologiques. Nous déterminâmes ainsi la correction constante que devaient subir les lectures de ce baromètre pour donner la véritable pression de l'atmosphère. Cette correction fut trouvée additive et égale à $+ 0^m,64$, par une moyenne de six comparaisons faites avec chacun des baromètres n° 23 et n° 43 d'Ernst, que nous portions avec nous. Le baromètre n° 8 est placé au rez-de-chaussée du præstgaard, à $0^m,8$ au-dessus du plancher. Le calcul donne 324 mètres pour la hauteur de sa cuvette au-dessus de la mer. On pourra déterminer plus exactement ce niveau lorsque l'on comparera l'ensemble des observations régulières faites à Kaafiord par MM. les ingénieurs des mines, et à Karesuando par M. Læstadius, depuis le 1er mai 1838. Mais le nombre obtenu approche certainement beaucoup de la vérité. En face de la maison du pasteur, le niveau du Muonio-elv est à 319 mètres au-dessus de l'Océan.

Karesuando est à la Laponie suédoise ce que Kautokeino est à la Laponie norvégienne ; c'est le centre du district ; il y a là un præstgaard et un *thing* ou maison de ville. L'église était

---

(1) Outre les plantes déjà citées, nous avons recueilli sur le plateau lapon quelques autres espèces intéressantes. Ex. : *Barbarea recta*, Fr. ; *Angelica sylvestris*, L. ; *Epilobium alpinum*, L. ; *Saussurea alpina*, DC. ; *Veronica alpina*, L. ; *Salix phylicifolia*, L. ; *Eriophorum angustifolium*, Sm. ; *Arundo stricta*, Tim., et *A. lapponica*, Wahlenb.

autrefois à Enontekis ; mais depuis que ce village est devenu russe, elle a été transportée, non pierre à pierre, mais poutre à poutre et planche à planche sur le territoire suédois. Les maisons sont groupées autour de l'église. Au sud de Karesuando est un assez grand lac ; deux ou trois îlots verdoyants s'élèvent de son sein. Le fleuve Muonio coule de l'O.-N.-O. à l'E.-S.-E.; sa largeur, de 200 mètres au moins, et son courant rapide, en font déjà un fleuve important. Les environs sont découverts et très-boisés ; le pin sylvestre y abonde.

Le pasteur Læstadius, qui consacre à la botanique tous les instants que lui laissent les devoirs de son ministère, a fait au Muséum d'histoire naturelle de Paris deux envois de plantes recueillies à Karesuando, Piteo, Tornéo, Tromsoe, Lyngen et Kaafiord. Les échantillons sont nombreux, récoltés et déterminés avec beaucoup de soin. La liste suivante renferme les espèces les plus remarquables des environs de Karesuando, envoyées par M. Læstadius ; j'ai laissé de côté les variétés et les hybrides, elles auraient été superflues dans un tableau de la végétation de ce district, destiné à servir de terme de comparaison aux contrées boréales ou aux zones alpines des pays tempérés.

PLANTES DES ENVIRONS DE KARESUANDO.

(Lat. 68° 36′ N. Long. 20° 18′ E.)

RANUNCULACEÆ. *Ranunculus acris*, L. ; *R. auricomus*, L. ; *R. hyperboreus*, Rottb. ; *R. reptans*, L. ; *R. lapponicus*, L. ; *R. aquatilis*, L. ; *R. repens*, L.

CRUCIFERÆ. *Draba hirta*, L. *Barbarea vulgaris*, Br.

VIOLARIEÆ. *Viola palustris*, L. ; *V. biflora*, L.

CARYOPHYLLEÆ. *Lychnis alpina*, L. *Stellaria graminea*, L. ; *S. longifolia*, Fries ; *S. alpestris*, Fr. ; *S. crassifolia*, Ehrh. *Spergula saginoides*, L. *Cerastium triviale*, Link. ; *C. vulgatum*, Wahlenb. ; *C. viscosum*, L. ; *C. alpinum*, L. ; *C. trigynum*, Vill.

GERANIACEÆ. *Geranium sylvaticum*, L.

LEGUMINOSÆ. *Phaca frigida*, L. *Astragalus alpinus*, L.

ROSACEÆ. *Rubus castoreus*, Læst. ; *R. arcticus*, L. *Potentilla alpestris*, Fr. *Sorbus aucuparia*, L.

VOYAGE EN LAPONIE.185

HALORAGEÆ. *Callitriche verna*, L.

ONAGRARIEÆ. *Epilobium alpinum*, L.

SAXIFRAGEÆ. *Saxifraga hirculus*, L.

RUBIACEÆ. *Galium palustre*, L.

COMPOSITÆ. *Pyrethrum inodorum*, Sm. *Solidago virga-aurea*, L. *Saussurea alpina*, DC. *Tussilago frigida*, L. *Gnaphalium dioicum*, L.; *G. alpinum*, L.; *G. supinum*, Hoffm. *Hieracium vulgatum*, Fr.; *H. boreale*, Fr.; *H. sylvaticum*, Wahlenb.; *H. alpinum*, L. — *Erigeron uniflorus*, L. *Sonchus sibiricus*, L.

ERICACEÆ. *Arbutus alpina*, L. *Menziezia cærulea*, Wahlenb. *Chamæledon procumbens*, Link.

GENTIANEÆ. *Gentiana nivalis*, L.

POLEMONIACEÆ. *Polemonium cæruleum*, L.

RHINANTHACEÆ. *Pedicularis lapponica*, L.; *P. palustris*, L. *Rhinanthus crista-galli*, L. *Bartsia alpina*, L. *Euphrasia officinalis*, L. *Veronica serpyllifolia*, L.; *V. longifolia*, L.

LABIATÆ. *Galeopsis tetrahit*, L.; *G. versicolor*, Willd.

UTRICULARIEÆ. *Pinguicula villosa*, L.; *P. alpina*, L.

POLYGONEÆ. *Rumex domesticus*, Hartm.; *R. acetosa*, L.; *Oxyria reniformis*, Hoock. *Polygonum viviparum*, L.

AMENTACEÆ. *Salix versifolia*, Wahlenb.; *S. myrsinites*, L.; *S. herbacea*, L.; *S. myrtilloides*, L.; *S. lanata*, L.; *S. Lapponum*, L.; *S. arbuscula*, L.; *S. nigricans*, L.; *S. hastata*, Hartm.; *S. limosa*, Wahlenb.; *S. capræa*, L.; *S. canescens*, Fr. *Betula nana*, L.; *B. humilis*, Hartm.; *B. pubescens*, Ehrh.; *B. alba*, L.

ORCHIDEÆ. *Orchis lapponica*, Læst.

COLCHICACEÆ. *Tofieldia borealis*, Wahlenb.

JUNCEÆ. *Juncus triglumis*, L.; *J. nodulosus*, Wahlenb.; *J. trifidus*, L.; *J. stygius*, L.; *J. triglumis*, L. *Luzula parviflora*, Ehrh.; *L. spicata*, DC.; *L. campestris*, DC.

CYPERACEÆ. *Eriophorum capitatum*, Hoffm.; *E. vaginatum*, L.; *E. alpinum*, L.; *E. polystachyum*, L.; *E. russeolum*, Fr.; *E. gracile*, Koch; *E. angustifolium*, Reich. *Carex curvirostra*, Hartm.; *C. panicea*, L.; *C. livida*, Wahlenb.; *C. microglochin*, Wahlenb.; *C. pauciflora*, Lightf.; *C. laxa*, Wahlenb.; *C. saxatilis*, Wahlenb.; *C. ampullacea*, L.; *C. limosa*, L.; *C. rotundata*, Wahlenb.; *C. aquatilis*, Wahlenb.; *C. capitata*, L.; *C. tenuiflora*, Wahlenb.; *C. loliacea*, L.; *C. chordoriza*, Ehrh.; *C. capillaris*, L.; *C. canescens*, L.; *C. cespitosa*, L.; *C. teretiuscula*, Good.; *C. heleonastes*, Ehrh.; *C. Buxbaumii*, Wahlenb.; *C. dioica*, L.; *C. microstachya*, Ehrh.; *C. tenuiflora*, Wahlenb.

GRAMINEÆ. *Calamagrostis phragmitoides*, Hartm.; *C. epigejos*, L.; *C. strigosa*, Wahlenb.; *C. Halleriana*, Hartm. *Agrostis stolonifera*, L.; *A. canina*, L.;

A. rubra, L.; *Phleum alpinum*, L.; *Alopecurus geniculatus*, L.; *Aira atropurpurea*, Walhenb.; *A. flexuosa*, L. *Avena subspicata*, Wahlenb.; *A. alpestris*, Hartm.; *Festuca rubra*, L.; *F. ovina*, L.; *Arundo stricta*, Wahlenb.; *A. lapponica*, Wahlenb. *Poa serotina*, Hartm.; *P. flexuosa*, Wahlenb.; *P. annua*, L.

A Karesuando, nous quittâmes le reste de la commission. Nous gagnâmes à cette séparation une liberté d'allures, sans laquelle un voyage scientifique ne saurait être utile. En effet, le but que se proposent le physicien et le naturaliste est tellement différent de celui que poursuivent le littérateur et l'artiste, qu'ils se gênent mutuellement en s'imposant l'obligation de rester ensemble. Arrivés aux confins de la civilisation européenne, nous nous séparâmes, non sans regret, mais dans l'intérêt de nos travaux réciproques.

Le 19 septembre, à huit heures du matin, nous fîmes nos adieux au pasteur Læstadius, pour descendre sur le Muonio et le Torneo-elv jusqu'à Kulkula, village situé à quelques myriamètres seulement du golfe de Bothnie. Le temps, d'abord incertain et variable, se fixa au beau. Couchés sur les peaux de renne qui tapissaient notre barque, nous promenions nos regards d'une rive à l'autre. Tantôt nous longions lentement la ligne sinueuse des bords verdoyants du fleuve ; tantôt son courant rapide nous entraînait avec vitesse. Secouée par le clapotis des vagues, et glissant dans les remous qui se déversaient autour des rochers saillants hors de l'eau, notre barque passait alors comme une flèche en talonnant le fond rocailleux du fleuve, puis se reposait de nouveau dans une eau tranquille comme celle d'un lac.

Le premier jour, nous dépassâmes Kuttano ou Kuttaneby, sur la rive droite, Palajocki et Songa-Motka, sur la rive gauche, et nous atteignîmes Katkesuando, village situé sur la rive gauche, et par conséquent appartenant à la Russie. Palajocki est

sans doute le Palajœnsu de de Buch (1) ; c'est le point où ce
voyageur vint rejoindre le Muonio-elv. On sait que les Lapons
changent volontiers les désinences de leurs substantifs, et *jocki*,
en lapon, signifie rivière. A cinq heures et demie, nous avons
rencontré les premiers sapins (*Abies excelsa*), au lieu même où
ils sont placés sur la carte de de Buch, à 15 kilomètres environ
en amont de Katkesuando, et à 250 mètres (260 mètres d'après
de Buch) au-dessus de la mer. Leurs rameaux sont rigides, et
non pendants comme ceux des zones plus méridionales. La largeur du fleuve est considérable, car elle dépasse le plus souvent
celle de la Seine à Paris ; ses bords sont d'ailleurs plats et monotones.

Partis de Katkesuando le lendemain 20 septembre, à cinq
heures et demie du matin, nous atteignîmes Muonioniska le
Bas vers dix heures du matin. En mettant le pied sur ce rivage,
nous pûmes un instant nous croire transportés en France. Des
collines, agréablement ondulées, étaient couvertes de champs
récemment moissonnés ; au sommet de l'une d'elles une massive
tour cylindrique nous rappelait les gros pigeonniers de la Beauce ;
l'air était pur, le soleil presque chaud. Il y avait quinze à dix-huit
jours que l'on avait rentré l'orge, la seule céréale qu'on puisse cultiver sous cette latitude. Depuis dix ans, jamais la récolte n'avait
été aussi belle : l'orge était presque arrivée à une pleine maturité.
Celle-ci dépend de la température et de la sérénité du ciel pendant les dernières semaines d'août et au commencement de
septembre. De là ce préjugé fort répandu dans le Nord, que
la lune contribue beaucoup à la maturation des céréales. Nos
paysans attribuent à l'influence maligne de la lune rousse la
congélation des bourgeons printaniers, qui n'est due qu'au
rayonnement des plantes pendant une nuit sereine ; et ceux des
bords du Muonio-elv ne réfléchissent pas que les courtes nuits

(1) *Loc. cit.*, tome II, p. 218.

où la lune brille au firmament sont suivies de longs jours, où
le ciel sans nuages permet au soleil de mûrir leurs moissons.
Si le ciel était habituellement couvert de nuages, ils ne verraient
pas la lune éclairer toutes leurs nuits. Néanmoins la maturité
de l'orge n'est jamais complète. Avant de rentrer la moisson,
on est obligé de la sécher. Pour cela, on divise l'orge en petites gerbes qu'on suspend verticalement à des étendoirs composés de perches horizontales placées les unes au-dessus des
autres. Cette pratique se retrouve dans les hautes vallées du
Valais en général, et dans celles d'Entremont, de Saas et de
Zermatt en particulier. Tous les villages dont la hauteur dépasse 1300 mètres au-dessus du niveau de la mer sont entourés
de ces grands étendoirs. En Laponie, quand la saison est trop
froide, ou l'orge trop humide, on la dispose horizontalement
sur le toit de petites maisons sans fenêtres, au fond desquelles
se trouve un grand poêle dont la fumée sort par la porte. Nous
passâmes le reste de la journée à Muonioniska, et dans la nuit
nous vîmes une très-belle aurore boréale. Près du village, le
niveau du fleuve est à 225 mètres au-dessus de celui de la mer.

Le 21 septembre, nous quittâmes Muonioniska à cinq heures
un quart du matin. Nous ne descendîmes pas en bateau le célèbre rapide d'Eyenpaïka, mais nous prîmes un sentier qui nous
conduisit à travers des bois marécageux. Au-dessous des rapides, nous joignîmes la tête de la colonne des lemmings qui
émigraient vers le sud. Leurs cadavres couvraient les bords du
fleuve, et les oiseaux de proie en étaient tellement rassasiés,
qu'ils ne mangeaient plus que le cœur et le foie. Sur aucun
autre point ces rongeurs ne nous avaient paru aussi nombreux,
et ils couraient presque tous parallèlement à la direction du
fleuve. L'aspect de ses rives avait changé. Il coulait au milieu
de grandes forêts de pins et de sapins qui s'avançaient jusqu'à
ses bords : quelques arbres étaient penchés sur le courant, qui
les minait en dessous, et leurs branches, trempant dans les eaux

du fleuve, semblaient près d'être entraînées par les vagues, qui les agitaient sans relâche. Souvent la forêt était interrompue par un marais formant une grande clairière, où des pins rabougris végétaient misérablement au milieu de la tourbe. De temps en temps une ferme finlandaise nous était signalée de loin par l'arbre à bascule qui se dressait au-dessus de son puits. Lorsque le Muonio-elv, calme et majestueux, semblait s'étaler dans la plaine, nous nous figurions descendre un de ces grands fleuves d'Amérique, aux rivages inondés, qui coulent solitaires pendant des centaines de myriamètres, au milieu des savanes et des forêts vierges. Peu d'incidents venaient varier la monotonie de notre navigation. La rive était déserte, et nous ne rencontrions pas de bateaux. Cependant, un jour, nous vîmes de loin une figure humaine au milieu du fleuve, sans pouvoir reconnaître la barque qui la portait. A mesure que nous approchions, l'homme devenait plus distinct, mais le bateau restait invisible. Enfin, tout s'expliqua. C'était un paysan finlandais qui, étant allé couper quelques arbres en amont du fleuve, retournait chez lui, assis sur leurs troncs, dont il s'était fait un radeau.

Nous dépassâmes ainsi successivement les villages de Païkajocki et de Kilangi, tous deux situés sur la rive gauche ; puis celui de Huki, qui est sur la rive suédoise ; peu après Huki, nous vîmes l'embouchure du Niesajocki, et atteignîmes Kolare, où nous séjournâmes pour passer la nuit. Kolare est dans une île, et appartient à la Russie : le bras du Muonio-elv, par lequel on arrive au village, est le Kolare-elv. La hauteur de notre station fut trouvée de 158 mètres, celle du fleuve de 149 mètres.

Le lendemain matin 22 septembre, nous traversâmes l'île à pied, et passâmes sur son bord occidental ; une charrette transportait notre bagage. Arrivés sur l'autre rive, nous y changeâmes de bateau, ainsi que d'équipage, et descendîmes ainsi jusqu'à Jokkialka, village russe, situé à 5 kilomètres en dessous de Kolare. Là nous changeâmes une seconde fois de bateau.

A onze heures et demie, nous passâmes devant Kiexisvara, point de relâche de MM. Lottin et Lilliehöok en mai 1839. Le village étant dans les bois, du milieu du fleuve il est impossible de l'apercevoir. Très-peu après nous nagions dans le confluent du Muonio avec le Torneo, qui conserve son nom après avoir reçu son tributaire. Cependant le Torneo-elv tombe à angle droit sur son rival, qui ne se détourne pas de sa route rectiligne. Par sa largeur, le Muonio-elv est supérieur au Torneo-elv, mais son courant est moins rapide, et son débit n'est peut-être pas aussi considérable. Kengis est situé sur les bords du Torneo. Les forges, éloignées de 2 kilomètres du village, ont une certaine célébrité. M. Anglès, qui passa à Kengis deux jours après nous, y revit les premiers moineaux. Ils sont inconnus dans la province du Finmark.

Les rapides sont fréquents dans cette partie du cours du fleuve. Ils existent sur tous les points où le lit est rocailleux et la pente un peu forte. Alors le courant de la rivière occasionne des vagues qui déferlent constamment en amont, et imitent une mer clapoteuse à lames courtes. L'homme qui tient le gouvernail doit toujours, autant que possible, aborder ces lames à angle droit ; car une vague qui déferlerait latéralement sur toute la longueur du bateau, pourrait le faire chavirer. Les bateaux sont construits dans ce but ; ils sont relevés vers l'avant, et la forme de la carène à cette partie est celle d'un plan incliné qui facilite le redressement de la partie antérieure. En outre, on leur adapte deux planches qui élèvent les bordages latéraux. Partout où la lame déferle très-fortement, on peut être assuré qu'une roche est à fleur d'eau, et l'on s'y prend un peu d'avance pour l'esquiver ; ou bien on se dirige directement sur elle, afin d'entrer dans son remous. D'ailleurs, il est rare que la barre rocheuse occupe toute la largeur du fleuve. Quelquefois on est obligé de tourner certains rochers en décrivant un demi-cercle, comme, par exemple, au rapide de Matkojocki, près de

Korpikula. Comme il est important que le bateau continue à gouverner, les bateliers forcent de rames, et le bateau acquiert une vitesse vraiment effrayante. On ne se hasarderait pas dans ces derniers passages sans avirons de rechange; car une rame cassée subitement entraînerait la perte de la barque et des hommes qui la montent.

Vers six heures et demie du soir, nous arrivâmes à l'auberge de Pello. Ce village est l'extrémité septentrionale de l'arc mesuré par Maupertuis, le premier Français qui ait visité la Laponie dans un but scientifique. Mais nous ne pûmes retrouver aucune trace positive du séjour de ce grand géomètre (1).

Le lendemain, nous quittâmes Pello à sept heures et demie. A un myriamètre au-dessous de ce point, nous vîmes, pour la première fois, le *Tanacetum vulgare* et le *Trifolium repens.* A onze heures, nous rencontrâmes le village russe de Tortula. Vis-à-vis de ce point le baromètre assignait aux eaux du fleuve 30 mètres de hauteur au-dessus de la mer, nombre qui nous paraît trop faible. C'est ici la limite extrême de la culture du houblon, et M. Anglès y a mesuré un bouleau de $2^m,44$ de contour.

(1) Deux ans plus tard, je visitais avec recueillement le tombeau de Maupertuis, dans l'église du petit village d'Ober-Dornach, canton de Soleure, en Suisse. Retiré à Bâle chez son ami Jean Bernouilli, Maupertuis expira dans ses bras, et voulut être enterré dans l'humble église de ce hameau. Voici son épitaphe, telle qu'elle est gravée sur une simple plaque de grès :

« *Virtus perennat, cetera labuntur. Vir illustris genere, ingenio summus, dignitate amplissimus, Petrus Ludovicus* MOREAU DE MAUPERTUIS *ex collegio* XL *academicorum Ling. Franc., ¡ques auratus ordinis Reg. Boruss. præstantibus meritis dicati, Academiarum celebrium Europæ omnium socius ac Regiæ Berolinensis præses, natus in castro Sancti Maccorii, die* XXVIII *sept.* MDCXCVIII, *ætate integra lenta morte consumptus, hic ossa sua condi voluit.*

» *Catharina Eleonora de Bork, Maria soror et Joannes Bernouilli in cujus ædibus Basilæ, die* XXVI *Julii* MDCCLIX, *decessit, communis desiderii lenimen hocce monumentum beatis manibus posuerunt.* »

Ayant aperçu, sur la rive gauche, une jolie maison de campagne, entourée de beaux bâtiments d'exploitation, nous ne
pûmes résister au désir de la visiter. Le maître du logis nous
reçut avec beaucoup de grâce, et nous fit entrer dans un salon
assez élégant, où une de ses filles touchait du piano. Ces sons
produisirent sur nous un effet magique : c'était un écho lointain
de la civilisation qui venait nous trouver au milieu des solitudes
de la Laponie. Chacun de nous y rattachait quelque souvenir de
la patrie absente, et nous eûmes quelque peine à nous arracher
à ce salon, le plus septentrional sous ce méridien, pour re-
gagner notre barque.

Ce fut dans cette partie de notre voyage que nous vîmes apparaître peu à peu les recherches de la civilisation : nous pûmes
déterminer à la fois la limite latitudinale des plantes, et celle
de chacun des meubles que nous jugeons indispensables à la vie
dans le centre de l'Europe civilisée. Sur le plateau lapon, nous
dormions enveloppés de peaux de renne, et abrités par une
simple tente ; le long du Muonio-elv, sur le foin, dans les granges
des fermes finlandaises ; plus au sud, on étendait des draps sur
l'herbe sèche qui devait nous servir de couche. A Pello, nous
avions chacun un bois de lit et un drap ; à Mattaringi, notre
lit était muni de deux draps ; mais ce ne fut qu'à Kulkula que
notre couche nous parut satisfaire à toutes les exigences du
voyageur européen. La cuisine suivait la même progression :
malheureusement c'était toujours celle du siècle de Louis XIV,
que Boileau a si bien décrite dans sa troisième satire (1).

En dessous de Tortula est le village suédois de Jocksengi, et
la petite ville de Mattaringi, autrefois Torneo le Haut (Ofver-
Tornoe). La grande route de Stockholm vers le nord ne dépasse pas cette dernière ville.

Le lendemain, 24 septembre, nous séjournâmes à Mattaringi,

---

(1)   Aimez-vous la muscade, on en a mis partout.

et fîmes une excursion au sommet de l'Avasaxa, montagne devenue célèbre par la mesure d'un degré du méridien, faite successivement en 1738 par Maupertuis et Celsius, et en 1801 par
Ofverböm et Svanberg. Nous trouvâmes, par le baromètre, que
le sommet de cette montagne est à 196 mètres au-dessus des eaux
du Torneo-elv. Cette hauteur ne doit pas différer beaucoup de la
véritable. Nous lisons, dans la relation de M. Svanberg, que du
sommet de l'Avasaxa, les observateurs suédois ont trouvé, pour
la dépression du terme boréal de leur base, 51722 secondes
centésimales, soit 4° 39' 18", la distance horizontale étant de
2132 mètres entre les deux stations. Il en résulte 187^m,3 pour la
différence de niveau, et il ne reste plus qu'à ajouter la hauteur
du signal, extrémité septentrionale de la base, au-dessus des
eaux du Torneo-elv, et à tenir compte de la hauteur de l'œil de
l'observateur au-dessus du sommet de l'Avasaxa. Nous n'avons
pas entre les mains les éléments de ces corrections; mais on
peut, d'après la relation de Svanberg, supposer qu'elles change-
raient la hauteur observée en une hauteur de 190 ou 195 mètres.
Quant à celle des eaux du fleuve devant Mattaringi, nos observations leur assignent 21 mètres; mais il est bien préférable
d'adopter la hauteur de 48 mètres que donne M. Svanberg. La
distance qui nous séparait de Karesuando était déjà trop grande
pour que nous puissions compter sur la précision des résultats
barométriques; et la mesure de M. Svanberg résulte probablement d'un nivellement géodésique.

La végétation de l'Avasaxa est fort belle; les *Vaccinium* et
les *Arbutus* y abondent. Leurs baies étaient mûres. Privés de
fruits pendant les deux étés que nous avions passés dans la mer
Glaciale, nous leur trouvions un goût délicieux. Sur le sommet,
nous admirâmes des bouleaux de 10 mètres de hauteur, dont
les rameaux souples et pendants rappelaient la physionomie de
cet arbre dans les paysages français.

Nous apprîmes à Mattaringi (Ofver-Torneo) que M. Portin, bien

connu des météorologistes par ses longues séries d'observations,
était mort l'hiver précédent. Malheureusement, nous ne pûmes
comparer nos baromètres avec le sien, le mercure en ayant
été enlevé dans l'intervalle de temps écoulé entre sa mort et
notre arrivée. Cet instrument portait une échelle de papier,
graduée en pouces et dixièmes de pouce. Nous nous assurâmes
que 3 pouces de la division correspondaient à 89 millimètres,
soit 1 pouce $= 29^{mm},7$. Le tube était beaucoup trop capillaire,
et la cuvette dépourvue d'un niveau constant. On voit que ces
séries d'observations ne méritent qu'un assez faible degré de
confiance.

Le 25 septembre au soir, nous allâmes coucher à Kulkula ;
là les eaux du fleuve ne sont plus qu'à une dizaine de mètres
de hauteur au-dessus de la mer.

Le lendemain matin, nous quittâmes notre bateau pour
prendre la route de terre. Le pays était couvert de champs
labourés, séparés par des haies et entremêlés de prairies et de
bois taillis. Le seigle s'associait à l'orge, qui est la seule céréale
cultivée à Mattaringi. De nombreux moulins à vent surmontaient
le sommet des collines. Cet aspect nous rappelait les approches
de Paris, et cependant nous étions sous le cercle polaire, près de
Tornéo, terme extrême du voyage des touristes qui veulent
voir le soleil à minuit. Partis le 26, à neuf heures du matin
de Kulkula, nous arrivâmes à Haparanda vers midi. Depuis
que Tornéo est devenu russe, le commerce a créé cette nouvelle ville, qui s'élève et s'accroît comme par enchantement
sur la rive suédoise du fleuve. Nous y séjournâmes jusqu'au
3 octobre, époque à laquelle nous prîmes la grande route de
Stockholm.

DE LA

COLONISATION VÉGÉTALE

DES ILES BRITANNIQUES

DES SHETLAND, DES FEROE ET DE L'ISLANDE.

———————

Chaque plante est-elle originaire du lieu où elle se reproduit
actuellement, ou bien existe-t-il des centres de création d'où
les végétaux se sont répandus en rayonnant à la surface de la
terre, tels sont les deux systèmes qui partageront longtemps
encore les naturalistes philosophes. Les uns, évitant en quelque
sorte d'aborder le problème, supposent que la plante est née
dans la localité où elle végète sous nos yeux ; les autres, au
contraire, admettent de grandes migrations végétales semblables
à celles des races humaines. Appliquant à ces questions les
notions qui leur sont fournies par la géologie sur le passé de la
terre, par la physique du globe et la météorologie sur son état
présent, ils ne se contentent pas de voir dans la distribution
géographique des espèces un fait sans prémisses et sans conséquences. Ils cherchent à y reconnaître la trace des dernières
modifications superficielles de notre planète et l'action des
forces si nombreuses et si variées qui entravent ou favorisent
encore actuellement la dissémination des végétaux. Ils essayent
de tracer sur la carte la marche de ces armées végétales qui
ont envahi certains pays, tandis que d'autres ont conservé leur
flore primitive. Ces études datent d'hier ; mais en les signalant

à l'attention des esprits réfléchis, nous espérons faire pressentir leur importance. En effet, la création des végétaux actuels a suivi de près l'émersion des continents et des îles. C'est en quelque sorte le dernier acte de l'histoire géologique de notre globe. L'homme apparaît en même temps, mais la tradition ne commence que longtemps après.

Dès l'origine du siècle, les botanistes avaient remarqué que certaines îles ont une flore qui leur est particulière, tandis que d'autres n'offrent aucune plante qui ne se retrouve sur le continent le plus rapproché. Les îles Britanniques sont dans ce cas; mais nous ne nous bornerons pas à analyser la végétation de l'Angleterre, de l'Écosse et de l'Irlande, nous essayerons de poursuivre les migrations végétales dans cette série d'archipels, d'îles et d'îlots, qui, sous les noms d'Orcades, de Shetland, de Feroe et d'Islande, forment la seule chaîne qui unisse l'Europe moyenne à l'Amérique septentrionale.

Étudions d'abord la géographie botanique des îles Britanniques. Dans cette étude nous aurons pour guides les beaux travaux de M. Hewett Watson (1) et d'Edward Forbes (2). Tous les deux ont exploré soigneusement leur pays, le premier en botaniste, le second en zoologiste et en géologue. Un fait important, capital, domine tous les résultats auxquels ces savants sont parvenus, c'est que les îles Britanniques ne présentent pas une seule plante qui leur appartienne en propre, et qui ne se retrouve dans l'Europe continentale (3). Ces îles ne sauraient donc

(1) *Remarks on the geographical Distribution of British Plants, chiefly in connexion with Latitude, Elevation and Climate* (1 vol. in-8°, 1835), et *Cybele Britannica*, 1847 à 1859.

(2) *On the Connexion between the Distribution of the existing Fauna and Flora of the British Isles and the geological Changes which have affected their Area, specially during the epoch of the Northern Drift* (*Memoirs of the geological Survey of Great Britain*, 1846, t. I, p. 336).

(3) Une espèce unique, l'*Eriocaulon septangulare*, reléguée sur les côtes des Hébrides, est originaire de l'Amérique du Nord.

être considérées comme un centre de création végétale, puisque toutes les plantes qui les habitent existent aussi sur le continent européen. Mais toutes ne proviennent pas des mêmes régions de l'Europe, et nous allons reconnaître avec MM. Watson et Forbes une série de migrations végétales qui ont colonisé successivement les îles Britanniques.

Type asturien. — Grâce à la douceur de ses hivers, l'Irlande nous a conservé pour ainsi dire les restes d'une flore ibérique. On trouve à l'état sauvage, dans le sud-ouest de cette île, douze plantes originaires des Asturies, et qui se sont maintenues en Irlande comme les derniers débris d'une colonie dont le point de départ se trouve dans le nord de l'Espagne. Limitées à la côte occidentale, ces plantes n'existent pas dans les provinces orientales de l'île. Plus loin nous chercherons avec Forbes à démêler les causes probables de cette migration, la plus ancienne de toutes, puisqu'elle suppose une température et une répartition des terres et des mers fort différentes de ce qu'elles sont aujourd'hui.

Type armoricain. — Le sud-ouest de l'Angleterre et le sud-est de l'Irlande offrent une végétation dont l'analogie avec celle de la Bretagne et de la Normandie a depuis longtemps frappé les botanistes. Beaucoup d'espèces méridionales se rencontrent le long des côtes occidentales de la France, jusqu'à ce que la rigueur toujours croissante du climat les arrête dans leur migration vers le Nord. Un certain nombre de ces plantes trouvent encore, dans la presqu'île dont Cherbourg occupe l'extrémité, une température si douce en hiver, qu'elles y persistent malgré le peu de chaleur des étés. Ces plantes se sont ensuite répandues dans le sud-ouest de l'Angleterre, le long des côtes du Devonshire et du Cornouailles ; de là elles ont gagné les rivages opposés de l'Irlande, et se sont naturalisées dans les comtés de Cork et de Waterford. C'est ainsi que les Normands partirent jadis des mêmes rivages, sous la conduite de Guillaume le Conquérant,

pour envahir l'Angleterre. Mais l'occupation végétale n'a pas
dépassé le sud de l'île, et la rigueur du climat, qui n'arrête
pas les hommes, a posé une limite infranchissable à l'invasion
des végétaux.

Type boréal. — Les montagnes de l'Écosse, du Cumberland et
du pays de Galles offrent au botaniste une végétation toute
spéciale et différente en tous points de celle des plaines de
l'Angleterre. Analogue à celle des Alpes de la Suisse, cette flore
a une ressemblance encore plus frappante avec celle des terres
arctiques, telles que la Laponie, l'Islande et le Groenland. Le
plus grand nombre des plantes qui vivent sur les sommets
des hautes montagnes de l'Écosse végètent au niveau de la mer
dans les îles de la mer Glaciale ; mais il en est beaucoup qui n'ont
jamais été signalées dans les Alpes de la Suisse. Toutefois l'immense majorité de ces végétaux existent à la fois sur les rivages
des terres polaires et sur les sommets couronnés de neige des
Alpes et des Pyrénées.

Type germanique. — C'est celui qui domine en Angleterre, et
forme pour ainsi dire le fond même de la végétation. Originaires
du nord de la France et de l'Allemagne, ces végétaux ont occupé
la plus grande partie de l'Angleterre, de l'Écosse et de l'Irlande,
comme jadis les Saxons envahirent la terre des Angles pour se
substituer à eux. S'il est vrai que les maîtres aborigènes du
pays ont disparu après l'invasion, il l'est peut-être aussi que les
plantes de la Germanie ont étouffé celles qui formaient la végétation primitive de ces îles. Avec les siècles, le type germanique
est devenu tellement prédominant, que la plupart des botanistes anglais le désignent sous le nom de type britannique.
Néanmoins un certain nombre de plantes appartenant à ce type
n'ont point traversé le détroit qui sépare l'Angleterre de l'Irlande,
tandis que le reste de la migration franchissait cet obstacle.
Ces espèces, communes sur la côte anglaise qui borde le canal
de Saint-George, sont inconnues sur le littoral opposé de l'Ir-

lande. Les études du zoologiste viennent confirmer en tout point les inductions tirées de la botanique. Certains animaux fort répandus en Allemagne semblent parqués en Angleterre dans les régions où la flore germanique domine exclusivement : ainsi le lièvre, l'écureuil, le loir, la fouine, la taupe, sont limités à l'Angleterre, et ne se retrouvent pas en Irlande. Cinq espèces seulement représentent la classe des reptiles dans cette dernière île. Il en existe onze en Angleterre et vingt-deux en Belgique, le point de départ de la migration germanique. Des mollusques vivants, tels que différentes espèces de limaçons et de clausilies, sont distribués de la même manière.

La faune et la flore maritimes obéissent à toutes les lois qui président à la distribution des végétaux et des animaux ter·restres. Certains genres d'algues marines propres aux contrées méridionales ne se trouvent que sur les côtes occidentales de l'Angleterre, et l'on y pêche des espèces de poissons qui ne dépassent jamais le pas de Calais ou le canal de Saint-George. Ce sont les représentants neptuniens des types asturien et armoricain. De même le hareng, la morue, le merlan noir, n'abondent que dans la mer du Nord, le long des côtes orientales, où domine le type germanique. Enfin, les grands cétacés, tels que les baleines, les narvals, les dauphins des mers arctiques, semblent respecter même au sein de l'Océan la limite idéale qui sépare la végétation boréale de l'Écosse et de l'Angleterre des flores plus méridionales du Cornouailles et du midi de l'Irlande.

Jusqu'à ce jour les naturalistes n'avaient vu dans cette distribution des êtres vivants suivant certaines régions déterminées qu'une conséquence naturelle des influences toutes-puissantes du climat et du sol. Si quelques plantes des Asturies se maintiennent dans le sud de l'Irlande, cela tient, disaient-ils, à ce qu'elles y retrouvent les hivers tempérés de la péninsule ibérique, et que les étés sans chaleurs de l'Irlande suffisent à la maturation de leurs graines. De même les plantes de la Bretagne et de la Normandie ont pu franchir le détroit et occuper le Cornouailles et le Devonshire, où règne un climat analogue à celui de leur pays natal. Les végétaux robustes de la Germanie ont trouvé dans les régions moyennes de l'Angleterre, dans le midi de l'Écosse et le nord de l'Irlande, des conditions d'existence analogues à celles du nord de l'Allemagne et de la France ; de là leur multiplication et leur diffusion dans la plus grande partie des îles Britanniques. Enfin, les rochers, les pentes gazonnées, les tourbières et les marais de l'Écosse, offraient aux plantes arctiques les stations variées, les étés sans chaleurs, le long sommeil de l'hiver, et les neiges protectrices des terres polaires.

Edward Forbes ne s'est point contenté de ces explications : il a trouvé un sens plus profond à l'existence de ces types étrangers qui constituent la faune et la flore des îles Britanniques. Il a cru y reconnaître les vestiges d'un ordre de choses qui n'est plus, les preuves de l'existence de climats plus chauds ou plus froids que ceux qui règnent aujourd'hui, les indices d'une configuration des terres et des mers dont les profondeurs de l'Océan nous dérobent les traces. Suivons-le dans ses ingénieuses et savantes recherches. Pénétrant le premier dans une voie nouvelle, il a pu, il a dû faire souvent fausse route. Mais il relie d'une main puissante le passé de notre globe à son présent, il appelle tous les règnes de la nature en témoignage de son idée ; et dût-il se tromper, il n'en aura pas moins contribué aux progrès des sciences naturelles en achevant de renverser la barrière imaginaire que les savants et la tradition avaient élevée entre l'état actuel et les époques géologiques de notre planète.

Les dix plantes (1) originaires des Asturies qui habitent le

<hr />

(1) *Saxifraga umbrosa*, L. ; *S. elegans*, Mack. ; *S. geum*, L. ; *S. hirsuta*, L. ; *S. hirta*, Don ; *S. affinis*, Don ; *Erica Makaii*, Hook. ; *E. mediterranea*, L., *Dabœcia polifolia*, Don ; *Arbutus unedo*, L.

sud-ouest de l'Irlande sont, aux yeux de Forbes, les restes de la plus ancienne colonie végétale des îles Britanniques. De toutes les plantes qui peuplent actuellement l'archipel, il n'en est point qui soient plus étrangères au sol qui les porte. L'éloignement de leur point de départ continental, le vaste golfe qui sépare actuellement la petite colonie de sa mère patrie, la différence des climats, le petit nombre des espèces survivantes, tout annonce une origine ancienne et un ordre de choses nullement comparable à celui qui règne aujourd'hui. Pour le retrouver, Forbes remonte dans la série des formations géologiques, et nous transporte à l'époque où les derniers terrains tertiaires se déposaient au fond d'une mer qui couvrait une grande partie du sud de l'Europe et du nord de l'Afrique. L'existence de cette mer est prouvée par les nombreuses coquilles fossiles identiques que nous retrouvons sur une foule de points, depuis les îles de la Grèce jusqu'au midi de la France. Lorsque ces terres nouvellement formées s'élevèrent au-dessus de la mer, elles dessinèrent un vaste continent, comprenant l'Espagne, l'Irlande, une partie du nord de l'Afrique, les Açores et les Canaries.

Le soulèvement du fond de cette mer n'est point une hypothèse gratuite, puisque Forbes a trouvé ces mêmes coquilles dans le Taurus, à la hauteur de 1800 mètres au-dessus du niveau de la Méditerranée. Il y a plus : le grand banc d'algues flottantes qui s'étend en demi-cercle au delà des Açores, du 15e au 45e degré de latitude, nous retrace peut-être les contours de ce continent perdu. Ses rivages ont disparu sous la mer, mais la ceinture d'algues marines qui l'entourait flotte encore à la surface des eaux (1).

Suivant Forbes, l'apparition des plantes armoricaines dans

_____

(1) Ce banc est formé d'une espèce d'algue, le *Sargassum bacciferum*, qui ne paraît être qu'une variété flottante du *Sargassum vulgare* qu'on trouve fixé aux rochers sous-marins qui bordent les côtes de l'Europe.

le Devonshire, le Cornouailles et le sud-est de l'Irlande, se rattache à l'existence de ce continent détruit. La physionomie méridionale de ces végétaux est à ses yeux l'indice d'un climat plus tempéré qu'il ne l'est actuellement. Toutefois, rien n'empêche de considérer cette migration comme contemporaine de l'invasion germanique, en la reportant à l'époque où l'Angleterre et la France étaient encore réunies.

L'immersion de ce grand continent qui survint ensuite fut suivie d'une période complétement différente, pendant laquelle la température de l'air était inférieure à ce qu'elle est maintenant. C'est pendant cette période que s'effectua, suivant Forbes, la migration de plantes arctiques qui ont persisté dans les montagnes de l'Écosse et de l'Angleterre. Les preuves d'une période glaciaire précédant immédiatement celle où nous vivons, abondent dans tout le nord de l'Europe.

Je ne parlerai point ici des nombreuses traces d'anciens glaciers qu'on trouve dans les montagnes de l'Écosse, de l'Angleterre et de l'Irlande, je me bornerai aux arguments tirés du règne animal.

La plus grande partie des îles Britanniques est couverte d'un terrain meuble formé de matériaux transportés, que les géologues anglais ont désigné sous le nom de *drift*. Dans les deux tiers septentrionaux de l'Angleterre, de l'Irlande, et dans toute l'Écosse, ce *drift* contient les restes d'animaux qui ne se trouvent plus à l'état vivant qu'au sein de la mer Glaciale, sur les côtes de l'Islande et du Groenland. Leur énumération serait trop longue. Je citerai seulement la baleine franche, le cachalot macrocéphale, un baleinoptère, le narval, un poisson des mers du Groenland, et un grand nombre de coquilles qui existent encore actuellement dans les mêmes parages. Durant cette période, l'Angleterre était donc couverte en partie par des eaux dont la température se rapprochait de celle de la mer Glaciale. Non-seulement les plaines, mais encore toutes les parties basses des montagnes formaient le fond ou les rivages de cet océan ; car on a trouvé dans le pays de Galles des lits de gravier, de sable et de coquilles, élevés de 450 mètres au-dessus du niveau de la mer actuelle. A cette époque, l'Angleterre et l'Écosse ne formaient pas une terre continue, mais un groupe d'îles et d'îlots. Les montagnes de l'Écosse, du Cumberland et du pays de Galles, s'élevaient seules au-dessus des flots. Un climat analogue à celui de l'Islande régnait sur cet archipel : les sommets des montagnes étaient couverts de neiges éternelles comme celui de l'Hécla, et de nombreux glaciers descendaient le long des vallées jusqu'au bord de la mer. Les plantes du Groenland, de l'Islande et de la Norvége, charriées par les courants, transportées par les glaces flottantes, venaient aborder dans ces îles, où elles trouvaient un climat peu différent de celui de leur terre natale. Ce transport des plantes par les glaces flottantes n'est point une hypothèse gratuite. Les navigateurs des mers polaires ont souvent rencontré des glaçons chargés d'une masse énorme de débris mêlés de terre et de gravier. Des plantes végètent sur ces débris comme sur les moraines superficielles des glaciers des Alpes, et le glaçon, venant échouer sur une côte éloignée, y dépose, pour ainsi dire, les plantes, qui se répandent ensuite dans la contrée.

Ces végétaux arctiques, dit Edward Forbes, n'ont point disparu de l'Angleterre. Ils existent encore dans les montagnes du Cumberland, du pays de Galles, et surtout de l'Écosse, où ils trouvent un climat analogue à celui de leur pays natal.

A la fin de la période glaciaire, les îles Britanniques commencèrent à surgir lentement du sein des flots. Partout on trouve encore sur leurs côtes des terrasses ou lignes d'anciens rivages, indices des périodes de repos qui ont interrompu cette élévation graduelle. Pour bien comprendre ce phénomène, il faut se figurer non pas un simple soulèvement de la côte, les parties sous-marines restant immobiles, mais l'exhaussement simultané du fond de la mer et des terres s'élevant ensemble au-dessus de leur ancien niveau. C'est ce soulèvement qui a modelé le relief actuel des îles Britanniques, et déterminé la configuration et la profondeur des mers environnantes. Les dépressions sont devenues moins profondes, et les hauts-fonds ont été émergés. De là un changement dans la faune maritime. La mer étant plus chaude, ses rivages ont été envahis par les animaux qui les peuplent actuellement. Mais le changement de température étant beaucoup moins sensible à de grandes profondeurs, les animaux de l'époque glaciaire ont pu s'y maintenir. Aussi, dit Forbes, dans les dépressions où la sonde accuse 160 à 200 mètres, la drague recueille les mollusques des mers arctiques, et même un grand nombre de coquilles qui existent à l'état fossile dans le *drift*, ou terrain de l'époque glaciaire, qui recouvre la partie septentrionale des îles Britanniques. De cet ensemble de faits, Edward Forbes conclut que les parties profondes des mers britanniques recèlent des populations dont l'existence remonte à l'époque glaciaire, comme la présence des plantes qui couronnent les sommets des Alpes écossaises.

Pendant toute la durée de l'époque géologique que nous venons d'étudier, l'Angleterre était réunie à la France. La Manche et le pas de Calais n'existaient pas. C'est un fait acquis à la science, et tous les géologues sont d'accord pour considérer la séparation de l'Angleterre du continent comme un événement relativement très-moderne, et même probablement contemporain de l'homme. Constant Prévost et d'Archiac l'ont parfaitement démontré : le premier, en signalant la concordance qui existe entre les couches de craie des deux rives de la Manche; le second, en prouvant l'identité des amas de cailloux roulés qui recouvrent la craie. Ces amas, semblables à ceux des fleuves et des cours d'eau actuels, forment la nappe la plus superficielle du sol, celle par conséquent qui s'est déposée après toutes les

autres ; puisqu'elle est identique des deux côtés de la Manche,
cette nappe a été déposée par le même courant à l'époque où
les deux pays étaient réunis. La séparation s'est effectuée plus
tard : elle est due au relèvement des assises de craie qui, des
deux côtés, plongent vers l'intérieur des terres, et paraissent
soulevées du côté de la mer.

A l'aurore de l'époque actuelle, l'Angleterre formait donc
une péninsule analogue à celle du Danemark. Le climat, la surface du sol, étaient ce qu'ils sont aujourd'hui ; aussi les plantes
de la France et de la Germanie envahirent-elles bientôt ces
terres récemment émergées. Les végétaux robustes du nord de
l'Europe occupèrent la plus grande partie des îles Britanniques.
Des forêts aussi sombres que celles de la Germanie couvraient
alors les coteaux de l'Angleterre. Des eaux marécageuses dormaient dans les bas-fonds ; on retrouve encore dans les tourbières qui les ont remplacées, les os et les bois de cerfs gigantesques, et les troncs des arbres de ces forêts éteintes. Des
espèces perdues de bœufs, des ours, des loups et des renards,
étaient les seuls habitants de ces solitudes. La tâche de la nature
était achevée, celle de l'homme commence. Les forêts tombent
sous la hache, les eaux stagnantes s'écoulent, la culture s'étend,
les animaux nuisibles disparaissent, la population s'accroît, et
la transformation du sol s'accomplit par les progrès incessants
de la civilisation. Œuvre de la puissance humaine, cette transformation est aussi complète, aussi profonde que celle qui
s'opérait dans les temps géologiques, lorsque l'époque actuelle
succédait à la période glaciaire.

Si nous essayons de résumer les idées de Hewett Watson et
d'Edward Forbes sur l'origine de la flore et la faune de l'archipel
britannique, nous dirons avec eux que ces îles ont été peuplées
par plusieurs colonies parties successivement de l'Europe
continentale, depuis l'époque des terrains tertiaires moyens
jusqu'à la nôtre. Lorsqu'un vaste continent s'étendait des

régions méditerranéennes jusqu'aux îles Britanniques, les plantes
des Asturies et celles de l'Armorique peuplèrent le sud de l'Angleterre, et de l'Irlande. A cette période succéda l'époque glaciaire pendant laquelle les terres furent immergées jusqu'à la
hauteur de 450 mètres environ. C'est l'époque de la migration
des plantes arctiques qui habitent encore les sommets des
montagnes de l'Écosse. Lorsque les terres furent émergées de
nouveau, l'Angleterre était unie à la France, la température ce
qu'elle est actuellement. Alors eut lieu la grande invasion germanique ; elle absorba pour ainsi dire toutes les autres, et n'en
laissa subsister que de faibles débris. Ainsi, tandis que les
plantes asturiennes, celles du Midi, sont réduites à un petit
nombre d'espèces confinées dans le sud-ouest de l'Irlande,
les végétaux robustes du Nord achèvent leur conquête, et s'emparent du sol qui devait être occupé plus tard par une race
guerrière issue des mêmes régions. La colonisation achevée,
l'Angleterre se sépare du continent, et ce dernier événement
géologique, si insignifiant en comparaison de ceux qui l'ont
précédé, a exercé une influence immense sur les destinées du
monde. Moins isolée, l'Angleterre eût été moins personnelle,
et ses fortes races se seraient peut-être confondues avec l'une
des grandes nations continentales qui l'ont peuplée.

Pendant que Hewett Watson et Ed. Forbes prouvaient l'origine continentale des plantes et des animaux de l'Angleterre,
j'étudiais la colonisation végétale des Shetland, des Feroe et de
l'Islande. Ces îles forment pour ainsi dire une chaîne continue
qui joint l'extrémité septentrionale de l'Écosse à la côte orientale du Groenland. Ce sont les seules terres qui unissent l'Europe à l'Amérique. J'avais visité les Feroe en 1839 ; la végétation
de cet archipel m'avait frappé. Quoique perdue au milieu de la
mer du Nord, sa flore se composait de plantes très-communes,
indigènes la plupart dans les plaines de l'Europe moyenne,
les autres dans les Alpes de la Suisse, quelques-unes en Écosse

et au Groenland. Étendant mes recherches aux Shetland et
à l'Islande, je trouvai de même que ces îles n'ont point de
végétation qui leur soit propre, mais que toutes leurs plantes
sont originaires du continent. C'est le résultat auquel Watson
était arrivé dans ses recherches sur la flore britannique. Ici se
présentait un nouveau problème : ces colonies végétales ve-
naient-elles de l'Europe ou de l'Amérique ? Un grand nombre
de plantes étant communes aux parties septentrionales de l'ancien et du nouveau monde, la question présentait quelques
difficultés. Toutefois je trouvai plus de cent espèces *exclusivement* européennes parmi les plantes répandues sur les îles que
je comparais entre elles, toutes les autres étaient communes à
l'Europe et à l'Amérique. L'Europe a donc eu la plus grande
part dans la colonisation de ces archipels ; une grande migration
végétale s'est avancée à travers l'Angleterre, l'Écosse, les Orcades, les Shetland, les Feroe, jusqu'en Islande. Quelques espèces
sont venues directement des côtes de Norvége. Mais en même
temps les plantes arctiques originaires du Groenland suivaient
une marche inverse, et se propageaient à travers l'Islande, les
Feroe et les Shetland, jusque dans les montagnes de l'Écosse,
où elles retrouvaient une seconde patrie. Cette double migration se révèle par des nombres. Si l'on calcule la proportion
relative de plantes exclusivement européennes qui entrent dans
la flore des Shetland, on trouve qu'elle est d'un quart ; aux
Feroe, elle n'est plus que d'un septième, et enfin d'un dixième
en Islande. A mesure donc qu'on s'éloigne de l'Europe, le
nombre des végétaux propres à ce continent diminue ; mais en
même temps la proportion des plantes groenlandaises augmente
à peu près dans le même rapport.

Toutes les idées d'Edward Forbes, si hardies à l'époque où il
les émettait, ont été confirmées par les observations postérieures
des naturalistes de l'Angleterre et de l'Écosse. On a reconnu
distinctement l'existence de deux époques glaciaires. La pre-

mière est immédiatement postérieure à l'existence des forêts
sous-marines de la côte du Norfolk, entre Cromer et Kessingland, qui correspondent aux lignites d'Uznach et de Dürnten
en Suisse. Les arbres de la forêt de Cromer, dont quelques-uns
sont encore debout, appartiennent aux espèces de pins vivant
actuellement ; entre ces troncs, on trouve des noisettes, des
graines de plantes marécageuses, telles que le trèfle d'eau
(*Menyanthes trifoliata*), avec les nénuphars, et des ossements
d'éléphants (*E. antiquus*, Falc., *E. meridionalis* et *E. primigenius*,
Blumb.), de rhinocéros (*R. etruscus*, Falc.), d'hippopotame, de
bœuf, de cheval, de cerf et de castor. Cette forêt était voisine
de la mer, car elle est immédiatement recouverte de sable fin et
d'argile contenant des coquilles qui habitent les eaux saumâtres.
C'est au-dessus de cette couche qu'on observe des amas non
stratifiés de cailloux anguleux, polis, frottés ou rayés, dont
quelques-uns sont des siénites et des porphyres amenés de
Scandinavie par des glaces flottantes. Ces formations glaciaires
d'origine sous-marine ont quelquefois 130 mètres d'épaisseur,
et prouvent que la côte s'est soulevée depuis l'époque où elles
se sont déposées dans la mer : à cette époque, les îles Britanniques formaient un archipel composé d'un nombre considérable de petites îles où venaient échouer les convois de glaces
flottantes provenant des glaciers de la Norvége et chargées de
blocs et de graviers originaires de ce pays. Peu à peu cet
archipel se souleva, avec le fond de la mer environnante, à
une hauteur supérieure de 500 mètres au moins à la hauteur
actuelle.

Des dépôts de sable se formèrent dans les vallées émergées,
des tourbières envahirent toutes les parties basses et humides ;
mais, grâce à la plus grande élévation du continent, des glaciers
s'établirent dans les montagnes de l'Écosse et de l'Angleterre, et
descendirent dans les plaines : c'est la seconde époque glaciaire.
L'homme apparut probablement entre les deux, et c'est aussi le

temps où vivait le grand cerf d'Irlande (*Cervus euryceros*), dont le squelette se retrouve dans les tourbières de ce pays. A cette époque, le pas de Calais n'existait pas et l'Angleterre était une presqu'île comme le Danemark. Depuis, un nouvel affaissement a eu lieu, il est de 200 mètres environ ; ce sont les plus grandes profondeurs que la sonde accuse dans le détroit, et il suffirait que son fond fût soulevé de cette quantité, pour que l'Angleterre redevînt de nouveau une grande presqu'île de l'Europe.

Cependant, grâce à une nouvelle répartition des terres et des eaux, le climat s'étant amélioré, les glaciers disparurent, les îles Britanniques prirent leur configuration actuelle, mais la surface de leur sol conserva les empreintes ineffaçables de ces changements de température, de niveau, de faune et de flore que la persévérance et la sagacité des géologues contemporains ont su reconnaître dans le sol superficiel des îles Britanniques. Une série d'actions lentes se continuant pendant un nombre de siècles incalculable peut seule nous expliquer la puissance et la variété de ces terrains de transport. Le temps a fait ce que les plus violents cataclysmes eussent été incapables de produire. Tout nous enseigne qu'il est le grand agent qui a transformé et transforme encore sous nos yeux la surface terrestre. L'intelligence de la puissance des causes modificatrices actuelles multipliées par l'action du temps est la conquête la plus précieuse de la géologie moderne. Jadis, dans la période théologique de cette science, on se lançait résolûment dans les imaginations les plus extravagantes. Suivant les besoins de la cause, on supposait des révolutions subites, des bouleversements prodigieux, des forces colossales, des agents inconnus, des causes fantastiques. Maintenant les esprits sérieux cherchent d'abord la raison des faits géologiques dans les forces naturelles agissant entre les limites de la puissance qu'elles développent sous nos yeux, et n'abordent le champ de l'hypothèse qu'après avoir épuisé celui de la réalité.

CH. MARTINS.   14

LA VINGTIÈME RÉUNION

DE L'ASSOCIATION BRITANNIQUE A ÉDIMBOURG

EN AOUT 1850.

Au commencement de 1831, David Brewster, un des plus grands physiciens de la Grande-Bretagne et du monde, écrivait au professeur Phillips pour lui proposer de réunir à York, ville centrale de l'Angleterre, un certain nombre de savants dans le but de travailler à l'avancement des sciences, en discutant les importantes questions qu'elles soulèvent chaque année et en posant ces problèmes dont la solution intéresse l'avenir de l'humanité tout entière. Cet appel fut entendu, et un certain nombre d'hommes, députés chacun, pour ainsi dire, par la science qu'ils avaient illustrée, vinrent la représenter dans ce congrès naissant. Quelques grands seigneurs, qui s'honorent de contribuer aux progrès des connaissances humaines par leurs travaux, leur influence et leur fortune, se joignirent à eux. Établie sur les fondements solides de l'union, de l'estime réciproque et de l'amour du bien, l'Association britannique grandit rapidement. Choisissant chaque année une des principales villes de la Grande-Bretagne pour siége de ses réunions, elle s'est assemblée successivement à York, Oxford, Cambridge, Édimbourg, Dublin, Bristol, Liverpool, Newcastle, Birmingham, Glascow, Plymouth, Manchester, Cork, et après treize ans elle revenait au lieu de sa naissance, à York. En 1850, après un intervalle de quatorze ans, elle se retrouvait de nouveau à Édimbourg, la ville scientifique et littéraire par excellence, qui n'a pas encore été envahie par l'immense courant industriel qui entraîne la Grande-Bretagne tout entière. Mais grâce à ce fécond esprit d'association qui anime le peuple anglais, la modeste réunion de 1831 a pris toutes les proportions d'une compagnie puissante destinée à jouer un rôle décisif dans le monde scientifique. Cette année, elle se composait de 1225 personnes ; savoir : 954 Anglais, Écossais ou Irlandais ; 247 dames et 24 étrangers. La somme reçue, à raison d'une guinée par personne, s'est élevée à 27 500 francs, dont nous indiquerons l'emploi. Les dames étaient presque toutes les filles ou les femmes des membres de l'Association ou des habitants d'Edimbourg et des environs ; elles profitaient de cette occasion pour prendre une idée de ces sciences dont l'attrait est moindre que celui des arts, mais dont l'intérêt est aussi réel. Si les sens ne sont pas émus ou ravis, la raison est satisfaite ; la lumière tranquille de la vérité n'éblouit pas l'imagination, mais elle éclaire l'intelligence. Et que l'on n'aille pas croire que ces dames appartinssent à la race désormais éteinte des bas-bleus (*blue stockings*) ; en général jeunes et jolies, elles suivaient régulièrement les séances des différentes sections. La plupart avaient pris sous leur protection celle de géologie, et ce n'était pas un mince encouragement pour les nombreux amis de cette science de parler devant un auditoire à la fois si imposant et si charmant. Plusieurs s'efforçaient d'aborder les sublimes mais difficiles connaissances qui forment le domaine de l'astronomie et de la physique ; d'autres s'étaient éprises de la zoologie ou de la botanique. Les oiseaux et les fleurs, ces créations ravissantes qui appartiennent à la fois à la poésie, à la peinture et à l'histoire naturelle, les avaient conduites de l'art à la science. Enfin, quelques-unes n'avaient pas craint d'aborder la statistique, de subir des discussions d'économie politique, et d'affronter les colonnes de chiffres et les moyennes, leurs compagnes obligées.

La plupart des savants les plus illustres de l'Angleterre s'étaient rendus à la réunion d'Édimbourg : ils considèrent cette exactitude comme un devoir envers la science et une politesse envers des confrères plus modestes et moins favorisés, soit de la nature, qui ne leur a pas accordé des facultés aussi éminentes, soit de la fortune, qui ne leur a pas permis de les développer ; mais ils honorent et encouragent ainsi le zèle désintéressé du travailleur modeste, qui a besoin d'être dirigé et soutenu dans ses efforts. A voir la simplicité de manières, l'affabilité, la familiarité de ces hommes éminents, on ne soupçonnerait jamais leur génie : ils le cachent avec autant de soin que les grands seigneurs dissimulent leurs titres et leurs richesses. C'est une justice que je suis heureux de rendre à cette élite de la société anglaise. La plus parfaite égalité règne parmi tous ces hommes considérables à divers titres : aussi les inférieurs se plaisent-ils à reconnaître une hiérarchie que les supérieurs s'efforcent sans cesse de faire oublier. On ne conteste jamais une supériorité qui ne s'impose pas, et le sentiment d'un affectueux respect se joint naturellement à celui d'une admiration méritée.

Un autre caractère distinctif de cette réunion, c'est qu'elle est loin de se composer uniquement de savants de profession, c'est-à-dire de professeurs, de médecins ou d'ingénieurs. Chez la plupart des membres, l'amour de la science est réellement désintéressé : les hommes les plus distingués par leur mérite, loin de tirer le moindre avantage de la science, lui consacrent leur intelligence, leur temps, leur fortune, sans autre arrière-pensée que de découvrir quelques vérités nouvelles et de gagner l'estime de leurs concitoyens. Plusieurs des savants les plus éminents de l'Angleterre et du monde sont des *amateurs*, et leurs noms sont très-nombreux dans la liste suivante, où figurent aussi des grands seigneurs qui cherchent dans l'étude une noble diversion aux travaux de la politique, de la guerre ou de l'administration.

Dans les sciences physiques et mathématiques, on distinguait : Brewster, Airy, Scoresby, J. D. Forbes, Philips, Lassell, le général Brisbane, l'évêque Terrot, lord Wrotessley, le colonel Sykes, Nasmyth, Osler, etc.

Parmi les chimistes : Christison, Gregory, Daubeny, Joule.

Les géologues, gent voyageuse, étaient les plus nombreux;
voici les noms des plus célèbres : Jameson, Murchison, Egerton,
Maclaren, Sedgwick, Mantell, le duc d'Argyle, lord Enniskilen,
Fleming, le marquis de Northampton, Pentland, Oldham, Phi-
lips, Pratt, Ramsay, Smith de Jordanhill, Strickland, Edward
Forbes et Hugh Miller.

Parmi les naturalistes, je me contenterai de nommer : Richard
Owen, Goodsir, Richardson, Greville, Bentham, Babington,
Balfour, Cleghorn, Walker Arnott, Parlatore, Trevelyan et
Boyle; parmi les médecins : Syme, Bennet, Hirtl et A. Thompson.

Pour la statistique et les sciences mécaniques : Lee, Gordon,
Alisson, Porter, Robinson, Scott Russel, Strang et Stevenson.

Parmi le petit nombre d'étrangers qui s'étaient rendus au
congrès, on distinguait : M. Hitchcock, géologue américain;
M. Kupffer, physicien russe; M. Parlatore, botaniste italien;
M. Hirtl, professeur d'anatomie à Vienne. Il y avait cinq Allemands, trois Hollandais, trois Italiens, deux Russes, huit Américains, et un seul Français, celui qui a l'honneur d'écrire ces
lignes. Maintenant que le personnel du congrès est connu de
nos lecteurs, nous chercherons à leur donner une idée de ses
travaux.

Le 31 juillet, l'Association était réunie dans la grande et
belle salle de concert de la ville d'Édimbourg. David Brewster,
l'habile physicien, dont le nom est mêlé à toutes les grandes
découvertes de l'optique, depuis le commencement de ce siècle,
lut un remarquable discours sur les progrès de l'Association, et
ceux des sciences physiques et astronomiques de ces dernières
années. Après avoir invoqué la protection de l'État pour les
sciences positives, il termina par ces paroles remarquables :
« Cette protection ne suffit pas. Ce ne serait pas contribuer
d'une manière efficace à la paix et au bonheur de la société,
que de laisser la science uniquement confinée dans la tribu des
savants et des philosophes; une pareille concentration ne serait

pas un bienfait : il faut que la science s'infiltre dans les dernières ramifications du corps social, alors seulement elle peut le nourrir et le fortifier. Si le crime est un poison, l'instruction est son antidote : la société échapperait en vain aux épidémies et à la famine, si le démon de l'ignorance, avec ses affreux acolytes, le vice et la débauche, s'insinuait dans toutes les classes du peuple, ébranlant les institutions et détruisant les bases de la famille et de la société. L'État a donc un grand devoir à remplir : s'il s'arroge le droit de punir le crime, il contracte l'obligation de le prévenir de toutes ses forces ; s'il exige la soumission aux lois, il doit apprendre au peuple à les lire et à les comprendre ; il doit lui enseigner les immortelles vérités qui formeront des citoyens amis de l'ordre, libres et heureux. C'est une grande question de savoir ce que deviendra notre état social, avec l'accroissement indéfini du pouvoir de l'homme sur le monde physique et du bien-être matériel, si ce double progrès n'est point accompagné d'une amélioration correspondante de sa nature morale et intellectuelle. Que les législateurs, que les chefs de nations songent donc sérieusement à l'établissement d'un système d'instruction nationale, qui éclaire les peuples sur leurs véritables intérêts, et détruise les illusions ou dissipe les préjugés qui les conduiraient à une perte certaine.»

Ce discours fut couvert d'applaudissements, et l'assemblée se sépara. Les jours suivants, elle se divisa en sections qui siégeaient chaque jour, de onze heures à trois heures, pour écouter la lecture de mémoires, discuter des questions intéressantes ou assister à des expériences. Je vais essayer de donner une idée des principaux travaux qui fixèrent l'attention publique.

Scoresby, le grand navigateur, qui a visité vingt et une fois les parages du Spitzberg, et publié un ouvrage des plus remarquables sur les mers polaires (1), fait connaître des observations sur la grandeur et la vitesse des vagues de l'Atlantique, entre

(1) Voyez page 63.

l'Amérique du Nord et l'Europe. Après un vent assez violent, qui avait soufflé pendant trente-six heures, il trouva qu'une vague mettait six secondes à parcourir la longueur du navire, qui était de 66 mètres ; sa vitesse était donc de 60 kilomètres par heure. La plus haute avait 13 mètres d'élévation, et la distance des deux crêtes donnant la longueur de l'ondulation était de 180 mètres. Je ne parlerai pas des communications sur l'astronomie de M. Airy, sur l'optique de Brewster, ou sur le magnétisme de MM. Philips et Allan Brown ; elles exigent, pour être comprises, des connaissances préliminaires qui, malheureusement, sont encore trop rares. Mais tout le monde eût été charmé de voir les admirables dessins de la surface de la lune que M. Nasmyth a pu exécuter à l'aide de son grand télescope. Les cratères de ce qu'on est convenu d'appeler les *volcans* de la lune sont aussi évidents, vus dans ce télescope, que ceux d'une montagne terrestre à la distance de trois ou quatre lieues. On reconnaît très-bien l'escarpement circulaire et le cône central ; mais on n'aperçoit aucune trace de ces éruptions ou de ces courants de lave, dont l'existence pourrait seule justifier l'assimilation de ces cratères aux volcans de la terre. La météorologie a occupé une large place dans les séances de la section. On a communiqué des résumés sur les climats les plus divers et les plus éloignés : Christiania et les Açores, les plaines du Yorkshire et les plateaux du Tibet, à 3000 mètres au-dessus de la mer.

Une commission, composée de MM. Airy, Forbes, Kupffer, Philips, Brewster, A Thomson et Ch. Martins, avait été chargée d'examiner un arbre brisé par la foudre près d'Édimbourg : elle constata une explosion de l'arbre, dont l'écorce et les fragments avaient été projetés à une grande distance. Un des commissaires fit remarquer que cet arbre foudroyé était complétement identique avec les arbres clivés par la vaporisation de la séve dans les trombes de Chatenay, de Monville, etc., dont la nature électrique ne saurait être mise en doute plus longtemps.

Nous avons dit que la section de géologie avait été la plus suivie; ses membres ont cherché à justifier cet empressement, et le président, M. Murchison, a dirigé les débats avec une haute intelligence et une complète impartialité. Les mémoires ont été groupés de façon à amener des discussions générales : elles furent pleines d'intérêt et d'animation, sans qu'aucun des interlocuteurs s'écartât jamais des règles de la politesse la plus parfaite. Le président fit connaître sa découverte de couches appartenant au terrain carbonifère dans la chaîne du Forez, aux environs de Vichy. M. Edward Forbes a montré que les couches néocomiennes (*Purbeck beds*) de la côte de Dorset présentaient des alternances très-nombreuses de coquilles d'eau douce extrêmement semblables aux espèces tertiaires, tandis que les coquilles marines en diffèrent essentiellement. Une séance tout entière a été consacrée à l'étude de l'origine des roches striées, des blocs erratiques, des cailloux rayés et de l'argile qui les renferme aux environs d'Édimbourg. Les opinions se trouvèrent partagées entre ceux qui pensent que jadis l'Écosse a été couverte de glaciers comme le Spitzberg l'est aujourd'hui, et d'autres qui attribuent les phénomènes en question à des glaces flottantes venues du Nord. Quoi qu'il en soit, les deux hypothèses supposent également l'existence de glaciers dans des contrées où ils n'existent plus actuellement; seulement certains géologues limitent leur extension plus que les autres. L'ancienne supposition de courants diluviens n'a point trouvé d'avocat. M. Murchison présenta ensuite une esquisse de la carte géologique de l'Espagne par notre compatriote M. de Verneuil, en rendant à son zèle et à son talent un hommage qui a été accueilli par des applaudissements unanimes. Il a de même fait connaître les belles et savantes recherches d'un autre Français, M. Barrande, ex-instituteur du comte de Chambord, sur les fossiles des terrains inférieurs de la Bohème. Seul, sans secours d'aucun genre, M. Barrande consacre son temps et sa modeste fortune à faire connaître les animaux qui ont apparu les premiers à la surface du globe, et précédé de millions d'années, non-seulement l'homme, mais les grands reptiles et les mammifères que recèlent des terrains plus modernes. Quel est l'esprit intelligent qui ne comprenne combien il est intéressant de rechercher les premières traces de la vie à la surface de ce vieux globe que nous habitons depuis hier. La géologie de l'Écosse devait jouer et a joué en effet un grand rôle dans le congrès. Un jeune pair, un des plus grands noms de l'histoire nationale, le duc d'Argyle, a lu un travail sur la géologie d'une partie de son propre domaine. C'était un beau spectacle de voir ce jeune homme, maître d'une grande fortune, rechercher les nobles jouissances de l'esprit, et offrir à ses concitoyens le fruit de ses travaux, en appelant sur eux le jugement éclairé des maîtres de la science. Puisse un semblable exemple avoir chez nous des imitateurs! Puissent ceux qui portent en France des noms historiques se souvenir du comte de Buffon, du président Malesherbes, de Duhamel du Monceau, du duc de Chaulnes, plutôt que de ceux des chefs des partis qui ont divisé et déchiré la France !

Si je disposais d'un plus grand espace, je parlerais des mémoires intéressants présentés à la section de botanique et de zoologie ; les recherches de Henri Strickland sur le Dodo, oiseau de l'île de France, qui a complétement disparu depuis le dernier siècle; celles de Royle sur les modifications que la culture apporte aux qualités du coton, les conditions dans lesquelles les graines conservent leur vitalité, et les expériences tentées pour faire vivre des fougères dans des atmosphères artificielles, afin d'éclairer la question de l'origine de la houille, qui est, comme on sait, formée en grande partie par des plantes de cette famille; je citerais aussi le mémoire du professeur Parlatore, de Florence, sur des organes particuliers qui se trouvent dans la tige des plantes aquatiques.

J'ai hâte d'arriver à la statistique et à l'économie politique, connaissances d'un intérêt plus général et plus immédiat que les sciences physiques ou naturelles.

M. Strang, trésorier de la ville de Glascow, a lu un rapport sur l'accroissement de cette ville ; nous en détachons le résumé avec d'autant plus de plaisir qu'il donnera l'idée du développement prodigieux des grandes cités manufacturières de l'Angleterre. La position officielle de l'auteur, et le soin avec lequel son travail a été fait, nous autorisent à donner pleine créance à ses résultats.

Glascow présente ce caractère remarquable qu'elle réunit tous les genres d'industries, joints à un commerce d'exportation des plus actifs : ainsi on y trouve réunis les filatures de Manchester, les fabriques d'étoffes de Norwich, les soieries de Macclesfield, les usines de Birmingham, les verreries et les poteries de Newcastle, le commerce et l'exploitation de la houille ; enfin, toutes les industries disséminées dans des villes spéciales de la Grande-Bretagne. Glascow est une des villes les plus anciennes de l'Écosse ; la fondation de sa cathédrale remonte au commencement du XIe siècle, mais elle est une des grandes cités les plus modernes de l'Écosse. Voici les progrès de sa population depuis le commencement du siècle :

1801................................	77 385 habitants.
1811................................	100 749
1821................................	147 043
1831................................	202 427
1841................................	282 134
1850................................	367 800

Ainsi sa population a quintuplé en cinquante ans, et l'accroissement annuel s'élève à 2000 âmes environ.

Cet accroissement est dû non à des naissances multipliées, mais à une immigration continue ; aussi la ville, qui, en 1800, ne contenait que 55 kilomètres de rues, en compte actuellement 177. Quelles sont les causes de ce prodigieux accroissement ? 1° Sa situation au milieu d'un district riche en houille et en

minerai; 2° son fleuve, que l'art a rendu navigable. Au commencement du siècle, la profondeur de la Clyde n'excédait pas en
beaucoup d'endroits 1ᵐ,50, et c'est à peine si les navires de
30 à 40 tonneaux pouvaient la remonter; maintenant la profondeur moyenne est de 4ᵐ,8 à la marée haute et de 5ᵐ,8 aux
grandes marées du printemps; aussi des navires de 1000 tonneaux peuvent-ils remonter jusqu'à Glascow, et des bateaux
à vapeur de 2000 partent de ses quais chargés de leur machine.
En 1850, 392 033 tonnes ont été apportées par des navires à
voiles, 873 159 par des steamers. Le revenu des droits de ton-
nage, qui, en 1820, était de 82 000 francs, s'est élevé en 1850
à 1 606 100 francs; il s'est donc décuplé deux fois en un demi-
siècle. Ce résultat n'a pas été obtenu sans de grandes dépenses,
dépenses productives qui rapportent de gros intérêts. L'examen
des droits de douane conduit aux mêmes conséquences. La marine de Glascow, née d'hier, est déjà importante : ainsi, avant
1812, il n'y avait pas de navires appartenant au commerce de
Glascow, il y en a maintenant 507, portant 137 999 tonneaux.

La première machine à vapeur pour mouvoir les bobines d'une
manufacture de coton fut établie à Glascow en 1792; actuellement il y a dans cette ville 1 800 000 bobines enroulant chaque
année 120 000 balles de coton.

Le nombre des hauts fourneaux pour l'industrie du fer était
de 16 en 1830, il était de 79 en 1849, et ils produisent
475 000 tonnes de fonte par an.

Annuellement Glascow brûle 132 000 000 de mètres cubes
de gaz d'éclairage. L'eau est distribuée par de nombreux conduits dans toute la ville et à tous les étages des maisons ; une
grande partie de cette eau est élevée à 74 mètres, et en dédui-
sant celle qui se consomme dans les usines, on trouve que chaque habitant en use environ 120 litres par jour. Si l'on addi-
tionne la quantité d'eau fournie par trois compagnies pour les
besoins industriels et domestiques de la ville, on arrive au nombre

prodigieux de 54 000 000 de litres par jour ; et à Paris, la capitale de la France, l'eau et la lumière ne circulent pas dans toute
la ville ! Dans les maisons on en est encore aux chandelles dé-
corées du nom de bougies, à l'huile de pétrole et au porteur d'eau,
tandis qu'en Écosse, même les maisons de campagne placées
dans un certain rayon des villes sont éclairées et arrosées
comme elles !

M. Strang ne se borne pas à tracer le tableau de la prospérité
et des progrès de la cité qui lui a confié l'administration de ses
finances ; philanthrope réel et statisticien rigoureux, il nous montre le revers de la médaille, la pauvreté à côté de la richesse.
En 1784, Glascow ne dépensait que 27 050 francs pour ses
pauvres ; maintenant cette dépense monte annuellement à un
million. Une preuve de la profonde misère d'une partie de la
population, c'est que le nombre d'enterrements faits aux frais
de la paroisse n'a pas été moindre de 4060 environ dans chacune
de ces dernières années. Les crimes et les délits présentent aussi
un total affligeant, puisque dans le cours de l'année 1849,
3194 hommes et 1825 femmes ont comparu devant les magistrats
chargés de la police correctionnelle, et le nombre de personnes
emprisonnées pour un temps plus ou moins long s'est élevé
à 5088.

Malgré ces ombres regrettables dans le tableau de la prospérité
de Glascow, cette ville progresse aussi dans la voie de l'humanité. A mesure que ses manufactures se multiplient et que son
commerce s'étend, l'esprit de charité élève des maisons de
refuge, crée des hôpitaux, établit des caisses de retraite, et s'in-
génie à diminuer cette plaie de la pauvreté qui semble s'attacher
comme une lèpre aux villes les plus florissantes et aux États les
plus prospères. Le contraste avec le bien-être général exagérant
la laideur de la misère, il semble que l'indigence soit plus horrible en Angleterre qu'en Espagne, en Portugal ou en Italie,
où la nature n'exclut pas le pauvre du splendide festin qu'elle

offre libéralement à tous ses enfants, mais l'admet au partage du
bonheur et des plaisirs, qui, sous un ciel sévère et sur une terre
avare, sont le privilége exclusif de l'aisance.

Je ne saurais quitter la statistique sans dire quelques mots
des recherches de M. Porter, l'apôtre du libre échange, si constamment abandonné de ses coreligionnaires de Paris, à mesure
que la fortune les élève au pouvoir. La section a écouté avec un
vif intérêt son travail sur les taxes volontaires payées par les
classes laborieuses, c'est-à-dire sur les sommes énormes que
rapportent aux riches et à l'État les besoins factices du pauvre.
Rien de plus éloquent que les chiffres suivants. Les ouvriers de
l'Angleterre, de l'Écosse et de l'Irlande dépensent annuellement
en liqueurs fermentées (eau-de-vie, gin, whisky, rhum),
402 286 450 francs, le cinquième du budget de la France ! Qu'on
ne s'en étonne pas, l'abus des liqueurs fortes est tel en Grande-
Bretagne, qu'il devient un danger sérieux pour la société ; c'est un
fléau qui éveille toute la sollicitude des gens de bien, car il est
la cause principale de cette incurable misère des classes inférieures. Remercions le ciel qui permet que la vigne croisse sur
presque toute la surface de la France ; car le vin enivre et égaye
le pauvre sans l'abrutir ni l'empoisonner. L'ivresse du vin est
un engourdissement ; celle du gin, c'est la mort.

Les séances terminées, il y eut une nouvelle réunion générale où l'on proclama les encouragements votés par l'Association,
savoir : 7500 francs à l'observatoire météorologique de Kew,
près de Londres, le seul établissement en Europe qui soit uniquement consacré à l'observation des phénomènes de l'atmosphère ;
1250 francs à MM. Forbes et Kelland, pour vérifier expérimentalement les lois mathématiques de la propagation de la chaleur ; une somme égale à une commission chargée d'étudier les
influences chimiques et électriques des rayons solaires et le développement des plantes dans des atmosphères factices ; enfin,
des sommes moindres pour des expériences sur la vitalité des

graines, l'air et l'eau des villes, les phénomènes périodiques des plantes et l'anatomie des Annélides.

Les travaux dont nous ne venons d'analyser que la vingtième partie au plus n'ont pas occupé tous les instants du congrès. Le plaisir a eu aussi sa part. Deux excursions géologiques ont été faites, l'une sous la direction de M. Chambers, l'autre sous celle de MM. Maclaren et Murchison, pour étudier les environs d'Édimbourg. Les botanistes se sont rendus aux collines de Pentland; les physiciens ont été visiter les phares de la côte sur un bateau à vapeur que la compagnie qui les administre avait mis à leur disposition. Deux grandes soirées ont été données par la ville dans la salle de concert. Enfin trois savants MM. Bennet, Mantell et Nasmyth ont fait des leçons, le premier sur le sang, le second sur les oiseaux gigantesques éteints de la Nouvelle-Zélande, le troisième sur les apparences de la surface de la lune. Ce n'est pas sans raison que je place ces trois séances parmi les fêtes qui ont été données à l'Association : c'étaient des fêtes intellectuelles. Qu'on se figure M. Mantell, par exemple, parlant devant de magnifiques dessins coloriés représentant d'abord la côte de la Nouvelle-Zélande où ces animaux ont été trouvés, puis ces oiseaux eux-mêmes, figurés avec leur taille de 3 et 4 mètres, et, devant le professeur, les os énormes qui prouvaient que sa restauration n'était point une œuvre de l'imagination; puis à côté, ces singuliers oiseaux encore vivants à la Nouvelle-Zélande, que la nature a privés d'ailes, et qui représentent en petit ceux auxquels ils ont succédé. Pour faire comprendre la forme et les phénomènes des globules du sang, M. Bennet leur avait fait donner la dimension d'une soucoupe, et rien n'égalait la clarté de ces représentations, si ce n'est celle des explications du professeur. Nous ne dirons rien de M. Nasmyth qui, pendant une heure, promena son auditoire silencieux et attentif à travers les montagnes, les vallées et dans l'intérieur des cratères de la lune.

On ne conçoit pas un congrès sans dîners : ils furent nombreux et excellents; mais celui que le professeur Syme, le premier chirurgien de l'Écosse, donna au nom du corps médical de l'université d'Édimbourg, fut des plus magnifiques. Dans un beau jardin, en face de la verte colline de Blackford, d'où Marmion contemplait son armée et où Walter Scott enfant jouait et rêvait déjà (1), un élégant pavillon avait été dressé; des arbrisseaux et des fleurs exotiques en ornaient tout le pourtour. Cent cinquante convives prirent place à une longue table; la musique d'un régiment de *highlanders* alternait avec le sombre bourdonnement de six joueurs de cornemuse, portant le costume national. Mieux que tout ce que j'ai lu, cette musique monotone, continue, sans arrêt, sans repos, m'a donné l'idée de ces batailles sanglantes où les Écossais combattaient leurs ennemis depuis l'aube jusqu'à la nuit, tant que la cornemuse se faisait entendre et tant qu'un souffle de vie animait leurs corps épuisés. Mais, chez M. Syme, ces cornemuses n'étaient là que pour soutenir l'appétit des convives déjà suffisamment excité par les mets choisis et les vins délicieux qui se succédaient sur la table. Un grand nombre de dames élégantes circulaient dans les jardins; lorsque les toasts officiels eurent été portés à la reine, à l'armée et à la marine, au salut du navigateur Franklin, un gentleman debout, élevant son verre, s'écria : *The ladies !* (les dames !), ce fut une explosion des plus bruyantes acclamations et de bravos prolongés. M. Syme, dont le ciel avait favorisé la fête, le jour même où un déluge de pluie inondait Paris, ne put s'empêcher, dans un élan de reconnaissance, de proposer un toast au beau temps, cet hôte si rare en Écosse, mais qui semblait s'y être fixé sans retour pendant le séjour de l'Association britannique. Après ce toast, d'autres furent portés à la ville d'Édimbourg, à l'université, au président de l'Association,

(1) *Marmion*, chant IV, strophe 24.

l'illustre David Brewster, aux étrangers, etc.; plusieurs d'entre eux ayant parlé au nom de leur pays, le seul Français présent à ce banquet se leva à son tour et dit : « Je porte un toast à la » prospérité de l'Écosse, dont l'histoire est intimement liée à celle » de la France. (Applaudissements.) Je porte un second toast à » l'union éternelle de la Grande-Bretagne et de la France, gage » assuré de la paix du monde et des progrès de la civilisation !...» Quand je vivrais cent ans, je n'oublierais jamais l'explosion d'enthousiasme dont ces paroles furent suivies. Ces Anglais qu'on dit si froids se levèrent comme un seul homme en brandissant leurs verres et en criant : *Hurrah ! for ever !...* J'aurais voulu que toute la France entendît leurs acclamations et comprît, comme moi, que rien ne doit diviser les nations civilisées de l'Europe, dont l'union peut seule sauver le monde des étreintes du despotisme ou d'une nouvelle invasion de la barbarie.

LES GLACIERS DES ALPES

ET LEUR ANCIENNE EXTENSION

DANS LES PLAINES DE LA SUISSE ET DE L'ITALIE.

Au mois d'août 1815, un géologue revenait d'une longue
excursion sur les glaciers qui occupent le fond de la vallée de
Lourtier, vallée latérale à celle qui mène au couvent du grand
Saint-Bernard. Désirant se rendre le jour suivant à l'hospice
par un col difficile et peu connu, il passa la nuit dans la cabane
d'un chasseur de chamois, appelé Jean-Pierre Perraudin, qui
devait lui servir de guide le lendemain. Assis devant le foyer où
brûlaient des touffes de rhododendron dont la fumée odorante
s'échappait par le haut du toit, le géologue et le montagnard
parlaient des hautes régions qu'ils avaient l'un et l'autre si souvent parcourues. Bientôt la conversation vint à tomber sur ces
gros blocs de granite qu'on trouve souvent à une si grande distance des rochers d'où ils ont été détachés. Le géologue expli-
quait longuement au montagnard comment les savants avaient
démontré, à l'aide de profonds calculs, que ces blocs erratiques
ont été transportés jadis par de grands courants d'eau. A tout
cela Jean Perraudin ne pouvait répondre, mais il hochait la tête
d'un air de doute et d'incrédulité. « M'est avis, dit-il, enfin, que
les glaciers de nos Alpes étaient jadis bien plus étendus qu'ils
ne le sont actuellement. Toute notre vallée jusqu'à une grande
hauteur au-dessus du torrent de la Drance a été remplie par un
vaste glacier qui descendait jusqu'à Martigny, comme le prou-

vent les blocs de roche qu'on trouve dans les environs de cette
ville, et qui sont trop gros pour que l'eau ait pu les y amener. »
En parlant ainsi, Perraudin ne se doutait guère avoir fait une
grande découverte et résolu, à force de bon sens, un problème
que le génie des plus célèbres géologues, armé de toutes les
ressources de la science, avait abordé sans succès.

Heureusement le savant auquel il venait de communiquer le
résultat de ses observations solitaires était un homme pratique,
plus soucieux de faits que de théories. Le germe que le paysan
avait jeté dans son esprit s'y développa librement, et l'idée
d'une ancienne extension des glaciers au delà de leurs limites
actuelles devint pendant vingt ans l'objet constant de ses
recherches et de ses méditations. Un ingénieur de ses amis,
M. Venetz, avait été amené de son côté aux mêmes vues par
l'étude des blocs erratiques du Valais. Enfin, en 1834, lorsque
sa conviction fut complète et appuyée sur des preuves nombreuses et irrécusables, M. de Charpentier (car c'était lui qui
avait été le confident de Perraudin) émit ses opinions au congrès
des naturalistes suisses réunis à Lucerne. Comme toute idée
nouvelle, celle-ci fut accueillie avec froideur ou repoussée avec
dédain ; mais, comme c'était une vérité, elle fit son chemin
toute seule, et aujourd'hui c'est une des questions les mieux
élucidées de toutes celles qui ont agité le public géologique.
Grâce aux nombreux travaux publiés sur ce sujet (1), le phénomène observé d'abord dans les Alpes a pris les proportions d'une

(1) Parmi ces travaux, nous citerons ceux de MM. Agassiz, Desor, A. Guyot,
J. Forbes, Studer, A. Escher de la Linth, Blanchet, Alph. Favre, de Mortillet,
Hogard, Tyndall, Ramsay, Heer, Gastaldi et Omboni, dans les Alpes ; Leblanc,
Renoir, Hogard et E. Collomb, dans les Vosges ; Agassiz, Lyell, Buckland,
Smith, Maclaren, Ramsay, en Écosse, en Angleterre et en Irlande ; Al. Bron-
gniart, Sefstroem, Keilhau, Böthling, Siljestroem, Daubrée, Murchison, de
Verneuil, Durocher, Kjerulf, Nordenskiöld et A. Torell, en Finlande et en
Scandinavie ; Agassiz, Desor, Hitchrock et Darwin, en Amérique ; Hochstetter,
à la Nouvelle-Zélande, etc.

longue période de froid qui a régné sur une portion considérable des deux hémisphères. Si le génie de l'homme peut s'élever un jour à la cause de cette époque glaciaire, il aura jeté la plus vive lumière sur la dernière phase de l'histoire géologique du globe, sur l'époque mystérieuse immédiatement postérieure à l'apparition de l'homme à la surface de la terre, et sur ces déluges dont la trace se retrouve dans toutes les traditions des peuples, en Europe, en Asie et dans les deux Amériques. La relation intime qui lie ces deux phénomènes entre eux ne saurait être niée, car elle nous est attestée à la fois par le raisonnement et par l'observation. Néanmoins nous ne poursuivrons pas l'étude des phénomènes glaciaires dans tous les pays où ils ont été signalés; nous nous bornerons à les étudier dans les Alpes, où les faits, bien connus et mieux appréciés, peuvent être vérifiés chaque année par de nombreux voyageurs.

Les glaciers de la Suisse et de la Savoie ont-ils toujours été circonscrits dans leurs limites actuelles, ou se sont-ils étendus autrefois dans les grandes plaines qui environnent la chaîne des Alpes? Tel est le problème réduit à sa plus simple expression. Mon but est d'exposer les faits sur lesquels s'appuient les partisans de l'ancienne extension des glaciers. Pour faire accepter cette idée, ils ont eu à combattre, chez les savants, des convictions anciennes, appuyées sur les autorités les plus irrécusables en géologie; chez les gens du monde, le témoignage de la tradition biblique et celui de tous les sens, qui se révoltent à la seule pensée que ces plaines si fertiles et si peuplées aient été ensevelies pendant de longues périodes de temps sous un immense linceul de neige et de glace. Les uns et les autres ont le droit d'exiger des preuves nombreuses et positives. Ces preuves existent; mais, avant de les examiner, il est indispensable de posséder quelques notions sur les glaciers actuels; car la méthode suivie par les géologues auxquels on doit les résultats que nous allons exposer a toujours été celle que Constant

Prévost et Lyell ont introduite dans la science, et qui peut se
résumer en ces mots : « Étudier le mode d'action des éléments
naturels que nous voyons fonctionner sous nos yeux, et comparer les effets qu'ils produisent à ceux dont la surface du globe
a conservé l'empreinte. » En procédant ainsi, nous verrons
que partout, dans les vastes plaines qui environnent les Alpes,
on rencontre les traces de ces glaciers gigantesques dont ceux
d'aujourd'hui ne sont, pour ainsi dire, que la miniature. Cependant, quoique réduits à de faibles dimensions, les glaciers
actuels nous offrent en petit tous les phénomènes que les nappes
de glace présentaient jadis sur une plus grande échelle. Les
effets sont les mêmes, et de leur identité nous pourrons conclure à celle des agents qui les ont produits.

DES GLACIERS ACTUELS.

Du haut des crêtes du Jura qui dominent le bassin du Léman,
on embrasse d'un seul coup d'œil toute la chaîne des Alpes,
depuis le Valais jusqu'en Dauphiné. La masse colossale du
Mont-Blanc, assise sur sa large base, s'élève majestueusement
au-dessus de cette longue arête dentelée. Les plus hautes cimes
se distinguent des sommets moins élevés par la blancheur éclatante des neiges qui les recouvrent. En été, la limite inférieure
de ces neiges perpétuelles forme une ligne droite horizontale,
parfaitement tranchée, qui contraste avec la sombre verdure
des forêts étendues au pied des montagnes. Cette ligne, c'est
celle des neiges éternelles. Au-dessus, l'hiver règne seul; au-
dessous, les saisons suivent leur cours régulier. Au-dessus, la
vie existe à peine et est représentée seulement par quelques
plantes alpines et quelques insectes éphémères ; au-dessous,
elle se manifeste sous mille formes variées, depuis les plus
hautes régions où s'aventurent le pin cembro et le chamois jus-

qu'aux plaines habitées par les hommes, où les moissons jaunissent et où la vigne mûrit ses fruits.

En Suisse, la limite inférieure des neiges perpétuelles est à 2700 mètres au-dessus du niveau de la mer; mais, en s'approchant des Alpes, en pénétrant dans les vallées étroites qui découpent les massifs principaux, tels que ceux du Mont-Blanc, du Mont-Rose, du Saint-Gothard et de la Jungfrau, on s'aperçoit que cette limite n'est pas une ligne droite, comme elle le paraît, quand on la considère de loin. Les champs de neiges éternelles émettent, pour ainsi dire, des rameaux qui descendent dans les vallées, sous la forme de masses de glace semblables à des torrents congelés. Ces masses sont des *glaciers.* Leur pied est souvent à plus de 1500 mètres au-dessous de la limite des neiges perpétuelles, et avoisine quelquefois de grands villages, tels que ceux de Chamounix, de Courmayeur et de Grindelwald, dont la hauteur moyenne est de 1120 mètres au-dessus de la mer. Toutefois il existe un grand nombre de glaciers qui ne descendent pas aussi bas, et s'arrêtent sur ces pentes élevées, où l'on ne trouve plus que des chalets épars, habités pendant quelques mois de l'année seulement.

Quelles sont les relations qui existent entre ces glaciers et les champs de neige auxquels ils se rattachent? C'est la première question que nous devons examiner. La science l'a déjà résolue. En hiver, au printemps et en automne, il tombe sur les sommets des Alpes des masses de neige considérables (1). Ces neiges, chassées par les vents, emportées par les tourbillons, s'accumulent surtout dans les grandes dépressions qui avoisinent les hautes cimes. Ces dépressions sont connues sous le nom de *cirques,* car elles se terminent ordinairement par une

---

(1) La hauteur de la neige tombée au Grimsel, à 1800 mètres au-dessus de la mer, a été de 16^m,60, depuis le mois de novembre 1845 jusqu'au mois d'avril 1846. La couche d'eau résultant de la fusion de cette neige aurait eu 1^m,40 d'épaisseur.

enceinte demi-circulaire, couronnée de sommets élevés. Tels
sont, aux environs de Chamounix, le cirque qui mène au col du
Géant, le grand plateau, qui n'est qu'à 800 mètres au-dessous
de la cime du Mont-Blanc; près de Grindelwald, le cirque qui
conduit à la Strahleck; au Grimsel, ceux du Lauteraar et du
Finsteraar. Les neiges qui s'accumulent dans les cirques ne
restent pas immobiles; elles sont animées d'un mouvement de
progression qui les entraîne vers la vallée. Semblables à ces
lacs qui alimentent une rivière, et dont les eaux commencent à
couler lentement dès que l'influence de la pente se fait sentir,
ces champs de neige peuvent glisser sur les terrains les plus
faiblement inclinés. A mesure que cette neige descend dans les
régions plus tempérées, elle subit, surtout dans la belle saison,
des modifications importantes qui en changent complétement
la nature et l'aspect : elle se transforme en glace. Voici comment s'opère cette transformation. A la chaleur des rayons du
soleil, la surface de la neige commence à fondre; l'eau résultant
de cette fusion s'infiltre dans les couches inférieures, qui se
changent, sous l'influence des gelées nocturnes, en une masse
granuleuse, composée de petits glaçons encore désagrégés,
mais plus adhérents entre eux que les flocons qui leur ont
donné naissance. Cet état de la neige a été désignée par les
physiciens suisses sous le nom de *névé*. Pendant tout l'été, ce
névé s'infiltre de nouvelles quantités d'eau provenant toujours
de la fonte superficielle ou de celle des neiges environnantes,
dont les eaux viennent se réunir dans la dépression qui forme
le berceau du glacier. Dans ces régions, le thermomètre tombant chaque nuit au-dessous de zéro, même au cœur de l'été,
ce névé se congèle à plusieurs reprises. A la suite de ces fusions et de ces congélations successives, il offre l'apparence
d'une glace blanche compacte, mais remplie d'une infinité de
petites bulles d'air sphériques ou sphéroïdales : c'est la *glace
bulleuse* des auteurs qui ont écrit sur ce sujet. L'infiltration et

la congélation de la masse devenant de plus en plus parfaites à mesure que le glacier descend vers les régions habitées, l'eau finit par remplacer toutes les bulles d'air : alors la transformation est complète, la glace paraît homogène, et présente ces belles teintes azurées qui font l'admiration des voyageurs. Telle est, en peu de mots, l'histoire de la formation d'un glacier : en réalité, il se compose, comme on le voit, de toutes les couches de neige accumulées pendant une longue série d'années, et qui peu à peu se sont converties en glace plus ou moins compacte.

Si les chaleurs de l'été ne limitaient pas l'accroissement des glaciers, ils grandiraient indéfiniment en longueur et en puissance ; mais chaque été voit disparaître une épaisseur considérable de la surface glaciaire (1) : c'est le phénomène que M. Agassiz a désigné sous le nom d'*ablation*. En même temps, l'extrémité inférieure fond rapidement, et le glacier diminuerait chaque année, si une progression incessante ne venait contrebalancer cet effet. Il s'établit ainsi une espèce d'équilibre entre la fonte estivale d'un côté et la progression annuelle de l'autre. Si la saison est chaude et sèche, c'est la fusion qui l'emporte, et le glacier recule ; si l'été est froid et pluvieux, la progression compense largement les effets de la fusion, et le glacier avance.

On comprend actuellement quelles sont les influences qui assignent aux glaciers une limite moyenne autour de laquelle ils peuvent osciller. Il est moins facile de se rendre compte pourquoi certains glaciers descendent dans les vallées habitées, tandis que d'autres restent suspendus aux flancs des plus hautes montagnes. Ces différences tiennent à la grandeur et à la hauteur des cirques qui servent à l'alimentation de ces glaciers. Plus ces cirques seront vastes et élevés, et plus la quantité de neige qui s'y accumulera sera considérable ; plus aussi les émissaires des champs de neige descendront dans les basses vallées, et regagneront, pour ainsi dire, le terrain

(1) Trois mètres environ sur le glacier de l'Aar.

que la fusion leur fait perdre chaque année. C'est ainsi que
le glacier des Bossons, dont la source est au grand plateau
du Mont-Blanc, vaste cirque situé à près de 4000 mètres
au-dessus de la mer, descend jusqu'à 1040 mètres et s'avance
au milieu des habitations, des vergers et des champs cultivés.
Les glaciers d'Aletsch, de Viesch, de Grindelwald, de Zermatt,
sont dans le même cas. Tous les ans, le voyageur étonné
peut voir des moissons dorées à côté du glacier de la Brenva,
un des principaux émissaires de la face méridionale du
Mont-Blanc. L'influence de la grandeur et de l'élévation des
cirques contre-balance même, suivant la remarque de M. Desor,
celle de l'exposition, et explique ce fait surprenant, que les
glaciers les plus longs et les plus puissants des Alpes bernoises
se trouvent sur le versant méridional de la chaîne.

Nous avons vu que ces glaciers étaient animés d'un mouvement de progression qui les entraîne vers la plaine. Quelles
sont les lois de ce mouvement? La recherche de ces lois a
constamment préoccupé tous les physiciens qui se sont livrés
à ce genre de travaux, sans qu'ils aient pu jusqu'ici déduire la
cause de cet avancement de l'ensemble des phénomènes singuliers qui le caractérisent. M. J. D. Forbes les a étudiés sur la
mer de glace de Chamounix; mais c'est sur les glaciers de l'Aar
que les observations ont été continuées avec le plus de soin et
de persévérance. Depuis 1842, MM. Agassiz et Desor, aidés du
concours de MM. Wild, Otz et Dollfus-Ausset, se sont occupés
sans relâche de cette question; ils ont constaté que, dans sa
partie moyenne, ce glacier avance de 71 mètres par an. Vers
l'extrémité inférieure, la vitesse de la progression se ralentit au
point de n'être plus que de 39 mètres; elle s'accélère, au contraire, un peu vers le haut, où le glacier parcourt annuellement
un espace de 75 mètres (1).

(1) Voici, en résumé, par quelle méthode on mesurait l'avancement du
glacier. Sur les deux rives, on choisissait deux rochers situés en face l'un de

L'inclinaison de la pente sur laquelle le glacier descend ne paraît pas avoir d'influence sur la rapidité de sa marche, mais elle est singulièrement modifiée par les parois du couloir dans lequel il se meut. Le frottement de la glace contre ces parois ralentit considérablement la progression des parties latérales du glacier. Il y a plus : si un promontoire s'avance vers le milieu de la vallée, le glacier, arrêté par un de ses côtés, contourne l'obstacle avec une extrême lenteur, ou plutôt ce côté reste en arrière, tandis que la partie moyenne et le bord opposé continuent à marcher avec leur vitesse relative.

ROCHES POLIES ET STRIÉES PAR LES GLACIERS ACTUELS.

Le frottement que le glacier exerce sur son fond et sur ses parois est trop considérable pour ne pas laisser de traces sur les roches avec lesquelles il se trouve en contact ; mais son action est différente suivant la nature minéralogique de ces roches et la configuration du lit qu'il occupe. Si l'on pénètre entre le

l'autre ; chacun de ces rochers était marqué d'une croix blanche peinte sur la pierre ; puis on plantait dans la glace une série de piquets alignés entre ces deux points, de manière à former une ligne droite perpendiculaire à l'axe du glacier. Au bout de quelques jours, un observateur se plaçait devant l'une des croix, et dirigeait une lunette portant un niveau et un réticule vers celle qui était en face. Le glacier ayant marché et les piquets avec lui, ceux-ci ne se trouvaient plus dans l'alignement primitif. Alors un guide posté sur le glacier, et portant une perche surmontée d'un objet bien visible, la plaçait dans la direction de l'ancien alignement. Cette direction lui était indiquée par les signaux de l'observateur, dont l'œil était à la lunette. Celui-ci faisait déplacer la perche en amont et en aval jusqu'à ce qu'elle fût exactement au point occupé primitivement par le piquet. Cela fait, le guide mesurait sur la glace la distance du pied de la perche à celui du piquet. Cet intervalle était précisément la longueur parcourue par le glacier entre les deux observations. En 1846, ce procédé a été perfectionné par MM. Dollfus, Olz et moi, de manière à nous permettre de suivre la marche journalière du glacier de l'Aar avec une exactitude telle, que l'erreur d'observation ne pouvait pas dépasser 2 millimètres, ou une ligne environ.

sol et la surface inférieure du glacier, en profitant des cavernes
de glace qui s'ouvrent quelquefois sur ses bords ou à son extrémité, on rampe sur une couche de cailloux et de sable fin im-
prégnés d'eau. Si l'on enlève cette couche, on reconnaît que la
roche sous-jacente est nivelée, polie, usée par le frottement et
recouverte de stries rectilignes ressemblant tantôt à de petits
sillons, plus souvent à des rayures parfaitement droites qui auraient été gravées à l'aide d'un burin ou même d'une aiguille très-
fine. Le mécanisme par lequel ces stries ont été gravées est celui
que l'industrie emploie pour polir les pierres ou les métaux.
A l'aide d'une poudre fine appelée *émeri*, on frotte la surface
métallique, et on lui donne un éclat qui provient de la lumière
réfléchie par une infinité de petites stries extrêmement ténues.
La couche de cailloux et de boue interposée entre le glacier et
le roc sous-jacent, voilà l'émeri. Le roc est la surface métallique,
et la masse du glacier, qui presse et déplace la couche de
boue en descendant continuellement vers la plaine, représente
l'action de la main du polisseur. Aussi les stries dont nous parlons sont-elles toujours dirigées dans le sens de la marche du
glacier; mais, comme celui-ci est sujet à de petites déviations
latérales, les stries se croisent quelquefois en formant entre
elles des angles très-petits. Si l'on examine les roches qui bordent le glacier, on retrouve les mêmes stries burinées sur les
parties qui ont été en contact avec la masse congelée. Souvent
j'ai pris plaisir à briser la glace qui pressait le rocher, et sous
cette glace je trouvais des surfaces polies et couvertes de stries.
Les cailloux et les grains de sable qui les avaient gravées étaient
encore enchâssés dans le glacier comme le diamant du vitrier
est fixé au bout de l'instrument qui lui sert à rayer le verre.

La netteté et la profondeur des stries dépendent de plusieurs
circonstances. Si la roche en place est calcaire, et que l'émeri
se compose de cailloux et de sable provenant de roches plus
dures, telles que le gneiss, le granite ou la protogine, les stries

seront très-marquées. C'est ce que l'on peut vérifier au pied
des glaciers de Rosenlaui et de Grindelwald, dans le canton de
Berne. Au contraire, si la roche est gneissique, granitique ou
serpentineuse, c'est-à-dire très-dure, les stries seront moins
profondes et moins marquées, comme on peut s'en assurer aux
glaciers de l'Aar, de Zermatt, et de Chamounix. Le poli sera le
même dans les deux cas, et il est souvent aussi parfait que celui
des marbres qui ornent nos édifices.

Les stries gravées sur les rochers en contact avec le glacier
sont en général horizontales ou parallèles à sa surface. Toutefois, aux rétrécissements des vallées, ces stries se redressent et
se rapprochent de la verticale. Il ne faut point s'en étonner.
Forcé de franchir un détroit, le glacier se relève sur les bords
et remonte le long des flancs de la montagne qui lui barre le
passage. C'est ce qu'on voit admirablement près des chalets de
la Stieregg, étroit défilé que le glacier inférieur de Grindelwald est obligé de franchir avant de s'épancher dans la vallée de
même nom. Sur la rive droite du glacier, les stries sont inclinées de 45 degrés à l'horizon ; sur la rive gauche, celui-ci s'é-
lève quelquefois jusqu'aux forêts voisines, et entraîne de grosses
mottes de terre chargées de touffes de rhododendrons et de bouquets d'aunes, de bouleaux ou de sapins. Les roches tendres ou
feuilletées sont brisées et démolies par la force prodigieuse du
glacier. Les roches dures lui résistent ; mais la surface de ces
roches, aplanie, usée, polie et striée, témoigne assez de l'énorme
pression qu'elles ont eu à supporter. C'est ainsi qu'au glacier
de l'Aar, le pied du promontoire sur lequel s'élève le pavillon
de M. Dollfus est poli sur une grande hauteur, et sur la face
tournée vers le haut de la vallée j'ai observé des stries inclinées
de 64 degrés. La glace, redressée contre cet escarpement, semblait vouloir l'escalader ; mais le roc de granite tenait bon, et le
glacier était obligé de le contourner lentement.

En résumé, la pression considérable d'un glacier, jointe à son mouvement de progression, agit à la fois sur le fond et sur les flancs de la vallée qu'il parcourt. Il polit tous les rochers assez résistants pour n'être pas démolis par lui, et leur imprime souvent une forme particulière et caractéristique. En détruisant toutes les aspérités de ces rochers, il en nivèle la surface et les arrondit en amont, tandis qu'en aval ils conservent quelquefois leurs formes abruptes, inégales et raboteuses. On comprend, en effet, que l'effort du glacier porte principalement sur le côté tourné vers le cirque d'où il descend, de même que les piles d'un pont sont plus fortement endommagées en amont qu'en aval par les glaçons que le fleuve charrie pendant l'hiver. Vu de loin, un groupe de rochers ainsi arrondis rappelle l'aspect d'un troupeau de moutons ; de là le nom de *roches moutonnées* que de Saussure leur a donné, et qui leur est resté.

MORAINES ET BLOCS ERRATIQUES DES GLACIERS ACTUELS.

Il est un autre ordre de phénomènes qui joue un grand rôle dans l'histoire des glaciers actuels et de ceux qui couvraient autrefois la Suisse : je veux parler des fragments de roches de toute grosseur et de toute nature que le glacier transporte avec lui. Les Alpes, leur aspect nous le dit, sont d'immenses ruines. Tout conspire à leur destruction, tous les éléments semblent conjurés pour abaisser leurs cimes orgueilleuses. Les masses de neige qui pèsent sur elles pendant l'hiver, la pluie qui s'infiltre entre leurs couches pendant l'été, l'action subite des eaux torrentielles, celle plus lente, mais plus puissante encore, des affinités chimiques, dégradent, désagrègent et décomposent les roches les plus dures. Leurs débris tombent des sommets dans les cirques occupés par les glaciers, sous forme d'éboulements considérables accompagnés d'un bruit effrayant et de grands nuages de poussière. Même au cœur de l'été, j'ai vu ces avalanches de pierres se précipiter du haut des cimes du Schreckhorn, et former sur la neige immaculée une longue traînée noire composée de blocs énormes et d'un nombre immense de fragments plus petits. Au printemps, une fonte rapide des neiges de l'hiver engendre souvent des torrents accidentels d'une violence extrême. Si la fusion est lente, l'eau s'insinue dans les moindres fissures des rochers, s'y congèle et fend les masses les plus réfractaires. Ces blocs détachés des montagnes ont quelquefois des dimensions gigantesques : on en trouve dont la longueur atteint 20 mètres, et ceux qui mesurent 10 mètres dans tous les sens ne sont pas rares dans les Alpes.

Si le glacier était immobile, ces débris s'y entasseraient sans aucun ordre ; mais la progression amène, dans la distribution de ces matériaux, un certain arrangement et même une certaine régularité fort remarquables. Les blocs se disposent sur le glacier en longues traînées parallèles à ses rives, ou s'accumulent à l'extrémité, sous la forme de grandes digues transversales. Les unes et les autres ont été désignées sous le nom de *moraines*.

Voici quel est le mécanisme de la formation des moraines. Les débris des montagnes environnantes tombant sur les *bords* du glacier, ces débris participent à son mouvement et marchent avec lui ; mais, d'autres éboulements survenant pour ainsi dire chaque jour, ils se mettent à la suite des premiers, et tous réunis forment ces longs convois de matériaux qui longent les deux rives du glacier : ce sont les *moraines latérales*. Un glacier offre souvent plusieurs moraines latérales, parce que les éboulements tombent sur des points inégalement distants du milieu, et dont la vitesse est par conséquent différente. La plupart des touristes qui ont visité les grands glaciers de la Suisse connaissent ces moraines latérales, et plus d'un se rappelle encore douloureusement les fatigues qu'il a endurées pour franchir ces accumulations de blocs entassés les uns sur les autres. On dirait un rempart élevé par des géants pour défendre l'accès de ces champs de neiges éternelles où la nature a caché le secret des dernières transformations de notre globe. Après avoir franchi la moraine latérale, le voyageur découvre presque toujours une traînée plus considérable encore, disposée longitudinalement vers le milieu du glacier, et qu'on nomme *moraine médiane*. Elle résulte de la jonction de deux glaciers d'une puissance à peu près égale. A l'extrémité de l'éperon qui les sépare, la moraine latérale gauche de l'un s'adosse à la moraine latérale droite de l'autre. Ces deux moraines latérales se confondent bientôt en une seule, et forment la moraine médiane du nouveau glacier, composé lui-même des deux affluents réunis. Ainsi, à la jonction de l'Arve et du Rhône, on voit les eaux troubles du torrent se mêler au milieu du confluent avec les ondes transparentes du fleuve épuré par son passage à travers le Léman. La moraine médiane participe au mouvement de la partie moyenne du glacier; après un trajet plus ou moins long, chaque bloc atteint à son tour l'escarpement terminal, roule le long de son talus et s'arrête au pied de ce rempart de glace. Sur le glacier de l'Aar, dont la longueur est de 8 kilomètres, un bloc met cent trente-trois ans à parcourir l'espace compris entre le promontoire de l'Abschwung, qui sépare les deux affluents principaux, et l'extrémité inférieure. L'accumulation de ces blocs forme une digue concentrique à cette extrémité : c'est la *moraine terminale* ou *frontale*, qui diffère de toutes celles dont nous avons parlé, en ce qu'elle ne repose pas sur le glacier, mais au devant de lui, sur le fond de la vallée.

Nous connaissons maintenant trois genres de moraines : les unes *superficielles*, étendues à la surface du glacier, qui se divisent en moraines *latérales* et moraines *médianes*, suivant qu'elles sont sur ses côtés ou au milieu; et la moraine *terminale*, due à l'accumulation des blocs qui tombent de l'escarpement terminal du glacier et reposent sur le sol. Il existe encore un

autre genre de moraine, c'est la couche de sable et de cailloux
interposée entre la surface inférieure du glacier et le roc sous-
jacent. Je la désignerai sous le nom de moraine *profonde,* pour
la distinguer des moraines superficielles et terminales.

CAILLOUX RAYÉS PAR LES GLACIERS ACTUELS.

Transportés lentement à la surface du glacier, tous les blocs
des moraines superficielles et terminales conservent leurs formes originelles. Les arêtes de ces blocs sont vives, les angles
aigus, comme au moment où ils sont tombés sur la glace. Ils ne
présentent pas ces traces d'usure et de frottement qu'on observe
sur les pierres roulées et arrondies par l'action des eaux. On
peut en détacher de jolis groupes de cristaux aussi intacts que
dans leur gîte primitif; car, sauf la première chute qui les a
précipitées sur le glacier, ces masses n'ont été soumises depuis
à aucune violence. Les agents atmosphériques peuvent seuls les
démolir ou les dégrader; aussi les blocs composés de roches
dures et résistantes conservent-ils souvent les dimensions colossales dont nous avons parlé.

Il n'en est pas de même des fragments qui ne font point partie
des moraines superficielles. Les parois latérales du glacier ne
sont point en contact immédiat avec les flancs de la vallée, il
existe presque toujours un petit intervalle entre eux. Nombre
de blocs et de débris s'engagent entre ce mur de glace et les
rochers qu'il polit. Quelques-uns restent suspendus dans cet
intervalle; d'autres gagnent peu à peu la surface inférieure du
glacier et forment la moraine *profonde.* A ces blocs viennent
s'ajouter une partie de ceux qui tombent dans les nombreuses
crevasses et les puits (1) si redoutés des voyageurs novices. Tous

(1) Un de ces puits, mesuré par MM. Dollfus, Otz et moi, sur le glacier de
l'Aar, avait 58 mètres de profondeur. Sur le glacier du Finsteraar, M. Desor
en a sondé un autre, et n'a trouvé le fond qu'à 232 mètres au-dessous de la
surface.

ces débris enclavés entre la roche et le glacier, pressés, broyés,
triturés par ce laminoir sans cesse en action, ne conservent pas
les dimensions qu'ils avaient en se détachant des montagnes. La
plupart se réduisent en un limon impalpable qui, mêlé à l'eau
qui découle du glacier, forme la couche de boue sur laquelle
il repose. Les autres portent les traces indélébiles de la pression à laquelle ils ont été soumis. Tous leurs angles s'émoussent,
toutes leurs arêtes s'effacent, et ils prennent la forme de cailloux
arrondis, ou présentent des facettes inégales résultant d'un frottement prolongé. Si la roche est tendre comme sont les calcaires,
alors non-seulement le caillou est arrondi, mais il offre une
foule de stries entrecroisées dans tous les sens. Ces cailloux
rayés ou frottés ont une grande importance pour l'étude de
l'ancienne extension des glaciers ; ce sont des médailles frustes
dont la présence accuse, d'une manière presque certaine, l'existence antérieure d'un glacier disparu. En effet, le glacier seul a
le pouvoir de façonner, d'user et de strier ainsi ces cailloux.
L'eau les polit et les arrondit, mais elle ne les strie pas. Il y
a plus, elle efface les stries burinées par les glaciers. On peut
vérifier ce fait au pied de ceux de la vallée de Grindelwald.
A 300 mètres de l'escarpement terminal, les eaux des torrents
qui en sortent ne roulent plus que des cailloux arrondis, mais
lisses et complétement dépourvus de stries. Je m'en suis assuré
de la manière la plus positive. De son côté, M. Édouard Collomb
a résolu la question d'une manière expérimentale. Il a choisi
des cailloux rayés par les glaciers et les a placés avec du sable et
de l'eau dans un cylindre horizontal, auquel on imprimait un
mouvement de quinze tours par minute seulement. Au bout de
vingt heures, toutes les stries avaient disparu. Aussi en cher-
cherait-on vainement la trace sur les cailloux roulés par les
torrents, ou sur les galets que le flux et le reflux de la mer
brassent continuellement en les poussant sur la grève, pour
les ramener ensuite vers le large.

Grâce à ces détails, nous l'espérons du moins, les preuves que nous invoquerons pour démontrer l'ancienne extension des glaciers actuels deviendront suffisamment intelligibles. Nous avons omis à dessein tout ce qui n'était pas d'une application directe à l'étude de ce grand phénomène. La méthode que nous suivrons pour prouver cette ancienne extension est à la fois la plus simple et la plus sûre que l'on puisse adopter en géologie. Nous allons parcourir les pays qui environnent les Alpes, et chercher s'ils nous offrent des traces indubitables de l'action des glaciers. Si partout nous trouvons ces traces aussi nombreuses, aussi évidentes que dans le voisinage des glaciers actuels, nous serons inévitablement conduit à admettre que jadis ils descendaient dans la plaine et remplissaient l'intervalle qui sépare les Alpes du Jura. L'ancienne extension des glaciers sera démontrée sans que nous puissions encore nous rendre compte des perturbations météorologiques qui l'ont déterminée, car, dans une étude qui date de vingt-cinq ans, on ne saurait se flatter d'avoir réuni un assez grand nombre de faits pour pouvoir s'élever à la cause générale qui a produit le phénomène. Il est permis d'affirmer seulement que ce développement prodigieux des glaciers serait impossible dans les conditions climatiques actuelles, et qu'il suppose nécessairement un changement notable dans la température, et par conséquent une constitution atmosphérique différente de celle qui règne en Europe depuis les temps historiques.

DE L'ANCIENNE EXTENSION DES GLACIERS DU MONT-BLANC DE CHAMOUNIX JUSQU'A GENÈVE.

Avant de donner une idée de l'étendue des anciens glaciers, j'ai pensé qu'il y aurait avantage à suivre l'un de ces glaciers dans toute sa longueur, depuis son origine jusqu'à sa moraine terminale. Dans ce voyage, nous rencontrerons partout les

traces qu'il a laissées sur son passage, et nous constaterons facilement l'identité de ces traces avec celles qu'on retrouve dans
le voisinage des glaciers actuels. Je choisis pour exemple les
glaciers du Mont-Blanc, qui jadis remplissaient toute la vallée
de l'Arve et s'étendaient depuis Chamounix jusqu'à Genève.

Transportons-nous au Montanvert, à 850 mètres au-dessus
du village de Chamounix. La Mer de glace est à nos pieds; elle
descend des vastes cirques du Jardin et de l'aiguille du Géant.
Sans être de hardis montagnards, nous pouvons franchir les
Ponts, traverser la moraine latérale gauche, et nous avancer
jusqu'au promontoire de l'Angle. Toute la surface de ce promontoire est arrondie, polie et striée au-dessus comme au-dessous
de la surface du glacier. On peut s'en assurer en plongeant le
regard entre la glace et la paroi de granite. Poussons cet
examen plus loin, et nous verrons que les roches sont polies
et striées jusqu'à une grande hauteur, et que les traces de
l'action du glacier ne s'arrêtent qu'au pied des hautes aiguilles
qui le dominent. Or, les stries que la glace a burinées sous nos
yeux étant identiques avec celles qui sont à 300 mètres au-dessus
de notre tête, nous sommes en droit d'en conclure que l'épaisseur du glacier ou sa *puissance,* pour parler la langue des géologues, était jadis plus grande qu'elle ne l'est aujourd'hui; mais,
si sa puissance était plus grande, sa longueur l'était aussi, car
il existe une relation nécessaire entre les trois dimensions d'un
glacier. Ainsi donc la moraine terminale, au lieu d'être au
hameau des Bois, à 3 kilomètres en amont de Chamounix,
se trouvait alors beaucoup plus loin. On voit que, sans quitter
la surface du glacier actuel, on peut acquérir déjà la certitude
que son étendue était autrefois plus considérable que de nos
jours. Les autres preuves ne nous manqueront pas.

Au lieu de s'arrêter, comme le glacier, au pied de la montagne du Chapeau, la moraine latérale droite se prolonge sous
la forme d'une digue immense qui barre la vallée de Chamounix

et porte le hameau de Lavangi. L'Arve s'est frayé un étroit passage entre cette digue et le revers septentrional de la vallée.
Pour tracer la route, on a été obligé d'entamer cette levée naturelle, et ce travail a permis de s'assurer qu'elle se compose
de sable, de cailloux et de gros blocs anguleux entassés confusément les uns sur les autres comme dans les moraines actuelles.
L'un de ces blocs, placé sur la crête, est connu sous le nom de
pierre de Lisboli. Cette digue est l'ancienne moraine latérale de
la Mer de glace; mais la forêt qui la recouvre prouve que depuis
longtemps la surface du glacier s'est abaissée au niveau où nous
la voyons actuellement. Déjà de Saussure (1) avait reconnu
l'existence de cette ancienne moraine, qui se révèle avec une
évidence que ne sauraient nier les esprits les plus prévenus.
Elle s'étend en remontant la vallée jusqu'au hameau des Iles,
à 2 kilomètres du village d'Argentière. L'Arve, barrée dans son
cours par la moraine de Lavangi, formait jadis un lac dont les
niveaux successifs sont encore indiqués par des terrasses horizontales qui bordent le cours du torrent.

Du haut de cette moraine latérale, un observateur attentif
peut reconnaître dans la vallée l'ancienne moraine terminale de
la Mer de glace à l'époque de sa moindre extension. La forme
de cette moraine est caractéristique : c'est celle d'un arc dont
la concavité est tournée vers le haut de la vallée. Le village de
Chamounix est bâti en partie sur cette moraine et aux dépens
des blocs erratiques qui la composent. Le petit monticule situé
sur la rive gauche de l'Arve, en face de l'hôtel de l'Union, en
est un des points les plus saillants. En 1845, j'ai pu étudier la
structure intérieure de ce monticule pendant que l'on creusait
les fondements du nouvel hôtel qui s'élève en face de celui que
je viens de nommer, et j'ai trouvé qu'elle était identique avec
celle des moraines actuelles.

Mais, dira-t-on, où est la preuve que les blocs erratiques de

(1) *Voyages dans les Alpes*, § 623.

la moraine de Chamounix y ont été déposés par la Mer de glace ? N'est-il pas plus naturel de supposer qu'ils sont descendus du Brévent, dont les éboulements continuels menacent sans cesse le village et forment le grand delta incliné dont il occupe l'angle oriental? La réponse est facile. Le Brévent est une montagne de gneiss, et la presque totalité des blocs de la moraine sont de la protogine, espèce de granite caractéristique qui constitue la masse du Mont-Blanc et celle des aiguilles environnantes.

Continuez à descendre le long de la vallée. Après avoir traversé l'Arve sur un pont de bois, vous arrivez au hameau de Montcuar, qui est entouré de toutes parts d'énormes blocs de protogine. Le terrain, au lieu d'être uni, devient inégal, et la route passe sur plusieurs digues peu élevées. Vous êtes sur une nouvelle moraine terminale correspondant à une plus grande extension de la Mer de glace et du glacier des Bossons réunis : c'est celle de Montcuar, dont la largeur, mesurée sur les bords de l'Arve, est de 400 mètres environ. Cette moraine se termine un peu au delà du torrent qui vient du glacier de Taconnay. Les blocs qui la composent sont réellement gigantesques. Tous les étrangers remarquent ceux qui se trouvent dans le petit bois d'aunes qui longe le torrent. Un de ces blocs, appelé *Pierre-Belle*, n'a pas moins de 24 mètres 7 décimètres de long sur 9 mètres de large, et au moins 12 mètres de haut. Ce n'est pas une pierre, c'est une véritable colline qui s'élève au-dessus de tous les arbres qui l'entourent. S'il conservait quelques doutes sur la nature de l'agent qui a transporté ces blocs, l'observateur qui ne craindrait pas les chemins difficiles n'aurait qu'à s'élever sur les escarpements qui dominent la rive droite de l'Arve. Sur le rude sentier qui mène au hameau de Merlet, il trouverait, entre 336 et 350 mètres au-dessus de la vallée, des roches moutonnées, c'est-à-dire arrondies et polies comme celles que l'on rencontre sous les glaciers actuels.

Après avoir traversé la moraine de Montcuar, le voyageur

marche sur un terrain formé de cailloux roulés, amenés par les torrents, dont il reconnaît encore les lits desséchés ; mais, s'il jette les yeux sur la rive droite de l'Arve, il aperçoit de loin des blocs erratiques et de grandes surfaces polies presque verticales. Il se trouve alors près du village des Ouches, le dernier de la vallée de Chamounix. C'est là que le glacier a laissé les traces les plus variées et les plus évidentes de son passage. Les pressions énormes qu'il a dû exercer pour forcer l'entrée de la gorge étroite des Montées, le changement de direction de la vallée, tout contribuait à produire ces phénomènes de frottement et d'usure que nous observons au pied des promontoires ou près des rétrécissements qui resserrent le lit des glaciers actuels.

En face du village des Ouches, sur la rive droite de l'Arve, s'élèvent trois monticules d'une forme caractéristique : ils sont arrondis en amont et escarpés en aval. On reconnaît aisément que la force qui a usé les couches inclinées de stéaschiste argileux dont ils se composent venait du haut de la vallée, et a épargné la face tournée vers le bas; de là cette croupe arrondie en amont, qui se termine brusquement par un escarpement tourné en sens opposé. Examinons ces collines de plus près. Partout, sur le sommet et sur les flancs, nous trouverons ces cannelures rectilignes, ces stries fines dirigées dans le sens de la vallée que les glaciers seuls peuvent tracer, et, pour achever la démonstration, de nombreux blocs de protogine, souvent énormes, aux angles aigus, aux arêtes tranchantes, reposent sur ces surfaces polies et striées. Jusqu'à la hauteur de 593 mètres, toute la montagne de Coupeau, au-dessus de la rive droite de l'Arve, est couverte de roches moutonnées qui disparaissent, pour ainsi dire, sous d'innombrables blocs erratiques. Les stries qui sillonnent ces roches ne sont pas horizontales; elles ne sauraient l'être, car cette montagne formait un promontoire saillant dans la vallée, et le glacier s'est redressé contre l'obstacle qui s'opposait à sa marche ; il a buriné des stries ascen-

dantes qui se relèvent d'amont en aval, comme celles que nous
avons signalées sur le glacier de l'Aar, au pied du promontoire
qui porte le pavillon de M. Agassiz.

Ainsi les traces les plus probantes qu'un glacier puisse laisser de son passage à l'entrée d'un défilé, collines arrondies en
amont, escarpées en aval, roches moutonnées avec cannelures
et stries rectilignes, horizontales au fond de la vallée, ascendantes sur le promontoire qui la rétrécit, moraine latérale composée de blocs anguleux suspendus aux flancs des montagnes,
se trouvent réunies à l'entrée de la gorge des Montées.

Il existe encore quelques savants qui attribuent tous ces
phénomènes à l'action de grands courants aqueux. Ils pensent
que ces torrents diluviens ont eu le pouvoir de transporter les
blocs erratiques sans en émousser les angles, sans en effacer les
arêtes. Ils attribuent au passage rapide de ces blocs les formes
arrondies des roches moutonnées et les stries dont elles sont couvertes; ils ne reculent pas devant la nécessité d'admettre des
courants de 400 à 500 mètres de profondeur, coulant pendant
de longues périodes de temps, ce qui suppose des masses d'eau
réellement incalculables et dont l'origine ne saurait s'expliquer.
Cependant la foi robuste du diluvialiste le plus obstiné serait,
je crois, ébranlée en comparant les traces de l'ancien glacier
qui débouchait par la vallée de Chamounix à l'action séculaire
de l'Arve, dont les eaux torrentielles se sont creusé un lit dans
le même terrain que le glacier a modelé. D'un côté, des roches
moutonnées, sillonnées de cannelures rayées à l'intérieur; des
surfaces polies avec des stries fines toujours rectilignes, souvent
ascendantes; des blocs erratiques énormes aux angles vifs, aux
arêtes tranchantes, déposés sur les flancs des montagnes, voilà
l'œuvre du glacier. De l'autre, des érosions; des canaux sinueux,
ramifiés, à parois lisses et unies, toujours dirigés dans le sens de
la pente; des cavités cylindriques appelées *marmites de géants*;
des blocs de grosseur médiocre, roulés, arrondis, aux arêtes et

aux angles émoussés, déposés au fond de la vallée, voilà les effets d'un torrent. On peut les étudier dans le lit de l'Arve à côté des traces du glacier. Dans le premier cas, c'est un corps solide qui nivelle et burine la roche ; dans le second, c'est un liquide qui l'attaque incessamment, la creuse, la polit, mais sans la rayer.

En partant du village des Ouches, le voyageur traverse une petite plaine, puis il s'engage dans la gorge des Montées, qui unit la vallée de Chamounix à celle de Servoz. A droite, l'Arve gronde au fond d'un précipice ; à gauche, un espace bas et marécageux s'étend jusqu'au pied du Prarion. Tous les escarpements de la gorge des Montées, tous les rochers qui surgissent dans la vallée, sont moutonnés, semés de gros blocs erratiques et sillonnés de stries rectilignes dont la longueur est souvent de plusieurs mètres. Sans s'écarter du grand chemin, on peut voir une de ces collines sur la rive gauche de l'Arve, après avoir passé le pont Pélissier : c'est celle qui porte les ruines pittoresques de la tour de Saint-Michel. Partout autour de ces collines on trouve des blocs de protogine recouvrant des roches polies et striées. Souvent ces blocs sont comme suspendus sur les flancs de la colline, dans des positions telles, qu'on est invinciblement amené à cette conclusion, qu'ils ont été transportés par un agent qui les a déposés doucement et sans secousse à la place où ils sont restés en équilibre, tandis qu'un torrent impétueux les eût entraînés et précipités dans le fond de la vallée.

Quelle était la puissance du glacier au moment où il franchissait le défilé des Montées ? Pour résoudre cette question intéressante, je me suis élevé sur les deux rives de l'Arve. A droite, au-dessus des rochers dont les parois escarpées plongent dans le torrent, j'ai trouvé des roches polies et des blocs erratiques jusqu'à la hauteur de 758 mètres au-dessus du pont Pélissier. A gauche, non loin du col de la Forclaz, les blocs s'élevaient à la hauteur de 683 mètres. Ces deux points, situés vis-à-vis l'un de

l'autre, sont séparés par une distance horizontale de 4 kilomètres au moins. Le glacier avait donc une lieue de large dans ce
point, et sa puissance moyenne était de 720 mètres (2215 pieds)
au moins ; car, dans ce genre de mesures, on n'a jamais la certitude d'avoir suspendu le baromètre précisément au-dessus de
la dernière roche polie ou auprès du dernier bloc erratique (1).

Au delà du village de Servoz, les traces du glacier de l'Arve
(c'est le nom sous lequel nous le désignerons désormais) disparaissent pendant quelque temps. On passe en effet sur d'effroya-
bles éboulements qui ont enseveli les roches moutonnées et les
blocs de la moraine sous une couche épaisse de décombres. Un
de ces éboulements, celui de 1751, fut accompagné d'un bruit si
formidable et d'un nuage de poussière tellement noir, que les
autorités de la ville voisine envoyèrent un courrier à Turin
pour annoncer qu'un volcan s'était ouvert dans les Alpes.

Sur la rive gauche de l'Arve, les traces de l'ancien glacier
n'ont point été masquées comme sur la rive droite. Si l'on suit
le chemin qui mène du village de Chède aux bains de Saint-
Gervais, on retrouve les blocs de protogine aux bords du torrent, à la sortie de la gorge étroite d'où il s'échappe pour entrer dans la vallée de Sallenches. Un de ces blocs est surmonté
d'un pigeonnier qui le signale de loin à l'attention des voyageurs.

Les bains de Saint-Gervais sont situés à l'extrémité de la
vallée de Montjoie, qui côtoie le flanc occidental du Mont-Blanc
et vient couper celle de l'Arve sous un angle presque droit. Le
torrent du Bonnant, qui forme derrière les bains une cascade
célèbre parmi les touristes, coule dans le fond de la vallée. Si la
théorie de l'ancienne extension des glaciers n'est point une
vaine hypothèse, la vallée de Montjoie devait, comme celle de
Chamounix, donner issue à un glacier, et à son point de ren-

(1) Cette épaisseur n'a rien de surprenant, si l'on réfléchit que celle du glacier actuel de l'Aar, près de l'Abschwung, est de 400 mètres au moins.

contre avec celui de l'Arve nous devons retrouver les traces des
phénomènes qui se passent sur les glaciers actuels à la jonction
de deux affluents. Si ces affluents sont d'égale force, ils se réunissent et marchent parallèlement l'un à côté de l'autre ; mais,
s'ils sont de grandeur inégale, le plus petit est refoulé par le
plus grand, et forme seulement une espèce de coin qui pénètre
plus ou moins dans le glacier principal. La réunion des glaciers
du Lauteraar et du Finsteraar est un exemple d'un confluent
du premier genre ; les petits glaciers du Thierberg, de Silberberg, du Grünberg, qui viennent se jeter dans celui de l'Aar,
nous montrent ce qui se passe dans le second cas. Comparé à
celui de l'Arve, le glacier du Bonnant n'était qu'un faible affluent : toutefois il a déposé ses blocs à l'entrée du val Mont-
joie, où, sur un espace de quelques kilomètres, ils couvrent
seuls les flancs de la montagne entre Saint-Gervais et Combloux ; mais en même temps le glacier du Bonnant, refoulant
vers le milieu de la vallée la moraine latérale du glacier de
l'Arve, a forcé les blocs de protogine de s'éloigner du bord.
Aussi, quand le glacier de l'Arve a fondu, ces blocs, au lieu de
rester suspendus aux flancs de la vallée de Sallenches, se sont
déposés au fond, et nous les trouvons aujourd'hui gisants autour de la gorge occupée par les bains de Saint-Gervais. Nous
voyons même devant l'établissement thermal des couches inclinées de cailloux roulés, mélangées de blocs anguleux, preuves
certaines de l'ancienne existence d'un petit lac glaciaire semblable à celui du Tacul, qui se trouve dans l'angle formé par la
jonction des glaciers du Géant et de Léchaud, affluents principaux de la Mer de glace de Chamounix.

Au bout de quelques kilomètres, les blocs erratiques déposés
par le glacier du Bonnant sont remplacés par ceux de la moraine
latérale du glacier de l'Arve, qui reparaît sur les flancs de la
montagne et règne sans interruption depuis le village de Combloux jusqu'à la petite ville de Sallenches. C'est au savant

évêque d'Annecy, à Mgr Rendu, qu'on doit la découverte de
cette moraine. Il avait remarqué avec surprise que la continuité des champs cultivés qui, du fond de la vallée, s'élèvent
jusqu'à une grande hauteur, était interrompue par une zone de
forêts. En entrant dans l'ombre des noirs sapins, il reconnut
immédiatement la cause de cette singularité. Dans cette zone,
le sol disparaît sous une accumulation de blocs erratiques entassés les uns sur les autres et s'élevant jusqu'à la hauteur des
arbres. Partout on voit des masses de protogine mesurant 10 à
20 mètres dans tous les sens. Les arêtes de ces masses sont
aussi vives, les angles aussi aigus qu'au moment où elles se
sont détachées des cimes du Mont-Blanc. Non-seulement les
arbres ont poussé entre les blocs, mais ils ont envahi les blocs
mêmes, et souvent un beau bouquet de sapins et de bouleaux
végète, comme une forêt suspendue, sur un socle de granite.
Le voyageur a autant de peine à se frayer un passage dans ce
dédale que s'il était égaré dans les moraines de la Mer de glace à
Chamounix. Partout où les ruisseaux ont raviné le sol, il aperçoit
ce mélange de sable, de cailloux et de blocs anguleux entassés
pêle-mêle, qui caractérise les dépôts formés par les glaciers. Ce
n'est qu'à la profondeur de plusieurs mètres qu'il trouve les
couches schisteuses de la montagne. Les blocs les plus gigantesques de la moraine de Combloux se trouvent à la lisière du
bois, au-dessous du village de ce nom; un autre, situé près
du hameau des Caches, à une petite distance de Sallenches,
est célèbre dans le pays sous le nom de *pierre à Mabert.*

La grande accumulation de blocs qui fait de la moraine de
Combloux une des plus remarquables dans les Alpes s'explique
aisément, si l'on considère que dans ce point le contre-fort de
la vallée est précisément en face de la gorge de Servoz, par où
le glacier de l'Arve débouchait dans la plaine de Sallenches.
Cette moraine était donc à la fois latérale et frontale, comme
celle du glacier actuel du Lauteraar, près du Bärenritz. L'ima-

gination ose à peine supputer l'espace de temps pendant lequel
le glacier y a déposé les blocs arrachés aux aiguilles qui environnent
le Mont-Blanc. Quelques-uns ont pénétré, avec ceux du
glacier du Bonnant, dans la haute vallée de Mégève, qui s'ouvre
entre Saint-Gervais et Combloux ; mais ils n'ont guère dépassé
le point de partage des eaux de l'Arve et de l'Isère. La vallée
de Mégève ne se terminant point par un cirque couronné de
hautes montagnes, on comprend qu'elle n'ait pas donné naissance
à un glacier comme le val Montjoie ; mais, comme elle
s'ouvre d'un côté dans la vallée de l'Arve, de l'autre dans celle
de l'Isère, il est probable que deux rameaux des glaciers de
même nom se rencontraient à l'endroit où se trouve actuellement
le bourg de Mégève, car au delà, sur le versant de l'Isère,
on ne trouve plus ces blocs de protogine qui caractérisent les
glaciers du Mont-Blanc.

En continuant à descendre le cours de l'Arve, on entre dans
la vallée de Maglan, et l'on peut s'assurer que la moraine de
Combloux ne s'arrête pas à Sallenches. D'innombrables blocs
de protogine couvrent toutes les pentes qui dominent la rive
gauche de la rivière. Au défilé de Cluses, plusieurs d'entre ces
blocs sont visibles de la grande route, et je les ai poursuivis
jusqu'à la hauteur de 286 mètres, qui n'est certainement pas la
limite extrême de la moraine. Les blocs erratiques manquent
totalement sur la rive droite, dans toute la vallée de Maglan.
D'où vient cette différence ? Pourquoi trouvons-nous des milliers
de blocs de protogine sur la rive gauche de l'Arve et pas un
seul sur la rive droite ? Depuis Servoz jusqu'à Saint-Martin,
en face de Sallenches, on pourrait croire que les blocs sont enfouis
sous les éboulements de la montagne de Fis et de l'aiguille
de Varens ; mais au-dessus de la gracieuse cascade du
Nant d'Arpenaz et du village de Maglan, la montagne offre des
gradins découverts. Mᵍʳ Rendu a déjà résolu cette difficulté : il
fait observer qu'à la hauteur de Servoz, un puissant glacier

venant du Buet devait déboucher dans celui de l'Arve par le
col d'Anterne. Cet affluent considérable, marchant parallèlement au glacier de l'Arve, dont il formait le flanc droit, ne
charriait point des blocs de protogine; sa moraine était calcaire comme les montagnes qui le dominent. Or, les contre-
forts de la vallée de Maglan étant de même nature, cette moraine se confond avec les rochers d'éboulement. Rien n'est en
effet plus difficile que de distinguer les blocs erratiques lorsqu'ils ont le même aspect et la même composition minéralogique que la roche sur laquelle ils reposent. D'un autre côté,
ces fragments de calcaire, de schiste, de grès, n'ont point résisté, comme la protogine, à l'influence séculaire des agents
atmosphériques, et ont été détruits en grande partie.

On voit que la théorie de l'ancienne extension des glaciers
explique très-bien la séparation des blocs de protogine et de la
moraine calcaire. La supposition d'un courant diluvien est im-
puissante à résoudre cette difficulté. En effet, comment com-
prendrait-on qu'un torrent impétueux qui aurait entraîné pêle-
mêle les fragments calcaires et les blocs de granite aurait déposé les uns sur sa rive gauche, les autres sur sa rive droite,
sans jamais les mélanger entre eux? Cette supposition est inadmissible, et prouve l'insuffisance de l'hypothèse diluvienne.

La longue moraine latérale qui s'étend de Cluses à Bonneville forme une zone non interrompue tout le long du flanc
gauche de la vallée. Les derniers blocs de cette moraine sont
souvent à 640 mètres au-dessus de l'Arve, témoin ceux qu'on
remarque dans le voisinage de l'église du mont Saxonex, dont
la position élevée et l'aspect pittoresque attirent de loin les
yeux du voyageur. Toute la plaine comprise entre Bonneville
et la montagne de Salève est semée de nombreux blocs erratiques. Toutefois ces blocs manquent complétement sur une
bande longue de 17 kilomètres et d'une largeur variable qui
s'étend depuis l'entrée de la vallée du Bornand jusqu'à Nangy.

village situé sur la route de Bonneville à Genève. Cette longue
bande, connue sous le nom des *Rocailles*, est presque complétement inculte, et contraste par sa stérilité avec la végétation
vigoureuse de la plaine environnante. La petite ville de la
Roche, les villages de Saint-Laurent et de Cornier sont bâtis sur
les Rocailles, tandis que ceux de Pers, de Saint-Romain et de
Nangy sont placés sur les bords. En pénétrant au milieu de ces
rochers, dont plusieurs, élevés de 30 à 40 mètres, portent les
imposantes ruines des châteaux de la Roche, du Châtelet et les
tours de Saint-Laurent et de Bellecombe, le géologue se voit
transporté tout à coup dans un pays calcaire. La nature minéralogique des roches qui l'environnent, la boue blanche qui
couvre la route, tout le confirme dans cette idée. Le botaniste
reconnaît immédiatement les plantes propres aux montagnes
calcaires, le buis, le cyclamen, le dompte-venin ; mais ces apparences sont trompeuses : partout où les torrents ont entamé
le sol, on voit les bancs de mollasse sur lesquels reposent ces
masses calcaires. Les coquilles fossiles qu'elles contiennent
achèvent de démontrer que ces masses ne sont pas à leur place,
mais qu'elles ont été arrachées jadis aux parties élevées des
montagnes du Bornand, et transportées dans la plaine. On
acquiert enfin la conviction que les Rocailles sont une grande
moraine calcaire sortie de la vallée du Bornand à l'époque où
un glacier débouchait de cette vallée pour se réunir à celui de
l'Arve. Sur plusieurs points, on peut voir la moraine granitique
et la moraine calcaire se toucher sans se confondre, à l'entrée,
par exemple, de la ville de la Roche, du côté de Bonneville,
et auprès du pont de Bellecombe, au-dessous du village
de Nangy. A un kilomètre en amont de ce village, tous les
voyageurs remarquent deux rochers escarpés qui s'élèvent près
de la route. L'un supporte un pavillon, c'est le Château de
pierre ; l'autre, un bouquet de pins de l'effet le plus pittoresque. Ces deux rochers sont les derniers blocs de la moraine

calcaire du Bornand, poussés jadis par le glacier jusque sur la rive droite de l'Arve.

Au delà de Nangy, la plaine comprise entre le flanc méridional des Voirons et le revers oriental des monts Salèves est semée de blocs de protogine, qui se sont accumulés principalement sur le plateau des *Bornes*, situé derrière ces montagnes; mais c'est sur la face orientale des deux Salèves qu'il faut chercher la moraine terminale du glacier de l'Arve. Malgré une exploitation active qui dure depuis plusieurs années, la croupe arrondie de ces deux montagnes est partout recouverte de ces blocs. Un grand nombre d'entre eux ont pénétré dans la gorge de Monetier; d'autres sont restés suspendus au haut de l'escarpement qui regarde Genève, ou ont été précipités dans la plaine dont cette ville occupe le centre. Près du village de Mornex, situé sur le revers oriental du petit Salève, on trouve aussi des roches polies et des amas considérables de sable, de gravier et de cailloux rayés. Ainsi toutes les preuves de l'ancienne existence d'un glacier sont réunies sur le versant oriental des Salèves, aussi visibles, aussi incontestables que dans la vallée de Chamounix, berceau du glacier gigantesque dont nous avons suivi les traces. Pour lui, les Salèves n'étaient point une barrière infranchissable; il les a dépassés en contournant leurs extrémités, pour jeter ses derniers blocs sur le mont de Sion, renflement mollassique situé au sud de Genève et point de partage des eaux qui se rendent dans le lac Léman ou dans celui d'Annecy. Les blocs de protogine occupent les parties les plus élevées du mont de Sion, et le dernier groupe couronne le sommet d'une colline qui s'élève au-dessous du village de Vers, près de la route de Genève à Chambéry.

Sur les deux versants du mont de Sion, le géologue trouve des blocs erratiques de nature très-variée, et, en se rappelant les montagnes où ces roches forment des massifs considérables, il acquiert la conviction qu'il se trouve au point de rencontre

de trois grands glaciers antédiluviens : celui du Rhône, qui
remplissait tout le bassin du Léman ; celui de l'Isère, qui débouchait par les lacs d'Annecy et du Bourget, et celui de l'Arve,
qui, s'intercalant entre eux comme un coin aigu, venait se
terminer près du village de Vers. L'humble mont de Sion
était, comme le dit M. Arnold Guyot, à qui on doit cette belle
découverte, le point où venaient converger ces puissants glaciers qui ont si profondément modifié la surface de la plaine
comprise entre les Alpes et le Jura. Nous ne les suivrons pas tous
dans leur parcours, car tous nous présenteraient des particularités analogues à celles du glacier de l'Arve. Traçons seulement
à grands traits les limites de l'ancienne extension de ces glaciers.

Le glacier du Rhône prenait naissance dans toutes les vallées
latérales qui découpent les deux chaînes parallèles du Valais,
et où se trouvent les montagnes les plus élevées de la Suisse,
le Mont-Rose, le mont Cervin, la Jungfrau, le Velan, etc. Ce
glacier remplissait le Valais et s'étendait dans la plaine comprise
entre les Alpes et le Jura, depuis le fort l'Écluse, près de la
perte du Rhône, jusque dans les environs d'Aarau. C'était le
glacier principal de la Suisse ; c'est lui qui a charrié ces blocs
innombrables qui couvrent le Jura jusqu'à la hauteur de 1040
mètres au-dessus de la mer. Les autres glaciers n'étaient que de
faibles affluents du glacier du Rhône incapables de le faire dé-
vier de sa direction. Ainsi, lorsque le glacier de l'Arve le rencontre sur la crête des Salèves ou sur les flancs des Voirons, on
reconnaît, à la disposition des moraines, que le glacier du Rhône
continue sa marche, tandis que celui de l'Arve s'arrête brusquement. De même un fleuve rapide refoule le faible ruisseau qui
lui apporte le tribut de son onde.

Les autres glaciers secondaires occupaient les principales
vallées de la Suisse. Tels étaient le glacier de l'Aar, dont les dernières moraines couronnent les collines des environs de Berne;
celui de la Reuss, qui a couvert les bords du lac des Quatre-Can-

tons de blocs arrachés aux cimes du Saint-Gothard. Celui de la
Linth s'arrêtait à l'extrémité du lac de Zurich, et la ville est
bâtie sur sa moraine terminale. Enfin, celui du Rhin, moins étudié que les autres, occupait tout le bassin du lac de Constance,
et s'étendait jusque sur les parties limitrophes de l'Allemagne.

Ainsi donc, pendant la période de froid qui a suivi l'apparition de l'homme sur la terre, la Suisse était une vaste mer
de glace dont les racines s'enfonçaient dans les hautes vallées
des Alpes, tandis que l'escarpement terminal s'appuyait sur le
Jura. De même, sur le versant méridional de la chaîne, les glaciers descendaient dans les plaines du Piémont et de la Lombardie. Ceux du revers méridional du Mont-Blanc se réunissaient
pour former le glacier de la vallée d'Aoste. Sa moraine terminale s'élève comme une digue gigantesque aux environs de la
ville d'Yvrée : c'est la *Serra* du Piémont (1). La plupart des lacs
de la haute Italie doivent leur existence aux moraines frontales
de ces grands glaciers ; en barrant le cours des fleuves, elles
les ont forcés à s'étendre sous forme de nappes liquides. Parmi
les moraines les plus évidentes, je citerai les trois arcs concentriques qui circonscrivent l'extrémité du lac Majeur près de
Sesto-Calende ; celles du lac de Garde ne sont pas moins bien
caractérisées aux environs de Desenzano et de Peschiera. La
bataille de Solferino s'est livrée sur ces anciennes moraines ;
les Autrichiens en occupaient les pentes. L'homme a ensan-
glanté de ses fureurs ces collines fertiles composées de terrains de transport qui réunissent tous les éléments minéralogiques favorables aux cultures les plus diverses ; mais le sang
généreux de la France en a fait sortir un arbre plus précieux
que tous les fruits de la terre : c'est l'arbre de la liberté, dont
les puissants rameaux couvrent déjà l'Italie depuis les Alpes

_____

(1) Voyez, sur ce sujet, *Essai sur les terrains superficiels de la vallée du Pô
aux environs de Turin*, par Ch. Martins et B. Gastaldi (*Bulletin de la Société
géologique de France*, 2ᵉ série, 1850, t. VII, p. 250).

jusqu'à Viterbe, et depuis Terracine jusqu'à Syracuse. Un jour
sa large cime ne présentera plus de lacune, et Rome, souvenir
vénérable du moyen âge catholique et de l'antiquité païenne,
entrera comme Naples et Florence dans la grande communauté
des villes affranchies.

DU CLIMAT DE L'ÉPOQUE GLACIAIRE.

Lorsque l'imagination se représente tous les pays qui environnent les Alpes ensevelis sous la glace à la distance de plusieurs myriamètres, elle frémit, pour ainsi dire, à l'idée du froid
épouvantable que suppose ce développement prodigieux des
glaciers alpins. Il semble que les climats de la Sibérie n'offrent
rien d'assez rigoureux pour expliquer l'existence permanente de
ce manteau de glace étendu sur des contrées qui jouissent
maintenant d'un climat tempéré. Il est facile de montrer combien ces idées sont exagérées.

En effet, ce que nous avons dit sur la transformation de la
neige en glace par des fusions et des congélations répétées
doit faire comprendre qu'il ne saurait y avoir de glaciers avec
un climat d'une rigueur extrême, tel que celui du nord de
l'Asie. Le Spitzberg, qui réalise au plus haut degré la con-
ception d'un pays envahi par les glaciers, puisqu'ils descendent partout jusque dans la mer, a une température moyenne
de 8 degrés centigrades au-dessous de zéro; celle de l'été est de
2°,4 au-dessus. L'Islande, où les glaciers s'arrêtent au rivage de
la mer, mais ne le dépassent pas, comme ceux du Spitzberg,
présente dans ses différents points une température moyenne
comprise entre zéro et + 4°. Nous pouvons d'ailleurs, à l'aide
d'un calcul fort simple, nous former une idée du climat qui
a pu amener les glaciers du Mont-Blanc jusqu'aux bords du lac
de Genève. La température moyenne de cette ville est de 9°,16.
Sur les montagnes environnantes, la limite des neiges perpé-

tuelles se trouve, comme nous l'avons vu, à 2700 mètres au-
dessus de la mer. Les grands glaciers de la vallée de Chamounix
descendent à 1550 mètres au-dessous de cette ligne. Cela posé,
supposons que la température moyenne de Genève s'abaisse
de 4 degrés seulement, et devienne par conséquent 5°,16. Le
décroissement de la température avec la hauteur étant d'un
degré pour 188 mètres, la limite des neiges éternelles s'abais-
sera de 750 mètres, et ne sera plus qu'à 1950 mètres au-dessus
de la mer. On accordera sans difficulté que les glaciers de
Chamounix descendraient au-dessous de cette nouvelle limite
d'une quantité au moins égale à celle qui existe entre la limite
actuelle et leur extrémité inférieure. Or, actuellement, le pied
de ces glaciers est à 1150 mètres au-dessus de l'Océan ; avec
un climat plus froid de 4 degrés, il sera à 750 mètres plus bas,
c'est-à-dire au niveau de la plaine suisse. Ainsi donc l'abaissement de la ligne des neiges éternelles suffirait pour faire arriver
les glaciers de Chamounix jusqu'à Genève. Mais il ne faut pas
oublier qu'un glacier descend d'autant plus bas, que le cirque
d'où il provient est plus vaste ; or, des glaciers ayant pour bassin d'alimentation toutes les vallées et toutes les gorges élevées
au-dessus de 1950 mètres de hauteur descendront, par cela
seul, beaucoup plus bas qu'auparavant. Ainsi, l'action réunie
de ces deux causes, l'abaissement de la ligne des neiges éternelles et l'agrandissement des cirques, causes dont chacune,
prise isolément, suffirait pour expliquer l'ancienne extension
des glaciers, nous fait très-bien comprendre comment celui de
l'Arve a pu jadis s'avancer jusqu'aux environs de Genève. N'ou-
blions pas que cette extension a été l'œuvre d'une longue suite
de siècles dont le nombre nous est, pour ainsi dire, révélé par ces
millions de blocs que le glacier a lentement et successivement
charriés du pied du Mont-Blanc jusqu'aux bords du lac Léman.

Le climat qui a favorisé ce développement prodigieux des
glaciers n'a rien dont nous ne puissions nous faire une idée

fort exacte : c'est le climat d'Upsal, de Stockholm, de Christiania et de la partie septentrionale de l'Amérique dans l'État de New-York. Les géologues, qui n'hésitent pas à élever de 10 à 15 degrés les températures moyennes des zones froides ou tempérées, pour expliquer la présence dans le sein de la terre de fougères tropicales ou d'animaux des pays chauds, auraient mauvaise grâce, ce me semble, à s'effaroucher de cette altération de la température moyenne annuelle, parce que le changement proposé se fait dans un autre sens, et que le thermomètre descend au lieu de monter. Si l'on accorde que le climat d'une portion du globe a pu changer, il est aussi légitime de supposer qu'il s'est refroidi que d'admettre qu'il s'est réchauffé. Diminuer de 4 degrés la température moyenne d'une contrée pour expliquer une des plus grandes révolutions du globe, est, à coup sûr, une des hypothèses les moins hardies que la géologie se soit permises.

Discuter les causes qui ont produit cet abaissement de température, indiquer les changements géologiques ou météorologiques qui ont amené cette longue période de froid, me paraît une tentative tout à fait prématurée. Il faut, avant tout, dresser la carte de l'ancienne extension des glaciers ; or, c'est à peine si elle est ébauchée pour les Alpes, les Vosges et les montagnes de l'Écosse. D'anciennes moraines existent dans les Pyrénées, l'Altaï, le Caucase et l'Atlas ; mais personne n'a encore entrepris la topographie des glaciers qui les ont poussées devant eux. La Suède, la Norvége, le Danemark, la Finlande, le nord de l'Amérique, étaient couverts de grandes nappes de glace, dont la limite méridionale reste encore à déterminer. Que dire, par conséquent, de positif sur les causes d'un phénomène dont nous ignorons l'étendue ? N'imitons pas nos prédécesseurs, dont la brillante imagination appuyait les généralisations les plus hardies sur la base fragile de quelques faits isolés et incomplets. Toutes ces œuvres hâtives sont destinées à périr. La science

vient de nous révéler une époque nouvelle dans l'histoire de
notre planète ; un vaste champ s'ouvre devant les physiciens,
les astronomes et les naturalistes. Ne craignons pas de jeter un
regard investigateur dans les profondeurs de ce passé lointain,
dont la surface de la terre a conservé la trace, mais repous-
sons ces hypothèses qui devancent les faits, et que le fait le
plus minime en apparence renverse impitoyablement. Gar-
dons-nous toutefois de tomber dans l'excès opposé. A côté
de la période diluvienne nous voyons surgir la période glaciaire ; saluons l'apparition de cette dernière phase des révolutions du globe, car elle nous a été dévoilée par l'étude attentive de faits bien observés, et non par de vaines spéculations
de l'esprit. Ne renouvelons pas les querelles oiseuses des neptuniens et des vulcanistes, l'équitable postérité a jugé entre eux.
Ils avaient également tort comme partisans passionnés d'une
idée exclusive ; ils avaient également raison par les faits et les
observations qu'ils apportaient à l'appui de leurs théories absolues. Tous les géologues actuels sont à la fois vulcanistes et
neptuniens ; la science a fait la part de l'eau et celle du feu. Il en
sera de même des glaciers et des courants. Les uns et les autres
ont joué leur rôle dans le passé, comme ils le remplissent encore actuellement. Les phénomènes sont restés les mêmes ;
mais, au lieu de ces manifestations gigantesques, caractère des
époques géologiques antérieures à la nôtre, ils se renferment
dans les limites d'action qui leur sont imposées par l'équilibre
de la période de repos relatif que la présence de l'homme a
inaugurée sur la terre.

DEUX ASCENSIONS

SCIENTIFIQUES

AU MONT-BLANC.

Depuis quelques années la mode est aux ascensions : chaque
été, des touristes partent de tous les points de l'Europe, se
dirigeant vers les Alpes, et gravissent à l'envi les cimes les plus
inaccessibles. Bientôt tous ces sommets neigeux dont la blancheur virginale était un emblème cher aux poëtes, auront été
déflorés. Des clubs alpins se sont formés en Angleterre, en
Suisse, en Autriche, en Italie; leurs membres rivalisent de zèle
et d'audace; une noble émulation, un amour-propre légitime
les animent et les excitent. On compte le petit nombre de
sommets que leur pied n'a pas encore foulés. Nous louons
cette ardeur, nous applaudissons à ces succès. Où trouver en
effet un meilleur emploi de la force, de l'agilité et de l'énergie
qui caractérisent la jeunesse. Les exercices stéréotypés de la
gymnastique régulière, les petits incidents et les petits obstacles de la chasse dans les plaines bien connues qui entourent l'héritage paternel, ne sauraient suffire à des esprits
entreprenants servis par des corps sains et vigoureux. Les
Alpes sont une arène où ils peuvent déployer toutes leurs qualités physiques et morales. Des nuits passées dans les chalets,
et même sous une pierre, près de la limite des neiges éternelles; les difficultés réelles et les dangers sérieux des glaciers;
les obstacles imprévus de rochers verticaux barrant l'accès de
la cime désirée; le froid subit, les effets de la raréfaction
de l'air; des nuages enveloppant tout à coup la montagne dans

une brume épaisse; les orages, dont la foudre frappe si souvent
les sommets; l'obscurité surprenant le voyageur au milieu de
ces déserts de neige et de glace : voilà des aventures dignes
de la vigueur et des aspirations d'une jeunesse virile et bien
trempée. Quel plaisir de vaincre des obstacles et de braver des
périls où la vie est en définitive rarement en jeu, et quelle récompense après la victoire ! Du haut du sommet vaincu, on
voit le monde à ses pieds, l'œil se promène au loin sur les vallées et sur les montagnes. Un délicieux repos succède à une
fatigue momentanée ; un appétit inconnu dans la plaine assai-
sonne le modeste repas que le guide sert sur le gazon émaillé
de fleurs alpines; un air pur, une lumière éclatante, prêtent à
tous les objets une beauté inconnue dans l'atmosphère épaisse
des régions habitées; le bien-être du corps réagit sur l'état de
l'âme, qui se sent inondée de nobles désirs et de grandes pensées. Les intérêts mesquins et les vanités ridicules du monde
s'évanouissent dans leur petitesse; on s'étonne d'y avoir songé,
et l'on se promet de les ignorer désormais. Telles sont les jouissances vives et sans mélange que tout homme bien né éprouvera en présence du grand spectacle dont il est le centre. Des
satisfactions plus intimes encore sont réservées à celui qui gravit ce sommet avec la volonté d'étudier les lois du monde physique, les phénomènes de l'atmosphère, les productions de la
nature dans ces froides régions, ou d'analyser la structure de ces
montagnes qui semblent un chaos et sont en réalité l'expression
d'une règle encore inconnue. Ces ascensions sont des ascensions scientifiques, elles ont ajouté à la somme de nos connaissances ; les autres sont des ascensions pittoresques, satis-
faisantes pour celui qui les accomplit, mais en général inutiles :
car des sensations ne se communiquent guère; les impressions
sont personnelles, et tout se résout en une série d'exclamations
qui traduisent l'admiration, le contentement et le légitime
orgueil du touriste triomphant.

Je voudrais, dans ce récit, faire connaître au lecteur deux ascensions scientifiques au Mont-Blanc faites à cinquante-sept ans d'intervalle; en prouver l'utilité, montrer le profit que la science en a retiré, et faire pressentir celui qu'elle attend encore de semblables entreprises. Les sommets des Alpes sont les plus élevés de l'Europe, mais non de la terre. Des ascensions ont été faites dans les Andes et dans l'Himalaya, des savants éminents y ont séjourné à des hauteurs supérieures à celles du Mont-Blanc et y ont fait d'importantes observations; mais des souvenirs et des travaux personnels me ramènent aux Alpes, et je préfère me limiter pour parler pertinemment et en connaissance de cause de ce que j'ai vu et ressenti moi-même.

Jusqu'au milieu du siècle dernier, le massif central des Alpes n'existait que pour ses habitants; ceux de la plaine n'y pénétraient jamais. L'absence ou la difficulté des chemins, qui n'étaient que des sentiers, le manque d'hôtelleries, la crainte de l'imprévu, l'emportaient sur la curiosité. Située au pied du Mont-Blanc, appelé alors la *montagne maudite*, la vallée de Chamounix était inconnue aux populations des bords du lac Léman, quoique le prieuré ou couvent de bénédictins existât depuis 1090, et que les évêques de Genève le visitassent dès le milieu du xve siècle. L'un d'eux, François de Sales, y arriva le 30 juillet 1606, et y resta plusieurs jours. Néanmoins c'est un voyageur anglais célèbre par ses pérégrinations en Orient, Richard Pococke, accompagné de Windham, un de ses compatriotes, qui a réellement découvert la vallée de Chamounix en 1741, fait connaître ses beautés, et dissipé les craintes ridicules qu'inspirait la prétendue barbarie des habitants. Trop préoccupés cependant des récits absurdes et mensongers débités avec assurance pour les détourner de leur projet, Pococke et Windham s'entourèrent de précautions inutiles, n'entrèrent dans aucune maison, et campèrent assez loin du prieuré de Chamounix, près d'un bloc erratique qui se nomme encore la *pierre des Anglais*. La vallée de Chamounix a donc été découverte par un étranger, mais ce sont des Génevois, Bourrit, de Saussure, Pictet et Deluc, qui la firent réellement connaître. Ce qui est vrai des alentours du Mont-Blanc l'est encore plus de ceux du Mont-Rose et même des Alpes bernoises et valaisannes. On ne connaissait, à l'époque dont nous parlons, que les passages fréquentés qui conduisaient en Italie : le mont Cenis, le grand et le petit Saint-Bernard, le Monte Moro, le Simplon, le Saint-Gothard, le Splügen, le Bernhardin, le Septimer, ou bien les autres cols par lesquels les vallées longitudinales des Alpes communiquent entre elles, la Gemmi, le Grimsel, le Juliers, l'Albula, le Panix, etc. Les voyages du naturaliste Scheuchzer, les ouvrages descriptifs d'Altmann et de Grüner, révélèrent la Suisse à l'Europe au commencement du XVIIIe siècle; mais ce ne fut qu'à la fin de ce siècle que les travaux de de Saussure et de Bourrit la rendirent populaire. Depuis cette époque, le flot de voyageurs qui la visitent chaque année a sans cesse grossi. Actuellement la Suisse est un parc sillonné par des chemins de fer et des bateaux à vapeur; le voyageur pédestre a disparu de la plaine et ne se retrouve que dans la montagne. Les ascensions des touristes se sont multipliées, celles des savants sont toujours rares; commençons par la plus célèbre de toutes, l'ascension de de Saussure en 1787.

ASCENSION DE DE SAUSSURE.

Né à Genève en 1740, Horace Bénédict de Saussure commença ses voyages dans les Alpes à l'âge de vingt ans. La météorologie, la topographie, la géologie, la botanique, l'aspect pittoresque et les mœurs des habitants avaient tour à tour fixé son attention. Pour achever son œuvre, il voulut monter sur le Mont-Blanc et embrasser de cet observatoire élevé l'immense région montagneuse qu'il avait parcourue. Cette masse imposante qu'il apercevait dans toute sa majesté·des bords du lac Léman, et presque des fenêtres de sa maison, était pour lui un défi permanent. Aussi avait-il promis une récompense à celui qui atteindrait le premier la cime réputée inaccessible du Mont-Blanc. Quelques essais timides ont lieu en 1775 et se renouvellent en 1783. Bourrit fait une tentative'en 1784 ; de Saussure lui-même, en.1785, attaque le colosse par la montagne de la Côte, entre le glacier des Bossons et celui de Taconnay. En juin 1786, le docteur Paccard, Jacques Balmat et Marie Coutet montèrent en suivant le même chemin, et s'élevèrent sur le dôme du Goûté, sans pouvoir de là parvenir jusqu'au sommet. Balmat ne redescendit pas à Chamounix, passa la nuit sur la neige, et reconnut le lendemain les couloirs du petit et du grand Plateau, par lesquels on arrive maintenant à la cime. Il communiqua sa découverte au docteur Paccard, et tous deux, partis de Chamounix le 7 août, atteignirent le sommet le lendemain, à six heures du soir.

La route était connue. Le 1er août 1787, de Saussuré sortit de Chamounix avec dix-huit guides, et alla coucher sous une tente au haut de la montagne de la Côte, à 2563 mètres au-dessus de la mer. Le lendemain matin, il entra dès six heures sur le glacier pour ne plus le quitter. Des crevasses qu'il dut contourner retardèrent sa marche, et il lui fallut trois heures pour arriver à la petite chaîne de rochers isolés au confluent des glaciers des Bossons et de Taconnay, et qui portent le nom de *Grands-Mulets*. De Saussure voulait s'élever le plus haut possible, afin d'arriver à la cime le lendemain, de bonne heure. Il alla coucher au.grand Plateau, à la hauteur de 3890 mètres au-dessus de la mer, à 180 mètres plus haut, comme il le dit lui-même, que le sommet du pic de Ténériffe. Fatigués déjà par une longue marche et éprouvant les effets de la raréfaction de l'air, les guides eurent beaucoup de peine à creuser dans la neige

une cavité capable de contenir toute la troupe. La cavité fut
recouverte par la tente; mais les guides, toujours préoccupés
de la crainte du froid, fermèrent si exactement les joints, que
de Saussure souffrit beaucoup de la chaleur et de l'air vicié par
la respiration de vingt personnes serrées dans un espace étroit.
« Je fus obligé, dit-il, de sortir pendant la nuit pour respirer.
La lune brillait du plus grand éclat au milieu d'un ciel noir
d'ébène. Jupiter sortait tout rayonnant aussi de lumière de derrière la plus haute cime, à l'est du Mont-Blanc, et la clarté
réverbérée par tout ce bassin de neiges était si éblouissante,
qu'on ne pouvait distinguer que les étoiles de première grandeur. « A peine la troupe était-elle endormie, qu'elle fut réveillée par le bruit d'une avalanche qui tombait le long de la
pente qu'elle devait traverser le lendemain. Au point du jour,
tout le monde était sur pied; le thermomètre marquait 4 degrés
au-dessous de zéro. Gagnant l'extrémité du grand Plateau, de
Saussure monta par un talus rapide, en se dirigeant vers l'est,
et, s'élevant au-dessus des rochers Rouges, il découvrit les
montagnes du Piémont, passa près des *Petits-Mulets*, qui
percent la neige à 4680 mètres au-dessus de la mer, s'y reposa
quelques instants; puis, montant lentement, s'arrêtant tous les
quinze ou seize pas, il arriva à onze heures au sommet, et foula
la neige avec une sorte de colère satisfaite, expression de la
longue lutte qu'il avait soutenue. La cime avait la forme d'une
arête allongée en forme de dos d'âne, dirigée de l'est à l'ouest,
et descendait à ses deux extrémités sous des angles de 28° à
30° : elle était très-étroite, presque tranchante au sommet,
à tel point que deux personnes ne pouvaient y marcher de
front; mais elle s'élargissait et s'arrondissait, en s'abaissant
du côté de l'est, et prenait du côté de l'ouest la forme d'un
avant-toit saillant au nord.

Pendant toute son ascension à partir du grand Plateau, de
Saussure avait remarqué que les roches visibles au-dessus de la

neige étaient toutes de nature cristalline, quoique plus ou
moins divisées en lames parallèles : elles appartiennent toutes
à la variété de granite que les géologues actuels appellent *protogine*, et dans laquelle le talc vient s'ajouter aux autres éléments du granite : le quartz, le feldspath et le mica. Dominant les
aiguilles dont il n'avait jusqu'ici visité que le pied, de Saussure
constata qu'elles se composent de grands feuillets verticaux; il
reconnut que ces aiguilles ont une structure uniforme, tandis
que les montagnes à couches horizontales, telles que le Buet,
sont terminées à leur sommet par des assises de terrains secondaires. Jetant un coup d'œil général sur les montagnes primitives qui l'entouraient, il vit qu'elles ne forment pas des chaînes,
mais paraissent distribuées en groupes irréguliers et détachés
les uns des autres. Le temps pressait. De Saussure se détourna
de ce grand spectacle pour consulter ses instruments météorologiques. Son premier soin fut de suspendre son baromètre
et ses thermomètres à un mètre au-dessus du sommet. Le baromètre marquait 434ᵐᵐ,38, et la température de l'air était à 2°,9
au-dessous de zéro. Deux savants observaient le baromètre à la
même heure : l'un à Genève, c'était Senebier, qui a tant contribué aux progrès de la physiologie végétale; l'autre à Chamounix, c'était le fils même de de Saussure, Théodore, alors
âgé de vingt ans, et devenu célèbre depuis par ses travaux en
chimie. De Saussure, calculant la hauteur du Mont-Blanc d'a-
près ces observations, avec la formule de Deluc modifiée par
Schukburgh, trouva 4824 mètres pour l'altitude de la cime
au-dessus de la mer. On verra plus loin que cette mesure est
trop forte de 14 mètres seulement, résultat remarquable pour
l'époque, quand on songe à l'imperfection des instruments, à
l'insuffisance des formules qui servaient de base aux calculs,
comparées à celles données depuis lors par Laplace et Bessel,
et à l'incertitude où l'on était alors sur l'élévation au-dessus de
la mer des stations correspondantes de Genève et de Chamounix.

Le Mont-Blanc était donc la plus haute montagne de l'Europe, et la vue que de Saussure avait sous les yeux la plus étendue dont on puisse jouir sur notre continent. La mer est-elle visible de ce sommet? Physiquement, non. Vers les limites de l'horizon, les objets, noyés dans une espèce de hâle, deviennent confus : on ne distingue plus rien, on ne voit que l'espace. Le golfe de Gênes, près de Savone, est la partie de la Méditerranée la plus rapprochée du Mont-Blanc, et si elle n'était pas bordée de montagnes, le rayon visuel de l'observateur placé sur le sommet pourrait atteindre la mer entre Albenga et Noli, où le groupe des Alpes liguriennes présente une coupure qui le sépare des Alpes maritimes; mais du haut, des montagnes voisines de ces deux villes, la cime du Mont-Blanc doit être visible comme elle l'est de Dijon, du sommet du Mezenc dans la Haute-Loire, et même, dit-on, du plateau de Langres.

A deux heures, le thermomètre de de Saussure donnait, pour la température de l'air à l'ombre, — 3°,1 ; il ne descendit pas plus bas, et au soleil il marqua constamment — 1°,7. A l'aide de l'hygromètre qu'il avait inventé, de Saussure reconnut que l'air contenait six fois moins d'humidité qu'à Genève, c'est-à-dire qu'il aurait fallu six fois plus de vapeur d'eau pour saturer l'air de Genève à sa température de 28°,2, que celui du Mont-Blanc à la température de — 2°,9. Par le beau temps, cette sécheresse n'a rien d'extraordinaire sur un sommet aussi élevé, quoique, en moyenne, l'air soit aussi humide sur la montagne que dans la plaine.

L'eau bout lorsque la force élastique de sa vapeur est égale à la pression atmosphérique, c'est-à-dire au poids de la colonne d'air qui surmonte le liquide. Il est clair que la hauteur de cette colonne diminue à mesure qu'on s'élève sur une montagne. Ainsi, quand vous êtes à 2000 mètres au-dessus de la mer, la colonne d'air qui surmonte votre tête est de 2000 mètres plus courte, et l'eau doit entrer en ébullition à une température moindre qu'au bord de la mer, au-dessus de laquelle la colonne atmosphérique a toute sa hauteur. De Saussure s'était assuré, le 22 avril 1787, au bord même de la Méditerranée, que son thermomètre, plongé dans l'eau d'une bouilloire chauffée par une lampe à l'esprit-de-vin, marquait 101°,6 sous une pression atmosphérique de 761^{mm},54. Sur le sommet du Mont-Blanc, la colonne barométrique n'ayant plus que 434^{mm},38 de longueur, l'eau entrait en ébullition à 86°,0. Sous cette pression, le thermomètre de de Saussure aurait dû marquer 85°,10 : mais on ne savait pas alors que la nature du vase et de ses parois retarde ou avance le moment de l'ébullition de l'eau ; on ignorait qu'il ne faut pas plonger le thermomètre dans le liquide même, mais seulement dans la vapeur de l'eau bouillante. En outre, Dalton, Arago, Dulong et Regnault n'avaient pas encore exécuté ces grands travaux sur les vapeurs, qui nous ont appris quelles sont exactement la température et la force élastique de la vapeur d'eau sous différentes pressions. Pour toutes ces raisons, les résultats de de Saussure sont seulement approximatifs, mais aussi exacts qu'ils pouvaient l'être à l'époque où il observait. Deluc l'avait précédé dans cette voie en faisant bouillir de l'eau au sommet du Buet, à 3098 mètres au-dessus de la mer, et les nombres obtenus par les deux savants génevois se confirmèrent réciproquement.

Quand de Saussure fit son expérience de l'ébullition de l'eau au bord de la mer avec sa lampe à l'esprit-de-vin, l'eau entra en ébullition en atteignant la température de 101°,6 en douze ou treize minutes. Sur le Mont-Blanc, il fallut une demi-heure pour que la température s'élevât à 86°,0 : la raréfaction de l'air et la basse température expliquent parfaitement cette diffé- rence. Les mêmes circonstances, jointes à la fatigue et à l'absence de sommeil, rendent également compte de l'anhélation, de l'accélération du pouls, de la céphalalgie et de la tendance au sommeil que de Saussure et ses compagnons éprouvaient tant qu'ils étaient en mouvement, symptômes qui disparaissent avec le repos et s'émoussent par l'habitude.

A trois heures et demie, après un séjour de quatre heures et demie au sommet du Mont-Blanc, de Saussure se remit en marche pour descendre. La neige s'était ramollie, il enfonçait à chaque pas; néanmoins il arriva en une heure un quart au grand Plateau, où il avait passé la nuit précédente, le traversa, et descendit jusqu'à l'avant-dernier rocher de la chaîne des Grands-Mulets, élevé de 3470 mètres au-dessus de la mer : il l'appela le *Rocher de l'heureux retour* et y remarqua avec surprise le carnillet moussier (1) en fleur. Cette jolie plante est celle qui s'élève le plus haut dans les montagnes de l'Europe. Les frères Schlagintweit l'ont vue, sur le Mont-Rose, à 3630 mètres; Ramond l'a cueillie sur le Vignemale et au mont Perdu, dans les Pyrénées, à 3000 mètres. D'un autre côté, elle s'avance au Spitzberg jusqu'au 80e degré de latitude, où on la trouve au bord de la mer. C'est donc la plante la moins frileuse de notre hémisphère, et en même temps celle qui s'élève le plus haut sur les montagnes et descend aussi bas qu'une plante terrestre puisse descendre, puisqu'on l'observe au niveau de l'Océan, même dans la Norvége septentrionale. De Saussure appuya sa tente contre le rocher. « Nous soupâmes, dit-il, gaiement et de bon appétit, après quoi je passai sur mon petit matelas une excellente nuit. Ce fut alors seulement que je jouis du plaisir d'avoir accompli ce dessein formé depuis vingt-sept ans, à savoir dans mon premier voyage à Chamounix en 1760, projet que j'avais si souvent abandonné et repris, et qui faisait pour ma famille un sujet continuel de souci et d'inquiétude. Cela était devenu pour moi une espèce de maladie; mes yeux ne rencontraient pas le Mont-Blanc, que l'on voit de tant d'endroits des environs de Genève, sans que j'éprouvasse une espèce de

(1) *Silene acaulis*, L.

saisissement douloureux. Au moment où j'y arrivai, ma satisfaction ne fut pas complète; elle le fut encore moins au moment
de mon départ : je ne voyais alors que ce que je n'avais pu faire.
Mais dans le silence de la nuit, après m'être bien reposé de ma
fatigue, lorsque je récapitulais les observations que j'avais faites,
lors surtout que je me retraçais le magnifique tableau de montagnes que j'emportais gravé dans ma tête, je goûtai une satisfaction vraie et sans mélange. »

Le lendemain, 4 août, de Saussure ne partit qu'à six heures
du matin ; il fut obligé de descendre des pentes très-roides pour
contourner des fentes nouvelles qui s'étaient formées pendant
l'ascension. Au-dessous des Grands-Mulets, le glacier était entièrement changé, les crevasses s'étaient élargies, les ponts s'é-
taient rompus, et c'est avec des peines infinies que la caravane
atteignit la terre ferme à neuf heures et demie du matin. A midi
un quart, tous rentraient à Chamounix bien portants. « Notre
arrivée, dit de Saussure, fut à la fois gaie et touchante : tous les
parents et amis de mes guides vinrent les embrasser et les féliciter. Ma femme, ses sœurs et mes fils, qui avaient passé ensemble à Chamounix un temps long et pénible dans l'attente de
cette expédition, plusieurs de nos amis, qui étaient venus de
Genève pour assister à notre retour, exprimaient dans cet heureux moment leur satisfaction, que les craintes qui l'avaient précédé rendaient plus vive, plus touchante, suivant le degré d'intérêt que nous avions inspiré. »

Tel est le récit de la première grande ascension scientifique
qui se soit faite dans les Alpes, et l'abrégé succinct des principaux résultats que la science en a retirés ; elle a servi de modèle
à toutes les autres, car de Saussure avait en quelque sorte formulé le programme des expériences à entreprendre, des observations à faire et des problèmes à résoudre.

Dans un espace de cinquante-sept ans, de 1787 à 1843,
vingt-sept ascensions eurent lieu au Mont Blanc ; mais aucune

n'a un caractère réellement scientifique. Une noble curiosité, le désir de visiter ce monde de neiges éternelles et de jouir du haut du Mont-Blanc d'un des plus grands spectacles qu'il soit donné à l'homme de contempler, l'attrait de la difficulté vaincue, tels sont les motifs qui décidèrent la plupart des voyageurs, et certes ces motifs sont une compensation suffisante aux fatigues inévitables et à la dépense assez considérable qu'entraîne une pareille expédition. Cependant plusieurs voyageurs ont publié des relations intéressantes dans lesquelles on trouve des données dont la science peut faire son profit. Je citerai spécialement l'ascension de Francis Clissold, du 18 août 1822; celle de Marckham Sherwill, du 27 août 1825; d'un Écossais, M. Auldjo, le 8 août 1827; du docteur Martin-Barry, qui, bien que nullement préparé d'avance, fit d'importantes observations sur les phénomènes physiologiques produits par la raréfaction de l'air. La plupart de ces voyageurs sont Anglais; toutefois on compte quatre Français : M. Henri de Tilly, M. Doulat, Mlle d'Angeville, et le docteur Ordinaire, qui monta deux fois au Mont-Blanc, le 26 et le 31 août 1843, après avoir, dans l'intervalle, gravi le Buet et effectué son retour à Chamounix par le Brevent. Depuis 1844, ces ascensions se sont singulièrement multipliées, et vingt ans plus tard, à la fin de 1863, le nombre total s'élevait à 171, dont 3 se sont faites en juin, 36 en juillet, 84 en août, 47 en septembre et une en octobre (1). Les termes extrêmes sont : le 1er juin 1858, ascension de M. J. Walford, et le 9 octobre 1834, ascension de M. de Tilly, qui revint avec les pieds gelés, et souffrit longtemps d'une tentative faite dans une saison trop avancée et avec une insouciance téméraire du danger de la congélation, le plus réel que l'on coure dans les neiges qui recouvrent les sommets du Mont-Blanc et du Mont-Rose.

_____

(1) Voyez la liste complète de ces ascensions, dans l'ouvrage de M. Dollfus-Ausset, intitulé : *Matériaux pour l'étude des glaciers*, t. IV, p. 589.

ASCENSION DE BRAVAIS, MARTINS ET LEPILEUR.

J'arrive au récit de l'ascension scientifique que j'ai faite en 1844 avec mes amis Auguste Bravais, lieutenant de vaisseau, et Auguste Lepileur, docteur en médecine. Avec le premier, j'avais visité le Spitzberg en 1838 et 1839, pendant les deux campagnes de la *Recherche* dans la mer Glaciale. Il avait hiverné seul à Bossekop, en Laponie; mais nous avions séjourné ensemble sur le Faulhorn, en 1841, pendant dix-huit jours, à 2680 mètres au-dessus de la mer; lui-même s'y était rencontré l'année suivante avec le physicien Athanase Peltier, et y avait demeuré vingt-trois jours. La comparaison des régions boréales du globe avec les hautes régions alpines était le sujet habituel de nos conversations. Sur le Faulhorn, nous avions fait une foule d'observations et abordé un certain nombre de problèmes qui ne pouvaient être résolus que par une ascension et un séjour à une grande hauteur; nous pensâmes au Mont-Blanc. M. Pouillet et M. Nisard, à des titres différents, s'intéressèrent à notre projet, et en firent part au ministre de l'instruction publique de cette époque, M. Ville-main. Quoique les lettres eussent fait sa gloire, M. Villemain esti-mait, aimait et protégeait les sciences. Notre demande fut agréée, et il nous fournit les moyens de réaliser la première ascension réellement scientifique qui ait été faite depuis celle de Béné-dict de Saussure. Dans l'intervalle de cinquante-sept ans, les sciences physiques et naturelles avaient accompli de tels progrès, que la simple répétition des expériences de ce physicien avec les instruments perfectionnés et les méthodes nouvelles était déjà d'un grand intérêt; mais nous espérions tenter quelques essais auxquels ce grand météorologiste n'avait pas songé, ou que le temps l'avait empêché d'exécuter.

Partis de Paris le 16 juillet 1844, nous nous arrêtâmes à Ge-nève pour comparer nos instruments à ceux de l'observatoire de cette ville, et convenir avec le directeur, M. Plantamour, d'un système d'observations qui devaient correspondre à celles que nous voulions faire sur le Mont-Blanc. Nous quittâmes Genève le 26 juillet. Suivant à pied une longue charrette à quatre roues qui portait notre matériel, nous arrivâmes à Chamounix le 28. Les préparatifs nous prirent quelques jours. Notre dessein étant de séjourner aussi haut que possible sur le Mont-Blanc; nous avions emporté de Paris une tente de campement avec ses montants et ses piquets, des paletots de peau de chèvre, des sacs de peau de mouton, des couvertures, etc. Nos expériences exigeaient de nombreux instruments de physique et de météorologie; il fallait des vivres pour trois jours. Chaque porteur ne pouvait se charger que de 15 kilogrammes et de ses provisions : or, nous avions 450 kilogrammes environ à transporter à une hauteur de 3000 mètres au-dessus de la vallée de Chamounix. Nous dûmes veiller nous-mêmes à tous les préparatifs de l'ascension; diviser les objets en lots de poids égal, et les faire tirer au sort par les porteurs, afin d'éviter toute dispute et toute récrimination; nous occuper de la préparation des vivres, acheter le pain et le vin, les distribuer enfin de nos propres mains le jour du départ. Ainsi, au lieu de ce calme de l'esprit, de ce recueillement dont l'homme de science a tant besoin avant d'entreprendre ses travaux, nous étions distraits par mille détails vulgaires, par mille difficultés irritantes qui ne se produisent pas dans les circonstances ordinaires de la vie, et qui venaient fondre sur nous au moment où nous éprouvions le besoin impérieux d'être libres de toute préoccupation.

Notre caravane se montait à quarante-trois personnes, dont trois guides, Michel Coutet, Jean Mugnier et Théodore Balmat, trente-cinq porteurs et deux jeunes gens de la vallée qui avaient demandé à nous accompagner. Le 31 juillet, à sept heures et demie du matin, nous quittions enfin Chamounix. Le temps était beau, cependant le vent soufflait du sud-ouest, et le baro-

mètre avait un peu baissé; mais nos préparatifs étaient faits :
nous partîmes donc, sans avoir dans la tenue du temps une
confiance parfaite, espérant toutefois une amélioration prochaine. La longue file des porteurs s'étendait le long de la rive
droite de l'Arve, au milieu de vertes prairies. Arrivés en face du
hameau des Pèlerins, nous tournâmes à gauche. La dernière
maison du village est celle de Jacques Balmat, le premier
homme dont les pas s'imprimèrent sur la neige encore vierge
de la cime du Mont-Blanc, et qui périt misérablement en 1834,
dans les glaciers qui dominent la vallée de Sixt. En sortant des
vergers qui entourent le hameau des Pèlerins, nous entrâmes
dans la forêt : elle se compose de hauts sapins et de vieux mélèzes aux branches desquels pendent de longs festons d'un
lichen grisâtre (1). Au printemps précédent, une énorme avalanche descendue de l'aiguille du Midi avait creusé un large
sillon dans la forêt. Des arbres déracinés couvraient le sol
qu'ils ombrageaient auparavant; d'autres étaient rompus par le
milieu, leur cime abattue gisait à leur pied; quelques-uns,
seulement déchaussés, penchaient inclinés vers la vallée. Ces
effets sont dus autant à la pression de l'air chassé par l'avalanche, au vent local qu'elle produit, qu'à la neige elle-même.
La caravane s'était dispersée dans le bois; chacun choisissait
son chemin. Nous parvînmes ainsi sans peine aux Pierres
pointues : ce sont deux gros blocs de granite détachés de l'aiguille du Midi et qui sont venus s'arrêter sur cette pente. Debout sur un bloc, un de nos porteurs se détachait sur le ciel,
et la perspective aérienne lui prêtait une taille gigantesque : on
eût dit Polyphème à l'entrée de sa caverne. D'après notre mesure barométrique, les Pierres pointues sont à 2060 mètres
au-dessus de la mer. Cette hauteur est la limite extrême de la
végétation arborescente, qui s'élève à ce niveau sur les contre-

(1) *Usnea barbata*, DC.

276   ASCENSIONS AU MONT-BLANC.

forts du Brevent. Le tapis végétal se composait de rhododendrons, de myrtilles et de genévriers rabougris. Quelques pins
cembro, les seuls arbres qui puissent vivre à cette hauteur,
sortaient çà et là d'une fissure de rocher. Le tronc de ces pins,
d'abord horizontal, se redressait au-dessus de l'abîme où roule
le torrent des Pèlerins. Un étroit sentier côtoie le précipice et
mène à la moraine du glacier des Bossons : alors on monte au
milieu des blocs entassés qui la composent, et l'on atteint enfin
la pierre de l'Échelle, énorme rocher sous lequel on cache
l'échelle dont on se sert habituellement pour traverser les crevasses du glacier. Cette pierre est à 2446 mètres au-dessus de
la mer, à la même hauteur que l'hospice du Saint-Bernard.
C'est là que le voyageur dit adieu à la terre : il la quitte pour
passer sur le glacier, et jusqu'au sommet du Mont-Blanc il ne
trouve plus que des rochers isolés qui surgissent comme des
îlots au milieu des champs de neiges éternelles.

Les premiers pas sur la glace présentent quelque danger. Un
petit glacier secondaire, large de 200 mètres et descendant de
l'aiguille du Midi, vient se terminer brusquement à une paroi
verticale de rochers qui dominent cette partie du glacier des
Bossons. De temps en temps des blocs de glace, en s'écroulant,
forment avalanche sur celui-ci, ou bien une pierre détachée de
l'aiguille du Midi décrit une parabole inquiétante au-dessus
de la tête du voyageur. Néanmoins jamais un accident n'est
venu attrister le début d'une ascension ; mais bien des touristes,
partis pleins de confiance de Chamounix, se sont arrêtés à la
pierre de l'Échelle, découragés par la perspective de glaces et
de neiges qui s'ouvrait devant eux. A partir de ce point, nous
réglâmes notre marche sur celle de nos porteurs. Les trois
guides nous précédaient, explorant la route et cherchant les
passages les plus commodes pour franchir ou tourner les crevasses : chacun suivait exactement l'empreinte de leurs pas.
Semblable à un ruban sinueux, notre longue caravane se dé-

roulait sur le glacier. Les vêtements sombres des montagnards contrastaient avec la blancheur de la neige, et, vus de la vallée de Chamounix, nous ressemblions à une longue traînée de fourmis noires montant à l'assaut d'un pain de sucre. Toutes les lunettes étaient braquées sur nous, et l'on ne tarissait pas en conjectures. Souvent une partie de la file disparaissait subitement : c'est qu'elle avait rencontré une crevasse trop large pour pouvoir la franchir ; alors, quand la profondeur n'était pas trop grande, on descendait au fond pour remonter du côté opposé. Nous nous dirigions vers la petite chaîne de rochers connus sous le nom des Grands-Mulets. A moitié chemin, nous nous engageâmes au milieu de grandes masses de glace plus ou moins compacte, appelées *séracs* par les habitants de la Savoie, du nom d'un fromage cubique qui se fabrique dans les montagnes. Les unes sont en effet d'immenses cubes formés d'assises de névé et de glace blanche ou bleue régulièrement superposées ; les autres, des pyramides quadrangulaires de 15 à 20 mètres de haut. Quelques-unes présentent des formes moins régulières, mais toujours anguleuses. On aurait pu se croire au milieu des ruines d'une ville antique ou d'un champ de dolmens druidiques. Un ruisseau s'était frayé un chemin au milieu de ce labyrinthe ; les neiges qui fondent sous la chaleur du soleil de midi lui avaient donné naissance : tantôt on l'entendait murmurer sous la glace, dans laquelle il s'était creusé un canal souterrain ; puis il apparaissait au grand jour, courant dans un sillon d'azur, pour aboutir à un petit lac qui dormait dans une coupe d'un bleu céruléen. L'échelle, ayant été reconnue inutile, fut laissée au pied d'une pyramide ; nous la retrouvâmes huit jours après, brisée en mille pièces, au milieu des débris de la pyramide écroulée.

Cependant nous approchions du but : déjà la neige n'avait plus les apparences qu'elle présente dans nos plaines. C'était une poussière fine et légère où nous enfoncions profondément

et qui ne se tassait pas comme la neige ordinaire. La marche
devenait assez pénible : à chaque pas, il fallait retirer la jambe
du trou dans lequel on l'avait enfoncée. Les apparences du
temps n'étaient point encourageantes : le vent du sud-ouest
fraîchissait, et il amenait sans cesse de nouveaux nuages qui
entraient en bataillons serrés dans la vallée de Chamouïnix. La
plaine avait disparu à nos yeux; nous étions séparés du monde
habité par une mer de brume qui s'étendait au loin, et au milieu de laquelle les sommets des montagnes s'élevaient comme
des écueils au milieu de l'Océan. A trois heures et demie, nous
abordâmes aux Grands-Mulets : pour nous, c'était le port, c'é-
tait la terre, un sol ferme et sûr après la neige perfide qui nous
dérobait les crevasses du glacier, car souvent une couche mince
forme au-dessus d'une profonde crevasse un pont dangereux
que le montagnard novice ne distingue pas de la neige étendue
sur les parties pleines du glacier. Les Grands-Mulets sont formés de feuillets verticaux d'une roche cristalline appelée *protogine;* ils surgissent brusquement au milieu du névé, et séparent
la partie supérieure du glacier des Bossons de celui de Taconnay. La chaîne de rochers elle-même est dirigée du nord-nord-
ouest au sud-sud-est, le long des flancs du Mont-Blanc ; elle
est séparée en deux portions : l'une, inférieure, plus longue,
où l'on s'arrête en montant; l'autre, supérieure, plus courte, où
de Saussure coucha en revenant de la cime, et qu'il nomma,
on le sait, le Rocher de l'heureux retour. La portion inférieure
est à 3050 mètres, la supérieure à 3470 mètres au-dessus de la
mer. La partie du glacier de Taconnay, par laquelle on arrive,
représentait, cette année-là, une succession de pentes unies,
mais rapides, séparées par des plateaux étroits. Le cirque du
glacier des Bossons était, comme toujours, un chaos, de séracs,
d'aiguilles et de pyramides de glace au milieu desquelles
plonge le mur oriental des Grands-Mulets. Les feuillets verticaux dont se composent ces rochers s'élèvent à des hauteurs

variables, et forment autant de gradins naturels qui permettent
de gravir toutes les pointes. La roche, décomposée sous l'influence des agents atmosphériques, s'accumule entre les feuillets. Là végètent de jolies plantes alpines, abritées par le
rocher, réchauffées par le soleil qu'il réfléchit, humectées par
la neige, qui, même en été, blanchit souvent ces cimes, mais
fond rapidement dès que le soleil luit pendant deux ou trois
jours. En quelques semaines, elles accomplissent toutes les
phases de leur végétation. J'y ai recueilli 19 plantes phanérogames en trois ascensions. M. Venance Payot ayant ajouté
5 espèces à cette liste, il existe 24 plantes à fleurs aux Grands-
Mulets (1). A ces 24 espèces phanérogames il faut ajouter
encore 26 espèces de mousses, 2 hépatiques et 30 lichens, ce
qui porte à 82 le nombre total des plantes qui croissent sur
ces rochers isolés au milieu d'une mer de glace et dépourvus
en apparence de toute végétation. Qui le croirait ? ces plantes
servent de nourriture à un rongeur, le campagnol des neiges (2),
celui de tous les mammifères qui s'élève le plus haut sur les
Alpes, tandis que ses congénères sont presque tous des habitants de la plaine.

D'autres études réclamaient nos instants. Nous fîmes d'abord
l'expérience de l'ébullition de l'eau avec l'appareil recom-
mandé par M. Regnault. Vérifiant avant tout le zéro, ou point
de glace fondante, en plongeant le thermomètre dans de la
neige en fusion, pour le vérifier de nouveau après l'expérience,

---

(1) Voici la liste de ces plantes : *Draba fladnizensis*, Wulf. ; *D. frigida*
Gaud. ; *Cardamine bellidifolia*, L. ; *C. resedifolia*, Saut. ; *Silene acaulis*, L ;
Potentilla frigida, Vill. ; *Phyteuma hemisphericum*, L. ; *Pyrethrum alpinum*,
Willd. ; *Erigeron uniflorus*, L. ; *Saxifraga bryoides*, L. ; *S. groenlandica*, L. ;
S. muscoides, Auct. ; *S. oppositifolia*, L. ; *Androsace helvetica*, Gaud. ; *A. pu-
bescens*, DC. ; *Gentiana verna*, L. ; *Luzula spicata*, DC. ; *Festuca Halleri*,
Vill. ; *Poa laxa*, Hæncke ; *P. cæsia*, Sm. ; *P. alpina* var. *vivipara*, L. ; *Trise-
tum subspicatum*, Pal. Beauv. ; *Agrostis rupestris*, All. ; *Carex nigra*, All.

(2) *Arvicola nivalis*, Mart. Voyez page 311.

nous le plaçâmes ensuite dans un appareil disposé de la manière suivante : Sur un vase de fer-blanc contenant l'eau qu'une
lampe à alcool doit amener à l'ébullition s'adaptent exactement
deux cylindres également de fer-blanc, emboîtés l'un dans
l'autre, mais séparés par un intervalle de 15 millimètres environ. Le thermomètre, plongé dans le tube intérieur et traversant à son extrémité le bouchon qui le ferme, est entièrement
entouré de vapeur d'eau, et celle-ci remplit l'intervalle des
deux cylindres avant de s'échapper à l'extérieur par un orifice
latéral. Cette enveloppe de vapeur chaude sans cesse renouvelée
défend la colonne de vapeur intérieure contre l'action du froid
de l'air ambiant, et la maintient à une température constante.
Nous trouvâmes que l'eau bouillait à la température de 90°,17,
sous une pression barométrique de 529^{mm},69. A Paris, le
14 juillet, le baromètre accusant une pression atmosphérique
de 756^{mm},85, le degré d'ébullition de l'eau était à 99°,88.

Bravais s'était imposé la tâche de mesurer les variations de
l'intensité magnétique avec la hauteur. Pour cela, on emploie
une boussole dans laquelle une aiguille est suspendue horizontalement à un fil de soie non tordu. On fait osciller cette
aiguille pendant une série d'intervalles de temps parfaitement
égaux, et du nombre des oscillations on conclut, après des corrections infinies et d'une minutie extrême, à l'intensité relative
de la force magnétique du lieu comparée à celle de Paris prise
pour unité. On comprend l'importance de ces mesures, qui
nous dévoileront un jour les lois encore mystérieuses des courants qui circulent autour du globe terrestre, aimant colossal
dont les deux pôles ne coïncident pas avec les deux extrémités
de l'axe idéal autour duquel la terre décrit sa révolution quoti-
dienne.

Cependant le soleil s'approchait de l'horizon ; déjà il avait
disparu derrière les monts Vergy : les vallées de Sallenche et de
Chamounix étaient depuis longtemps dans l'ombre, tandis que les

pointes granitiques voisines semblaient incandescentes comme
le fer rouge sortant du feu. Bientôt l'aiguille de Varens et les
rochers des Fiz s'éteignirent, l'ombre gagnait les glaciers du
Mont-Blanc. Ces neiges, si lumineuses un instant auparavant,
prirent la teinte terne et livide d'un cadavre ; le froid de la mort
semblait envahir ces régions avec l'obscurité et en révéler
toute l'horreur. L'aiguille du Goûté, les monts Maudits, pâli-
rent successivement ; la cime du Mont-Blanc resta seule éclairée pendant quelque temps encore, puis la teinte rose qui
l'animait fit place à la teinte livide, comme si la vie l'eût abandonnée à son tour. Vers l'horizon, au-dessus de la mer de
nuages, le ciel paraissait d'une couleur vert clair, résultat
de la combinaison des rayons jaunes du soleil avec le bleu de
la voûte céleste ; les contours des nuages isolés étaient circonscrits par un liséré orangé du plus grand éclat. Dans ces hautes
régions, il n'y a point de crépuscule, la nuit succède brusquement au jour. Nous nous retirâmes derrière un mur de
pierres sèches construit devant une cavité. Nos guides étaient
groupés sur les gradins du rocher, autour de petits feux alimentés avec du bois de genévrier rapporté par eux des environs
de la pierre de l'Échelle. Ils entonnaient à l'unisson des chants
lents et monotones, qui empruntaient au lieu de la scène un
charme mélancolique. Peu à peu les chants cessèrent, les feux
s'éteignirent, et l'on n'entendit plus rien que le bruit de quelques
avalanches tombant des hauteurs voisines. Bientôt la lune se leva
derrière les monts Maudits, et, rasant, invisible pour nous, le
dôme du Goûté, elle en éclaira les neiges d'une lueur phosphores-
cente des plus étranges. Quand le disque se dégagea de l'aiguille
du Goûté, il était entouré d'une auréole verdâtre qui se détachait sur un ciel noir comme de l'encre. Les étoiles scintillaient
fortement. Le vent ne s'était point apaisé, il soufflait par brusques rafales suivies d'un instant de calme parfait. Tout nous
annonçait du mauvais temps pour le lendemain, mais personne

ne songeait au retour; nous voulions épuiser notre chance jusqu'au bout, et ne reculer qu'au moment où il nous serait impossible de continuer l'ascension.

Le lendemain, pendant que nous étions occupés à égaliser de nouveau les charges de nos porteurs, qui avaient échangé leurs fardeaux respectifs, j'aperçus tout à coup un vieillard, à nous inconnu, qui gravissait lentement la pente qui conduit au petit Plateau : courbé sur la neige, s'aidant quelquefois des mains pour se maintenir, il montait lentement, mais de ce pas égal et mesuré qui dénote un montagnard exercé. Ce vieillard, c'était Marie Coutet, âgé de quatre-vingts ans, qui, dans sa jeunesse, avait servi de guide à de Saussure. Jadis il était d'une agilité qui l'avait fait surnommer *le Chamois*. Il méritait son sobriquet; nul n'était plus intrépide. Un jour il accompagnait un voyageur anglais dans une course difficile. L'Anglais conservait cet air de flegme et d'indifférence qui caractérise le vrai gentleman. La vue des passages les plus scabreux ne lui arrachait ni un geste d'étonnement, ni un mot qui trahît la moindre hésitation. Irrité de ce sang-froid imperturbable, Coutet avise un pin cembro qui s'avançait horizontalement au-dessus d'un escarpement de 300 mètres de hauteur; il marche hardiment le long du tronc, et quand il est à l'extrémité, il se couche dessus, puis se suspend par les pieds au-dessus du précipice. L'Anglais le regarda tranquillement, et quand Coutet revint auprès de lui, il lui donna une pièce d'or à la condition qu'il ne recommencerait pas. Tel était dans sa jeunesse l'homme qui nous devançait dans notre ascension. Le premier, il était parvenu au sommet du Mont-Blanc en s'élevant du grand Plateau sur le dôme du Goûté et en passant par la bosse du Dromadaire et la mince arête qui unit cette cime au point culminant. On l'avait vu de Chamounix; néanmoins les guides niaient que ce chemin fût praticable. En 1859, deux voyageurs anglais, MM. Hudson et Kennedy, accompagnés du guide Anderegg, partirent de Chamounix et arrivèrent au som-

met par cette voie, et en 1861 deux autres Anglais, MM. L. Stephen et F. F. Tuckett, montèrent de Saint-Gervais sur l'aiguille
du Goûté en neuf heures un quart, couchèrent dans la cabane,
de de Saussure, et atteignirent le sommet, en partant de ce
point, dans l'espace de trois heures et demie. Mais que nul
touriste ne s'avise de prendre ces étapes comme une mesure du
temps qui lui serait nécessaire pour faire le même trajet; elles
sont à l'usage exclusif de ces jeunes et énergiques membres de
l'*Alpine club* dont M. Tuckett est, comme hardiesse et comme
science, un des plus dignes représentants. Coutet se recomman-
dait comme guide à tous les voyageurs qui tentaient l'ascension
du Mont-Blanc. Quoique son offre fût repoussée, il les accompagnait en guise de volontaire jusqu'à une certaine hauteur,
pour leur démontrer l'excellence du nouveau chemin qu'il avait
découvert. Connaissant la manie du vieillard, nous lui avions
caché soigneusement le jour de notre départ ; mais, ayant su
que nous étions aux Grands-Mulets, il s'était mis en route
le soir même, avait traversé le glacier, et arrivait vers minuit à notre bivouac, où il prenait place autour du feu des
guides. A l'aube, il était parti le premier pour nous montrer son
chemin.

Vers six heures, nous étions en marche à notre tour. En quittant les Grands-Mulets, on met le pied sur la glace pour ne plus
la quitter. La caravane formait une longue file décrivant de nombreux zigzags. Les guides se relayaient l'un après l'autre pour
prendre la tête et tracer un sillon dans la neige. Nous montâmes
ainsi sans nous arrêter pendant deux heures, puis nous fîmes
halte pour manger avant de traverser le petit Plateau. On nomme
ainsi une plaine étroite de 800 mètres de long ; vers le sud-ouest,
elle est dominée par les escarpements du dôme du Goûté :
ceux-ci se composent de protogine et de schistes chlorités très-
inclinés, auxquels la neige n'adhère que d'une manière imparfaite. L'escarpement est en outre surmonté d'une muraille ·

perpendiculaire de glace divisée en séracs ou hérissée d'aiguilles.
Aussi le petit Plateau est-il habituellement balayé par les avalanches. Tantôt c'est une plaque de neige durcie qui glisse le
long de l'escarpement, et se brise en mille morceaux; tantôt un
sérac s'écroule en simulant de loin une blanche cascade, et
s'étend en éventail sur la petite plaine qu'il recouvre en entier.
Il s'agissait donc de traverser en courant ce passage dangereux;
mais les blocs de glace, débris d'une avalanche déjà ancienne,
retardaient notre marche. Arrivés au pied de la nouvelle pente
qui conduit au grand Plateau, nous y trouvâmes Marie Coutet.
Le temps était devenu de plus en plus menaçant, les rafales de
vent se succédaient sans interruption. Quelques grains de grésil
commençaient à nous fouetter le visage. Le vieux montagnard
comprit que l'orage approchait : sans dire un mot, il se mit à
descendre rapidement sur nos traces, encore empreintes dans
la neige, et disparut bientôt dans les nuages qui assiégeaient les
flancs de la montagne.

Arrivés au haut de la pente, nous nous trouvâmes sur le bord
d'une de ces profondes crevasses que Desor a désignées sous
le nom de *rimayes*. Il était impossible de la franchir; nous y
descendîmes donc, et remontâmes du côté opposé. Une fois à
l'autre bord, nous étions au grand Plateau. C'est un vaste cirque
de neige et de glace dont le fond est un plan relevé vers le sud.
Mais nous entrevîmes à peine la configuration des lieux. Avant
que nous pussions nous reconnaître, les nuages nous avaient
complétement enveloppés, et la neige tourbillonnait autour de
nos têtes. Il n'y avait pas à hésiter, il fallait, ou redescendre
immédiatement, ou dresser notre tente. Deux porteurs, Auguste
Simond et Jean Cachat, s'offrirent pour rester avec les trois
guides et nous. Les autres jetèrent leurs fardeaux sur la neige,
et se précipitèrent en hâte vers le petit Plateau; ils s'évanouissaient comme des ombres dans la brume, qui s'épaississait de
plus en plus. Demeurés seuls, nous commençâmes à enlever

la neige à la profondeur de 30 centimètres, dans un espace rectangulaire de 4 mètres de long sur 2 de large; puis, guidés par un rectangle de corde préparé d'avance, dont chaque nœud correspondait à l'un des piquets de la tente, nous plantâmes dans la neige de longues et fortes chevilles de bois dont la tête était munie d'un crochet. Cela fait, la tente fut élevée sur la traverse et les deux supports qui devaient la soutenir; les boucles des cordes furent passées autour de la tête des chevilles. La tente dressée, nous nous hâtames d'y mettre à l'abri nos instruments d'abord, puis les vivres. Bien nous en prit de nous dépêcher, car plusieurs bouteilles de vin laissées dehors ne purent être retrouvées : au bout d'une heure, la neige qui tombait et celle que le vent apportait les avaient recouvertes à l'envi. Sous la tente, nous avions improvisé un parquet avec de légères planches de sapin posées sur la neige. Nos guides étaient à une extrémité et nous à l'autre. L'espace était étroit; on ne pouvait se tenir debout, il fallait rester assis ou couché. La cuisine se trouvait au milieu. Notre premier soin fut de faire fondre de la neige dans un vase échauffé par la flamme d'une lampe à l'esprit-de-vin, car à ces hauteurs le charbon brûle fort mal. Bravais eut l'heureuse idée de verser cette eau sur les piquets de la tente; l'eau gela, et, au lieu d'être enfoncés dans une neige meuble, ces piquets étaient pris dans des masses de glace compacte. En outre, une corde fixée au boulon qui joignait la traverse horizontale à l'un des supports verticaux, et attachée, en guise de hauban, du côté d'où venait le vent, fut amarrée fortement à deux bâtons enfoncés dans la neige. Ces précautions prises, nous n'avions plus qu'à attendre. Toute observation était impossible, sauf celle du baromètre dans la tente et d'un thermomètre au dehors : celui-ci marquait 2°,7 au-dessous de zéro à notre arrivée; à deux heures, il était descendu à — 4°,0; à cinq heures, à — 5°,8. Cependant la nuit était venue; nous avions allumé une lanterne, qui, suspendue au-dessus de nos têtes, éclairait notre petit intérieur. Les guides, entassés les uns sur les autres, causaient à voix basse ou dormaient aussi tranquillement que dans leur lit. Le vent redoublait de violence; il soufflait par rafales interrompues par ces moments de calme profond qui avaient tant étonné de Saussure lorsqu'il se trouvait au col du Géant dans des circonstances entièrement semblables. La tempête tourbillonnait dans le vaste amphithéâtre de neige au bord duquel notre petite tente était placée. Véritable avalanche d'air, le vent paraissait tomber sur nous du haut du Mont-Blanc. Alors la toile de la tente se gonflait comme une voile enflée par la brise, les supports fléchissaient et vibraient comme des cordes de violon, la traverse horizontale se courbait. Instinctivement nous soutenions la toile avec le dos pendant tout le temps que durait la rafale, car notre salut dépendait de la solidité de cet abri protecteur : en faisant quelques pas au dehors, nous pouvions nous former une idée de ce que nous deviendrions, s'il nous était enlevé. Jamais auparavant je n'avais compris comment des voyageurs pleins de vigueur et de santé avaient péri à quelques pas de l'endroit où la tourmente était venue les surprendre ; je le compris ce jour-là.

Sous la tente, le froid était supportable. Le thermomètre oscillait entre 2 et 3 degrés au-dessus de zéro. Nos vêtements de peau de chèvre et nos sacs de peau de mouton nous protégeaient suffisamment, quoique le poil de la pelisse restât collé par la glace à la toile de la tente. Pendant la nuit, le vent diminua de violence; malheureusement la neige continuait à tomber, la température baissait toujours, et à cinq heures et demie du matin le thermomètre marquait — 12°,1. La neige nouvelle avait 50 centimètres d'épaisseur; mais la toile de la tente n'en était pas couverte, le vent l'avait balayée à mesure qu'elle tombait, et il continuait à chasser horizontalement le grésil et la neige du grand Plateau. Le baromètre se tenait aussi bas que la veille. Dans une éclaircie, nous vîmes les sommets du Mont-Blanc, des monts Maudits et du Dromadaire, tous terminés par une aigrette blanche dirigée vers le nord-est : c'était la neige que le vent du sud-ouest poussait à travers les airs.

Monter à la cime eût été impossible : sur le grand Plateau même, nous étions condamnés à l'immobilité. Nous prîmes donc notre parti, et après avoir rangé nos instruments dans la tente, nous en bouchâmes l'entrée avec de la neige : il était sept heures du matin, et le thermomètre marquait encore 7 degrés au-dessous de zéro. La neige récemment tombée ayant caché toutes les fentes et toutes les crevasses, nous nous attachâmes à la même corde, et redescendîmes rapidement aux Grands-Mulets. Après quelques instants de repos, nous traversâmes le glacier des Bossons. L'étroit sentier qui conduit aux Pierres pointues, couvert par la neige fraîche, était devenu glissant et difficile. La neige était tombée plus bas encore, jusqu'à l'endroit appelé les Barmes-dessous, à 780 mètres seulement au-dessus de Chamounix. Notre retour rassura tout le monde ; le mauvais temps avait régné dans la vallée comme sur les sommets, et le bruit s'était répandu que nous avions tous péri. Ces alarmistes ignoraient que nous avions emporté la tente de campement, qui nous avait garantis du vent et du froid pendant cette terrible nuit.

Revenus à Chamounix, nous fîmes des courses dans la vallée pour étudier les anciennes moraines dont elle est encombrée ; chaque jour aussi, nous constations à l'aide d'une longue-vue que la tente qui abritait nos précieux instruments sur le grand Plateau était encore debout. Le 6 août, le temps parut se rasséréner, le baromètre était plus haut de 3 millimètres qu'avant la première ascension. Le vent du sud-ouest régnait toujours sur les hauteurs. Notre confiance n'était pas entière, mais nous avions peur de manquer une série de quelques beaux jours. Nous repartîmes donc le 7 août, à sept heures et demie du matin. La marche sur le glacier était plus difficile qu'à la première ascension : on enfonçait à chaque pas dans la neige nouvelle ; le guide qui frayait la trace se fatiguait promptement, surtout à partir des Grands-Mulets. A six heures et demie du soir, nous arrivions au grand Plateau. La tente était debout, les instruments intacts ; mais à peine les avions-nous passés en revue, que la neige se remit à tomber comme la première fois, le vent de sud-ouest fraîchit, le tonnerre gronda, et un violent orage éclata sur le grand Plateau. Nous construisîmes à la hâte un paratonnerre au moyen d'un bâton ferré, auquel nous fixâmes une chaîne métallique. Le bâton fut enfoncé, la pointe en haut, près de la tente, et l'extrémité de la chaîne enfouie dans la neige. La précaution n'était pas inutile ; les coups de tonnerre éclataient presque en même temps que l'éclair. Par l'intervalle très-court qui les séparait, nous jugeâmes que la foudre devait frapper les sommités voisines à un kilomètre de distance environ. A notre grand étonnement, le tonnerre ne roulait pas, c'était un coup sec comme la détonation d'une arme à feu. Cette nuit se passa comme la première ; les rafales étaient peut-être un peu moins violentes, mais nous courions la chance d'être foudroyés. La tente, roidie par la gelée, fermait mal, et une neige fine, semblable à du grésil, pénétrait à l'intérieur. Le thermomètre descendit à — 6°,3. Le jour parut, mais le mauvais temps n'avait pas cessé ; la neige devint plus abondante : il en tomba 33 centimètres en une heure. Confinés dans la tente, nous observions le baromètre, le thermomètre, et fîmes l'expérience de l'ébullition de l'eau. Vainement nous attendions que le temps se remît : nos hommes paraissaient inquiets, et vers trois heures de l'après-midi le guide-chef Mugnier nous déclara que la neige s'accumulait (il en était tombé 66 centimètres depuis la veille), que déjà les traces de trois de nos porteurs qui étaient redescendus le matin ne se voyaient plus, et que le lendemain la descente serait peut-être impossible. Il fallut se résigner une seconde fois. Les trois premiers guides s'attachèrent à une corde et plongèrent dans le brouillard pour frayer la route à ceux qui les suivaient. La brume était si épaisse, qu'on ne pouvait rien distinguer à vingt pas devant soi; le vent nous chassait dans le visage une neige fine et glacée, piquante comme des pointes d'épingles. Il semblait impossible de trouver son chemin dans ce brouillard; mais Mugnier n'hésitait pas. Nous descendions toujours, lorsque tout à coup nous vîmes se dresser devant nous des rochers que nous ne connaissions pas: vus à travers le brouillard, ils paraissaient d'une hauteur prodigieuse. Nous nous arrêtons, croyant être égarés; presque aussitôt la brume se dissipe, et les rochers reviennent à leurs dimensions naturelles. C'étaient les Grands-Mulets; le mur de pierres sèches était devant nous. Nous y prîmes quelques instants de repos, et à neuf heures du soir nous étions de retour à Chamounix.

Ce second échec ne nous découragea point; il fallait opposer la constance dans la résolution à l'inconstance du temps. Nous nous considérions comme engagés envers le public, que des indiscrétions avaient informé de nos projets, et envers le ministre qui les avait favorisés. Hasarder l'ascension du Mont-Blanc par des temps équivoques, dans l'espoir de quelques belles journées, est une illusion qui a déjà trompé bien des voyageurs. Ces temps permettent des excursions dans la vallée; mais, pour s'élever à de grandes hauteurs, il faut un beau temps fixe, assuré, un air calme et frais, un ciel bleu sans nuages, des vents de nord-est ou de nord-ouest. Le baromètre ne doit point être au-dessous de 675 millimètres à Chamounix, et l'hygromètre doit indiquer que l'air est sec. Alors on peut tenter l'ascension; sinon, on s'expose à des déceptions comme celles que nous avons éprouvées. Nous résolûmes d'attendre que toutes ces conditions fussent réalisées, et nous nous décidâmes à faire le tour du Mont-Blanc. Je désirais comparer directement mon baromètre avec celui de l'hospice du Saint-Bernard et avec celui de M. le chanoine Carrel, à Aoste. Auguste Bravais voulait observer l'intensité horizontale des forces du magnétisme terrestre, et constater les anomalies que de Saussure a cru observer autour de la masse du Mont-Blanc. Notre mauvaise chance ne nous quitta pas, et pendant que nous étions à Aoste d'abondantes chutes de neige eurent lieu sur les montagnes, dans les nuits du 15 au 17 août. Le 19, nous étions de retour à Chamounix ; le temps s'améliorait, et enfin, le 25, il se mit tout à fait au beau : le baromètre montait d'une manière continue, le nord-ouest soufflait dans les régions supérieures de l'atmosphère. Nous savions que notre tente était encore debout sur le grand Plateau ; nous l'avions aperçue du haut du Brevent, mais elle paraissait ensevelie dans la neige du côté du sud-ouest, tandis que la face opposée semblait complétement dégarnie. Certains de retrouver nos instruments en bon état, nous partîmes pour la troisième fois le 27 août, à minuit et demi. La lune éclairait notre marche ; à trois heures et demie, nous arrivions aux Pierres pointues. Le ciel était d'une pureté admirable ; quelques brumes isolées reposaient sur le col de Balme et sur les monts Vergy. Une fraîche brise descendante, la faible scintillation des étoiles, nous promettaient le beau temps. Castor et Pollux brillaient d'une lumière tranquille au-dessus des aiguilles de Charmoz. A quatre heures et demie, nous atteignîmes la pierre de l'Échelle, après avoir grimpé en tâtonnant au milieu des blocs erratiques de la moraine du glacier des Bossons. Le jour commençait à poindre, la teinte jaune qui précède le soleil apparaissait à l'orient ; une légère vapeur remplissait la vallée de Chamounix. Bientôt la teinte jaune devint rose ou violette, animant d'un faible reflet les neiges, encore pâles des ombres de la nuit. A cinq heures, nous entrâmes sur le glacier des Bossons. Il était couvert de blocs de glace tombés de celui de l'aiguille du Midi. Les sérac que nous avions admirés s'étaient écroulés, et avaient brisé l'échelle abandonnée dans la première ascension. Pour arriver aux Grands-Mulets, nous traversâmes un pont étroit de neige, et nous y déjeunâmes avec un appétit aiguisé par une montée de 2000 mètres. A dix heures un quart, nous avions atteint le petit Plateau, nous le traversâmes rapidement; en gravissant la rampe qui conduit au grand Plateau, nous vîmes avec joie les longues lignes du Jura couvertes de ces nuages arrondis, appelés *cumulus*, qui pronostiquent le beau temps. A 150 mètres au-dessous du grand Plateau, le lac de Genève nous apparut dans le nord-ouest, par-dessus le col d'Anterne. Il était onze heures au moment où ceux qui marchaient les premiers, abordant le grand Plateau, aperçurent la tente. Elle était debout; seulement la neige s'élevait autour d'elle jusqu'à 1^m,20 de hauteur. Au nord-est, elle pesait sur la toile; au sud-ouest, le rempart de neige était plus élevé encore, mais séparé de la tente par une circonvallation. Au reste, rien n'était brisé ni déchiré. Quand on eut enlevé la neige, la tente reprit sa forme primitive. Le grand Plateau nous apparut pour la première fois dans toute sa grandeur. C'est un vaste cirque ouvert au nord et dominé par un amphithéâtre de montagnes qui sont, en partant de l'est, les monts Maudits, l'aiguille de *de Saussure* (1), les rochers Rouges inférieurs et supérieurs, le sommet du Mont-Blanc, la Bosse du Dromadaire et le dôme du Goûté. La roche nue est rarement visible : de puissants revêtements de glace l'enveloppent presque partout, et celle-ci était recouverte de plusieurs couches de neige récente. Le fond même du grand Plateau est un glacier traversé par ces longues et larges fentes appelées rimayes, où l'œil peut mesurer l'épaisseur de la glace dans le cirque dont les glaciers des Bossons et de Taconnay sont les puissants émissaires. La neige tombée récemment était fine, poussiéreuse, d'une admi-

(1) Nous avons ainsi nommé l'aiguille sans nom la plus voisine de la cime du Mont-Blanc : elle porte le n° 55 dans le dessin de la chaîne du Mont-Blanc, vue du Brevent que donne l'*Itinéraire en Suisse* de M. Adolphe Joanne.

rable blancheur; mais dans les rimayes on observait toutes les
teintes comprises entre le blanc mat et le bleu le plus foncé.
Après avoir admiré ce grand spectacle et contemplé avec ravissement au-dessus de nos têtes l'azur profond du ciel pendant
qu'une faible brise de nord-ouest nous caressait le visage et con-
firmait les espérances que la vue de l'horizon nous avait inspirées, nous aidâmes nos guides à déblayer la tente. Ce travail
était pénible : chacun d'eux avait à peine enlevé quelques pelle-
tées de neige, qu'il s'arrêtait pour respirer; un secret malaise
se traduisait sur toutes les physionomies; l'appétit était nul.
Auguste Simond, le plus grand, le plus fort, le plus vaillant des
guides, s'affaissa sur la neige, et faillit tomber en syncope pendant que le docteur Lepileur lui tâtait le pouls (1): c'étaient les
effets de la raréfaction de l'air, joints à la fatigue et à l'insomnie
dont chacun de nous était plus ou moins affecté. Nous étions
alors à près de 4000 mètres au-dessus de la mer, et à 3000 mètres déjà il est peu d'hommes qui ne se sentent incommodés.
Je ne m'étonne pas que nous ayons ressenti dans cette ascension
les effets de la raréfaction de l'air, qui avaient été peu marqués
dans les deux premières. Jamais nous ne nous étions élevés
si vite de Chamounix au grand Plateau : partant de 1040 mètres
au-dessus de la mer, nous étions, après dix heures et demie
de marche, à 3930 mètres. C'est une différence de niveau de
2890 mètres franchie en moins d'une journée. Tout malaise
disparaissait quand nous cessions d'agir. La seule souffrance
réelle et permanente était le froid aux pieds. A chaque pas,
nous enfoncions dans la neige jusqu'aux mollets, et la température de cette neige était de 10 degrés au-dessous de zéro
à 2 décimètres de profondeur.

Après avoir mis en place nos instruments météorologiques,
baromètres, thermomètres suspendus à l'air libre ou enfoncés

(1) Voyez le travail de ce médecin sur les phénomènes physiologiques qu'on
remarque en s'élevant dans les Alpes (*Revue médicale*, 1845).

dans la neige à diverses profondeurs, psychromètre pour estimer l'humidité de l'air, nous jetâmes un coup d'œil sur le
panorama qui s'étendait au nord de notre station. En bas, nous
apercevions distinctement la vallée de Chamounix, l'Arve serpentant au milieu des prairies ; les maisons du village, parmi
lesquelles nous pouvions distinguer l'hôtel d'Angleterre, où
M. Camille Bravais faisait des observations qui correspondaient
aux nôtres, comme autrefois Théodore de Saussure en avait fait
pendant que son père était sur le Mont-Blanc. Au loin, un
panorama magnifique se déroulait devant nous, et cette vue seule
indemniserait des fatigues de l'ascension ceux qui ne voudraient
pas s'élever jusqu'au sommet. Dans le nord-est, on reconnaît
les montagnes qui dominent la ville de Sion, puis la dent de
Morcles, le massif imposant de la dent du Midi, les Diablerets,
la Tour-Saillière, le Buet ; au-dessous et plus près, la chaîne des
aiguilles Rouges, le Brevent ; les rochers de Fiz, semblables à
deux murailles se rencontrant à angle droit ; les aiguilles de
Varens ; la chaîne des monts Vergy, d'où s'élance l'aiguille du
Reposoir ; plus loin la pyramide du Môle, coupant en deux la
portion occidentale du lac de Genève ; au delà, les chaînes
parallèles du Jura, semblables à de légers ressauts de terrain ;
enfin, dans un vague lointain, les Vosges et les plaines de la
France se confondant avec l'horizon.

Nous passâmes une bonne nuit sous notre tente. Le tonnerre
des avalanches qui tombaient autour de nous sur le grand ou
le petit Plateau, et l'obligation de continuer nos observations
météorologiques de deux heures en deux heures, interrompaient
seuls notre sommeil. A minuit, le thermomètre à l'air libre marquait — 9°,6, et celui qui était couché à la surface de la neige,
— 19°,9. Cependant nous n'avions pas froid sous la tente, grâce
à nos vêtements de peau de chèvre, à nos sacs de peau de
mouton et aux planches minces qui nous séparaient de la glace.
Le lendemain matin, nous voulions partir de bonne heure pour

la cime du Mont-Blanc. Les guides s'y opposèrent : ils craignaient des accidents de congélation des pieds, et voulaient
attendre que la neige fût un peu réchauffée. A dix heures, nous
quittâmes la tente avec Jean Mugnier, Michel Coutet, Auguste
Simond, Jean Cachat, Frasserand et Ambroise Coutet, nous
dirigeant vers le fond du cirque. Arrivés au pied des escarpements, nous passâmes sur les débris d'une avalanche qui était
tombée la veille du rocher Rouge supérieur ; mais, au lieu
de nous diriger par le *Corridor* vers ce rocher, nous prîmes le
chemin de de Saussure, abandonné depuis l'accident arrivé le
17 août 1820, dans une tentative faite par le docteur Hamel
et le colonel Anderson pour s'élever à la cime du Mont-Blanc.
Comme nous, ils marchaient dans la neige fraîchement tombée,
et commençaient à escalader la pente appelée *la Côte*, que nous
gravissions à notre tour. Cette pente est très-roide, car dans
quelques points elle mesure 43 degrés. On ne peut s'élever qu'en
décrivant des zigzags. Les pas des voyageurs anglais, qui se suivaient à la file, coupèrent un triangle de neige superficielle qui
se détacha et commença de glisser sur la couche sous-jacente.
Les guides Pierre Balmat, Auguste Tairraz et Pierre Carrier
furent entraînés lentement, mais irrésistiblement, vers une crevasse où ils s'engloutirent aux yeux de leurs compagnons frappés
de stupeur. La neige qui descendait avec eux tombait en cascade dans la crevasse, et les ensevelit vivants dans le glacier.
Tout secours était inutile ; les survivants redescendirent déses-
pérés à Chamounix. Quelques ossements, des lambeaux de vêtements, une lanterne écrasée, un chapeau de feutre, appartenant
à l'une des trois victimes, ont été trouvés à la surface de la partie
inférieure du glacier des Bossons, le 15 août 1861 : ces débris
avaient mis quarante et un ans pour descendre du grand Plateau
dans la vallée de Chamounix. Le dernier survivant de ce terrible
accident reconnut les objets qui avaient appartenu à Pierre
Balmat, l'une des victimes du désastre.

Nous prîmes les précautions que la prudence indique. Sans être attachés à une même corde, nous nous suivions de très-près, et nous avions soin que les angles formés par nos zigzags eussent une ouverture de 15 degrés au moins. Nous enfoncions jusqu'aux mollets dans la neige, dont la température était toujours de — 11°,0 à un décimètre de profondeur. La raréfaction de l'air et l'épaisseur de la neige, d'où nous étions obligés de retirer nos jambes à chaque instant, nous forçaient à marcher lentement ; tous les vingt pas, nous nous arrêtions essoufflés, et nous sentions nos pieds douloureusement froids et près de se congeler. Pendant nos courtes haltes, nous les frappions avec nos bâtons pour les réchauffer. Cette partie de l'ascension fut très-fatigante : cependant un beau soleil et un air calme favorisaient nos efforts. Arrivés à la pente en forme de col qui sépare les rochers Rouges des Petits-Mulets, nous aperçûmes tout à coup les montagnes situées au sud du Mont-Blanc, et au delà les plaines de l'Italie. Rien ne nous abritait plus : le vent du nord-ouest, insensible auparavant, enleva le chapeau de Mugnier, et, quoique chaudement vêtu, je me crus subitement déshabillé, tant ce vent était froid et pénétrant. Obliquant à droite, nous arrivâmes bientôt aux Petits-Mulets, rochers de protogine situés à 130 mètres seulement au-dessous du sommet. Nous touchions au but, mais nous marchions lentement, la tête baissée, la poitrine haletante, semblables à un convoi de malades. La raréfaction de l'air affectait nos organes d'une manière pénible : à chaque instant, la colonne faisait halte. Bravais voulut savoir combien de temps il pourrait marcher en montant le plus vite possible : il s'arrêta au trente-deuxième pas, sans pouvoir en faire un de plus. Enfin, à une heure trois quarts, nous atteignîmes ce sommet tant désiré. Il avait la forme d'une arête dirigée de l'est-nord-est au sud-sud-ouest ; cette arête n'était pas tranchante, comme de Saussure l'avait trouvée, mais d'une largeur de 5 à 6 mètres. Du côté du nord, elle aboutissait à une immense pente de neige d'une inclinaison de 40 à 45 degrés, qui se termine au grand Plateau; du côté du midi, elle se continuait avec une petite surface plane parallèle à l'arête, inclinée d'une dizaine de degrés et large de 100 mètres environ. Cette surface se prolongeait vers le sud, en se rattachant à une pente rapide interrompue brusquement au niveau des grands escarpements de rochers qui dominent l'Allée Blanche. A l'est, l'arête se raccorde avec un second sommet appelé le *Mont-Blanc de Courmayeur*, et moins élevé que la cime de 50 à 60 mètres. Au milieu de cette arête se trouve le rocher de la *Tourette*, situé à 80 mètres seulement au-dessous du sommet principal, et incontestablement le rocher le plus élevé de l'Europe. A l'ouest, la cime se relie par une mince crête de neige à la Bosse du Dromadaire.

RÉSULTATS SCIENTIFIQUES.

Après avoir repris haleine, notre premier regard fut pour l'immense panorama qui nous entourait; je ne le décrirai pas après de Saussure. Que le lecteur prenne une carte d'Europe et place une pointe de compas sur le sommet du Mont-Blanc, l'autre sur la ville de Dijon, et trace une circonférence dont le Mont-Blanc soit le centre. Ce cercle, dont le diamètre est de 420 kilomètres, comprendra la portion de la surface terrestre que l'œil peut embrasser du haut du Mont-Blanc; mais tout n'est pas distinct, et au delà de 100 kilomètres les objets, voilés par le hâle, sont confus et effacés. Jusqu'à 60 kilomètres, tout est net et reconnaissable. Les points rapprochés me frappèrent d'abord. Au-dessous de nous, Chamounix semblait plongé au fond d'un puits. Le jardin de la Mer de glace, le col du Géant, la superbe aiguille du Midi, étaient sous nos pieds. Il semblait qu'on aurait pu jeter une pierre sur le col de la Seigne. Le Cramont, les glaciers de Ruitor, se dressaient comme

des rivaux du Mont-Blanc, et au delà des cimes décharnées se
montraient les unes derrière les autres, sans ordre, sans alignement, comparables aux arbres d'une forêt non plantée : c'était le
massif immense des Alpes piémontaises et françaises comprises
entre Aoste et Briançon. Le théodolite fut installé sur le sommet,
et Bravais se mit à relever les angles que les montagnes les plus
remarquables forment entre elles : c'est ce qui s'appelle un
tour d'horizon ou panorama géodésique (1). On comprend de
quelle importance il est pour la géographie mathématique de
pouvoir mesurer l'angle que font entre eux deux sommets aperçus du haut d'un troisième. A l'aide de ces angles, on construit
un réseau trigonométrique, base de toute bonne carte de géographie. Une cime culminante, comme celle du Mont-Blanc,
permet d'estimer directement la distance angulaire des deux
montagnes invisibles simultanément de tout autre point de la
surface terrestre. Si le Mont-Rose n'avait pas été malheureusement caché par des nuages, Bravais aurait obtenu la distance
angulaire de cette montagne au mont Pelvoux, par exemple,
comme il mesura celle du pic de Belledonne, près de Grenoble, à la Roche-Melon, près de Turin, et du Becco di Nonna,
qui domine la ville d'Aoste, au Pelvoux, près de Briançon. Il
y a plus : l'angle de dépression de ces sommets au-dessous de
la ligne horizontale tangente au sommet du Mont-Blanc, combinée avec la distance et la courbure de la terre, lui permit de calculer plus tard dans son cabinet la hauteur relative de ces sommets. Ainsi, la distance angulaire du mont Tabor au-dessus de
Modane et du Grand-Som, le point le plus élevé de la grande
Chartreuse, près de Grenoble, est de 41° 46′. L'angle de dépression du Tabor est de 1° 27′, nombre qui assigne une hauteur
de 3180 mètres à cette montagne. Pour le Grand-Som, le
même angle de dépression est de 2° 2′, ce qui, vu la distance,

(1) Voyez A. Bravais, *le Mont-Blanc, ou Description de la vue et des phénomènes qu'on peut apercevoir sur son sommet.* In-12.

permet de conclure à une altitude de 2033 mètres seulement.

Comme de Saussure, nous fûmes frappés du désordre des montagnes qui s'élèvent au sud du Mont-Blanc; le mot de *chaîne* leur est inapplicable, mais celui de *groupes* leur convient parfaitement : on reconnaît très-bien ceux de l'Oisans ou du Pelvoux, des Rousses, des Alpes occidentales comprises entre le Drac et l'Arve, des aiguilles Rouges au-dessus de Chamounix, et enfin du Valais. Tous ces massifs appartiennent aux terrains cristallins, granite, protogine, gneiss; ou aux terrains anciens, schistes métamorphiques, carbonifère, etc. Si l'on se tourne vers le nord, l'aspect est tout différent : on suit les chaines qui se prolongent parallèlement au lac de Genève, celles du Jura se terminant à l'ouest par les profils de la grande Chartreuse, dont l'horizontalité contraste avec les sommets aigus et déchirés des Alpes françaises. Avant d'entrer dans le bassin du Léman, le Jura se dédouble en chaînons parallèles qui longent le lac de Neuchâtel et vont expirer au pied des montagnes de la forêt Noire. En Savoie, au sud du lac de Genève, nous comptâmes cinq chaînons, dont le dernier contient la montagne des Voirons. Si l'on jette un coup d'œil sur la belle carte géologique de la Haute-Savoie que M. Alphonse Favre a publiée en 1862, on reconnaît que ces chaines appartiennent aux terrains jurassiques, crétacés et tertiaires. Nous remarquâmes encore les chaines des Diablerets et du Simmenthal, qui font partie, comme celles du Chablais, des terrains de sédiment; elles sont également parallèles entre elles, mais se dirigent vers l'orient.

Nous ne pouvions consacrer tout notre temps au panorama; il fallait répéter les expériences de physique faites cinquante-sept ans auparavant par de Saussure, en particulier celle de l'ébullition de l'eau. Comme lui, nous eûmes de la peine à faire bouillir l'eau résultant de la neige fondue : la température de l'air, qui était à 8 degrés au-dessous de zéro, et la brise, qui refroidissait notre vase de fer-blanc, empêchaient le liquide d'arriver à la température de l'ébullition. Bravais prit un parti héroïque : versant l'alcool sur la lampe allumée, il produisit une flamme passagère, mais assez forte pour amener l'eau à bouillir. Le thermomètre marqua 84°,40. La colonne barométrique, mesure de la pression atmosphérique, avait au même instant une longueur de 423^{mm},74.

Le physicien, étudiant dans son cabinet les lois qui régissent les forces de la nature, réalise avec des appareils compliqués les conditions nécessaires pour mettre ces lois en relief; mais on ne peut les regarder comme définitivement acquises à la science que du jour où leur exactitude a été vérifiée expérimentalement en dehors des conditions nécessairement artificielles du laboratoire. La tension ou force élastique des vapeurs est dans ce cas ; on l'a étudiée en faisant varier la pression sous laquelle elle s'engendre : aussi fûmes-nous heureux de constater, à notre retour à Paris, que le degré d'ébullition observé par nous au sommet du Mont-Blanc ne différait que d'un vingtième de degré centigrade de celui constaté par M. Regnault avec les beaux appareils du collége de France. Pour le grand Plateau, l'écart était d'un centième aux Grands-Mulets, et à Chamounix, d'un vingt-cinquième. Des différences aussi minimes prouvent un accord complet, et montrent que les tables des tensions de la vapeur de M. Regnault sont l'expression exacte des relations qui lient les températures aux pressions. La même année, M. Izarn obtenait dans les Pyrénées, aux environs des Eaux-Bonnes, à de faibles hauteurs, des résultats qui, comme les nôtres, s'écartent en moyenne d'un vingt-cinquième de degré seulement des températures observées au collége de France.

Un rayon solaire tombant sur un sommet élevé doit être plus chaud que celui qui, traversant les couches les plus basses, et par conséquent les plus denses, de l'atmosphère, descend jusque dans la plaine, ces couches inférieures absorbant nécessairement une quantité notable de la chaleur de ce rayon. Ce que le raisonnement faisait prévoir, la simple observation le confirme déjà. Tous les voyageurs qui s'élèvent sur les hautes montagnes sont surpris de la chaleur extraordinaire du soleil et du sol comparée à la basse température de l'air à l'ombre. Aux Petits-Mulets, à 4680 mètres d'altitude, la neige avait fondu au contact des rochers et s'était convertie en glace compacte et glissante. Je ne pus employer dans mes expériences au sommet du Mont-Blanc les instruments de physique imaginés par Herschel et M. Pouillet : je les avais laissés au grand Plateau ; mais un essai très-simple me prouva combien la chaleur propre des rayons solaires est supérieure à celle de l'air. J'avais emporté une boîte remplie de sable siliceux de Fontainebleau : un thermomètre placé sur ce sable et légèrement recouvert par lui s'éleva au soleil à 5 degrés au-dessus de zéro, tandis que le thermomètre suspendu à l'air libre en marquait 8 au-dessous. C'était une différence de 13 degrés entre l'échauffement du sable et celui de l'air (1). Les expériences correspondantes faites au grand Plateau et à Chamounix avec le pyrhéliomètre à lentille de M. Pouillet montrèrent que la chaleur des rayons solaires était plus forte de 0°,13 à 0°,31 à 3930 mètres qu'à 1040 au-dessus de la mer, quoique à Chamounix la température de l'air à l'ombre fût supérieure de 19°,1 à celle de l'air du grand Plateau.

Bravais mesura l'intensité horizontale du magnétisme terrestre avec la même aiguille qu'il avait fait osciller à Paris, Orléans, Dijon, Lyon, Besançon, Berne, Bâle, Soleure, Thun, Brienz, sur le Faulhorn, et à dix stations situées autour du Mont-Blanc ; mais, après qu'il eut soumis ces mesures aux calculs les plus précis et les plus minutieux, l'influence de la hauteur sur l'intensité du magnétisme terrestre ne se manifesta pas

(1) Voyez page 36, la seconde note.

d'une manière évidente. Aucune loi ne ressortait des chiffres obtenus : on peut seulement affirmer que la décroissance de la force horizontale du magnétisme est inférieure à la fraction de $\frac{1}{1000}$ par kilomètre de hauteur verticale. Le même désaccord existe dans les résultats déduits par un savant écossais, J. D. Forbes, d'une longue série d'observations faites dans les Alpes et les Pyrénées. Que conclure de ces incertitudes? Rien, sinon qu'il faut perfectionner les moyens d'étudier les forces magnétiques. Dès que cette condition sera remplie, la loi se manifestera : c'est ainsi que la science nous enseigne elle-même la nature des lacunes qui restent à combler, et nous indique le genre de perfectionnement qu'elles réclament.

Pendant les cinq heures que nous passâmes sur le sommet du Mont-Blanc, nous observâmes quatre fois la hauteur du baromètre. La hauteur moyenne, réduite à la température de la glace fondante, fut de 424^{mm},27. La température du mercure était au-dessous de zéro, et même à six heures elle était tombée à — 11°,0, celle de l'air étant à — 11°,8. Le psychromètre, instrument destiné à mesurer le degré d'humidité de l'air, nous apprit qu'il était sec, car il ne contenait que 57 pour 100 de la quantité de vapeur d'eau qui eût été nécessaire pour le saturer à cette basse température, et changer en brouillard la vapeur aqueuse invisible qui existe toujours en certaine proportion dans l'atmosphère.

Nos observations barométriques et thermométriques devaient servir à contrôler celles de de Saussure, et les mesures géodésiques du Mont-Blanc faites antérieurement par Schuckburgh en 1776, Pictet et Tralles, Carlini et Plana en 1822, le colonel Corabœuf et le commandant Delcros en 1823, enfin M. Roger de Nyon en 1828. Essayons de faire comprendre l'importance de ces recherches. Pour mesurer la hauteur d'une montagne, l'observateur a le choix entre deux méthodes, la méthode géométrique et la méthode barométrique. La première, réduite à ses éléments, consiste à mesurer une base, c'est-à-dire une ligne droite d'une longueur convenable, sur un terrain aussi horizontal que possible. Cette base mesurée, le géomètre se place successivement à ses deux extrémités avec un instrument, appelé théodolite, propre à déterminer en degrés, minutes et secondes la valeur des angles que le sommet de la montagne fait avec la base mesurée. Recommençant des centaines de fois cette opération, il obtient un triangle dont la base et les deux angles adjacents sont connus : le triangle est donc connu lui-même, et par conséquent la hauteur de la montagne. Une autre méthode consiste à se placer sur une montagne d'une altitude bien déterminée, et à obtenir avec une grande exactitude la différence de la hauteur angulaire entre cette station et la montagne dont on veut connaître la hauteur. C'est la méthode employée par Bravais à la cime du Mont-Blanc pour mesurer simultanément l'altitude des sommets principaux visibles du haut de cet observatoire. En apparence, ces deux méthodes semblent d'une rigueur absolue, comme la science à laquelle elles sont empruntées. Cette rigueur n'est qu'apparente. La ligne qui de l'œil de l'observateur passe à travers la lunette du théodolite pour aboutir au sommet dont on veut estimer la hauteur, n'est point une ligne droite : c'est une ligne courbe, une *trajectoire*. La courbure de cette trajectoire varie avec la distance, la température, l'humidité et la transparence de l'air, non-seulement tous les jours, mais à toutes les heures de la journée. La position apparente du sommet que l'on vise change à chaque instant : suivant l'état de l'atmosphère, ce sommet semble s'élever, s'abaisser ou se déplacer latéralement. Sans être géomètre, chacun peut s'en assurer bien aisément.

Qu'on braque sur un sommet éloigné une lunette dont l'objectif soit muni de deux fils d'araignée se coupant à angle droit au milieu de la lentille, de façon que la pointe du sommet coïncide exactement avec l'entrecroisement des fils : si l'on fixe l'instrument dans cette position, et qu'on vienne mettre l'œil à la lunette une ou deux heures après, on verra que la pointe du sommet observé ne coïncidera plus avec l'intersection des fils, mais se sera déplacée. On donne le nom de *réfraction terrestre* à cette propriété de notre atmosphère de modifier sans cesse la courbure du rayon visuel qui, parti de notre œil, aboutit aux objets éloignés. C'est pour établir une compensation entre ces erreurs que le géomètre répète des centaines de fois ses mesures angulaires. Les plus grands mathématiciens se sont efforcés d'introduire, dans les formules qui servent à calculer la hauteur des montagnes mesurées géodésiquement, des corrections propres à éliminer les erreurs dues à la réfraction terrestre ; mais cette réfraction variant suivant l'état de l'atmosphère, et cet état n'étant habituellement connu qu'à la station inférieure, on ignore quelles sont, au moment où l'on vise la cime, les conditions atmosphériques de l'air intermédiaire et de celui dont elle est entourée. On en est réduit à des hypothèses plus ou moins probables : de là des inexactitudes qui enlèvent aux méthodes géodésiques le prestige qu'elles empruntent aux procédés rigoureux dont elles font usage. Ce prestige a longtemps prévalu, et les mesures des hauteurs de montagnes par le baromètre ont été considérées comme nécessairement inexactes, tandis que les méthodes géodésiques passaient pour infaillibles. Elles le sont en effet lorsque des mesures répétées, faites suivant différentes méthodes, concordent entre elles. C'est ainsi que les mesures géodésiques du Mont-Blanc donnent, en moyenne, pour sa hauteur au-dessus du niveau de la mer, 4809^m,6, hauteur qu'on peut considérer comme parfaitement exacte ; mais une mesure unique, quel que soit le soin qu'on y ait apporté, n'a pas un degré de certitude supérieur à celles du baromètre.

On comprend l'intérêt que nous attachions à nos quatre observations barométriques : nous voulions apporter un élément

de plus, emprunté au sommet le plus élevé de l'Europe, dans
cette grande lutte entre le baromètre et le théodolite. Mais on
ne peut calculer la hauteur d'une montagne, mesurée par le baromètre, qu'au moyen d'observations barométriques correspondantes, c'est-à-dire faites à la même heure dans une station peu
éloignée; il faut en outre que la hauteur de ces différentes
stations au-dessus de la mer soit parfaitement connue. Sous ce
rapport, le Mont-Blanc est heureusement placé. Nous avions
les stations correspondantes de Chamounix, où se trouvait
M. Camille Bravais; le grand Saint-Bernard, où les religieux
observent les instruments météorologiques cinq fois par jour;
l'observatoire de Genève; Chougny, près de cette ville, où habitait le vénérable astronome Gautier; Aoste, où le chanoine
Carrel continuait sans interruption une série météorologique;
enfin, les observatoires de Lyon, Milan et Marseille. Une autre
condition indispensable pour arriver à un bon résultat est la
comparaison directe du baromètre de montagne à tous les baromètres correspondants. Nous avions pris cette précaution, et
nous pouvions tenir compte des différences souvent notables
que les meilleurs instruments présentent entre eux. M. Delcros,
un des officiers les plus distingués de l'ancien corps des ingé-
nieurs-géographes, voulut bien faire les calculs nécessaires,
dont le résultat définitif donne pour le sommet du Mont-Blanc
une élévation de 4810^m,0 au-dessus de la Méditerranée (1). Le
chiffre déduit de nos quatre observations barométriques ne
différait donc que de 0^m,4 du résultat moyen de la géodésie.
Les circonstances météorologiques avaient été propices pour
obtenir une bonne altitude, et les heures choisies très-favorables. En effet, M. Plantamour, directeur de l'observatoire de
Genève, après avoir déterminé la hauteur de l'hospice du Saint-

(1) Delcros, *Sur les hauteurs du Mont-Blanc et du Mont-Rose* (*Annuaire
météorologique de la France*, 1851, t. III, p. 215).

Bernard au-dessus du lac Léman par deux nivellements directs partant du lac et aboutissant au seuil du couvent, en a ensuite calculé la hauteur par dix-huit années d'observations barométriques correspondantes à celles de l'observatoire de Genève. Le résultat de cet immense travail, c'est que les observations barométriques correspondantes, prises entre deux heures et quatre heures de l'après-midi, ne donnent, en août et en septembre, qu'une erreur probable de $\frac{1}{1296}$ de la hauteur, soit 1 mètre pour 1300 mètres environ. Des observations barométriques plus nombreuses que celles faites par nous au sommet du Mont-Blanc doivent inspirer plus de confiance encore. Du 15 juillet au 7 août 1841, nous fîmes, Bravais et moi, au sommet du Faulhorn, cent cinquante-deux observations barométriques, continuées jour et nuit de trois heures en trois heures. La moyenne de ces observations donne 2682 mètres pour la hauteur de cette montagne; le chiffre de la géodésie est de 2683 mètres : ainsi, encore dans ce cas, le baromètre est, comme exactitude, l'égal du théodolite, et de nombreuses observations barométriques équivalent à la répétition des angles mesurés sur le cercle de l'instrument géodésique.

La hauteur du Mont-Blanc ne paraît pas avoir sensiblement varié depuis la première mesure faite en 1775 par Schuckburgh jusque dans ces derniers temps. Cette constance a lieu d'étonner, le sommet étant formé uniquement de neiges et de glaces dont de Saussure estimait l'épaisseur à 65 mètres environ. Il paraît évident que le Mont-Blanc est une pyramide semblable à sa voisine l'aiguille du Midi. Les rochers Rouges, les Petits-Mulets, la Tourette, sont des pointes encore saillantes de cette pyramide; le reste est recouvert d'une calotte de neige qui ne fond plus, à cause de l'élévation de la montagne, au sommet de laquelle la température de l'air est très-rarement à zéro et presque constamment fort au-dessous. On se demande donc comment il se fait que l'épaisseur de cette calotte de

neige soit invariable, et que l'altitude de la montagne ne change
pas suivant les saisons et même suivant les années. En effet, la
quantité de neige qui y tombe, les vents qui la balayent, l'évaporation qui en diminue l'épaisseur, la condensation des nuages
qui l'augmente, varient d'une année à l'autre : aussi la forme du
sommet n'est-elle jamais la même. Que l'on compare les descriptions de de Saussure, de Clissold, de Marckham-Sherwill,
de Henri de Tilly, avec celle de Bravais, faites successivement
en 1787, 1822, 1825, 1834 et 1844, et l'on verra que chacun de
ces voyageurs a trouvé une forme différente, sauf le trait fon-
damental, une crête en dos d'âne dirigée de l'est à l'ouest.
Comment en serait-il autrement? Des neiges tombent sur le
Mont-Blanc, amenées par tous les vents du compas : à peine
tombées, elles sont balayées, déplacées, emportées, si bien que
la surface de ces neiges ressemble à celle d'un champ labouré.
Même par les plus beaux temps, lorsque le calme le plus parfait
règne dans la plaine, une légère fumée semble s'échapper de
la cime, chassée horizontalement par un vent violent : c'est,
disent les Savoisiens, le Mont-Blanc *qui fume sa pipe,* signe de
beau temps, si la fumée est entraînée du côté du sud. En définitive, néanmoins, toutes ces causes variées d'ablation et d'accroissement se compensent, et la hauteur du sommet reste la
même. La nature ne procède jamais autrement : rien n'est
stable d'une manière absolue; tout oscille, la molécule comme
l'océan. Cette oscillation autour d'un état moyen, c'est la fixité
de la vie; l'immobilité, c'est la mort, et les forces générales de
la nature, qui régissent le monde inorganique comme le monde
organique, ne se reposent jamais.

Les opérations dont je viens d'énumérer les principaux résultats étaient à peine achevées, que le soleil s'approchait des
lignes du Jura dans la direction de Genève : il était six heures
un quart; le thermomètre marquait pour la température de
l'air — 11°,8, pour celle de la neige à la surface — 17°,6, et

— 14°,0 à 2 décimètres de profondeur. Le contact de cette neige, même à travers nos épaisses chaussures, était une véritable souffrance. Cependant nous voulions rester encore pour faire des signaux de feu visibles à la fois de Genève, de Lyon et de Dijon, où se trouvaient des astronomes prévenus de nos intentions. Ces signaux, vus simultanément de ces trois villes, eussent permis de déterminer rigoureusement leurs différences de longitude ; mais le froid était déjà si vif, que nous sentîmes qu'il eût été impossible de nous attarder plus longtemps sans compromettre notre vie et celle de nos guides. Auguste Simond voulait demeurer seul pour faire les signaux convenus ; nous refusâmes, et nous fîmes bien. Depuis, la télégraphie électrique a permis d'obtenir sans déplacement et sans peine un résultat qui eût été acheté peut-être par la vie ou la santé d'un père de famille. Le départ fut résolu, et nous commencions à descendre, lorsque nous nous arrêtâmes tout à coup devant le plus étonnant spectacle qu'il soit donné à l'homme de contempler. L'ombre du Mont-Blanc, formant un cône immense, s'étendait sur les blanches montagnes du Piémont : elle s'avançait lentement vers l'horizon, et nous la vîmes s'élever dans l'air au-dessus du Becco di Nonna ; mais alors les ombres des autres montagnes vinrent successivement se joindre à elle à mesure que le soleil se couchait pour leur cime, et former ainsi un cortége à l'ombre du dominateur des Alpes. Toutes, par un effet de perspective, convergeaient vers lui. Ces ombres, d'un bleu verdâtre vers leur base, étaient entourées d'une teinte pourpre très-vive qui se fondait dans le rose du ciel. C'était un spectacle splendide. Un poëte eût dit que des anges aux ailes enflammées s'inclinaient autour du trône qui portait un Jéhovah invisible. Les ombres avaient disparu dans le ciel, et nous étions encore cloués à la même place, immobiles, mais non muets d'étonnement, car notre admiration se traduisait par les exclamations les plus variées. Seules, les aurores boréales du nord de l'Europe peuvent donner un spectacle d'une magnificence comparable à celle du phénomène inattendu que personne avant nous n'avait contemplé de la cime du Mont-Blanc.

Le soleil se couchait, il fallut partir. Nous nous attachâmes tous à une même corde, et nous nous précipitâmes vers le grand Plateau. En passant près des Petits-Mulets, je ramassai deux pierres sur la neige. Aux bulles de verre qui les recouvraient, je reconnus plus tard que c'étaient des fragments de rocher dispersés par la foudre, qui tombe si souvent sur ces sommités. A partir des Petits-Mulets, nous ne nous arrêtâmes plus, nous descendîmes comme une avalanche, tout droit, sans choisir notre route : chacun était entraîné par celui qui le précédait, et Mugnier, qui tenait la tête, s'élançait en sautant sur la pente, enfonçant à chaque saut dans la neige, qui modérait suffisamment l'élan de ce chapelet mouvant. Arrivés au grand Plateau, il fallut nous arrêter un moment pour prendre haleine ; puis, d'un pas rapide nous arrivâmes à notre tente à sept heures trois quarts. En cinquante-cinq minutes, nous étions descendus du sommet, élevé de 800 mètres au-dessus du grand Plateau. Quand nous entrâmes dans notre tente, nous crûmes revoir le foyer domestique, et nous y goûtâmes un repos bien mérité. Néanmoins les observations météorologiques furent continuées héroïquement de deux heures en deux heures pendant la nuit. A minuit, le thermomètre marquait — 6°,9 ; la température de la neige était de — 18°,5 à la surface, et de — 10°,4 à 2 décimètres de profondeur. Ces chiffres, plus éloquents que tous les raisonnements, nous démontrèrent que nous avions agi sagement en ne prolongeant pas notre station au sommet du Mont-Blanc ; mais nous restâmes encore trois jours au grand Plateau pour faire les observations et les expériences que nous avions été forcés d'omettre au sommet. Nous imitions en cela notre maître et prédécesseur de Saussure, qui après son ascension au Mont-Blanc, alla passer, en 1788, quinze

jours sur le col du Géant, à 3400 mètres au-dessus de la mer.
Au grand Plateau, nous étions à 530 mètres plus haut, mais
des circonstances indépendantes de notre volonté nous empêchèrent d'y rester aussi longtemps.

Pendant notre séjour, le tonnerre des avalanches troublait seul le silence imposant de ces hautes régions. Nous ne
vîmes point d'êtres animés, sauf des abeilles et des papillons,
qui, entraînés par les courants aériens ascendants, ne tardaient
pas à expirer sur la neige. La veille de notre départ, des cho-
quarts ou corneilles, à bec jaune (*Corvus pyrrhocorax*), vinrent
voler autour de nous, attirés sans doute par quelques débris de
pain gelé ou des os de mouton et de poulet gisant aux environs
de notre tente. Nos trois jours furent bien employés, et peut-être
essayerai-je plus tard d'exposer les principaux résultats obtenus
dans les Alpes pendant le séjour à des hauteurs supérieures
à 2000 mètres, par de Saussure, Agassiz et Desor, Bravais et
moi-même, les frères Schlagintweit et Dollfus-Ausset : c'est une
longue analyse qui ne saurait former un simple appendice
au récit de deux ascensions scientifiques. Les oscillations du
baromètre et du thermomètre ; l'humidité relative de l'air aux
différentes heures de la journée ; les températures du sol à
diverses profondeurs ; le rayonnement nocturne de la surface de la neige, des plantes et d'autres corps de la nature ;
la mesure de la chaleur propre des rayons solaires ; l'intensité relative et la vitesse du son ascendant et descendant ; les
phénomènes si compliqués et si intéressants des glaciers ; la
végétation et la vie animale dans ces hautes régions ; enfin, les
phénomènes physiologiques qui se manifestent chez l'homme :
tels sont les principaux sujets de recherches qui ont occupé ces
observateurs ; elles complètent celles qui avaient été faites avant
eux pendant les ascensions sur les hautes cimes. Les résultats
définitifs de ces expériences et de ces observations forment
autant de chapitres intéressants qui viennent prendre place dans

les traités de physique, de météorologie, de physique du globe, de géographie botanique et zoologique. Comparées aux recherches entreprises dans les régions polaires, ces études nous permettent de distinguer les phénomènes produits uniquement par l'abaissement de la température de ceux qui s'expliquent spécialement par une grande élévation au-dessus du niveau des mers. En un mot, elles nous conduisent à un parallèle rigoureux des influences de la latitude et de l'altitude; par suite, aux applications les plus variées et les plus fécondes de ces données à l'agriculture, à l'hygiène, et par conséquent au bien-être des populations destinées à vivre dans les pays de montagnes.

LE CAMPAGNOL DES NEIGES.

Entre le lac de Brienz et les hautes Alpes bernoises, s'élève un groupe de montagnes dont le Faulhorn occupe à peu près le centre. Son sommet est à 2683 mètres au-dessus de la mer. Du haut de ce belvédère l'œil embrasse les chaînes des Alpes, du Jura et des Vosges; on découvre les lacs de Brienz, de Thun, des Quatre-Cantons, de Morat, de Neufchâtel, et toute la plaine de la Suisse comprise entre ces lacs. En 1832, un habitant de Grindelwald eut l'heureuse idée de bâtir une petite auberge sur ce sommet. Il y réside depuis le 15 juillet jusqu'au 15 octobre, et sa maison est une des plus hautes de l'Europe, puisqu'elle se trouve à 206 mètres au-dessus de l'hospice du grand Saint-Bernard, mais à 670 mètres au-dessous du petit hôtel construit depuis 1855 au sommet du col Saint-Théodule, en Valais, à 3350 mètres au-dessus de la mer (1).

Curieux de comparer les climats que j'avais étudiés au Spitzberg et en Laponie avec un climat tout aussi rigoureux, non plus à cause de sa latitude, mais à raison de son élévation au-dessus de l'Océan, je m'étais établi avec mon ami A. Bravais dans cet observatoire aérien pendant les mois de juillet et d'août 1841. Tandis que nous nous livrions à nos expériences, nous apercevions souvent un petit animal passer rapidement près de nous, et se glisser furtivement dans son terrier. Nous remarquâmes qu'il se trouvait aussi dans l'auberge et se nourrissait de plantes alpines. Au premier abord, sa ressemblance avec la souris commune nous fit croire que cet hôte incommode avait

(1) Voyez page 98.

suivi l'homme dans sa demeure sur le Faulhorn, comme il a
jadis traversé les mers à bord des navires. Mais un examen plus
attentif me prouva que, loin d'être une souris, c'était une espèce
du genre campagnol, qui avait échappé jusqu'ici aux recherches
des naturalistes. Je le désignerai sous le nom de campagnol des
neiges (*Arvicola nivalis*). Ce n'est pas la première fois cependant
que ce petit animal avait été remarqué par des voyageurs. En
1811, le major Weiss, ayant dressé au sommet du Faulhorn un
signal géodésique, dit y avoir vu une espèce de souris qu'il
n'avait jamais aperçue autre part. Ce fait prouve que ce campagnol habitait le sommet du Faulhorn avant qu'on eût bâti
l'auberge qui date de 1832; mais on l'a encore observé ailleurs
dans les hautes Alpes. Les guides de M. Pictet lui assurèrent
avoir trouvé des souris aux rochers des Grands-Mulets, à
3050 mètres au-dessus de la mer. Ces souris sont des individus
de cette espèce, qui ressemblent, à s'y méprendre, à la souris
domestique. Or, les Grands-Mulets sont des rochers où l'on
passe la nuit en montant au Mont-Blanc, après avoir marché
pendant plusieurs heures sur la neige et sur la glace. Ainsi c'est
dans cette île entourée d'un océan de neige et où végètent à
peine quelques plantes alpines, que de nombreuses générations
de ces animaux se sont reproduites. Enfin, un explorateur intrépide des hautes Alpes, M. Hugi, a rencontré ce même rongeur
sur le Finsteraarhorn, à une hauteur de 3900 mètres au-dessus
de la mer (1).

---

(1) Depuis, cet animal a été trouvé dans toute la chaîne des Alpes. Blasius le
signale, dans sa *Faune d'Allemagne*, sur le Saint-Gothard, au col Saint-Théodule,
sur le Bernina, le Piz Languard, le Gross-Glockner et l'Oetzthal en Tyrol, sur
les hautes Alpes de Provence, etc. M. de Sélys-Longchamps l'indique également
sur le pic du Midi dans les Pyrénées. Mais, comme c'est malheureusement toujours le cas en histoire naturelle, le campagnol des neiges a été désigné sous plusieurs noms : *Hypudæus alpinus*, Wagn. Schreb., 1842 ; *H. nivicola*, Schinz,
1844 ; *Arvicola leucurus*, Gerbe, 1852: *A. Lebrunii*, Cresp., 1844, et *Hypudæus petrophilus*, Wagn., 1853.

Dans les Alpes, la limite des neiges éternelles peut être fixée
à 2700 mètres. C'est donc au niveau, ou au-dessus de cette
limite, que ce campagnol a établi sa demeure, particularité d'autant plus singulière, que toutes les autres espèces du même
genre habitent dans nos fermes et dans les champs cultivés des
plaines de l'Europe. Combien les conditions d'existence sont
différentes pour l'espèce alpine ! Elle vit sous une pression
atmosphérique plus faible d'un tiers que celle des plaines. L'été
dure trois mois, pendant lesquels il tombe de la neige presque
toutes les semaines. Au Faulhorn, la température moyenne de
l'année est de — 2°,3 ; celle de l'été de + 3°,3 (1). En hiver, des
masses de neiges énormes chargent le sol, et cependant notre
petit animal passe la saison rigoureuse sans s'engourdir, protégé
qu'il est contre le froid par cette même neige, qui rend ces
hauteurs inabordables à d'autres animaux. Voici comment on
s'en est assuré. Le 8 janvier 1832, M. Hugi, de Soleure, voulut
visiter le glacier de Grindelwald, afin d'étudier son état hivernal.
L'ascension le long des flancs du Mettenberg fut pénible ; les
voyageurs rencontraient des masses de glace dans lesquelles il
fallait creuser des pas ou des trous à coups de hache ; et, d'un
autre côté, la neige ayant tout nivelé, on ne pouvait profiter
des saillies du terrain. Les cascades, converties en longues
stalactites pendantes, étaient immobiles, et semblaient menacer
de leur chute les audacieux voyageurs qui venaient troubler le
silence de mort de ces solitudes élevées. Enfin, vers le soir, ils
arrivèrent à la Stierreg. Là habite pendant l'été un gardeur de
chèvres ; on se met à la recherche de sa cabane, mais rien sur
cette surface uniforme ne dénote sa présence. Enfin, on aperçoit
une légère élévation sur la neige. On se met à creuser, et vers
le soir on découvre le toit de la hutte ; on continue à déblayer
la neige pour débarrasser la porte. On l'ouvre : une vingtaine de

(1) A Paris, la moyenne de l'année est de 10°,6 ; celle de l'été, de 18°,2.

campagnols prennent la fuite; sept sont tués, et dans la description de l'auteur il est impossible de méconnaître l'*Arvicola nivalis*. Ainsi donc, grâce à M. Hugi, nous savons que le campagnol des neiges ne s'engourdit pas pendant l'hiver et qu'il ne change pas de pelage, faits également intéressants tous les deux pour l'histoire naturelle.

Nous n'aurions pas entretenu nos lecteurs de ce petit quadrupède, s'il ne présentait quelques particularités curieuses sous le point de vue de ses mœurs et de son habitation. Les types de la nature se jouent dans des formes sans nombre, et la connaissance d'une forme nouvelle n'a d'intérêt que pour les naturalistes. Mais il est intéressant pour tout le monde de savoir qu'il existe un mammifère à des hauteurs où nul autre ne pourrait subsister. Ce n'est point volontairement que le chamois s'est réfugié sur les cimes neigeuses des Alpes; c'est l'homme qui l'a exilé des prairies et des forêts subalpines qu'il habitait et où il redescend encore pendant l'hiver. Notre campagnol est donc, de tous les mammifères connus, celui qui habite volontairement le plus haut dans les Alpes. C'est aussi une espèce de plus à ajouter à la liste si peu nombreuse des quadrupèdes terrestres de l'Europe, dont le nombre, d'après le recensement de M. Sélys-Longchamps, ne s'élève qu'à 121.

Je trouve aussi un enseignement utile dans l'histoire de la découverte de ce petit animal : elle montre qu'en zoologie, les apparences sont souvent trompeuses et les assertions des gens du pays fort peu dignes de foi. Longtemps le campagnol des neiges vit inconnu sur ces hautes sommités, qui inspiraient encore, il y a cinquante ans, aux habitants des vallées, une superstitieuse terreur. Un peintre, appelé Kœnig, monte au Faulhorn pour y prendre des vues, et est frappé du nombre des terriers dont le sommet est percé. Plus tard, un ingénieur-géographe, M. Weiss, établit un signal géodésique sur le sommet; le premier, il soupçonne que l'animal est une espèce inconnue,

Puis quelques guides en parlent à un physicien, Marc-Auguste Pictet, qui consigne ce fait dans un itinéraire. Un géologue, M. Hugi, rencontre un petit rongeur, dans ses excursions d'été, sur les sommets des hautes Alpes, et le retrouve en plein hiver dans une hutte enterrée sous la neige. Enfin, deux météorologistes, séjournant au sommet du Faulhorn pour s'occuper spécialement des phénomènes atmosphériques et de leur influence sur la végétation, le remarquent et s'en emparent. Peu s'en faut qu'ils ne le négligent, pensant que la montagne était accouchée d'une souris, suivant un mot plaisant d'Arago. Un examen plus attentif les fait revenir d'une opinion trop légèrement conçue, et cet animal, vu et dédaigné par tant d'observateurs, se trouve être une espèce nouvelle, qui rentre dans un petit groupe de campagnols murins, c'est-à-dire à apparence de souris, dont la France, l'Angleterre, la Belgique et la Suède possèdent un seul représentant, le campagnol des rives (*Arvicola riparia*, Yarrell) (1), qui a été signalé en Angleterre par M. Yarrell, près d'Abbeville par M. Baillon, dans le département de Maine-et-Loire par M. Millet, aux environs de Metz par M. Hollandre, autour de Liége par M. de Sélys, et en Suède par M. Sundevall. Réunies à deux autres, découvertes par Pallas en Sibérie, ces deux espèces établissent, par leurs formes extérieures, la transition des campagnols aux souris, tandis que leur organisation anatomique et leur genre de vie ne diffèrent pas de ceux des autres espèces du genre campagnol.

(1) *Arvicola fulvus*, Mill.; *A. pratensis*, Baill.; *A. glareolus*, Bl.; *A. rufescens*, Sélys.

DES CAUSES DU FROID

SUR LES HAUTES MONTAGNES.

Au commencement d'août 1859, vers le milieu de la journée, des amis réunis sous le toit hospitalier de Combe-Varin (1) jouissaient délicieusement de la fraîcheur, à l'ombre des grands sapins de la forêt voisine. Dans cette haute vallée des Ponts, ils échappaient aux chaleurs caniculaires de la plaine suisse, de Paris ou de Montpellier. Chacun peignait les souffrances qu'il avait endurées et dont le souvenir ajoutait au charme de cette température mitigée même en plein midi. Une jeune mère regardait avec amour sa petite fille dont les joues pâlies par les chaleurs du Languedoc avaient repris leurs belles couleurs. Un philosophe américain (2) retrouvait dans cet air vivifiant les forces de la jeunesse, et sa hache abattait, comme jadis dans la forêt vierge, les branches mortes des arbres jurassiques. Une dame née sous le ciel bleu de l'Andalousie, qu'elle vantait toujours, convenait que les *sierras* du Jura étaient dans ce moment préférables aux plaines dorées de l'Espagne. Un professeur veuf de son cours jouissait délicieusement du bonheur de ne rien faire. Un physiologiste éminent (3) reposait sur les vertes prairies ses yeux fatigués par les travaux du microscope, et un chimiste (4) du gymnase de Neufchâtel aspirait avec délices les senteurs de la forêt, bien différentes de celles qu'on respire dans les laboratoires. Tout le monde se taisait, lorsqu'un assistant s'avisa de

(1) Chalet de M. Ed. Desor, dans le Jura neufchâtelois.
(2) Théodore Parker.
(3) Jacob Moleschott.
(4) Ch. Kopp.

demander pourquoi l'air était d'autant plus froid, qu'on s'élève davantage dans les montagnes; il n'entrevoyait, disait-il, aucune raison pour que la température fût plus basse sur un sommet que dans la plaine. Personne ne le contredit, et chacun convint qu'en y réfléchissant, il n'avait jamais su se rendre compte de cet étrange phénomène qu'on acceptait comme un fait, sans connaître ni chercher son explication. Le maître de la maison aurait pu prendre la parole, et traiter une question qui l'avait souvent préoccupé sur le glacier de l'Aar et dans ses nombreuses ascensions. Il insista pour la céder au professeur, qui venait de terminer sur ce sujet un travail tout hérissé de chiffres bon pour les savants de profession, illisible pour les lettrés et les gens du monde. Le maître hospitalier de Combe-Varin l'invita à traduire ces chiffres en français. L'attention bienveillante de l'auditoire l'encourageait, et, soutenu par l'intérêt du sujet et le souvenir récent de ses recherches, il s'exprima à peu près en ces termes:

« Un rayon de chaleur parti du soleil parcourt d'abord une distance de 34 millions de lieues, puis il arrive à l'atmosphère terrestre, mélange de gaz et de vapeur d'eau. Cette atmosphère a une épaisseur de 120.000 mètres; le rayon la traverse et l'échauffe en perdant de sa chaleur propre, à mesure qu'il pénètre dans des couches plus basses, et par conséquent plus denses et plus humides. Ce rayon de chaleur, s'arrêtant sur un sommet élevé de 2000 mètres au-dessus de la mer, est donc plus chaud que s'il traversait l'atmosphère dans toute son épaisseur, puisqu'il n'a traversé qu'une portion d'atmosphère moins épaisse de 2000 mètres que l'atmosphère totale. Ce que la théorie indique, l'expérience le prouve. De Saussure, au sommet du Cramont, trouve qu'un thermomètre emprisonné dans une boîte de bois noirci, fermée d'un côté par trois lames de verre, s'élève d'un degré de plus sur le Cramont, à 2755 mètres au-dessus de la mer, qu'à Courmayeur, à 1495, quoique l'air fût beaucoup plus froid sur le Cramont qu'à Courmayeur. A l'aide d'un instrument plus perfectionné, l'orateur et son ami Auguste Bravais constatent que la chaleur est plus forte au grand Plateau du Mont-Blanc, où la température de l'air à l'ombre était *au-dessous* de zéro, qu'au même instant à Chamounix, où le thermomètre marquait 19 degrés également à l'ombre : c'est que le grand Plateau est élevé de 2890 mètres au-dessus de Chamounix.

» — Mais alors, s'écria l'assistance tout d'une voix, il doit faire plus chaud sur la montagne, et le phénomène devient encore plus inexplicable qu'auparavant ; la physique elle-même fournit des arguments à notre ignorance et épaissit les ténèbres au lieu de les éclaircir.

» — Patience, reprit le professeur improvisé, ne vous hâtez pas de conclure ; tous les phénomènes météorologiques sont complexes, et jamais un effet ne s'explique par une seule cause. Dans son cabinet, le physicien dispose ses appareils de manière à isoler les effets, qui deviennent alors clairs, simples et susceptibles d'être soumis au calcul. Le météorologiste est moins heureux : son laboratoire, c'est l'immense atmosphère ; sans action sur les phénomènes qu'il observe, il a sans cesse sous les yeux des effets résultant de mille causes diverses agissant simultanément. Il étudie des actions et des réactions entre la terre et le ciel, qui toutes se modifient ou se détruisent entre elles. Spectacle grandiose, mais désespérant, qui habitue l'esprit à une sage réserve et lui enseigne à ne pas conclure prématurément. Veuillez donc, chers auditeurs, imiter les météorologistes, et me prêter encore quelques instants d'attention. Je poursuis. Ainsi donc, sur une montagne, le soleil est plus chaud que dans la plaine ; il doit donc échauffer le sol plus que dans la vallée. Ne vous en êtes-vous pas aperçus ? N'avez-vous pas été frappés, en vous asseyant sur les pelouses fleuries des hautes Alpes, de la chaleur du gazon, tandis que dans la plaine le voyageur craint cette fraîcheur du sol, cause fréquente de douloureux rhumatismes. Dans les Alpes, il étend sans crainte sur la terre son corps fatigué, en arrivant sur un sommet élevé ; car si le soleil luit, le sol est chaud comme la brique d'un poêle où le feu ne brûle plus, mais qui conserve encore la chaleur qui lui a été communiquée. Le thermomètre confirme ce que la sensation nous apprend. L'instrument, enfoncé dans le sol au sommet du Faulhorn, à 2680 mètres au-dessus de la mer, et noté régulièrement pendant des semaines entières par Bravais, Peltier et moi-même, a permis de formuler cette loi : *L'échauffement relatif du sol par rapport à celui de l'air est infiniment plus considérable sur la montagne que dans la plaine* (1).

» Cet échauffement relativement si notable de la surface du sol exerce une puissante influence sur la géographie physique des hautes Alpes ; c'est lui qui relève la limite des neiges éternelles, dont la fusion est due principalement à l'échauffement du sol. Tous les voyageurs qui ont abordé ces hautes régions savent que, dans les Alpes, les neiges fondent principalement en dessous, par l'effet de la chaleur de la terre. Souvent, quand on met le pied sur le bord d'un champ de neige, le poids du corps fait rompre une croûte superficielle qui ne repose pas sur le sol, dont la chaleur a fait disparaître la couche de neige en contact avec lui. Quelquefois le voyageur aperçoit avec étonnement, sous ces voûtes glacées, des soldanelles (*Soldanella alpina*, L., et *S. Clusii*, Thom.) en fleur, et les rosettes de feuilles du vulgaire pissenlit (*Taraxacum dens-leonis*). Il n'en est pas de même au Spitzberg, où le bord du champ de neige repose toujours sur le sol. C'est encore la fusion des neiges au contact du sol qui détermine le glissement de ces champs de neiges, cause des avalanches du printemps ; enfin, c'est cet échauffement qui nous explique la variété d'espèces végétales et le nombre d'individus dont le sol est couvert à la limite même des neiges éternelles. Étant toutes

(1) Voyez la seconde note de la page 36.

herbacées, elles n'enfoncent leurs racines que dans la couche superficielle du sol, précisément celle qui, comme nous l'avons vu, s'échauffe si fortement au soleil. La couleur noire du terreau végétal favorise encore l'absorption de la chaleur ; aussi, sur le cône terminal du Faulhorn, dont la hauteur est de 80 mètres et la superficie de 4 hectares et demi, a-t-on observé 132 espèces phanérogames. L'île entière du Spitzberg, longue de cent lieues et large de cinquante, n'en renferme que 93. Aux Grands-Mulets, rochers de protogine schisteuse surgissant au milieu des glaciers du Mont-Blanc, à 3050 mètres au-dessus de la mer, et par conséquent à 340 mètres *au-dessus* de la limite des neiges perpétuelles, on peut cueillir 24 phanérogames (1). Mais aussi, le 28 juillet 1846, la température de l'air à l'ombre étant à 9°,4, au soleil à 11°,4, celle du gravier schisteux dans lequel végétaient ces plantes s'élevait à 29°,0.

» Dans les Alpes, les plantes sont chauffées par le sol qui les porte plus que par l'air qui les baigne, et une vive lumière favorise leurs fonctions respiratoires, principalement la décomposition de l'acide carbonique de l'air sous l'influence de la lumière solaire. Dès que la température s'approche de zéro pendant le jour, une couche de neige récemment tombée les préserve des froids accidentels qui, même au fort de l'été, accompagnent toujours le mauvais temps sur les hautes montagnes. Également sensibles au froid et à la chaleur, elles ne peuvent supporter de grands écarts de température ; sans cesse humectées par les nuages ou arrosées par les eaux qui s'écoulent des neiges fondantes, elles exigent, pour prospérer dans les plaines, les soins les plus minutieux : l'horticulteur doit les défendre contre les froids de l'hiver et les préserver des chaleurs de l'été, veiller à ce que l'air et le sol ne soient ni trop humides ni trop secs, sans néanmoins les soustraire à l'influence de la lumière, qui colore leurs

(1) La liste se trouve page 279.

fleurs de teintes si belles et si variées. Au Spitzberg, au contraire, malgré le jour perpétuel de l'été, la végétation est pauvre et clair-semée, parce que les rayons obliques du soleil, absorbés en partie par la grande épaisseur d'atmosphère qu'ils traversent, n'ont le pouvoir ni d'éclairer ni d'échauffer cette terre glacée.

» On trouve à de grandes élévations dans les Alpes : au Faul-horn, à 2680 mètres; sur le Rothhorn, à 2250 mètres; dans la vallée d'Urseren, entre 1600 à 2400 mètres; aux Grands-Mulets, à 3050 mètres, et sur le Finsteraarhorn, à 3900 mètres, un campagnol dont j'ai déjà parlé (1), le campagnol des neiges (*Arvicola nivalis*). Cet animal ne tombe pas en léthargie, et ne descend pas non plus dans la plaine en hiver; il passe la mau-vaise saison dans des terriers qui ne s'enfoncent pas au delà de 3 décimètres dans le sol. Comment y vivrait-il, si la température du sol s'abaissait beaucoup au-dessous de zéro ? Mais la terre conserve sous la neige la chaleur qu'elle a acquise pendant l'été : le 2 octobre 1844, veille de la chute des premières neiges, elle était, sur le Faulhorn, de 4°,67. Vous savez maintenant, à n'en pouvoir douter, que le sol s'échauffe plus que l'air sur les hautes montagnes, car nous venons d'étudier les conséquences de cet échauffement.

» — La question n'a pas fait un pas ! s'écria un auditeur im-patient. Nous demandons à connaître les causes du froid sur les montagnes, on commence par nous parler longuement des causes de chaleur.

» — Ce sont les mêmes, reprit l'orateur. Paradoxale en apparence, cette assertion est la vérité. En hiver, quand nous sortons pendant la nuit et que le ciel est serein, nous avons froid. Si le ciel est couvert de nuages, le froid est beaucoup moins sensible. Pourquoi ? C'est que, dans le premier cas, nous

---

(1) Voyez page 311, et pour plus de détails, deux notes sur l'*Arvicola nivalis* (*Annales des sciences naturelles*, 2ᵉ série, 1843, t. XIX, p. 87, et 3ᵉ série, 1847, t. VIII, p. 493).

rayonnons vers le ciel, c'est-à-dire que nous échangeons de la
chaleur avec les espaces célestes ou planétaires. Or, à cet
échange, nous n'avons rien à gagner, car les estimations les
plus modérées des physiciens abaissent jusqu'à 60 degrés
au-dessous de zéro la température de ces espaces ; mais si les
nuages sont un écran qui s'oppose à ces échanges de température dont nous parlons, l'air lui-même en est un moins efficace,
mais aussi réel. Les couches inférieures de l'atmosphère, plus
denses que les supérieures, sont encore moins diathermanes que
celles-ci. Par conséquent, l'échange avec les espaces planétaires,
ou comme, disent les physiciens, l'*émission*, le *rayonnement* de la
chaleur, seront plus actifs sur la montagne que dans la plaine.
L'expérience prouve et le calcul apprécie numériquement ce
que le raisonnement indique. Certains corps ont la propriété
d'émettre la chaleur, de rayonner très-activement : ce sont le
noir de fumée, le duvet de cygne, le sable, la laine, le verre, le
bois, etc. Pour mesurer le rayonnement à l'air libre, M. Pouillet
a imaginé un instrument qu'il appelle *actinomètre*. Un thermomètre reposant sur le duvet de cygne indique le froid produit
par le rayonnement de cette substance. Deux de ces instruments
étaient, l'un sur le Faulhorn, l'autre à Brienz : la différence de
niveau des deux stations est de 2140 mètres. Dans la vallée, le
thermomètre du duvet de cygne ne se tenait qu'à 4°,6 *au-dessous*
d'un autre thermomètre suspendu librement à l'air. Au sommet de la montagne, il se tenait à 6°,3 *au-dessous* de celui de
l'air. Sur le grand Plateau du Mont-Blanc, à 3930 mètres,
le thermomètre de l'actinomètre descendait deux fois plus
bas au-dessous de celui de l'air qu'à Chamounix, qui n'est
élevé que de 1040 mètres au-dessus de la mer ; donc tous les
corps, au grand Plateau, se refroidissaient deux fois plus qu'à
Chamounix. Le sol rayonne aussi, et s'il s'échauffe plus que
l'air sous l'influence des rayons solaires pendant le jour, il se
refroidit plus que lui dès que les rayons du soleil ne le frappent

plus directement, c'est-à-dire à l'ombre et pendant la nuit. Tous les objets placés à la surface du sol, hommes, animaux, plantes, se refroidissent aussi, chacun suivant sa faculté rayonnante. Sont-ils soustraits au rayonnement, le refroidissement cesse. Une simple tente de toile m'a permis de passer, sans souffrir du froid, six nuits au grand Plateau avec MM. Bravais et Lepileur ; de minces planches de bois nous séparaient de la neige, et, enveloppés dans de chauds vêtements, nous n'avons pas senti le froid de 6 à 12 degrés au-dessous de zéro qui régnait au dehors.

» La neige pulvérulente qui tombe sur les hautes montagnes est peut-être le corps le plus rayonnant de la nature ; un thermomètre couché à sa surface descendait plus bas que celui qui reposait sur le duvet de cygne. Le 30 juillet, à dix heures du soir, par un temps calme et admirablement serein, nous avons vu le thermomètre couché à la surface de la neige descendre à — 20°,3, tandis que celui qui était suspendu dans l'air marquait seulement — 5°,3.

» Comprenez-vous maintenant, chers et patients auditeurs, que ce sol, ces rochers, cette neige, perdent pendant la nuit et à l'ombre toute la chaleur qu'ils ont gagnée pendant le jour et au soleil, refroidissent tout ce qui les touche ou les approche, l'air, les hommes, les animaux et les plantes ? Comprenez-vous comment cet échauffement notable de la journée est compensé par une prodigieuse déperdition de chaleur pendant la nuit ? Comprenez-vous aussi que cette moindre épaisseur de l'atmosphère qui favorise l'échauffement du sol sur un sommet, favorise encore plus son refroidissement par rayonnement à l'ombre et pendant la nuit ? J'avais donc raison de le dire : Les causes de la plus forte chaleur du sol et du froid plus intense de l'air sur un sommet élevé sont les mêmes.

» Il y a plus, et je n'en ai pas fini avec les causes du froid sur les montagnes. Il n'est personne de vous qui n'ait été péniblement impressionné en sortant d'un bain, lorsqu'un léger vent

sèche la peau en favorisant l'évaporation des gouttes d'eau restées sur le corps. C'est aux dépens de notre propre chaleur que
ces gouttelettes d'eau passent à l'état gazeux, en empruntant
à votre peau la chaleur nécessaire à leur transformation en
vapeur.

» La montagne éprouve ce que vous éprouvez : son sol
mouillé par la pluie, les brouillards ou les neiges fondantes,
évapore plus activement que celui de la plaine, parce que la
pression de l'atmosphère est moindre sur la montagne. De
Saussure s'en est assuré par l'expérience sur le col du Géant, et
le raisonnement prouve qu'il ne saurait en être autrement. Voilà
une seconde cause de froid à ajouter à la première. Cette évaporation est d'autant plus active sur les montagnes, que l'air y est
rarement calme. Presque toujours elles sont balayées par le vent,
qui favorise l'évaporation de la neige, de la glace et de l'eau.

» — Nous sommes satisfaits ! s'écria l'assistance, un peu fati-
guée par l'aridité de cet exposé de physique et de météorologie.
L'air est plus froid sur les montagnes parce que la terre le refroidit en rayonnant et en évaporant davantage.

» — Ajoutons, reprit l'orateur, que l'air lui-même se refroidit
plus par rayonnement sur un sommet que dans une vallée.
Mais je n'ai pas fini, et, après tant de raisons fort bonnes pour
expliquer le froid des montagnes, je suis obligé d'en donner
une dernière qui ne l'est pas moins, et à laquelle je tiens beaucoup, parce que je l'ai tirée de l'oubli dans lequel les physiciens la laissaient injustement. Mais je propose d'aller d'abord
cueillir des fraises, afin de reposer l'auditoire, et de me donner
le temps de réfléchir aux moyens d'être intelligible ; car, lorsqu'un auditoire aussi distingué ne comprend pas, c'est que le
professeur n'est pas clair. »

On se dispersa dans le bois ; quelques auditeurs s'égarèrent
volontairement dans ses profondeurs et ne reparurent plus ; mais
d'autres, plus courageux, revinrent s'asseoir sur la mousse.

désireux de connaître cette troisième cause de froid pour laquelle l'auteur nourrissait une prédilection toute paternelle. Le cercle formé de nouveau, l'orateur reprit en ces termes :

« Avez-vous passé quelquefois toute une journée au sommet du Rigi, du Rothhorn, du Faulhorn, ou d'une autre montagne couronnée d'une auberge où l'on puisse séjourner du lever au coucher du soleil? Si le temps était beau, l'air calme, le ciel serein, voici ce que vous avez vu. Le matin, des brumes légères couvraient les vallées. Immobiles comme une nappe d'eau, ces brumes, frappées par les premiers rayons du soleil, ont commencé à devenir le siége de mouvements intestins, se gonflant, se remuant, se déplaçant, coulant partiellement d'une vallée dans l'autre; mais bientôt toute la masse semble faire un effort, elle s'élève lentement, puis se divise en nuages qui semblent grimper le long des flancs de la montagne en prenant les formes les plus variées : tantôt ce sont des globes nuageux qui montent majestueusement dans les airs comme des aérostats, ou bien des écharpes légères qui se glissent dans les couloirs neigeux et restent accrochées aux pointes des rochers ; ou bien encore c'est une vapeur sans forme définie qui enveloppe certaines parties du massif, parfois des couches horizontales qui semblent couper la montagne par le milieu. Le voyageur, charmé, entrevoit, à travers les éclaircies, des portions de vallée, le torrent argenté qui la sillonne, les villages et les champs cultivés. A mesure qu'ils montent, quelques-uns de ces nuages se dissipent, se fondent, pour ainsi dire, dans l'atmosphère ; d'autres arrivent jusqu'au sommet d'où l'observateur les contemple et l'enveloppent d'un épais brouillard ; celui-ci disparaît à son tour en s'élevant au-dessus de la tête du spectateur, et forme de blanches nuées qui montent dans le ciel bleu. Le brouillard de la plaine, la brume de la montagne, sont devenus des nuages aux formes arrondies, recélant trop souvent dans leur sein la foudre et le tonnerre.

» Quelle est la force qui les a détachés de la vallée dans laquelle ils semblaient emprisonnés à jamais, pour les élever au-dessus des plus hautes cimes des Alpes? Ce sont les courants ascendants de l'atmosphère. Dans une cheminée, le foyer allumé détermine un courant qui, partant de la chambre, s'élève dans le tuyau et entraîne avec lui la fumée produite par le bois. De même les flancs échauffés d'une montagne déterminent un courant d'air ascendant qui entraîne les nuages. Dans la plaine, cet air était soumis à la pression de toute la masse d'atmosphère qui lui est supérieure et que mesure la colonne de mercure des baromètres. Mais, à mesure que cette masse d'air s'élève, la pression diminue, car la colonne d'air qui pèse sur elle se raccourcit incessamment. Cet air, étant moins comprimé, se dilate, augmente de volume, et par conséquent se refroidit....

» —La conséquence n'est pas évidente, objecta un assistant plus familier avec les lettres qu'avec les sciences.

» — Connaissez-vous le briquet pneumatique ? reprit le professeur. C'est un tube de verre épais fermé à la lampe par une extrémité ; un piston plein se meut dans ce tube. On le garnit d'un morceau d'amadou à son extrémité inférieure ; on pousse brusquement le piston, l'air est comprimé. Le mouvement, brusquement arrêté, se transforme en chaleur, une flamme se produit, et l'amadou s'allume. En diminuant le volume de l'air, on en a, pour ainsi dire, exprimé la chaleur qu'il avait absorbée pour se dilater et remplir l'espace qu'il occupait avant le coup de piston : par conséquent, en se dilatant, en augmentant de volume, l'air se refroidit, car il ne peut se dilater sans que la chaleur se transforme en mouvement et devienne *latente,* comme disaient jadis les physiciens. Elle l'est en effet, car ni le thermomètre, ni nos sensations, ne nous avertissent de sa présence. La dilatation de l'air des courants ascendants est donc une cause de froid pour les hautes régions qu'il atteint. Un exemple, dont les données sont réelles, éclaircira ce sujet. Le

26 septembre 1844, à sept heures du matin, les nuages commençaient à monter de Brienz vers le Faulhorn; la température de l'air qui les entraînait était de 11°,8. Vers deux heures de l'après-midi, ces nuages avaient atteint le sommet de la montagne, où la température de l'air était de 7°,4 ; mais la différence de pression entre Brienz et le Faulhorn étant de 160 millimètres de mercure, la température de l'air ascendant s'était abaissée, en vertu de sa dilatation, de 5°,9. Cet air ascendant n'avait donc plus qu'une température de 11°,8 — 5°,9 = 5°,9 : or, celui du Faulhorn étant à 7°,4, l'air ascendant agissait comme réfrigérant, puisqu'il était de 1°,5 plus froid que l'air qui environne le sommet. On voit donc que, suivant sa température initiale et celle des régions supérieures de l'atmosphère, l'air ascendant agit très-souvent comme réfrigérant à une hauteur qui varie suivant la loi des décroissements de la température.

» En résumé, l'action échauffante du soleil, plus forte sur les montagnes que dans les plaines, est annihilée par trois causes dont l'action collective est prépondérante. Ces trois causes sont : le rayonnement plus intense sur les sommets, le froid dû à l'évaporation, et celui qui résulte de la dilatation de l'air des courants ascendants. »

L'auditoire paraissait satisfait et convaincu, mais la leçon avait été longue, et les assistants s'éloignèrent l'un après l'autre, après avoir adressé au professeur les remercîments et les compliments d'usage en pareil cas. Un seul auditeur restait : c'était le philosophe américain, un de ces hommes qui veulent aller au fond des choses, et n'abandonnent un sujet qu'après l'avoir complétement épuisé.

« Toutes ces causes de froid, dit-il au professeur, expliquent les températures plus basses indiquées par un thermomètre sur la montagne que dans la plaine : mais l'homme n'est point un thermomètre; c'est un être vivant producteur de chaleur, et pour lequel il existe d'autres causes de froid que celles qui

agissent sur du mercure contenu dans une boule de verre. Il
doit y avoir des causes physiologiques de froid qui s'ajoutent
aux causes physiques ou qui les neutralisent. »

L'orateur fut charmé de l'observation, car elle lui fournit
l'occasion d'offrir au savant américain un exemplaire du travail
qu'il venait de terminer sur ce sujet (1). « Pour traiter métho-
diquement cette question, lui dit-il, il fallait parler d'abord du
froid physiologique éprouvé par l'homme dans les plaines, puis
mentionner spécialement les causes dues à une grande élévation
au-dessus de la mer. » C'est ce que j'ai essayé de faire, et l'illustre Américain ayant paru satisfait de ces deux chapitres,
nous les mettons à la suite de la leçon improvisée, dont ils sont
le complément obligé.

DES CAUSES DU FROID PHYSIOLOGIQUE CHEZ L'HOMME.

J'appelle froid physiologique, non pas les abaissements de
température que l'on peut constater dans quelques états anormaux, dans l'inanition, par exemple; c'est le nom de froid
anormal ou pathologique qui convient à l'abaissement de température que le thermomètre constate dans ces états. Pour moi,
le froid physiologique, effet complexe des actions physiques
du milieu ambiant modifiées par le jeu de nos organes, consiste
dans une impression de froid reçue par la peau et dont nous
avons la conscience. L'homme est un organisme producteur
de chaleur; mais en même temps l'évaporation pulmonaire et
cutanée lui enlève une portion de la chaleur produite. Différente
dans les diverses parties du corps et légèrement variable suivant mille circonstances, cette chaleur intérieure, diminuée du

---

(1) *Du froid thermométrique et de ses relations avec le froid physiologique*
(*Mémoires de l'Académie de Montpellier*. 1859, t. IV, p. 251). — La seconde
partie : *Des causes du froid sur les hautes montagnes*, a été reproduite dans
les *Annales de chimie et de physique* pour 1860.

froid dû à la double évaporation pulmonaire et cutanée, se traduit à l'extérieur par une température qui, sous l'aisselle, est
en moyenne de 37 degrés environ (1). Tel est le degré de chaleur thermométrique avec lequel nous avons à combattre
l'impression du froid. Dans les régions favorisées du ciel, où
l'homme trouve sa nourriture sur les arbres de la forêt, la chaleur est assez forte, pendant le jour, pour rendre tout vêtement
superflu; mais, la nuit, le froid oblige le sauvage à chercher un
abri. Il construit une cabane : c'est sa première défense contre
le froid, le premier effort de l'industrie naissante. Bientôt il
apprend à tisser des fibres végétales ou à conquérir la fourrure
des animaux pour s'en revêtir ; car, sur presque toute la surface
du globe, le vêtement est une nécessité dans toutes les saisons,
si ce n'est le jour, au moins la nuit. L'effet physique du vêtement est triple : 1° il emprisonne la couche d'air échauffée par
la peau; 2° il s'oppose à une évaporation trop active; 3° il
ralentit et atténue l'influence sur la peau de l'air ambiant et du
rayonnement des objets environnants. Conserver autour du
corps cette couche d'air échauffée, sans empêcher l'eau évaporée
par la transpiration de s'échapper au dehors, tel est le problème du vêtement. Pour que la peau du tronc n'éprouve pas
la sensation du froid, il n'est pas nécessaire que la température
de cette couche d'air soit à 37 degrés; mais si elle descend
au-dessous de 30 degrés, la plupart des personnes éprouvent la
sensation du froid. D'un autre côté, si cette température s'élève
au-dessus de 37 degrés, il en résulte une sensation de chaleur
désagréable, une transpiration plus ou moins abondante, suivant les individus : aussi l'expérience a-t-elle fait abandonner
comme défense contre le froid les vêtements imperméables,
tels que la toile cirée, le caoutchouc, etc. Le frère morave
Miertsching, qui accompagna le capitaine Maclure dans son

---

(1) Gavarret, *De la chaleur produite par les êtres vivants*, p. 505.

expédition à la recherche de Franklin, pendant les années 1850 à 1855, dit expressément que ces vêtements sont incommodes et dangereux, même par les plus grands froids, parce que la sueur qu'ils provoquent se glace sur la peau, du moment que le repos succède à l'activité. Les vêtements perméables de laine sont les seuls dont on puisse faire usage lorsqu'on est en mouvement.

Supposons donc un homme convenablement vêtu, plaçons-le dans diverses circonstances météorologiques, et essayons d'analyser les causes de la sensation de froid qu'il éprouvera. Nous admettons ce qui a lieu dans la réalité, savoir : qu'en s'habillant plus ou moins chaudement, il n'a pas pu prévoir toutes les causes de refroidissement auxquelles il sera exposé.

Examinons d'abord un premier cas. Le ciel est couvert et l'air calme : ces circonstances sont les plus favorables pour que la température de la couche d'air chaud qui environne le corps ne s'abaisse pas. En effet, l'air étant calme, il ne pénètre pas à travers les interstices des vêtements et ne renouvelle pas la couche d'air échauffée par le corps. Si l'individu se met à courir, il produit un vent artificiel ; mais la génération plus abondante de chaleur physiologique, résultat de la course, compense cette cause de refroidissement, et il s'établit une moyenne entre la chaleur engendrée par la course, le renouvellement de la couche d'air emprisonnée sous les vêtements, et le froid dû à l'évaporation de la sueur. Par les sensations qu'il éprouve à la surface de la peau, l'individu juge s'il doit accélérer, ralentir ou même arrêter complétement sa course. Instinctivement chacun de nous agit ainsi et s'habille différemment, suivant qu'il doit rester immobile ou marcher; chacun supplée à l'insuffisance des vêtements par la rapidité de la marche. Si l'individu est condamné à l'immobilité, la sensation de froid, malgré ces circonstances favorables, peut devenir très-pénible, même avec des températures supérieures à zéro. Je l'ai éprouvé plusieurs fois, lorsque je prenais avec la sonde les températures de la mer à de grandes profondeurs, en face des glaciers de Magdalena-bay, au Spitzberg, par latitude N. 79° 34'. C'était au mois d'août 1839; la température oscillait entre 1 et 6 degrés au-dessus de zéro. Je portais un double vêtement de laine, de grosses bottes, telles que celles dont se servent les chasseurs au marais; mais je maniais constamment des thermomètres plongés dans l'eau de mer, dont la température était à quelques dixièmes seulement au-dessus de zéro (1), et j'étais obligé d'attendre une heure que les thermomètres à déversement de M. Walferdin, plongés au fond de la mer, en eussent pris la température. Malgré les mouvements des bras et des jambes que je faisais sur le banc du canot, je me refroidissais tellement, des pieds principalement, qu'ils devenaient douloureux, et que j'étais forcé de me faire débarquer et de courir sur la plage pour me réchauffer. Le froid dont j'étais saisi était d'autant plus pénible, que c'était un froid humide, puisque j'étais sur la mer, et que, dans les régions boréales, l'air est presque constamment chargé de brouillard.

En analysant les conditions de la sensation du froid, il faut, en effet, tenir compte de l'état hygrométrique de l'air. Tout le monde le sait : la sensation du froid humide est bien différente de celle du froid sec, et ses effets sur l'économie le sont également. Parmi les causes connues, il y en a d'abord deux qui sont purement physiques. L'air saturé d'humidité contrarie l'évaporation de la sueur; et comme cet air est en même temps meilleur conducteur de la chaleur, il refroidit rapidement cette sueur. Nous avons donc sur la peau la sensation du contact de l'eau froide, mais non pas cette sensation franche et saisissante, suivie de réaction, que produit l'application de linges mouillés,

(1) *Voyages en Scandinavie de la corvette* LA RECHERCHE, Géographie physique, t. II, p. 279, et *Annales de physique et de chimie*, 3ᵉ série, 1849, t. XXV, p. 172.

de la douche ou du *shower-bath*, mais celle d'un air humide et froid. L'obstacle que l'air froid et humide oppose à l'évaporation est la cause la plus fréquente des affections catarrhales de la muqueuse nasale et bronchique. Un froid sec, même beaucoup plus intense, produit ces effets plus rarement, car il refroidit simplement la peau, mais favorise l'évaporation de la sueur, au lieu de s'y opposer.

Plaçons-nous actuellement dans des circonstances météorologiques différentes. Il fait nuit, l'air est calme et le ciel serein. Supposons un homme immobile en plein air : ses vêtements rayonnent vers l'espace; la chaleur perdue par l'enveloppe la plus extérieure est remplacée par celle des enveloppes les plus intérieures, puis par celle de la couche d'air en contact avec la peau. Il en résulte un refroidissement lent, d'abord insensible, mais continu : c'est ainsi que se refroidissent les soldats au bivouac, les sentinelles qui s'endorment, etc. C'est un refroidissement par rayonnement. Je ne puis m'empêcher de signaler ici une contradiction apparente qui existe entre la nature des vêtements et leurs effets comme enveloppes conservatrices de la chaleur du corps. La laine, les duvets, les fourrures, sont des corps très-rayonnants, et cependant très-chauds, comme on dit vulgairement. Cela provient de ce que ces corps sont doués de deux propriétés très-opposées, celles d'émettre de la chaleur par leur surface, mais en même temps d'emprisonner dans leurs interstices une grande quantité d'air. Or, l'air est de tous les corps naturels le plus mauvais conducteur de la chaleur; donc l'air emprisonné dans les mailles d'un tissu de flanelle, de laine, dans les interstices d'un duvet, tel que celui de cygne ou l'édredon, ne conduisant pas la chaleur de la couche d'air échauffée par la peau, conserve cette chaleur avec le plus d'efficacité. Examinez les oiseaux palmipèdes, et en particulier l'*Anas eider*, qui fournit l'édredon. Ce duvet est en contact avec son corps, il contient entre ses mailles la couche d'air échauffée ; mais cet édredon est couvert lui-même de plumes qui emprisonnent cet air chaud et l'empêchent de rayonner : aussi ai-je constaté que le froid est sans influence sur la température de ces animaux (1). Suivant Davy (2), la température de l'homme paraît être influencée par les changements de climat. Mais l'homme ne porte pas un vêtement chaud, comme la plupart des animaux ; et, si l'on voulait étudier l'influence des changements de température sur la chaleur intérieure des animaux, il faudrait choisir ceux dont le poil ras n'est pas un vêtement qui les abrite efficacement contre les variations de température.

Nous avons un troisième cas à examiner, c'est celui d'un homme exposé à un vent froid. Que le ciel soit couvert ou qu'il soit serein, la sensation sera la même à température égale ; mais la violence, ou, en d'autres termes, la vitesse du vent aura une influence énorme. Son action est toute mécanique. Pénétrant à travers les mailles des tissus qui nous servent de vêtement, l'air froid se mêle sans cesse à la couche d'air chaud comprise entre les vêtements et la peau ; il la remplace, la renouvelle, et produit sur l'épiderme la sensation du froid. Les tissus imperméables sont une bonne défense contre ce mode de refroidissement, puisqu'ils arrêtent l'air extérieur et conservent la couche d'air échauffée par le corps ; ils sont d'un excellent usage lorsqu'on est forcé de rester immobile ou qu'on ne fait que peu de mouvements. Aussi ont-ils été adoptés par les officiers de marine et les chasseurs à l'affût, qui ont à lutter contre ce genre de refroidissement. Les toiles cirées, les tissus de caoutchouc, la toile imbibée d'huile de lin, les peaux des animaux tels que la chèvre, l'ours, le mouton, le cuir, ont

(1) *Mémoire sur la température des oiseaux palmipèdes* (*Mémoires de l'Académie des sciences de Montpellier*, 1856, t. III, p. 189, et *Journal de physiologie*, 1858, t. I, p. 23).

(2) *Annales de physique et de chimie*, 2e série, t. XXXIII, p. 181.

des avantages et des inconvénients que les cavaliers et les navigateurs connaissent fort bien. Le problème est de trouver un tissu ou une peau qui soit perméable à l'air et imperméable à l'eau. La peau de chèvre appelée *bique*, et portée par les chasseurs et les marins bretons, m'a toujours paru réunir de grands avantages : elle est imperméable à l'air froid, et la pluie coule en gouttelettes le long de ses poils graisseux, sans atteindre le cuir.

L'air en mouvement produit la sensation du froid pour peu que sa température soit inférieure à 15 degrés, parce qu'à partir de ce degré, la température de l'air extérieur, comparée à celle de notre vêtement d'air chaud, est assez basse pour la modifier d'une manière pénible. Aussi l'homme soigneux de sa santé a-t-il soin de consulter autant la girouette et le mouvement des corps légers emportés par le vent, que son thermomètre, pour savoir comment il doit se vêtir. J'en appelle sur ce point à l'expérience individuelle du lecteur ; mais je ne puis m'empêcher de citer quelques cas personnels où le contraste entre la température du même air, relativement tranquille, ou en mouvement, a été tellement grand, que j'en ai conservé le souvenir. Quand nous naviguions dans la mer du Nord, dans notre traversée du Havre à Drontheim en Norvége, nous fîmes quelques expériences, Bravais et moi, pour déterminer la différence de la température de l'air au niveau des bastingages et sur la grande hune du navire. Lorsque le vent soufflait avec force et que je montais dans la mâture, il me semblait que mes vêtements m'étaient enlevés l'un après l'autre, et, parvenu dans la hune, j'aurais affirmé que j'avais aussi froid que si j'avais été tout nu ; mais lorsqu'en redescendant, je sautais sur le pont et me trouvais abrité du vent par les bastingages de la corvette, j'éprouvais un sentiment de bien-être, comme si j'étais entré dans une chambre bien chauffée : cependant la température de l'air du pont n'était supérieure à celle du vent qui soufflait dans la hune que de 1 ou 2 dixièmes de degré ; nous étions en juin, et le thermomètre se tenait aux environs de 10 degrés au-dessus de zéro. C'est le violent exercice auquel se livrent les gabiers pour carguer ou larguer les voiles, et surtout pour prendre des ris lorsqu'il vente grand frais, qui les préserve des affections qu'entraînent les changements brusques de température, et pour eux le pont est, dans les intervalles des manœuvres, une chambre qui leur semble avoir été chauffée.

Tous les explorateurs des régions arctiques ont fait les mêmes observations que moi. Alexandre Fisher (1), chirurgien en second de l'une des expéditions de Parry dans les régions septentrionales de l'Amérique, rapporte que les matelots trouvaient le froid plus supportable avec un air *calme* à — 17°,8 qu'avec une légère brise à — 6°,7. Fisher a observé sur lui-même que dans une atmosphère tranquille à — 46°,1, il n'éprouvait pas une sensation de froid plus pénible que lorsqu'il était exposé à une brise de — 17°,8.

La Sibérie serait un pays inhabitable en hiver, si l'air n'y était pas d'un calme parfait par les grands froids. Tous les voyageurs sont unanimes pour dire que les voyages n'ont rien de pénible par des températures de — 20 à — 30 degrés, lorsque le corps est enveloppé de bonnes fourrures. Il ne peut se refroidir que par rayonnement, et le mouvement du traîneau produit un vent artificiel qui neutralise en partie cet effet.

Lorsque le thermomètre descend au-dessous de — 40 degrés, point de congélation du mercure, l'inspiration de cet air glacial cause une pénible sensation dans la poitrine, comme Wrangel l'a éprouvé en Sibérie ; il devient alors nécessaire de le tamiser en entourant la bouche et les narines de fourrures ou d'une étoffe de laine : l'air extérieur traversant une couche d'air échauffée avant de pénétrer dans les bronches, sa température s'élève de

(1) Gavarret, *De la chaleur*, etc., p. 370.

quelques degrés. Néanmoins c'est un curieux phénomène physiologique de constater combien l'homme et les animaux sont peu sensibles à l'inspiration de l'air froid : la muqueuse bronchique en est moins affectée que la peau. Cela tiendrait-il à ce que l'inspiration qui introduit l'air froid est suivie d'une expiration accompagnée d'une exhalation d'eau et d'acide carbonique? L'évaporation de l'eau et la dilatation du gaz sont une nouvelle cause réfrigérante pour l'arbre bronchique ; mais elles tendent à égaliser la température de l'air expiré avec celle de l'air inspiré, et, par conséquent, à soustraire la muqueuse pulmonaire à des changements brusques de température qui pourraient l'impressionner péniblement. Je n'émets là qu'une idée : c'est à l'expérience directe à décider ce qu'elle a de fondé.

CONDITIONS SUBJECTIVES GÉNÉRALES QUI MODIFIENT LA SENSATION DU FROID.

Dans les pages précédentes, nous avons analysé les conditions météorologiques qui déterminent la sensation du froid sur la peau, ou, en d'autres termes, les conditions objectives de cette sensation. Il nous reste à analyser les causes dépendantes des conditions physiologiques de l'individu, de sa race, de sa constitution, de l'état de ses fonctions digestives ou respiratoires; en un mot, les causes subjectives de la sensation du froid.

Il est des populations moins sensibles au froid les unes que les autres, et, chose singulière ! ce sont les populations méridionales. Dans le Nord, on est frappé de voir les épaisses fourrures dont se couvrent les Russes, les Suédois, les Norvégiens, par des températures où en France on se contente d'un simple surtout. Je n'oublierai jamais la chaleur étouffante qui régnait dans les chambres des paysans finlandais, le long du fleuve Muonio (1), en septembre 1839 : elle s'élevait en général à 20 et

_____

(1) Voyez page 186 et suivantes.

25 degrés centigrades, et, non contents de cette température, ces paysans couchaient autour du poële; quant à Auguste Bravais et à moi, nous préférions dormir dans la grange, où le thermomètre oscillait autour du point de congélation pendant la nuit. Quand ils sortaient, ces mêmes hommes étaient couverts de vêtements très-chauds. Depuis que j'habite Montpellier, je suis surpris de voir combien les gens du peuple sont indifférents au froid. Les portes, les fenêtres, restent ouvertes avec des températures voisines de zéro; les habitants sont peu vêtus, et leurs maisons semblent avoir été construites dans le seul but de les préserver de la chaleur. Or, en hiver, les nuits sont sereines et froides, le thermomètre descend plus souvent au-dessous de zéro qu'à Paris, et cependant rien n'est disposé en prévision de la gelée. Aussi les Russes, les Suédois et les Polonais qui viennent passer l'hiver à Montpellier, se plaignent-ils de grelotter dans les appartements, tandis qu'en plein air, par un beau soleil, ils peuvent se croire au printemps et quelquefois même en été; mais les maisons, refroidies dans la nuit par le rayonnement, ne se réchauffent pas suffisamment pendant le jour, quand elles ne sont pas situées en plein midi. J'ai fait les mêmes remarques à Constantinople; il y neige tous les hivers, et néanmoins les Orientaux, qui recherchent avec tant de sensualité la fraîcheur en été, semblent insensibles aux rigueurs de l'hiver. Les Arabes de l'Algérie bivouaquent en plein air, couverts de leurs bournous, et ce furent les Turcos qui supportèrent le mieux les deux rudes hivers du siége de Sébastopol.

Il faut s'avancer jusque dans le nord de la France pour trouver des aménagements convenables contre le froid. Paris est à peu près sur la limite des deux régions, et participe de l'une et de l'autre. Plusieurs faits confirment ce que j'avance sur la moindre impressionnabilité des habitants de l'Europe méridionale. Dans la fatale campagne de Russie, on a constaté avec étonnement que les régiments formés de gens du Midi résistaient mieux que les Allemands, et l'on sait maintenant que le froid a fait des ravages immenses dans l'armée russe. Mon ancien collègue des hôpitaux de Paris, le docteur Rufz, qui a pratiqué vingt-cinq ans la médecine à la Martinique, étant revenu habiter Paris, m'a assuré avoir été peu sensible au froid le premier hiver, davantage le second, et encore plus le troisième ; d'autres colons m'ont confirmé ce fait (1). Il semblerait que la provision de chaleur faite pendant de longues années ne s'épuise que lentement ; de même que l'individu qui sort d'un appartement chauffé sent beaucoup moins le froid extérieur que celui qui est resté dans une chambre dont la température est peu différente de celle du dehors. La résistance au froid varie également d'un individu à l'autre, sans que l'apparence extérieure, le tempérament, la constitution, rendent toujours compte de cette réaction. Le célèbre navigateur des mers polaires, sir John Ross, me racontait à Stockholm, qu'avant de partir pour ses expéditions, il éprouvait la résistance au froid des matelots en leur faisant poser un pied nu sur la glace : ceux qui ne tremblaient ni ne pâlissaient, étaient choisis par lui, les autres refusés.

Il me reste à examiner quelques conditions physiologiques de la résistance au froid. Chacun sait que l'exercice est un des plus puissants moyens de calorification. La température, pendant la marche, s'élève dans toutes les parties du corps, de manière à devenir sensible au thermomètre. On trouvera dans le livre sur la chaleur animale, de M. Gavarret (2), les expériences faites à ce sujet par Davy, Becquerel, Spallanzani et Prout. Ce réchauffement est dû à l'accélération de la respiration et à la combustion plus active du carbone. L'influence de l'âge reconnaît la même cause. Si le vieillard se refroidit plus vite que le jeune homme, c'est que sa respiration est moins fréquente et

---

(1) Voyez Fonssagrives, *Traité d'hygiène navale*, Paris, 1856, art. *Résistance au froid*, p. 436.

(2) Gavarret, *De la chaleur*, etc., p. 370.

sa combustion pulmonaire moindre, comme MM. Andral et Gavarret l'ont parfaitement démontré (1). On conçoit aussi très-bien que la chaleur soit moindre pendant le sommeil que dans l'état de veille. M. Chossat l'a prouvé en expérimentant sur des pigeons (2). L'influence de l'alimentation a été également démontrée : pour la quantité de matière nutritive, par Hunter, M. Chossat et moi-même (3) ; pour la nature des matières alimentaires, par MM. V. Regnault, Boussingault et Marchand (4). M. Gavarret a si bien analysé ces travaux dans son ouvrage, que je crois inutile d'insister sur ce sujet. Je me bornerai à quelques observations que j'ai pu faire sur moi-même et sur d'autres personnes, au sujet de l'influence du régime alimentaire dans les pays froids. Une alimentation insuffisante est une des plus mauvaises conditions pour braver le froid, et ceux qui succombent à son influence sont ordinairement à jeun ou mal nourris. Tous les hivers, on entend parler de mendiants, de vagabonds morts de froid. Je suis convaincu que dans les mêmes circonstances, un homme bien nourri n'eût pas succombé. C'est surtout le manque d'aliments riches en carbone, tels que l'huile, la graisse et le vin, qui prédispose aux impressions du froid. Le vin et la graisse sont des aliments essentiellement calorificateurs. On l'éprouve par soi-même dans les régions boréales. Les Esquimaux avalent des quantités étonnantes d'huile et de graisse, et rien ne prépare aussi bien qu'un repas de viande arrosé d'un vin généreux à réagir contre le froid. Je respecte profondément les nobles intentions qui ont dicté les prescriptions sévères et absolues des sociétés de tempérance anglaises et américaines, je me joins à elles pour repousser l'usage des liqueurs fortes ; mais vouloir priver de

---

(1) Gavarret, *De la chaleur*, p. 351.

(2) *Recherches sur l'inanition* (*Mémoires des savants étrangers de l'Institut*, année 1843).

(3) *Mémoire sur la température des palmipèdes*, p. 15.

(4) *Ibid.*, p. 385.

vin des hommes exposés au froid *humide*, est un contre-sens hygiénique. M. Éd. Desor a éprouvé par lui-même combien le froid *sec* des Etats-Unis et du Canada était tonique et excitant. On peut le supporter sans que l'estomac soit réchauffé par le vin ; le thé suffit. Il n'en est pas de même du froid humide de la Norvége, de la Laponie, de l'Islande et du Spitzberg, qu'on ne saurait braver longtemps qu'à l'aide de vins généreux. La passion des Lapons pour les boissons alcooliques n'est que l'expression exagérée d'un besoin réel.

CAUSES PHYSIOLOGIQUES DE FROID SPÉCIALES AUX HAUTES MONTAGNES.

L'homme placé sur une haute montagne est soumis à toutes les causes de froid thermométrique que nous avons signalées : 1° le faible échauffement de l'air raréfié, soit directement par le soleil, ou indirectement par le sol ; 2° un rayonnement nocturne très-intense, qui abaisse fortement la température de l'un et de l'autre ; 3° la dilatation de l'air qui s'élève de la plaine le long des flancs de la montagne ; 4° l'évaporation active du sol. A ces causes de froid thermométrique vient s'ajouter la plus forte de toutes celles qui déterminent la sensation physiologique du froid, l'agitation de l'air.

Si l'air est rarement immobile dans la plaine, on peut dire qu'il ne l'est presque jamais sur les sommets isolés des montagnes. Pendant les jours les plus calmes de la plaine, il règne un vent fort sur les sommets. Ainsi, à Chamounix, par les belles journées d'été, lorsque pas une feuille ne remue dans la vallée, on voit la neige emportée par le vent du nord-est au sommet du Mont-Blanc : on dit alors qu'il *fume sa pipe*, et c'est un signe de beau temps.

Qu'on me permette de rappeler à ce sujet un souvenir auquel se rattache celui de deux amis, MM. Bravais et Lepileur. Le 29 août 1844, nous montions du grand Plateau vers le sommet du Mont-Blanc (1), dans un couloir de neige où nous étions

(1) Voyez le récit de cette ascension, p. 295.

abrités complétement du vent du nord-ouest, qui soufflait par rafales. Nous n'éprouvions aucune sensation de froid, mais seulement l'essoufflement et la lassitude dus à la raréfaction de l'air, car nous étions dans une région comprise entre 4000 et 4800 mètres. Arrivés au-dessus des rochers Rouges, à environ 4600 mètres, nous fûmes brusquement exposés à une rafale de nord-ouest. La caravane éprouva une sensation de froid tellement vive et subite, qu'il semblait à chacun de nous que le vent l'avait dépouillé de ses vêtements, et cependant il n'avait emporté que quelques chapeaux. Heureusement, ce vent se calma lorsque nous atteignîmes le sommet du Mont-Blanc, sans quoi nous eussions eu de la peine à faire nos expériences, car la température de l'air était de — 8°,0 à l'ombre, de — 6°,3 au soleil, et la neige sur laquelle nous marchions marquait — 8°,0 à sa surface et — 14°,0 à 2 décimètres de profondeur. Ces basses températures de la neige floconneuse dans laquelle on marche, à des hauteurs supérieures à 3000 mètres, sont une cause puissante de refroidissement. Sur le névé, où l'on avance comme sur un terrain solide, la sensation de froid est supportable. Il n'en est pas de même quand on enfonce dans une neige fine et poussiéreuse. Ainsi, au grand Plateau du Mont-Blanc, à 3930 mètres au-dessus de la mer, la température de cette neige, à 2 décimètres, n'était jamais au-dessus de — 8°,2, et dans la nuit elle descendait au-dessous de — 10°. On conçoit combien les extrémités doivent se refroidir, lorsqu'on monte ainsi lentement, enfonçant à chaque pas dans une neige dont la température est aussi basse. Les orteils sont comprimés par le cuir gelé des souliers, et l'on ressent une sensation de froid qui est une véritable souffrance. La congélation des orteils arrive quelquefois : c'est le danger le plus sérieux des ascensions sur les hautes montagnes. M. de Tilly eut plusieurs orteils gelés dans son ascension au Mont-Blanc, le 9 octobre 1834. Il ne faut souvent pas longtemps pour amener l'apparition des premiers symptômes : ainsi, le

30 août 1844, au soir, je montai avec Auguste Bravais sur le dôme du Goûté; nous étions à 120 mètres au-dessus du grand plateau de neige où notre tente était dressée, ou à 4050 mètres au-dessus du niveau de la mer. Nous y restâmes de cinq heures et demie à sept heures trois quarts. Bravais étudiait à l'aide du théodolite les phénomènes crépusculaires ; j'écrivais sous sa dictée, mais en ayant soin de trépigner pour empêcher mes pieds de se refroidir complétement. La température de l'air varia de — 4°,8 à — 6°,3 ; celle de la neige était de — 9°,0. Bravais ne sentait plus ses orteils ; ils étaient froids et blancs comme de la cire. Nous y rappelâmes la circulation et la chaleur en les frottant avec de la neige, puis avec de la laine. On sait que de nombreux cas de congélation des extrémités ont eu lieu devant Sébastopol, pendant les deux hivers que les armées alliées passèrent devant cette nouvelle Troie. Ils ne sont pas rares en Afrique, lorsque des corps de troupes traversent des plateaux ou des cols de montagnes couverts de neige. Dans ces cas, la neige fondante est encore plus dangereuse que la neige pulvérulente. En effet, en passant de l'état solide à l'état liquide, la neige, comme on le sait, absorbe la chaleur de tous les corps en contact avec elle; cette chaleur de fusion devient latente, et il en résulte un refroidissement continu des pieds du fantassin. La neige fondante a tous les inconvénients du froid humide ; elle est bonne conductrice de la chaleur, tandis que la neige pulvérulente ne l'est pas ; elle pénètre les chaussures les plus imperméables, et produit tous les fâcheux effets de l'application du froid humide sur les extrémités inférieures. La boue des grandes villes du Nord reproduit en petit ces effets, sauf qu'elle n'agit que par sa température, sa conductibilité et son humidité propre, tandis que la neige en fusion opère une soustraction incessante et inévitable de calorique aux corps en contact avec elle.

Les alternatives de sécheresse et d'humidité sont beaucoup

plus fortes sur les montagnes que dans la plaine. Les sensations qu'on éprouve en traversant un nuage sont celles du froid humide résultant de l'impression d'un air saturé de vapeur d'eau sur la peau et de la meilleure conductibilité de cet air pour la chaleur ; de là un froid physiologique très-notable. Dans les cas assez communs de grande sécheresse, la transpiration s'évapore rapidement, d'où perception de froid. Si la sécheresse est extrême, la peau se fendille, les lèvres se gercent, et de légers érythèmes se produisent sur le visage, qui devient le siége d'une desquamation consécutive.

L'acte de monter ou de descendre, beaucoup plus fatigant que la marche sur un plan horizontal, amène plus vite l'essoufflement, et par suite la nécessité de s'arrêter. Un homme qui voudra s'échauffer par la locomotion, n'aura pas l'idée de grimper sur une montagne ; il préférera une route bien unie de la plaine, afin de marcher vite et longtemps. Ces arrêts, déjà fréquents dans les basses montagnes, le deviennent encore bien plus si l'on s'élève à de grandes hauteurs. Tout le monde sait, en effet, qu'à des élévations qui varient suivant les individus, de 2000 à 4000 mètres, on commence à éprouver des sensations pénibles, savoir : une anhélation extrême accompagnée de céphalalgie, d'envie de dormir, de nausées et d'une grande lassitude (1). C'est le phénomène appelé *mal de montagne*, résultat complexe de la fatigue, de la diminution brusque de pression, mais surtout de la raréfaction de l'air. En effet, les physiologistes admettent que l'homme introduit moyennement un demi-litre d'air dans ses poumons dans une inspiration ordinaire ; l'oxygène de ce demi-litre d'air se combine avec le sang. Au bord de la mer, sous la pression de 760 millimètres de

(1) Voyez, sur ce sujet, Lepilleur, *Sur les phénomènes physiologiques qu'on éprouve en s'élevant à une certaine hauteur dans les Alpes* (*Revue médicale*, 2ᵉ série, 1845, t. II, p. 55 et 341), et Mayer-Ahrens, *Die Berykrankheit*, 1856.

mercure, un demi-litre d'air pèse 0^{gr},65, et contient en poids, 0^{gr},16 d'oxygène; sous une pression moindre, celle de 475^{mm}, par exemple, à laquelle nous avons été soumis pendant trois jours au grand Plateau, le *volume* d'air inspiré est toujours le même; mais son poids ne l'est plus, car il se réduit à 0^{gr},40, et celui de l'oxygène que contient ce demi-litre d'air n'est plus que de 0^{gr},10, et au sommet du Mont-Blanc, sous la pression de 420^{mm}, de 0^{gr},09. L'oxygénation du sang, et par suite la calorification, sont donc moindres qu'au bord de la mer, par ce fait seul que la quantité d'oxygène introduite dans le poumon est beaucoup plus petite. La respiration est moins parfaite, exactement comme dans un air vicié où la proportion d'oxygène serait plus faible que dans l'air normal. Cette cause toute physique avait déjà été indiquée par Hallé (1), Lombard (2) et Pravaz fils (3). Je lui attribue comme eux les symptômes d'anhélation qu'on observe dans les ascensions brusques sur de hautes montagnes. Plus les fonctions respiratoires sont actives, moins les individus sont impressionnés, et plus ils peuvent s'élever haut sans éprouver de malaise. Chez tous ceux dont le cœur ou le poumon fonctionnent incomplétement, l'anhélation commence à de petites hauteurs. Les personnes affectées de maladies organiques du cœur, d'asthme ou de tubercules pulmonaires, sont déjà essoufflées en traversant le Saint-Bernard (2472 mètres), et même le Simplon (2005 mètres). Vainement objecterait-on que, sur les hautes montagnes, le nombre des inspirations supplée à la moindre proportion d'oxygène du volume d'air inspiré. Quiconque a par lui-même éprouvé les effets de ces inspirations courtes, précipitées, sans ampliation convenable du thorax, qui accompagnent l'essoufflement pendant ou immédiatement après une ascension,

(1) *Dictionnaire des sciences médicales*, art. AIR, Paris, 1812, t. I, p. 248.
(2) *Les climats de montagnes*, 1858, p. 45.
(3) *Des effets physiologiques et des applications thérapeutiques de l'air comprimé*, 1859, p. 10.

a conservé le sentiment que ces inspirations hâtives ne sauraient
avoir l'effet calorifique des inspirations régulières. Aussi l'anhélation cesse-t-elle du moment qu'on s'arrête, et une respiration
régulière, mais plus fréquente que dans la plaine, supplée en
partie à la moindre quantité d'oxygène : je dis en partie, car,
pour y suppléer totalement, il faudrait qu'au grand Plateau, par
exemple, le nombre des inspirations fût à celui de la plaine
comme 8 : 5, c'est-à-dire, proportionnel aux quantités d'oxygène inspirées. Or, cela n'est pas : l'accélération, dans l'état
de repos, n'atteint certainement pas un tiers en sus. La moindre
quantité d'oxygène n'est donc pas compensée par la fréquence
des inspirations; elle est une cause physiologique de froid spéciale aux hautes régions, et probablement aussi la principale de
toutes celles qui amènent les symptômes connus sous le nom
de *mal de montagne*.

Comment la mort arrive-t-elle par le froid?

J'ai assez souvent essuyé le mauvais temps sur les glaciers
et les champs de neiges éternelles des Alpes et du Spitzberg;
j'ai lu et entendu assez de récits de ces morts tragiques, pour
pouvoir m'en faire une idée. Imaginez un voyageur isolé, ou
une petite caravane voulant traverser un des cols couverts de
neiges éternelles, qui conduisent du Valais en Piémont ou de
France en Espagne. La scène se passe en hiver, au commencement du printemps, ou à la fin de l'automne. Le trajet est
long, le temps incertain; les voyageurs ne sont pas parfaitement
familiarisés avec le pays : ils partent. Le ciel se couvre de
nuages qui, s'abaissant peu à peu, les enveloppent dans une
brume épaisse. Ils marchent dans la neige, suivant les traces
des voyageurs qui les ont précédés; mais bientôt d'autres
traces croisent celles sur lesquelles ils se guident, ou bien une
neige récente a effacé toute empreinte. Ils s'arrêtent, hésitent,
reviennent sur leurs pas; se dirigent tantôt à droite, tantôt à
gauche; s'orientent d'après un sommet qu'ils entrevoient à tra-

vers le brouillard. Cependant la neige commence à tomber, non pas floconneuse comme dans la plaine, mais granuleuse, sèche, semblable au grésil; chassée par le vent, elle pénètre jusqu'à la peau, à travers les vêtements les mieux fermés; fouettant incessamment le visage, elle produit un étourdissement permanent qui dégénère bientôt en vertige. Alors le pauvre voyageur, transi, égaré, harassé, ne voyant pas à deux pas devant lui, est pris d'un besoin de dormir irrésistible: il sait que ce sommeil c'est la mort; mais perdu, désespéré, il cherche en tâtonnant quelque rocher, et, s'abandonnant pour ainsi dire à lui-même, il se couche pour ne plus se relever. Son pouls se ralentit peu à peu, comme dans la léthargie, et il meurt de froid, comme on meurt d'inanition. L'énergie morale est dans ces moments l'unique moyen de salut: il faut à tout prix résister au sommeil, marcher, trépigner, presser les bras contre la poitrine, lutter, en un mot, contre le froid par l'exercice musculaire. Jacques Balmat, qui, le premier, en 1786, fit l'ascension du Mont-Blanc, le savait bien. Il était parvenu seul au grand Plateau, à 3930 mètres. Là il fut surpris par la nuit. Monter au sommet dans l'obscurité était impossible, redescendre l'était également. Il prit vaillamment son parti, et se promena de long en large sur la neige, jusqu'à ce que l'aube eût paru.

Dans nos deux premières tentatives pour parvenir au sommet du Mont-Blanc, le 1er et le 8 août 1844, nous arrivâmes jusqu'au grand Plateau, et dressâmes notre tente sur la neige. Le 1er août, une chute de neige abondante nous força de redescendre. La seconde fois nous essuyâmes pendant la nuit un véritable orage: le vent soufflait par rafales et menaçait d'emporter la tente, qui se gonflait comme une voile; à chaque instant nous pensions qu'elle allait être enlevée. Heureusement, Bravais avait eu l'idée de verser de l'eau sur les piquets que nous avions enfoncés dans la neige; cette eau s'était gelée et les retenait fortement. Un bâton ferré planté dans la neige à quelque distance nous servait de paratonnerre, car nous étions entourés d'éclairs suivis instantanément d'un coup de tonnerre sec, sans roulement, preuve évidente que nous nous trouvions au milieu du nuage électrique. La neige, tourbillonnant autour de la tente, n'eût pas permis de s'orienter; nous délibérions avec nos guides sur la conduite à tenir, si la tente était emportée. En abordant le grand Plateau, nous avions traversé une large crevasse, profonde de 3 mètres environ. Par la boussole, nous savions dans quelle direction elle se trouvait : c'est là que nous devions nous réfugier, et, nous serrant les uns contre les autres, nous eussions passé la nuit à piétiner sur place, jusqu'à ce que le jour fût venu. Heureusement, la tente tint bon et nous n'eûmes pas besoin de recourir à cette chance extrême de salut. Ainsi, pour réagir contre le froid, dans les circonstances les plus défavorables où l'homme puisse se trouver, l'expérience est d'accord avec la physiologie pour prouver que la jeunesse, une bonne alimentation, l'exercice musculaire et l'énergie morale, sont les moyens par lesquels il peut combattre et vaincre un des plus terribles ennemis contre lesquels il ait à lutter sur la terre.

LA RÉUNION

DE LA SOCIÉTÉ HELVÉTIQUE

DES SCIENCES NATURELLES

EN AOUT 1863,

A SAMADEN, DANS LA HAUTE ENGADINE, CANTON DES GRISONS.

A l'extrémité orientale de la Suisse, sur les confins du Tyrol et de la haute Italie, s'étend une longue vallée que l'Inn parcourt dans toute sa longueur. *Vallis in capite Œni,* disaient les anciens : de là *Ingiadina, Engiadina,* et enfin Engadine, comme on dit aujourd'hui. La partie supérieure de la vallée, large et évasée, est élevée en moyenne de 1650 mètres au-dessus de la mer; elle prend le nom de haute Engadine, et se termine vers le sud au passage de Maloia, dont l'altitude est de 1835 mètres. Ce col conduit directement en Italie par Chiavenna et les bords du lac de Côme. Au nord, la haute Engadine se continue avec la basse Engadine; celle-ci aboutit aux gorges de Finstermünz en Tyrol, où l'Inn, sous le pont de Saint-Martin, coule encore à 1020 mètres au-dessus de la mer. L'Engadine est la plus élevée des grandes vallées de la Suisse qui soit habitée pendant toute l'année.

Issue du puissant massif des Alpes qui donne naissance aux deux grands fleuves de l'Europe moyenne, le Rhône et le Rhin, l'Inn devrait porter le nom du Danube, car celui-ci n'est d'abord qu'une faible rivière née dans la cour d'un château princier, sur

les humbles collines du versant méridional de la forêt Noire;
mais dans les plaines de la Bavière le Danube s'unit à la puissante
fille des Alpes. Désormais l'Inn portera le nom de celui dont elle
fait la grandeur, et leurs eaux confondues formeront le large
fleuve dont les trois embouchures versent dans la mer Noire
les eaux de soixante affluents. A sa source, l'Inn, émissaire d'un
petit lac, du Septimer, se précipite le long des pentes de Maloia :
alimentée par les eaux provenant des glaciers voisins, elle traverse les jolis lacs de Silz, de Silva-Plana et de Saint-Maurice,
encadrés dans un gazon court et fin d'une incomparable verdure. Les lacs sont séparés l'un de l'autre par les moraines terminales des anciens glaciers qui jadis descendaient dans la
vallée. Composées d'énormes blocs amenés des montagnes voisines et entassés les uns sur les autres, ces moraines ont créé
les lacs en barrant le cours du jeune fleuve. Avec le temps, ces
digues, élevées par la glace, se sont couvertes de mélèzes et d'airolles (*Pinus cembro*), les seuls arbres qui puissent vivre encore
sous ce climat, trop âpre pour les pins et les sapins du Nord;
sous leur ombrage croissent les myrtilles, les airelles et quelques
saules ou chèvrefeuilles alpins. La belle végétation qui entoure
les blocs monstrueux descendus des cimes du Bernina finit par
les envahir eux-mêmes. Les lichens et les mousses commencent
l'attaque : ils se fixent sur la pierre, qu'ils désagrègent en s'y in-
crustant; des graminées germent sur le terreau formé par les
éléments dissociés de la roche mélangés avec l'humus, résultat
de la décomposition des débris qu'ont laissés les premiers colons. De petites herbes annuelles poussent les premières sur ce
nouveau sol, puis des plantes vivaces, ensuite des arbustes, enfin
des arbres. Souvent on voit un groupe d'airolles ou de mélèzes
couronnant un énorme monolithe de granit. ·C'est l'œuvre du
temps : il a changé l'aride moraine en une forêt pittoresque. Que
de siècles il a fallu pour cette transformation ! l'été est si court,
la croissance des arbres est si lente en Engadine, où l'hiver dure

huit mois! La neige, tourbillonnant des journées entières dans les airs, s'entasse à la hauteur de 2 à 3 mètres. Le thermomètre descend à 20 et même à 30 degrés au-dessous de zéro ; la vallée tout entière reste ensevelie pendant la moitié de l'année sous un épais linceul qui s'étend sur les lacs glacés, nivelle les aspérités du sol, et condamne à une réclusion complète les animaux et souvent les hommes eux-mêmes. En mai, la neige commence à fondre : toutefois ce n'est qu'à la fin de juin qu'elle disparaît du fond de la vallée, tandis qu'elle couvre encore toutes les sommités voisines ; mais alors les prairies, délivrées de cette neige qui les a protégées contre le froid en hiver et arrosées au printemps, rient au soleil et s'émaillent des premières fleurs alpines. Les mélèzes poussent des houppes de feuilles du vert le plus tendre ; l'airolle relève ses branches affaissées sous le poids des frimas et dresse vers le ciel ses cônes violacés. Les vaches s'acheminent lentement vers les pâturages alpins, les grands troupeaux de moutons bergamasques montent vers la montagne. L'été est enfin venu ; malheureusement la durée en est bien courte. Jamais l'air ni le sol ne tiédissent complétement : les rayons du soleil, plus chauds et plus brillants que dans la plaine, activent la végétation pendant le jour ; mais la nuit le thermomètre redescend toujours aux environs de zéro, et la végétation s'arrête. Pendant ces trois mois d'été, la prairie n'est fauchée qu'une seule fois, et l'orge ou le seigle, qu'on cultive sur des terrasses exposées au midi, mûrissent à peine leurs maigres épis.

Six mois de neige et de glace, trois mois de pluie ou de froid et trois mois d'un été sans chaleur, tel est le climat de la haute Engadine. Une coupe de foin, un peu d'orge et de seigle, du bois qu'il faut ménager précieusement, tant il croît lentement, telles sont les ressources indigènes. Le voyageur qui descend des sommets du Juliers s'attend à trouver une de ces hautes vallées alpines où l'on ne voit guère que des chalets épars et des villages dont les maisons de bois, brunies par le temps, serrées

les unes contre les autres et appuyées à la montagne, semblent
vouloir se réchauffer mutuellement. A Silva-Plana, l'étonnement
commence : un beau village est assis entre deux lacs; de grandes
maisons de pierre blanche entourées de jardins, habitées chacune par une seule famille, bordent la route. Une exquise pro-
preté, une apparence de bien-être annoncent l'aisance des habitants. Le voyageur descend la vallée sur une route magnifique :
il aperçoit un grand établissement de bains situé sur les bords
du second lac; arrive à Saint-Maurice, composé en partie d'hôtels à l'usage des baigneurs; traverse le joli village de Celerina,
et atteint enfin le bourg de Samaden, le plus considérable de la
vallée. Ici son étonnement redouble. Dans la Suisse protestante,
où les villages sont si beaux et si propres, il n'en est point de
comparable à celui de Samaden, ni à tous ceux qui lui succèdent, Bevers, Sutz, Scanfz et Ponte. Quelle est l'origine de
cette prospérité inouïe dans une vallée alpine qui ne produit
rien? L'industrie. L'Engadine compte peu d'habitants sédentaires; la plupart émigrent et vont à l'étranger exercer les professions de confiseurs, pâtissiers, cafetiers; leur fortune faite,
ils reviennent dans leur vallée, chacun dans le village qui l'a vu
naître, construisent une belle maison, et la meublent suivant le
goût du pays où ils ont acquis la richesse. En entrant dans ces
confortables demeures, vous retrouvez les usages et les habitudes de la ville où le propriétaire a passé les années laborieuses
de sa vie. L'aisance est générale dans cette heureuse vallée. Un
savant génevois, assistant à l'office divin dans le temple de Bevers, s'étonne de ne point entendre prononcer la prière pour les
pauvres qui termine la liturgie protestante: l'office s'achève,
et l'on ne fait pas de quête; il s'informe et apprend qu'il n'y
a point de pauvres en Engadine. Il est donc inutile de prier
et de quêter pour eux.

Parlant toutes les langues de l'Europe, les habitants de l'Engadine ne sont point restés étrangers au mouvement intellec-

tuel du siècle, et ces industriels, ces commerçants, désormais retirés des affaires, ont sollicité l'honneur de recevoir en 1863, au milieu d'eux, la *Société helvétique des sciences naturelles*. Ils ont compris que les lettres, les sciences et les arts sont la vraie gloire de l'humanité, la seule dont l'avenir avouera l'héritage; ils ont voulu s'honorer eux-mêmes en offrant l'hospitalité à de modestes savants accourus de la Suisse, de l'Italie et de l'Allemagne, pour se communiquer réciproquement le résultat de leurs travaux dans le domaine des sciences physiques et naturelles.

L'origine de la Société helvétique remonte à 1815. Genève, rendue à la liberté, venait d'entrer dans la confédération. Des sociétés locales existaient déjà dans les cantons; un médecin génevois, Gosse, correspondant de l'Académie des sciences de Paris, conçut la pensée d'une association qui réunirait tous les naturalistes de la Suisse. Il leur adresse l'invitation de se trouver le 4 octobre à Genève : trente-cinq personnes seulement répondent à son appel. Il ne se décourage pas. Les premières conférences eurent lieu dans le salon de la Société de physique et d'histoire naturelle, où les bases des statuts de l'association furent définitivement arrêtées; mais le 6 octobre Gosse convoque les naturalistes à sa maison de campagne, située sur le territoire savoisien, derrière la montagne du petit Salève, près du village de Mornex. Au haut d'un monticule semé de blocs erratiques descendus du Mont-Blanc, en face de ce colosse de la chaîne des Alpes et en vue du lac Léman, sont les ruines d'un ancien château féodal. Sur ces ruines s'élève un pavillon dont le toit est soutenu par huit colonnes. Le buste de Linné est au milieu de la rotonde; ceux des grands naturalistes de la Suisse, Haller, Bonnet, Rousseau et de Saussure, sont rangés autour de lui. Gosse, homme d'initiative et d'enthousiasme, adresse à ses concitoyens le discours suivant; je le transcris tout entier, c'est un curieux spécimen du style et des idées de l'époque.

« Sublime intelligence qui as été, qui es et qui seras! cause première de tout ce qui existe, toi qui t'occupes sans cesse du bonheur de toutes tes créatures, daigne recevoir mes hommages et ma profonde reconnaissance pour avoir conservé jusqu'à ce jour de félicité ma frêle existence. Accorde à cette réunion d'hommes instruits ta précieuse bénédiction, et fais que chacun de ces savants ait dans ses travaux le succès auquel il aspire. Et toi, illustre et immortel Linné, dont l'âme sans doute plane sur cette intéressante assemblée, puisse le feu de ton génie universel se répandre sur chacun de nous en particulier! En plaçant ton buste avec celui des quatre grands hommes qui nous environnent, dans ce temple que j'ai érigé à la bonne Nature, puissions-nous tous être électrisés par les lumières que tu as répandues! Plongés dans l'admiration des œuvres inimitables de ce grand créateur, pénétrés de zèle et de persévérance dans nos travaux, puissions-nous les rendre utiles à la commune patrie ! »

L'émotion de l'orateur se communique aux assistants; en présence du spectacle grandiose des Alpes et du lac Léman, le souvenir des séances tenues à la ville s'efface, l'image du poétique pavillon de Mornex reste gravée dans la mémoire de tous, et devient pour eux le véritable berceau de la société naissante. C'est là qu'elle naquit, la tradition le veut ainsi, et c'est là qu'elle fêtera bientôt le cinquantième anniversaire de sa fondation. Aujourd'hui Mornex fait partie du département de la Haute-Savoie, et (je m'en réjouis pour mon pays) cet anniversaire pacifique sera célébré en 1865 sur une terre désormais française. Il n'est point de savant qui ne partage ma satisfaction, après avoir lu à la fin de cette étude l'analyse des travaux accomplis par la Société helvétique dans le domaine des sciences physiques et naturelles : elle est la première qui, se déplaçant chaque année, contribue ainsi à la diffusion des connaissances positives, semant des germes féconds à la surface du pays, et popularisant les résultats de ses recherches dans des séances publiques. Depuis, d'autres sociétés ont suivi cet exemple : en France, la Société géologique, la Société botanique et le Congrès des Sociétés savantes ; en Angleterre, la *British Association* ; en Allemagne, la Réunion annuelle des médecins et des naturalistes allemands ; en Italie, la société des *Scienziati italiani* ; en Scandinavie, celle des savants du Danemark, de la Suède et de la Norvége. Dans la Suisse, divisée en vingt-deux petits cantons, où l'on parle quatre langues, le français, l'allemand, l'italien et le roman, la Société helvétique était un moyen de centralisation ; elle devait réunir, rapprocher, mettre en rapport direct les uns avec les autres des hommes occupés des mêmes études et tendant vers un même but : le progrès intellectuel, moral et matériel du pays. En Suisse, en Italie et en Scandinavie, c'est donc le besoin d'unité qui a créé ces sociétés nomades dont le lieu de réunion change tous les ans, mais dont l'esprit reste le même. En France et en Angleterre, un besoin contraire les a fait naître ; la province essaye de réagir contre la prépondérance excessive de ces immenses capitales qui menacent d'absorber peu à peu toutes les forces vives d'une nation.

La constitution de la Société helvétique est fort simple. Pour être élus, les membres ordinaires doivent être nés en Suisse ou y remplir des fonctions publiques ; ils sont maintenant au nombre de huit cent neuf. Les étrangers ont le titre de membres extraordinaires ou honoraires. Les séances sont publiques. Depuis 1815, la Société helvétique s'est réunie quarante-sept fois. Jusqu'en 1828, elle visita successivement tous les chefs-lieux des cantons ; mais en 1829 la réunion eut lieu à l'hospice du grand Saint-Bernard, à 2472 mètres au-dessus de la mer. Soixante et onze personnes jouirent de l'hospitalité du couvent, et inaugurèrent les observations météorologiques, que les religieux continuent depuis 1830 avec une persévérance dont la science a déjà recueilli les fruits. Des villes secondaires, telles que Winterthur, Porentruy, la Chaux-de-Fonds, Trogen, avaient sollicité l'honneur de posséder la Société dans leurs murs; mais jamais un village n'avait témoigné ce désir en acceptant les charges très-réelles de ces réunions. Samaden est le premier : il s'est fait un titre de sa situation à l'extrémité de la Suisse et dans une des vallées les plus élevées de ses montagnes. Son appel a été entendu. Tous les villages de la haute Engadine s'étaient associés à celui de Samaden pour donner l'hospitalité aux membres de la Société, et quel que fût le nombre des arrivants, la vallée était prête à les recevoir. Cent vingt-six seulement se présentèrent, savoir: quatre-vingt-quinze Suisses, seize Allemands, quatorze Italiens et un Français, celui qui écrit ces lignes. Le milieu de juillet avait été pluvieux. Le bruit s'était répandu qu'en Engadine cette pluie, tombant à l'état de neige, avait couvert le sol d'une couche de deux pieds d'épaisseur. La nouvelle était exacte; mais cette neige récente devait ajouter un charme de plus à ce paysage alpin. Lorsque je descendis du haut du Juliers, le 23 août, avec mes amis Vogt et Desor, la neige était fondue dans la vallée. L'herbe, récemment humectée, avait repris sa fraîcheur printanière. Les massifs élevés des montagnes n'étaient plus maculés par ces lambeaux de glaciers et de névés salis par les débris qui tombent sur eux des sommets voisins, aspect caractéristique de l'automne dans les hautes régions. Une couche de neige blanche, immaculée, resplendissant au soleil, enveloppait de ses replis toutes les cimes supérieures à la limite des forêts. Le groupe du Bernina étincelait comme un diamant au-dessus des lacs aux teintes d'émeraude. Ce spectacle absorbait toute notre attention, lorsque nous arrivâmes à l'entrée de Samaden. Déjà nous avions passé sous les arcs de verdure dressés aux portes de Saint-Maurice et de Celerina; celui de Samaden portait le drapeau des ligues grises : gris, bleu et blanc, et le drapeau fédéral, rouge avec la croix blanche au milieu. Le village avait un air de fête; des guirlandes ornaient les façades des maisons; les drapeaux français, italien, allemand, flottaient aux fenêtres, chargées de magnifiques fleurs élevées comme dans une serre entre les doubles vitrages qu'on laisse en place pendant toute l'année. En arrivant, des commissaires nous assignaient notre logement; un hôte empressé recevait le naturaliste qui lui était adressé, et la cordialité de l'accueil était telle que chacun croyait rentrer dans un *home* nouveau créé par l'hospitalité. Le soir, tous les arrivants se réunirent à l'hôtel Bernina. D'anciens amis se retrouvaient avec bonheur; des hommes qui se connaissaient par leurs travaux, mais n'avaient d'autre point de contact que l'amour de la science, se liaient étroitement en quelques heures.

LA SESSION DE SAMADEN.

La séance d'ouverture eut lieu le lendemain, 24 août, dans l'église de Samaden. Le fût des colonnes était entouré de guirlandes; des échantillons de minéralogie couvraient les piédestaux; la croix fédérale brillait au devant de la chaire, convertie en corbeille de fleurs : le temple de Dieu était devenu le temple de la science. M. Rodolphe de Planta, représentant de l'une des plus anciennes familles de l'Engadine et membre du conseil national de la Suisse, avait été nommé président de la session : le règlement a sagement décidé que ce président serait toujours choisi dans la localité où la Société se réunit. Son discours d'inauguration était l'histoire abrégée, mais fidèle, des populations au milieu desquelles nous allions passer quelques jours. Deux races ont pénétré dans les vallées qui découpent les Alpes Rhétiques : le versant nord est occupé par des Celtes qui s'avancèrent jusque dans la haute Italie, lorsque Bellovesus, suivi de ses sept clans gaulois, conquit le pays et fonda Milan. Aussi retrouve-t-on dans l'Engadine des noms de famille d'origine celtique, et ceux de plusieurs montagnes, le Juliers, l'Adula, le Lux-magnus ou Lukmanier, indiquent des passages où le Celte voyageur sacrifiait à Jul, dieu du soleil. L'immigration des Étrusques du côté du sud est encore plus probable. Chassés par les invasions successives des barbares du Nord, ils se réfugièrent dans ces hautes vallées, sous la conduite d'un chef appelé Rhætus, d'où le nom de *Rhætia*, que portait dans le moyen âge le canton actuel des Grisons. Thusis, dans la vallée de Domleschg (*vallis domestica*), les trois forts de Reams (*Rhætia ampla*), Realta (*Rhætia alta*) et Rhæzuns (*Rhætia ima*), sont des appellations dérivées du latin. La plupart des villes et des villages le long de l'Inn, de l'Adige et de l'Adda, portent encore des noms identiques avec ceux des villes de l'Ombrie, du Latium et de la Campanie: ainsi de nos jours tous les noms des villes de l'Europe prennent place successivement sur la carte des États-Unis d'Amérique. Mais c'est une phrase de Pline qui constitue le plus irrécusable titre de noblesse latine de ces populations primitives. Pline, né à Côme, habitant pendant l'été sur les bords du lac la villa qui porte son nom, voisin par conséquent du pays dont il parle, a dit : « *Vettones, Cerneteni, Lavinii, Œnotrii, Sentinates, Suillates, sunt populi de regione Umbria quos Tusci debellârunt.* » Comment ne pas reconnaître dans ces dénominations les noms des villages engadinois de Fettan, Cernetz, Lavin, Nauders, Sent et Scuol? Il serait difficile de savoir quels éléments de civilisation les Étrusques ont apportés dans ces montagnes; mais la culture des champs en terrasses peut être considérée comme un reste des coutumes agricoles de la Toscane.

Pendant quatre cents ans, ces populations firent partie de l'empire romain. La langue latine devait nécessairement devenir prédominante parmi des hommes déjà en possession d'un idiome issu de la même souche; cependant ce fut le latin populaire (*lingua romana rustica*) qui l'emporta. Cinquante mille habitants du canton des Grisons parlent le roman ou grison, c'est-à-dire une langue d'origine latine ayant les plus grandes affinités avec le provençal du midi de la France, les patois de l'Italie, de l'Espagne et le roumain des Valaques sur les bords du Danube. Cette langue possède une littérature ; on l'enseigne dans les écoles concurremment avec l'allemand et le français. Il y a plus, un journal hebdomadaire, *Foegl d'Engiadina*, contribue à conserver ce curieux spécimen de linguistique archéologique. On me pardonnera cette expression, car les langues sont des monuments plus anciens et plus durables que ceux de pierre ou de bronze ; elles sont aussi plus riches en enseignements sur l'origine et les vicissitudes des nations. Ces efforts pour perpétuer dans un coin de la Suisse un idiome ancien auront l'approbation des philologues ; car ils voient avec peine disparaître ces langues de transition qui jettent une si vive lumière sur celles qu'on parle actuellement.

Théodoric appelait la Rhétie le boulevard de l'Italie, et en effet elle est la barrière tour à tour franchie par les envahisseurs de la péninsule et par les armées romaines envoyées pour soumettre le nord de l'Europe. A la chute de l'empire franc, les Magyars et les Sarrasins pénétrèrent dans l'Engadine et s'emparèrent des passages les plus importants. Le nom du village de Pontresina, qui commande la route du Bernina, n'est qu'une altération de *Pons Sarracenorum*, et celui de la famille Saraz, l'une des principales de Pontresina, n'indique pas moins clairement son origine. Les empereurs d'Allemagne de la famille de Hohenstauffen fondèrent sur le Septimer et le Lukmanier des hospices pour recevoir les voyageurs. Ces deux cols sont en effet le trajet le plus facile et le plus direct de l'Allemagne occidentale en Italie. Quand les hospices du XIᵉ siècle seront remplacés par la voie ferrée qui traversera les Alpes, c'est l'une de ces deux montagnes qui sera percée par un tunnel plus direct, moins long et moins dispendieux que celui qui entamerait l'énorme massif du Saint-Gothard. Puisse-t-il ne jamais servir au passage des armées, qui se sont si souvent rencontrées dans les Alpes Rhétiques! Partout des forts ruinés, des traces d'anciennes redoutes rappellent les guerres de la France, de l'Autriche et de l'Espagne. Le 13 juillet 1620, tous les protestants de la Valteline, sans distinction d'âge ni de sexe, sont massacrés par les catholiques. Les Espagnols occupent le pays; mais le duc de Rohan, pénétrant par l'Engadine à la tête d'une armée française, les chasse en 1628, et l'on peut voir encore au-dessus de Bormio, sur la *Scala di Fraele*, les tours qu'il fit ériger à cette époque. En 1790, les généraux Bellegarde et Lecourbe se rencontrèrent dans la vallée de l'Inn, et des vieillards se rappellent avoir vu dans leur enfance les canons français rouler au mois de mai sur la glace du lac de Silz. Le même jour, les Autrichiens traversaient près de Sutz les eaux de l'Inn, tellement froides dans cette saison, qu'un grand nombre de soldats eurent les pieds gelés. Depuis le commencement du siècle, la paix règne dans ces paisibles vallées, et l'émigration régulière des habitants, qui rapportent dans leur village les richesses acquises à l'étranger, accroît sans cesse la prospérité de l'Engadine.

Nous ne suivrons pas M. de Planta dans l'énumération détaillée des hommes utiles ou célèbres auxquels l'Engadine a donné naissance. C'est de la réforme que date ce mouvement intellectuel. En 1560, le Nouveau Testament est traduit en roman. L'évêque de Capo d'Istria, Pierre-Paul Vergerio, envoyé d'Italie pour ramener Luther à la foi catholique, se convertit lui-même au protestantisme. Il se réfugie dans l'Engadine, et y traduit en italien les œuvres de Luther, d'Érasme, de Zwingle. Dès 1550, une imprimerie avait été fondée à Poschiavo, au pied méridional du Bernina, par un autre Italien, Delfino Landolfi. Les œuvres des réformateurs sont multipliées par la voie de l'impression et répandues avec profusion en Italie. Vergerio, appelé en Allemagne, meurt chancelier de l'université de

Tubingue. En 1755, un Martin Planta, de Süss, dans la basse
Engadine, construit une machine électrique munie d'un plateau
de verre, et en 1765, quatre années avant que Watt prît son
brevet, il présente au roi Louis XV le plan d'une machine à
vapeur capable de mouvoir des bateaux et des wagons. Des
commissaires nommés pour examiner son projet le déclarèrent
inexécutable. Ce verdict enleva à Martin Planta la gloire d'avoir
appliqué les idées de Papin et résolu le plus grand problème
de la mécanique moderne. Je passe des noms inconnus au
dehors, mais vénérés dans leur patrie, gloires modestes qui
fleurissent loin du monde comme les fleurs des sommets alpins ;
mais je dois remercier M. de Planta d'avoir nommé celui qui fut
mon maître, Laurent Biett, de Scanfs, médecin de l'hôpital
Saint-Louis, où il contribua puissamment à la connaissance et
à la thérapeutique des maladies de la peau. Mort jeune encore,
en 1840, à Paris, ce médecin a laissé parmi ses élèves, ses amis
et ses clients des souvenirs qui lui survivront longtemps.

Ce discours du président inaugurait la session. Après lui, le
professeur Studer, de Berne, fit un rapport sur les travaux de
la commission chargée de la carte géologique de la Suisse.
Déjà le public scientifique possède une excellente carte de ce
pays, due à MM. Studer et Escher de la Linth ; mais la petitesse
de l'échelle sur laquelle elle a été faite ne permettait pas d'y
marquer les subdivisions des principaux terrains. Le gouvernement fédéral a donc voté des fonds pour un relevé géologique à l'échelle du 1/100 000ᵉ : c'est celle des admirables
feuilles qui se publient sous la direction du général Dufour.
Grâce à l'appui du gouvernement central et au zèle des nombreux géologues répandus à la surface de la Suisse, ce pays sera
doté à peu de frais d'une excellente carte également utile aux
savants et aux voyageurs intelligents qui visitent annuellement
ce beau pays.

A son tour, M. Mousson, professeur de physique à l'univer-

sité de Zurich, vint rendre compte des résultats obtenus par la
commission météorologique instituée pour couvrir la Suisse
d'un réseau d'observatoires où l'on note chaque jour la température et l'humidité de l'air, la pression atmosphérique, la
direction du vent et la quantité de pluie ou de neige tombée.
Nul pays mieux que la Suisse ne se prête à des observations de
ce genre. Embrassant tout le massif central des Alpes, elle participe : dans le canton du Tessin, aux climats les plus doux du
nord de l'Italie, et par ses cantons septentrionaux à celui de
l'Allemagne méridionale; à l'ouest, elle confine à la Franche-
Comté, à l'est aux montagnes du Tyrol, et le climat de Genève,
situé sur le Rhône, a des traits communs avec celui du midi de
la France. Un plus grand avantage, pour lequel aucun pays
ne peut rivaliser avec elle, c'est que la Suisse renferme les plus
hautes montagnes de l'Europe, et possède, grâce au zèle de ses
habitants, les stations météorologiques les plus élevées de notre
continent. Le nombre total des stations est de quatre-vingt-
huit, parmi lesquelles on en compte quatre comprises entre 1800
et 2000 mètres au-dessus de la mer, quatre entre 2000 et 2200,
deux entre 2200 et 2400, et une à 2474 : c'est celle de l'hospice
du Saint-Bernard. Quelques-unes de ces stations sont du premier
ordre : ce sont les observatoires de Berne, Genève, Neufchâtel
et Zurich ; les autres sont desservies par des hommes de bonne
volonté, qui n'auront d'autre récompense que le sentiment d'être
utiles à la science et à leur pays. Il est curieux de voir quel
contingent les différentes classes de la Société ont fourni à
cette petite phalange de volontaires qui s'astreignent à observer
trois fois par jour les instruments qui leur sont confiés. Il y a
d'abord parmi ces météorologistes bénévoles : seize curés ou
pasteurs, treize professeurs, treize régents, six médecins, cinq
pharmaciens, dix aubergistes et seize personnes de professions
diverses; cinq couvents et quatre observatoires leur prêtent un
concours efficace. Ajoutons, pour l'instruction des pays qui ne

possèdent pas de réseau météorologique, que 26 200 francs ont suffi à toutes les dépenses d'installation des quatre-vingt-huit stations.

Le professeur Vogt prit ensuite la parole pour exposer les résultats de ses recherches sur l'homme, son rang dans la création et son rôle dans l'histoire de la terre. Des crânes humains ont été trouvés dans des cavernes, mêlés avec des ossements d'espèces d'éléphants (*Elephas primigenius*), de rhinocéros (*Rhinoceros tichorhinus*) et d'ours (*Ursus spelæus*) qui n'existent plus actuellement. Deux de ces crânes sont particulièrement célèbres : celui qui a été exhumé dans une caverne, près de Liége, par Schmerling, et celui du Neanderthal. La petitesse, l'allongement de ces crânes, l'étroitesse du front, le développement des arcades sourcilières, indiquent une race très-dégradée, comme celles de l'Australie, continent dont les êtres organisés sont d'un type antérieur à celui de l'Asie, et par conséquent de l'Europe, son appendice occidental. En Australie, tous les êtres organisés, animaux et végétaux, appartiennent à ces types inférieurs ; il en est de même pour l'homme. Le sauvage de la Nouvelle-Hollande est inférieur, sous tous les rapports, à toutes les autres races, et sa capacité crânienne est la plus petite connue. Les crânes trouvés dans plusieurs localités avec des silex taillés et des haches de pierre dénotent également des races peu développées. Ainsi donc, avant l'avénement des civilisations phénicienne, grecque ou étrusque, dont quelques lueurs éclairaient les parties méridionales du continent, la population autochthone de l'Europe centrale se composait de races diverses, mais inférieures, sous le point de vue cérébral, aux populations actuelles. L'espèce humaine est donc perfectible, et avec Darwin, Huxley et beaucoup d'anthropologistes modernes, le professeur Vogt se demande si l'homme, cet être modifiable et perfectible, ne proviendrait pas originairement d'un type inférieur, dont les singes anthropomorphes, l'orang, le chimpanzé et le gorille, sont les représentants actuels. Posée dans une église chrétienne, la question produisit une certaine émotion; mais nul ne se récria, car la libre discussion est l'essence même d'un peuple et d'une religion affranchis du joug de l'autorité. Parmi les auditeurs se trouvait le professeur Hengstenberg, le fougueux prédicateur de la cour de Berlin : apôtre du piétisme le plus exagéré, c'est lui qui a poussé le roi de Prusse dans la voie funeste où il s'est engagé ; mais, comme le dit Hegel, toutes les antinomies finissent par se résoudre, et l'on peut voir sur le livre des étrangers aux eaux de Poschiavo, près de Samaden, les noms de MM. Vogt et Hengstenberg unis par une fraternelle accolade. C'est la réconciliation momentanée du piétisme le plus étroit avec le matérialisme le plus radical ; c'est le rapprochement de deux antipodes intellectuels.

Après cette séance d'ouverture, M. de Planta reçut la Société à sa table hospitalière; puis soixante-deux voitures appartenant aux habitants de Samaden et des environs transportèrent les invités au pied du magnifique glacier de Morteratsch. Le joyeux convoi traversa d'abord la vallée et le joli village de Pontresina, dont les fenêtres regorgeaient de *Geranium*, de *Pelargonium* et de *Petunia* magnifiques. Longeant ensuite une ancienne moraine couverte de mélèzes, nous arrivâmes au pied de l'escarpement terminal du glacier. Descendu des sommets du Bernina, ce glacier transporte d'énormes blocs de pierre détachés de la montagne ; quelques-uns, parvenus à l'extrémité, roulent du haut de ce rempart de glace et tombent dans le lit du torrent, alimenté par la fonte du glacier. Quelques savants français et italiens ont émis récemment l'opinion que les lacs du revers méridional des Alpes, le lac Majeur, celui de Lugano, le lac de Côme et ceux d'Isco et de Garde, avaient été creusés par les immenses glaciers qui, à une époque géologique relativement récente, sont descendus dans les plaines de l'Italie. L'action de ces glaciers gigantesques, dont ceux que nous voyons sont encore les restes, est identique avec celle des glaciers actuels; l'échelle seule des effets produits est réduite proportionnellement à la grandeur des agents. Si donc ces anciens glaciers ont creusé des lacs, les glaciers actuels doivent en creuser aussi. Or, le glacier de Morteratsch repose, à son extrémité terminale, sur une nappe de cailloux roulés par le torrent, qui, coulant d'abord sous la glace, apparaît au jour en aval de l'escarpement terminal. Plusieurs membres remarquèrent, avec M. Desor, que le glacier ne creuse pas la nappe diluviale, qu'il pourrait si facilement entamer. Il se tient au-dessus de cette nappe ; un intervalle existe toujours entre la glace et les cailloux. Il y a plus, le glacier passe même par-dessus les blocs tombés du haut de son escarpement dans le lit du torrent. Ainsi donc un glacier ne pénètre pas dans un terrain meuble à la manière d'un soc de charrue qui entame le sol et l'affouille : il agit comme un grand polissoir qui le nivelle. Tous les observateurs ont été frappés de l'horizontalité des terrains de transport sur lesquels les glaciers ont glissé pendant quelque temps ; ce sont, pour employer le langage des ingénieurs, des *surfaces réglées.* Les montagnards de la Suisse allemande désignent cès anciens lits de glaciers par un nom spécial : ils les appellent *Boden,* ce qui veut dire plancher. Comme la plupart des glaciers de la Suisse, celui de Morteratsch a progressé ; les habitants de Pontresina estiment qu'il s'est avancé d'un kilomètre depuis trente ans environ. En 1834, lors d'une crue du torrent, on vit sortir de la voûte du glacier des planches, restes d'un chalet pastoral envahi depuis longtemps et recouvert actuellement par la glace. Des documents du XVe et du XVIe siècle indiquent la situation et les limites de l'*alpe* ou pâturage disparu.

Pendant que les géologues étudiaient les bases du glacier, les botanistes parcouraient les bois, quelques dessinateurs s'étaient installés avec leurs albums sur les genoux. Les jeunes gens avaient escaladé les rochers de la rive gauche, et s'étaient avan-

cés sur la glace au milieu du labyrinthe de blocs dont la surface est couverte. L'approche de la nuit les rappela sur la
terre ferme, et peu à peu toutes les voitures, traversant de nouveau Pontresina, ramenèrent à Samaden les savants et leurs
hôtes, également enchantés de cette belle excursion où l'intelligence et l'imagination avaient été largement satisfaites.

Le lendemain, la Société se divisa en sections qui se réunirent séparément. La section de zoologie était présidée par le
professeur de Siebold, de Munich, dont les beaux travaux sur
les vers intestinaux et la parthénogenèse sont connus du monde
savant. La première communication du président se rattachait à
cette dernière théorie, d'après laquelle des œufs non fécondés
peuvent cependant éclore et donner des produits vivants. M. de
Siebold a observé une ruche d'abeilles, âgée de quatre ans, qui
fournissait constamment un grand nombre d'hermaphrodites. Ces
malheureuses créatures étaient immédiatement tuées et jetées au
dehors par les ouvrières. Aucune ne ressemble à l'autre. Tantôt
elles sont moitié mâles, moitié femelles ; la partie antérieure du
corps est celle d'un frelon, la partie postérieure celle d'une
ouvrière. Quelquefois c'est l'inverse, le devant est femelle, le
derrière est mâle. Dans d'autres cas, la partie droite est mâle,
la partie gauche femelle : on remarque, à cet égard, toutes les
permutations imaginables, et même sur quelques abeilles les
anneaux sont alternativement mâles et femelles. Même variabilité
pour les organes reproducteurs ; ces hermaphrodites ont tantôt
l'aiguillon des ouvrières, tantôt les organes sexuels des frelons,
tantôt tous les deux à la fois. Souvent l'hermaphrodite, étant
mâle à droite et femelle à gauche à l'extérieur, offre une disposition contraire à l'intérieur. En un mot, l'esprit peut supposer
toutes les combinaisons possibles de sexualité externe ou interne,
on les trouve toutes réalisées dans ces abeilles anormales. Une
seule chose est constante, c'est que ces hermaphrodites ne
contiennent pas d'œufs comme les ouvrières ordinaires. Voici

l'explication de ces anomalies. On sait qu'une fécondation complète engendre les ouvrières, qui ne sont que des femelles
stériles ; l'absence de fécondation produit des mâles. Les hermaphrodites proviennent d'œufs pondus dans les cellules d'ouvrières ; mais la fécondation étant incomplète ou trop tardive
pour des raisons qu'on ignore, il en résulte des hermaphrodites
tels que ceux dont nous avons parlé. La discussion s'est établie
sur cet intéressant sujet. M. de Filippi a cité des exemples d'œufs
de vers à soie qui ont éclos sans avoir été fécondés. On a rapproché ces observations de celles faites dernièrement sur les
vaches par M. Thury, de Genève ; elles tendent à montrer que
ces animaux engendrent des mâles ou des femelles suivant le
degré de maturité de l'œuf. Il serait donc possible de leur faire
procréer à volonté des vaches ou des taureaux. On comprend
toute l'importance d'un pareil résultat pour l'agriculture, et
l'on espère que les expériences de M. Thury seront mises à
l'épreuve sur une grande échelle.

M. le professeur Jules Pictet, l'auteur universellement estimé
du meilleur et du plus complet traité de paléontologie que
nous ayons, parla ensuite des coquilles fossiles enroulées et
connues sous le nom d'*Ammonites*, de *Toxoceras* et d'*Ancylo-
ceras*. Des échantillons très-complets lui ont appris que le genre
Toxoceras devait être rayé de la liste des Mollusques céphalo-
podes. Le genre *Crioceras* mérite d'être conservé, malgré ses
étroites affinités avec les ammonites.

Nous eûmes nous-même à entretenir la section de zoologie
d'une découverte importante faite en 1862 par M. Charles Rouget, professeur de physiologie à la faculté de Montpellier. On
ne savait point comment se terminent les nerfs qui se rendent
à nos muscles et leur transmettent les ordres de la volonté. On
voit le nerf entrer dans le muscle, pénétrer dans l'intérieur, s'y
diviser en rameaux de plus en plus déliés ; mais l'œil, quoique
armé du microscope, n'avait pas encore aperçu la terminaison

même du nerf: on ignorait donc comment l'organe moteur
s'unit avec celui qu'il met en mouvement. Le scalpel, dans ce
genre de recherches, est un instrument dangereux : il divise,
déchire et détruit ces organismes si fins et si délicats. A force
d'études dirigées avec sagacité, M. Rouget est parvenu à voir
nettement la terminaison des nerfs dans des muscles très-
minces et très-transparents de reptiles, ensuite dans les mammifères, et enfin dans l'homme. Les nerfs moteurs percent
d'abord l'enveloppe de la fibre musculaire, puis se renflent en
une sorte de disque qui s'étale sur la fibre elle-même. Ce disque
rappelle celui qui termine les fils métalliques conducteurs de
l'électricité qu'on applique sur la peau. Tout le mécanisme de la
contraction musculaire se rattache donc étroitement aux phénomènes électriques que nous connaissons. Un certain nombre
d'anatomistes allemands ont vérifié depuis l'exactitude des
observations de M. Rouget ; mais, au lieu de rendre franchement
à l'auteur de cette découverte la justice qui lui est due, plusieurs
d'entre eux l'ont présentée sous une forme telle, que le lecteur,
dépaysé, ne saurait démêler si c'est à eux ou au savant français
qu'appartient l'honneur de cette conquête scientifique.

Nous exposâmes ensuite des recherches qui nous sont propres sur les racines aérifères de quelques espèces du genre
Jussiæa. Ces plantes, originaires de l'Amérique et de l'Asie, sont
aquatiques, et rappellent les œnothères : elles ont des racines
ordinaires qui s'enfoncent dans la vase ; mais d'autres deviennent
spongieuses, se remplissent d'air, se tiennent verticalement dans
l'eau, et font flotter à la surface les branches auxquelles elles
sont attachées, remplissant à leur égard le rôle de ces vessies
placées sous les aisselles du nageur timide qui se méfie de ses
forces. Dans d'autres plantes, telles que la châtaigne d'eau
(*Trapa natans*), le *Pontederia crassipes*, l'*Aldrovanda vesiculosa*,
les *Utriculaires*, c'est le pétiole de la feuille ou le limbe qui se
remplissent d'air à une certaine époque, et font surnager la

plante. Dans les *Jussiæa*, un autre organe accomplit la même fonction : la racine se transforme en vessie natatoire. Il serait naturel de penser que l'air contenu dans les lacunes de ces racines offre la même composition que l'air dissous dans l'eau ou l'air atmosphérique; mais il n'en est rien. Un jeune chimiste, M. Albert Moitessier, s'est assuré que cet air est toujours plus pauvre en oxygène que l'air atmosphérique ou celui qui se trouve dissous dans l'eau. Cette observation, nouvelle pour la science, a vivement intéressé les illustres chimistes Liebig et Wöhler, à qui je l'ai communiquée.

M. le professeur Heer, de Zurich, dont les botanistes et les géologues admirent les beaux travaux sur les végétaux fossiles, entretint la section des plantes boréales qui se trouvent dans les Alpes de la Suisse : il en a compté quatre-vingts en Engadine seulement. Dans le nombre se trouvent un arbre, le sorbier des oiseleurs, et trois arbustes, le saule des Lapons, le saule pentandre et le groseillier des Alpes. Quelques espèces boréales sont répandues dans toute la Suisse : je me contenterai de citer le carnillet moussier (*Silene acaulis*). Il n'est aucun voyageur qui n'ait admiré près de la limite des neiges éternelles ces petits dômes de gazon semés de fleurs roses, parure des derniers rochers surgissant au milieu des névés; mais on rencontre quelquefois des plantes boréales sur des sommets isolés et à des hauteurs où le climat est beaucoup plus doux que celui des régions polaires, leur véritable patrie. Ces faits viennent en aide aux idées émises pour la première fois par un naturaliste anglais, Edward Forbes, enlevé jeune encore aux sciences naturelles. Forbes pensait que les plantes boréales existant actuellement dans les montagnes de l'Écosse et de la Suisse, dans les Carpathes et les Pyrénées, se sont propagées du nord au sud pendant la période de l'ancienne extension des glaciers. Quand ceux-ci se sont fondus, les plantes ont disparu presque toutes sous l'influence d'un climat trop chaud pour elles; mais quelques-unes se sont maintenues sur des points moins défavorables à leur existence. Ces points forment des îlots épars et isolés au milieu d'un pays dont la végétation est celle de la zone tempérée.

La section de géologie a toujours le privilége de réunir le plus grand nombre d'assistants et de donner lieu aux discussions les plus animées. Comment en serait-il autrement? Les Alpes ne sont-elles pas le problème le plus difficile que la géologie ait à résoudre? Leur constitution, leur origine, leur âge, rien n'est complétement connu ni définitivement acquis à la science. Le sphinx gigantesque n'a pas encore été vaincu, malgré le génie de ceux qui ont cherché à le deviner. Peu à peu cependant la lumière se fait. Dans ces entassements chaotiques de sommets, dans ce lacis confus de vallées, on commence à entrevoir certaines formes primordiales. La succession des couches est soumise à des lois fixes (1). M. Desor, comparant le versant méridional des Alpes, aux environs de Varese, en Lombardie, avec le revers septentrional, constate que l'apparence et la constitution minéralogique des terrains sont complétement différentes. Quelques étages, la grande oolithe et le corallien, manquent tout à fait; mais, en se laissant guider par l'étude des fossiles, on trouve que l'ordre de succession est le même. Seulement, tout semble démontrer qu'au nord des Alpes, les terrains se déposaient dans une mer agitée, riche en coraux et en coquilles, tandis que dans le sud, des vases limoneuses tombaient au fond des eaux tranquilles d'un golfe sans orages. Une discussion s'engagea sur la position d'un terrain qui fait depuis longtemps le désespoir des géologues suisses, et auquel ils ont donné le nom de *flysch*. Les fossiles manquent ou ne sont pas reconnaissables. M. Heer, d'après des échantillons d'algues marines, déclare le flysch tertiaire, et M. Studer,

(1) Voyez sur ce sujet, Desor, *De l'orographie des Alpes dans ses rapports avec la géologie,* et en anglais, dans Ball's *Guide to the Western Alps.*

CH. MARTINS.   24

le plus autorisé de tous quand il s'agit des Alpes, arrive au même résultat par l'étude des superpositions. Près de Varese, ce flysch est recouvert par des calcaires renfermant des Ammonites qui rappellent certains étages de la craie supérieure. C'est aux géologues italiens qu'est réservé l'honneur de faire disparaître cette contradiction apparente.

L'orographie a sa langue comme toute autre science. Elle appelle *cluse*, avec les paysans jurassiens, une gorge qui coupe un chaînon de montagnes perpendiculairement à sa direction, et fait communiquer entre elles deux vallées parallèles. La cluse est l'effet d'une rupture, et sur ses escarpements on voit la tranche des couches brisées en retraite les unes sur les autres, les supérieures appartenant toujours à des terrains plus récents que les inférieures. Ces escarpements, impropres à la culture, sont en général couverts de bois et de taillis. Quand un torrent traverse la cluse, l'eau creuse l'étroit canal, où elle se précipite le plus souvent en cascades d'une vallée à l'autre. Sous la paroi formée de couches saillantes et brisées, on aperçoit alors une seconde paroi lisse, verticale et seulement creusée çà et là de larges sillons ou de grandes excavations arrondies. Cette paroi inférieure est l'ouvrage de l'eau. M. Desor a proposé le mot roman de *rofla* pour désigner les cluses dont le fond a été profondément creusé par les eaux : c'est le nom que portent dans les Grisons plusieurs gorges à travers lesquelles se précipitent les torrents impétueux dont la réunion forme le Rhin en amont de la ville de Coire.

L'auteur de ce livre mit sous les yeux de la section deux belles cartes du littoral méditerranéen, dues à nos ingénieurs hydrographes, et qui embrassent l'espace compris entre l'embouchure de l'Hérault et celle du Rhône. Une série de marais salants bordent la côte. Ces lacs d'eau saumâtre sont séparés de la mer par un mince cordon littoral formé de dunes dont la hauteur ne dépasse pas 8 à 10 mètres. Toute la côte est cal-

caire, mais le sable des dunes est siliceux. D'où peut provenir
cette silice? Où sont les rochers qui l'ont produite? C'est dans
les Alpes qu'il faut chercher leur origine. Lorsque les anciens
glaciers sont descendus dans les vallées jusqu'aux bords du
Rhône, entre Lyon et Vienne, mais moins bas dans les vallées
méridionales, ils ont laissé sur place tous les débris, blocs,
cailloux, sable, qu'ils transportaient sur leur dos, ou charriaient
dans leurs flancs. Quand ces glaciers fondirent et reculèrent
tous ces débris accumulés furent entraînés vers la mer par les
eaux résultant de cette fonte prodigieuse. Les roches friables,
les calcaires tendres, les grès, furent réduits en poudre par le
frottement avant d'arriver au débouché des vallées; mais les
roches dures, et en particulier les roches siliceuses, les quartzites,
parvinrent sous forme de cailloux arrondis dans la plaine du
Rhône : ils y formèrent de grandes nappes, dont la Crau est la
plus étendue et la plus célèbre. Ces cailloux ne s'arrêtèrent pas
au bord de la mer, ils dépassèrent le rivage. Depuis cette époque,
des milliers d'années se sont écoulées; ces cailloux, balancés
par le flot, s'usèrent réciproquement et prirent la forme de galets aplatis; mais le sable résultat de cette usure, emporté par
les vents, a formé les dunes que nous voyons. Les cailloux gé-
nérateurs du sable n'ont pas tous disparu de la plage. Sur toute
la côte de Montpellier, on les trouve mêlés aux coquilles; aussi
le sable des dunes est-il formé de 75 pour 100 environ de silice
et de 25 pour 100 de calcaire, provenant en grande partie des
coquilles que le flot broie contre le rivage. Ainsi tout se lie à la
surface du globe, et les dunes des rivages languedociens doivent leur origine aux débris accumulés d'abord dans les vallées
par les anciens glaciers des Alpes provençales.

La Société helvétique, pendant sa session de 1863, a reçu
bien d'autres communications intéressantes, parmi lesquelles je
dois mentionner celles de MM. Omboni, de Milan; Strobel, de
Pavie, et Moesch, d'Aarau. Le professeur Théobald, de Coire,

aussi intrépide montagnard que bon géologue, s'est voué principalement à l'étude des puissants massifs du canton des Grisons. Ministre du saint Évangile, il a, comme l'abbé Stoppani,
abandonné la théologie pour la géologie, et si tous deux trouvent dans cette nouvelle étude des doutes comme dans la première, ils ont au moins la consolation de pouvoir les contrôler
par l'observation directe de la nature. Leurs travaux contribuent aux progrès d'une science qui suivait encore, il y a trente
ans, les errements de celle qu'ils ont abandonnée : en effet, la
géologie est à peine sortie de cette période initiale où les généralisations hâtives remplacent l'étude sincère et patiente des
faits, période stérile, mais inévitable, car il n'est aucune des
connaissances humaines qui ne l'ait traversée. La géologie moderne, c'est l'examen méthodique des couches du globe et des
êtres dont elles renferment les débris ; c'est l'analyse des phénomènes qui se passent actuellement à la surface de la terre, et
la comparaison des effets qu'ils produisent avec ceux dont nous
voyons les traces dans les divers terrains. Jadis chaque géologue avait son système s'appliquant au globe tout entier, et
s'étendant même quelquefois à la lune ; aujourd'hui personne
n'a de système, mais chacun étudie son pays ou une contrée
déterminée. Les faits généraux ressortent naturellement de ces
travaux particuliers, et quand le monde sera bien connu, les
phénomènes actuels bien appréciés, la géologie sera faite.

Les séances de la section de physique et de chimie n'ont pas
été moins intéressantes que celles des autres. M. Dufour, de
Lausanne, a parlé d'un coup de foudre tombé à Clarens, sur les
bords du lac Léman, et qui a frappé cent cinquante pieds de
vigne. Plusieurs membres ont rappelé des faits analogues. M. le
professeur Clausius a exposé le second principe de la théorie
mécanique de la chaleur, et M. Adolphe de Planta a traité de
la composition chimique de plusieurs eaux minérales du canton
des Grisons. Le soir même, la Société visita l'une des plus

curieuses de ces sources. L'administration des eaux ferrugineuses de Saint-Maurice l'avait invitée à se réunir avec la section de médecine pour examiner l'établissement dans tous ses
détails. Une longue file de voitures se déroula comme un ser-
pent sur la route qui longe le pied des montagnes entre Samaden
et Celerina; elle atteignit bientôt Saint-Maurice, puis l'établissement des bains, situé au milieu de la vallée, entre les lacs de
Silz et de Saint-Maurice. Là s'élèvent de vastes constructions,
déjà insuffisantes pour contenir le grand nombre de baigneurs
qui affluent à ces eaux. De nouveaux bâtiments s'ajoutent aux
anciens, et dans le village de Saint-Maurice les hôtels se multiplient chaque année. Ces eaux sont froides, limpides, inodores,
d'une saveur piquante et astringente; elles contiennent à la fois
des carbonates, des sulfates alcalins, et, de plus, du carbonate
de fer : elles sont donc essentiellement toniques, et conviennent
singulièrement aux constitutions faibles ou débilitées. L'action
de l'air vient s'ajouter à celle de l'eau, et nous n'étonnerons
aucun médecin en disant que l'on a constaté l'heureux effet de
cette double influence. L'eau ferrugineuse restitue au sang la
proportion de fer sans laquelle il ne saurait vivifier les organes,
et l'air aussi bien que l'eau, ranimant les forces digestives,
concourent au rétablissement général d'une constitution délicate
ou délabrée.

Le repas qui nous réunissait dans la grande salle des eaux
était un repas de baptême. Le grand chimiste et médecin Paracelse, né à Einsiedeln, dans le canton de Schwitz, en 1493,
est le premier qui ait reconnu et préconisé les eaux de Saint-
Maurice. Sur l'invitation de M. de Planta, la Société helvétique voulut bien être la marraine de l'une des trois sources.
En lui donnant le nom de Paracelse, la Société rendait hommage
à l'un des hommes les plus remarquables, à l'une des plus
grandes figures de l'ancienne Helvétie. Paracelse, le réfor-
mateur des sciences chimiques et médicales, le premier qui

s'éleva contre la routine des écoles pour ramener les médecins
à l'étude et à l'observation de la nature, était digne d'un pareil
hommage. La source bienfaisante qu'il a révélée à l'humanité
souffrante fera bénir à jamais son nom par ceux qui lui devront
la santé. Un tel monument est plus durable que les statues de
marbre ou de bronze élevées à tant d'illustres inconnus dont le
genre humain ne gardera pas le souvenir. Après le banquet, on
se rendit, en suivant les bords du lac de Saint-Maurice, à une
maison rustique qui s'élève dans une prairie entourée de bois.
Des chœurs de jeunes gens de la vallée saluèrent la Société de
leurs chants harmonieux, et, le soir, des groupes formés par le
hasard ou les affinités électives de leurs études communes regagnèrent à travers la forêt les maisons hospitalières de Samaden
et de Celerina.

Le lendemain était le dernier jour de cette session, trop
courte au gré des savants, qui auraient voulu entendre encore
leurs confrères, ou leur communiquer le résultat de ces travaux
commencés que la discussion éclaire si souvent de lumières
imprévues ; mais les habitants de Samaden, jaloux de montrer
à leurs hôtes toutes les beautés de leur vallée, avaient attelé
leurs chevaux. Les voitures se mirent en mouvement comme
la veille, pour descendre le long de l'Inn, vers les limites de
la basse Engadine. Tous les villages étaient parés de drapeaux
et de feuillages ; des inscriptions témoignaient de la joie des
populations accourues pour saluer de modestes naturalistes.
Au-dessus de l'arc de triomphe de Sutz, un ours brun, tué dans
le voisinage, avait été placé en vedette. A Capella, le dernier
hameau de la haute Engadine, un grand cultivateur, notre hôte
ce jour-là, avait inscrit sur sa maison cette sentence que la
Société ne pouvait désavouer : « *La nature est le livre de la
sagesse.* » Toutes les populations des environs se trouvaient
réunies; elles étaient accourues de la basse et de la haute
Engadine pour assister à cette fête de la science ; les dames

circulaient autour des tables dressées dans la prairie, et de nombreux discours improvisés célébrèrent tour à tour l'étude de la nature, la liberté, la Suisse, l'Italie, la fraternité de la science et du travail.

La session était close, et le lendemain les uns traversaient le Juliers ou l'Albula pour retourner en Suisse; d'autres franchirent les cols du Bernina et du Maloya, et descendirent vers le lac de Côme. Le contraste entre les villages sévères de la froide Engadine et les élégantes villas italiennes, entourées de chênes verts, d'oliviers, d'orangers, de lauriers-roses et d'aloès pite, est un des plus saisissants qui existent dans le monde. Sur les bords des lacs italiens, les Alpes produisent l'effet d'un espalier colossal qui abrite les végétaux frileux contre les vents du nord; de plus, les eaux profondes des lacs Majeur, de Lugano, de Côme, d'Iseo et de Garde, véritables réservoirs de chaleur, adoucissent encore la rigueur des hivers. De là un climat exceptionnel pour cette latitude, comme celui d'Hyères et de toute la côte ligurienne depuis Nice jusqu'à Pise. Un voyageur qui, partant de la Norvége septentrionale, arriverait à Fondi, dans le royaume de Naples, où l'on voit les premiers orangers croissant en plaine et sans abri, serait moins surpris, parce que la transition, sans être plus forte, est plus lente et plus ménagée. Les illustres chimistes Liebig, de Munich, et Wöhler, de Gœttingue, se trouvaient à Lugano : un grand nombre de savants vinrent les saluer, et un petit congrès supplémentaire suivit et compléta le grand congrès de Samaden.

TRAVAUX DE LA SOCIÉTÉ HELVÉTIQUE DES SCIENCES NATURELLES.

Ma tâche n'est point finie. Dussé-je être abandonné du lecteur fatigué, je dois faire connaître les travaux scientifiques publiés par les membres de la Société helvétique des sciences naturelles. Je ne puis songer à une analyse détaillée, je me bornerai à un coup d'œil général. Les publications de la Société commencèrent en 1817. Le professeur Meissner, de Berne, faisait paraître un Annuaire qui rendait un compte sommaire des communications faites pendant les sessions. Cet Annuaire s'arrêta en 1824. Les *Mémoires de la Société helvétique* datent de 1829; ils forment actuellement vingt volumes in-quarto, avec de nombreuses planches et un certain nombre de cartes. Dans ce recueil, c'est la géologie qui domine, et surtout la géologie de la Suisse. Le massif du Saint-Gothard est le sujet de recherches contenues dans les premiers volumes: elles sont dues à MM. Lusser et Lardy. Tous deux se sont attachés à étudier ce groupe de montagnes qui semble former le centre ou le nœud des Alpes helvétiques. Ces travaux ont mis hors de doute un fait important qui s'est généralisé depuis: c'est la structure en éventail des grandes masses alpines. Je m'explique. Le voyageur revenant d'Italie pour traverser le Saint-Gothard remarque, à partir d'Airolo, au pied méridional du passage, que les couches de gneiss et de schistes qui le composent s'enfoncent, pour ainsi dire, dans les flancs de la montagne, et plongent par conséquent vers le nord; à mesure qu'il monte, les couches semblent se relever, et quand il atteint le sommet, elles sont verticales et ne plongent plus ni vers le nord ni vers le sud. En redescendant sur le versant septentrional, le même voyageur constate que les couches s'inclinent de plus en plus; mais l'inclinaison est précisément en sens opposé de celles du versant méridional: elles plongent vers le sud et se renversent vers le nord. La montagne offre donc la structure d'un éventail. La force colossale qui l'a comprimée latéralement a produit des effets visibles aux yeux les plus inattentifs. Quels sont les voyageurs qui n'ont point été frappés du contournement des couches de l'Axenberg en face de Fluelen? Sur le pont du bateau à vapeur qui fait le trajet de Fluelen à Lucerne, il en est peu qui ne remarquent les couches arquées qui dominent Beroldingen, celles du Seelisberg, au-dessus de la célèbre prairie du Grütli, berceau de la liberté helvétique. Ce sont les feuillets septentrionaux du Saint-Gothard qui, en se renversant, ont refoulé ces couches calcaires. Sous cette énorme pression, elles se sont tordues et pliées comme une molle argile. Des contournements semblables se voient souvent dans le voisinage des Alpes centrales, car le Saint-Gothard n'est pas le seul massif qui présente la structure en éventail. Le Grimsel, où l'Aar prend naissance, le Gallenstock, au-dessus du glacier du Rhône, le Gelmerhorn, situé entre les deux, le Mont-Blanc lui-même, en sont des exemples plus ou moins évidents, et cette structure est probablement commune à tous les massifs cristallins des Alpes qui se relient au Saint-Gothard. La description du groupe montagneux du Davos par M. Studer, et les études de MM. Escher de la Linth et Théobald sur les Grisons et le Vorarlberg, se rattachent à celles du Saint-Gothard; mais ces travaux descriptifs se refusent à l'analyse et n'ont d'intérêt que pour les savants de profession.

Dans un mémoire de M. Rutimeyer sur la géologie des rives septentrionales du lac de Thun, on trouve un beau modèle de ces paysages géologiques dont les Anglais nous ont donné les premiers l'exemple. Quand il s'agit d'une contrée limitée, au lieu d'une carte ou de coupes, on met sous les yeux du lecteur un paysage, une vue du pays coloriée géologiquement, c'est-à-dire où les différents terrains sont indiqués par certaines teintes conventionnelles. En présence de la nature, ce paysage géologique à la main, tout le monde peut se reconnaître et retrouver les limites des formations. Ainsi M. Rutimeyer nous présente la vue des bords du lac de Thun et des montagnes qui le dominent entre Ralligen et Merlingen. Par des couleurs appropriées, il nous montre que les collines qui dominent la tour de Ralligen sont formées de mollasse et de nagelflue; des grès occupent la partie moyenne de la montagne, et les sommets appartiennent au terrain nummulitique. Les vallées sont creusées dans le terrain crétacé.

Un géologue justement célèbre, Léopold de Buch, avait décrit en 1827 les porphyres rouges des environs de Lugano. Il donnait le nom de *mélaphyres* aux porphyres noirs de la même contrée. Les porphyres sont, aux yeux de tous les géologues, des roches ignées produites uniquement par le feu, comme les roches volcaniques du Vésuve ou de l'Etna. Ces roches éruptives se trouvent sur les bords du lac de Lugano, au pied d'une montagne couronnée d'une chapelle : c'est le mont Salvadore. Il se compose de dolomie ou calcaire contenant de la magnésie. Cédant à cet esprit de généralisation exagéré, caractère de la géologie des trente premières années du siècle, Léopold de Buch en concluait que toutes les dolomies étaient dues à l'action chimique d'une roche ignée incandescente sur du calcaire ou carbonate de chaux ordinaire. Cette théorie des dolomies avait été acceptée, pour ainsi dire, de confiance. M. Brunner, reprenant l'étude de la contrée, a ébranlé une conviction trop légèrement formée : il a démontré qu'elle ne peut même pas résister à l'examen consciencieux de la localité considérée par Léopold de Buch comme fournissant la preuve irrécusable de la vérité d'une théorie naguère encore en faveur.

De la promenade de Berne, on voit en face de soi le groupe du Stockhorn, avant-garde des Alpes de l'Oberland et de la Gemmi. M. Brunner en a aussi donné la description, et il considère la montagne comme le résultat de pressions latérales lentes de même origine que celles dont le massif central porte l'empreinte. Dans un mémoire sur la mollasse tertiaire de la plaine suisse, M. Kauffmann, de Lucerne, arrive aux mêmes conclusions.

Les Alpes, malgré les travaux remarquables dont elles ont été l'objet, présentent encore au géologue une foule de problèmes à résoudre et d'obscurités à dissiper. Il n'en est pas de même du Jura. C'est la chaîne la mieux connue de l'Europe. Grâce au grand nombre des fossiles qu'elle renferme, les étages en sont faciles à caractériser, et le nom de *terrains jurassiques* est employé dans le monde entier pour dénommer des formations contemporaines de celles du Jura. Cette chaîne est devenue un type. Les formes du relief, étudiées par Thurmann, Gressly, Desor et leurs successeurs, sont la base de l'orographie moderne. Le Jura est le seul système de montagnes que le géologue puisse déplisser comme un mouchoir et réduire à une surface plane. Originairement, tous ces terrains se sont déposés horizontalement dans les mers où vivaient les nombreux animaux dont les débris remplissent des couches actuellement relevées, contournées et déplacées. Quelle est la cause de ces soulèvements? Ici encore nous retrouvons l'action évidente de ces pressions latérales que nous avons reconnues dans le voisinage du Saint-Gothard. Les chaînons parallèles du Jura, dont la hauteur va en diminuant dans la direction de l'est à l'ouest, ou de la Suisse vers la France, sont un effet direct de l'apparition des Alpes. Les Alpes sont la grande vague, les chaînons du Jura sont les rides produites dans une eau tranquille, et qui s'abaissent à mesure qu'elles s'éloignent du flot principal, dont elles offrent l'image affaiblie.

La paléontologie, ou la connaissance des corps organisés fossiles, doit une grande partie de ses progrès à l'étude minutieuse des couches du Jura. C'est là que Gressly, en suivant une même assise dans toute son étendue et en examinant un à un les êtres organisés qu'elle renferme, a reconnu les *facies* différents des faunes éteintes. Il a vu que, dans une même couche, les populations variaient suivant la nature des dépôts formés au sein de la mer géologique. Ainsi les limons entraînés par les cours d'eau de ces époques, ou résultant de l'action destructive des vagues sur les roches qui bordaient les continents ébauchés, formèrent des fonds *vaseux* ou atterrissements *litto-*

raux. C'est dans cette vase qu'habitaient les espèces libres à coquilles minces et fragiles, les solens, les myes, les moules, les tellines, les ammonites et les reptiles marins. Le terrain dit oxfordien est le type de ce genre de formation.

L'océanPacifique nous offre de nombreux exemples d'un *facies* bien différent du premier. Toutes les îles de la mer du Sud et les côtes de la Floride sont entourées d'une ceinture rocheuse construite par des animaux agrégés, les coraux ou polypiers. Il en était de même dans les mers géologiques : on reconnaît ces anciens rivages au grand nombre de polypiers, d'huîtres et de coquilles perforantes dont ils sont bordés. D'autres animaux d'une structure plus délicate, des oursins et des encrines, vivaient avec des bivalves, au milieu de ces amas de polypiers qui les défendaient contre le flot : l'ensemble de la faune constitue le *facies corallien,* qui caractérise un étage des terrains jurassiques. Le corallien des environs de Neufchâtel, celui de Saint-Mihiel en Lorraine, sont des types de ces terrains.

Aujourd'hui comme jadis, la haute mer est le désert de l'Océan. Les pêcheurs et les zoologistes le savent bien, car les animaux y sont rares et peu variés. Dans les couches qui s'y sont déposées, on ne trouve que des débris de coraux et de polypiers spongieux, des bélemnites et des ammonites : c'est le *facies pélagique.*

Ainsi, conclut Gressly, dans une même assise géologique déposée à la même époque, on reconnaît les débris de populations diverses, suivant qu'on parcourt les districts littoraux vaseux, coralliens ou pélagiques de cette assise. Souvent ces faunes diffèrent plus entre elles que des faunes correspondant à des époques distinctes. Cette idée féconde a été appliquée aux recherches stratigraphiques dans le monde entier, et a profondément modifié les idées des géologues. On ne se borne plus à reconnaître et à caractériser les terrains au moyen de quelques espèces seulement ; on s'efforce d'embrasser l'ensemble des faunes contemporaines de chaque formation d'eau douce ou d'eau salée.

La géologie du Jura doit encore beaucoup aux travaux de MM. Mérian, Agassiz, Desor, Pictet, Renevier, Mousson, Greppin, dont les mémoires ont été recueillis et publiés par la Société helvétique. M. Renevier a décrit la *perte du Rhône*, qui se trouve en France. Le Rhône et la Valserine, en creusant profondément les terrains qu'ils traversent, ont produit une coupe naturelle où le géologue voit la superposition de tous les étages, depuis la craie inférieure jusqu'à la mollasse tertiaire. Ces couches sont très-riches en fossiles : M. Renevier y a reconnu 344 espèces.

A partir de Genève, le Jura se rapproche des Alpes, et les deux chaînes se joignent et se confondent aux environs du lac du Bourget et à la grande Chartreuse de Grenoble. Rien de plus intéressant pour l'orographie que d'étudier comment elles se soudent, et comment les formes de l'une passent à celles de l'autre. Les travaux de M. Alphonse Favre sur le Salève, sa carte géologique du pays compris entre le lac de Genève et le Mont-Blanc, les études de M. Mousson sur les environs d'Aix en Savoie, concourront à la solution du problème. Les géologues français ne restent pas inactifs. M. Lory, en Dauphiné, MM. Chamousset, Vallet et Pillet, en Savoie, explorent avec un zèle infatigable cette zone intéressante, et, grâce à eux, nous aurons un jour une orographie alpine aussi claire, aussi simple que celle du Jura. Ce sera un grand pas de fait, un acheminement considérable vers l'intelligence du mode de formation des chaînes de montagnes, dont l'ancienne théorie des soulèvements suivant la verticale ne saurait rendre compte dans l'état présent de nos connaissances.

La physique du globe est l'initiatrice de la géologie, et l'étude des phénomènes actuels nous dévoile ceux dont nous voyons les traces à la surface de la terre. Un mémoire de Venetz, inséré en 1833 dans le premier volume du recueil, traite des variations de la température dans les Alpes de la

Suisse. L'auteur, ingénieur des ponts et chaussées du Valais,
reconnut le premier que les glaciers de la Suisse étaient jadis
plus étendus qu'ils ne le sont aujourd'hui. Il s'assura qu'ils
descendaient autrefois dans des vallées valaisanes dont ils n'occupent actuellement que la partie supérieure. Ce phénomène,
en apparence local, limité originairement au Valais, a été
bientôt constaté dans toute la Suisse, les Vosges, les Pyrénées,
les montagnes de l'Écosse et de la Scandinavie, le Caucase,
l'Himalaya, le nord et le sud de l'Amérique. La terre, avant ou
depuis l'apparition de l'homme, a donc passé par une période
de froid dont les causes sont encore à rechercher, mais dont
la réalité n'est plus contestée (1).

La paléontologie animale et végétale occupe une grande place
dans les Mémoires de la Société helvétique. Le professeur Heer,
de Zurich, y a fait connaître les nombreux insectes fossiles dont
les couches d'Œningen, sur les bords du lac de Constance, ont
conservé les délicates empreintes. Avant d'avoir ressuscité les
anciennes forêts helvétiques qui révèlent un climat plus chaud
que celui du midi de l'Europe, M. Heer nous avait dévoilé les
formes des insectes qui bourdonnaient en Suisse, à l'époque
tertiaire, dans les cimes des cannelliers, des figuiers, des plaque-
miniers et des Légumineuses exotiques : les congénères de ces
arbres habitent actuellement les zones intertropicales. MM. Gaudin et Carlo Strozzi, étudiant des couches du val d'Arno, près
de Florence, y découvrent une flore analogue à celle de Ténériffe et des zones tempérées de l'Amérique septentrionale. Ce
sont là des preuves d'un climat plus chaud, caractérisé par de
nombreuses espèces de lauriers. L'époque glaciaire des Alpes,
abaissant la température de la Toscane, a tué toutes les espèces
sensibles au froid, mais épargné les plus robustes, qui forment
la végétation actuelle du pays. Ces travaux rattachent intime-

_____

(1) Voyez l'article sur les glaciers de la Suisse, page 225.

ment la flore vivante aux flores éteintes qui l'ont précédée sur le globe. Désormais on ne saurait parler de géographie botanique sans s'occuper des végétaux qui sont enfouis dans les couches terrestres. M. Alphonse de Candolle propose le nom d'*épiontologie* pour désigner une nouvelle science qui comprendrait la paléontologie et la géographie des êtres organisés ; ce serait l'histoire de leur apparition successive aux diverses époques de la vie du globe, et leur distribution présente à la surface de la terre. Ces deux études se touchent de près, puisque la faune et la flore qui nous entourent se lient étroitement aux faunes et aux flores perdues. Par leurs formes, par leur structure, beaucoup d'animaux, un grand nombre de plantes, sont réellement des animaux et des plantes *fossiles*. Ces êtres ont survécu aux derniers changements de température et d'humidité qui ont eu lieu à la surface du globe ; mais leur organisation tout entière est celle des végétaux et des animaux qui ont existé avant la plupart de ceux qui vivent aujourd'hui.

Telle est l'analyse très-sommaire de la partie géologique des Mémoires de la Société helvétique ; elle suffit néanmoins pour donner une idée du nombre et de l'importance des travaux qu'ils contiennent.

La part de la botanique est moins grande. La Suisse cependant est aussi riche en botanistes qu'en géologues ; mais la nature même de cette science se prête moins aux travaux limités à une localité restreinte. Une flore locale n'est qu'une pierre apportée à l'édifice de la flore générale d'une région naturelle, et un pays comme la Suisse ne saurait, malgré la végétation variée qui le distingue, occuper les loisirs de tous ses botanistes. Ils ont dû étendre le champ de leurs travaux au delà de leur patrie. On trouve néanmoins dans les Mémoires de la Société helvétique une énumération des espèces suisses du genre *Cirsium*, de M. Nægeli, et un catalogue des *Chara*, de M. Alexandre Braun. Le premier de ces deux savants a donné un grand travail sur la classification des Algues, et M. Jean Müller une monographie des Résédacées.

Dans la partie zoologique, on remarque l'énumération des mammifères, des oiseaux, des reptiles et des poissons de la Suisse par M. Schinz, et celle des mollusques terrestres et fluviatiles par M. de Charpentier. L'infatigable professeur Heer, de Zurich, a fait connaître les coléoptères vivants de la Suisse; MM. Meyer Dürr et de La Harpe, les lépidoptères ou papillons.

Je ne saurais passer sous silence un grand travail tenant à la fois de la zoologie et de la paléontologie : il appartient à une subdivision des connaissances humaines que je serais tenté d'appeler la *zoologie archéologique*. Il s'agit des cités lacustres de la Suisse. Dans l'hiver si sec de 1853 à 1854, on remarqua d'abord près de Meilen, sur les bords du lac de Zurich, des pilotis que les basses eaux avaient mis à sec. Entre ces pilotis, on découvrit bientôt des débris de poteries et toutes les traces d'habitations fort anciennes. L'attention une fois éveillée, il se trouva que partout les riverains des lacs, et particulièrement les bateliers, avaient conservé le souvenir d'indices semblables. Des stations lacustres furent signalées sur les lacs de Neufchâtel, de Bienne, de Morat, de Sempach, de Genève, de Constance, etc. On reconnut ensuite que, dans certaines de ces stations, les pieux n'étaient que des arbres à peine équarris et enfoncés au milieu de grosses pierres accumulées, formant au fond de l'eau des monticules auxquels les pêcheurs donnaient le nom de *ténevières*, en patois suisse, ou de *Steinberge*, en allemand. Entre ces pieux, on trouve des poteries grossières et des haches de pierres dures, quartzite, diorite, serpentine, etc., ou des pointes de flèches fabriquées avec des silex. Dans d'autres stations, les pilotis sont mieux travaillés et enfoncés directement dans la vase. Là on retire du fond de l'eau des poteries plus soignées, des haches de bronze, des épingles, des agrafes, des poignées

faites du même métal. Enfin, dans le lac de Neufchâtel, près de
Marin, on a découvert une station où toutes les armes et tous
les ustensiles sont de fer, métal inconnu dans les ruines des
bourgades lacustres appartenant à l'âge de pierre ou de bronze.
Les antiquaires ont donc distingué trois âges : celui de pierre,
correspondant à une civilisation à peine ébauchée, comme celle
des sauvages de la Nouvelle-Zélande; celui de bronze, qui
annonce un état social beaucoup plus avancé, et enfin celui
de fer, contemporain de l'époque gauloise. Ces trois âges sont
certainement antérieurs à l'invasion romaine. Des fouilles faites
récemment dans les lacs tourbeux du canton de Zurich et de
Berne ont jeté un nouveau jour sur le genre de vie de ces premiers habitants de l'antique Helvétie. Des fruits, des graines, des
fragments de filets et de tissus, remontant à l'âge de pierre, se
sont conservés dans la tourbe. On a reconnu des graines de
plantes économiques : el froment, l'orge, le lin, des fruits comestibles etcultivés, te ls que des poires, des pommes, des fraises. Ces
peuple savaient donc une agriculture. M. Rutimeyer nous ap-
qu'ils prend possédaient également des animaux domestiques.

L'étude des squelettes dont on trouve les débris dans les stations lacustres du nord de la Suisse était d'un immense intérêt.
En effet, tous nos animaux domestiques sont les descendants,
profondément modifiés par l'homme et par le temps, de types
sauvages dont la plupart sont inconnus. Le mouton, le bœuf, le
cheval, le chien et le cochon avaient été déjà asservis par l'habitant des cités lacustres. Le bœuf ressemblait aux petites races
de montagne du canton des Grisons, de l'Appenzell et de la
forêt Noire, et il est permis de présumer que le gros bétail de
la plaine, celui de Fribourg et du Simmenthal, n'est qu'un perfectionnement de ces races montagnardes. Toutes deux ne
sauraient être dérivées de l'aurochs ou *Urus* et du bison, qui
vivaient jadis dans les forêts de la Suisse comme dans celles du
nord de l'Europe. La souche du bœuf domestique de l'Europe

est probablement une espèce appelée par M. Owen *Bos longi-*
frons. On trouve ses os dans les tourbières de l'Angleterre, mais
on ne les a pas encore rencontrés dans celles de la Suisse. Les
peuplades lacustres chassaient le bison et l'aurochs, dont on
reconnaît les os brisés au milieu des pilotis. Le cochon n'était
probablement pas à l'état domestique; mais la dentition de ce
cochon sauvage (*Sus palustris*) est celle d'un animal plus frugi-
vore, et par conséquent moins farouche que notre sanglier. Cette
espèce de cochon a disparu peu à peu, et notre cochon domestique est un descendant du sanglier, dont les instincts féroces
se réveillent souvent en lui. Les fouilles faites dans les stations
tourbeuses démontrent aussi que l'élan, le cerf et la biche
animaient jadis les solitudes boisées de la Suisse. Le castor
élevait ses digues dans les cours d'eau rétrécis et sur le bord
des lacs, et la loutre y habitait comme maintenant. L'ours,
si rare de nos jours, était alors commun dans les forêts mon-
tagneuses, ainsi que le loup, le renard et le chat sauvage.
Le chien des habitations lacustres appartenait à une race de
grandeur moyenne, à tête allongée. Il était à l'état domestique,
comme le mouton, la chèvre et la vache, et peut-être le cochon. Le cheval est d'une introduction postérieure, et la multiplication des autres races domestiques coïncide avec son
apparition. Quelques-uns de ces animaux étaient déjà contemporains des rhinocéros et des éléphants à l'époque où la Suisse
jouissait d'un climat beaucoup plus tempéré que celui qui y règne
aujourd'hui. Une période de froid amena l'ancienne extension
des glaciers, qui, descendant le long des vallées, couvrirent la
plaine suisse d'un manteau de glace. Les éléphants et les rhinocéros disparurent; mais le cerf, le renne, le daim, le cochon,
le loup, le renard, le castor, le lièvre, dont les os sont mêlés
dans les cavernes avec ceux des grands pachydermes, survécurent à cette période; ils repeuplèrent les nouvelles forêts, qui envahirent successivement le terrain abandonné par

la glace, et plusieurs d'entre eux se sont perpétués jusqu'à nous.

Ce rapide exposé ne donne pas sans doute une idée complète des travaux publiés depuis 1827 par la Société helvétique ; mais nous en avons dit assez pour montrer quels services de pareilles associations peuvent rendre à l'histoire naturelle. En France, les Sociétés de géologie, de botanique et de météorologie sont là pour le prouver. Par la force des choses, par la puissance irrésistible de la liberté, elles sont devenues le centre d'activité des hommes voués à l'une ou à l'autre de ces sciences ; c'est dans leur sein que les questions se discutent et que les problèmes se résolvent : elles sont l'avant-garde des Académies et des corps officiels, véritables aristocraties intellectuelles chargées de modérer l'élan du peuple scientifique, mais dépourvues de cette jeunesse et de cette initiative qui ouvrent des voies nouvelles. Les deux genres d'associations sont également utiles et nécessaires ; elles exercent l'une sur l'autre une influence qui se traduit par les progrès rapides dont nous sommes témoins.

En Suisse, la Société helvétique des sciences naturelles a été le lien des savants éparpillés dans les différents cantons : elle a doublé leurs forces et leur zèle en les mettant directement en contact les uns avec les autres. Les réunions annuelles ont eu lieu successivement dans la plupart des villes de la Confédération. Chaque fois l'agitation scientifique a fait naître d'abord la curiosité, puis l'action individuelle ou collective. Le talent, engourdi par la lourde atmosphère des petites villes, s'est réveillé au souffle vivifiant de la science. On connaissait la Suisse pittoresque ; la Société, reprenant l'œuvre de Scheuchzer, de de Saussure et de Haller, achève le tableau de la Suisse géographique, géologique, botanique et météorologique. Ne se bornant pas à des recherches purement scientifiques, elle a provoqué la réforme monétaire, celle des poids et mesures, et fondé quatre-vingt-huit stations météorologiques, où l'on observe aux mêmes heures et avec les mêmes instruments. Une commission hydrographique s'occupe du régime des rivières, de la crue des lacs, des causes des inondations, et des moyens de les prévenir. La triangulation de la Suisse, achevée et publiée en 1840, a été refaite en partie et reliée aux travaux géodésiques exécutés dans le duché de Bade et en Italie. Les magnifiques cartes fédérales publiées sous la direction du général Dufour forment un atlas qui restera comme un des monuments cartographiques de notre siècle. C'est encore par l'initiative et grâce à l'appui de la Société helvétique auprès du gouvernement fédéral, que cette œuvre aura été conçue, entreprise et terminée. La section de médecine a mis à l'ordre du jour deux grandes questions : les eaux minérales et le crétinisme. Il est peu de sources qui n'aient été analysées, et dont les propriétés médicinales ne soient appréciées à leur juste valeur. Si les causes du crétinisme sont encore obscures, les moyens de le prévenir et de le guérir ne le sont plus. L'établissement situé sur l'Abendberg, près d'Interlaken, à 1100 mètres au-dessus de la mer, en a donné la preuve. La constitution d'un grand nombre d'enfants a été transformée ou sensiblement améliorée.

En un mot, la Société helvétique des sciences naturelles a été le centre et l'origine du grand mouvement scientifique dont la Suisse est aujourd'hui le théâtre. Dans le siècle dernier, quelques savants éminents, les Bernouilli, Haller, de Saussure, Bonnet, Deluc, Pictet et Senebier, étaient les glorieux représentants de leur patrie dans les mathématiques, la physique et l'histoire naturelle; mais la science n'était point universellement cultivée : il y avait des généraux, l'armée n'existait pas encore. C'est la Société helvétique qui l'a créée. Actuellement il n'est point de village qui n'ait son curieux de la nature. Quand ce n'est pas le médecin, c'est le pharmacien, le pasteur, le maître d'école, et à leur défaut, un citoyen auquel ses occupations laissent quelque loisir. On peut dire sans métaphore que la Suisse compte autant de naturalistes que de clochers. Mais ce peuple de travailleurs est inégalement répandu à la surface du territoire de la Confédération. Si l'on marquait sur une carte les villes, les villages et les hameaux où habitent les membres actifs de la Société helvétique, on verrait ces points s'éclaircir et même disparaître dans les districts catholiques, se multiplier et se resserrer dans les parties protestantes : Appenzell catholique, Schwitz, Obwalden et Bâle-Campagne (protestant) ne comptent aucun membre dans la Société. Les quatre cantons de Genève, Neufchâtel, Bâle-Ville et Zurich sont représentés par 299 sociétaires, tandis que six cantons entièrement catholiques, d'une superficie bien plus grande et d'une population égale, Lucerne, Zug, Uri, le Tessin, Fribourg et le Valais, n'en comptent que 106. Je n'ai point à rechercher les causes de cette différence, je me borne à la constater ; elle se vérifie partout. L'Académie des sciences de Paris ne compte que huit associés étrangers : ce sont les plus grands noms du monde savant. M. Alphonse de Candolle, publiant les Mémoires de son père, a fait dans une note la statistique de ces associés étrangers suivant leur patrie : il trouve que c'est la Hollande, la Suède et la Suisse qui proportionnellement ont fourni le plus grand nombre d'associés à l'Académie des sciences de l'Institut de France, et sa conclusion mérite d'être citée (1) :

« Pour le développement des hommes qui étendent le domaine de l'esprit humain et sortent d'une manière incontestable de la moyenne des savants, il faut la réunion de deux conditions : 1° une émancipation préliminaire des esprits par une influence libérale religieuse, comme la réforme au XVIe siècle, ou philosophique, comme la France et l'Italie au XVIIIe ; 2° un État qui

(1) *Mémoires et souvenirs d'Augustin Pyramus de Candolle*, publiés par son fils. Genève, 1862.

ne soit ni l'absolutisme d'un seul, ni la pression et l'agitation d'une multitude. Les grands travaux intellectuels ne s'exécutent ni sous les verrous, ni dans la rue. En d'autres termes, et pour abandonner le style figuré, le despotisme n'aime pas les questions abstraites ni l'indépendance d'esprit des savants. La démocratie tient moins à avancer les sciences qu'à les répandre : elle fait du même homme un militaire et un civil, un orateur et un professeur, un magistrat et un homme d'affaires. Obligeant et sollicitant tout le monde à s'occuper de tout, elle arrête le développement des hommes spéciaux. Il est donc naturel que les grandes illustrations scientifiques surgissent principalement dans les époques de transition entre ces deux régimes, l'absolutisme et la démocratie. »

Cette conclusion est aussi la mienne; avec quelques modifications, elle s'applique à de grands États comme à de petits cantons.

J'ai essayé de peindre la physionomie d'une session de la Société helvétique dans une haute vallée de la Suisse. En 1864, à Zurich, en 1865, à Genève, cette physionomie ne sera plus la même : elle varie suivant les lieux et les temps. Si j'ai fait naître dans l'esprit de quelques lecteurs le désir d'assister à l'une de ces réunions, si d'autres se sont convaincus de l'utilité de ces sociétés libres, ouvertes à tous, nomades comme le naturaliste lui-même, mon but est atteint : j'aurai travaillé pour l'avenir.

LE MONT VENTOUX

EN PROVENCE.

Tout voyageur descendant ou remontant la vallée du Rhône remarque entre Orange et Avignon un grande montagne qui s'élève majestueusement au-dessus de la fertile plaine arrosée par la fontaine de Vaucluse. C'est le mont Ventoux (*Mons ventosus*). Sa forme pyramidale, sa large base, son sommet triangulaire, blanchi par la neige pendant l'hiver, charment les yeux les plus indifférents et fixent ceux des naturalistes. Les uns seront tentés d'étudier sa constitution géologique. Le botaniste voudra comparer les zones végétales échelonnées sur ses deux versants, depuis celle de l'olivier jusqu'à la région alpine. L'agriculteur enfin suivra avec intérêt les essais de reboisement qui se poursuivent sur le revers méridional.

DESCRIPTION PHYSIQUE DE LA MONTAGNE.

Le mont Ventoux est le dernier ressaut de la chaîne des Alpes maritimes. Avant d'expirer sur les bords du Rhône, la force qui plissa l'écorce terrestre semble avoir fait un effort suprême pour élever le mont Ventoux au-dessus des crêtes parallèles environnantes. Les petites chaînes qui le séparent des Alpes sont en effet moins hautes que lui, et la dernière à l'occident, celle du Leberon, est également plus basse. Quoiqu'il forme le trait saillant de la vallée de la Durance entre Manosque et Cavaillon, le Leberon n'est plus que la manifestation affaiblie de la force soulevante, car son point culminant ne dépasse pas 1125 mètres, tandis que le sommet du Ventoux s'élève à 1911 mètres au-dessus de la Méditerranée. Cette altitude est une des mieux déterminées de la France. Le sommet du Ventoux, point géodésique du premier ordre, fait partie du canevas ou réseau primordial de la carte de l'état-major. Partant du niveau moyen de la Méditerranée au phare de Planier, près de Marseille, un savant ingénieur-géographe, Joseph Delcros, détermina cette hauteur en 1823 par quatre opérations très-concordantes, et rectifia les anciennes hauteurs, toutes notablement exagérées. Vers l'est, le Ventoux se continue avec la montagne de Lure, qui se prolonge jusqu'à Sisteron, dans les Basses-Alpes. A l'ouest, il plonge brusquement dans la plaine et se termine près de la petite ville de Malaucène. Nulle montagne mieux que le Ventoux ne montre cette disposition, si générale dans les chaînes calcaires du monde entier. L'un des versants, celui qui regarde la plaine, est long et très-incliné à l'horizon; l'autre, celui qui fait face aux Alpes, est court et abrupt. La montagne, disent les géologues anglais, a une jambe longue (*long leg*) et une jambe courte (*short leg*). Cette forme résulte du mode même de structure. Les couches qui composent le Ventoux se déposèrent d'abord horizontalement au fond d'une mer géologique; lorsqu'elles furent consolidées, une force dont la nature est encore un mystère, mais dont la direction était tangentielle à la surface du globe terrestre, détermina la rupture de ces couches, qui se relevèrent en faisant un mouvement de bascule du nord vers le sud. Aussi le versant sud est-il en pente douce, parce que l'on marche sur le plan des couches relevées. Le versant nord est abrupt; c'est un escalier gigantesque, dont les mêmes couches, brisées et rompues, forment les marches : la tranche en a été mise à nu par le relèvement de la montagne, et l'on escalade péniblement cette paroi inégale et escarpée, qui contraste avec la faible pente du versant méridional. On choisit donc de préférence, pour les ascensions au

Ventoux, le versant méridional, tandis que l'on descend plus vite, sinon plus facilement, par le côté septentrional.

Le mont Ventoux appartient tout entier à une même formation géologique, le terrain néocomien, ainsi nommé parce qu'il a été signalé pour la première fois dans la ville même de Neufchâtel en Suisse. Ce terrain appartient à la portion inférieure de l'étage crétacé, étage très-développé en France, aussi bien dans le nord que dans le midi. Dans le nord, il forme un cercle presque continu autour de Paris, en passant par Alençon, Angers, Châtellerault, Auxerre, Saint-Dizier et Rethel. Entre Auxerre et Saint-Dizier, on observe une bande dépendant du terrain néocomien, qui sépare la craie proprement dite des plaines de la Champagne des terrains jurassiques de la Bourgogne. Dans cette contrée, les assises néocomiennes ne sont pas relevées comme au Ventoux : elles ont conservé leur horizontalité, ou n'ont subi que de légères inflexions. C'est au milieu des couches marneuses voisines du Ventoux, et figurées comme néocomiennes par M. Scipion Gras, auteur d'une carte géologique du département de Vaucluse, que M. Eugène Raspail a découvert en 1842, près de Gigondas, un reptile fossile gigantesque : il lui a donné le nom de *Neustosaurus*, ou lézard nageant. Cet animal avait 5m,55 de long. Par son organisation, il est intermédiaire entre les crocodiles vivants et les grands reptiles fossiles appelés Ichthyosaures ou lézards-poissons. Ceux-ci habitaient des mers géologiques plus anciennes, au sein desquelles se déposèrent successivement les terrains triasiques et jurassiques, tandis que le néocomien inférieur est postérieur à toute la série de ces terrains. Aussi l'organisation du *Neustosaurus* se rapproche-t-elle plus du plan des reptiles actuels que celle des Ichthyosaures ou Sauriens ichthyoïdes.

Quand le Ventoux a surgi, il a relevé les couches des terrains plus modernes formés après lui dans les mers géologiques postérieures à l'océan néocomien ; c'est ce que l'on voit admirablement le long du pied méridional de la montagne : tous les escarpements des collines sont tournés de son côté. Telle est en particulier la muraille de grès rouges et jaunes, aux formes pittoresques, comprise entre Bedouin et la Madeleine; tel est l'aspect des monticules couverts d'oliviers qui s'étendent vers Flassan et Methamis. Ces collines appartiennent à la formation du gault, qui, dans l'ordre chronologique des terrains, succède immédiatement au terrain néocomien. Au pied du versant septentrional du Ventoux, on retrouve les mêmes terrains dans l'étroite vallée de Brantes, entre Saint-Léger et Savoillans. Ainsi donc, à une époque géologique dont l'imagination ne saurait concevoir ni la durée ni l'éloignement dans le temps, le Ventoux s'est élevé, écartant et soulevant les terrains plus modernes déposés autour de lui. Actuellement ils forment une sorte de boutonnière elliptique dirigée de l'est à l'ouest et d'une longueur de 25 kilomètres environ.

L'aspect physique du mont Ventoux est une conséquence de sa structure. Son versant méridional semble une portion redressée de la plaine du Rhône, et offre une pente augmentant régulièrement de la base au sommet, vaste plan incliné qui serait complétement uni, si depuis longtemps le déboisement de la montagne n'avait favorisé le ravinement de ses pentes. Ces ravins, qui rayonnent du sommet vers la base, s'élargissent à mesure qu'ils descendent, et forment quelquefois de véritables vallées; nulle part on ne reconnaît mieux la puissance de l'action des eaux pluviales sur les terrains dénudés. Par les fortes averses qui caractérisent le midi de la France, ces ravins deviennent des torrents temporaires qui se précipitent vers la base du Ventoux et inondent souvent les campagnes comprises entre les collines et la montagne. Ces ravins sont séparés par des crêtes plus ou moins larges. Le versant septentrional, au contraire, offre des parois presque verticales, interrompues par des ressauts : tel est celui qui est connu sous le nom de prairie

du mont Serein, à 1450 mètres au-dessus de la mer; celui
de Saint-Sidoine, à 780; mais les pentes sont toujours très-
fortes et rendent l'ascension extrêmement fatigante. On ne s'en
étonnera pas, quand on saura que la pente générale du
versant méridional est de 10°, et celle du versant septentrional
de 19° 30'.

Vu d'Avignon, le Ventoux a une teinte brune qui ne dépare
pas le paysage; mais de près l'aspect de ses flancs dénudés
est désolant. Depuis les déboisements irréfléchis de la fin du
siècle dernier, la terre végétale a été emportée par les eaux ou
balayée par les vents. La roche calcaire s'est réduite en fragments de grosseur médiocre qui recouvrent toute la montagne.
Vu de Bedouin, le Ventoux ressemble à un gigantesque amas de
macadam : il semble que ce mont pelé soit dépourvu de toute
végétation; mais à la base la végétation s'est réfugiée dans les
dépressions où le passage des eaux en automne et au printemps
entretient toujours une certaine fraîcheur dans le sol. A partir
de 1000 mètres environ, les chênes et les hêtres trouvent un
climat moins chaud qui favorise leur croissance; mais la violence extrême des vents, qui justifie si bien le nom de la montagne, ne permet pas à ces arbres d'acquérir une grande taille,
sauf dans les ravins. Ces vents, surtout celui du nord-ouest ou
mistral, sont d'une violence dont il est difficile de se faire une
idée quand on ne l'a pas éprouvée : les hommes, les chevaux
mêmes sont jetés à terre lorsque ce vent est dans toute sa force.
La puissance du mistral soufflant dans la plaine du Rhône est généralement connue; elle peut faire présumer quelle doit être sa
violence sur la montagne, lorsqu'il vient la frapper directement
sans que rien ait ralenti sa course ou brisé son élan. Les anciens
le connaissaient : « La Crau, dit Strabon (1), est ravagée par le
vent appelé en grec *melamboreas*, vent impétueux, terrible, qui

(1) *Géographie*, liv. IV.

déplace et roule des pierres, précipite les hommes du haut
de leurs chars, broie leurs membres et les dépouille de leurs
vêtements et de leurs armes. » Sa violence n'a pas diminué
depuis Strabon; il renverse des murs, de lourdes charrettes
chargées de foin, des wagons de chemin de fer, soulève le
sable et même des cailloux. C'est au point qu'on a renoncé à
remettre des carreaux à la façade septentrionale du château de
Grignan, situé non loin de Montélimart et habité si longtemps
par la fille de Mme de Sévigné; ils étaient toujours cassés par
les cailloux enlevés sur les terrasses voisines. L'abbé Portalis
fut emporté par un coup de mistral du sommet de la montagne
de Sainte-Victoire, près d'Aix, et se tua dans sa chute. Moi-
même, dans une ascension au Ventoux, je fus obligé de me
cramponner à un rocher pour ne pas éprouver le même sort,
et je gagnai en rampant une crête qui me mit un peu à l'abri
des rafales; elles étaient intermittentes, mais furieuses, accompagnées d'un bruit semblable aux détonations de l'artillerie, et
paraissaient ébranler la montagne jusque dans ses fondements.

Le mistral rentre dans la catégorie de ces vents que M. Fournet a désignés sous le nom de *brises de montagnes*. C'est un vent
local propre aux vallées du Rhône et de la Durance, et qui
rarement dépasse de beaucoup les côtes de la Provence et du
Languedoc. En mer, il abandonne, par le travers des Baléares,
les navires qui comptent sur lui pour gagner rapidement
les côtes septentrionales de l'Afrique; d'un autre côté, il
arrête quelquefois en vue de la terre ceux qui veulent entrer
dans les ports de Marseille ou de Cette, et les force à s'abriter
derrière les îles d'Hyères ou à gagner les côtes d'Espagne. La
génération du mistral s'explique parfaitement par la configuration des côtes méditerranéennes de la France. L'embouchure
du Rhône forme un grand delta sablonneux dont la base a une
longueur de 65 kilomètres. A l'est, ce delta touche à la Crau,
vaste plaine couverte de gros cailloux descendus jadis par la

vallée de la Durance; à l'ouest, s'étend une succession de
plages sablonneuses, de marais salants et de montagnes basses
et dénudées. Ces plages s'échauffent prodigieusement sous les
rayons du soleil méridional ; l'air qui les recouvre se dilate et
s'élève, il se forme donc un vide ; mais l'air froid qui remplit les
hautes vallées des Alpes ou recouvre les plateaux des Cévennes
et de la montagne Noire se précipite pour remplir ce vide : cet
air qui se précipite, c'est le mistral. Chaque jour nous sommes
témoins du même phénomène quand nous allumons le feu de
nos cheminées : dès que l'air échauffé par la flamme s'élève
par le tuyau, l'air froid se précipite de tous les côtés vers
ce foyer d'appel ; il pénètre par les jointures des portes et des
fenêtres, alimente le feu et s'échappe avec la fumée par le haut
de la cheminée. Les choses se passent de même en Provence et
en Languedoc. Lorsque les Alpes et les Cévennes sont couvertes de neige, la plage s'échauffe, et le mistral souffle avec
une violence incroyable, surtout pendant le jour ; la nuit, le
rivage se refroidit par rayonnement, la différence de température entre l'air chaud de la plaine et l'air froid de la montagne
tend à s'égaliser, et le vent tombe, pour recommencer le lendemain. Le foyer d'appel de ce courant d'air étant sur la côte, on
conçoit qu'il ne se prolonge pas en mer à de très-grandes distances. On conçoit également pourquoi l'hiver et le printemps
sont les époques de l'année où il acquiert la plus grande force
et dure le plus longtemps, car c'est pendant ces deux saisons
que le contraste entre la température de l'air des montagnes et
celui du rivage est le plus marqué.

De pareils vents, qui soufflent souvent pendant une semaine
tout entière, sont hostiles à toute végétation : ils courbent, dépriment et brisent les arbres et les arbustes, déchirent les
feuilles des plantes herbacées les plus humbles, emportent la
terre végétale, et dessèchent le sol qui les nourrit. Les pluies
torrentielles du printemps et de l'automne, les averses ora-

geuses de l'été, sont impuissantes pour compenser le mal, car ces eaux s'écoulent rapidement en torrents éphémères. Cependant, grâce à la couche de fragments brisés qui revêt les flancs de la montagne, l'eau s'infiltre jusqu'aux racines, et sous ce macadam naturel la terre végétale conserve une certaine fraîcheur.

Si le Ventoux était un massif granitique ou schisteux, de nombreuses sources filtrant à travers les fissures de la roche compenseraient l'action desséchante du soleil et du vent; mais le Ventoux est calcaire, et dans toutes les montagnes appartenant à cette formation les sources sont abondantes, mais rares. Les eaux pluviales pénètrent entre les tranches des couches, s'arrêtent sur des bancs argileux qui en font partie, et viennent se réunir en un même point, où elles donnent naissance à des rivières qui semblent sortir brusquement de terre : telle est la célèbre fontaine de Vaucluse, non loin du Ventoux; telles sont la Birse, dans le Jura, et la Vis, dans les Cévennes. On ne connaît que cinq sources sur le mont Ventoux. La source du Groseau, au pied du versant occidental de la montagne; miniature de la fontaine de Vaucluse, elle arrose les prés verdoyants qui entourent la jolie ville de Malaucène. Sur la montagne même, les puits du mont Serein, situés sur le versant septentrional, à 1455 mètres d'élévation, abreuvent les troupeaux de moutons qui passent l'été sur ce plateau. On cite encore la source d'Angel, à 1164 mètres ; celle de Lagrave, et surtout la Fontfiliole, à 1788 mètres au-dessus de la mer, et par conséquent à 123 mètres seulement au-dessous du sommet. C'est un mince, mais intarissable filet d'eau qui se fraye un passage entre les pierres, et qui se maintient toujours à une température de 5 degrés centigrades. La Fontfiliole est évidemment le produit des eaux provenant de la fonte des neiges. Quoique le sommet du Ventoux en soit dépourvu pendant quatre mois de l'année, ces eaux, circulant dans les méandres formés par les intervalles qui séparent les pierres, suffisent pour alimenter cette petite source pendant tout l'été : ressource précieuse pour les voyageurs qui font l'ascension du Ventoux, et les troupeaux qui s'aventurent jusqu'à ces hauteurs.

ÉCHELLE DES CLIMATS.

Avant de passer à l'étude de la végétation du mont Ventoux, nous devons nous former une idée des différents climats qui s'échelonnent sur ses flancs. Pour avoir des notions parfaitement exactes, il faudrait que des stations météorologiques eussent été établies à différentes hauteurs. Ces stations n'existent pas et n'existeront probablement jamais ; de pareilles entreprises sont au-dessus des ressources d'un particulier, et celles des États ont eu de tout temps un emploi bien différent. Néanmoins de nombreuses ascensions ont été faites sur le Ventoux : en hiver et en automne par Guérin, d'Avignon, en été par Requien, Delcros et moi-même. Ces températures ont toujours été notées avec soin. Sur d'autres sommets, le grand Saint-Bernard, le Faulhorn et le Rigi dans les Alpes, le pic du Midi de Bigorre dans les Pyrénées, des ascensions répétées et même des séjours prolongés ont permis de déterminer approximativement le climat des montagnes à différentes altitudes. On sait maintenant de combien de mètres il faut s'élever dans les différentes saisons pour que la température de l'air s'abaisse d'un degré ; c'est ce qu'on appelle le *décroissement de la température avec la hauteur*. Le Saint-Bernard, où les religieux font depuis trente ans des observations météorologiques pendant toute l'année ; le Rigi, où M. Eschmann a passé le mois de janvier 1827, ont fourni des notions sur le décroissement hibernal. L'hôtel bâti par les soins du docteur Costallat près du cône terminal du pic du Midi, à 2372 mètres au-dessus de la mer, permettra un jour de faire les mêmes études dans les Pyrénées. Dès aujourd'hui, toutefois, en combinant les résultats des ascensions sur le Ventoux avec les lois connues du décroissement de la température, on peut se former une idée du climat du sommet du Ventoux à 1911 mètres d'altitude, et des bergeries du mont Serein, situées à 1450 mètres sur le versant nord. La température annuelle moyenne de la plaine au pied du Ventoux est de 13 degrés environ. La moyenne annuelle de la température au sommet du Ventoux ne doit pas dépasser 2 degrés. Cette moyenne, comme on le voit, est fort basse. En latitude, il faut s'approcher du cercle polaire pour trouver la même moyenne : c'est celle des villes d'Umeo (1) et d'Hernœsand (2) en Suède. Pétersbourg (3), situé plus au sud, mais aussi plus à l'est, ce qui abaisse la température, présente une moyenne comprise entre 3 ou 4 degrés, suivant le quartier où se font les observations météorologiques. Nous avons donc en France une montagne isôlée qui s'élève brusquement d'une plaine dont la température moyenne est celle des villes de Sienne, Brescia ou Venise, et dont le sommet offre le climat de la Suède septentrionale, limitrophe de la Laponie. Ainsi monter au Ventoux, c'est, climatologiquement, se déplacer de 19 degrés en latitude, savoir du 44° au 63° degré.

Le sommet du Ventoux étant couvert de neige pendant sept mois de l'année environ, les plantes dorment sous cette couche épaisse. Ce qui intéresse par conséquent le botaniste, ce sont les températures de l'été ; ce sont aussi les mieux connues, parce que les ascensions se font presque toujours dans cette saison. La température moyenne des trois mois d'été, juin, juillet et août, est de 8 degrés environ au sommet; mais en juillet et août le thermomètre atteint souvent à l'ombre, vers le milieu du jour, 15 et même 17 degrés, comme je l'ai constaté

(1) Latitude 63°.
(2) Latitude 62° 38'.
(3) Latitude 59° 56'.

moi-même. Aux bergeries du mont Serein, savoir à 1450 mètres sur le versant nord, la moyenne de l'année est de 5 degrés, et la température estivale de 12 degrés environ. Le thermomètre y atteint souvent de 18 à 20 degrés. A égale hauteur, sur le versant sud, on trouverait des moyennes plus élevées d'un degré environ. La somme de chaleur qui s'accumule dans les végétaux et dans le sol pendant les longues journées de l'été est beaucoup plus considérable sur ce versant, et se traduit par des différences dans les limites de la végétation que nous apprécierons plus loin.

On voit que tous les climats de l'Europe, depuis celui de la Provence et du nord de l'Italie jusqu'à celui de la Laponie, sont échelonnés sur les flancs du Ventoux; à chacun de ces climats correspond nécessairement une flore différente, mais comparable à celle du climat analogue dans les plaines de l'Europe. On peut donc y étudier l'influence de l'altitude sur la végétation. Quoique très-élevé, le sommet du Ventoux n'atteint pas la limite des neiges éternelles, qui, sous cette latitude, est à 2850 mètres au-dessus de la mer; mais il est assez élevé pour que les plantes appartenant à la région alpine puissent y vivre et s'y propager. On ne s'en étonnera pas quand on saura que la température annuelle moyenne du sommet est supérieure de 3 degrés seulement à celle du Saint-Bernard, dont l'hospice est à 2474 mètres au-dessus de la mer, c'est-à-dire à 563 mètres plus haut que le Ventoux, et se trouve à 2° latitudinaux plus au nord. Ainsi donc la cime du Ventoux appartient à cette région alpine qui commence, dans la chaîne centrale, à 1800 mètres d'altitude.

CONDITIONS PHYSIQUES FAVORABLES AUX ÉTUDES DE TOPOGRAPHIE BOTANIQUE.

Pour les études de topographie botanique, le Ventoux présente des particularités remarquables qui, depuis longtemps,

l'avaient signalé à l'attention des botanistes. D'abord son isolement. Quand une montagne fait partie d'un massif ou d'une
chaîne, certains versants sont abrités par les contre-forts voisins,
d'autres ne le sont pas; elle est en outre souvent dominée par
les sommets qui la dépassent : de là des influences très-diverses.
La montagne sera à l'abri de tel vent, exposée à tel autre; elle
recevra la chaleur répercutée vers l'un de ses flancs par un
escarpement voisin, tandis que l'autre rayonnera librement
vers le ciel. Les conditions de chaleur, d'humidité, d'aération,
varieront suivant les différents azimuts. Rien de semblable pour
le Ventoux. Le versant méridional regarde la plaine, le versant
septentrional les Alpes; mais il en est fort éloigné, et entre la
chaîne principale et lui on aperçoit un nombre infini de basses
montagnes dont les plus rapprochées ne s'élèvent pas au-dessus
de 1000 mètres. A partir de cette hauteur, le versant nord est
aussi découvert que le versant sud. Le Ventoux a encore un
autre avantage pour les études que nous projetons. La plupart
des montagnes sont pyramidales ou coniques, et présentent
par conséquent plusieurs versants; le Ventoux n'en a que deux.
On peut le comparer à une crête, ou, si l'on veut, au faîte d'un
toit à double pente. L'une de ses pentes est tournée vers le
midi, ou plus exactement vers le sud-sud-ouest : c'est celle qui
regarde la plaine; l'autre fait face au nord, ou plutôt au nord-
nord-est. On peut donc sur cette montagne, mieux que sur
aucune autre en France, apprécier en quoi l'action prolongée
du soleil adoucit le climat et modifie la flore d'une localité. Le
contraste est plus réel pour le Ventoux que pour des montagnes situées plus au nord ou plus au midi. Le sommet du
Ventoux est à 44° 10′ de latitude, c'est-à-dire non loin du 45ᵉ,
qui est à distance égale du pôle et de l'équateur. Or c'est sur le
cercle correspondant au 45ᵉ degré que la différence entre l'exposition sud et l'exposition nord est le plus marquée. Je vais
essayer de le démontrer. On sait que plus on s'avance vers le

pôle, plus le soleil en été se lève et se couche au nord de l'observateur, et par conséquent plus les jours deviennent longs. A partir du cercle polaire, le nombre des jours *sans nuit* augmente jusqu'au pôle, c'est-à-dire que le nombre des jours où le soleil ne se couche pas s'accroît progressivement. Imaginez une montagne dans ces contrées. Pendant l'été, quand le soleil se couche, le versant nord est éclairé presque autant que le versant sud, et quand il ne se couche pas, l'astre semble tourner autour de la montagne, dont le côté sud est éclairé pendant douze heures, et le côté nord pendant le même espace de temps. Dans ces latitudes, la différence de deux versants opposés est donc presque nulle sous le point de vue du réchauffement et de l'illumination solaires. Il en est de même quand on descend du 45ᵉ degré de latitude vers l'équateur. En effet, plus on est près de la ligne équinoxiale, plus le soleil s'élève au-dessus de l'horizon et se rapproche du zénith; or on comprend que dans cette dernière position, il éclaire également le versant nord et le versant sud d'une montagne, et plus il est voisin de la verticale, plus le contraste entre les deux versants diminue. C'est donc sous le 45ᵉ degré que ce contraste est aussi grand que possible, et le Ventoux occupe, sous ce point de vue, la position géographique la plus favorable.

Beaucoup de botanistes pensent que la composition chimique du sol exerce une grande influence sur la végétation. Ils sont persuadés que la présence de la silice, de la chaux, de la potasse, de la magnésie, du sel marin, est nécessaire à l'existence de certaines plantes, inutile ou hostile à certaines autres. On cite des végétaux, le châtaignier, les bruyères, certains genêts, la digitale, qui ne prospèrent que sur les sols siliceux, tels que le granite, le gneiss, les grès, les schistes, etc. D'autres plantes préfèrent les sols calcaires. Tous les savants sont également d'accord pour reconnaître l'influence prépondérante des conditions physiques. Il est clair que la perméabilité du sol, son mode d'agrégation, son degré d'humidité, sont des conditions fondamentales. Le labourage, le binage, le drainage, n'ont d'autre but que de donner au sol les qualités physiques que les plantes cultivées réclament pour payer l'agriculteur de ses soins. Ainsi donc, sur une montagne dont la structure géologique ne serait pas homogène, on ne saurait comparer logiquement la végétation des différentes zones, et encore moins celle des deux versants. L'influence du sol compliquerait celle des agents atmosphériques, et l'on risquerait d'attribuer à l'air et à sa température des effets provenant de la terre, ou *vice versâ*. Sur le Ventoux, cette confusion est impossible; le sol est partout d'une composition physique et chimique uniforme : la montagne entière est calcaire et recouverte d'une couche de fragments de la même roche, presque de la même grosseur. Les agents atmosphériques déterminent seuls ou empêchent la végétation de telle ou telle espèce.

La rareté des sources est encore une condition favorable : partout la terre est également sèche; il n'y a point, comme sur d'autres montagnes, des prairies humides et des pentes arides. Nulle part le sol n'est arrosé par des filets d'eau permanents, et même celui de la Fontfiliole se perd au milieu des pierres. Le déboisement du Ventoux, si déplorable sous tous les points de vue, est une circonstance heureuse pour les études de topographie botanique. Il favorise l'uniformité de la végétation. Si la montagne était partiellement ombragée par d'épaisses forêts, comme celles de la grande Chartreuse, les parties boisées seraient occupées par des espèces différentes de celles qui garnissent les parties dénudées; un versant couvert d'arbres n'eût pas été comparable au versant opposé qui en eût été dépouillé. Les forêts, d'ailleurs, s'opposent à la dissémination des graines, altèrent les lois du décroissement de la température, abritent certaines parties, entretiennent l'humidité autour d'elles; en un mot, elles rompent l'uniformité, condition essentielle d'une étude du genre de celle que nous voulons entreprendre. Les vents violents eux-mêmes, fléaux du Ventoux et de la Provence, sont ici une circonstance favorable en ce qu'ils disséminent les graines sur toute la surface de la montagne, de telle façon que les plantes poussent partout où le climat leur permet de vivre. Le botaniste est donc le seul qui ne répète pas avec les Provençaux du siècle dernier : « Le mistral, le parlement et la Durance sont les trois fléaux de la Provence. » Le parlement n'existe plus, et beaucoup le regrettent; la Durance, dérivée en canaux, rafraîchit Marseille et ses environs, fertilise la Crau et arrose les parties élevées du département de Vaucluse. Reste le mistral, que l'on continue de maudire, non sans raison.

ASCENSIONS AU MONT VENTOUX.

Le Ventoux a été visité de tout temps par les poëtes, les artistes et les savants. Le nom de Pétrarque ouvre la liste. En 1336, âgé de trente-deux ans, il en fit l'ascension. Son récit est le sujet de l'une de ses lettres familières adressée au cardinal Jean Colonna, son protecteur. Je traduis en français le latin fort prétentieux de Pétrarque, en élaguant ses paraphrases interminables, qui ne nous apprennent rien sur les particularités de l'ascension ou sur le caractère du poëte. « Il y a longtemps, dit-il, que j'étais obsédé par l'envie de monter sur la plus haute montagne de ce pays, appelée à si juste titre mont Ventoux. Depuis mon enfance, elle était devant mes yeux. J'hésitais cependant encore, lorsque la lecture de Tite-Live fixa mon irrésolution. Il raconte que Philippe, roi de Macédoine, l'ennemi des Romains, était monté sur le mont Hémus, en Thessalie, d'où l'on voyait, disait-on, à la fois la mer Adriatique et le Pont-Euxin. J'ignore ce qu'il en est, car Pomponius Mela l'affirme et Tite-Live le nie; mais j'ai cru que l'on pardonnerait à un jeune homme une curiosité que l'on n'a pas blâmée chez un vieux roi. »

Admirateur passionné des auteurs latins, Pétrarque n'aurait donc probablement jamais fait l'ascension du Ventoux; c'est Tite-Live qui le décide. Il quitte Avignon le 24 avril, arrive le soir à Malaucène, y passe le jour suivant, et part le lendemain matin avec son frère et deux domestiques. L'air est pur, le jour long. Allègre d'esprit, le corps dispos, il commence à monter. Vers le milieu de la montagne, il trouve un vieux pâtre qui l'engage fortement à ne pas continuer. « Il y a cinquante ans, lui dit-il, j'eus la même fantaisie : je fis l'ascension que vous projetez, et n'en rapportai que fatigue et regrets. Les habits et la peau déchirés par les ronces, je jurai de n'y plus retourner... Jamais, ajouta-t-il, avant moi, personne n'avait osé tenter l'aventure, et depuis nul ne s'en est avisé. » Pétrarque ne se laisse pas intimider et continue; mais, bientôt fatigué, il s'arrête sur un rocher avec son frère; puis, préférant un chemin plus long et moins roide à celui qui montait directement, il se sépare de lui. Le voyant alors à une grande élévation au-dessus de sa tête, il le rejoint et tombe épuisé par les efforts qu'il a faits. Suit une comparaison de ces deux modes d'ascension avec les deux voies à suivre pour gagner la vie éternelle, les uns escaladant le ciel, les autres s'arrêtant sur les pentes plus douces et moins ardues du péché. Cette idée ranime le courage et les forces de Pétrarque, et il finit par atteindre le sommet. Les bûcherons, dit-il, lui donnent le nom des fils (*filiorum*) par une espèce d'antiphrase, puisque ce sommet, le plus élevé de tous, semble le père de tous les sommets voisins. Ce nom s'est conservé dans celui de la *Fontfiliole*, source qui jaillit près de la cime et dont il a déjà été question. Pétrarque, après s'être reposé quelques instants, jette les yeux autour de lui. Les Alpes, voisines de sa chère Italie, attirent ses premiers regards; il croit les toucher de la main, tant elles semblent rapprochées : leurs sommets, couverts de neige, lui rappellent le passage d'Annibal. Il soupire en songeant au doux ciel de l'Italie, et il est pris d'un désir immense de revoir sa patrie; mais un lien invincible le retient: c'est Laure, qu'il aime depuis neuf ans, depuis qu'il l'a entrevue, le 6 avril 1327, à six heures du matin, dans l'église des religieuses de Sainte-Claire, à Avignon (1). « J'aime ! s'écrie-t-il. J'aimerais mieux ne pas aimer, je voudrais haïr; j'aime cependant, mais malgré moi, contraint, triste, gémissant, et dans mon malheur je dis comme Ovide :

« Si je ne puis haïr, j'aimerai malgré moi. »

Pendant qu'il exhalait ces plaintes, le soleil s'inclinait à l'horizon. Il jette un dernier coup d'œil autour de lui, distingue les montagnes du Lyonnais, la mer entre Marseille et Aigues-Mortes, et le Rhône serpentant dans la plaine, puis il tire de sa poche un petit exemplaire des *Confessions* de saint Augustin, don du cardinal Colonna, pour élever son âme vers les choses spirituelles. Il ouvre le manuscrit, tombe sur le dixième livre, et à sa stupéfaction il lit : « Et les hommes admirent les mon- » tagnes élevées, et les vagues puissantes de la mer, et le cours » des grands fleuves, et les contours de l'océan, et les orbites » décrites par les astres, et ils s'abandonnent eux-mêmes. » — « Je restai, dit-il, confondu, et fermai le livre, honteux d'avoir pu m'extasier devant des objets terrestres, quand les philosophes des nations m'ont enseigné que l'âme seule est digne d'admiration, que l'âme seule est grande. » Bon et tendre Pétrarque, élève de l'antiquité classique et de l'Église catho-

(1)   Virtute, onor, bellezza, atto gentile,
             Dolci parole ai bei rami m'han giunto
             Ove soavemente il cor s'invesca.
             Mille trecento ventisette appunto
             Su l'ora prima il di sesto d'Aprile
             Nel labirinto intrai ; nè veggio ond'esca.
                                        (Sonnet CLXXV.)

lique, tu luttes contre ton instinct de poëte, tu n'oses jouir du
magnifique spectacle qui se déploie devant tes yeux, tu crains
d'entrer en communion avec le monde physique. Tu ouvres
un livre, celui du père de l'ascétisme chrétien, pour refouler violemment les saintes émotions que la vue d'un grand paysage
éveille en toi, pour fausser ton heureux naturel en l'étouf-
fant sous une métaphysique religieuse qui ne saurait remplir
ton cœur ni satisfaire ta raison. Cependant, en dépit de tes
efforts, tu aimes et tu chantes Laure, Vaucluse, ses rochers, sa
fontaine; en dépit de saint Augustin, tu aimes et tu chantes
l'immortelle nature! Mais, pour le moment, c'est le mystique
évêque d'Hippone qui l'emporte. « Satisfait d'avoir vu la montagne, ajoute tristement Pétrarque, je tournai mes regards *en
dedans*, et je ne prononçai plus une parole jusqu'à ce que nous
fussions arrivés en bas. A chaque pas je me disais : Si j'ai tant
sué, si je me suis tant fatigué, pour que mon corps se rappro-
chât un peu du ciel, quelles épines, quel cachot, quelle croix
pourraient effrayer mon âme s'élevant vers Dieu même? »
Abîmé dans ses méditations religieuses, Pétrarque revient le
soir à Malaucène par un beau clair de lune, et il écrit la
lettre que j'ai abrégée. La postérité lui aurait volontiers fait
grâce de ses dissertations philosophiques et de ses élans mys-
tiques pour quelques traits comme ceux par lesquels Jean-
Jacques Rousseau, Bernardin de Saint-Pierre et George Sand
savent peindre un beau paysage et nous faire partager l'impression qu'ils en ont ressentie.

Dans les temps modernes, le Ventoux a été surtout visité par
les botanistes. Gouan, Antoine-Laurent de Jussieu, Bentham,
E. Cosson, Godron, le célèbre agronome de Gasparin, qui habitait
Orange, non loin du pied de la montagne, l'ont exploré tour
à tour; mais celui qui l'a principalement fait connaître, c'est
un naturaliste d'Avignon, Esprit Requien. Pendant trente ans,
il a parcouru la montagne dans toutes les saisons et dans tous

les sens; il a répandu dans les deux mondes, avec un zèle et
une générosité sans égale, les plantes qu'il y recueillait. Les
échantillons desséchés étaient conservés dans l'herbier qu'il a
légué à sa ville natale. Les plantes vivantes étaient placées
dans le jardin botanique créé par lui, les animaux déposés
dans le musée zoologique également créé et classé par lui, et
les fossiles venaient se ranger dans les collections géologiques.
Que les naturalistes qui visitent Avignon ne s'enquièrent pas de
ces richesses : le jardin botanique n'est plus qu'une avenue qui
un jour les mènera en ligne droite du débarcadère du chemin
de fer au centre de la ville. Déplacé une première fois, ce jardin en est à sa troisième migration. Quant aux collections botaniques et zoologiques, entassées dans des greniers, elles se dété-
riorent rapidement. Esprit Requien a consacré sa vie entière à
doter son pays d'un musée d'histoire naturelle, d'une bibliothèque et d'un jardin des plantes. Douze ans après sa mort, il
ne reste plus rien que les livres amassés par lui et le souvenir
de son désintéressement, de son savoir et de son activité.

FORÊTS ET CULTURES.

Le récit de Pétrarque nous fait soupçonner et la tradition
nous enseigne que jadis le Ventoux était couvert de bois ; mais
les vents violents ont achevé l'œuvre de destruction que
l'homme avait commencée en découpant son manteau de verdure. Vers 1795, une bise de nord-est déracina une forêt située
à 1560 mètres d'élévation, sur le versant septentrional. Au
milieu de la pente tournée vers le nord-ouest, on reconnaît,
à la hauteur moyenne de 1590 mètres, des souches d'arbres
énormes qui sont tombés sous la hache. C'est pendant la révolution que le déboisement s'est opéré pour ainsi dire sans contrôle ; chaque commune faisait son bois sur la montagne, qui
peu à peu a pris l'aspect désolé qu'elle présente encore actuel-

lement. D'autres obstacles se sont opposés aux efforts de l'État et des particuliers pour favoriser le repeuplement des forêts. Le libre parcours doit être mentionné en première ligne. Les moutons et les chèvres sont les plus grands ennemis du reboisement des montagnes. Les propriétaires de troupeaux se sont toujours opposés aveuglément aux semis et aux plantations qui restreignent les pâturages. Pour le Ventoux, la résistance était encore plus ardente que dans d'autres contrés; en effet, partout où les arbres n'existent pas, le sol se couvre de thym, de romarin, de lavande, de fines graminées qui non-seulement sont recherchées des animaux, mais communiquent à leur chair une saveur particulière. Quiconque se rappelle le goût insipide de la chair du mouton, en Angleterre par exemple, où il ne se nourrit que d'herbes aqueuses sans saveur et sans parfum, et compare cette viande à celle des moutons de l'Auvergne, des Cévennes ou de la Provence, comprendra que les flancs dénudés du Ventoux aient aux yeux des propriétaires de bêtes à laine la même valeur qu'une belle prairie pour un fermier du nord de la France. On comprend également qu'il ne suffise pas d'interdire le parcours et même de clôturer les terres soumises au reboisement. Le berger, indifférent quand il n'est pas endormi, laisse ses bêtes vaguer où elles veulent, et leur dent meurtrière choisit de préférence les bourgeons et les feuilles tendres du petit arbre qui commence à s'élever de quelques décimètres au-dessus de la surface du sol. Vous aurez beau multiplier les gardes forestiers et les procès-verbaux, vous serez vaincus par deux forces passives, mais irrésistibles, l'indifférence et la routine.

Il existe sur le Ventoux une autre industrie plus poétique et moins nuisible, qui repose également sur l'existence des plantes labiées, thym, lavande, romarin, sarriette, mélisse, etc. : c'est celle de la production du miel. Au printemps, tous les villages environnants envoient à la montagne des ruches d'abeilles :

placées au pied des rochers tournés vers le midi, elles forment
de véritables hameaux, et la montagne est explorée dans tous
les sens par ces ouvrières infatigables qui, butinant le pollen
et le nectar des fleurs, fabriquent le miel parfumé connu dans
toute l'Europe sous le nom de miel de Narbonne. En automne,
on vient chercher les ruches avec leurs habitantes, et elles
passent l'hiver dans la plaine, devant un mur exposé au midi,
près de la maison du maître, qui sait les abriter, quand le
froid prend une intensité exceptionnelle. Si le Ventoux était
couvert d'une sombre forêt, thym, lavande et romarin disparaî-
traient, et les habitants du pied de la montagne ne porteraient
plus leurs ruches pendant l'été sur les flancs du Ventoux. De
là encore une objection contre le reboisement, à laquelle se
mêlaient celles des pauvres gens, auxquels on avait persuadé
que des restrictions seraient apportées à leur droit d'usage des
menus produits de la forêt et à celui de récolter les lavandes,
qui sont l'objet d'un commerce assez considérable. Pendant
quinze ans, M. Eymard, maire de Bedouin, le principal village au
pied du versant méridional du Ventoux, lutta vainement contre
ces obstacles. Non moins persévérant et plus heureux que son
père, M. Eymard fils a enfin réussi : le principe du reboisement
a été admis. Sur 6399 hectares appartenant à la commune de
Bedouin et formant le versant méridional du Ventoux, 1764 ont
toujours été boisés: c'est la forêt de hêtres dont nous avons
parlé ; 1000 hectares ne sont susceptibles d'aucune espèce de
culture : ils forment la partie culminante du Ventoux ; 3600
hectares au contraire sont propres au reboisement. L'administration des eaux et forêts a pris des mesures pour que 500 hectares
par an fussent ensemencés, de telle façon que le travail pût être
entièrement terminé dans l'espace de huit à dix ans. Pour les
parties basses, on a préféré le chêne ordinaire et le chêne vert
(yeuse); dans les parties élevées, le pin maritine ou des Landes,
le pin sylvestre et le cèdre. Cette dernière essence prospère

à merveille sur un espace de 10 hectares environ; toutes les graines ont levé, et nos arrière-neveux verront peut-être un jour, sur les flancs du Ventoux, un sombre bouquet de cèdres comme ceux qui ombragent encore çà et là les pentes du Liban, de l'Atlas et de l'Himalaya. Espérons que des notions plus saines auront alors pénétré dans les populations, convaincues enfin par le temps et l'expérience que ces forêts peuvent seules les protéger contre les inondations périodiques dont elles sont victimes. Le pin maritime semble appelé à réussir non moins bien que le cèdre sur le Ventoux. Arbre à la fois utile et gracieux, il couvrira les parties les plus apparentes de la montagne. C'est l'espèce qui fournit en France la plus grande quantité de térébenthine, substance dont on retire l'essence de même nom et la poix, appliquée par l'industrie à tant d'usages divers. Le pin sylvestre est celui de tous les arbres qui résiste le mieux au vent et au froid ; nul autre, excepté le bouleau, ne s'avance aussi loin dans le nord, car en Laponie il atteint le 70e degré de latitude.

Mais les semis les plus précieux sont ceux des chênes dans les parties basses de la montagne, au-dessous de la limite des hêtres. Pour le forestier du nord de l'Europe, le chêne est un arbre qu'on exploite en taillis pour le chauffage, et dont on réserve les baliveaux pour les constructions. Dans le Midi, on ne cultive pas les chênes en taillis pour eux-mêmes, mais parce que la truffe noire, ce champignon souterrain si cher aux gastronomes, croît principalement entre les racines des arbres de ce genre ; elle y acquiert un parfum qui lui manque quand elle végète entre les racines du charme, du hêtre, du noisetier, du châtaignier, du pin d'Alep, du marronnier, du lilas, etc., au pied desquels on la rencontre parfois. Quelques détails sur le champignon lui-même auront peut-être de l'intérêt pour ceux, et le nombre en est grand, qui prisent la truffe sans savoir précisément ce qu'ils mangent.

La truffe est un champignon souterrain dont les spores ou

organes reproducteurs sont intérieurs comme ceux d'un champignon blanc sphérique assez commun en automne sur les terrains gazonnés, où il acquiert quelquefois un volume énorme, et que l'on connaît vulgairement sous le nom de vesse-de-loup ; les botanistes l'appellent *Lycoperdon bovista*. M. R. Tulasne, de l'Institut, a parfaitement élucidé l'histoire naturelle des truffes, et leur a consacré un magnifique ouvrage. Il résulte de ses recherches que le genre *Tuber*, ou truffe, renferme vingt et une espèces. Quatre d'entre elles sont confondues sous le nom de truffe ordinaire ou truffe noire. Deux mûrissent en automne et se récoltent au commencement de l'hiver : ce sont la truffe noire proprement dite et la truffe d'hiver. La première, la plus parfumée et la plus estimée de toutes, présente une surface couverte de petites aspérités. Le tissu intérieur, d'un noir uniforme tirant sur le rouge, est parcouru par des veines d'abord blanches, puis rougeâtres, quand le champignon vieillit. Cette espèce est commune en Italie, en Provence et dans le Poitou ; elle se trouve, mais rarement, aux environs de Paris et en Angleterre. La truffe d'hiver, inférieure à la première, est presque toujours mêlée avec elle. Sa chair est blanche dans sa jeunesse, puis noirâtre et parcourue par des veines blanches. Deux autres espèces de truffes acquièrent tout leur développement dans le courant même de la belle saison : ce sont la truffe d'été et la truffe mésentérique. La première, commune en Allemagne et dans le centre de la France, est parsemée de tubercules assez gros, et sa chair, d'abord blanchâtre, tire plus tard sur le brun et est parcourue par des veines toujours blanches. La seconde, très-répandue en Italie, et dont le tissu est d'un brun grisâtre, offre des sinuosités très-contournées, rappelant celles du mésentère. Les deux espèces se trouvent aussi aux environs de Paris, par exemple sous les pelouses qui tapissaient le coteau de Beauté et la terrasse de Charenton, dans le bois de Vincennes. A Apt, dans le département de Vaucluse, on les coupe en tranches minces, que l'on fait sécher. Il s'en exporte annuellement 200 000 kilogrammes environ. Aux quatre espèces précitées, il faut ajouter la truffe blanche du Piémont, que Napoléon préférait aux espèces noires. Les autres ne sont pas comestibles. Les truffes viennent en général dans des sols calcaires ou argilo-calcaires. De même que beaucoup de champignons épigés, c'est-à-dire aériens, ne poussent jamais que sur le bois mort et même sur certains bois, de même les truffes noires ne peuvent végéter qu'au milieu du chevelu des arbres en général, et en particulier des trois espèces de chênes répandues en France : le chêne ordinaire, appelé chêne blanc dans le Midi, dont les feuilles sèchent sur l'arbre pendant l'hiver, et les deux espèces à feuilles vertes et persistantes, le chêne vert ou yeuse, et le chêne kermès. C'est entre les racines de ces essences que les tubercules se multiplient le plus, et acquièrent un parfum qui les fait rechercher dans le monde entier. Quand les arbres sont trop grands et ombragent fortement le sol, la récolte diminue ; mais elle va en augmentant à mesure que le taillis grandit.

Le mode de reproduction des truffes est celui de tous les champignons : à leur maturité, elles contiennent des spores d'une ténuité extrême, car elles n'ont qu'un dixième de millimètre de diamètre. Lorsque la truffe pourrit dans le sol, ces spores produisent des filaments blancs analogues au blanc du champignon de couche ; ce *mycelium*, comme l'appellent les botanistes, donne naissance aux truffes elles-mêmes, qui sont pour ainsi dire le fruit de cette trame souterraine. Quoique ces faits soient acquis à la science, mille préjugés bizarres sont encore en vogue parmi les chercheurs ou les cultivateurs de truffes. Les uns s'imaginent que la truffe est une excroissance naturelle de la racine du chêne, les autres y voient le résultat de la piqûre d'une mouche ou d'un autre insecte. La plupart sont convaincus qu'il existe des chênes au pied desquels on trouve des truffes, et que pour cela on appelle chênes truffiers, tandis

que d'autres sont frappés de stérilité. Autant d'erreurs, autant
d'illusions : la truffe est un champignon souterrain qui se reproduit comme ses congénères, mais ne prospère que dans les
terrains calcaires et au milieu du chevelu des arbres, et surtout
des chênes. Les pluies de juillet ou d'août favorisent son accroissement et assurent une belle récolte.

Les chercheurs de truffes avaient depuis longtemps observé
que les vignes et les champs cultivés bordés de chênes verts
rabougris étaient des localités fertiles en truffes. De là à l'idée
de cultiver ces tubercules, il n'y avait qu'un pas : M. Auguste
Rousseau, de Carpentras, l'a franchi. Sur un terrain de deux
hectares formé par du calcaire siliceux, il sema des glands de
chênes blancs et de chênes verts truffiers, c'est-à-dire au pied
desquels on avait déjà trouvé des truffes. Le semis réussit : au
bout de huit ans, en 1856, un illustre agronome dont la science
déplore la perte récente, de Gasparin, constatait une récolte
de 8 kilogrammes de truffes par hectare, ce qui, au prix de la
truffe à cette époque, 6 francs le kilogramme, représentait un
produit de 45 francs par hectare ; mais, depuis cette époque le
rendement de la truffière a augmenté, et le prix de la truffe s'est
élevé. Aujourd'hui M. Auguste Rousseau obtient une récolte
moyenne de 260 kilos par an sur une superficie de 5 hectares,
ce qui élève le produit à 52 kilos par hectare, et le prix moyen
de la truffe ayant été dans ces dernières années de 15 francs le
kilo sur le marché de Carpentras, il en résulte qu'un hectare
de mauvais terrain planté d'un taillis de chênes de quinze ans
produit annuellement 780 francs. Retranchant de cette somme
10 francs pour le labour, et 30 francs pour les journées de
récolte et la rente du terrain, il reste un produit net de
740 francs par hectare. Peu de cultures donnent des résultats semblables avec aussi peu de soins. Deux remarques
intéressantes ont été faites dans la truffière de M. Rousseau. La
première, c'est que les truffes se trouvaient plus abondantes,

plus égales et plus parfumées au pied des chênes verts qu'au pied des chênes ordinaires; la seconde, c'est que les tubercules se rencontraient toujours au pied des arbres qui en avaient donné les années précédentes. Ces arbres étaient marqués d'une croix blanche, et la truie chargée de découvrir la truffe se dirigeait immédiatement vers eux en ouvrant avec son groin un large sillon dans le sol. Le tubercule découvert, on lui donne un coup sur le nez, et on lui jette quelques glands ou une pomme de terre pour prix de sa peine. Les cochons, si peu délicats en fait d'odeurs et de saveurs, sentent le parfum de la truffe à travers le sol : leur odorat, plus sensible que le nôtre, perçoit ces émanations subtiles. Certains chiens, les barbets surtout, peuvent être également dressés à cette chasse; mais ils se bornent à désigner la place où se trouve la truffe : la truie, au contraire, fait tout le travail, elle découvre et déterre la truffe. L'ingratitude de l'homme, qui substitue un aliment grossier à celui qu'elle a conquis, ne la décourage pas; mais il faut que son gardien soit attentif : sans cela, le précieux tubercule est immédiatement broyé entre ses fortes mâchoires, qu'on s'efforce souvent en vain d'écarter avec un bâton pour lui enlever la proie.

Cette digression ne nous a pas autant éloigné du Ventoux qu'on pourrait le croire; elle n'était pas inutile pour montrer toute l'importance de la multiplication du chêne au pied de la montagne. On vend annuellement sur le marché de Carpentras, du 1er décembre à la fin de février, pour 2 millions de francs de truffes qui sont envoyées dans l'Europe entière. Actuellement les communes de Bedouin, Villes, Blauvac, Monieux et Methamis affermient une étendue de bois truffiers de 2700 hectares au prix de 13 250 francs. Sur ces 2700 hectares, la commune de Bedouin n'en possède que 100, affermés au prix de 1800 francs. Ainsi les 1000 hectares semés de chênes, qui poussent très-bien, seront loués dans quelques années 18 000 francs par an pour l'exploitation de la truffe. La fertilité de ces taillis dure vingt à trente ans : au bout de ce temps, le sol, trop ombragé et trop garanti de la pluie, n'est plus favorable à la végétation du champignon souterrain; mais alors le taillis peut être exploité comme bois de chauffage ou même entièrement renouvelé. C'est donc avec une vive satisfaction que j'ai vu en 1863, au-dessous de la limite des hêtres, des taillis de chênes de la plus belle venue là où en 1836 je n'avais observé que des pentes dénudées ou de misérables champs de seigle dont les chaumes grêles et débiles poussaient au milieu des pierres.

Le repeuplement du Ventoux, dont le zèle éclairé de l'administration départementale est à juste titre préoccupé, transformera la montagne elle-même et la contrée qui l'environne. Quand ses pentes seront boisées, elles ne s'échaufferont plus, comme cela arrive actuellement, pendant les chaleurs de l'été. Les courants d'air ascendants n'entraîneront plus les nuages vers le haut de la montagne, où ils se résolvent subitement, sous l'influence du froid, en pluies ou plutôt en averses torrentielles. Les eaux, que nul obstacle n'arrête, ne se précipiteront plus immédiatement dans les ravins, et de là dans la plaine. Les nuages, se traînant le long des flancs de la montagne ou s'élevant successivement vers le sommet, se résoudront peu à peu en pluies modérées. Cette pluie, tombant d'abord sur les feuilles des arbres, gagnera lentement le sol : arrêtée par les troncs et les racines, elle coulera doucement et s'infiltrera dans sa couche superficielle. Ces eaux, se réunissant en filets plus ou moins considérables, descendront enfin vers la plaine, formant des ruisseaux permanents et non plus des torrents éphémères ; elles arroseront la contrée et ne la ravageront pas. La terre végétale provenant du détritus des feuilles et de la végétation herbacée ne sera plus entraînée dans les fonds, mais restera sur les pentes. Grâce à elle, les graminées que les moutons recherchent se multiplieront, et au lieu de nourrir 2000 bêtes à laine, qui maintenant trouvent

à peine leur subsistance en arrachant les plantes qui végètent
entre les pierres, 20 000 têtes de bétail, à raison de quatre bêtes
par hectare, y vivront dans l'abondance. Une foule de plantes
amies de l'ombre et de la fraîcheur, que les anciens botanistes
avaient signalées sur le Ventoux, reparaîtront dans la suite. Les
cultures pourront s'échelonner sur ses flancs, protégées par
les forêts contre ce terrible mistral qui brise, couche sur le sol
et dessèche toute plante délicate. Le bois de chauffage, dont le
prix augmente sans cesse, deviendra plus commun ; certaines
industries impossibles actuellement pourront renaître ; et enfin
l'œil ne sera plus attristé par la vue de cette montagne pierreuse
qu'on a appelée, non sans quelque raison, une montagne de
macadam. Tels sont en peu de mots les effets immédiats du
reboisement de la chaîne du Ventoux ; les conséquences éloignées en sont incalculables.

ZONES VÉGÉTALES.

Le savant naturaliste d'Avignon, Requien, avait parfaitement
reconnu les différentes zones végétales du Ventoux, et il voulut
bien m'aider de ses conseils pour ma première exploration
en 1836. De loin, l'œil ne distingue pas ces zones ; il ne reconnaît qu'une bande brune qui semble couper la montagne par le
milieu : c'est la forêt de hêtres, qui occupe la région moyenne.

Cependant ces régions végétales sont bien définies et caractérisées par l'existence de certaines plantes qui manquent dans
les autres. On compte six régions sur le versant méridional,
cinq sur le versant septentrional (1). Nous commencerons par
le versant sud, celui qui se confond à sa base avec la plaine du
Rhône. Toutes les plantes de la plaine appartiennent à la région

(1) Voyez l'énumération complète de toutes les espèces de ces zones végétales dans le Mémoire inséré au tome VI de la 2ᵉ série des *Annales des sciences
naturelles*, année 1838.

la plus basse : elle se caractérise très-bien par deux arbres, le pin d'Alep et l'olivier. Tous deux sont propres au bassin méditerranéen, autour duquel ils forment une ceinture interrompue seulement par le delta de l'Égypte. Le pin d'Alep se trouve sur toutes les collines qui longent le pied méridional du Ventoux ; il ne dépasse pas 430 mètres au-dessus du niveau de la mer. L'olivier monte plus haut, mais n'est plus cultivé au-dessus de 500 mètres. Sous ces arbres, on rencontre toutes les espèces méridionales qui forment le fond de la végétation provençale : le chêne kermès, le romarin, le genêt d'Espagne, le *Dorycnium suffruticosum*. — Une zone étroite succède à celle-ci : elle est caractérisée par le chêne vert, celui-là même qui est si favorable à la production de la truffe. Cet arbre ne dépasse guère 550 mètres; mais les semis opérés depuis quinze ans en élèveront probablement la limite altitudinale. Au milieu des taillis, on trouve la dentelaire d'Europe, le genévrier cade, le grand euphorbe characias, le *Psoralea* à odeur de bitume, etc.

Une région dépourvue de végétaux arborescents vient immédiatement après les deux premières. Le sol est nu, pierreux, généralement inculte; cependant çà et là on remarque des champs de pois chiches, d'avoine ou de seigle, dont les derniers sont à 1030 mètres au-dessus de la Méditerranée; mais un arbrisseau, le buis, deux sous-arbrisseaux, le thym et les lavandes, une autre labiée herbacée, le *Nepeta graveolens*, et le dompte-venin (*Vincetoxicum officinale*), dominent pour la taille et le nombre. C'est dans cette région que les tentatives de reboisement au moyen des chênes et des pins maritimes se poursuivent avec succès. Il faut s'élever jusqu'à 1150 mètres pour retrouver de nouveau la végétation arborescente : elle se compose de hêtres. D'abord épars et sous forme de taillis, ils sont plus grands à partir de 1240 mètres, surtout dans les ravins profonds, véritables vallons qui les abritent du vent. Quelques-unes de ces gorges offrent un aspect charmant : des escarpe-

ments pittoresques les dominent, de beaux bouquets de hêtres
aux troncs marbrés de lichens blancs se groupent à leur pied,
un vert gazon entretenu par l'humidité du sol tapisse le fond
de la combe. Des perspectives s'ouvrent d'un côté vers les
arêtes nues de la montagne, de l'autre vers la plaine fertile; les
eaux du Rhône scintillent au loin; l'air est traversé par les
abeilles bourdonnantes qui s'échappent des ruches étagées au
midi contre les rochers. Le thym et les lavandes exhalent leurs
parfums pénétrants lorsque le pied du voyageur vient à les fou-
ler. L'œil est charmé de ce contraste qu'on ne trouve que dans
le Midi : une belle verdure due à la fraîcheur du sol, sous un
ciel bleu et avec un air sec, chaud et transparent. Au printemps, en automne et pendant les pluies d'orage de l'été, ces
ravins sont des torrents éphémères, mais terribles, qui entraî-
neraient le voyageur et ses chevaux comme des brins de paille;
mais le torrent passe vite, le sol est imbibé d'eau, le soleil luit,
et la végétation reprend avec une vigueur nouvelle.

Les hêtres montent jusqu'à 1660 mètres. A cette hauteur, les
dépressions sont peu profondes, et les arbres, exposés à l'action déprimante du vent qui les couche sur le sol, ne sont plus
que d'humbles buissons à branches courtes, dures et serrées.
Un pareil buisson, semblable à une boule ou à un matelas
étendu par terre, est souvent aussi vieux que de grands hêtres
qui élèvent dans le ciel leur cime orgueilleuse. Un certain
nombre de plantes habitent la région des hêtres. Plusieurs
appartiennent à la zone subalpine des montagnes de l'Europe
moyenne, et ne descendent jamais dans la plaine. Tels sont le
nerprun, le groseillier, la giroflée, la cacalie et l'oseille des
Alpes, l'amélanchier commun, l'anthyllide des montagnes, etc.

A la hauteur de 1700 mètres, le froid est trop vif, l'été trop
court et le vent trop violent, pour que le hêtre puisse encore
subsister; aussi sur le Ventoux, comme dans les Alpes et les
Pyrénées, un arbre de la famille des conifères est-il le dernier

représentant de la végétation arborescente : c'est une espèce de
pin assez basse, appelée pin de montagne (*Pinus uncinata*) par
les botanistes, parce que les écailles de ses cônes sont recourbées en hameçons. Ces pins s'élèvent à plusieurs mètres de
hauteur dans les endroits abrités, et deviennent des buissons
touffus dans les lieux exposés au vent : ils montent jusqu'à la
hauteur de 1810 mètres, et forment la limite extrême de la
végétation arborescente. Les plantes herbacées de cette région
sont celles de la région des hêtres, qui presque toutes atteignent
la limite des pins. Cependant il faut y ajouter le genévrier
commun, couché sur le sol, comme on le voit toujours sur les
hautes montagnes, où le poids de la neige l'écrase pour ainsi
dire tous les hivers ; la germandrée des montagnes, et la saxifrage gazonnante (*Saxifraga cespitosa*), qui s'élève jusque sur
les plus hautes cimes des Alpes. La flore nous enseigne donc,
à défaut du baromètre, que nous touchons à la région alpine
du Ventoux, à cette région où toute végétation arborescente a
disparu, mais où le botaniste retrouve avec ravissement les
plantes de la Laponie, de l'Islande et du Spitzberg. Dans les
Alpes, cette région s'étend jusqu'à la limite des neiges perpétuelles, séjour d'un éternel hiver ; mais, le Ventoux ne s'élevant qu'à 1911 mètres, son sommet appartient à la partie inférieure de la région alpine des Alpes et des Pyrénées. A cette
hauteur, tout arbre a disparu, mais une foule de petites plantes
viennent épanouir leurs corolles à la surface des pierres ou des
rochers. Ce sont le pavot à fleurs orangées, la violette du mont
Cenis, l'astragale à fleurs bleues, et, tout à fait au sommet, le
paturin des Alpes, l'euphorbe des rochers, et la vulgaire ortie,
qui apparaît partout où l'homme construit un édifice. Une
chapelle a été bâtie au sommet du Ventoux depuis l'ascension
de Pétrarque : l'ortie s'abrite à l'ombre de ses murs. Une
auberge se trouve au sommet du Faulhorn, en Suisse, à
2680 mètres au-dessus de la mer, et l'ortie y croît également,

entourée des plantes qui ne se trouvent que dans le voisinage
des neiges éternelles. Mais ce n'est pas au sud du sommet terminal de la montagne que le botaniste cherchera les plantes
alpines caractéristiques de la région élevée d'où son œil embrasse tout le panorama des Alpes françaises, du Mont-Blanc à
la mer; c'est dans les escarpements du nord, dans les rochers
exposés aux bises glaciales, privés de soleil pendant de longs
mois et couverts de neige jusqu'en juin. C'est là que j'ai revu,
comme on revoit une amie, la saxifrage à feuilles opposées,
que j'avais cueillie au sommet du Reculet, la cime la plus élevée du Jura, et sur tous les sommets des Alpes qui atteignent
ou dépassent la limite des neiges perpétuelles. Quand je mis le
pied pour la première fois sur les rivages glacés du Spitzberg,
la saxifrage à feuilles opposées fut encore la première plante
que j'aperçus, car ici elle retrouvait au bord de la mer les étés
froids et les neiges fondantes des sommets qui couronnent les
Alpes et les Pyrénées. Sur le Ventoux, d'autres saxifrages,
également alpines, environnaient la première; les clochettes
bleues de la campanule d'Allioni se dégageaient du milieu des
pierres, et des plantes naines, comme elles le sont toutes à ces
hauteurs, le *Phyteuma* à capitules arrondis, l'*Adronsacc* villeux,
l'*Ononis* du mont Cenis, et trois espèces d'*Arenaria*, se collaient
contre les rochers ou pointaient à travers les pierres (1).

Nous avons vu combien le Ventoux était heureusement placé
et favorablement orienté pour mettre en évidence l'influence

---

(1) Voici la liste complète des plantes que j'ai observées au sommet du Ven-
toux. Au nord, entre 1720 et 1911 mètres, ce sont : *Ranunculus Columnæ*,
All.; *Alyssum montanum*, L.; *Iberis nana*, All.; *Arenaria striata*, Vill.;
A. mucronata, DC.; *A. tetraquetra*, β. *aggregata*, Gay; *Oxytropis cyanea*,
Gaud.; *Astragalus aristatus*, Lher.; *Ononis cenisia*, L.; *Alchemilla alpina*,
L.; *Saxifraga oppositifolia*, L.; *S. muscoides*, Wulf.; *S. cespitosa*, Scop.;
S. aizoon, Jacq.; *Athamanta cretensis*, L.; *Galium Villarsii*, Req.; *Valeriana
saliunca*, All.; *Arnica scorpioides*, L.; *Carduus carlinæfolius*, Lam.; *Campa-
nula Allionii*, Vill.; *Phyteuma orbiculare*, var. *nanum*; *Thymus angusti-*

des versans sur la végétation ; nulle part cette influence n'est plus marquée que dans la région alpine. Sur le versant sud, elle s'étend des derniers pins rabougris au sommet, sur une hauteur de 111 mètres, savoir de 1800 à 1911 mètres. Sur le versant nord au contraire, la région alpine est comprise entre 1700 et 1911 mètres ; sa hauteur est donc de 211 mètres. Ainsi les plantes alpines se montrent plus bas au nord qu'au midi, parce qu'elles trouvent à une moindre hauteur, à 1700 au lieu de 1800 mètres, les conditions climatologiques qui leur conviennent.

Un autre phénomène de végétation trahit l'influence des versants. Le sapin, qui n'existe pas sur le versant sud, s'élève dans les escarpements du nord, mêlé au pin de montagne, jusqu'à la hauteur de 1720 mètres : il forme une région qui correspond à la zone que le pin caractérise seul sur le versant méridional ; mais cette région est plus étendue au nord, les conifères y sont déjà prédominantes à la hauteur de 1380 mètres. Sur les pentes presque verticales qui plongent vers le village de Brantes, les sapins mêlés aux hêtres descendent jusqu'à 1000 mètres environ. Le pin de montagne obéit aux mêmes influences : sur le versant sud, il commence à se montrer à la hauteur de 1480 mètres pour cesser à 1810 mètres. Sur le versant nord, il commence plus bas : on le rencontre déjà à 1350 mètres et, il monte moins haut qu'au sud, car il ne dépasse pas 1625 mètres.

La région des hêtres existe au nord comme au midi du Ventoux ; mais au midi ils occupent la région comprise entre 1130

---

folius, Pers. ; Globularia cordifolia, L. ; Urtica dioca, L. ; Allium narcissiflorum, Vill. ; Avena setacea, Vill. ; Festuca duriuscula, L.. ; Carex rupestris, All.

Dans la région alpine, au versant sud, comprise entre 1810 et 1911 mètres, on remarque : Papaver aurantiacum, Lod. ; Viola cenisia, All. ; Biscutella coronopifolia, All. ; Thymus serpyllum, L. ; Euphorbia saxatilis Lois. ; Poa alpina, var. ; brevifolia, Gaud., et Avena sedenensis, DC., qui n'existent pas sur le versant septentrional.

et 1670 mètres. Au nord, la zone entière se trouve abaissée, car cet arbre se montre à 920 mètres de hauteur et cesse à 1580. Au-dessous de 900 mètres, même au nord, les étés sont trop chauds pour que le hêtre, qui appartient aux essences de l'Europe moyenne, puisse prospérer. Dans la plaine du Rhône, il ne commence à apparaître qu'aux environs de Lyon, et il faut s'avancer jusque dans le nord de la France pour le trouver dans toute sa beauté, qu'il conserve en Belgique, en Allemagne et en Danemark, où il a de tout temps excité l'admiration des peintres et inspiré les poëtes. La limite septentrionale de cet arbre, déterminée avec beaucoup de soin par Alphonse de Candolle, forme une courbe qui, commençant un peu au nord d'Édimbourg, atteint son point culminant à Alvesund (latitude 61° 31'), près de Bergen en Norvége, redescend en Suède, au sud des lacs Wettern et Wenern, coupe la côte de Poméranie près de Kœnigsberg, pour se diriger au sud-est à travers la Wolhynie, jusqu'en Crimée (latitude 45°), où elle atteint sa limite méridionale. On voit que, dans la plaine comme sur la montagne, le hêtre craint les fortes chaleurs ; mais il redoute également les hivers trop rudes, puisqu'il s'arrête en deçà du cercle polaire. Sa limite septentrionale s'abaisse dans l'est, où les hivers, comme on sait, sont d'autant plus rigoureux, qu'on s'éloigne plus de l'Océan. Au contraire, la modération des hivers et des étés lui permet de s'avancer dans la France occidentale jusqu'au pied des Pyrénées.

De la région des hêtres, on descend dans celle du buis, du thym et des lavandes, qui est excessivement étroite sur le versant nord du Ventoux, car elle est comprise entre 800 et 910 mètres. La zone végétale placée immédiatement au-dessous de celle-ci est caractérisée par un arbre que nous cherchions vainement sur le versant méridional. Le noyer est cultivé sur les pentes septentrionales du Ventoux. Le dernier auquel j'aie suspendu mon baromètre pour mesurer son alti-

tude se trouvait près de la chapelle de Saint-Sidoine, à 797 mètres au-dessus de la Méditerranée. Le noyer est originaire de
la Perse et spontané dans les régions au sud du Caucase. Dans
l'Europe occidentale, il ne dépasse pas le 56° degré de latitude,
savoir, la latitude d'Édimbourg et de Copenhague ; il ne faut
donc pas s'étonner s'il ne s'élève pas davantage sur le flanc
septentrional du Ventoux. Plus haut d'ailleurs sa culture serait
illusoire, car, n'étant plus protégé par les contre-forts des
montagnes opposées, le vent abattrait ses fruits avant leur
maturité.

La région la plus basse du versant nord du Ventoux est caractérisée par la présence du chêne vert. Il ne dépasse pas l'altitude de 620 mètres. Plus haut le climat serait trop rude pour
lui. Sur les côtes océaniques de la France, où les hivers sont
si doux, le dernier bois de chênes verts se trouve dans l'île
de Noirmoutiers, près de l'embouchure de la Loire, par le
47° degré de latitude.

La région des oliviers manque sur le versant septentrional
du Ventoux, ce qui réduit à six le nombre des régions végétales
de ce côté, tandis qu'il est de sept au midi. Cette différence
s'explique : au nord, le pied de la montagne est moins bas qu'au
midi, la ville de Malaucène étant à 400 mètres au-dessus de la
mer, tandis que le village de Bedouin n'est qu'à 190. Aussi
l'olivier ne saurait-il mûrir ses fruits sur des pentes tournées
vers le nord à des altitudes supérieures à 400 mètres. Cela est si
vrai, que sur les contre-forts des basses montagnes opposées
au Ventoux, il monte au-dessus de 500 mètres dans les vallons
abrités qui séparent les deux chaînes. Originaire de l'Asie Mineure et de la Grèce, l'olivier est un arbre délicat, très-sensible
aux gelées printanières, et qui ne s'élève pas à une grande
hauteur sur les montagnes. Dans la vallée du Rhône, les derniers oliviers sont au pied des rochers volcaniques de Rochemaure, un peu au nord de Montélimart. Jadis les oliviers étaient

communs jusqu'à Valence ; mais l'extension de la culture du mûrier à la fin du XVIe siècle les a refoulés vers le midi.

Le lecteur connaît maintenant la topographie botanique du mont Ventoux ; il a vu comment les zones de végétation s'échelonnent sur ses flancs, et représentent en miniature la succession des végétaux depuis les plaines de la Provence jusqu'aux extrémités de la péninsule scandinave. Sur toutes les grandes montagnes on trouve des étages semblables ; mais nulle part on ne rencontre une montagne géographiquement mieux placée, plus détachée du groupe principal et mieux orientée pour que l'influence de l'exposition se traduise par la végétation. Espérons que les travaux de reboisement si bien commencés seront couronnés de succès, et qu'un jour une large ceinture de forêts entourera d'une écharpe de verdure les flancs encore dénudés du Ventoux. Ce résultat si désirable obtenu sur une montagne isolée encouragera les essais de repeuplement, toujours plus faciles sur des pentes abritées contre le vent. Du reste, cette montagne n'est pas la seule qui ait fait le sujet d'une monographie botanique, et, sans sortir de l'Europe, je me contenterai de citer les travaux de Philippi sur l'Etna, de Boissier sur la Sierra-Nevada, de Ramond et de Charles Desmoulins sur les Pyrénées, de Lecoq sur l'Auvergne, de Thurmann sur le Jura, de Wahlenberg et de Heer sur les Alpes et les montagnes de la Scandinavie. La *Géographie botanique raisonnée* d'Alphonse de Candolle résume admirablement toutes ces données : elle présente un tableau fidèle de l'état de cette science à notre époque, et sera le point de départ de travaux ultérieurs et d'explorations nouvelles qui achèveront de nous faire connaître la distribution géographique et topographique des végétaux à la surface du globe.

LA CRAU

ou

LE SAHARA FRANÇAIS.

A Fourques, village situé à quelques kilomètres en amont de l'ancienne cité d'Arles, le Rhône se divise en deux branches. L'une, occidentale, appelée le petit Rhône, se dirige vers les plaines fertiles qui s'étendent au sud de la ville de Nîmes, et débouche dans la mer près du petit port des Saintes-Maries. L'autre branche, ou le grand Rhône, continuant à suivre la direction primitive du fleuve, atteint l'extrémité du grand delta qui comprend la Camargue et ses nombreux étangs. Sol d'alluvion composé de sable et de limon, la Camargue ne contient pas un seul caillou, les derniers que le fleuve charrie dans son cours s'arrêtent en amont de la ville d'Arles. Mais entre le grand Rhône et les Alpines au nord, les collines de Salon et de Saint-Chamas au sud, s'étend une plaine triangulaire de 980 kilomètres carrés de surface, dont le fleuve, ou plutôt le canal d'Arles à Bouc forme la base, tandis que le sommet aboutit au pertuis de Lamanon. C'est la Crau (1), le *Campus lapideus* ou *Herculeus* des anciens. La surface du sol est entièrement couverte de gros cailloux ovalaires reposant sur une terre rougeâtre très-divisée. Pendant les chaleurs de l'été, ce sol paraît entièrement stérile et dépourvu de toute végétation ; le soleil échauffant de ses feux les cailloux amoncelés, l'air se dilate à leur contact, et le phénomène du mirage est aussi habituel dans la Crau que dans les déserts de l'Afrique. Le voyageur que la

(1) Du mot celte *craï*, qui signifie pierre.

vapeur emporte à travers cette plaine aride voit au loin des
arbres et des maisons dont le pied baigne dans l'eau, et, jouet
d'une illusion, il croit apercevoir la mer, dont il est encore
loin. Mais, lorsque les pluies de l'automne, tombant à torrent des
nuages amoncelés par le vent du sud, ont rafraîchi et humecté
ce sol pierreux, de fines graminées poussent entre les cailloux;
le thym, brûlé par le soleil, renaît à la vie; et les moutons
descendus des prairies alpestres que le déboisement leur a mé-
nagées dans les Alpes provençales, trouvent une pâture abondante dans ces plaines naguère dénudées. Au printemps, des
pluies aussi fortes, aussi continues que celles de l'automne,
font pousser encore une fois ces herbes entre ces cailloux, que
la neige ne couvre jamais que pendant quelques heures en hiver.
Du chemin de fer on aperçoit çà et là les bergeries longues et
basses où les brebis trouvent un abri pendant les nuits froides
de la rigoureuse saison. Mais, au commencement de juin, l'armée pastorale se met en marche pour gagner les montagnes,
d'où elle revient à la fin d'octobre. M. Mistral a décrit dans la
vieille langue d'oc, flétrie sous le nom de patois provençal, le
départ des troupeaux et des conducteurs, dont le chef prend
le nom de *baile*. Les tableaux du poëte rappellent ceux de la
Bible et d'Homère. Chaque année des scènes semblables se
passent en Afrique, sur les limites du Sahara et de l'Atlas.
Comme le berger provençal, l'Arabe nomade transhume du
désert vers les montagnes. Cette analogie entre la Crau et le
Sahara n'est pas la seule, et nous en ferons ressortir successivement quelques autres.

La Crau était connue des anciens. Ne pouvant se rendre
compte de cette accumulation de cailloux, leur brillante imagination s'était émue, et une légende était née. Suivant
Eschyle (1), les cailloux de la Crau sont les témoins irrécusables

_____

(1) *Prométhée délivré*, tragédie perdue, dont Galien rapporte quelques vers
dans son 6e commentaire sur les *Épidémies* d'Hippocrate.

de l'accomplissement d'une prédiction de Prométhée. Hercule se rendant du Caucase au jardin des Hespérides, veut traverser le Rhône : arrêté par les sauvages Liguriens, il les perce de ses flèches. Néanmoins le héros allait succomber sous le nombre, lorsque Jupiter, venant au secours de son fils, fait tomber une pluie de pierres qui lui fournissent des armes pour écraser ses ennemis. De là le nom de *Campus lapideus sive Herculeus*, que portait la Crau dans l'antiquité. Toujours généreux, Hercule rend le bien pour le mal, et de ses amours avec Galatée naquit Galate, souche des Gaulois nos ancêtres.

Les anciens connaissaient aussi le terrible mistral, qui, descendant des vallées du Rhône et de la Durance, se développe avec une effrayante vitesse acquise dans les plaines de la Crau. Nous avons déjà rapporté (page 395) le passage où Strabon, qui lui donne le nom de *Melamboreus*, peint sa force sans pareille. Eschyle met également, dans la bouche de Prométhée prédisant à Hercule les événements futurs de sa vie, un avertissement où il signale au héros un vent du nord dont les tourbillons pourraient l'enlever s'il n'était sur ses gardes. Aulu-Gelle appelle ce vent *Cirsius* (1). « Les habitants, dit Sénèque (2), bénissaient sa salubrité, quoiqu'il renversât leurs maisons, et Auguste lui avait élevé un temple pendant son séjour en Gaule. » Hommage à double fin pour le remercier de ses bienfaits et conjurer sa colère. Pline (3) reproduit le nom de *Cirsius*, et nous apprend qu'il n'est pas de vent plus impétueux, et qu'il pousse les navires en ligne droite jusqu'au port d'Ostie, à travers la mer ligurienne. Il ajoute qu'il ne remonte pas au delà de Vienne. C'est encore aujourd'hui le domaine du mistral, qui souvent ne se fait sentir que jusqu'à 4 kilomètres en amont de Montélimart, et ne remonte pas toujours jusqu'à Valence.

(1) *Noctium Atticarum* lib. II, cap. XXII.
(2) *Quæstiones naturales*, lib. V, cap. VII.
(3) *Historia naturalis*, lib. II, cap. XLVII.

La fréquence et la violence du mistral n'ont pas diminué
depuis les temps anciens. M. Burel lui ayant opposé une surface d'un pied carré, le 30 octobre 1782, le vent souleva un
poids de 5 kilogrammes. De Saussure étant monté sur le toit
d'une maison très-élevée pour mieux voir les Arènes d'Arles,
encombrées alors de maisons, fut saisi à l'improviste par un
coup de mistral qui l'aurait précipité dans la rue, s'il ne s'était
pas trouvé sur la pente du toit une cheminée qui l'arrêta dans
sa chute. Des hommes ont été lancés dans les eaux du port de
Marseille et des wagons de chemin de fer renversés. Quand le
mistral souffle avec force, la marche des convois en est sensiblement retardée.

Le climat de la Crau est excessif. En été, les chaleurs sont
quelquefois peu inférieures à celles du Sahara, et en hiver il y
règne souvent une bise glaciale qui pénètre de froid les bergers
et leurs troupeaux. Les uns et les autres s'abritent alors derrière
des murs de gros cailloux que l'on rencontre à chaque pas dans
la plaine. On a vu la température de l'air se maintenir pendant une série de nuits au-dessous de zéro. Ainsi, en 1776,
l'étang de Berre gela au point de pouvoir porter des hommes
et des bêtes de charge (1). Les pluies sont diluviennes; en un
instant des surfaces immenses se transforment en lacs temporaires. A la fin de mai 1724, les eaux couvrirent une zone d'une
lieue de large sur six de long, noyèrent un grand nombre d'animaux, et emportèrent en s'écoulant, ruches, planches, pierres,
claies, décombres, bâtiments même : rien ne résista à leur
violence (2).

Avec de pareils éléments, la Crau semble vouée à une éternelle stérilité et bornée au rôle qu'elle joue dans l'économie
pastorale du midi de la France. Mais, comme celui du Sahara,
le terrain de la Crau est loin d'être réfractaire à l'agriculture.

(1) Darluc, *Histoire naturelle dela Provence.* Avignon, 1782, t. I, p. 296.
(2) Idem, *ibid.*, p. 297.

Malgré les cailloux, malgré le mistral, partout où l'eau peut
être amenée, le sol se prête à toutes les cultures. La pente
étant de l'est à l'ouest, on ne pouvait utiliser l'eau du Rhône.
Le canal creusé par l'armée de Marius 103 ans avant J. C., et
appelé *Fossæ Marianæ* (1), partait d'Arles et débouchait à Foz
dans la Méditerranée. C'était un canal de navigation destiné à
éviter les difficultés des atterrages du Rhône. Il fut pendant
plusieurs siècles une des voies commerciales les plus fréquen-
tées des Gaules, et la décadence de la ville d'Arles date de
l'époque où cette voie n'a plus été suivie. Mais ce canal ne
pouvait servir aux irrigations de la Crau, dont il occupait,
comme celui d'Arles à Bouc, qui l'a remplacé, la partie la plus
déclive. C'est un gentilhomme de Salon, petite ville fort ancienne située sur les bords de la Crau, qui eut le premier l'idée
d'utiliser pour cet objet les eaux de la Durance. Ce gentilhomme se nommait Adam de Craponne. Entravé dans ses projets,
comme tous les bienfaiteurs de l'humanité, par l'ignorance,
la routine et la jalousie, il parvint à vaincre ces trois terribles
ennemis, et commença en 1557 le creusement d'un canal qui,
prenant les eaux de la Durance un peu au-dessous de Pertuis,
les conduit, en se ramifiant, jusque dans les environs d'Arles, sur
le Rhône. Adam de Craponne n'eut pas la satisfaction de voir
l'achèvement de son œuvre. Le roi Henri II l'ayant envoyé à
Nantes pour les travaux de la citadelle, il y fut empoisonné
en 1559, âgé de quarante ans, par des entrepreneurs jaloux, et
le canal qui porte son nom ne fut terminé qu'après sa mort, par
des associés et des créanciers auxquels il avait engagé toute
sa fortune. Les environs de Salon, transformés et fertilisés,
jouissaient depuis trois siècles des bienfaits d'Adam de Craponne,
lorsque enfin la pudeur publique s'émut, et actuellement la
statue d'Adam de Craponne orne la place principale de la ville

(1) Élie de Beaumont, *Leçons de géologie pratique*, t. I, p. 380.

qui a eu l'honneur de lui donner le jour. Grâce à ces eaux fertilisantes, toutes les portions de la Crau peuvent être mises en culture. Tous les ans, pour ainsi dire, les prairies, les céréales et la vigne s'avancent le long de la voie ferrée. Du côté d'Arles, Raphèle est entouré de prairies comme un village de Normandie. Saint-Martin de Crau, assis jadis sur des cailloux plantés de maigres amandiers, se trouve actuellement au milieu des vignes et des champs cultivés. Du côté de Marseille, des négociants enrichis par le commerce élèvent des villas et fondent des établissements agricoles.

Le défrichement n'est pas limité aux bords de la Crau. Au milieu de la plaine on remarque çà et là des parties cultivées entourées de grands arbres, au milieu desquels la ferme est cachée. On les désigne sous le nom de *cousous* : ce sont les oasis de la Crau. Sans transition on passe de la plaine découverte, nue et brûlante, dans l'ombre fraîche et sombre des ormeaux et des peupliers séculaires dont le pied baigne dans les canaux d'irrigation. A l'abri de ces arbres, tout réussit, car les eaux de la Durance, chargées du limon noir des terrains liasiques qu'elles traversent, sont portées jusqu'aux extrémités de la Crau dans des canaux rectilignes bordés de levées de terre maintenues par les racines de genêts d'Espagne gigantesques. Ces eaux colmatent le sol qu'elles arrosent. Les prairies, défendues par les arbres à feuilles caduques contre l'ardeur du soleil en été, et fumées par le parcage des moutons en hiver, sont aussi vertes et aussi touffues que dans le nord de la France. L'orge fournit la litière, et la vigne donne un vin sans couleur, mais généreux et d'un goût agréable. Le mûrier, le figuier, l'olivier, le cerisier et les autres arbres fruitiers prospèrent à l'abri du mistral, défendus par les rideaux de magnifiques cyprès qui bordent les rigoles d'arrosement. Dans les mêmes conditions, les légumes prospèrent très-bien sur le sol nettoyé de pierres et réduit aux alluvions fertiles déposées par les eaux. On pourrait donc prédrei l'époque où la culture aura conquis la Crau. Un pareil résultat n'est point à désirer, car l'homme ne vit pas uniquement de végétaux, et la propagation des moutons, qui nous nourrissent et vêtissent, n'est pas moins importante que l'extension des céréales ou de la vigne. Les intérêts en présence maintiendront l'équilibre, et l'envahissement agricole s'arrêtera lorsque l'élève des moutons sera plus profitable aux propriétaires que la transformation agricole du terrain.

Quelle est la nature des cailloux de la Crau? La plupart sont ovoïdes, d'une grandeur variant depuis la grosseur du poing jusqu'à celle d'une grosse courge ou d'une tête de cheval, pour employer la comparaison de de Saussure (1). A l'extérieur, ces cailloux sont bruns, gris, d'un blanc jaunâtre, ou couleur de rouille plus ou moins foncée; mais à l'intérieur ils sont blancs. La pâte est dure, compacte, finement granuleuse, quelquefois, par suite d'une décomposition particulière, spongieuse, légère et se divisant en lames : c'est un grès siliceux connu sous le nom de quartzite. Les gros cailloux sont mouchetés de lichens verts ou jaunes, et présentent ces apparences de vétusté si connues des géologues et si différentes de l'aspect lisse et luisant des cailloux roulés de l'alluvion moderne.

Les quartzites forment les neuf dixièmes des pierres de la Crau. Viennent ensuite des serpentines vertes, des amphibolites de même couleur, des cailloux de quartz vitreux; puis des porphyres quartzifères, des granites à feldspath rose, des grès rouges, et enfin des calcaires noirs très-petits. Les variolites de la Durance, originaires du mont Genèvre, sont très-rares; mais il n'est pas d'observateur qui n'en ait trouvé quelques échantillons.

Deux conséquences découlent de cette énumération. La première, c'est qu'il faut chercher l'origine de ces cailloux dans

_____

(1) *Voyages dans les Alpes,* § 1595.

des montagnes composées de roches cristallines, c'est-à-dire dans les Alpes, où toutes ces roches se rencontrent en place. La seconde, c'est que les cailloux sont d'autant plus communs et d'autant plus gros, que les roches qui les composent sont plus dures. C'est bien la gradation des roches que nous avons énumérées, depuis le quartzite jusqu'aux calcaires noirs. Ces cailloux ont donc parcouru un long trajet, pendant lequel les moins durs se sont réduits en de petits fragments, ou ont même disparu, tandis que les plus durs sont seuls arrivés dans la plaine du Rhône en conservant un certain volume.

Ce diluvium repose sur un poudingue composé en majorité de cailloux roulés et de galets de calcaire noir d'un volume médiocre, unis par un ciment calcaire très-dur, et entremêlés de cailloux de quartz vitreux, de serpentines et de quartzites. Ces derniers atteignent quelquefois la grosseur de ceux du diluvium. Ce poudingue ou *nagelflue* passe sous la mollasse tertiaire qui constitue les collines de Saint-Chamas. De gros cailloux de quartzite sont encore enchâssés à la base de cette mollasse. La superposition de ces trois terrains se reconnaît très-bien sur la route d'Istres à Miramas, à quelques kilomètres de ce dernier village.

La Crau n'est point la seule surface caillouteuse de la Provence. Des dépôts de cailloux *moins gros*, mais composés presque exclusivement de quartzites, revêtent toutes les saillies de terrain, depuis Beaucaire jusqu'aux environs de Nîmes et de Montpellier. Ils sont encore visibles sur le cordon littoral, et se prolongent très-probablement dans la mer. On observe des nappes analogues en remontant le Rhône, sur les collines qui séparent Avignon de la fontaine de Vaucluse.

Deux grands cours d'eau ont pu amener les cailloux dans la plaine de la Crau, le Rhône ou la Durance ; mais j'ai constaté, avec mon ami Desor, et après M. Émilien Dumas, que le Rhône actuel ne charriait plus de cailloux à partir de sa bifurcation en grand et petit Rhône au-dessus d'Arles, et les serpentines, les variolites rares dans la Crau, mais plus communes dans les dépôts situés au nord de cette plaine, nous ramènent forcément à considérer la vallée de la Durance comme étant le bassin de réception où se sont accumulés les cailloux qui se sont ensuite épanchés dans la Crau. Les cailloux de quartzites des alluvions du Rhône étant partout plus petits que ceux de la Crau, ceux-ci doivent provenir de la partie la plus rapprochée des Alpes, celles du Dauphiné.

Lamanon, naturaliste distingué de Salon, tué par les sauvages de Maouna, une des îles de l'archipel des Navigateurs, avec Delangle, second de la Pérouse, dans son expédition autour du monde, a le premier émis cette opinion (1); elle était soutenue avant lui par Peyresc, Gassendi et Solery. Pour en démon - trer l'exactitude, Lamanon collectionne avec soin les cailloux de la Crau, et y reconnaît dix-neuf variétés (2); puis, côtoyant cette rivière jusqu'à sa source, il observe qu'au-dessus de chaque affluent de la Durance, le nombre de ces variétés de cailloux diminue. Il remonte alors le cours de chacune de ces petites rivières, et trouve sur leurs bords les roches en place qui ont fourni les cailloux de la Crau. Il arrive ainsi à la certitude que jadis la Durance traversait le pertuis de Lamanon pour se répandre dans la plaine qui s'étend entre les Alpines et les collines de Saint-Chamas. Le Coulon, qui se jette maintenant dans la Durance en aval de Cavaillon, ne se versait pas alors dans cette rivière, car il a formé à son embouchure (3) une petite Crau entre Cavaillon et Saint-Remy.

(1) *Journal de physique*, t. XXII, p. 477, et de Saussure, *Voyages dans les Alpes*, § 1595.

(2) Ponce, *Éloge de Lamanon* (*Magazin encyclopédique*, t. IV, p. 47, 1797).

(3) *Notice sur la plaine de la Crau*, par feu Lamanon (*Annales des voyages*, 1809, t. III, p. 289).

M. Elie de Beaumont (1) a vérifié l'exactitude des vues de
Lamanon : comme lui, il a retrouvé dans la Crau des échantillons de plusieurs roches en place dans les Alpes provençales,
sur le trajet de la Durance ou de ses affluents : il a remonté le
cours de ce torrent, et décrit les longues et larges terrasses composées de dépôts diluviens qui dominent ses rives.

Au printemps de 1859, j'ai fait le même voyage avec mon
ami M. Desor. Après avoir constaté sur le plateau entre Beaucaire et Nîmes, près d'Aigues-Mortes, puis dans la Crau elle-même,
la nature des cailloux roulés de la surface, nous traversâmes le
pertuis de Lamanon pour entrer dans la vallée de la Durance.
A mesure que nous remontions le cours de la rivière, les cailloux qu'elle charrie dans son lit augmentaient rapidement de
volume, et précisément en raison inverse de leur dureté relative,
savoir : les calcaires, les grès, les porphyres, les cailloux quartzeux, les serpentines et les variolites. Les quartzites seuls, les
plus durs de tous, présentaient un volume moindre que dans la
Crau. Nous comprîmes que les courants diluviens qui les avaient
charriés jusque dans la plaine étaient plus rapides, plus puissants que les eaux actuelles de la Durance, même dans ses
fortes crues ; mais la dureté de ces cailloux est telle, que le
frottement les use beaucoup moins que ceux que nous avons
mentionnés avant eux. Nous comprîmes également pourquoi
les cailloux calcaires, granitiques et les grès étaient si rares
et si petits dans la Crau, tandis que leur grosseur augmentait
à mesure que nous remontions vers leur point d'origine.

Les terrasses offraient les gradins, les talus, les surfaces nive-
lées de toutes celles que l'on rencontre dans les hautes montagnes, le long des grands cours d'eau tels que le Rhin, dans les

(1) *Recherches sur quelques-unes des révolutions du globe* (*Annales des
sciences naturelles*, 1830, t. XIX, p. 60), et *Leçons de géologie pratique*,
1845, t. I, p. 367.

vallées du canton des Grisons (1), l'Isère, le Drac, le Rhône, etc.
Les couches, composées des mêmes cailloux que dans la Crau et
le lit même de la rivière, formaient des couches parfaitement
horizontales, et présentaient seulement dans certains points des
inclinaisons irrégulières et locales dues à l'action des eaux
diluviennes charriant des matériaux de diverses grosseurs. Rien
n'indiquait un relèvement général et régulier. Ces dépôts diluviens étaient superposés ou s'adossaient souvent à un poudingue
calcaire plus ou moins compacte, absolument analogue à la
gompholithe ou *nagelflue* de la Suisse; comme elle, ce poudingue
alternait avec des couches de grès offrant des empreintes de
coquilles et tous les caractères de la mollasse coquillière. C'est
surtout en amont de la cluse connue sous le nom de pertuis
de Mirabeau, que l'identité du poudingue et de la mollasse était
aussi frappante que celle de la mollasse de Zurich avec la nagelflue
de l'Uetliberg (2).

Plus en amont, près de la ville des Mées, le poudingue tertiaire forme d'énormes escarpements. Les couches sont mani-
festement redressées, mais elles se composent entièrement de
cailloux calcaires *impressionnés*, c'est-à-dire laissant chacun
une empreinte en creux plus ou moins profonde à la surface
de ceux avec lesquels ils sont agglutinés. C'est encore un caractère de la nagelflue calcaire, et ce caractère suffit pour distinguer des poudingues, même désagrégés, du véritable diluvium,
qui jamais ne se compose de cailloux impressionnés.

Jusqu'à Château-Arnoux, les terrasses se succèdent et présentent tous les caractères d'un dépôt purement aqueux; mais
déjà en aval de ce village, on est en présence d'une moraine bien

---

(1) Voyez, à ce sujet, un *Mémoire sur les formes régulières du terrain de
transport dans les vallées des deux Rhins* (*Bulletin de la Société géologique de
France*, 1842, t. XIII, p. 322).

(2) Desor, *Bulletin de la Société des sciences naturelles de Neufchâtel*,
t. V, p. 64, séance du 3 mai 1859.

caractérisée: cailloux anguleux et rayés de diverses grosseurs, confusément entassés et mêlés avec de la boue glaciaire et au-dessus de véritables blocs erratiques. Il en est de même jusqu'à Sisteron. Sans doute on reconnaît quelquefois des effets d'une action aqueuse : des couches de sable ou de cailloux plus ou moins stratifiés, comme on le voit sur les moraines actuelles, dans le voisinage des lacs contigus aux glaciers ou des torrents qui s'en écoulent. Mais dans les 16 kilomètres qui séparent Château-Arnoux de Sisteron, la route longe la moraine latérale droite de l'ancien glacier de la Durance. La moraine latérale gauche est de l'autre côté du torrent, et se termine supérieure-ment par une de ces arêtes rectilignes si caractéristiques de ce genre de dépôt. Pour achever la démonstration, on remar-que, sur la route, des roches polies et striées en place, que les travaux de rectification ont mises à découvert. La ville de Sis-teron elle-même est entourée de moraines; la plus remarquable par le nombre et le volume des blocs qui la couronnent est située au nord de la ville, sur la route de Gap, avant de traverser la rivière du Buech, qui coule elle-même dans une vallée cou-pée par une grande moraine terminale située entre les villages de Veynes et de Montmaur (1).

Ces détails étant connus, le nombre et le volume des cailloux de la Crau n'ont plus rien qui doive nous surprendre. Un im-mense glacier occupait jadis la vallée de la Durance et tous ses affluents jusqu'à Château-Arnoux. Pendant des milliers d'années il a accumulé dans ses moraines des débris provenant du massif central des Alpes briançonnaises. Lors de la fonte du glacier, tous ces matériaux réunis à ceux de l'alluvion ancienne ont été entraînés par des courants d'une grande violence, qui se sont déversés par le pertuis de Lamanon, pour déboucher dans la plaine de la Crau; mais dans ce transport qui a continué pen-

(1) Ch. Lory, *Description géologique du Dauphiné*, p. 694.

dant la longue période d'oscillation et de retrait du glacier, toutes les roches friables ont été détruites, converties en boue ou réduites en cailloux de petite dimension. Les quartzites, les serpentines, les porphyres, ont seuls résisté à ces frottements prolongés, et sont arrivés jusque dans la plaine avec une grosseur égale ou supérieure à celle de la tête. La Crau n'est donc point une moraine, mais elle est formée, comme les dunes du cordon littoral, aux dépens des moraines de l'ancien glacier de la Durance et des amas prodigieux d'alluvion ancienne qui remplissaient cette vallée. La Crau est un immense cône de déjection, un grand delta incliné, comme j'ai proposé de l'appeler, et toute la vallée de la Durance, depuis les sommets des Alpes dauphinoises jusqu'au pertuis de Lamanon, était son bassin de réception. La vaste étendue du second nous explique celle du premier.

APERÇU GÉOLOGIQUE

SUR

LA VALLÉE DU VERNET

ET LA DISTINCTION DES FAUSSES ET DES VRAIES MORAINES

DANS LES PYRÉNÉES-ORIENTALES.

Après avoir quitté Perpignan et traversé Prades, en remontant la vallée de la Tet, le géologue pénètre dans le vallon du Vernet, par l'étroite gorge de Villefranche. Il remarque les couches redressées de marbre rouge creusées de nombreuses cavernes qui s'élèvent verticalement des deux côtés du défilé ; puis, passé le torrent, arrive au village de Corneilla, et s'arrête auprès d'un escarpement formé de blocs de toutes grosseurs, de sable, de cailloux confusément mêlés et entassés les uns sur les autres. Si ce géologue est une diluvialiste exclusif (1), il admirera la puissance de ce terrain de transport, et supputera la force et la profondeur des courants qui ont charrié et accumulé ces innombrables fragments. Si c'est un glacialiste convaincu, il s'extasiera sur la grosseur des blocs, la vivacité de leurs angles, la netteté de leurs arêtes, et constatera la puissance de cette moraine de l'ancien glacier du Canigou. L'un et l'autre se trompent : cet escarpement est formé de matériaux désagrégés, mais non

_____

(1) Collegno, *Sur les terrains diluviens des Pyrénées* (*Annales des sciences géologiques*, 1843, p. 27 du tirage à part).

transportés ; ce n'est ni une alluvion ni une moraine, comme il semble au premier aspect, c'est une roche décomposée sur place. Mais, pour s'en convaincre, il faut étudier avec quelque attention la succession des terrains qui forment le fond et les contre-forts de la vallée dont nous parlons.

Du haut du Canigou, massif granitique qui s'élève à 2785 mètres au-dessus de la mer, on découvre vers le nord un demi-cercle de petites vallées partant toutes du pied de la montagne et divergeant vers la plaine. La vallée du Vernet est de ce nombre ; sa longueur totale est de 8 kilomètres de Villefranche à Casteil, village situé au-dessous de l'ancienne abbaye de Saint-Martin du Canigou. Cette vallée n'est pas simple ; elle se compose du côté de l'est de quatre branches de longueur inégale. La première et la principale est la vallée de Filhol, qui s'ouvre dans celle du Vernet, à la hauteur du village de Corneilla ; sa longueur totale est de 5600 mètres, depuis Corneilla jusqu'au contre-fort du Canigou. A la hauteur du village de Vernet, la vallée de même nom s'élargit considérablement, et offre encore dans l'est deux gorges ou vallons de quelques kilomètres de longueur, qui aboutissent tous deux au pied même du Canigou : l'une est la gorge de Saint-Jean, l'autre celle de Saint-Vincent.

A l'ouest, la vallée du Vernet ne présente point de ramifications ; elle est longée dans toute son étendue par celle de Sahorre ou de Feuillat, qui descend de la montagne de Roja. En résumé, la vallée du Vernet présente à l'est trois embranchements aboutissant tous au Canigou ; elle n'en offre aucun à l'ouest.

Ces indications topographiques étaient nécessaires pour faire bien comprendre les détails géologiques dans lesquels je vais entrer.

CONSTITUTION GÉOLOGIQUE DE LA VALLÉE DU VERNET ; FAUSSES MORAINES.

Le granite gris du Canigou forme le contre-fort de l'extrémité supérieure de la vallée principale et de ses trois ramifications : c'est la base sur laquelle viennent s'appuyer toutes les autres formations. A ce granite s'adossent des schistes argileux plus ou moins micacés, des dolomies, des calcaires cristallins ; en un mot, des roches métamorphiques passant l'une à l'autre par mille transitions. Puis vient une large bande de calcaires et de schistes ferrugineux, qui comprend le mamelon sur lequel est bâti le village du Vernet. Cette bande s'étend, en formant un demi-cercle, dans les vallées voisines de Sahorre et de Filhol, où le minerai devient très-riche ; on le met en œuvre dans les forges catalanes de Sahorre, de Ria, et de Gincla dans l'Aude (1). C'est dans les schistes argilo-micacés, mais à la limite de ce calcaire ferrugineux, que surgissent les nombreuses sources sulfureuses chaudes qui ont amené la création du bel établissement thermal du Vernet. Après les roches ferrugineuses, les schistes recommencent, mais ils ont changé de nature, ne contiennent plus de minerai, et forment deux longues collines de 100 à 150 mètres d'élévation. L'une de ces collines, située à l'ouest, se rattache par l'intermédiaire des roches ferrugineuses à la montagne de Pêne, qui domine l'établissement thermal : elle sépare la vallée du Vernet de celle de Feuillat, et se termine à la montagne de marbre rouge des gorges de Villefranche. L'autre forme une espèce d'éperon qui, partant du côté opposé de la vallée, des bases mêmes du Canigou, s'étend en s'abaissant entre les deux vallées du Vernet et de Filhol, et vient aboutir

(1) Voyez, sur ce sujet, Dufresnoy, *Mémoire sur la position géologique des principales mines de fer de la partie orientale des Pyrénées* (*Annales des mines*, 1834).

au village de Corneilla. C'est l'extrémité de cette colline dont le
voyageur aperçoit l'escarpement en arrivant, et qui simule d'une
manière si prodigieuse une ancienne moraine. M. de Collegno
a considéré ces deux collines comme composées de terrain
meuble faisant partie du terrain diluvien, et il les rattache aux
boulements du Canigou. Cependant un examen attentif de l'escarpement près de la route suffirait déjà seul à éveiller des
doutes dans l'esprit du géologue attentif. En effet, tout terrain de
transport se compose habituellement de fragments de roche de
nature différente entraînés par la glace ou par les eaux ; or,
dans l'escarpement dont nous parlons, tous les fragments sont
de même nature : c'est une roche schisteuse brune à feuillets
très-minces, contenant du mica et mouchetée de grands cristaux de feldspath dont la longueur est souvent de 3 à 4 centimètres. Si, de plus, on traverse la colline en suivant le chemin
du Vernet à Filhol, ou mieux, si l'on suit la crête tout entière depuis les bases du Canigou jusqu'à l'escarpement voisin du village
de Corneilla, alors on comprend très-bien le mode de génération
de cette fausse moraine. On voit d'abord les schistes en couches
redressées s'élevant au-dessus de l'arête ou venant affleurer sur
les deux pentes. Mais, plus on s'éloigne du Canigou, plus la
roche devient feldspathique et désagrégeable. Dans plusieurs
points, le feldspath est même tellement prédominant, qu'il
forme, en se décomposant dans les ravins, de grandes taches
de kaolin grisâtre. Bientôt les têtes des couches se décomposent
en blocs à forme de parallélipipèdes. Plus loin, la roche solide
est ensevelie sous les fragments de roche et les sables résultant
de sa propre décomposition, de telle façon que toute la partie
de la colline accessible à la vue n'est plus qu'un entassement
confus de fragments de toute grosseur et de forme variée. Les
gros blocs sont souvent à arêtes vives et à angles aigus, parce
que le schiste a naturellement une tendance à se séparer
en polyèdres à six faces ; c'est ce qu'on voit très-bien dans

les nombreux ravins creusés par les eaux pluviales, et surtout dans les éboulements qui ont lieu chaque printemps, à la suite des gelées et des dégels de l'hiver. Sur ces points, on reconnaît souvent la structure schisteuse de la montagne, à moins qu'elle ne soit dérobée à l'observateur par le sable, les fragments ou l'argile [résultant de la décomposition du feldspath. Un rocher saillant, appelé Camarolas, et situé au-dessus du village de Corneilla, a résisté aux agents atmosphériques, et témoigne par sa présence de la structure schisteuse de l'escarpement morainiforme auquel il appartient.

La colline opposée, qui sépare la vallée du Vernet de celle de Feuillat, est d'une apparence encore plus insidieuse : parallèle à l'axe de la vallée, terminée par une arête aiguë, parsemée de blocs anguleux, gigantesques, elle ne montre nulle part la tranche des couches qui forment son squelette intérieur. La décomposition de la roche est telle, que la masse principale de la montagne est formée de sable. Des noyaux plus durs, qui ont résisté à l'action des agents atmosphériques, simulent des blocs erratiques ; c'est seulement en amont de la vallée, au contact du calcaire ferrugineux, que les schistes, moins altérables, ont résisté à l'action combinée de l'air et de l'eau. Toutefois ils montrent, comme leurs congénères de l'autre côté de la vallée, de profondes traces de décomposition très-propres à expliquer l'état du reste de la colline. Une dernière preuve, enfin, que les matériaux de cette éminence et de celle du côté opposé n'ont point été transportés, c'est que ces schistes micacés bruns, à grands cristaux de feldspath, n'existent point dans tout le massif du Canigou, d'où ils auraient pourtant dû provenir, s'ils n'étaient pas le résultat de la décomposition d'une roche en place. M. Junquet, médecin au Vernet et excellent observateur, qui a parcouru le Canigou dans tous les sens, n'y a jamais observé cette roche.

Si nous continuons d'étudier la coupe longitudinale de la val-

lée du Vernet, nous trouvons un petit massif formé d'un poudingue de galets quartzeux réunis par un ciment dont la nature
est analogue à celle des schistes argileux qui lui succèdent. Ces
galets plats, ovoïdes, engagés dans cette pâte, sont redressés sous
tous les angles, de façon que leur grand axe devient presque
vertical. Ils rappellent d'une manière frappante les poudingues
de Vallorsine en Savoie. Ce sont les galets qui couvraient le rivage de la mer dans laquelle se sont déposées les masses énormes de calcaires, dont ils ne sont séparés que par une mince
bande de schistes argileux ; un ruisseau a creusé son lit entre
ces schistes et le beau marbre rouge à couches redressées,
dont la rupture a ouvert la vallée du Vernet, et qui forme le
puissant massif de la montagne à laquelle la forteresse de
Villefranche est adossée.

TERRAINS GLACIAIRES DE LA VALLÉE DU VERNET.

On se tromperait si l'on croyait que les grands torrents diluviens et les glaciers qui se sont succédé dans la période des temps
n'ont laissé aucune trace dans la vallée du Vernet; ces traces
existent, quoique moins complètes que dans beaucoup d'autres
localités des Alpes et des Pyrénées. Le fond de la vallée est formé
d'un diluvium de cailloux et de blocs roulés s'élevant à plusieurs
mètres au-dessus du niveau du torrent actuel; mais au-dessus
de ce diluvium on trouve, comme dans les Alpes, des blocs
anguleux qui ont été transportés par la glace. Le petit vallon de
Saint-Vincent, ramification de la vallée du Vernet, aboutit à une
gorge profonde du Canigou, qui s'ouvre dans un cirque dominé
par le sommet même de la montagne: C'est par cette gorge que
descendait le plus puissant des trois affluents qui formaient
l'ancien glacier de la vallée du Vernet ; aussi a-t-il laissé sur le

sol, après sa fusion, une puissante moraine médiane, dont les matériaux accumulés forment un petit plateau longitudinal qui s'élève à 10 ou 15 mètres au-dessus des eaux du torrent.

Les blocs offrent tous les caractères de ceux qui ont été transportés par la glace, comparés à ceux que les eaux ont roulés. Je me contenterai d'un petit nombre d'exemples. Vers le haut de la gorge, une cabane est adossée à un bloc de granite gris en forme de parallélipipède à angles aigus et à arêtes vives ; il a 8 mètres de long, 4 mètres de haut et 5 mètres de large ; deux autres blocs voisins ont des dimensions qui ne sont pas moin-dres. On ne saurait supposer un éboulement de la colline qui domine ces blocs, car elle se compose de schistes micacés et de calcaires cristallins. C'est par cette gorge de Saint-Vincent que descendait le glacier principal : les affluents venaient de la vallée de Casteil, prolongement de celle du Vernet, de la pe-tite gorge de Saint-Jean et de la vallée de Filhol. Partout ces affluents ont laissé des blocs énormes de granite du Canigou, des amas de sable et des fragments anguleux, reposant sur le diluvium de cailloux roulés qui forme le fond de la vallée.

C'est surtout en aval du village du Vernet que ces moraines, réunies en une seule, ont laissé une telle accumulation de blocs, que le sol, impropre à toute culture, est couvert de châtaigniers, ces arbres caractéristiques des moraines siliceuses ; là, sur un espace de 2 kilomètres carrés environ, les blocs anguleux, de toute grosseur, sont empilés les uns sur les autres, et l'on peut, en les comparant à ceux que le torrent a roulés, se convaincre de leurs différences. Un petit nombre de ces blocs se retrouve dans la gorge qui aboutit à la forteresse de Villefranche ; mais en aval de ce bourg, dans la vallée de Prades, on en observe encore un amas reposant sur le marbre rouge ou sur le dilu-vium.

S'il pouvait rester quelques doutes quant à l'origine glaciaire de ces masses, ils seraient levés, je crois, par l'examen de quelques autres blocs erratiques épars dans la vallée : ce sont des blocs de quartz blanc visibles de fort loin et originaires de deux filons du Canigou. L'un de ces filons est situé près des arêtes qui s'élèvent au-dessus de la gorge de Saint-Jean ; l'autre se trouve à plus de 2000 mètres au-dessus de la mer, vers la partie inférieure du cirque dominé par le sommet du Canigou, et qui s'ouvre dans la gorge de Saint-Vincent : en catalan, ce lieu s'appelle *las Cunquas*. L'ancien glacier du Vernet a semé ces blocs remarquables sur plusieurs points. D'abord, sur la colline schisteuse qui sépare le vallon de Saint-Vincent de la vallée de Filhol, une vingtaine se voient de loin, reposant sur l'arête de la colline, à environ 150 mètres au-dessus du fond correspondant du vallon ; plusieurs se trouvent dans les vignes du penchant occidental de la même colline : l'un d'eux n'a pas moins de 5 mètres de long sur 3 et 4 en largeur et en hauteur. D'autres blocs ont été jetés sur le versant oriental de cette éminence, et se sont arrêtés au-dessus de Filhol. Quelques-uns se retrouvent de l'autre côté de cette vallée, vers les mines, dans le voisinage d'une chapelle ruinée, dédiée à saint Pierre, qui s'élève sur un lambeau de moraine granitique ; quelques autres gisent au fond des vallons de Saint-Jean et de Saint-Vincent. Enfin, plusieurs de ces blocs caractéristiques se voient sur les collines à l'est de Prades : l'un d'eux, à 500 mètres en amont de la ville et à gauche de la route, est suspendu sur le plan incliné d'un monticule schisteux, dans une position où un courant d'eau l'aurait infailliblement entraîné ; il a aussi 5 mètres de long, 3 et 4 dans ses autres dimensions. Le temps m'a manqué pour étudier avec soin les terrains glaciaires des environs de Prades ; mais la présence de ces blocs de quartz blanc est un indice que le glacier du Canigou s'étendait jusqu'à 15 kilomètres environ de son lieu d'origine. Au delà de Prades, on ne trouve plus que le diluvium pyrénéen, dont les puissants dépôts sont si visibles en aval du village de Vinça.

L'absence de cailloux rayés dans les moraines de Saint-Vincent et du Vernet n'a rien qui doive étonner, puisqu'elles se composent uniquement de roches siliceuses très-dures. Ces cailloux rayés sont toujours des calcaires ou des schistes, et les raies ne sont bien visibles que dans le cas où des fragments calcaires sont striés par du sable siliceux. Les cailloux de la moraine du glacier actuel de Grindelwald en offrent un exemple. Je n'ai pas été plus heureux dans la recherche de roches en place polies et striées, soit dans mon ascension au Canigou, soit en étudiant les roches calcaires de la gorge de Villefranche, qui auraient pu conserver les traces de l'usure produite par le glacier.

MORAINES TERMINALES DE MONT-LOUIS.

Quand on monte dans la partie supérieure de la vallée de la Tet, de Villefranche à Mont-Louis, on ne reconnaît nulle part des traces certaines de l'existence d'anciens glaciers; les lambeaux de moraine que la route a mis à découvert peuvent passer tout aussi bien pour du diluvium. Mais, parvenu au sommet du col, à 1600 mètres au-dessus de la mer, là où Vauban a construit Mont-Louis, la forteresse la plus élevée de France, on retrouve les preuves les plus incontestables de l'ancienne extension des glaciers.

A l'ouest de la citadelle s'étendent trois rangées de collines qui s'abaissent successivement en échelons. Le premier rang, qui est aussi le plus élevé et le plus considérable des trois, borde un plateau boisé compris entre la citadelle, le village de Llagone et la chapelle, si renommée dans toute la Cerdagne, de Notre-Dame de Fontromeu. Ce plateau s'étend sans interruption sur une longueur de 15 kilomètres environ, jusqu'au groupe imposant de montagnes du Carlit, où la Tet et l'Aude prennent leur source, et dont le sommet le plus élevé, le puig de Carlit, s'élève à 2920 mètres au-dessus de la mer. C'est dans ce groupe qu'il faut chercher l'origine de l'ancien glacier dont nous allons décrire les moraines terminales. Les travaux que le génie militaire a fait exécuter autour de Mont-Louis et la coupure de la Tet, qui traverse ces moraines, dévoilent très-bien leur structure. La moraine principale s'élève de 20 à 30 mètres au-dessus du plateau; elle s'étend, en formant un arc de cercle dont la concavité est tournée vers le Carlit, sur une longueur de 3 kilomètres environ. Sa crête est ondulée et surmontée de blocs erratiques gigantesques; beaucoup d'autres, provenant de la moraine médiane superficielle, sont semés sur le plateau derrière la moraine terminale. Les deux rangées de moraines qui lui sont circonscrites sont moins évidentes, parce qu'elles sont échelonnées sur la pente qui porte la citadelle de Mont-Louis et se termine au village de Cabanas; mais on reconnaît très-bien leur existence, et l'on peut s'assurer que les derniers blocs erratiques n'ont pas dépassé la ligne de niveau sur laquelle se trouvent les premiers bastions de la citadelle. Ces blocs sont de deux natures: les plus communs, d'un granite blanc avec mica noir; les autres, d'une leptinite noire passant au granite; enfin, la moraine se compose de cailloux de schiste vert évidemment frottés, usés et rayés. La présence de ces trois espèces de roches dans la moraine nous démontre son origine erratique; l'examen de la constitution du plateau confirme cette conclusion : en effet, la moraine repose sur un granite gris très-décomposable, qui fait saillie au-dessus du sol sur la pente du plateau et tout autour du village de Cabanas. Ce granite contraste singulièrement, par son aspect terreux et sa friabilité, avec le granite blanc, dur et inattaquable par les agents atmosphériques, qui constitue les blocs erratiques de la moraine. On ne saurait donc considérer cette accumulation de fragments comme un résultat de la décomposition spontanée d'une roche en place, semblable à celle des collines morainiformes du Vernet.

FAUSSE MORAINE DES ESCALDAS.

Tous les auteurs qui traitent de la décomposition du granite en blocs citent ceux du Morvan, des environs de Clermont et du Cornwall en Angleterre. Je doute néanmoins que dans ces pays on ait observé des apparences aussi étonnantes que celles qu'on remarque non loin de Mont-Louis, dans la petite vallée française des Escaldas, qui s'ouvre dans la Cerdagne espagnole, en face de Puycerda. Ici encore la ressemblance avec une vraie moraine est telle, que je crois devoir insister sur les caractères distinctifs de deux effets fort analogues résultant de causes complétement différentes ; car s'il est important, pour l'histoire de l'époque géologique qui a précédé celle dans laquelle nous vivons, de signaler partout les traces des anciens glaciers, il serait on ne peut plus fâcheux de confondre avec des moraines, ou des nappes de diluvium, des décompositions de roches qui simulent les terrains de transport.

La petite vallée des Escaldas est entièrement granitique. Derrière l'établissement des bains s'élève une colline transversale qui semble barrer la vallée ; elle se compose d'une accumulation de blocs de toute grandeur et des formes les plus variées. Quelquefois on voit quatre ou cinq blocs empilés les uns sur les autres de la manière la plus bizarre. Le granite qui les compose est dur et compacte ; sa surface ne présente pas de traces apparentes de décomposition, et je ne doute pas qu'au premier aspect, tout géologue ne se croie en présence d'une magnifique moraine. Une étude plus attentive ébranle d'abord, puis détruit complétement cette illusion. Premièrement, cette prétendue moraine est concave en avant, convexe en amont, forme précisément inverse de celle des vraies moraines. Elle se compose uniquement de gros blocs, et l'on ne voit nulle part de menus fragments. Puis, en y regardant de près, on s'aperçoit qu'au contact du sol, le granite présente des traces de décomposition ; les blocs sont disposés par groupes, qui sont évidemment le résultat de la division d'un même rocher granitique ; enfin, le sol sur lequel ils reposent est un granite identique avec celui qui compose les blocs, et si l'on monte sur cette prétendue moraine, on voit toutes les montagnes environnantes couvertes également de blocs de la base au sommet. Rien ne rappelle ces traînées situées sur les contre-forts des vallées, à une certaine hauteur et sur une même ligne de niveau coïncidant avec la surface de l'ancien glacier qui les a déposées.

ROCHES MOUTONNÉES ET MORAINES DE LA VALLÉE DE CAROL.

En visitant la vallée granitique de Carol, le géologue peut comparer immédiatement les véritables moraines avec les fausses. Le village de la Tour de Carol est placé au point où la vallée s'ouvre sur le plateau de la Cerdagne espagnole, vis-à-vis de Puycerda. En amont du village, la vallée est barrée par une moraine demi-circulaire, dont la convexité est tournée en aval : c'est une digue de 4 à 5 mètres de hauteur, ayant la forme d'un prisme triangulaire, formée de sable, de fragments irréguliers et surmontée de blocs anguleux. En amont, le granite indécomposable de cette vallée a conservé partout les traces du frottement de la glace. Toutes les roches sont polies, usées, arrondies, striées. Les stries sont parallèles à l'axe de la vallée ; les roches moutonnées sont surtout usées et polies en amont, tandis qu'en aval elles présentent souvent des escarpements qui ont échappé à l'action nivelante du glacier. Ces apparences sont surtout visibles sur les nombreux monticules qui surgissent du fond de la vallée. On les poursuit jusqu'à son extrémité supérieure, au pied du col de Puymaurin, qui mène aux eaux d'Ax, dans le département de l'Ariége. Les célèbres roches moutonnées de la Handeck, en Suisse, si souvent citées, ne sont pas mieux caractérisées que celles de la vallée de Carol, et le phénomène se montre sur une échelle plus grande dans la vallée pyrénéenne que dans celle des Alpes. C'est aussi du groupe du Carlit que descendait l'ancien glacier de la vallée de Carol, et sa moraine terminale se trouvait encore à 1300 mètres environ au-dessus de la mer. Le glacier de Mont-Louis s'arrêtant à 1650, nous retrouvons dans les Pyrénées le même phénomène que dans les Alpes, à savoir, que les anciens glaciers, comme les glaciers actuels, descendent plus bas sur le versant sud que sur le versant nord. Dans les deux chaînes, cette différence tient à la disposition des bassins de réception, qui sont plus considérables au midi qu'au nord. De plus grandes masses de neige pouvant s'y accumuler, les glaciers qu'ils émettaient s'étendaient plus loin et descendaient plus bas, malgré la température plus élevée du versant méridional.

LA TRIBUNE DE GALILÉE

A FLORENCE.

Au commencement du xvii siècle, la puissance du génie de l'humanité s'était manifestée dans les grands artistes qui ont illustré Florence à cette époque. Architectes, peintres et sculpteurs avaient uni leurs efforts et créé une ville où l'ensemble harmonieux des chefs-d'œuvre produit sur l'imagination une impression aussi profonde, aussi solennelle que la vue des grands spectacles de la nature. Mais, tandis que l'art s'élevait à une hauteur qu'il ne dépassera peut-être jamais, la science semblait sommeiller. Les artistes reproduisaient le monde extérieur en l'idéalisant ; les savants au contraire s'enfermaient dans de sombres bibliothèques, et demandaient aux livres d'Aristote les causes et l'explication des phénomènes qu'ils avaient sous les yeux. Enfin Galilée vint, et avec lui commence une ère nouvelle pour les sciences physiques : l'étude de la nature remplace celle des livres, et l'analyse des phénomènes renverse les hypothèses poétiques que les anciens avaient imaginées sans recourir à l'observation. Galilée est donc à la fois le fondateur de la physique expérimentale et le créateur de la physique mathématique. Le premier il a montré par ses travaux que l'observation, l'expérience et l'analyse sont les moyens par lesquels l'homme peut arriver à la connaissance des lois immuables qui régissent le monde physique. Mais la découverte du pendule, celle des lois de la chute des corps, du télescope, des phases de Vénus, des satellites de Jupiter, des montagnes de la lune,

du thermomètre, et de l'armature des aimants, sont, aux yeux
du philosophe, les moindres titres de Galilée à la vénération de
la postérité. Apôtre d'une noble cause, il en fut le martyr, et
Galilée emprisonné, questionné, tourmenté à l'âge de soixante-
huit ans, par des prêtres cruels, Galilée aveugle, traînant les
dernières années de sa vie sous l'œil toujours ouvert et la main
toujours menaçante de l'inquisition, devient, à mes yeux, le
Christ de la science crucifié par l'ignorance et le fanatisme.

Dans ses ouvrages, Galilée s'est élevé un monument impéris-
sable offert à l'admiration des savants, mais rien ne le signalait
aux respects de la foule et à la reconnaissance des peuples. Un
beau portrait par Sustermans, dans la galerie des *Uffizi*, un
modeste tombeau dans l'église de *Santa Croce*, voilà tout ce qui
rappelait à ses compatriotes l'existence de cet étonnant génie.
Il était digne du prince qui régnait sur la Toscane en 1840 de
consacrer à Galilée un monument pour populariser sa gloire,
éveiller de nobles instincts, et rappeler à Florence qu'elle a
produit un homme aussi grand dans la science que Dante et
Michel-Ange le furent dans la poésie et dans les arts.

La *tribune de Galilée* est une salle oblongue terminée en
demi-cercle, et au fond de laquelle s'élève la statue de l'illustre
astronome. Des peintures à fresque rappellent les principales
phases de sa vie scientifique.

Dans la première, on le voit jeune encore, mais profondément absorbé en contemplant les balancements d'une lampe
suspendue par une longue chaîne à la voûte de la cathédrale de
Pise. Le premier il découvre dans ce fait vulgaire, inaperçu
depuis des siècles, une loi importante, celle de l'isochronisme
des oscillations; car il reconnaît que les oscillations du pendule mis en mouvement ont sensiblement la même durée,
quoique leur amplitude diminue sans cesse. Par cette simple
remarque, Galilée donnait le moyen de mesurer exactement le
temps à l'aide des horloges munies d'un pendule invariable;

mais il était réservé à son fils, suivant les uns, à Huyghens, suivant les autres, de faire cette importante application du principe qu'il avait découvert.

Une autre fresque représente Galilée démontrant à l'université de Pise la loi de la chute des corps et de la décomposition des forces, en faisant rouler une boule sur un plan incliné. Autour de lui sont groupés ses élèves attentifs, tandis que deux scolastiques cherchent en vain dans Aristote une explication de ces faits nouveaux. Au fond du tableau on aperçoit la tour penchée, où Galilée fit les expériences directes qui confirmèrent celle que la peinture a reproduite.

Dans une troisième fresque, Galilée est à Venise. Le doge et les sénateurs viennent d'être témoins du merveilleux pouvoir du télescope. Des navires, à peine visibles à l'horizon, ont été rapprochés par l'instrument magique, et le grand homme expose les conséquences immenses de sa découverte pour la navigation et l'astronomie. Enfin, nous voyons Galilée vieux, aveugle, brisé par l'inquisition, prisonnier dans sa maison d'Arcetri, et dictant à ses dignes élèves Evangelista Torricelli et Vincentio Viviani la démonstration géométrique des lois de la chute des corps, qu'il avait trouvée d'abord par l'expérience directe.

Au-dessous de ces fresques qui nous représentent les phases principales de la vie scientifique de Galilée, on a disposé quelques instruments imaginés et construits par lui-même. Ce sont deux lunettes d'approche et un objectif qu'il avait travaillé de ses propres mains. Avec cet objectif, il découvrit les satellites de Jupiter, nommés par lui *medicea sidera*, les phases de Vénus, et les montagnes de la lune. Il reconnut le premier que les nébuleuses sont des amas d'étoiles très-petites, et donna la figure de celle d'Orion et des Pléiades. Il fit voir que la voie lactée se composait d'un nombre infini d'étoiles très-rapprochées. Ces grandes découvertes furent consignées par lui dans un petit opuscule intitulé *Sidereus nuncius*, imprimé à Venise au commencement de l'année 1610. Plus loin on remarque un aimant armé par Galilée lui-même ; car il avait observé qu'en appliquant à l'aimant naturel, préalablement poli, des plaques de fer doux, on augmente la force magnétique de ses pôles. A côté de cet instrument se trouve un doigt détaché du corps de Galilée, lorsqu'on le transporta dans l'église de *Santa Croce*, où il repose maintenant.

Galilée avait laissé quatre disciples, Castelli, Cavalieri, Torricelli et Viviani. Les trois premiers ne lui survécurent pas longtemps ; le dernier, mathématicien célèbre, habitait à Florence une maison qu'il devait à la munificence de Louis XIV, ainsi que le témoigne une inscription trop longue pour ne point lasser la patience du passant. Seul des quatre disciples de Galilée, Viviani fit partie de la célèbre *Accademia del Cimento*, qui conserva les grandes traditions du maître. Elle fut fondée par le duc Léopold en 1657, quinze années après la mort de Galilée. Son titre et sa devise, *Provando e riprovando*, montrent suffisamment l'esprit qui l'animait. Se livrer à des expériences, les répéter et les varier sans cesse ; se défier des résultats les plus probants au premier abord, et des conclusions les plus légitimes en apparence, telle était la méthode de cette célèbre compagnie. Animée de l'esprit de Galilée, elle continuait la réaction contre les doctrines scolastiques qui menaçaient de nouveau l'avenir des sciences. Viviani, Borelli, Dati, Paolo del Buono, Marsili, Candido del Buono, Magalotti, Rinaldini et Redi furent les seuls membres de cette association. Son fondateur, le prince Léopold, la présidait, et son frère, le grand-duc Ferdinand II, assistait souvent aux séances. C'est une heureuse idée d'avoir réuni à côté des instruments de Galilée ceux de l'*Accademia del Cimento* qui ont été conservés. Ils sont assez nombreux pour qu'on puisse se faire une juste idée des appareils employés à cette époque, et la plupart d'entre eux sont célèbres dans l'histoire de la physique.

Un grand nombre de thermomètres attirent d'abord les regards : les uns, fort longs et supportés sur des pieds de verre artistement travaillés, rappellent qu'à l'époque où les sciences sortaient à peine de l'immobilité à laquelle le catholicisme les avait condamnées, les beaux-arts avaient déjà brillé de tout leur éclat. Parmi ces thermomètres, il en est de petite dimension, qui intéressent à un haut degré le météorologiste. Ce sont des instruments de marche identique, tous comparés entre eux, que l'Académie avait distribués à un grand nombre d'observateurs en Toscane, pour arriver à connaître le climat de cette contrée. Les moines de divers couvents les observaient régulièrement, tandis que Raineri lisait cinq fois par jour le thermomètre du monastère des *Angeli*, à Florence. Ces observations furent continuées pendant plusieurs années. Malheureusement le prince Léopold, ayant demandé le chapeau de cardinal, Rome mit pour condition à sa nomination que l'Académie qu'il avait fondée serait détruite, et les observations météorologiques faites sous sa direction anéanties comme elle. Le prince sacrifia ses collaborateurs : l'Académie fut dissoute, ses membres persécutés, les écrits de Galilée et de ses disciples lacérés et brûlés. Borelli, le fondateur de la physique animale, fut réduit à mendier dans les rues de Florence, et Oliva, victime une première fois des rigueurs de l'inquisition, chercha dans le suicide un refuge contre de nouvelles tortures. Néanmoins les travaux de ces martyrs de la science ne furent pas entièrement perdus pour la postérité. Un heureux hasard fit retrouver, il y a quelques années, les observations thermométriques auxquelles Raineri s'était livré ; mais on ne pouvait en faire aucun usage parce que l'on ne connaissait pas la valeur de la graduation des thermomètres de l'*Accademia del Cimento*. Ceci demande quelques explications. .

Dans les thermomètres Réaumur et centigrade, il y a deux points fixes : la température de la glace fondante et celle de

la vapeur de l'eau bouillante. On a reconnu, en effet, que la
température de la glace ou de la neige était toujours la même
au moment de la fusion. Celle de la vapeur de l'eau bouillante
varie suivant la pression atmosphérique indiquée par la hauteur
du baromètre; mais les lois de cette variation étant connues,
on peut toujours ramener le point fixe de l'eau bouillante à ce
qu'il serait sous la pression de l'atmosphère correspondante à
une hauteur barométrique de 760 millimètres. Ces deux termes
fixes étant déterminés sur l'instrument, Réaumur divisait l'intervalle qui les séparait en quatre-vingts parties d'égale capacité, appelées degrés. Celsius, et depuis lui les fondateurs du
système décimal, l'ont divisé en 100 degrés. Le zéro est le point
où le liquide thermométrique s'arrête quand on plonge l'instrument dans la neige fondante; 100, celui où il s'élève dans la
vapeur de l'eau bouillante sous une pression barométrique
de 760 millimètres.

Les académiciens de Florence n'avaient point adopté de
points fixes, et l'on n'a pas retrouvé l'instruction qu'ils ont dû
laisser sur la graduation de leurs thermomètres. Cependant il
était d'un grand intérêt de connaître le climat dont jouissait
la Toscane vers la fin du xviiᵉ siècle. Suivant les uns, le
déboisement des Apennins, qui alors étaient couverts de
grandes forêts, avait abaissé la température moyenne de la
contrée. En outre, c'est une opinion généralement répandue
dans le public, que tous les climats deviennent de plus en plus
rigoureux, phénomène qui ne pourrait s'expliquer que par un
refroidissement graduel de la surface du globe. Ces importantes
questions seraient restées sans réponse, si un heureux hasard
n'avait fait découvrir en 1828 une caisse entière de thermomètres de l'*Accademia del Cimento* (1). M. Libri s'occupa de

---

(1) Ces thermomètres ont environ 12 centimètres de longueur; leur boule
a 16 millimètres de diamètre; les degrés, au nombre de 50, sont marqués

rendre.leur graduation comparable à celle des thermomètres modernes. Il vit que ces instruments, plongés dans la glace fondante, s'arrêtaient tous entre la treizième et la quatorzième division, et que le point de départ ou zéro de la graduation des académiciens de Florence correspondait à 18°,75 au-dessous du zéro du thermomètre centigrade. Il reconnut aussi que le 44e degré du thermomètre *del Cimento* correspondait à 62°,5 de l'échelle centigrade. A l'aide de ces éléments, il était facile de trouver le rapport des deux échelles et de savoir approximativement quel était le climat de Florence à la fin du XVIIe siècle. En s'appuyant sur ces données, jointes à celles qui lui ont été fournies par l'astronomie, les chroniques météorologiques et la géographie botanique, M. Arago a résolu, dans l'*Annuaire* de 1834, les deux problèmes que nous avons énoncés dans ce paragraphe. Il a prouvé que la terre ne s'est pas refroidie sensiblement depuis les temps historiques, et que la température moyenne de la Toscane est restée la même, sauf que les hivers sont aujourd'hui moins froids et les étés moins chauds, effet général du déboisement dans tous les pays où le défrichement n'a pas été maintenu dans de sages limites.

Après la mesure de la chaleur, celle de la proportion d'humidité dans l'air est la plus importante en climatologie. Un air chaud et sec transforme bientôt en un désert aride le pays le plus fertile ; avec une atmosphère tiède et humide, le sol disparaît sous une végétation luxuriante.

Le grand-duc Ferdinand II imagina un instrument destiné à apprécier l'humidité de l'air. Cet appareil, fondé sur le principe de la condensation des vapeurs, est placé dans la tribune, au-dessous des thermomètres dont nous avons parlé. Tout le monde sait qu'en été, si l'on monte de la cave une carafe d'eau

par de petites gouttes d'émail noires, sauf les degrés 10, 20, 30, 40 et 50, qui sont distingués par des gouttes blanches. Le liquide est de l'alcool non coloré.

fraîche, elle se couvre à l'instant d'une légère rosée. Cette rosée
était à l'état de vapeur d'eau invisible dans l'air chaud : elle
repasse à l'état liquide au contact avec le verre froid qui abaisse
la température de l'air et lui enlève le pouvoir de maintenir
l'eau à l'état de vapeur. Ferdinand II fit construire un vase de
liége recouvert en dehors d'une plaque d'étain ; ce vase avait la
forme d'un cône tronqué, et s'ajustait intérieurement dans un
cône creux de verre dont la pointe était tournée vers le sol : on
le remplissait de neige, et alors la vapeur se condensait à la
surface externe du verre, et coulait sous forme de gouttelettes
liquides vers la pointe, qui plongeait dans un vase divisé en parties d'égale capacité. Si donc on plaçait le vase dans un air humide, les gouttes d'eau se succédaient rapidement à l'extrémité
du cône ; dans le cas contraire, elles étaient rares et très-
petites. Avec cet instrument les académiciens avaient déjà
reconnu que les vents du midi sont plus humides que ceux du
nord. En effet, par un vent du sud impétueux, il tomba, dans
une expérience, quatre-vingts gouttes d'eau dans une minute ;
le vent du nord ayant succédé à celui du midi, l'écoulement
cessa, et au bout d'une demi-heure la surface du cône de verre
était parfaitement sèche, quoiqu'il fût toujours rempli de neige.
Cet hygromètre, remarquable pour l'époque à laquelle il a été
imaginé, ne saurait être employé aujourd'hui, car il ne tient
compte ni de la température, ni du volume des masses d'air sur
lesquelles on opère.

Je ne parlerai pas longuement des expériences auxquelles se
livrèrent les académiciens de Florence pour confirmer et étendre
la belle découverte de la pression atmosphérique faite par Torricelli en 1643 ; fidèles à leur devise, ils ont répété, en les variant,
les premiers essais de Roberval, Pecquet et Pascal. Mais il en
est une que le savant directeur du musée dont nous parlons,
M. Antinori, a fait avec juste raison représenter dans les fresques
qui ornent la tribune ; car elle prouve à la fois la sagacité de ces

illustres physiciens et la sage réserve dont ils étaient animés.
Plus hardis dans leurs conclusions, ils eussent propagé une
erreur ou proclamé une grande vérité; ils préférèrent s'abstenir
et laisser à leurs successeurs le soin de résoudre un problème
qu'ils avaient soulevé. Sachant que la lumière et la chaleur se
réfléchissent sur les surfaces polies et brillantes, ils se deman-
dèrent si le froid jouissait des mêmes propriétés. Cinq cents
livres de glace furent placées sur un trépied en face d'un miroir
concave, au foyer duquel se trouvait un thermomètre sensible.
L'alcool se mit aussitôt à descendre dans le tube de l'instrument.
« Mais, ajoutent-ils, à cause de la proximité de la glace, il était
douteux si le froid direct ou le froid réfléchi refroidissait davantage. Pour lever ce doute, on couvrit le miroir, et quelle qu'ait
été la cause de cet effet, il est certain que l'esprit-de-vin se mit à
remonter aussitôt. Néanmoins nous n'oserions pas affirmer positivement que cet effet ne puisse pas venir d'une autre cause que
de l'interposition de l'écran, car nous n'avons pas fait tout ce
qui serait nécessaire pour nous en assurer. »

Il était réservé à Pictet de mettre ces expériences à l'abri de
toute objection. Il employa deux miroirs concaves disposés l'un
en face de l'autre, de telle manière que les rayons d'une flamme
située au foyer du premier miroir et réfléchis parallèlement par
celui-ci, allaient frapper le second réflecteur et se réunir à son
foyer. C'est là qu'il plaçait son thermomètre. Les miroirs étaient
assez éloignés l'un de l'autre pour que l'effet *direct* fût nul, et
il le prouvait en s'assurant que le thermomètre ne montait
qu'au moment où sa boule était exactement placée au foyer du
second réflecteur. Ainsi donc c'était la chaleur réfléchie deux
fois par les miroirs qui agissait sur l'instrument. Quand il sub-
stituait à la flamme un morceau de glace, le thermomètre baissait rapidement. Pictet fut tenté de conclure que le froid se
réfléchissait comme la chaleur : mais il comprit bientôt que le
mot *froid* n'a point de sens absolu, et que la glace est froide par

rapport à la flamme, mais chaude si on la compare au mercure gelé. Il vit qu'il avait simplement interverti le rôle des corps mis en expérience. Quand le thermomètre se trouve à l'un des foyers, la glace à l'autre, c'est le thermomètre qui est le corps chaud et joue le rôle de la flamme : il abandonne sans cesse de sa propre chaleur à la glace. et n'en reçoit presque rien en échange. Par conséquent, la boule du thermomètre se refroidit, et le mercure descend dans le tube.

Au milieu des instruments historiques dont le spectateur est entouré, il en est un qui attire l'attention des physiciens, auxquels il rappelle une expérience célèbre. C'est une sphère de cuivre creuse, à parois épaisses et rompue dans un point. Galilée ayant affirmé que la glace était de l'eau dilatée, puisqu'elle surnage à l'eau liquide, les académiciens résolurent de s'en assurer directement. Ils remplirent une sphère avec de l'eau pure, puis la fermèrent exactement avec une vis, et la placèrent dans un mélange de neige et de sel : le liquide contenu dans l'intérieur de la sphère, se dilatant en passant à l'état de glace, fit éclater la boule. Cette expérience, répétée avec des sphères de métaux différents et dont les parois étaient d'épaisseur variable, donna toujours le même résultat. Seulement, quand les parois étaient minces, elles cédaient, et la sphère augmentait de volume sans se rompre. Ainsi l'eau se dilate en se congelant. Il était naturel de se demander si elle est compressible. Le problème fut résolu par une heureuse combinaison de la physique et de la géométrie. De tous les solides, la sphère est celui qui, à égalité de surface, offre la plus grande capacité. Ayant fait fondre une grande sphère creuse en argent, mais à parois peu épaisses, les académiciens la remplirent entièrement d'eau froide, puis la fermèrent avec une vis très-solide, et la frappèrent avec de pesants marteaux. La sphère se déformant, sa capacité intérieure diminuait, et le liquide suintait à travers les parois du métal, sous forme de rosée. Or, si l'eau eût été compressible le moins du monde, son volume aurait diminué avec la capacité de la sphère : loin de là, elle surmontait l'énorme résistance des parois métalliques et passait à travers les pores invisibles de l'argent.

En citant un plus grand nombre de preuves du zèle et de la sagacité des illustres Florentins, j'aurais peur d'abuser de la patience des lecteurs qui ne se sont pas occupés spécialement des sciences physiques. Quant aux physiciens, ces faits leur sont connus. Je ne parlerai donc pas des expériences sur la propagation du son, la densité des liquides et la pesanteur spécifique des corps. Leur description se trouve dans le premier volume de la *Collection académique*, traduite en français et accompagnée d'un excellent commentaire de Musschenbroek. Détruite par les prêtres de l'inquisition, après neuf années d'existence, l'*Accademia del Cimento* donna, treize ans après, un dernier signe de vie : mais, à partir de ce moment, c'est dans les contrées où régnait un esprit religieux moins aveugle, c'est en Hollande, en Angleterre et en France, qu'il faut chercher ses continuateurs ou ses émules. Huyghens, Boyle, Newton, Halley, Musschenbroek, s'Gravesande, Mariotte et Papin conservèrent les grandes traditions auxquelles on doit toutes les découvertes de la physique expérimentale et les prodiges de l'industrie moderne.

Qu'il me soit permis de rapporter cette dernière expérience faite par Averani et Targioni, élèves des académiciens Viviani et Redi, longtemps après la dissolution de la société. Le diamant est la plus dure des substances connues. Tout en lui nous annonce un de ces corps inattaquables par l'acier, par le feu et les acides les plus violents. Newton avait soupçonné qu'il pouvait être combustible. Lavoisier prouva plus tard qu'il se formait de l'acide carbonique dans cette combustion, et plusieurs chimistes, entre autres Guyton Morveau et Humphry Davy, arrivèrent à cette conclusion, que le corps le plus étincelant de la nature n'est que du charbon parfaitement pur. Humphry Davy voulut répéter à Florence cette expérience avec l'instrument qui avait servi à Targioni, et il obtint le même résultat.

Avant de sortir de la tribune de Galilée, deux grisailles placées au-dessus des portes d'entrée attirent les regards par l'intérêt du sujet et le mérite de l'exécution. L'une représente Léonard de Vinci, en présence de Léopold Sforza, duc de Milan, auquel il expose ses découvertes en physique et en astronomie. On sait que ce grand peintre construisit un hygromètre vers la fin du xvᵉ siècle. Il imagina des machines de tout genre, fit connaître les proportions exactes du corps humain, et prouva que la lumière cendrée de la lune est due à une portion de la lumière solaire réfléchie par la terre (1). Il fut le prédécesseur de Galilée : peintre et astronome, il forme la transition entre l'art et la science. Le tableau qui sert de pendant à celui-ci nous

(1) Peu de temps après la nouvelle lune, lorsque l'astre se montre sous la forme d'un mince croissant, on aperçoit, avec de bons yeux et encore mieux avec un télescope, le disque lunaire tout entier : la partie peu éclairée présente une teinte gisâtre, à laquelle on donne le nom de *lumière cendrée*. Plus la lune s'approche de son premier quartier, moins la lumière cendrée est visible. Voici l'explication de ce phénomène. A l'époque de la nouvelle lune, quand l'hémisphère tourné vers la terre est plongé dans l'obscurité, et par conséquent invisible pour nous, la portion de notre globe qui regarde la lune est fortement éclairée par le soleil ; celle-ci reçoit une quantité notable de la lumière réfléchie par la terre, et il en résulte, pour les habitants de la lune, un *clair de terre* fort brillant. De plus, la surface de la terre étant environ treize fois plus grande que celle de la lune, s'il est dans ce globe des chercheurs de causes finales, qui se piquent de savoir le pourquoi des choses de l'univers, ils peuvent dire que la terre *est faite* pour éclairer la lune. Ils le peuvent même avec treize fois plus de raison que les habitants de la terre, qui considèrent la lune comme un flambeau créé à leur usage, puisque la terre éclaire treize fois mieux la lune que la lune n'éclaire la terre.

La plupart des historiens attribuent à Léonard de Vinci l'explication de la lumière cendrée ; cependant quelques-uns la revendiquent en faveur de Mœstlin, le maître de Kepler. Quoi qu'il en soit, le mérite scientifique de ce grand peintre n'en est pas diminué.

représente Volta, qui continua cette série des grands physiciens que l'Italie a donnés au monde. Il est devant l'Institut de France, et démontre les propriétés de son condensateur électrique. Près de lui, sur le premier plan, se trouvent le premier consul Bonaparte et Lagrange, le grand géomètre. Ce n'est pas sans un juste orgueil que le directeur du musée me faisait observer que ces grands hommes avaient pris naissance tous les trois sous le ciel de l'Italie. J'aurais pu revendiquer Bonaparte comme Français par son pays, et rappeler l'origine de Lagrange, né à Turin, d'une famille originaire de France; mais dans le temple élevé à la science italienne, devant la statue de Galilée, à quelques pas du laboratoire de Nobili, dans la ville où Lucca della Robbia, Fra Angelico, Michel-Ange, Giotto, Andrea del Sarto et Raphaël animèrent le marbre et la toile, il ne reste plus d'autre sentiment que celui d'une profonde sympathie pour cette belle Italie dont les enfants occupent une si large place dans l'histoire des progrès intellectuels du genre humain.

PROMENADE BOTANIQUE

LE LONG DES CÔTES

DE L'ASIE MINEURE, DE LA SYRIE ET DE L'ÉGYPTE.

Un étonnement qui ne cessera qu'avec ma vie, c'est que tant de gens de loisir et de fortune ne profitent pas des innombrables facilités que leur offre la navigation à vapeur. Faire le tour de l'Orient en soixante jours, vision fantastique en 1830, réalité en 1856 ! Conçoit-on qu'il existe néanmoins des hommes instruits, riches, libres, ennuyés et exempts du mal de mer, qui résistent à cette tentation ? Sans doute le voyage est rapide; mais on peut prolonger les séjours à volonté en prenant les bateaux français qui se succèdent à de courts intervalles : il est facile alors de voir Athènes et Constantinople à loisir; de visiter Damas, les ruines de Balbek et le Caire; de choisir, en un mot, les plus belles perles de l'écrin d'Orient.

Tout a été dit sur ces admirables contrées, et l'on vient trop tard après Volney, Chateaubriand, Lamartine, Théophile Gautier, Decamps et Marilhat, pour les peindre avec la plume ou le pinceau. Mon rôle sera plus modeste : je me bornerai à montrer l'attrait d'un voyage rapide exécuté à bord du même bateau par un naturaliste amateur de plantes vivantes et de jardins. La saison dont je pouvais disposer était défavorable : au printemps, l'Orient est un parterre émaillé de fleurs; en automne, elles ont presque toutes disparu; néanmoins le botaniste, le

zoologiste et l'horticulteur éprouveront encore de vives jouissances et feront plus d'une observation intéressante.

MALTE.

Malte est la première étape. Quel contraste avec Marseille,
d'où nous étions partis il y avait deux jours seulement! Dans
la campagne aride et dénudée en apparence, des champs de
coton encore en fleur, des pastèques, l'*Opuntia* figue d'Inde
chargé de fruits, l'*Agave* d'Amérique, des caroubiers, çà et
là des palmiers-dattiers. Derrière les murs, des orangers, des
citronniers et la cassie (*Acacia Farnesiana*). Sur les blancs talus
des fortifications, des mésembrianthèmes et des câpriers en fleur.
Puis tous les arbres du midi de la France, l'olivier, l'amandier,
le figuier, le grenadier et le pin d'Alep. Le gouvernement anglais, si soigneux de tout ce qui peut embellir la ville de la Valette, a établi un jardin ou plutôt une allée protégée par deux
murs élevés, qui se nomme la *Floriana*. J'y remarquai en pleine
terre des arbres qui, même à Hyères, ne peuvent supporter les
froids de l'hiver : c'étaient *Schinus molle, Justicia adhatoda*, un
magnifique *Sapindus saponaria*, des *Lantana, Polygala speciosa,
Bignonia stans, B. capensis, Senecio scandens, Hibiscus mutabilis,
Sida mollis, Melilotus arborea, Duranta Plumieri, Cactus triangu-
laris, Volkameria japonica, Poinsettia pulcherrima, Laurus indica*
et *Plumbago cœrulea*. Ces végétaux nous démontrent que le climat de Malte est des plus doux, et que jamais le thermomètre
n'y descend au-dessous de zéro. La sécheresse de l'été et les
vents violents de l'hiver sont les obstacles qui s'opposent, comme
dans toutes les petites îles dépourvues de montagnes, à l'introduction de certaines cultures et à l'établissement d'une végétation plus variée. Les animaux sont les mêmes qu'en France;
mais tous les voyageurs ont remarqué dans les rues de la Valette
ces troupeaux de chèvres gracieuses, aux poils fins et soyeux,

d'un jaune doré. Chaque matin elles viennent de la campagne porter leur lait à domicile. Quelques zoologistes en font une espèce à part, sous le nom de *Capra melitensis*.

SYRA.

De Malte nous fîmes voile pour l'archipel grec. Tout ce que l'on a écrit sur la nudité des côtes du Péloponèse et de ses îles n'est que trop vrai. Les causes du mal sont probablement très-complexes. Des déboisements irréfléchis, les incendies allumés par les bergers qui brûlent en automne les herbes sèches, la dent des chèvres et des moutons, les vents violents de la mer, ont chacun leur part dans la destruction des végétaux arborescents. Les bosquets de Cythère ont disparu comme son nom, et Cerigo n'est plus qu'une croupe de montagne sans verdure et sans ombrage. Syra, où nous abordâmes, rappelle Alger : c'est une ville aux maisons pressées, étalée en amphithéâtre sur le flanc d'un rocher. La basse ville est habitée par les Grecs schismatiques, la haute par les catholiques. Sur la place Othon, je vis pour la première fois le *Tamarix* formant un grand arbre ; dans les jardins, quelques cassies et de petits dattiers. Autour de la ville, la scille maritime élevait sa hampe fleurie du centre d'une rosette de feuilles desséchées, et l'asphodèle à petits fruits était chargé de capsules répandant leurs graines autour d'elles. L'île de Syra se compose de roches schisteuses entremêlées de quelques noyaux calcaires. Ses grands édifices sont bâtis de marbre de l'île de Paros, sa voisine, qui fournissait à Phidias et à Leucippe la pierre dont ils ont fait sortir tant de chefs-d'œuvre.

SMYRNE.

Nous quittâmes Syra pour nous diriger vers le golfe de Smyrne. Rien ne contraste plus avec la nudité des îles de la Grèce que les montagnes boisées qui entourent ce beau golfe; celles qui s'élèvent derrière la ville sont malheureuse-ment dépouillées de végétation : le voisinage de l'homme est fatal aux forêts. A Smyrne, dans le quartier des Roses, habité surtout par les riches négociants grecs, chaque maison a un jardin intérieur entouré d'une galerie sur laquelle s'ouvrent les portes et les fenêtres des appartements. Au centre s'élance un jet d'eau entouré d'orangers, de grenadiers, de néfliers du Japon, de jasmins et de roses. Quand la porte de la rue est entr'ouverte, on croit voir l'*atrium* d'une maison antique : c'est un souvenir de Pompéi réalisé dans l'ancienne Lydie. Ma première visite fut au pont des Caravanes, qui traverse le Mélès, au bord duquel Homère aveugle faisait, dit-on, entendre ses chants divins. Le lieu de la scène est des plus poétiques. Du côté de la ville, le torrent est bordé de saules, de platanes, de mûriers et d'au-tres arbres aux formes arrondies, au feuillage mobile et varié; sur la rive opposée se dresse une forêt de cyprès séculaires, noirs, immobiles, serrés les uns contre les autres, laissant voir çà et là leur squelette intérieur, formé du tronc et de grosses bran-ches dénudées. A leur pied sont d'innombrables tombes turques coiffées du fez ou du turban, les unes droites, les autres dé-chaussées et inclinées, la plupart gisant sur le sol. Les cyprès sont l'image de l'immobilité; les tombes, celle de l'incurie mu-sulmane. Sur le pont défilaient de longues caravanes de cha-meaux attachés l'un à l'autre par une corde et menés en laisse par un petit âne servant de monture à un conducteur turc, arabe, anatolien, caramanien ou nègre, tous revêtus de costumes va-riés, plus pittoresques les uns que les autres, armés jusqu'aux dents, et partant pour s'enfoncer dans les contrées les plus reculées de l'Asie Mineure.

Désireux d'avoir une idée de la végétation du pays, je me dirigeai avec deux officiers de l'*Hydaspe* vers le village de Bour-naba, situé à 6 kilomètres de la ville. Nous marchions dans des chemins creux, chaque champ étant entouré d'une levée de terre recouverte de sarments de vigne. Le myrte, le gattilier (*Vitex agnus-castus*), de superbes pistachiers térébinthes, le fenouil, bordaient la route. On vendangeait de tous côtés. La vigne et le froment étaient les cultures dominantes. La plupart des oliviers, vieux et noueux, semblaient abandonnés à eux-mêmes ; d'autres avaient été ébranchés de la façon la plus inintelligente. J'aurais voulu voir un champ de ces melons de Smyrne, ovales, verts extérieurement, à chair blanche, fondante et sucrée, les meilleurs du monde assurément; mais ils ne croissent pas près de la ville. On les cultive, du reste, à Cavaillon, près d'Avignon, et dans les années favorables ils peuvent rivaliser avec ceux de l'Asie Mineure.

Le lendemain je visitai le village de Boudja, situé derrière la colline qui porte les ruines d'un fort génois et domine la ville. Les maisons de campagne sont moins belles que celles de Bournaba ; mais la verdure qui entoure le village lui prête de loin un aspect européen qui réjouit les yeux. Je revins de Boudja en traversant des landes couvertes de *Poterium spinosum* et de *Thymus capitatus*. Dans une haie, je trouvai *Cyclamen europœum* en fleur, et sur une aire où l'on avait battu du blé, *Muscari parviflorum*, Desf., réduit à 2 centimètres de haut. Je traversai sur un aqueduc romain une petite vallée où le Mélès arrose des prairies dont la verdure contraste singulièrement avec l'aridité des hauteurs environnantes. En gravissant, par son revers oriental, celle qui porte le château génois, je trouvai encore quelques pieds fleuris de *Kentrophyllum rubrum*, Link, *Atractylis gummifera*, Less.; mais aucune autre plante ne paraît les noirs rochers trachytiques sur lesquels la citadelle est bâtie. Du pied de ces murailles encore bien conservées, on jouit d'une admirable vue sur la ville de Smyrne, entrecoupée de jardins et environnée de cultures maraîchères : son beau golfe et les grandes montagnes qui la séparent de l'ancienne Magnésie complètent le paysage.

En entrant dans le golfe de Smyrne, les navires sont obligés de serrer de fort près sa côte méridionale, pour ne pas échouer sur les alluvions de l'Hermus qui barrent déjà les trois quarts du golfe. Désireux de connaître la végétation de ces alluvions, je me fis débarquer le jour suivant sur la presqu'île de Cordelio. Je trouvai un terrain, cultivé en vignes et en céréales, couvert de nombreuses habitations ; chaque champ était entouré de talus élevés sur lesquels fleurissait abondamment le vulgaire pissenlit. Les pistachiers térébinthes formaient de grands arbres, et je vis quelques beaux pieds isolés du chêne qui fournit la noix de galle (*Quercus infectoria*, Oll.). Les champs cultivés étaient couverts du *Kentrophyllum rubrum*, Link, courbés sous le poids de leurs lourdes panicules, et dans les haies le *Cephalaria joppensis*, Coult., portait encore quelques fleurs attardées. Au bout d'une heure et demie, j'arrivai au pied des collines porphyritiques qui sont les premiers échelons du Yamanlar. J'y trouvai le *Sternbergia lutea*, Kern., dont les fleurs sortaient de terre ; la montagne elle-même était couverte de pins d'Alep, de chênes kermès, au milieu desquels je découvris un pied fort épineux de *Pirus elœagnifolia*, Pall., chargé de fruits. En revenant vers la mer, je vis une tortue (*Cistudo europœa*, Bibr.) dans un fossé plein d'eau, et découvris bientôt qu'elles y étaient aussi nombreuses que les grenouilles le sont en Europe ; en une demi-heure j'en avais pris douze, ayant depuis 10 jusqu'à 30 centimètres de longueur. Je regagnai le bord dans l'après-midi, et nous partîmes le soir.

LE BOSPHORE DE CONSTANTINOPLE.

Le lendemain nous entrions dans les Dardanelles. Après avoir touché au village de même nom, nous fîmes une courte halte à Gallipoli, où nos troupes séjournèrent si longtemps. La ville était à moitié vide Le Turc, ennemi de l'activité incessante et de la curiosité indiscrète des Européens, se retire des lieux où ceux-ci deviennent trop nombreux. Indolent et contemplatif, il déteste le bruit et le mouvement, recherche au contraire le silence et la solitude. Que le torrent d'émigrants qui se précipite vers l'Occident se détourne vers l'Orient, et peu à peu, sans lutte, sans violence, une population européenne se substituera à la population musulmane. Spontanément le Turc abandonnera le pays, et reculera devant les conquêtes pacifiques d'une civilisation avec laquelle il ne sympathisera jamais.

A Gallipoli, la végétation n'offre rien d'intéressant, mais le géologue y observe un des plus beaux exemples de plages soulevées qu'il soit possible de voir. Toute la falaise sur laquelle se trouvent le phare et les parties hautes de la ville est formée d'un conglomérat coquillier passant à l'état de tuf et de poudingue. Les coquilles, les cailloux qui le composent sont les mêmes que la mer roule sur le rivage situé au-dessous. Par un mouvement insensible ou par suite des secousses brusques qui accompagnent les tremblements de terre, ce sol s'est élevé à une hauteur qui, sur plusieurs points, n'est pas au-dessous de 25 mètres; le soulèvement n'a pas été uniforme et ne s'est pas fait horizontalement, mais inégalement. Le poudingue étant peu cohérent, il se sépare naturellement en gros blocs anguleux qui s'écroulent les uns sur les autres, et donnent à la falaise, vue de la mer, un aspect des plus pittoresques.

Le lendemain matin nous étions mouillés devant la pointe du sérail de Constantinople. Nous devions y séjourner six jours. Tous ceux qui connaissent cette ville étrange ne s'étonneront point si je leur dis que, dans ce court espace de temps, je ne pus visiter aucun jardin appartenant à des grands seigneurs du pays. En Europe, un propriétaire libéral laisse presque toujours à son concierge le soin de juger quels sont les curieux qu'il peut admettre à parcourir son parc ou son parterre. En Orient, c'est bien différent, la question des femmes complique tout, et

bannit sans rémission le visiteur improvisé. Je me bornerai donc
à dire mon opinion sur le Bosphore, que tant de Français et
d'Anglais ont vu et admiré. Son aspect me causa moins de surprise que je ne m'y attendais, parce que le Bosphore n'a pas
une physionomie complétement originale : le Bosphore est un
lac du revers méridional des Alpes, c'est le lac de Côme. En
parlant ainsi, je ne crois pas le déprécier, mais faire son éloge ;
car rien n'est plus beau que ces lacs dont l'une des extrémités
s'enfonce dans les Alpes, tandis que l'autre se prolonge dans
les plaines d'Italie. Le grand charme du Bosphore, c'est que le
regard embrasse à la fois ses deux rives bordées de palais, et
ses collines semées de kiosques et de maisons de campagne.
Dans les anfractuosités des coteaux, l'œil découvre les massifs
arrondis de l'élégant platane d'Orient, qui contrastent si heureusement avec les cyprès pyramidaux ; ceux à branches étalées
simulent des sapins, à s'y méprendre : partout où se trouve un
cimetière, ils forment une véritable forêt. Imaginez au milieu
de ce paysage des maisons turques dont la base est de pierre,
le premier étage de bois, bâti en surplomb et recouvert d'un
toit aigu, de vrais chalets suisses, et vous avouerez que l'illusion
doit être complète. Est-ce à dire que la réputation du Bosphore
soit usurpée? En aucune manière ; elle est aussi légitime que
celle du lac de Côme. Cette réputation ne date pas d'hier, notre
jeunesse en a été bercée.

> Après Constantinople il n'est rien de si beau,

a dit Casimir Delavigne en parlant des coteaux d'Ingouville. Si
la renommée du Bosphore est plus éclatante que celle des lacs
italiens, c'est qu'elle a pour auxiliaire un puissant enchanteur,
le contraste. Qu'on se figure, en effet, un navigateur parti de
Marseille, à l'époque où la vapeur était inconnue, contrarié par
des calmes et des vents du nord-est, fatigué, excédé par un
mois, six semaines, quelquefois deux mois de mer, et pénétrant

enfin dans les Dardanelles. Il voit la terre à droite et à gauche, mais elle est encore nue, dépourvue d'arbres et d'habitations; puis de nouveau il retrouve une mer, celle de Marmara. Enfin, il découvre Constantinople se prolongeant sur les deux rives de ce fleuve majestueux qu'on nomme *le Bosphore;* ses eaux, rapides comme celles d'un fleuve, sont animées par mille voiles, sillonnées par d'innombrables caïques; bordées de collines boisées, de palais, de kiosques aux fenêtres grillées, derrière lesquelles son imagination rêve un monde de délices. Quel contraste avec les ennuis et l'uniformité de la mer avant que la vapeur ait supprimé les distances! Quel charme subjectif ajouté aux charmes objectifs du paysage!

Le Bosphore méritait de faire le sujet d'un livre; ce livre a paru (1) : l'auteur, M. P. de Tchihatchef, est connu par ses nombreux voyages en Asie Mineure et la grande publication qui en a été la conséquence. Dans son volume sur le Bosphore il envisage le détroit sous tous ses aspects. Après en avoir tracé le tableau physique, il en fait connaître le climat, en donne la carte géologique, énumère les arbres et les plantes les plus caractéristiques, insiste sur les animaux les plus utiles, en rattachant sans cesse le présent à l'antiquité romaine et byzantine. Précieux pour le savant, l'ouvrage offre un intérêt général, et le lecteur désireux de mieux connaître le célèbre détroit me saura gré de lui en avoir signalé la monographie.

LE PLATANE DE BUIUKDÉRÉ.

Un botaniste ne saurait passer sous silence le célèbre platane de Buiukdéré, village du Bosphore renommé pour sa belle situation. Cet arbre est connu sous le nom de *platane de Godefroy de Bouillon:* c'est le végétal le plus colossal que j'aie jamais vu, ou

(1) *Le Bosphore et Constantinople.* In-8°, 1864.

plutôt c'est une réunion de neuf platanes soudés, formant trois
groupes très-rapprochés. En commençant par l'est, on voit
d'abord deux troncs réunis, ayant à un mètre au-dessus du sol
une circonférence de 10^m,80 : le feu y a creusé une cavité de
5 mètres d'ouverture. Puis vient un tronc isolé dont le pourtour est de 5^m,40. Le dernier groupe se compose de six troncs
réunis, formant une ellipse courbe dont la circonférence est de
23 mètres, savoir : 13 mètres pour l'arc extérieur, 10 mètres
pour l'intérieur, qui est concentrique au premier. Cet énorme
tronc était aussi creusé par le feu : un cheval se trouvait à l'aise
dans la cavité qui lui servait d'écurie. J'estime à 60 mètres
environ la plus grande hauteur du massif. La projection de la
cime sur le sol couvre une surface irrégulière de 112 mètres
de pourtour. Quelques branches mortes dépassent le dôme de
feuillage, mais de longues branches vivantes retombent de tous
côtés, chargées de feuilles plus découpées que celles du platane d'Occident. C'est à la fois une merveille botanique et un
arbre à enchanter un paysagiste. Théophile Gautier l'appelle non
pas un arbre, mais une forêt. Son instinct de poëte ne l'a pas
trompé, ce mot *forêt* peint l'impression produite par ce géant.
C'est un massif dont le tronc semble unique, quoique multiple
en réalité. Des tentes que le platane abrite, je découvrais la rade
de Buiukdéré, où le *Royal-Albert*, vaisseau de 120 canons portant le pavillon de l'amiral Lyons, était mouillé précisément en
face du palais d'été de l'ambassade russe, comme une menace
ou au moins comme un avertissement.

RHODES.

En quittant Constantinople, l'*Hydaspe* traversa de nouveau la
mer de Marmara et les Dardanelles pour longer ensuite la côte
occidentale de l'Asie Mineure. Je saluai de leurs noms sonores
et pleins de souvenirs la Troade, les îles de Ténédos, Lesbos,

Chio, Samos, Icaria, Pathmos, Leros, Amorgos et Cos. Le 9 septembre au matin, Rhodes était devant nous : c'est la ville la plus
poétique de l'Archipel. Lamartine l'a décrite, je devrais me
taire ; mais comment ne pas mentionner au moins cette belle
tour carrée, flanquée de tourelles et montrant encore la croix
de Malte sur ses quatre faces? Un tremblement de terre l'avait
lézardée sur deux de ses faces. Depuis mon passsage, un
autre l'a renversée, et elle ne rappellera plus aux générations
futures l'héroïque défense du grand maître de l'ordre de
Saint-Jean de Jérusalem, Villiers de l'Isle-Adam ; car cette
tour ne sera jamais reconstruite : les Turcs laissent tout
tomber et ne relèvent rien. Dans la rue des Chevaliers, qui
s'ouvre par une arcade en ogive, l'écusson fleurdelisé orne la
plupart des maisons. Sur la principale, on lit, d'un côté : POUR
L'ORATOIRE ; de l'autre : POUR LA MAISON, avec la date de 1511 ;
et au milieu, sous un écusson portant trois fleurs de lis et un
chapeau de cardinal : DE FRANCE LE GRANT PRIOR FR. EMERY DE
AMBOISE. 1492. C'est en 1522 que les chevaliers quittèrent l'île,
après avoir résisté pendant quatre mois aux armées de Soliman
le Magnifique (1).

Depuis longtemps les Turcs avaient oublié 40 000 quintaux de
poudre amoncelés dans les souterrains de l'église de Saint-Jean,
située à l'extrémité de la rue, près de l'arcade qui la termine.
Munir cette poudrière d'un paratonnerre, c'eût été contrarier les
desseins de la Providence et mettre en doute le dogme de la
fatalité. Aussi, dans l'automne de 1856, le tonnerre étant tombé
sur l'église, elle sauta avec le quartier environnant ; heureusement la rue des Chevaliers fut épargnée. Mais admirez la logique

---

(1) Voyez sur Rhodes : un article de M. Charles Cottu (*Revue des deux-
mondes*, 1ᵉʳ mars 1844) ; une excellente thèse soutenue en 1856, à la Faculté
des lettres de Paris, par M. V. Guérin, ancien membre de l'école française à
Athènes ; et le grand ouvrage, avec planches, du colonel Rottiers, intitulé :
Monuments de Rhodes, et publié à Bruxelles en 1830.

orientale ! ces Turcs si insouciants en présence d'un danger permanent et réel, ne souffrent pas qu'un chrétien passe la nuit
dans les murs de Rhodes, et ferment les portes au coucher du
soleil, parce qu'il existe une prédiction que Rhodes sera reprise
par les chrétiens pendant la nuit.

Autour de la ville, la fertilité est prodigieuse : oliviers noueux,
figuiers dont les branches traînent à terre, palmiers élancés,
orangers, caroubiers et figuiers d'Inde sur la lisière des champs
de blé et des vignes ; chênes vélanis (*Quercus ægilops*) et platanes au pied des collines ; lauriers-roses dans le lit desséché
des ruisseaux : tout annonce un climat chaud et sec. Les montagnes éloignées sont couvertes de pins, les parties plates cultivées : c'est l'image de la fertilité, un vrai paradis terrestre. Quelques plantes herbacées, *Whithania somnifera,* Dun., *Passerina
hirsuta, Poterium spinosum, Asphodelus microcarpus* et *A. fistu-
losus,* témoignent aussi que jamais la neige ou la glace n'y
couvrent le sol.

Les *Platanes de Rhodes* sont un espace carré situé près de la
ville et ombragé de quelques-uns de ces arbres, qui ont acquis
une hauteur prodigieuse. Le peuplier blanc, celui d'Italie et le
cyprès horizontal, mêlent leur feuillage à celui des platanes.
Jadis une source ajoutait à la fraîcheur du lieu, mais les longues
sécheresses des dernières années l'ont tarie ; un torrent voisin
est complétement à sec, et les Turcs ont dégradé ou laissé
tomber en ruines l'aqueduc construit par les chevaliers, qui
conduisait à la ville les eaux de la source.

POMPÉIOPOLIS.   .

En partant de Rhodes, nous longeâmes de près la côte méridionale de l'Asie Mineure, l'ancienne Carie, la Lycie, la Pamphylie et la Cilicie, contrées populeuses et fertiles sous l'empire
romain. La mer était d'un bleu foncé, et de nombreuses troupes

de poissons volants argentés s'élançaient hors de l'eau, glissaient en rasant la surface à la manière des hirondelles, pour plonger de nouveau dans leur élément. Au fond de chaque golfe, la longue-vue découvrait les ruines imposantes des grandes villes qui jadis bordaient la mer. Je n'en ai visité qu'une seule : c'est Solès, la patrie du solécisme, ainsi nommée parce que les habitants de Solès parlaient un grec détestable. Lorsque Pompée y eut établi les restes des pirates vaincus par lui soixante-huit ans avant l'ère chrétienne, elle s'appela Pompéiopolis, peu désireuse sans doute de conserver un nom qui lui avait valu la célébrité du ridicule. Maintenant Pompéiopolis n'est plus; le petit comptoir de Mersina l'a remplacée. En débarquant, je remarquai l'*Acacia Stephaniana*, Bieb., et *Polygonum equisitiforme*, Sibth., croissant dans le sable avec le *Datura stramonium;* mais les plantes ne piquaient plus ma curiosité, j'étais impatient de voir les ruines de la ville romaine : nous y arrivâmes en longeant la mer. Quelques champs de sésame et de coton, croissant au milieu des broussailles et envahis par les mauvaises herbes, étaient les seules traces de l'activité humaine dans cette plaine jadis si fertile. Après avoir traversé une petite rivière coulant sous un berceau de platanes, de vignes, de mûriers entrelacés ensemble, bordée de lauriers-roses et animée par des tortues et des crabes d'eau douce, nous découvrîmes une longue colonnade. Les piédestaux des colonnes sont cachés par un lacis d'arbustes épineux qui en défendent l'approche; mais leur fût élève majestueusement dans les airs des chapiteaux corinthiens admirablement fouillés. Quelques-uns supportent encore des fragments d'attique. Un aigle, immobile comme la pierre qui le portait, était perché sur le plus élevé de tous; il s'enleva lourdement à mon approche, tandis qu'une compagnie de francolins ou perdrix d'Asie s'éparpillait au milieu des ruines. Tout le terrain environnant est bosselé de décombres. Des arcades se montrent à l'une des extrémités de la ville, ce sont les restes d'un théâtre ; çà et là des sarcophages vides, renversés par le temps, gisent sur le sol. Du côté de la mer, une colline se dressait devant moi ; je la pris pour une dune, c'était un amphithéâtre à moitié écroulé. Un berger syriaque se tenait au sommet, appuyé sur son fusil et revêtu d'un manteau de laine à grandes raies noires et jaunes ; immobile, il surveillait ses moutons qui paissaient dispersés sur les gradins. A côté du cirque s'étendait le miroir bleu de cette Méditerranée qui a jadis réfléchi tant de grandeurs et qui réfléchit actuellement tant de misères. Quel tableau pour le poëte, le peintre et l'historien !

La main du temps travaille avec une extrême lenteur à la destruction de ces ruines, car en 1856 je trouvai encore debout les quarante-quatre colonnes que l'hydrographe anglais Beaufort (1) avait comptées en 1812. Mersina est probablement l'ancien Zephyrium ; aussi le rivage de la mer entre les deux villes est-il semé de débris qui prouvent leur importance. La plaine, d'une fertilité prodigieuse, a été envahie par ces broussailles qui, sur tout le littoral méditerranéen, couvrent les terres abandonnées : ce sont les *Phillyrea*, les térébinthes, les lentisques, le myrte, le laurier d'Apollon, le chêne kermès, l'arbre de Judée, le romarin, le *Daphne gnidium*, le *Genista scorpius*, le *Paliurus aculeatus*, l'arbousier, le styrax officinal, la vigne sauvage, le gattilier (*Vitex agnus-castus*) et le laurier-rose.

Les pentes des collines étaient revêtues de pins d'Alep ; mais çà et là s'élevaient des troncs noueux d'oliviers sauvages, véritables ruines végétales, restes des champs d'oliviers cultivés par les Romains à l'époque où Pompéiopolis était une des villes florissantes de la Cilicie agricole, *Cilicia campestris* des anciens.

(1) *Karamania Chart. V. Plan of Metzelu the ancient Soli or Pompeiopolis.*

J'ai peu de chose à dire d'Alexandrette, où nous abordâmes le lendemain: c'est le port d'Alep, comme Mersina est celui de Tarsous. Dans l'avenir, ce comptoir insignifiant prendra peut-être une grande importance, s'il devient le point de départ du chemin de fer de l'Euphrate, par lequel les Anglais se proposent de relier la Méditerranée au golfe Persique, c'est-à-dire Malte et les îles Ioniennes à leurs possessions de l'Inde. Actuellement, une plaine marécageuse entoure Alexandrette, de hautes montagnes la dominent à l'est. Les voleurs guettent le voyageur qui s'écarte des dernières maisons, et un poste turc veille à la sûreté des habitants qui vont puiser l'eau d'une source située à 2 kilomètres de la ville.

Alexandrette a une triste célébrité. En Orient, on la considère comme un foyer des fièvres intermittentes les plus rebelles et les plus pernicieuses. Elles sont dues au marais qui l'avoisine : ce marais est entretenu par une belle source qui jaillit à 3 kilomètres du rivage ; les Turcs n'ont pas su la recueillir et lui creuser un lit pour la conduire jusqu'à la mer. Aussi, pendant la saison pluvieuse, tout le sol est-il inondé ; puis il se dessèche en partie et se recouvre d'un gazon serré formé par le *Lippia nodiflora*, Rich. Mais une partie du marais conserve de l'eau pendant toute l'année. Les plantes qui dominent sont : *Typha major*, *Epilobium hirsutum*, *Juncus acutus*, *Saccharum Ravennæ*. Au milieu de ces végétaux vulgaires se cachait une rareté, le *Jussiœa diffusa*, Forsk., qui croissait en abondance près de la source. Toutes les congénères de cette espèce sont en Amérique ou dans l'Inde, trois habitent le Sénégal ; celle-ci est le seul représentant du genre dans la région méditerranéenne. Des buissons de myrtes, de styrax, de *Paliutus aculeatus* et de *Rubus discolor* entouraient le marais. Les murs d'un ancien fort démoli, dont il ne reste que l'enceinte quadrangulaire, sont hantés par un grand nombre de ces grands lézards épineux (*Stellio vulgaris*, L.) que j'ai vus dans toutes les parties chaudes du pourtour de la Méditerranée, depuis Smyrne jusqu'à Malte.

LATAKIEH.

Nous n'avions pas encore abordé les côtes de la Syrie proprement dite, celles que domine le Liban. Latakieh est la première ville où nous touchâmes : c'est l'ancienne Laodicée. Les forts qui défendent le port ont été bâtis par les croisés avec des colonnes antiques couchées horizontalement. La mer a démoli une partie de ces déplorables constructions, et la vague roule sur la grève ces colonnes qui jadis supportaient les frontons des temples et les entablements des palais. Les environs de Latakieh m'ont rappelé ceux de Nice : l'olivier et le figuier sont les arbres dominants ; un promontoire sinueux s'avance dans la mer, comme celui de Saint-Hospice, et le rivage est aussi profondément découpé que celui de Villefranche et de Beaulieu.

Je remarquai près de la ville de magnifiques caroubiers et des oliviers dont le tronc noueux est évidemment formé par la soudure de troncs partiels correspondant chacun à une branche de l'arbre. Tout était défleuri, sauf *Ononis arenaria*, DC., et *Datura metel*, ornés encore de quelques fleurs attardées, tandis que *Colchicum Steveni* et *Muscari parviflorum*, Desf., commençaient à élever leurs petites corolles au-dessus du sable. Semblable à une prêle gigantesque, l'*Ephedra campylopoda*, Boiss., était couvert de fruits rouges du plus bel effet.

TRIPOLI.

Quelques heures après avoir quitté Latakieh, nous étions mouillés devant Tripoli, la triple ville, suivant son étymologie

grecque. En effet, le port, ou la *Marina*, comme on l'appelle, est
éloigné de la partie principale, séparée elle-même en deux
quartiers par un torrent. Un chemin large et verdoyant, rayé
de petits sentiers tracés par les ânes qui transportent sans cesse
les habitants, mène de la ville au port. La route était bordée de
hautes cannes de Provence en fleur. Les *Datura stramonium* et
D. metel se trouvaient au milieu d'autres plantes européennes
amies des localités humides. M. Blanche, consul de France à
Tripoli, et de plus excellent botaniste, me fit remarquer dans
les fossés le *Dolichos niloticus*, Del., et le *Leersia gracilis*, Boiss.

Nous traversâmes les rues étroites et voûtées de Tripoli pour
gagner un ravin profond situé derrière la citadelle. C'est l'endroit le plus frais et le plus romantique que j'aie admiré en
Orient. Le sentier est à mi-côte; les cimes des orangers, des
figuiers, des platanes, des azédarachs, s'élevaient jusqu'à nous,
tandis que leurs troncs se cachaient dans l'abîme. A travers les
éclaircies du feuillage, nous apercevions les eaux d'un torrent
formant de petites cascades écumeuses en franchissant les bar-
rages qui arrêtaient son cours. Partout, sous les arbres, des
Turcs accroupis sur des nattes fumaient, jouaient aux échecs et
prenaient le café, que les *cadfidgis* empressés chauffaient près
d'un foyer rustique formé de quelques pierres assemblées. Au-
dessus du sentier, la pente était nue ou hérissée d'*Opuntia*
figue d'Inde, dont les formes bizarres contrastaient avec celles
des arbres du ravin. Sur le sommet de la colline se dressaient
les murs jaunes, unis et massifs, d'une grande forteresse carrée
bâtie par Raymond IV, comte de Toulouse, qui y fut enseveli
en 1105. Au haut du mur crénelé, une sentinelle turque, immobile comme une statue, regardait dans le vide. Nous atteignîmes bientôt la maison d'un derviche solitaire. Dans ces ermi-
tages on trouve du café et des rafraîchissements comme jadis
chez les ermites des montagnes de la Suisse. Le derviche ne put
nous admettre, parce que le harem, composé de sept femmes,

d'un caïmacan de Tripoli se trouvait chez lui. Nous dînâmes
donc sur la terrasse d'une maison située au-dessous de la sienne.
A travers les grillages de bois de l'ermitage nous vîmes briller les
prunelles de ces femmes qui assistaient en cachette à notre
repas improvisé. Combien l'animation, la gaieté, les rires, la lo-
quacité de ces *giaours* dut étonner ces paisibles filles de l'Asie,
habituées à la gravité silencieuse de leur unique mari! Le soir
venu, les femmes partirent : elles défilèrent une à une, semblables à des fantômes blancs, sur le sentier du vallon, et se per-
dirent enfin sous la voûte des *Opuntia* et dans la sombre verdure
des orangers. Pendant ce temps, la lune s'était levée derrière le
Liban ; sa clarté, mêlée à celle des derniers rayons du soleil
couchant, avait répandu sur tout le paysage une teinte de cuivre
rouge semblable à un reflet d'incendie. A mesure que l'obscurité croissait, le Liban s'illuminait de mille feux épars : ils étaient
allumés par les Maronites, qui célébraient dès le soir la fête de
l'Exaltation de la croix du lendemain. Les femmes s'étant éloignées, le derviche nous fit entrer dans sa maison et nous intro-
duisit sur une terrasse recouverte d'une treille. Un jet d'eau
babillait au milieu, et l'ombre des feuilles de la vigne éclairées
par la lune se dessinait nettement sur le pavé de marbre. On
apporta du café et des narghilehs. Accroupis sur les nattes, nous
nous laissâmes aller pour un moment aux délices du *kief* oriental. Le charme dura peu ; l'Européen, toujours pressé, n'a pas
le temps de jouir : il fallait partir. Nous revînmes en passant par
la forteresse ; les maisons blanches de Tripoli dormaient à nos
pieds, éclairées par la lumière de la lune et des étoiles. Nous
traversâmes les rues silencieuses de la ville, où quelques boutiques de barbiers étaient seules ouvertes. Au sortir des murs,
nous trouvâmes les chameaux d'une caravane accroupis et endormis sur le sable ou paissant aux environs. La route gazonnée
et bordée de roseaux gigantesques, que nous avions suivie en
venant, nous ramena au port, où le canot de l'*Hydaspe* nous

attendait. Jamais cette soirée ne sortira de ma mémoire, j'en jouirai toujours par le souvenir comme de l'une des plus poétiques de ma vie.

Les botanistes n'auraient pas moins de plaisir que les poètes à visiter la vallée des Derviches : ils y verront le *Volkameria japonica* passé à l'état sauvage ; *Salix libanotica*, Boiss., *Euphorbia dumosa*, Boiss., *Anchusa strigosa*, Labill., *Withania somnifera*, Dun. Dans la ville même de Tripoli, de magnifiques touffes d'*Hyoscyamus aureus*, L., et d'*Eupatorium syriacum*, Jacq., embellissent les vieilles murailles bâties par les croisés, comme la giroflée égaye les ruines des châteaux féodaux qu'ils avaient quittés pour conquérir des royaumes dans le pays des infidèles.

BEYROUTH.

Le lendemain matin, l'*Hydaspe* était mouillé devant l'aimable Beyrouth, véritable colonie européenne jetée sur les côtes de Syrie, entre le Liban et la mer : c'est là qu'habitent les consuls généraux, pour la Syrie et la Palestine, de toutes les grandes nations de l'Europe et de l'Amérique. Ces consuls forment le noyau d'une société choisie où l'on cause comme à Paris. Les maisons de campagne des Européens sont disséminées sur un amphithéâtre couvert de la verdure luisante des azédarachs. La ville est saine, la campagne l'est encore plus ; et sur les flancs du Liban, peuplé de chrétiens maronites, on trouve tous les climats de l'Europe étagés au-dessus de ceux de l'Asie. Si je voulais m'étendre sur les charmes de Beyrouth, je ne tarirais pas. Le consul de France, M. de Lesseps ; sa sœur, qui s'était embarquée sur l'*Hydaspe* à Latakieh, et mon ancien collègue le docteur Suquet, médecin sanitaire français, me firent le meilleur accueil. Je visitai l'atelier de M. Rogier, dont les cartons sont pleins de souvenirs d'Orient. Il est dur de n'avoir que quelques jours devant soi, quand on pourrait admirer en pareille com-

pagnie les ruines voisines de Balbek, et Damas la ville sainte ;
tracer sur les flancs du Liban les zones de végétation les plus
variées, depuis le dattier, l'oranger, le cotonnier et la canne
à sucre, qui vivent au bord de la mer, jusqu'aux sommets de
la chaîne, où l'on retrouverait probablement des plantes de la
Laponie ; car, entre Latakieh et Beyrouth, nous aperçûmes
encore des flaques de neige sur les cimes les plus élevées
du Liban.

La végétation des environs de la ville ressemble à celle de
Tripoli ; cependant je vis là, pour la première fois, le figuier
sycomore, arbre majestueux, qui figure dans les tableaux de
scènes bibliques ou orientales : c'est le *Sycomoros* de Dioscoride, et son bois indestructible était employé par les anciens
Égyptiens pour faire les cercueils de leurs momies. Les fruits
sont de petites figues douceâtres portées sur de courtes brin-
dilles dépourvues de feuilles qui hérissent les grosses branches
de l'arbre. Le ricin d'Afrique est très-commun à Beyrouth, et,
grâce aux indications de M. Blanche, je pus recueillir le *Pancratium parviflorum*, Desf., qui ne croissait pas, comme ses
congénères, dans le sable de la mer, mais sur un mur de
pierres sèches. Beyrouth est menacée par des dunes de sables
mouvants qui s'avancent vers la ville. Pour les arrêter, l'émir
Fakkardin fit planter un bois percé d'allées, qui se nomme la
promenade des Pins. Ce sont, en effet, des pins pignons qui
ont été semés si dru, qu'ils ont pris un aspect tout particulier.
S'élevant tous à la même hauteur, ils ressemblent à une immense charmille, ou à ces buis que la manie architecturale
de nos ancêtres taillait en forme de murailles. Dans les allées
sablonneuses de cette promenade, je remarquai la coloquinte
à l'état sauvage.

Quoique la saison fût fort avancée et mon séjour bien limité,
je profitai avec empressement d'une occasion qui s'offrit à moi de
faire une pointe dans le Liban avec deux officiers de l'*Hydaspe*,

et de visiter la première filature de soie que les Français y aient
établie. Après avoir longé la promenade des Pins, nous descendîmes de la dune sur laquelle elle est plantée, pour entrer dans
une petite vallée arrosée par un cours d'eau bordé par l'*Alnus
orientalis*, Dcne ; elle est plantée de dattiers chargés de fruits qui
touchaient à leur maturité. Nos légumes d'Europe croissaient au
pied de ces arbres tropicaux ; les haies étaient formées de *Vitex
agnus castus* et de cassies (*Acacia Farnesiana*). Après avoir traversé
cette vallée, nous commençâmes à gravir les premières pentes
du Liban. Des villages se montraient à différentes hauteurs : ils
étaient entourés d'oliviers infiniment mieux dirigés qu'en Asie
Mineure, où l'arbre est abandonné à lui-même, quand il n'est
pas mutilé par une hache inintelligente et brutale. Les mûriers
avaient repoussé de nouvelles branches : car, dans ce pays, on
ne se contente pas de les effeuiller au printemps, on coupe la
branche chargée de feuilles pour la donner aux vers à soie ; il
en résulte qu'on peut se dispenser de les déliter, les branches
formant des claies naturelles qui éloignent l'animal de la litière
sous-jacente. A mon grand regret, les végétaux herbacés étaient
desséchés et flétris; seulement les deux petites plantes bulbeuses que j'avais déjà trouvées à Latakieh, le *Muscari parviflorum*
et le *Colchicum Steveni*, paraient de leurs fleurs naissantes les
sables même les plus arides ; la seule verdure était celle de pins
pignons à cime arrondie, épars sur la montagne. A 400 mètres
environ au-dessus de la mer, nous traversâmes un petit bois de
chênes faux kermès (*Quercus pseudo-coccifera*, Desf., *Q. calli-
prinos*, Webb) ; leurs troncs ne dépassaient pas 3 à 4 mètres
d'élévation. Après ces chênes, le chemin devient très-étroit, et
s'engage au milieu de grands escarpements de grès ferrugineux.
J'y remarquai l'*Inula viscosa*, dont les fleurs jaunes s'épanouissent en automne dans toute la région méditerranéenne ; *Erica
ciliaris*, et le joli *Cyclamen europæum*, qui s'échappait des fentes
des rochers. A notre gauche se creusait la vallée d'Hamana, déjà

célébrée dans le Cantique des cantiques et louée depuis par Lamartine. La vue s'étendait sur la côte de Syrie, dont les sinuosités encadraient admirablement une mer d'azur. A la hauteur
où nous étions, la culture de la vigne devient dominante ; les
souches sont tenues très-basses, et les longs sarments qu'elles
poussent chaque année rampent sur le sol. Le raisin mûrit à
fleur de terre, et produit un vin connu sous le nom de *vin d'or*
ou du Liban, dont la couleur est plus remarquable que le goût.
Nous passâmes bientôt un col, et redescendîmes pour entrer
dans la vallée d'Hamana. Le sol devenait de plus en plus pierreux, et le pin pignon était toujours le seul arbre de haute
futaie. Enfin, nous arrivâmes à la filature du Krayé, élevée de
1000 mètres environ au-dessus de la mer. La maison d'habitation, construite à l'européenne, et les deux usines, sont placées
sur un talus abrupt : supérieurement, il aboutit à un rocher vertical ; inférieurement, il descend jusque dans le fond de la vallée,
dont le torrent seul occupe le *thalweg*. Au-dessus de la maison,
l'escarpement est rocailleux et nu ; au-dessous, les pentes sont
couvertes d'une végétation encore verdoyante, malgré la saison
avancée. Dans les rochers, je trouvai l'*Eryngium glomeratum*,
Lam., le *Poterium spinosum*, L., le *Kentrophyllum rubrum*, Link,
l'*Echinops sphærocephalus*, toutes plantes dures, épineuses, pi-
quantes, qui semblent vouloir se défendre contre la concupis-
cence du botaniste, et se roidissent quand il les presse de force
dans sa boîte de fer-blanc.

Au-dessous des fabriques, le tapis végétal était d'une nature
bien différente. A l'abri de petits pins pignons croissaient des
plantes qui toutes se trouvent déjà dans le midi de la France.
C'étaient des figuiers, des oliviers, des mûriers, des cistes dé-
fleuris ; *Elœagnus angustifolius, Rubus discolor*, Werh.; *Juniperus
oxycedrus*, très-rabougri ; *Inula viscosa, Osyris alba, Lavatera
olbia*. Au milieu de ces végétaux mes compatriotes, je vis, avec
un plaisir et une surprise que tous les botanistes comprendront,

un hôte étranger, le magnifique *Rhododendron ponticum*, L., le
plus bel arbrisseau des bosquets fleuris en été, des massifs toujours verts en hiver, l'ornement des jardinières les plus élégantes de nos salons. La plante était en fruits; mais ses touffes,
d'un vert luisant, appliquées pour ainsi dire contre la montagne,
contrastaient avec les tons jaunâtres de l'escarpement. Elles
étaient logées dans les anfractuosités du terrain, et croissaient sur
un sol noir, humide, produit d'un mélange de grès ferrugineux
et de détritus végétaux. Exposition, nature du sol, humidité,
élévation au-dessus de la mer, toutes les conditions d'existence
sont semblables à celles des *Rhododendron ferrugineum* et
R. hirsutum dans les Alpes ou les Pyrénées, et des autres espèces
plus belles encore qui s'échelonnent sur les contre-forts de
l'Himalaya. On dirait que la nature a voulu consacrer cette
forme végétale à l'ornementation de la région moyenne des
versants ombreux et humides de toutes les grandes chaînes de
l'ancien monde et de la moitié septentrionale du nouveau continent, comme les Nymphéacées sont l'ornement des eaux
douces et tranquilles du monde entier.

La distribution géographique du *Rhododendron ponticum* lui-
même est remarquable, et a fixé l'attention de tous ceux qui
s'intéressent à ces questions (1). En Asie Mineure, il habite la
chaîne de montagnes qui borde la côte depuis le Caucase jusqu'aux environs de Smyrne. On ne l'a pas encore signalé dans
le Taurus, mais nous le retrouvons dans le Liban jusqu'à Beyrouth. En Syrie, il expire avec cette chaîne; car, dans la région
méditerranéenne, on ne le connaît, ni dans les montagnes de la
Grèce, ni dans celles de la Macédoine, de la Thessalie, de l'île
de Crète, de la Sicile, de la Sardaigne ou de l'Algérie : semblable
aux Phéniciens, dont la mère patrie est, comme la sienne, au
pied du Liban, il a jeté une colonie lointaine dans le midi de la

(1) Voyez Alph. de Candolle, *Géographie botanique*, pp. 162 et 199.

péninsule ibérique, savoir : les montagnes au-dessus du détroit
de Gibraltar, en Espagne, et la Sierra de Monchique, dans les
Algarves de Portugal. Ces faits m'étaient connus, et l'on conçoit
qu'ils ajoutaient au plaisir que me causait la vue de ce bel
arbrisseau croissant spontanément dans la vallée d'Hamana : il
me rappelait son congénère des Alpes, anx limites duquel j'a-
vais si souvent suspendu mon baromètre, et son autre congénère de Laponie, que j'avais trouvé exilé sur les montagnes qui
environnent Kaafiord, sous le 70e degré de latitude. Humble
représentant de ce genre brillant, le *Rhododendron lapponicum*,
maintenant jusque sous les glaces du pôle le privilége de son
type, embellissait de ses fleurs modestes et de son étroit feuillage des rochers que la neige couvre pendant huit mois de
l'année.

Nous revînmes du Krayé par le même chemin, et le soir
même nous quittâmes Beyrouth : c'était assez pour le regretter,
pas assez pour jouir pleinement de ses beautés.

JAFFA.

En longeant les côtes de la Palestine, nous vîmes de loin le
promontoire du Carmel, d'où l'ascétisme rayonne sur le monde
catholique, et bientôt nous nous trouvâmes devant Jaffa, le port
de Jérusalem, l'ancienne Joppé, brûlée par Judas Machabée,
ravagée par Vespasien, conquise par les croisés, assiégée par
Bonaparte, et emportée par lui après une lutte acharnée, malgré
la peste qui décimait son armée. Cette ville, comme on le voit, a
subi plus d'une fois les vicissitudes de la guerre. Elle est bâtie
en amphithéâtre, comme Alger et comme Syra. C'est là que
débarquent les pèlerins de Jérusalem. L'immense majorité se
compose de Grecs schismatiques ; puis viennent les Arméniens,
enfin les catholiques européens. On compte aussi un certain
nombre de juifs : ce sont des vieillards qui vont à Jérusalem

pour y mourir, et reposer sous les pierres de la vallée de Josaphat, dans la terre d'Abraham, d'Isaac et de Jacob.

Rien de plus oriental que la porte par laquelle on sort de Jaffa pour aller à Jérusalem. Elle s'ouvre sous une tour bâtie par les croisés : en dehors est une fontaine surmontée d'une inscription arabe et sans cesse entourée de chameaux, les uns accroupis, les autres debout, le cou tendu et s'abreuvant dans le bassin. Plus loin sont les nombreux cafés qui n'auraient pu trouver place dans l'étroite enceinte de la ville ; ils n'ont qu'un rez-de-chaussée, et les terrasses sont occupées par une population bigarrée : des Arabes pillards de la Palestine, des Turcs indolents, des Arméniens voyageurs, des Grecs, des juifs, des nègres, un rendez-vous des peuples de l'Orient attirés par l'appât du lucre ou la ferveur de la dévotion. La campagne voisine est un jardin d'orangers arrosés par des puits à roue, de bananiers aux fruits délicieux, de grenadiers, de cotonniers arborescents, d'*Opuntia,* dont les troncs, devenus cylindriques, avec l'âge, forment de véritables arbres. Dans les haies, je vis le *Zizyphus lotus,* dont le fruit, fort médiocre, n'est pas celui qu'Homère avait en vue dans sa légende des Lotophages, et l'*Ephedra altissima* s'élevant à 3 mètres, soutenu par les arbustes voisins.

ALEXANDRIE.

C'est un crève-cœur d'être à une journée de Jérusalem et de ne pouvoir pas y aller. Je me consolai par la certitude de voir l'Égypte : en effet, le lendemain matin, étant à dix milles de terre, nous entrâmes dans les eaux vertes du Nil, qui ne se mêlent pas aux flots azurés de la Méditerranée. Le fleuve était dans toute sa crue, et c'est la bouche de Damiette qui s'avançait ainsi en pleine mer. Nous ne pouvions apercevoir les terres basses du Delta, mais nous distinguions admirablement les

palmiers dont elles sont plantées, et les barques mouillées à
l'embouchure de Damiette, agrandies par le mirage. Un vol de
flamants formant une ligne sinueuse passa près du navire. Le
soleil se coucha plus splendide que jamais. Le lendemain nous
entrâmes dans les passes d'Alexandrie, et mouillâmes à l'entrée
du port, près de deux vaisseaux à trois ponts de la flotte égyptienne.

Alexandrie est une ville européenne ; le quartier oriental lui-
même n'a pas de caractère, mais les environs sont d'un aspect
des plus extraordinaires : partout du sable, de longues plages,
des lignes de dunes ou de monticules formés, comme le *monte
Testaccio* de Rome, par les débris de l'Alexandrie des Ptolé-
mées. Quand, vers le milieu du jour, on monte sur la terrasse
d'une maison d'où la vue s'étend au loin dans la campagne, le
mirage déforme tout le paysage : on ne sait où finit la terre et
où commence l'eau ; dessiner les contours du lac Maréotis serait
une tâche impossible. Des groupes de palmiers semblent plantés
dans un marais, quoiqu'ils ne croissent que sur le sable. Toutes
les images lointaines sont indécises, confuses et altérées. Des
lambeaux de terre se détachent du rivage et représentent des
îles qui n'existent pas ; d'autres sont suspendus en l'air comme
des aérostats. Les barques du Nil deviennent des vaisseaux
à trois ponts surmontés d'une voilure fantastique. Tout est
brouillé, confus, incertain, comme dans un paysage effacé. C'est
bien ainsi que l'imagination se représente la mystérieuse Égypte,
la terre des sphinx, des pyramides et des hiéroglyphes. Ses
dynasties royales remontent si loin dans la série des siècles,
que les sept fléaux annoncés par Joseph à Pharaon sont pour
elle un événement relativement récent, un douloureux épisode
de son histoire moderne.

La végétation, à défaut de la température, suffit pour apprendre au voyageur qu'il n'est plus qu'à 31° de l'équateur. Le
dattier est l'arbre le plus commun dans la ville et aux envi-

rons; partout on voit son stipe cylindrique balancer dans les
airs un chapiteau formé de nombreux régimes de dattes et surmonté d'un élégant panache de grandes feuilles finement découpées. Les individus mâles sont rares, on n'en cultive que le
nombre nécessaire pour féconder les pieds femelles, qui seuls
portent des fruits. A Ramlé, village situé du côté de la baie
d'Aboukir, où les habitants d'Alexandrie vont respirer l'air de
la mer, on voit quels aspects variés le palmier peut revêtir, et
l'on conçoit l'enthousiasme des prophètes de la Bible et des
poëtes de l'Orient, qui l'ont célébré dans leurs chants poétiques.
Tantôt il s'élance verticalement, semblable à une colonne solitaire, ou bien il se couche et se tord sur le sol comme un ser-
pent; ailleurs plusieurs arbres réunis s'arrondissent en dôme
de verdure; plus loin un tronc cassé par le vent a été remplacé
par les innombrables rejetons de la souche qui l'ont transformé
en buisson épineux. Ainsi, à l'état sauvage, son aspect n'est
jamais le même; mais une avenue de ces beaux arbres droits
et alignés a toute la régularité, la symétrie et la majesté de la
colonnade antique dont elle est le modèle.

Grâce au canal Mahmoudyeh, qui met le Nil en communication avec Alexandrie et arrose les terres qu'il traverse, on peut
admirer le long de ses rives une végétation arborescente magnifique. L'*Acacia lebbek*, le bel-sombra (*Phytolacca dioica*), le
figuier sycomore, les *Diospyros*, les *Tamarix*, atteignent la taille
de nos plus grands arbres. Les bananiers, les orangers, les
citronniers, se chargent de fruits; l'*Acacia Farnesiana* s'élève
à une hauteur inusitée. On cultive avec le plus grand succès
la canne à sucre, le coton et le gombo (*Hibiscus esculentus*). Je
visitai deux jardins situés sur les bords du canal, celui de Saïd-
pacha et celui de M. Pastré. Outre les arbres d'ornement de nos
orangeries, tels que les *Lantana*, les *Datura* ligneux, les *Spar-
mannia*, le *Nicotiana glauca*, je remarquai les espèces suivantes :
Ficus elastica, Croton sebiferum, Jatropha curcas, Poinsettia pul-

cherrima, Parkinsonia aculeata, Poinciana Gilliesii et *P. pulcher-rima.* Ces arbres exotiques seront beaucoup plus nombreux lorsque les amateurs d'Alexandrie se mettront en rapport avec les jardins de l'Inde, celui de Calcutta ou de Buitenzorg, à Java, par exemple, au lieu de tirer leurs plantes d'ornement des serres de l'Europe. Quand les vœux des amis du progrès et de la civilisation seront exaucés, quand la barrière qui nous sépare de l'Inde sera détruite, c'est-à-dire quand le percement de l'isthme de Suez sera entièrement achevé, la modeste science de l'horticulture aura sa part dans ce bienfait universel. Le transport plus facile et plus rapide des végétaux vivants dotera l'Égypte et l'Europe d'une foule de plantes que nous ne connaissons encore que par des figures ou des échantillons desséchés.

La fertilité de l'Égypte est une expression qu'on ne comprend pas avant d'avoir traversé le Delta d'Alexandrie au Caire. Le chemin de fer longe d'abord les bords arides du lac Maréotis; mais un ruban sinueux de verdure accompagne le canal de Mahmoudyeh, dont les eaux douces fertilisent le même sable que les eaux saumâtres du lac frappent de stérilité. Bientôt des villages apparaissent comme des îlots au sommet de petits monticules artificiels. Les maisons en terrasse ou en dôme, toutes construites en briques séchées au soleil, sont d'un gris ardoisé uniforme qui ne réjouit pas l'œil. Autour de ces îlots s'étend une vaste plaine, unie comme la mer par un temps calme, coupée par de nombreux canaux et cultivée en riz, en maïs, coton, canne à sucre et chou caraïbe (*Arum esculentum*). Les champs portaient, les uns leur seconde, les autres leur troisième récolte. Chacun d'eux est entouré d'une digue et d'un fossé qui communique par un canal avec le Nil. Lorsque le fleuve déborde, le fellah reçoit dans son champ ces eaux fertilisantes; les seules que la terre boira dans le cours de l'année. Il les garde pendant le temps qu'il juge nécessaire, puis rend au fleuve ce que la terre n'a pas absorbé. Je fis ce trajet à la fin

d'octobre : le Nil rentrait progressivement dans son lit, la plupart des champs étaient à sec; mais çà et là on voyait un grand
carré semblable à un marais salant, c'était un terrain où le
cultivateur laissait l'eau séjourner plus longtemps que ses voisins. Ces pratiques agricoles sont celles des Égyptiens du temps
de Chéops et de Sésostris : ils savaient déjà ce qu'on a méconnu depuis, qu'une inondation est un bienfait pour qui sait
l'utiliser. Au lieu d'enserrer les fleuves dans des digues impuissantes, ils avaient creusé des canaux prêts à diriger ces nappes
bienfaisantes que nous transformons en torrents dévastateurs.
Obliger le fleuve irrité à rompre les barrières qu'un art inintel-
ligent s'obstine à lui imposer, c'est imiter le cultivateur ignorant qui repousserait avec colère les engrais qu'un voisin dépo-
serait dans son domaine, sous prétexte que les roues des
chariots creuseront quelques ornières dans les chemins ou dé-
graderont les talus des enclos.

Cette terre d'Égypte, toujours couverte de moissons et inondée par des eaux qui y déposent des milliers de poissons,
de mollusques, de crustacés et d'insectes, est l'Eldorado des
oiseaux. On les voit voler par troupes innombrables, oiseaux de
toutes sortes, granivores, insectivores, piscivores : moineaux,
cailles, alouettes, hirondelles, grues, hérons, flamants. Les ibis
sacrés de l'ancienne Égypte circulent gravement au milieu des
troupeaux, ou se tiennent perchés sur le dos et même entre les
cornes des vaches qui ruminent accroupies. Au-dessus des villages, des vautours fauves au cou nu décrivent de grands cercles, guettant les restes de volailles que le fellah insouciant
jette devant sa porte.

A la deuxième station, le convoi s'arrêta devant Damanhour,
l'ancienne *Hermopolis parva*, grande ville fortifiée, chef-lieu de
la province de même nom, mais bâtie de briques séchées au
soleil comme celles des villages. Nous arrivâmes bientôt sur les
bords du Nil ou plutôt de la branche de Rosette. Cette branche

est un fleuve aussi majestueux que le Rhône à Arles : son cours
sinueux, disparaissant au milieu de grandes îles plates couvertes
de dattiers, me rappelait ces fleuves d'Amérique qui se perdent
dans les profondeurs de la forêt vierge ; mais ses eaux jaunâtres
étaient animées par ces élégantes canjas du Nil dont les voiles
triangulaires, croisées en ciseaux, ressemblent aux ailes d'un
oiseau. Un bac gigantesque à plancher mobile permet de transporter les plus lourds fardeaux d'un bord à l'autre. Des wagons
chargés de marchandises sont reçus sur les deux rives par un
chemin de fer. Le plancher mobile s'abaisse à mesure que le
fleuve grossit, s'élève à mesure qu'il descend, et se trouve ainsi
toujours de niveau avec les rails.

Le Delta est si bien cultivé, qu'on observe peu de plantes sauvages, sauf quelques herbes aquatiques sur le bord des canaux.
Les chemins étaient bordés de cassies et de l'*Acacia nilotica*, qui
jadis fournissait la gomme arabique, avant qu'une autre espèce,
l'*Acacia verek*, eût assuré au Sénégal le monopole de ce commerce. Pour la première fois, je vis à l'état presque spontané le
ricin commun arborescent : partout ailleurs, en Orient, c'est le
ricin d'Afrique. Nous passâmes ensuite près de la ville de Tanta,
où se tenait une grande foire : on y voyait de nombreuses bara-
ques entourées d'une foule immense, comme en Europe ; rien
n'y manquait, pas même les tréteaux des bateleurs.

LE CAIRE ET LES PYRAMIDES.

En arrivant au Caire, je fus frappé de la beauté de ses
abords. Des *Acacia lebbek* grands comme nos plus beaux
ormeaux bordent les routes. Une promenade dans le goût européen précède la ville ; mais l'intérieur est complétement oriental : ruelles étroites et tortueuses, vérandas de bois sculpté et
fermées par des grillages s'avançant en surplomb, tapis soutenus par des traverses et ombrageant la rue, mosquées nom-

breuses, boutiques de fruits en plein air, bazars, population bigarrée, peu ou point de chapeaux, mais beaucoup de turbans et de fez. .

De la citadelle où Méhémet-Ali fit massacrer les mameluks, on jouit d'une des vues les plus extraordinaires qu'il y ait au monde. D'un côté, la ville s'avance jusque dans le désert de Suez, où les tombeaux des califes s'élèvent au milieu du sable; et, de l'autre, elle s'étend aux bords du Nil, au milieu des arbres et de la verdure. Nulle part je n'ai vu de contraste pareil. A droite, le désert nu, gris, aride; à gauche, le Nil coulant majestueusement au milieu des palmiers, des *Acacia*, des figuiers sycomores et des cultures les plus luxuriantes, et au delà les grandes pyramides de Gizeh, placées, comme des bornes gigantesques, entre la vallée du Nil et le désert de Faham, qui se confond avec l'horizon. Plus loin du Caire, en remontant le Nil, on découvre le groupe des petites pyramides de Sakkarah, au delà desquelles l'imagination se figure la haute Égypte, les ruines de Thèbes et les déserts de la Nubie.

J'avais résolu de voir les pyramides au clair de lune. L'astre étant précisément dans son plein, je partis du Caire à huit heures du soir avec un guide appelé Achmet. Nous étions montés sur des ânes suivis de leurs conducteurs, deux enfants de quinze ans. Nous traversâmes d'abord un grand nombre de rues silencieuses, puis l'une d'elles pleine de monde, éclairée de lanternes de papier de couleur. Des hommes accroupis sur des nattes fumaient, causaient, mangeaient et buvaient : c'était une noce que les parents célébraient en plein air, tandis que les femmes se réjouissaient dans le harem. Nos ânes eurent de la peine à se frayer un passage au milieu des convives qui encombraient la rue. Hors de la ville, nous nous trouvâmes sur la route qui mène au vieux Caire. Nous traversâmes l'ancienne capitale de l'Égypte, qui n'est plus qu'un village de plaisance, et arrivâmes aux bords du Nil. Une petite flotte de bateaux était

amarrée au rivage, en face du nilomètre, et les bateliers dormaient près des monceaux de pastèques, de courges, de riz
qu'ils avaient débarqués. Nous prîmes un bateau pour passer le
fleuve et aborder au village de Gizeh, que nous apercevions sur
l'autre rive, au milieu des palmiers. La nuit était d'une limpidité admirable; les objets se voyaient distinctement, leurs proportions seules étaient agrandies. Après avoir remonté le cours
du fleuve le long du rivage, la barque le traversa obliquement:
sa largeur était de 2 kilomètres. Couché dans son vaste lit,
trop étroit pour lui, le Nil justifie bien le nom de *père des eaux*
que les Égyptiens lui ont donné. Le village de Gizeh était silencieux comme le vieux Caire; j'admirai les hauts palmiers qui
l'ombragent. Nous les quittâmes pour traverser d'abord un
canal, puis des champs de maïs; ensuite nous cheminâmes sur
une digue : un lac s'étendait à notre gauche, formé par les eaux
du Nil, qui n'était pas encore rentré dans son lit. Nous trouvions çà et là des groupes d'hommes endormis, le corps et
la tête couverts de leurs bournous : c'étaient des gardiens de
la digue ou des pêcheurs, qui prenaient des poissons dans
le champ où, quelques mois plus tard, ils faucheront des blés
ou cultiveront du coton. D'autres fois c'était une petite caravane : hommes, chameaux et chiens, tout dormait; seulement
quelquefois un bournous se soulevait un instant, ou un chien
aboyait sans colère. La digue que nous étions forcés de suivre
nous obligeait à des détours infinis : tantôt nous nous approchions, tantôt nous nous éloignions des pyramides; elles grandissaient lentement dans le ciel. Nous hâtions le pas de nos
ânes, dont l'allure rapide égale presque celle des chevaux. Les
conducteurs nous suivaient, toujours courant et toujours parlant avec Achmet. Je maudissais ce bavardage perpétuel qui
troublait le silence de la nuit, si bien d'accord avec le grand
spectacle que j'avais sous les yeux; mais je ne pouvais m'empêcher d'admirer l'haleine de ces poumons et le jarret de ces

membres infatigables : car ces enfants, qui couraient derrière
moi, avaient couru toute la journée, et devaient courir le lendemain comme s'ils avaient reposé toute la nuit.

Nous approchions cependant. Une flaque d'eau nous séparait
des pyramides; un vigoureux Arabe me prit sur ses épaules
pour me la faire traverser : de l'autre côté, je me trouvai sur le
sable du désert. Je marchai à grands pas vers les gigantesques
constructions, qui n'étaient qu'à une demi-lieue de distance;
en approchant, je vis le sable accumulé contre le pied septentrional de la grande pyramide. Nous gravîmes le talus, qui nous
conduisit près de l'entrée du monument; de ce point, j'escaladai
avec l'Arabe les puissantes assises qui le composent : ces assises
ont plus d'un mètre d'épaisseur, et l'on se hisse péniblement de
l'une à l'autre. Au milieu, nous fîmes une halte pour respirer ;
puis nous continuâmes. et arrivâmes au sommet. Nous étions
à 146 mètres au-dessus du sol, à 4 mètres plus haut que la
flèche de la cathédrale de Strasbourg, la plus élevée de l'Europe. Le sommet de la pyramide est une petite plate-forme où
sont restées quelques grosses pierres isolées. Comment peindre
la vue fantastique dont je jouissais seul, et que la lumière silencieuse de la lune éclairait assez pour que les objets fussent
visibles sans être parfaitement distincts? Au nord, le désert,
dont les ondulations se perdaient dans l'obscurité; au sud-
ouest, les trois autres pyramides, la seconde, celle de Belzoni,
très-rapprochée; entre les deux, des tombes en forme de rectan-
gles, alignées l'une à côté de l'autre comme dans un cimetière;
au sud, l'immense sépulcre fouillé par le colonel Campbell;
à l'orient, les collines qui dominent le Caire, le Nil débordé
et les palmiers s'élançant du sein de ces nappes immobiles.
D'un côté, la fertilité la plus prodigieuse ; de l'autre, la stérilité la plus absolue, et les pyramides placées sur la limite
des deux régions. Mais ce qui attirait et fascinait, pour ainsi
dire, mes regards, c'était ce sphinx gigantesque, couché ma-

jestueusement dans le sable, au pied de la pyramide : sa croupe et sa tête étaient seules visibles. Je me rappelai qu'il décorait le sommet d'un temple que des fouilles ont mis un jour à nu il y a quarante ans, et qui, le lendemain, était de nouveau submergé par la marée du désert. Je songeai que ces pyramides sont l'œuvre de générations et de peuples entiers sacrifiés à l'édification de ces masses prodigieuses dont la destination est encore une énigme. Tombeaux, digues contre le désert, monuments astronomiques, la science hésite, et le sphinx est là, couché dans le sable, éternel gardien de l'énigme historique qu'il propose depuis des milliers d'années aux générations qui passent devant lui.

Je restai une heure au haut du monument, écrasé, pour ainsi dire, par la grandeur fantastique du spectacle et les pensées qu'il fait naître; puis je descendis, en m'élançant d'échelon en échelon, pour rejoindre Achmet, qui dormait, avec les conducteurs des ânes, au pied de la pyramide. Mais je voulais voir le sphinx de près; j'y courus avec mon Arabe, lorsque tout à coup deux bournous blancs sortent d'un tombeau et s'élancent vers moi. Quelle mise en scène pour une attaque de Bédouins ! L'Opéra n'en a pas de plus belles ! Cependant tout se borna à des exigences menaçantes. Je renvoyai vers Achmet, que j'avais chargé de toutes les dépenses, ces prétendus chefs des pyramides, toujours à l'affût pour prélever sur les visiteurs européens le tribut de la peur ou de la générosité. Je savais que ces Arabes sont insatiables, un *baschisch* ne fait qu'irriter leur soif, au lieu de l'apaiser. Cependant ils ne nous quittaient pas, et espéraient arracher par l'importunité l'argent qu'ils n'avaient pu obtenir par surprise. Je mis fin à leur poursuite en les menaçant de la colère du consul général de France, M. Sabatier, dont l'énergie et la vigilance sont la sauvegarde des Français qui voyagent en Égypte.

En revenant, nous suivîmes le même chemin. Je ne me lassais

pas d'admirer ces palmiers élégants dont les stipes cylindriques s'élancent hors de l'eau. Je revis aussi dans tout son éclat un phénomène qui m'avait déjà frappé sur les mers d'Orient : mieux que toutes les descriptions, il donne une idée de l'incroyable transparence de l'air pendant ces belles nuits que les poëtes arabes ont célébrées. La lune, dans son plein, se réfléchissait dans les nappes d'eau qui inondaient les champs. Un sillon lumineux, brillant comme l'argent, allait en s'élargissant du spectateur vers l'horizon : or, la partie du ciel comprise entre le sillon et l'astre, au lieu d'être la plus éclairée du ciel, était la plus sombre. Il semblait qu'une épaisse fumée s'élevât de la terre vers la lune, formant un triangle dont la base était la largeur du sillon lumineux à l'horizon, le sommet la lune elle-même : c'était un effet de *contraste de ton*. La partie du ciel comprise entre le sillon et la lune *paraissait* plus sombre à cause de l'éclat extraordinaire de la lune et de sa réflexion lumineuse dans une eau tranquille : ainsi, par suite de ce contraste, la partie du ciel la plus éclairée *paraissait* la plus sombre. Mais, dès que les mouvements du terrain me cachaient la vue du sillon lumineux, alors cette partie du ciel redevenait ce qu'elle est réellement, la portion la mieux éclairée. Une autre preuve que l'observateur est le jouet d'une illusion d'optique quand le contraste lui fait paraître cette partie du ciel plus sombre que le reste, c'est que les étoiles de cette région ne deviennent pas visibles pour cela, mais sont au contraire effacées par la lumière plus vive de la lune. Dans les belles nuits du midi de la France, ce phénomène peut encore être observé ; mais il doit être bien rare dans celles du nord de l'Europe, où la sérénité du ciel est toujours troublée par des vapeurs diffuses qui remplissent l'atmosphère.

Je longeai de nouveau la digue, mais avec moins d'impatience qu'en allant ; je traversai le Nil, où les premières lueurs du matin avaient éveillé la population flottante que j'avais trouvée endormie la veille. En arrivant près du Caire, le soleil n'était pas encore levé, mais une aube matinale d'une couleur opaline s'élevait dans le ciel; l'air était d'une transparence et d'une limpidité inouïes; les cimes des palmiers semblaient enveloppées d'une auréole de clarté. Je compris ce que les voyageurs ont écrit sur les prestiges de la lumière aux Indes orientales : rien, en effet, ne peut remplacer les féeries de cette magicienne qui prête des charmes au désert, et dont l'absence décolore et attriste les plus beaux paysages. Quand je rentrai au Caire, la ville était réveillée : je pris quelques heures de repos, et retournai à Alexandrie dans l'après-midi.

RETOUR.

Le lendemain, l'*Hydaspe* sortit des passes et mit le cap sur Malte : c'était une navigation de quatre jours, qui ne fut troublée par aucun incident. Seulement, des oiseaux de passage venaient se percher dans la mâture; je remarquai qu'ils ne voyagent ni isolés, ni par troupes nombreuses, mais par compagnies de deux à cinq. A vingt-cinq milles au sud de Malte, nous avions à bord des hirondelles, des rossignols, des culs-blancs et des cailles. Tout à coup j'aperçus au sommet du grand mât un petit oiseau de proie du genre des émouchets. Quel prodigieux instinct avait appris à ce corsaire ailé que sur ce navire, hors de vue de toute terre, se reposaient de petits oiseaux fatigués d'un long trajet? Après en avoir dévoré un qu'il avait surpris, il se mit à poursuivre les autres; mais, à notre grande satisfaction, ils lui échappaient toujours en glissant au milieu des agrès du navire. Le soir, le capitaine ordonna à un mousse de monter à la flèche du mât, et d'y surprendre le brigand endormi. Il fut pris, en effet, et mis dans une cage avec un aigle pêcheur que nous avions embarqué à Latakieh. Tel fut le dernier épisode d'une navigation qui n'en présenta que d'a-

gréables. Comment en serait-il autrement, quand on fait le tour
de l'Orient en quarante jours, à bord d'une frégate à vapeur
admirablement installée, commandée par des officiers capables
et pleins d'obligeance, au milieu d'une société choisie qui se
renouvelle à chaque échelle, et se compose de représentants
de tous les peuples de l'Orient et de l'Occident? Ciceroni
volontaires, ces passagers complètent votre instruction ; ce que
vos yeux n'ont point aperçu, ce que votre intelligence n'a pas
saisi, la conversation vous l'apprend. Les traversées, lacunes
stériles de tant de voyages, deviennent aussi instructives que
les séjours, et cette tournée accomplie en six semaines est en
définitive plus fructueuse que d'autres auxquelles on consacre
plusieurs mois.

LE JARDIN D'ACCLIMATATION

DE HAMMA PRÈS D'ALGER.

Lorsque l'on sort de la ville d'Alger par la porte de Bab-
Azoun, on traverse d'abord le champ des manœuvres, théâtre
de revues de troupes, des courses de chevaux et de fantasias
arabes. La mer est à gauche ; de charmantes collines couvertes
de maisons de campagne, les unes mauresques, les autres européennes, s'étendent sur la droite. Des Français, des Maures,
des Bédouins, des Kabyles, montés sur des chevaux, des ânes,
des chameaux, ou voiturés par les omnibus, animent la route.
Au bout de quelques instants, on dépasse un cimetière maho-
métan. Si c'est le vendredi, des Mauresques voilées, dont on
n'aperçoit que les yeux et les sourcils unis par une raie noire,
sont groupées pittoresquement sur ces tombes ; elles causent
familièrement entre elles, ou bien racontent au mort les événements survenus dans la famille : car, dans ces croyances naïves,
ce mort est un parent momentanément absent qu'elles rever-
ront bientôt. Elles lui parlent avec ce sentiment de plaisir mêlé
de regret que nous éprouvons en écrivant à un ami dont nous
sommes séparés pour longtemps. Après le cimetière maure, la
route s'ombrage et longe le pied des collines couvertes de ricins
en arbres et d'autres végétaux étrangers à l'Europe. Mais quelle
odeur enivrante se répand dans l'air ! Le doux parfum des
orangers, combiné avec des senteurs inconnues, frappe l'odorat. La voiture s'arrête entre une grille à l'européenne et un
café maure collé contre un rocher et ombragé de platanes

gigantesques. Deux arbres inconnus à nos climats s'élèvent devant la grille (1) ; un arbrisseau grimpant, originaire de l'Inde, la couvre de ses magnifiques grappes jaunes (2). C'est l'entrée du Jardin d'acclimatation, ou pépinière centrale de l'Algérie ; c'est la réalisation la plus complète de l'idée la plus judicieuse et la plus féconde que le gouvernement ait conçue pour assurer l'avenir de la colonie.

LE JARDIN D'ACCLIMATATION EN 1852.

Il y a vingt-trois ans, quand l'armée française débarquait à Sidi-Ferruch, la terre d'Afrique ne portait que les végétaux indigènes, ou ceux qui, depuis les Romains, s'étaient maintenus malgré l'incurie des Turcs et l'esprit destructeur des Arabes nomades. Or, le pays le plus favorisé du ciel, réduit aux seules plantes qu'il engendre naturellement et que la culture n'a pas améliorées, peut à peine nourrir ses habitants. L'introduction des végétaux utiles, abandonnée aux efforts individuels des colons, est une œuvre séculaire que le hasard et l'ignorance peuvent prolonger indéfiniment : il fallait l'abréger. On fonda donc un jardin destiné à recevoir les végétaux de tous les pays du monde qui présentent des chances d'acclimatation en Algérie. On y constate d'abord que le climat et le sol leur conviennent, puis on cherche quel est le mode de culture, le terrain, l'exposition les plus convenables ; on s'assure, enfin, que cette culture est possible et profitable pour un cultivateur abandonné à sa propre intelligence et à ses seules ressources. La sollicitude du gouvernement ne s'arrête pas là. Pour encourager une nouvelle culture, des graines, des plantes sont livrées au colon, et les produits lui sont achetés à un prix qui le

(1) Le bel-sombra (*Phytolacca dioica*, L.), de l'Amérique méridionale.
(2) *Cæsalpinia sappan*.

dédommage de ses peines; on lui fournit donc les moyens de production, et il a la certitude de vendre ses récoltes avec bénéfice. Voilà le but. Pour l'atteindre, il fallait un horticulteur et un agriculteur dévoué à la colonie, également instruit dans la théorie et la pratique de son art, persévérant dans ses recherches, également inaccessible à un enthousiasme prématuré et à un découragement irréfléchi. Toutes ces qualités, le gouvernement les a trouvées réunies chez le directeur du Jardin d'essai, M. Hardy. L'affection et l'estime de tous les habitants de l'Algérie ont devancé pour lui le jugement de la postérité, qui lui assignera le premier rang parmi les conquérants pacifiques de l'Afrique française.

Le préfet actuel, M. Lautour-Mézeray, horticulteur passionné et agriculteur instruit, a jugé, en homme pratique et en administrateur compétent, l'importance du Jardin d'essai, à la fondation duquel M. de Soubeyran avait puissamment contribué. Par sa présence, par ses avis, par ses encouragements, par ses conseils, M. Lautour-Mézeray favorise le progrès agricole de la colonie, et prend ainsi le moyen efficace d'assurer la conquête : car le soldat campe momentanément, le colon reste; le soldat a conquis le sol africain à la France, mais le colon le lui conserve.

Cette double conquête par l'épée et par la charrue, inaugurée par le maréchal Bugeaud, était aussi le système du général Daumas, qui dirigeait à Paris les affaires de l'Algérie. Un long séjour dans la colonie lui avait appris à juger avec sûreté les moyens les plus propres à en accroître la prospérité.

Jetons d'abord un coup d'œil dans l'intérieur du jardin, nous parlerons ensuite de ses résultats agronomiques. Des abris formés d'un double rang de cyprès le divisent en quadrilatères, et défendent les plantes délicates contre les vents de mer, si hostiles à la végétation, à cause des particules salines qu'ils entraînent, et contre les vents de terre, parmi lesquels le siroco brû-

lant du désert est un ennemin on moins redoutable. La partie qui
avoisine la maison du directeur est spécialement consacrée
aux arbres, arbustes et plantes exotiques qu'on essaye de naturaliser et de multiplier. Pour un botaniste qui n'a point visité les
pays chauds, tout est nouveau, ou plutôt il admire en pleine
terre, dans tout le luxe d'une végétation vigoureuse, les arbres
dont il n'a vu jusqu'ici que des individus déformés, languissants
et atrophiés, dans les serres des pays froids. Pour un amateur
d'horticulture, c'est un spectacle réjouissant que de contempler
ces végétaux rassemblés des quatre parties du monde et se dé-
veloppant comme sous leur ciel natal. C'est un congrès végétal
qui ne peut se réaliser que dans un pays où la température ne
descend jamais au-dessous du point de congélation, et se soutient pendant quatre mois entre 20 et 35 degrés. Ainsi on y voit
réunies des espèces de figuiers de l'Inde, dont quelques-uns ont
jusqu'à 15 mètres de haut. Le figuier élastique (*Ficus elastica*)
nous montre son tronc entouré de racines qui, partant de
diverses hauteurs, viennent se fixer dans le sol; d'autres racines
partent des branches, et ces racines aériennes, semblables aux
haubans qui soutiennent les mâts des navires, donnent au
tronc de ces figuiers une solidité qui leur fait braver les plus
violentes tempêtes. Aussi les brahmines plantent-ils ces arbres
dans le voisinage de leurs pagodes, dont ils égalent la durée.

Un admirable buisson de *Raphiolepis* de l'Inde était en pleine
floraison, au commencement d'avril, à côté d'une carmantine
(*Justicia adhatoda*) du même pays, également fleurie. Le *Coccu-
lus laurifolius*, aux feuilles luisantes, s'élève en arbre, et la
pomme-rose (*Jambosa vulgaris*) mûrit ses fruits.

Un groupe d'arbres voisins nous transporte dans un autre
hémisphère, en Australie, nature exceptionnelle qui diffère de
celle du reste de la terre autant que les créations antédilu-
viennes diffèrent de la création actuelle. On admire au Jardin
d'essai une rangée de *Casuarina equisetifolia*, dont les feuilles

filiformes sont semblables à celles des prêles de nos marais. Quand le vent agite leur fine chevelure, on croit entendre le bruit affaibli d'une mer lointaine. Près d'eux sont les *Acacia* à feuilles simples, les *Leptospermum*, et, par-dessus tout, le pin de l'île Norfolk (*Araucaria excelsa*), dont la verte pyramide s'élève au-dessus des arbres environnants : ses branches supérieures, redressées vers le ciel, tandis que ses inférieures s'étalent sur le sol, lui donnent un aspect étrange qui frappe les yeux les plus indifférents. Les *Grevillea*, les *Eucalyptus*, le *Jambosa australis*, atteignent 8 à 10 mètres de hauteur. A côté de la Nouvelle-Hollande, le Brésil est représenté par ses végétaux les plus brillants : les érythrines aux longues grappes d'un rouge foncé s'élèvent à 6 mètres du sol ; le *Bougainvillea,* dont la fleur insignifiante est entourée de feuilles colorées en rouge du plus bel effet, tapisse un mur immense ou forme des buissons complétement roses ; les *Cytharexylon,* les *Cordia*, les *Poinciana*, les *Jacaranda*, se développent comme dans leur pays natal, et, dans l'arrière-saison, les goyaviers (*Psidium piriferum*) plient sous le poids de leurs fruits. Je ne parlerai pas des plantes de Ténériffe ou des végétaux de l'Orient, qui retrouvent à Alger le climat de leur patrie ; je passerai également sous silence ceux de la Chine : cependant je ne saurais oublier ces bambous gigantesques qui, dans un été, s'élèvent à 10 mètres de hauteur, et improvisent rapidement de puissants abris contre le vent ; ni le beau pin des Canaries, l'arbre le plus propre à reboiser les montagnes de l'Algérie, ni le pin à longues feuilles, qui tous les deux avaient atteint 10 à 12 mètres de hauteur.

A quelques pas de la pépinière, une véritable forêt de bananiers reçoit le visiteur sous son ombre, et donne en leur saison des fruits excellents. Mais la partie du jardin qui, dans un avenir prochain, produira le plus grand effet, c'est une avenue plantée alternativement de dattiers et de lataniers, et qui, du

perron de la maison du directeur, s'étend jusqu'à la mer. Ces
arbres n'ont que huit ans. Leurs troncs sont déjà couronnés de
longues palmes, et tous les ans ils se couvrent, les uns de fleurs
mâles, les autres de régimes de fruits qui ne mûrissent toutefois qu'imparfaitement. Il faut les étés du Sahara pour mûrir
complétement les dattes que nous mangeons en Europe.

Autour de ces plantations de végétaux exotiques, spécimens
vivants de la fécondité de la terre et de la douceur du climat
algérien, s'étendent de vastes pépinières qui couvrent une surface de plus de 30 hectares : ce sont des mûriers, des orangers, des arbres à fruit européens, des néfliers du Japon, des
goyaviers, des nopals pour la cochenille, des cannes à sucre.
Ces sujets sont livrés aux colons, avec des instructions sur la
manière de les cultiver. Non-seulement on leur communique
des instructions écrites, mais M. Hardy se rend très-souvent
sur les concessions pour donner des indications sur le genre
d'exploitation le plus profitable.

Laissant de côté les cultures qui sont également possibles
dans toute l'étendue de la France, telles que les pâturages, les
céréales, la pomme de terre, les légumes et les arbres fruitiers,
je n'insisterai que sur celles qui sont spéciales à la région
méditerranéenne ou particulières à l'Afrique.

L'olivier croît admirablement en Algérie; il ne gèle jamais, et
y acquiert par conséquent des dimensions énormes. Sous les
Romains, l'Algérie fournissait de l'huile à toutes les provinces
de l'empire. Les montagnes des environs de Guelma sont couvertes de forêts d'oliviers qui ont repassé à l'état sauvage, et l'on
trouve partout les meules qui servaient de pressoir et les ruines
des moulins des anciens habitants du pays. Si l'on s'applique
à greffer ces sauvageons avec de bonnes variétés du midi de la
France, de l'Espagne et de l'Italie, on obtiendra des produits
excellents. Il y a plus : certaines variétés de l'Andalousie, qui
ne réussissent pas même dans le Var et les Pyrénées-Orientales,

où l'été est trop court, telles, par exemple, que l'olive *gordales de la reyna*, dont le volume égale celui d'une grosse prune, atteindraient les mêmes dimensions en Algérie. La production de l'huile d'olive pourrait s'élever à des milliers de barriques, si elle entrait dans la consommation des habitants du nord de l'Europe. Les peuples septentrionaux, ne la connaissant pas, s'en tiennent à leurs huiles de noix, d'œillette, de colza. C'est ainsi qu'un habitant de Montpellier, voulant reconnaître l'hospitalité qu'il avait reçue dans une maison de Hambourg, envoie à la maîtresse un baril de la meilleure huile de Provence : à la vue de ce liquide dense et verdâtre, la ménagère allemande s'ébahit, et le livre à la domestique pour en garnir la lampe, tandis que l'huile de noix continuait à figurer sur sa table.

C'est l'insuffisance de notre marine marchande, c'est la timidité de nos négociants, qui forcent le producteur agricole à se limiter. Nous ne savons pas, comme les Anglais, faire naître chez les autres peuples des goûts qui seraient pour la France des sources abondantes de richesse. Il est fort heureux qu'ils aient appris d'eux-mêmes à connaître nos vins de Bourgogne, de Bordeaux et de Champagne, sans cela nous n'aurions pas eu l'idée de les leur offrir ; ils ignoreraient leur existence comme ils ignorent celle de la plupart des bons crus du Languedoc, qu'ils y viennent chercher, tandis que nos marins devraient les leur porter.

Me voilà loin de l'Algérie ; j'y reviens pour parler du mûrier. La production de la soie, en France, ne suffisant pas à l'industrie, nous devons l'étendre. En Algérie, on retrouvera, sur les pentes de l'Atlas, tous ces climats favorables au mûrier, qui s'échelonnent des plaines du Languedoc au haut des Cévennes et des montagnes de l'Ardèche. On récoltera donc des feuilles des qualités les plus diverses. L'élévation constante de la température à partir du mois d'avril, la rareté des orages, rendent les éducations faciles ; elles réussissent parfaitement et réussiront de mieux en mieux à mesure que l'expérience des colons se formera par la pratique.

En 1853, la province d'Alger a produit 23 337 kilogrammes de soie, qui se sont parfaitement vendus sur le marché de Lyon. Si les sériciculteurs de l'Algérie profitent des exemples de leurs compatriotes du midi de la France, ils verront que toutes les chances de succès sont pour les petites magnaneries. La réunion d'un grand nombre de vers dans un même local est et sera toujours une cause de mortalité, que les meilleures dispositions hygiéniques pourront amoindrir, sans les faire disparaître.

Je ne m'étendrai pas sur la culture de l'oranger, du tabac, des plantes odoriférantes employées pour la parfumerie, des primeurs, qui ont donné les meilleurs résultats. Deux mots suffiront. Le tabac de l'Algérie est supérieur aux tabacs du Lot. Une seule maison de commerce a expédié en France 3 millions d'oranges et 600 000 citrons, et aux portes mêmes d'Alger, sur la route de Hussein-Dey, on longe pendant plusieurs kilomètres des champs d'artichauts qui alimentent pendant l'hiver le marché de Paris.

La culture du coton en Algérie est le point capital qui préoccupe à juste titre les agronomes et les économistes. La question agricole me paraît résolue. Le coton en herbe, surtout celui de Géorgie, est une plante qui, pour germer, a besoin d'une température assez élevée et d'une certaine dose d'humidité. Toutes ces conditions se rencontrent en Algérie, dans le mois d'avril. Puis arrivent les chaleurs et les sécheresses; mais, après avoir atteint un certain développement, le coton n'a plus besoin d'eau pour prospérer. Les soins se réduisent donc à un labour au printemps; puis quelques binages si les mauvaises herbes paraissent, et le pincement des cimes pour faire refluer la séve dans les branches latérales. La récolte est prompte et facile, des femmes et des enfants peuvent y suffire. La réussite du coton en Algérie n'est pas une probabilité, c'est un fait. Au premier avril 1853, la récolte était de 1500 kilogrammes ; et pour démontrer à toute la colonie que cette culture pouvait réussir, même dans les plus mauvais sols, M. Hardy a ensemencé des sables du bord de la mer et le sol d'une ancienne route préalablement défoncée : il a recueilli 400 kilogrammes de coton de Géorgie, dont la longueur, la finesse et l'élasticité ne laissent rien à désirer. Reste le côté commercial de la question. Les colons de l'Algérie, où la main-d'œuvre est à un prix élevé, pourront-ils lutter contre le travail moins rétribué de l'Égypte et de l'Inde ? Tel est le grand problème que le gouvernement, éclairé par les économistes, est appelé à décider. Je ne le discuterai pas, je ferai seulement remarquer que le jour où la colonie sera peuplée par les prolétaires qui languissent en France, le jour où ce ne seront plus des ouvriers sans travail, mais des paysans qui émigreront en Algérie, non pas avec l'idée folle de faire rapidement une grande fortune, mais avec la pensée de devenir de petits propriétaires, ce jour-là ce problème sera près d'être résolu. Des filatures s'élèveront au milieu des champs de coton ; et très-probablement le bas prix des denrées alimentaires, l'exonération des frais de transport du coton exotique en France, compenseront les avantages des salaires moins élevés de l'Inde et de l'Égypte. Il faut donc louer sans réserve le chef de l'État d'avoir encouragé par un prix de 100 000 francs cette importante culture.

Il est bien évident qu'un ouvrier chapelier ou autre, jeté dans un village d'Algérie, et y continuant la vie peu régulière qui a nécessité son émigration, ne réussira jamais dans la culture même la plus facile, et reviendra en France défiler le long chapelet des déceptions algériennes. Mais qu'un bon ouvrier des champs s'établisse après un apprentissage de quelques mois à la Pépinière centrale, puis commence d'abord une petite exploitation qu'il accroîtra d'année en année, ce cultivateur réussira cer-

tainement comme réussissent les Mahonais qui se font colons
en Algérie, non dans l'espoir chimérique de faire fortune en
quelques années, mais pour être possesseurs du sol qu'ils cul-
tivent, au lieu d'arroser de leur sueur le champ d'un propriétaire
inconnu. Le village du fort de l'Eau, un des plus beaux qu'il
soit possible de voir, est là pour prouver la vérité de ce que
j'avance. Dans le discours qu'il a prononcé à la distribution des
médailles de l'exposition agricole de 1852, le préfet d'Alger,
M. Lautour-Mézeray, a cité de nombreux exemples de la
prospérité du colon modeste, intelligent et laborieux, à côté
de la misère de celui qui ne possède aucune de ces qualités.

L'Algérie a besoin d'être bien connue en France; elle n'a
point été suffisamment explorée par les savants, les agriculteurs,
les économistes. On l'a peinte tour à tour comme un Eldorado
ou un enfer; elle n'est ni l'un ni l'autre : c'est un pays vierge,
fertile, doué du climat propre aux régions qui avoisinent les
tropiques, et susceptible par conséquent de donner des produits
que nous pourrons vendre aux étrangers, au lieu de les leur
acheter. Cette perspective est assez belle pour que les ouvriers
des campagnes secouent enfin cette torpeur, et dépouillent cet
esprit casanier qui leur fait préférer la misère et la domesticité
sur le sol natal au bien-être et à l'indépendance dans une France
nouvelle, séparée de l'ancienne par un bassin d'eau salée que la
vapeur franchit en quelques heures.

LE JARDIN D'ACCLIMATATION EN 1864.

Je revis le Jardin d'essai en 1864 après douze ans d'intervalle.
Grâce à la protection intelligente des gouvernements qui se
sont succédé en Algérie, sa superficie avait été augmentée,
dans la plaine, de 8 hectares assainis par un système complet
de drainage; sur la colline, de 21 hectares. La superficie
totale du jardin était donc portée à 58 hectares. Ces nou-

veaux terrains ont été utilisés de la manière suivante. Dans la partie la plus déclive, au pied de la colline, une grande pièce d'eau a été creusée ; une île est au milieu, plantée de bambous et de bananiers entourés de plantes amies des terrains humides et appartenant aux familles des Aroïdées, des Scitaminées et des Cypéracées, telles que les *Colocasia*, les *Caladium*, les *Hedychium*, le *Globa nutans* et le *Cyperus papyrus*. Dans l'eau même s'étalent les *Nymphœa alba, cærulea, cyanea, rubra, Ortgeziana, thermalis, dentata* et *scutifolia* ; les *Nelumbium speciosum* et *caspicum*, l'*Aponogeton distachyum*, et le *Calla œthiopica*. A cet aspect, on se croirait transporté dans l'Inde : on a sous les yeux un morceau détaché du célèbre jardin botanique de Calcutta.

Le reste du terrain a été disposé de la manière la plus pittoresque et la plus instructive à la fois. De larges allées, où les voitures peuvent circuler, tournent autour de massifs de forme et de grandeur différentes, dont chacun se compose d'un ensemble de végétaux exotiques appartenant tous à la même famille naturelle. C'est une heureuse idée. L'homme du monde est frappé par l'aspect de ces formes variées qui s'harmonisent cependant si heureusement entre elles. Le botaniste admire dans leur libre développement des végétaux qu'il ne connaissait que par des échantillons desséchés ou par les individus rachitiques des serres européennes : il se pénètre de cette image complexe qu'on appelle la *physionomie d'une famille naturelle,* image placée sur la limite de la science et de l'art, guide souvent plus sûr que les analyses les plus minutieuses. Celui qui perçoit nettement cette image et en conserve le souvenir est doué du tact botanique analogue au tact médical, faculté que l'étude développe, mais dont le germe est en nous.

Le premier groupe est celui des Figuiers. Quelle étonnante variété de port, de forme, de feuillage, dans ces espèces appartenant, les unes à l'Inde, les autres à l'Amérique méridionale ! et

CH. MARTINS.

33

cependant aucune ne pourrait être distraite du genre naturel *Ficus* dont elles font toutes partie, et leur affinité secrète se révèle quand on les voit ainsi réunies.

Les Palmiers remplissent une longue ellipse : quarante espèces, déjà acclimatées, ont passé trois hivers sans abri. Quatre-vingts sont à l'essai en pleine terre ou dans des vases. Mais déjà le groupe représente les formes principales de la famille, et l'on voit que ces arbres élégants, originaires de toutes les parties chaudes ou tempérées du globe, justifient le mot de Linné, qui les appelait les princes du règne végétal. Je mets en note la liste de ces palmiers (1), en distinguant par un astérisque ceux qui ont déjà donné des fruits mûrs et des graines fertiles.

Le groupe des Cycadées est voisin de celui-ci. L'affinité de formes des deux familles se révèle aux yeux; mais l'aspect étrange des *Zamia*, des *Ceratozamia*, des *Dioon*, des *Cycas*, des *Encephalartos*, nous rappelle que ces végétaux viennent tous au cap de Bonne-Espérance ou dans l'Australie, dont la végétation singulière semble appartenir à une époque géologique différente de la nôtre.

Dans le groupe des Broméliacées, on remarque de fortes touffes de *Bromelia sceptrum* ; les *Tillandsia farinosa, amœna*

___

(1) * *Chamœrops tomentosa*, Fulch. ; * *C. birrho* ; *C. hystrix*, Fras. ; *C. Martiana*, Wall. ; *C. excelsa*, Thunb. ; *C. humilis*, L. ; *C. palmetto*, Mich. ; * *Sabal Adansonii*, Guer. ; *S. havanense* ; * *Latania borbonica*, Willd. ; *Raphis flabelliformis*, L. ; *. R. koundoun* ; *Thrinax parviflora*, Sw. ; *T. argentea*, Lodd ; *T. graminifolia; T. mauritiœformis; Corypha cerifera*, Arrud. ; *C. gerbanga*, Bl. ; *Brahea dulcis*, Mart. ; *B. conduplicata* ; * *Phœnix leonensis* ; *P. dactylifera*, L. ; *P. sylvestris*, Roxb. ; *P. farinifera*, Roxb. ; * *P. pumila*, Aub. ; *P. reclinata*, Jacq. ; *Oreodoxa regia*, R. Br. ; *Cocos* spec. *Datil*, Bonp. ; *C. peruviana* ; *C. plumosa*, Lodd ; *C. botryophora*, Mart. ; *C. coronata*, Mart. ; * *C. flexuosa*, Mart. ; *C. lapidea*, Gærtn. ; * *C. australis*, Bonpl. ; *Fulchironia senegalensis*, Lestib. ; *Areca sapida*, Forst. ; * *Diplostemum maritimum*, Mart.; *Caryota urens*, L. ; *C. propinqua*, Blum. ; *C. Cumingii*, Lodd ; *Arenga saccharifera*, Lab.; *Jubœa spectabilis*, H. B. ; *Ceroxylon andicola*, Spr.

et *zebrina;* les *Æchmea fulgens* et *distichantha;* les *Pitcairnia angustifolia, intermedia, purpurea;* les *Bilbergia pyramidalis* et *purpurea;* et pour joindre l'utile à l'agréable, l'ananas de la Martinique, qui donne en pleine terre, sous le ciel d'Alger, des fruits doux et parfumés.

Le Bananier (*Musa paradisiaca,* L., et *M. sapientium,* L.) est une des précieuses acquisitions du littoral algérien. Les bananes y mûrissent parfaitement, et le bananier fait partie de la culture maraîchère des environs d'Alger et d'Oran. L'exemple de M. Hardy, qui pendant longtemps le cultivait seul sur une grande échelle, a donc profité à la colonie; aussi a-t-il formé un groupe de ce genre où l'on remarque, *Musa zebrina, discolor, speciosa, vittata, Troglodytarum,* et surtout le monstrueux *Musa ensete* de Bruce, originaire d'Abyssinie. Il semble se retrouver dans son pays : de son énorme tronc bulbiforme, court et trapu, s'élance un bouquet de feuilles elliptiques de 3 à 4 mètres de long, soutenues chacune par une forte nervure saillante en dessous et colorée du plus beau rouge. La plante produit une impression analogue à celle que nous éprouvons à la vue des formes massives du rhinocéros ou de l'hippopotame, les plus lourds des quadrupèdes. Les autres genres des Musacées, tels que les *Strelitzia,* les *Ravenala* et les *Heliconia,* sont également représentés par plusieurs espèces.

Le groupe des Myrtacées est placé dans le voisinage du *Musa ensete,* pour rendre le contraste plus sensible : ces arbres élancés, au feuillage fin, nous représentent l'élégance opposée à la masse. Les diverses espèces de goyaviers, et surtout le *Psidium piriferum,* donnent des fruits en abondance, tandis que les pommes-roses (*Jambosa vulgaris, malacensis, cauliflora* et *terniflora*) réjouissent l'œil par les houppes d'étamines qui jaillissent de leurs fleurs. Le feuillage lustré des myrtes (*Myrtus communis, pimenta, caryophylloides*) brille au soleil à côté des *Melaleuca* et des *Eucalyptus.*

Je ne m'arrêterai pas au groupe des Bombacées, arbres de l'Asie, de l'Afrique et de l'Amérique tropicales, atteignant dans leur pays des proportions énormes, et dont les troncs portent de grosses épines qui simulent des clous. Le *Bombax ceiba*, le *Chorisia speciosa*, l'*Eriotheca parviflora* et les *Carolinea insignis*, *minor* et *macrocarpa*, etc., ont parfaitement réussi.

Les trois massifs des Bignoniacées, des Apocynées et des Verbénacées sont les plus élégants de tous : véritables jardinières dignes d'orner les plus beaux parterres, elles charment les yeux et embaument l'air de leurs parfums. Dans les Bignoniacées, diverses espèces de *Spathodea*, les *Tecoma stans*, *capensis* et *fulva*, le *Jacaranda mimosœfolia*, sont d'une beauté sans pareille. Les Verbénacées, qui ne réveillent dans l'esprit du botaniste européen que des souvenirs de plantes à fleurs insignifiantes, forment une corbeille splendide entourée d'un cordon de *Petrœa volubilis*. Les touffes se composent de *Callicarpa Reevesii*, *arborea* et *tomentosa ; Citharexylon caudatum* et *villosum ; Clerodendron augustifolium* et *devonianum ; Duranta brachyopoda* et *ellisia ; Vitex arborea ; Ægiphylla martinicensis*, et le *Tectona grandis,* dont le bois est si estimé dans l'Inde sous le nom de bois de teck.

Les Apocynées nous offrent les espèces odorantes du genre américain *Plumiera*, représenté par les *Plumiera alba, rubra, macrophylla, bicolor* et *acutifolia ;* le *Cerbera manghas* et le *Beaumontia grandiflora* de l'Inde ; les *Carissa*, les *Allamanda*, les *Tabernœmontana* des tropiques, et le *Tanghinia venenifera* de Madagascar.

Je m'arrête dans cette énumération, intéressante seulement pour ceux auxquels chacun de ces noms latins rappelle une image ou un souvenir. Qu'il me suffise d'ajouter que des groupes semblables sont formés par les Malvacées, les Araliacées, les Tiliacées, les Sapindacées, les Dombéyacées, les Papilionacées, et les genres *Dracœna, Pandanus, Yucca,* etc.

L'intervalle de douze ans qui s'était écoulé entre mes deux visites au jardin de Hamma me permit d'apprécier l'activité de la végétation africaine. L'avenue des dattiers forme actuellement une colonnade élevant à 10 mètres au-dessus du sol l'ogive dessinée par les feuilles entrecroisées des arbres situés vis-à-vis l'un de l'autre, tandis que les régimes de fruits, disposés circulairement au-dessous du panache, rappelaient le chapiteau de la colonne. La pyramide de l'*Araucaria excelsa* s'élève à 20 mètres de haut; le *Grevillea* avait crû de 6 mètres; le *Jacaranda mimosæfolia*, le *Prosopis juliiflora*, les *Citharexylon*, étaient de grands arbres, et le tronc élargi du bel-sombra (*Phytolacca dioica*) formait sur le sol un empatement de 5 mètres de diamètre.

Quittons les parties basses du jardin, et élevons-nous sur la colline. On y monte par une route carrossable bordée d'abord de *Grevillea robusta*, puis d'une haie d'orangers; plus haut, par des *Eucalyptus globulus* qui croissent de 3 à 4 mètres par an. Cet arbre, originaire de la Tasmanie, appelé *Gum-tree* par les colons anglais, est le roi des forêts de ces contrées : il s'élève, dit-on, à 80 mètres, et son tronc est d'une épaisseur proportionnée à cette hauteur. Sur les pentes qui séparent les allées, M. Hardy a planté les nombreuses espèces de *Mimosa* d'Australie, des *Grevillea*, des *Banksia*, des *Protea* et des conifères de ce pays : les *Araucaria*, les *Dammara*, les *Podocarpus*, les *Dacrydium*, les *Phyllocladus*, les *Frenela*, les *Casuarina*, qui prospèrent admirablement, tandis que les essences européennes ne réussissent pas sur le littoral algérien, mais offrent des chances de succès dans les hautes régions de l'Atlas où croissent le cèdre du Liban et le sapin *pinsapo* des montagnes de l'Andalousie. La colline est couronnée par un bois de pins des Canaries de la plus belle venue. Au-dessous se trouve une charmante maison mauresque, avec sa cour intérieure rafraîchie par un bassin entouré de pilastres sur lesquels s'appuient les branches d'une vigne séculaire; sous la maison sont des terrasses plantées

d'orangers, et la vue dont on jouit est une des plus ravissantes du
monde. A l'occident, Alger appliqué contre la montagne de Bou-
Zaréa; plus près, les collines de Mustapha supérieur, semées de
villas mauresques et européennes. A l'orient, le cap Matifou, le
fort de l'Eau, et les campagnes qui avoisinent la Maison carrée;
au-dessous le fertile rivage de Hamma couvert de cultures maraîchères qui se renouvellent pendant toute l'année. Enchâssé
dans ce beau cadre, le golfe d'azur arrondit ses contours au
pied des collines du Sahel, en décrivant ces courbes d'une grâce
inimitable que le peintre Tischbein traçait, sous les yeux de
Gœthe ravi, du haut des montagnes qui dominent le golfe de
Palerme. Quel séjour pour un botaniste ou pour un poëte! Une
vue incomparable, le ciel et la végétation des tropiques, une
verdure éternelle, et en hiver les sommets neigeux de l'Atlas se
perdant à l'horizon. Mais que de peines, que de soins, que de
persévérance il a fallu pour réunir sur un même point tous ces
végétaux originaires des contrées les plus éloignées! Celui-là
seul peut en juger, qui lui-même s'est imposé une tâche semblable. Ce qu'il faut louer encore plus, c'est la haute intelligence
des gouverneurs de l'Algérie qui ont secondé M. Hardy dans ses
efforts; c'est la munificence des ministres qui se sont succédé
au département de la guerre. Grâce à eux, la France possède
le plus beau jardin botanique des zones tempérées, le seul qu'elle
puisse opposer aux jardins de Calcutta et de Batavia. Tandis
qu'une dotation insuffisante n'a pas permis aux jardins de Paris
et de Montpellier de se maintenir au même rang que ceux de
Kew, d'Edimbourg (1), de Vienne, de Berlin et de Pétersbourg,
le Jardin d'acclimatation de Hamma soutient seul l'honneur

---

(1) La dotation annuelle du Jardin des plantes de Paris est de 46 000 francs,
celle du Jardin de Kew de 300 000. Le Jardin de Montpellier dispose annuellement de 7800 francs, celui d'Édimbourg de 35 000. Ces chiffres n'ont pas
besoin de commentaire, leur éloquence suffit: ils sont l'expression d'un état
stationnaire que rien n'explique et que rien ne justifie.

national qui est engagé dans cette question aussi bien que dans toutes les autres.

La France ne saurait accepter aucune infériorité, car elle peut suffire à toutes ses gloires; elle doit donc son appui à tous ceux de ses enfants qui s'efforcent d'ajouter une feuille à la couronne de lauriers, emblème des victoires nationales, dont son front est orné. La feuille cueillie dans les luttes pacifiques de l'art ou de la science est la bienvenue comme celle que le soldat a tachée de son sang : or, l'argent est une condition indispensable du succès dans la science comme dans la guerre, et le zèle le plus ardent ne peut suppléer à l'absence de secours matériels.

Je croirais faire tort à l'intelligence du lecteur si je m'efforçais de lui prouver l'utilité d'un établissement du genre de celui que je viens de décrire; à cet égard, l'éducation du public est faite, et la plupart des hommes éclairés savent que les progrès de l'agriculture et de l'industrie ont toujours été longuement préparés par l'étude patiente et désintéressée des lois et des productions de la nature. Une découverte utile est le fruit d'un arbre planté par la science et cultivé par elle.

LA FORÊT DE L'EDOUGH

PRÈS DE BONE.

A l'ouest de Bone s'élève une grande montagne, terminaison de la chaîne qui s'étend le long de la mer à partir du cap de Fer, et qui forme les promontoires de Raz-Toukousch, Raz-Arxin et du cap de Garde. Cette montagne, c'est le mont Edough, *mons Pappua* des anciens. Son point culminant, le Bouzizi, s'élève à 1000 mètres au-dessus de la mer, et le massif entier se maintient à une hauteur de 900 mètres environ. Quand on part de Bone, la route passe sous l'aqueduc qui alimente la ville, puis s'élève, en faisant des lacets, au milieu de plantations d'oliviers, de vignes et d'arbres fruitiers, bordées par ces haies de figue d'Inde (*Opuntia ficus indica*) qui sont à la fois une défense par leurs épines et un produit par leurs fruits. La forêt commence bientôt: elle se compose d'abord uniquement de chênes verts épars et d'une maigre venue. Cependant la forêt s'épaissit; le chêne-liége et le chêne zen (1) se mêlent à leur congénère. La taille et le nombre des arbres augmentent; leurs cimes touffues projettent sur le sol ces ombres noires et tranchées qui contrastent si fortement en Afrique avec l'éclat d'une route éclairée par le soleil. Mais, avant d'entrer sous la voûte sombre, le voyageur se retourne, et un grand spectacle se déploie sous ses pieds. Des escarpements boisés plongent dans les eaux azurées de la Méditerranée. Plus loin, la ville de Bone s'élève en amphithéâtre du côté de la terre; près d'elle on distingue l'embouchure de la Seybouse, et sur les bords de la rivière, la colline qui porte les ruines d'Hippone, la ville de saint Augustin.

(1) *Quercus Mirbeckii*, Dur.

Au delà, le golfe de Bone, aussi vaste, aussi bleu que celui d'Alger; plus loin encore, au sud-est, la plaine de Tarf et la montagne de Zouk-Arras, qui séparent la province de Constantine de la Tunisie; et enfin, au sud, quelques portions du lac Fezzara, scintillantes au soleil. Tel est le panorama qui entoure le spectateur; au-dessus de sa tête s'arrondit la coupole bleue du ciel africain. Dans l'air transparent et diaphane, tous les profils se découpent nettement; les objets éloignés se rapprochent; on distingue la silhouette des arbres qui couronnent la crête des montagnes lointaines; les objets peu éloignés grandissent : un homme, un cheval, projetés sur l'horizon, paraissent gigantesques. En un mot, tout est clair, limpide, distinct, comme tout est indistinct, obscur et confus dans les horizons du nord de l'Europe.

Après avoir traversé une portion de forêt, on arrive à un village situé sur un plateau découvert : il porte le nom du maréchal Bugeaud, dont le souvenir est vivant en Algérie. Général, administrateur, agriculteur, il était l'homme prédestiné qui eût achevé par la charrue l'œuvre commencée par l'épée : *Ense et aratro*, suivant la devise qu'il avait choisie. Situé à 980 mètres au-dessus de la mer, le village de Bugeaud jouit d'un climat tempéré, comme celui de la France moyenne ; les cultures ressemblent aux cultures de nos plaines, mais leur étendue est bornée. La forêt les presse de tous côtés, et les habitants y trouvent un aliment à leur activité. Ils sont bûcherons ou employés à l'exploitation du liége. En sortant du village, on descend vers l'établissement, dont on reconnaît la destination aux immenses piles de plaques de liége, entassées les unes sur les autres, qui remplissent la cour. Après avoir dépassé cette fabrique, la route traverse une des belles parties de la montagne. On se croirait transporté en France dans une haute futaie des anciennes forêts royales. Les arbres dominants sont trois espèces de chênes: d'abord une variété de notre chêne rouvre,

appelée *zen* par les Arabes, dont les feuilles sont plus grandes
et le port différent de celui de l'arbre des druides : c'est le
Quercus Mirbeckii des botanistes ; ensuite le chêne vert, au
tronc noir et rugueux, aux branches contournées et au feuillage
dur et persistant et d'un vert moins foncé que.celui des deux
précédents, qui se renouvelle chaque année ; enfin, le chêne-
liége, le plus précieux des trois. Tantôt son écorce blanche,
inégale, profondément crevassée, le fait reconnaître de loin au
milieu des arbres de la forêt ; tantôt son tronc est cylindrique,
uni, d'un brun noirâtre : c'est le tronc *démasclé*, c'est-à-dire
privé de son écorce. Ces essences n'étaient pas les seules. Çà et
là un magnifique châtaignier apparaissait au milieu des autres
arbres et se distinguait par ses branches à moitié dépouillées,
car nous étions à la fin d'octobre. On venait de récolter les châtaignes : elles sont excellentes. Un colon alsacien, établi près
de la fontaine des Princes, nous mit à même de les apprécier.
Ombragée d'aunes comme nos ruisseaux d'Europe, cette fontaine est alimentée par les eaux qui découlent du Bouzizi. Près
de là, des cerisiers, des noyers, plantés par les colons, nous
rappelaient l'Europe ; le lierre d'Afrique, aux larges feuilles,
enveloppait leurs troncs. Sur les pentes humides du ruisseau
croissaient les plantes qu'on trouve dans des localités analogues
du nord de la France: la toute-saine (*Androsœmun officinale*), la
sanicle (*Sanicula europœa*), l'eupatoire (*Eupatorium cannabinum*),
la circée de Paris (*Circœa lutetiana*), auxquelles se mêlait la
rose toujours verte du midi de la France, qui s'élançait sur les
arbres qu'elle trouvait à sa portée. Nos fougères d'Europe, la
fougère commune (*Pteris aquilina*), la fougère mâle (*Nephro-
dium filix mas*), le polypode commun (*Polypodium vulgare*),
la scolopendre (*Scolopendrium officinale*), et la fougère fleurie ou
l'osmonde royale (*Osmunda regalis*), qui redoutent même le soleil
d'Europe, bravaient celui d'Afrique à l'ombre des arbres et des
herbes qui les protégeaient contre ses rayons. Au-dessus de

notre tête, des bouquets de pins maritimes, que nous distinguions dans les hauteurs, nous transportaient en imagination dans les Landes, aux bords de l'Océan; le peuplier blanc nous rappelait ceux du Rhône, et l'orme commun, le houx, le frêne, la viorne (*Viburnum opulus*), les arbres et les arbrisseaux les plus communs de toutes les forêts de l'Europe moyenne. Nous étions, en effet, encore à 700 mètres au-dessus de la Méditerranée, les ravins ombragés dans lesquels nous descendions, tournés vers le nord, recevaient librement l'air frais de la mer; l'eau d'une source voisine marquait seulement 13 degrés au-dessus de zéro, et partout le sol schisteux était humide ou sillonné par de petits ruisseaux.

Nous suivions l'aqueduc romain qui conduisait les eaux du Bouzizi à l'ancienne Hippone, où elles étaient reçues dans de vastes citernes qui existent encore. Le canal lui-même est composé, de deux murs cimentés, coiffés d'un toit formé de deux dalles appuyées l'une contre l'autre. La hauteur totale de l'aqueduc à son intérieur est de 2 mètres; un homme peut donc y circuler à l'aise. La végétation a envahi le toit de l'aqueduc, qui apparaît et disparaît tour à tour. Arrivé à un ravin plus profond où coule un ruisseau, l'aqueduc le traverse; il est soutenu par quatre piliers supportant trois arceaux de grandeur inégale, celui du milieu étant plus large que les autres. Trois grands arbres, un chêne zen, un chêne-liége et un laurier, croissaient sur l'aqueduc lui-même, dont les piliers étaient tapissés de petites fougères (*Polypodium vulgare* et *Asplenium trichomanes*). La forêt présentait l'aspect le plus étrange. Les arbres et les arbrisseaux du nord de l'Europe se mêlaient à ceux de la région méditerranéenne. Le laurier, le figuier, le chêne-liége, le chêne vert, le chêne zen, le laurier-tin, l'arbousier, le cytise à trois fleurs, la bruyère en arbre, croissaient pêle-mêle avec les châtaigniers et les autres arbres que nous avons nommés; les fougères avaient acquis des dimensions énormes, et rappelaient les fougères arbores-

centes des pays chauds. La grande graminée du littoral algérien, l'*Arundo festucoides*, occupait les pentes. Ses feuilles
étroites et rubanées, atteignant quelquefois 2 mètres de longueur, retombaient les unes sur les autres, et formaient de
grosses touffes arrondies, d'où s'élançaient de longs chaumes
courbés par le poids de leurs lourdes panicules terminales. Une
grande espèce de fragon épineux (*Ruscus hypoglossum*) rappelait
son congénère (1) de la forêt de Fontainebleau. Une plante
exclusivement africaine, la campanule ailée, s'élevait comme un
candélabre au milieu des fougères. Le cyclamen à feuilles de lierre
et la petite scille d'Algérie (*Scilla Aristidis*, Coss.) fleurissaient
à l'ombre, tandis que les touffes de la scille du Pérou s'épa-
nouissaient au soleil. C'était un fouillis inextricable des formes
végétales les plus diverses. Je voyais les arbres aux branches
étalées et à larges feuilles caduques de l'Europe septentrionale,
la forêt druidique du Nord dans toute sa sombre majesté,
mêlée aux tiges élancées, aux feuilles minces, dures et dressées
de la région méditerranéenne. Intéressant pour le botaniste, ce
spectacle eût ravi un peintre; mais son pinceau eût été impuissant à rendre l'impression que produisent ces abîmes de verdure qui semblent plonger dans la mer. On ne voyait que les
cimes des arbres se confondant en une masse ondoyante, au
milieu de laquelle certaines formes, telles que celles des lauriers, des châtaigniers et des chênes-liéges, se distinguaient
des autres.

« Nous avons sous les yeux une forêt miocène », me dit mon
compagnon de voyage, Arnold Escher de la Linth, dont le nom
est, de père en fils, cher à la géologie. Il avait raison. Pendant
la période tertiaire, dont l'époque miocène fait partie dans la
série des temps géologiques, le climat de l'Europe moyenne était
beaucoup plus chaud qu'il ne l'est aujourd'hui. La flore et la

---

(1) *Ruscus aculeatus*, L.

faune étaient donc différentes. En Suisse seulement, trente-cinq
espèces de chênes traduisaient le type générique qu'une seule
espèce y représente actuellement. Quinze pins divers, dix-sept
figuiers, huit lauriers, des micocouliers, des salsepareilles, enfin quinze espèces de palmiers, vivaient dans ces plaines où
nous ne voyons actuellement que les arbres de l'Europe septentrionale. En sortant de la haute futaie de l'Edough, nous
trouvons également le palmier nain et le dattier, le micocoulier, trois espèces de pins : celui d'Italie, le pin maritime et le
pin d'Alep, et deux salsepareilles. L'assimilation était donc
exacte ; cependant, à l'époque tertiaire, chaque type était représenté par un nombre de formes plus considérable qu'il ne
l'est dans la création actuelle sur les montagnes du nord de
l'Afrique. Mais dans l'Amérique septentrionale, les espèces
de chênes et de pins sont encore plus nombreuses que dans
la flore miocène, et entre les tropiques les espèces de figuiers
et de lauriers se comptent par centaines. Néanmoins la forêt de
l'Edough nous donne une idée de ces forêts dont la terre nous
a conservé les restes, et qui accusent une température plus
élevée que celle qui règne actuellement. Les forêts houillères,
séparées de celles de l'époque tertiaire par un laps de temps
que l'imagination ose à peine concevoir, vivaient dans une
atmosphère plus chaude et plus humide encore. Les forêts tertiaires ressemblent à celles des parties tempérées du globe,
telles que l'Afrique septentrionale, Madère, Ténériffe, le cap de
Bonne-Espérance et le sud de l'Australie.

Obéissons au goût de l'époque : laissons là ces grandes considérations sur l'apparition des êtres, et parlons de l'utilité positive, pratique et commerciale de la forêt de l'Edough. Le liége en
plaques, tel que le commerce le livre à l'industrie, n'est point un
produit spontané du chêne-liége. Abandonné à lui-même, l'arbre
se couvre d'une écorce de liége ; mais ce liége est crevassé, dur
et peu élastique. On le désigne sous le nom de *liége mâle*. Pour

obtenir le liége élastique, il faut enlever ce liége mâle : l'opération constitue le *démasclage*. En enlevant ce liége, l'ouvrier laisse sur l'arbre la partie interne de l'écorce, composée d'une couche de cellules et du liber qui est en contact avec le bois. Ces deux couches réunies se nomment la *mère*. Dans cette mère, le liége se développe de nouveau, mais les cellules dont il se compose, gênées dans leur développement, sont plus denses, plus élastiques que celles du liége mâle, et possèdent la propriété précieuse de se gonfler par l'eau ou par l'humidité : c'est ce liége, produit anormal de l'arbre après le démasclage, qui est employé par l'industrie. Il faut huit à dix ans pour que cette écorce se développe. Quand on l'enlève de l'arbre, elle a la forme d'un cylindre creux. On l'aplatit en la mettant dans l'eau bouillante ; alors elle se gonfle et se redresse sous les pieds de l'ouvrier qui la foule : on obtient ainsi les grandes plaques qui sont livrées au commerce. L'exploitation du liége est la sauvegarde des forêts que l'exploitation du bois tend à faire disparaître tous les jours. Tandis que le chêne zen tombe sous la hache du bûcheron, le chêne-liége est conservé avec soin ; il prolonge sa vie en payant tous les dix ans son tribut à l'Europe civilisée : car le chêne-liége n'est pas plus précieux que les autres, aux yeux de l'Arabe nomade, et souvent il brûle une forêt pour créer le pâturage qui doit nourrir ses troupeaux.

TABLEAU PHYSIQUE

DU SAHARA ORIENTAL

DE LA PROVINCE DE CONSTANTINE.

Les géographes distinguent à la surface du globe des régions
naturelles caractérisées par la constitution physique et géologique du sol, le climat, la végétation, le règne animal et la physionomie des populations qui les habitent. Le bassin méditerranéen est une de ces régions, le Sahara en est une autre. Le
premier comprend toutes les côtes de la Méditerranée depuis la
Cyrénaïque jusqu'en Syrie, par conséquent un mince liséré de
l'Afrique septentrionale, l'Espagne orientale, la France méditerranéenne, l'Italie, la Grèce, les côtes de l'Asie Mineure et de
la Syrie jusqu'à Beyrouth. Pour que le circuit fût complet et
embrassât tout le pourtour de la Méditerranée, cette liste devrait
se terminer par la Palestine et l'Égypte; mais la Palestine participe déjà des régions tropicales, et l'Égypte est une grande
oasis. Le Sahara, c'est l'immense désert qui s'étend en longitude à travers toute l'Afrique et une partie de l'Asie, depuis le
Sénégal jusqu'à l'Indus, et en latitude depuis l'Atlas jusqu'au
Soudan, situé à 12° seulement au nord de l'équateur. Ces
deux régions, la première emblème de la fertilité et berceau de
la civilisation du monde, la seconde type de la stérilité et asile
séculaire de la barbarie, se rencontrent dans le nord de l'Afrique : elles partagent l'Algérie en deux moitiés. Une chaîne de
montagnes, celle de l'Atlas, qui court parallèlement à la côte
depuis le Maroc jusqu'en Tunisie, forme la limite qui les sépare.

Jusqu'à l'Atlas, l'Algérie fait partie du bassin méditerranéen ;
elle est un prolongement de la Provence et du Languedoc, car
la Méditerranée n'est point une mer, mais un golfe, et, grâce à
la vapeur, un moyen d'union entre les pays qu'elle isolait autrefois. Ce n'est donc point la mer, c'est le mal de mer qui sépare
réellement l'Algérie de la France. Cette déplorable infirmité,
dont si peu d'hommes sont exempts, est la barrière réelle qui
s'élève entre la vieille France européenne et cette jeune France
africaine où toutes les activités trouveraient leur emploi et
toutes les curiosités leur aliment. L'unité de la France méditerranéenne, que j'affirme, n'est point une fiction, c'est une
réalité. Les preuves surabondent, examinons-les. Avant de
pénétrer dans le Sahara, étudions-en les abords.

LA RÉGION MÉDITERRANÉENNE.

Ce nom est le meilleur ; toutefois on l'appelle aussi la *région
des oliviers*, l'existence de cet arbre caractéristique distinguant
cette région de toutes celles qui l'environnent. La reconnaissance des naturalistes l'avait acclamée le *royaume de de Candolle*,
en souvenir du botaniste qui en a le mieux connu les productions végétales : il les avait étudiées sur place pendant ses huit
années de professorat à la Faculté de médecine de Montpellier,
où il occupait la chaire de botanique, et dans les voyages agronomiques qu'un ministre éclairé, le comte Chaptal, le chargea
de faire dans les différentes parties de l'empire français. La botanique et l'agriculture ont également profité de ces tournées,
si faciles aujourd'hui, si pénibles au commencement du siècle.
Un illustre agronome anglais, Arthur Young, qui parcourut la
France pendant quatre étés, de 1787 à 1790, reconnut le premier l'existence de la région des oliviers (1), dont un de ses plus

(1) Voyez sur ce sujet l'introduction intitulée : *La géographie botanique, et
ses progrès les plus récents.*

dignes successeurs, de Gasparin, fixa plus rigoureusement les limites. Nulle part la différence entre cette région et celle qui la précède n'est plus frappante qu'à la descente du Rhône ou sur le chemin de fer de Lyon à Marseille. A partir de Valence, la voie suit à distance la rive gauche du fleuve dans le large bassin dont Montélimart est la ville principale. Peu à peu la vallée se resserre ; Viviers apparaît sur la rive droite du Rhône, surmonté de sa vieille cathédrale ; les bords se rapprochent, et le fleuve traverse une cluse étroite où l'art, entamant la roche, a tracé une route et une voie ferrée superposées l'une à l'autre. Au sortir de la gorge, la vallée s'ouvre de nouveau, et l'olivier apparaît sur les collines qui dominent le village de Donzère : on entre dans la région méditerranéenne. Le contraste est saisissant, il frappe le voyageur le moins instruit ou le plus inattentif. La gorge de Donzère sépare le nord du midi de la France. Partout la limite de l'olivier est celle de la région méditerranéenne. Partant de Perpignan, la courbe qui circonscrit cette culture passe par Arles-sur-Tech et Olette dans les Pyrénées-Orientales, Carcassonne dans l'Aude ; puis, pénétrant dans les vallées abritées des Cévennes, elle traverse Saint-Chinian, Saint-Pons et Lodève dans l'Hérault, le Vigan et Alais dans le Gard, Joyeuse, Aubenas, Beauchastel dans l'Ardèche, où elle atteint son point le plus septentrional par 45° 50' de latitude. Elle redescend ensuite vers le sud, coupe le Rhône à Donzère, descend à Nyons dans la Drôme, puis à Sisteron et à Digne dans les Basses-Alpes, à Bargemont et Grasse dans le Var, et à Saorgio dans les Alpes-Maritimes. Nous ne la suivrons pas plus loin ; disons seulement qu'elle longe le pied méridional de l'Apennin, passe au nord de Florence, traverse la Dalmatie, coupe un peu au sud le méridien de Constantinople, et se termine dans l'Asie Mineure, sa patrie originelle. De là l'olivier s'est successivement étendu dès la plus haute antiquité, en Syrie, en Palestine, en Grèce et dans le nord de l'Afrique, où il prospère admira-

CH. MARTINS.   34

blement depuis la Cyrénaïque jusqu'au Maroc. En Espagne, cet arbre est cultivé sur toute la côte orientale, depuis les Pyrénées jusqu'au détroit de Gibraltar. L'olivier entoure ainsi le pourtour de la Méditerranée d'une ceinture continue, qui n'est interrompue que par l'Égypte, où d'autres cultures plus fructueuses l'ont remplacé sans l'exclure totalement. C'est donc avec raison que les dénominations de *région méditerranéenne* ou *région des oliviers* sont admises comme synonymes par les naturalistes et les géographes modernes.

La constitution météorologique de la région méditerranéenne présente une grande uniformité, mais elle est complétement différente du régime météorologique de la France et de l'Europe occidentales. Depuis les côtes de Portugal jusqu'à celles de Norvége, l'influence de l'Océan domine toutes les autres. Les contrées intermédiaires ont un climat que j'appellerai *océanien*, par opposition au climat *méditerranéen*, qui règne autour de cette mer intérieure. L'Océan agit non-seulement par sa masse et son étendue pour dominer souverainement le climat de l'Europe occidentale; il y a plus : un courant d'eau chaude, le *gulf-stream*, parti du golfe du Mexique, vient baigner toutes les côtes européennes. Une de ses branches s'engage dans le golfe de Biscaye et contourne les côtes occidentales de l'Irlande et les archipels de l'Écosse; passe entre les îles Britanniques et l'Islande, gagne les atterrages de la Norvége, et se perd dans la mer Blanche et sur la côte occidentale de Spitzberg. Ce courant d'eau tiède réchauffe donc toutes les côtes de l'Europe : les vents d'ouest et de sud-ouest, véritables gulf-streams aériens, l'accompagnent dans son parcours et sont dominants dans la région océanienne. L'évaporation du gulf-stream étant très-active, ces vents poussent sans cesse vers l'Europe des nuages qui se résolvent en eau, à mesure qu'ils pénètrent dans l'air plus froid du continent : de là un ciel habituellement couvert et des pluies fréquentes ; de là un climat assez égal, les vents de

sud-ouest réchauffant l'atmosphère en hiver et la rafraîchissant
en été. Le ciel souvent nuageux s'oppose au rayonnement
du sol en hiver et à son échauffement en été ; de là des
hivers relativement doux et des étés sans grandes chaleurs, un
air chargé d'humidité, c'est-à-dire un climat égal ou *marin*.
C'est en Irlande, dans le sud de l'Angleterre, dans les presqu'îles du Cotentin et du Finistère, dans les îles de la Manche
et les Feroe, que ce climat est le mieux caractérisé. A mesure
qu'on s'éloigne de la mer et qu'on pénètre dans le continent,
l'influence océanienne est moins prépondérante ; les hivers
deviennent plus rudes, les étés plus chauds et l'air plus sec.
Dans toute la région, les vents du nord et du nord-est, antago-
nistes de ceux du sud-ouest, sont les vents du froid et du beau
temps, car ils prennent naissance dans les plaines de la Russie,
et éclaircissent le ciel en refoulant les nuages issus de l'Atlantique et poussés incessamment vers la côte par les vents occidentaux.

La constitution météorologique de la région méditerranéenne
est complétement différente. Le vent dominant, celui du nord-
ouest, est le *mistral* du midi de la France : c'est le vent du beau
temps. Son antagoniste est le sud-est ou marin : c'est le vent
de la pluie. Contrairement à ce qui se passe dans le reste de
la France, les vents d'est y sont pluvieux ; ceux de l'ouest ne le
sont guère. La pluie, au lieu d'être distribuée assez également
entre les diverses saisons, tombe surtout en automne et au prin
temps ; l'été est toujours sec et l'hiver variable. Les pluies sont
torrentielles comme les averses orageuses du nord de la France,
et la quantité d'eau que la terre reçoit en un an est plus considérable que dans l'Europe océanienne, quoique le nombre des
jours de pluie soit beaucoup moindre. De là des alternatives
de sécheresse et d'humidité inconnues dans le Nord, et, à la
suite des pluies abondantes du printemps, une végétation acti-
vée par les chaleurs de l'été ; avec le nord et le nord-ouest, un

ciel serein et un rayonnement nocturne d'autant plus intense que l'air est plus sec et plus transparent. Ainsi des nuits fraîches succèdent à des journées chaudes, et des hivers relativement froids sont suivis d'étés dont la moyenne égale celle des pays tropicaux.

On conçoit combien un pareil régime atmosphérique est différent de celui de l'Europe occidentale. La prédominance des vents de nord-ouest et de sud-est en est le trait dominant. Aussi, tandis que les naufrages de l'Océan ont lieu principalement par les vents de sud-ouest, ce sont ceux de nord-ouest qui poussent les navires vers les côtes d'Afrique, où les rades de l'Algérie, toutes ouvertes dans cette direction, n'offrent aucun abri assuré aux navires qui viennent y chercher un refuge. D'un autre côté, ce sont les vents de sud-est qui, tous les hivers, font échouer sur les plages sablonneuses de la Camargue ou du Languedoc les navires surpris sur les côtes de France par des coups de vent du sud-est accompagnés de pluies diluviennes. L'unité météorologique du bassin méditerranéen est donc aussi évidente que celle des côtes occidentales de l'Europe, et ces deux régions sont séparées par des différences dont il me serait facile d'augmenter l'énumération.

Sous le point de vue géologique, les rivages de la Méditerranée ont un relief caractéristique. Les chaînes de montagnes courent parallèlement à la côte; une bande de terre assez étroite les sépare de la mer. Ainsi les chaînes des Cévennes, des Alpes Maritimes, des Apennins, des Alpes Dinariques, du Taurus, du Liban, de l'Atlas et de l'Espagne méridionale présentent toutes ce caractère remarquable. Il en résulte que, le trajet des cours d'eau de la source à l'embouchure étant très-court, peu de grands fleuves se versent dans la Méditerranée. L'Èbre, le Rhône et le Nil sont les seuls navigables; et sur toute la côte d'Afrique, depuis le Maroc jusqu'en Égypte, la Seybouse, près de Bone, est l'unique rivière qui mérite ce nom :

les autres cours d'eau ne sont que des torrents ou des ruisseaux éphémères.

Je ne saurais insister ici sur les rapports géologiques des côtes de la France, de l'Italie, de la Grèce, de l'Asie Mineure et de l'Afrique septentrionale. Je me hâte d'aborder l'étude de la végétation, dont l'uniformité a depuis longtemps frappé les yeux des naturalistes. Elle est telle que le bassin méditerranéen forme réellement un centre de création distinct de ceux qui l'entourent, comme si les bords de cette mer intérieure n'étaient que les restes d'une vaste région disparue sous les eaux, ou bien comme si la végétation, expression de la composition du sol et du climat, traduisait fidèlement l'unité physique et météorologique dont nous avons parlé.

Lorsque sur l'un de ces beaux bateaux à vapeur des Messageries impériales, qui parcourent avec une si merveilleuse régularité les échelles du Levant, on fait le tour de la Méditerranée, il est impossible de ne pas être frappé de l'étonnante uniformité de la végétation : elle ne cesse, pour ainsi dire, que sur les côtes de Syrie, où l'influence tropicale commence à se faire sentir ; mais toujours les terrains stériles sont occupés par les mêmes plantes, et la *garrigue* du midi de la France offre partout son aspect caractéristique. Le chêne vert, le chêne-liége, le micocoulier (1), le peuplier blanc, le pin d'Alep, le figuier, l'amandier, le laurier d'Apollon, l'olivier, le jujubier, le caroubier (2), tantôt à l'état sauvage, tantôt à l'état cultivé ; les deux espèces d'arbousiers (3), deux genévriers (4) ; les phillyrea (5), le myrte, le grenadier, les lentisques et les térébinthes (6) ; le

(1) *Celtis australis.*
(2) *Ceratonia siliqua.*
(3) *Arbutus unedo, A. andrachne.*
(4) *Juniperus oxycedrus, J. phœnicea.*
(5) *Phillyrea media, P. angustifolia.*
(6) *Pistacia lentiscus, P. terebinthus.*

sumac des corroyeurs (1), les cytises (2), les genêts (3), le
redoul (4), l'épine du Christ (5), l'anagyre fétide (6), le
palmier nain (7), les cistes (8), et les Labiées odorantes à tige
ligneuse, thym, romarin, sauge et lavande, forment le fond
commun de la végétation arborescente. Les lauriers-roses ornent
de leurs touffes fleuries le lit des torrents, et les tamaris (9) se
maintiennent sur les plages sablonneuses de la mer, où la scille
maritime (10) et le lis narcisse (11) étalent leurs larges feuilles.
Si tant d'arbres et d'arbrisseaux sont communs à la France et
à l'Algérie, on comprend combien de végétaux herbacés doivent
se trouver sur les deux rivages de la Méditerranée : je ne saurais les énumérer sans effrayer le lecteur par une longue liste
de noms latins qui n'ont de sens que pour les botanistes. Une
surprise, preuve nouvelle d'une végétation uniforme, les attend
sur la rive africaine. A peine débarqués, ils croient reconnaître
à chaque pas des espèces qui leur sont familières : ils s'appro-
chent, certaines différences invisibles de loin, visibles de près,
éveillent dans leur esprit quelques soupçons. Ces espèces sont nouvelles pour eux, mais si semblables à leurs congénères d'Europe,
qu'ils hésitent à les en séparer. Ainsi la flore de la région littorale
de l'Algérie n'est qu'un prolongement de celle du midi de la
France, et chaque province participe de la végétation du rivage
européen le plus voisin. La flore de la province d'Oran rappelle

(1) *Rhus coriaria.*
(2) *Cytisus triflorus, C. argenteus, C. candicans, C. spinosus.*
(3) *Genista hispanica, Spartium junceum, S. scorpius, S. linifolium.*
(4) *Coriaria myrtifolia.*
(5) *Paliurus aculeatus.*
(6) *Anagyris fœtida.*
(7) *Chamœrops humilis.*
(8) *Cistus monspeliensis, C. salvifolius, C. albidus, etc.*
(9) *Tamarix gallica; T. africana, etc.*
(10) *Scilla maritima.*
(11) *Pancratium maritimum.*

celle de l'Espagne; la végétation de la province d'Alger est celle qui offre le plus de ressemblance avec la végétation de la Provence et du Languedoc, et le voisinage de la Sicile se fait sentir dans celle de Constantine. M. Cosson, dont le monde savant attend avec impatience la *Flore d'Algérie*, confirme ces aperçus par les résultats irrécusables de la statistique végétale. Ainsi, sur 1428 plantes qui forment le total des espèces qui croissent dans la province de Constantine, 1056 se retrouvent dans l'Europe méditerranéenne; les autres existent en Orient ou sont spéciales à la province. Deux végétaux américains, mais naturalisés sur tout le pourtour de la Méditerranée, frappent les yeux les plus inattentifs par l'étrangeté de leurs formes, et ce sont eux que les peintres choisissent de préférence pour caractériser la physionomie d'un pays qui n'est pas le leur : je veux parler de l'aloès pite (1) et de la figue d'Inde (2). Le dattier lui-même ne devrait jamais figurer dans les paysages du littoral algérien; le désert, où ses fruits mûrissent, voilà sa véritable patrie, et non pas le Tell, où il n'est qu'un arbre d'ornement improductif.

L'uniformité de la végétation, ou l'unité botanique de la région méditerranéenne, ne saurait donc être mise en doute. Préservés par la chaîne de l'Atlas du souffle brûlant des vents du désert, les végétaux retrouvent sur le rivage africain le climat de la Provence ; mais bientôt ils rencontrent la barrière de l'Atlas, où ils ne résistent pas à la rigueur des hivers. Cependant quelques-uns franchissent la chaîne, mais s'arrêtent au bord du désert, où la chaleur et la sécheresse de l'air, jointes à la salure du sol, créent des conditions incompatibles avec leur existence. Un petit nombre pénètrent plus ou moins loin dans le Sahara : ce sont surtout des plantes salines, plus sensibles à

_____

(1) *Agave americana.*
(2) *Opuntia ficus indica.*

la présence d'une certaine quantité de sel marin dans la composition du sol qu'aux influences météorologiques si puissantes sur la plupart des végétaux.

Si nous interrogeons la zoologie, elle nous répondra comme la botanique. Une foule d'oiseaux émigrent de France en Algérie ; un grand nombre d'animaux et d'insectes se retrouvent dans les deux pays. Mais, dira-t-on, le lion, la panthère, le serval (1), l'hyène, le chacal, le renard doré (2), la genette de Barbarie (3), n'ont jamais existé dans le midi de la France. Acceptable il y a quelques années, ce jugement ne l'est plus aujourd'hui. On trouve dans les nombreuses cavernes de nos contrées méridionales des ossements de ces grands carnassiers. Dire que les espèces étaient complétement identiques avec celles de l'Algérie serait difficile, car comment reconstituer complétement un animal dont les parties molles et le pelage ont disparu ? mais on peut affirmer que l'espèce fossile et l'espèce vivante sont très-semblables et très-voisines l'une de l'autre dans le même groupe générique. D'ailleurs, toutes ces distinctions d'espèces ont beaucoup perdu de leur importance, depuis que les naturalistes sont à peu près d'accord pour admettre avec M. Darwin qu'il n'y a point d'espèces, mais seulement des formes animales ou végétales modifiables par le temps et les influences extérieures. Que les ossements des carnassiers trouvés dans les cavernes du midi de la France diffèrent un peu de ceux des carnassiers vivants de l'Algérie, qui s'en étonnerait ? On ne saurait affirmer que ceux-ci ne sont pas les mêmes animaux modifiés par l'action lente du temps dans un milieu analogue, mais différent de celui des bords septentrionaux de la Méditerranée. Ainsi on rencontre des ossements de lion, d'hyène, de panthère, de cerf et de daim dans les cavernes du midi de la

(1) *Felis serval.*
(2) *Vulpes niloticus.*
(3) *Genetta afra.*

France; mais on y rencontre aussi des ossements d'ours, de renne et de bœuf musqué, animaux inconnus en Afrique. Ces derniers ossements nous expliquent la disparition des singes, des lions, des panthères et des hyènes : ceux-ci ont péri pendant la période de froid, conséquence de l'extension des glaciers, qui a permis aux ours, aux rennes et au bœuf musqué, animaux appartenant exclusivement aux pays les plus septentrionaux, de vivre et de se perpétuer dans les plaines de la France méridionale. Nous savons maintenant, grâce aux haches et aux couteaux de pierre trouvés avec ces ossements, grâce aux dessins très-reconnaissables dont les bois de renne et de cerf sont ornés, que l'homme a été contemporain de ces animaux éteints. Eussent-ils résisté au froid, ils auraient fui devant la civilisation. Le lion, l'hyène, la panthère, pourraient vivre dans les Cévennes comme dans l'Atlas : le climat, à des hauteurs différentes, est à peu près le même dans les deux chaînes de montagnes; mais l'homme civilisé ne tolère pas la présence de ces hôtes incommodes. Ainsi, on peut dire que les grands carnassiers ont été contemporains de l'homme dans la France méridionale ; ils ont disparu à l'époque glaciaire. Les progrès de la civilisation européenne eussent suffi pour les anéantir ; tandis que la barbarie musulmane favorisait leur multiplication dans une contrée peu habitée, mais parcourue par de grands troupeaux de moutons mal gardés et mal défendus. En Algérie, les grands destructeurs de lions, ce sont les Français. En résumé, l'unité zoologique de la région méditerranéenne est aussi évidente que l'unité botanique, et, en soutenant cette thèse, je suis heureux de m'appuyer sur l'autorité d'un savant trop modeste, le docteur Lartet, continuateur autorisé de ces études paléontologiques à la fois rigoureuses, sagaces et hardies, dont Cuvier, Laurillard, Richard Owen et de Blainville nous ont laissé le modèle.

La santé de l'homme est le reflet du milieu où il vit, et ses maladies varient suivant les causes qui les produisent. La région

méditerranéenne différant de l'Europe moyenne par le climat,
la constitution physique du sol, la flore et la faune, les maladies
dont les peuples méditerranéens sont affectés, doivent différer
et diffèrent, en effet, de celles des contrées océaniennes. L'influence de la race vient s'ajouter aux agents extérieurs : c'est
la race latine, qui domine sur les rivages de la Méditerranée,
et l'Arabe lui-même tire son origine de la contrée asiatique la
plus rapprochée de l'Afrique. Enfant du désert, il s'est avancé
d'orient en occident dans ces vastes régions inhabitées où son
humeur nomade ne rencontre pas de barrières, et où la terre
appartient à celui qui l'occupe. Hippocrate, le père de la médecine, a tracé le tableau des maladies de la région méditerranéenne. Les maladies de la Grèce antique sont encore celles de
toute cette région. C'est dans les observations prises en Afrique
par nos médecins militaires que le savant commentateur
d'Hippocrate, M. Littré, a trouvé le portrait le plus ressemblant
des maladies hippocratiques. C'est également la raison d'être
de l'école de médecine de Montpellier : placée au centre d'une
région médicale différente de celles des écoles de Paris et de
Strasbourg, elle étudie des formes de maladies rares ou inconnues dans le Nord. Aussi les médecins de nos armées de terre
et de mer, que les nécessités du service appellent presque toujours dans des contrées plus chaudes que la France septentrionale, retrouvent-ils dans ces pays, et spécialement en Algérie,
toutes ces affections intermittentes, bilieuses et dysentériques,
qui forment le trait dominant de la nosologie méditerranéenne.
Observant d'autres maladies, de même que le météorologiste
observe un autre climat, le botaniste d'autres plantes et le zoologiste d'autres animaux, le médecin de Montpellier se rattache
à une doctrine médicale différente de celle de Paris et des
écoles du nord de l'Europe. Constatant chaque jour l'influence
prodigieuse de l'air, de l'eau et des lieux, il admire Hippocrate,
et inscrit sous son buste cette épigraphe légèrement ambi-

tieuse : *Olim Cous, nunc Monspeliensis Hippocrates* (1). Le médecin du Nord, ne reconnaissant pas dans les descriptions d'Hippocrate l'image des symptômes qu'il observe tous les jours,
n'accorde au vieillard de Cos qu'un tribut d'estime tradition-
nelle ou d'admiration mitigée. De là des doctrines médicales
différentes, vraies partiellement l'une et l'autre. En médecine,
les théories, généralisations prématurées et passagères, varient
suivant les lieux et changent avec le temps. Je n'insiste pas
davantage; je me résume, et je conclus à l'unité du bassin méditerranéen comme à la mieux établie de toutes celles qu'on a
reconnues jusqu'ici à la surface du globe, car elle se déduit du
climat, des conditions physiques du sol, de la faune, de la flore
et de la nosologie comparées.

SOUS-RÉGION DES HAUTS PLATEAUX.

En Algérie, la région méditerranéenne n'est point en contact
immédiat avec la région saharienne ou *désertique :* une chaîne
de montagnes; l'Atlas, l'en sépare. Mais l'Atlas ne s'élève pas
brusquement de la plaine; une série de gradins successifs s'échelonnent sur l'un et l'autre versant de la chaîne, et nous appel-
lerons, avec M. Cosson, cette zone la *sous-région des hauts plateaux.* Dans la province de Constantine, elle se continue avec la
région montagneuse de la Kabylie et le massif des Ouled-Sultan.
De vastes surfaces dénudées, semées de *chotts* ou lacs salés,
dépourvues de végétation arborescente, parcourues en été par
d'immenses troupeaux dont la dent ronge les plantes jusqu'à la
racine, des montagnes pelées s'élevant brusquement de ces
surfaces horizontales, tel est l'aspect général. Les cultures
variées de la région méditerranéenne ont disparu ; l'orge est
la seule céréale qui mûrisse sûrement ses grains. La vigne et

---

(1) « Hippocrate jadis à Cos, maintenant à Montpellier. »

l'olivier réussissent sur beaucoup de points, et sont destinés à couvrir un jour la nudité de ces plateaux que le libre parcours des troupeaux et l'incurie arabe ont dépouillés de leur verdure.

Cependant, sur ces montagnes posées comme sur un piédestal, on retrouve encore quelques forêts de cèdres oubliées par les indigènes. Les plus belles ornent les crêtes et descendent dans les gorges du Chellalah, près de Bathna ; on en voit également dans le Djurdjura et autour de Teniet-el-Had, au sud de Milianah. Quel contraste entre ces magnifiques forêts et les plateaux stériles qui y conduisent ! Jeunes, les cèdres de l'Atlas ont une forme pyramidale ; mais quand ils s'élèvent au-dessus de leurs voisins ou du rocher qui les protége, un coup de vent, un coup de foudre, un insecte qui perce la pousse terminale, les prive de leur flèche : l'arbre est découronné. Alors les branches s'étalent horizontalement, et forment des plans de verdure superposés les uns aux autres, dérobant le ciel aux yeux du voyageur, qui s'avance dans l'obscurité sous ces voûtes impénétrables aux rayons du soleil. Du haut d'un sommet élevé de la montagne, le spectacle est encore plus grandiose. Ces surfaces horizontales ressemblent alors à des pelouses du vert le plus sombre ou d'une couleur glauque comme celle de l'eau, semées de cônes dressés, ovoïdes et violacés ; l'œil plonge dans un abîme de verdure au fond duquel gronde un torrent invisible. Souvent un groupe isolé attire les regards. On s'approche, et, au lieu de plusieurs arbres, on se trouve en face d'un seul tronc coupé jadis par les Romains ou les premiers conquérants arabes : le tronc a repoussé du pied, des branches énormes sont sorties de la vieille souche ; chacune de ces branches est elle-même un arbre de haute futaie, et les vastes éventails de verdure étalés autour du tronc mutilé ombragent au loin la terre. Quelques-uns de ces cèdres sont morts debout, leur écorce est tombée, et, squelettes végétaux, ils étendent de tous côtés leurs bras blancs et décharnés. Les cèdres d'Afrique attendent encore leur peintre. Marilhat seul nous a fait admirer ceux du Liban; mais ses successeurs, campés à Barbison, s'acharnent après l'écorce de deux ou trois chênes de la forêt de Fontainebleau, toujours les mêmes, que l'amateur salue comme de vieilles connaissances, à chacune de nos expositions. Des artistes éminents dépensent une somme considérable de talent à reproduire les mêmes formes, tandis que des cèdres séculaires vivent et meurent ignorés dans les gorges de l'Atlas, où leur beauté n'est admirée que par les rares voyageurs qui s'aventurent dans ces montagnes.

L'arbre *caractéristique* des hauts plateaux, c'est le *betoum*, ou pistachier de l'Atlas (1). Au lieu de vivre en forêts comme le cèdre, celui-ci est solitaire ; de loin en loin on aperçoit sa cime arrondie, dont les Arabes cueillent les fruits. Un frêne spécial (2), deux genévriers (3), des tamaris sur les bords des lacs salés, sont également répandus dans cette zone, où l'on retrouve la plupart des essences forestières de la région méditerranéenne. Deux herbes, l'*alfa* (4) et une armoise blanchâtre (5), recouvrent souvent d'immenses surfaces d'un tapis uniforme.

LA RÉGION DÉSERTIQUE.

Il est temps d'aborder le Sahara. Transportons-nous à Bathna, à 120 kilomètres au sud de Constantine. Nous avons franchi la région des hauts plateaux; la ville de Bathna est placée à l'extrémité du dernier de ces plans successifs, à 1060 mètres au-dessus de la mer. Au nord-ouest s'élèvent les crêtes de l'Atlas, couronnées de cèdres qui se découpent sur le ciel. La pyramide du

(1) *Pistacia atlantica.*
(2) *Fraxinus dimorpha.*
(3) *Juniperus oxycedrus, J. phœnicea.*
(4) *Stipa tenacissima.*
(5) *Artemisia herba alba.*

djebel Tougour, semblable aux pics des Pyrénées, et désignée par les colons algériens sous le nom de pic des Cèdres, domine tout le massif. Vers le sud-est s'étendent les montagnes de l'Aurès, aux formes arrondies et revêtues de bois de chênes verts et de pins d'Alep. L'ancienne Lambessa se cache dans un repli de la montagne. Les enceintes du camp romain sont parfaitement visibles ; la masse cubique du prétoire antique en occupe le centre. Quatre portes triomphales encore debout, des temples, un aqueduc, des mosaïques, des pierres tumulaires sans nombre, des postes avancés, plus de sept cents inscriptions relevées par M. Léon Renier, tels sont les restes d'une ville couvrant une surface immense, et dont la population ne devait pas être au-dessous de 40 000 âmes. En sortant du camp de Lambessa, vers le nord-ouest, on suit une longue ligne de tombeaux. A l'extrémité, au milieu des champs d'orge d'où s'élevaient des nuées d'alouettes, je m'acheminai vers la pyramide de Flavius Maximus, préfet de la troisième légion Auguste. Ce monument tombait en ruine ; M. Carbuccia, colonel et antiquaire, le fit relever, et le 4 mars 1849 la garnison de Bathna défila devant la pyramide restaurée qui recouvre depuis tant de siècles les ossements du chef de la célèbre légion. Certes, si jamais soldats furent dignes de rendre des honneurs à un général romain, ce sont les soldats de cette armée d'Afrique qui ont conquis sur la barbarie une nouvelle France située en face de la première, au bord de la Méditerranée, redevenue la grande route du monde. Contenant les Arabes par leur fermeté, ils ont ouvert des routes, construit des ponts, élevé des aqueducs, fondé des villes, comme leurs devanciers. Quand on voit le camp romain de Lambessa, contigu à la ville civile, et Bathna, bâtie sur le même plan, on reconnaît l'œuvre du même génie politique et militaire. En Afrique, l'armée, utile, active, laborieuse, a une haute signification morale : elle est à la fois **conquérante** et civilisatrice, protectrice des populations **sédentaires** et laborieuses, redoutable seulement pour l'Arabe vagabond, pillard et fanatique, race rebelle à toute civilisation, comme les Indiens de l'Amérique du Nord, et destinée fatalement à disparaître du pays qu'elle ruine depuis si longtemps.

A 6 kilomètres au sud de Bathna est un large col surbaissé qui se confond avec le plateau au-dessus duquel il s'élève de 100 mètres seulement. Là se trouve le point de partage des eaux qui coulent au nord vers la Méditerranée, au sud vers une autre mer qui n'existe plus, celle qui couvrait jadis le désert du Sahara. Le pic des Cèdres semble placé sur la limite comme une borne gigantesque : les eaux de son versant septentrional descendent, à travers le ravin Bleu, vers le Rummel et la Méditerranée ; celles du versant méridional, par le ravin des Cèdres, dans le torrent qui passe sous le pont d'El-Kantara. Après avoir franchi le col, un caravanserai, celui de Ksour, est le premier poste que l'on rencontre. De magnifiques sources s'échappent des marnes crétacées, conservant, le 18 novembre 1863, une température de 17 degrés, quoique celle de l'air fût seulement à 10 degrés. D'immenses troupeaux de moutons blancs et de chèvres noires, suivis de leurs bergers arabes, descendaient dans le ravin sans se confondre, et des femmes sahariennes, portant à leurs oreilles de grands anneaux circulaires, remplissaient des outres qu'elles chargeaient sur des ânes. C'était une scène biblique encadrée dans un paysage grandiose et sévère : au loin, vers l'ouest, les cimes abaissées de l'Atlas, et à l'est, celles de l'Aurès, fuyaient à l'horizon ; devant nous, s'étendait une plaine nue parsemée de maigres champs de céréales et terminée par le col des Juifs. Après l'avoir franchi, nous arrivâmes au poste des Tamarins. Le torrent issu du pic des Cèdres, grossi des sources du Ksour, coule toujours dans des marnes où il s'est creusé un lit profond à berges verticales. De grandes pierres taillées, les unes debout, marquant les pieds-droits des portes, la plupart gisant sur le sol, signalent un ancien poste romain, et le caravanserai fran-

çais porte le nom des *Tamarins* à cause des nombreux tamaris (1) qui bordent les rives du torrent. Les Tamarins sont encore à 790 mètres au-dessus de la mer. Le ciel était noir du
côté de Bathna, bleu vers le Sahara; un air tiède nous arrivait du
sud; nous sentions les approches du désert.

Après les Tamarins la route descend les pentes ravinées de
montagnes dénudées, sans arbres, sans végétation autre que les
souches des arbrisseaux défendus par leurs épines ou leur dureté
contre la dent des moutons et des chameaux. Partout les eaux
éphémères des pluies hibernales ont raviné le sol et mis à nu les
marnes aux couleurs variées. Nulle végétation ne peut s'établir sur
ces terres argileuses craquelées par le soleil. C'est un aspect désolant qui rappelle les descriptions de l'Arabie Pétrée. Bientôt
le chemin arrive à la jonction des deux torrents; le poste romain,
ad duo flumima, était placé au confluent. Une puissante montagne, le Metlili, composée de couches concentriques profondément ravinées et simulant les feuilles d'un immense artichaut,
est devant nous; à gauche, se dresse une muraille continue de
rochers, le djebel Gaouss. Tout à coup une fente apparaît au
milieu de la muraille : c'est une cluse des Alpes, un port des
Pyrénées, la brèche de Roland transportée en Afrique; pour les
Arabes, c'est la *bouche du désert*. Le torrent et le fil du télégraphe
électrique se glissent dans la gorge; quelques palmiers rabougris
apparaissent sur les bords de l'eau; un pont romain d'une seule
arche traverse le torrent au point le plus resserré; des rochers
verticaux couleur de bitume semblent menacer le voyageur.
Après quelques sinuosités qui en cachent l'issue, le défilé s'ouvre,
l'oasis d'El-Kantara, la première des oasis du désert, apparaît
à nos yeux. Une forêt de dattiers s'étend devant nous. Couronné d'un panache de palmes vertes sous lesquelles pendaient
des régimes d'un jaune rougeâtre chargés de dattes presque

(1) *Tamarix gallica.*

mûres, chaque arbre semblait une svelte colonne élevant dans
les airs son élégant chapiteau composé de feuilles et de fruits.
À l'ombre de ces palmiers, des abricotiers, des figuiers, des grenadiers, des figues d'Inde, formaient un épais fourré. C'était un
monde nouveau éclairé par un soleil splendide brillant dans un
ciel d'azur. Le djebel Gaouss, disent les Arabes, arrête les
nuages qui viennent de l'Atlas. L'air chaud et sec du désert,
s'élevant le long des parois de la montagne, dissout la vapeur
d'eau dont se composent les nuages engendrés dans des régions
plus froides, dit la science moderne. Le ciel, le sol, la végétation, ont changé, et avec eux les demeures des habitants. Les
maisons, entourant une cour carrée, sont bâties de briques
grises séchées au soleil, basses, surmontées d'une terrasse et
percées de meurtrières étroites. Les anciennes tours de garde
tombent en ruine. Jadis, avant que la France protégeât le paisible Berbère cultivateur de l'oasis, elles servaient à signaler de
loin les Arabes nomades, qui deux fois par an traversaient la
bouche du désert pour gagner en hiver les pâturages du Sahara
et en été ceux des montagnes.

Située sur les limites de la région désertique, cette oasis
a environ 5 kilomètres de longueur, et compte 76 000 palmiers. M. Henri Fournel, le premier géologue qui ait pénétré
dans ces contrées, au printemps de 1844, avec la colonne expéditionnaire commandée par le duc d'Aumale, appelle avec
raison El-Kantara l'Hyères du Sahara. Par 35° 16' de latitude,
les dattes y mûrissent à peine : de même le bassin d'Hyères
est le point le plus septentrional où l'arbre puisse être cultivé
et passer l'hiver sans abri. Les 60 000 dattiers d'Elche, dans
le royaume de Valence, en Espagne, par 39° 44' de latitude,
forment la seule oasis européenne : la nature du sol, la rareté des pluies, l'exposition, la chaleur du climat, la présence
d'un certain nombre de plantes sahariennes, rendent compte
de cette culture exceptionnelle. Pour que le dattier mûrisse

complétement ses fruits, il faut s'avancer dans le Sahara jusqu'au 33ᵉ degré de latitude. Là se récoltent les dattes que nous
recevons sous le nom de dattes de Tunis. Les meilleures viennent de l'oasis de Touat, latitude 27° 15′ : c'est-à-dire à 8°
au sud d'El-Kantara et au niveau de la mer. D'après les observations et les calculs de M. Paul Marès, le caravanserai
d'El-Kantara est encore à 517 mètres au-dessus de la Méditerranée. Il occupe l'extrémité d'un vaste plateau circonscrit par
des montagnes tabulaires. Abandonnant la route ordinaire, nous
passâmes aux eaux chaudes de Hammam Sid-el-Hadj, dont la
température est de 41 degrés, et longeâmes le pied d'une montagne, le djebel El-Mela, contenant des couches de sel exploi-
tées par les Arabes. Pendant quelque temps, nous marchâmes
au milieu des tufs ou travertins déposés par des eaux minérales
qui jadis coulaient comme celles de Hammam ; elles ont tari en
laissant ces traces irrécusables de leur existence. Nous entrâmes
ensuite dans un terrain composé de marnes grises, bleues, jaunes,
rouges, entremêlées de poudingues et de calcaires, raviné par
les eaux qui descendent, à l'époque des pluies, de la montagne
de sel. Les ravins, de 50 à 60 mètres de profondeur, étaient si
rapprochés, qu'il aurait fallu plusieurs jours pour gagner directement le pied de la montagne, distante de quelques kilomètres
seulement, à travers ce dédale de coupures profondes séparées
par des arêtes tranchantes. Ce sont des pluies d'hiver, tombant
quelquefois à des années d'intervalle, qui produisent de pareils
effets. Que les géologues qui veulent parler de l'action érosive
des eaux pluviales laissent de côté les exemples mesquins qu'ils
citent à l'appui de leurs démonstrations, qu'ils visitent l'Algérie
et s'inspirent de la contrée ravinée du djebel El-Mela et des
montagnes de la Kabylie : c'est là qu'ils verront comment la
puissance érosive des eaux transforme sous nos yeux un plateau uni en un massif de montagnes aussi accidentées que celles
qui sont dues au relèvement et à la rupture des couches.

La nuit nous surprit au milieu de ces ravins, mais nos mulets suivaient instinctivement la trace de ceux qui les avaient précédés. Nous arrivâmes fort tard au bord de l'immense lit caillouteux de l'oued El-Kantara, qui prend ici le nom d'oued El-Outaïa, suivant la coutume des Arabes, qui donnent successivement à une même rivière les noms des localités qu'elle traverse. De l'autre côté, nous trouvâmes le caravanserai d'El-Outaïa, situé près d'une ancienne oasis dont les palmiers ont été coupés vers 1830, pendant les guerres civiles des Arabes. Grâce à la domination française, l'oasis renaît, et la fertile plaine d'El-Outaïa n'attend que la main de l'homme pour se couvrir des plus riches moissons. Un grand industriel, M. Jean Dollfus, se propose d'y tenter sur une vaste échelle la culture du coton. La question de l'irrigation est la seule à résoudre, le ciel et le sol ne laissant rien à désirer. La plaine d'El-Outaïa est entourée de montagnes qui la circonscrivent complétement, sauf une échancrure qui conduit dans le bassin du Hodna, dont le centre est occupé par un grand lac salé.

Lorsque nous partîmes d'El-Outaïa le 21 novembre, au lever du soleil, le ciel était pur, l'air calme, la température à 10 degrés au-dessus de zéro. La fumée des bivacs arabes dispersés dans la plaine s'étendait horizontalement à une faible hauteur du sol, et formait une bande bleuâtre le long des montagnes qui nous séparaient du Sahara. L'échancrure qui mène dans le Hodna n'existait plus, la muraille qui entoure la plaine paraissait complète. Cependant bientôt, à notre grand étonnement, nous distinguâmes des trous dans les rochers du nord-ouest : ces trous s'agrandissaient sans cesse et tendaient à se rejoindre ; les montagnes prenaient la forme d'arbres ou de pyramides renversées. Peu à peu les trous se confondirent, et des brèches apparurent ; ces brèches s'élargissaient à vue d'œil, les pans de rochers qui les séparaient s'évanouissaient l'un après l'autre. Enfin la chaîne de montagnes de ce côté disparut, l'ouverture qui conduit dans le Hodna était rétablie : nous avions été dupes d'un mirage latéral.

Enfin nous arrivons au bout de cette plaine monotone, derrière laquelle le Sahara devait nous apparaître. Nous traversons un torrent dont les berges sont tapissées par les tiges rampantes de la coloquinte, et nous montons le col de Sfa, en suivant la belle route tracée par l'armée française. Des plantes en fleur se balançaient çà et là sur les rochers; nous avions mis pied à terre pour les cueillir. Arrivés au sommet, nous nous arrêtâmes. Un grand arc de cercle s'étendait devant nous, limitant une surface violacée, unie comme la mer et se confondant à l'horizon avec le ciel bleu : c'était le Sahara. L'arc s'appuyait à l'est contre la chaîne de l'Aurès, à l'ouest contre celle des Ziban, dont quelques ressauts, voisins de Biskra, surgissaient comme des écueils sur cette mer qui semblait avoir été figée dans un moment de calme. La mer réelle frissonne toujours à la surface ; un léger balancement imperceptible à la vue pousse vers le rivage le flot expirant bordé d'un liséré d'écume. Ici rien de semblable : c'est une mer immobile, une mer pétrifiée, ou plutôt c'est le fond uni d'une mer dont les eaux ont disparu. La science nous l'enseigne, et, comme toujours, l'expression de la réalité est plus pittoresque, plus saisissante que toutes les comparaisons créées par l'imagination. A nos pieds, un plateau caillouteux, raviné, aux bords relevés, nous dérobait la vue de Biskra; de longues caravanes noires dessinaient les sinuosités de la route et se détachaient fortement sur le fond jaune du terrain. Nous traversâmes à notre tour ce plateau sous les feux d'un soleil de novembre, qui pouvait rivaliser avec ceux du soleil d'août de la belle France, et à midi nous arrivâmes à Biskra.

La ville de Biskra, située sous le 35e degré de latitude et à 125 mètres au-dessus de la mer, est la capitale d'un district étendu qui renferme de nombreux villages dont chacun s'appelle un *zab*, au pluriel *ziban*. C'est de là que le district a tiré son nom. Biskra était un poste romain qui se nommait *ad Piscinam*, du nom d'une source d'eau chaude distante de 6 kilomètres, et désignée par les Arabes sous le nom d'*Aïn-Salahin*. Salomon, vainqueur des Maures de l'Aurès au IVe siècle, rendit cette province tributaire des Romains : « *Vectigalem Romanis fecit idem provinciam Zabam trans montem Aurasium sitam* », dit Procope (1). Le chef du district prenait le titre de *præfectus limitis Zabensis*. La province, avec tout le pays, passa sous la domination arabe, puis sous celle des Turcs, dont le fort ruiné se voit encore sur un monticule au nord de la ville. Le 18 mai 1844, elle fut occupée par le duc d'Aumale. Biskra se compose maintenant d'une ville française groupée près du fort Saint-Germain, ainsi nommé en l'honneur d'un commandant du cercle de Biskra tué en 1849 à la suite de l'insurrection de Zaatcha. Au sud de la ville, l'oasis, c'est-à-dire la forêt de palmiers, s'étend sur la rive droite du fleuve. Le nombre des dattiers s'élève à plus de 110,000, et plusieurs villages sont cachés au milieu des jardins. Le canal de dérivation, construit par les soins du génie militaire, emprunte à l'oued Biskra les eaux nécessaires à l'irrigation. Près du fort, une grande place carrée est entourée de galeries couvertes ; l'église s'élève d'un côté, et en face se trouve le cercle militaire, dont le jardin, découpé dans l'oasis, est planté de palmiers au milieu desquels on a tracé des allées sinueuses bordées de fleurs. Un marché couvert où les Arabes exposent leurs denrées, quelques rues à angle droit bordées de maisons composées d'un rez-de-chaussée ou à un étage seulement, telle est l'image de la ville française la plus méridionale de la province de Constantine. Le fil télégraphique, la poste aux lettres et les diligences ne vont point au delà de Biskra : mais, le croirait-on ? il y existe un bureau de douane, d'entrée et de sortie,

---

(1) *De bell. Vand.*, lib. II, cap. XX.

et des préposés à cheval sont censés empêcher dans les solitudes du Sahara une contrebande imaginaire. Ce qu'ils empêchent en réalité, c'est que les caravanes ne prennent la route de Philippeville, au lieu de se diriger vers Tunis ou Tripoli.

Une institution plus utile, c'est un jardin d'essai, le jardin de Beni-Mora, fondé en 1852, dirigé d'abord par M. Jamin et actuellement par M. Béchu. Situé dans une plaine découverte, séparé de l'oasis, composé de terrains qu'il faut dessaler avant de les mettre en culture, sans abri contre les vents, il ne réalise pas toutes les conditions d'un établissement de ce genre ; mais, d'un autre côté il, offre cet avantage, que toute culture qui réussira à Beni-Mora doit être considérée comme acquise au Sahara. M. Cosson visita ce jardin en 1853, et y trouva déjà un certain nombre de plantes qu'on peut regarder comme naturalisées. Je citerai les différentes espèces d'acacias qui fournissent la gomme arabique en Égypte et au Sénégal (1) ; le bel arbre qui orne les promenades du Caire (2) ; la cassie (3), si employée en parfumerie ; les mûriers, le peuplier blanc, le saule pleureur, le cyprès, l'azédarach, plusieurs espèces de bambous (4), et le bananier. J'y ai vu, dix ans après M. Cosson, le papayer (5), qui donne des fruits dans le Soudan, précieuse acquisition, s'il résiste aux légères gelées de l'hiver; l'acacia d'Adanson, formant une magnifique allée ; le cotonnier en arbre, s'élevant à 3 mètres ; le bois à chique (6), le baquois (7) ; et deux beaux arbres de la famille des Légumineuses, le *Moringa* (8), voisin des féviers, et

(1) *Acacia nilotica, A. verek, A. arabica.*
(2) *Acacia lebbek.*
(3) *Acacia Farnesiana.*
(4) *Bambusa Thouarsii, arundinacea, variegata, mitis, verticillata, et scriptoria.*
(5) *Carica papaya.*
(6) *Cordia domestica.*
(7) *Pandanus utilis.*
(8) *Moringa pterygosperma.*

le *Sesbania* du Sénégal, à fleurs jaunes tachetées de noir (1). Ces essais méritent d'être encouragés, car, si la culture des plantes tropicales a peu de chances de réussite dans la région littorale de l'Algérie, le succès est probable dans les Ziban pour toutes celles qui peuvent s'accommoder d'un terrain salé et supporter les longues sécheresses du Sahara.

Biskra devait être le terme de mon voyage. Je voulais réaliser un désir qui m'obsédait depuis longtemps : voir le désert. Au milieu des montagnes de l'Engadine (2) (sans doute par un effet de contraste), ce désir était devenu un projet bien arrêté; je le communiquai à deux amis, M. Desor, professeur de géologie à Neufchâtel, et M. Escher de la Linth, fils du célèbre ingénieur qui, rectifiant le cours de la Linth pour la jeter dans le lac de Waldenstadt, a assaini tout le pays compris entre ce lac et celui de Zurich. Ces deux savants voulurent bien se joindre à moi. Nous nous embarquâmes pour Alger, et de là, par Bone et Guelma, nous arrivâmes à Constantine. Deux naturalistes qui ont bien mérité de l'Algérie, MM. Cosson et Coquand, m'avaient donné des lettres pour le général Desvaux, qui commandait la province. S'intéressant à tout ce qui peut tourner à l'avantage de la colonie; favorisant toutes les études, secondant tous les efforts qui tendent à faire connaître la constitution physique du sol et ses produits naturels; convaincu que les recherches désintéressées de la science préparent et éclairent les conquêtes fécondes de l'agriculture et de l'industrie, le général Desvaux voulut bien nous engager à dépasser Biskra, à pénétrer dans le désert et à visiter le Souf. Il fit plus : il nous donna pour guide le capitaine d'artillerie Zickel, directeur des forages artésiens du Sahara oriental, qui devait faire une tournée pour visiter les puits creusés dans le désert. Naturaliste lui-

(1) *Sesbania punctata.*
(2) **Voyez page 348.**

même, connaissant le pays et connu des populations, le capitaine appelait notre attention sur tous les faits, sur tous les
phénomènes qui l'avaient frappé, et nous communiquait les
résultats de ses observations antérieures. Nous formions ainsi
une petite commission scientifique, cherchant, examinant, col-
lectionnant et discutant. Quatre soldats français, dont trois
zouaves, un spahi ou gendarme indigène, sept Arabes conduisant six chameaux qui portaient trois tentes avec nos provisions,
enfin les mulets qui nous servaient de monture, complétaient
notre caravane. Nous avons parcouru le désert pendant l'hiver
de 1863, du 9 novembre au 14 décembre. A la monotomie d'un
journal de voyage je substitue un tableau physique du Sahara,
résultat de nos recherches communes, complétées par celles
des voyageurs qui nous ont précédés : MM. Fournel, Dubocq,
Ch. Laurent, Ville, Vatonne, Coquand, Tissot et Paul Marès,
géologues ; Cosson, Durieu de Maisonneuve, Letourneux, Hénon,
Loche, Aucapitaine et Reboud, botanistes et zoologistes.

C'est à l'exploration d'un fond de mer mis à sec que le lecteur est convié. L'événement est récent, géologiquement parlant; il remonte peut-être à cent mille ans seulement. Le
nombre des années, on ne saurait le préciser; mais l'événement
a une date relative, il est postérieur au dépôt des terrains tertiaires. Quand il a eu lieu, la Méditerranée existait déjà, car on
trouve dans le Sahara des coquilles de mollusques qui habitent
encore le littoral; le sol est imprégné de sel marin; il est
formé de gypse, ou sulfate de chaux, qui se dépose probablement dans les mers actuelles, et des sables amenés par les
rivières qui se versaient dans le golfe saharien : maintenant
ces rivières se perdent dans le désert, et leurs eaux disparaissent en s'infiltrant dans le sol. Des *chotts*, ou lacs salés, dont
le niveau est plus bas de quelques mètres que celui de la Méditerranée, sont les lais de cette mer intérieure. Une série de ces
lacs salés nous conduit jusqu'au golfe de Gabès, la petite Syrte

des anciens, sur les côtes de la Tunisie. Le dernier de ces chotts, l'immense lac Fejej, s'arrête à 16 kilomètres seulement de la mer : que cet isthme se rompe, et le Sahara redevient une mer, une Baltique de la Méditerranée. Un phénomène semblable se produit dans le Nord : le fond du golfe de Bothnie s'élève sans cesse, et, avec le temps, un Sahara septentrional séparera la Suède de la Finlande ; d'immenses steppes s'étendront de Stockholm à Tornéo, et les îles d'Aland apparaîtront comme un groupe de montagnes isolées entre l'ancienne presqu'île scandinave et le continent européen. Le petit nombre d'espèces de mollusques dont les coquilles se trouvent dans le Sahara africain est une analogie de plus avec ces golfes, dont la faune s'appauvrit à mesure que leur profondeur diminue. L'une d'elles, le *Cardium edule*, est des plus communes dans les marais salants qui bordent la côte orientale du Languedoc.

On conçoit la disparition de la mer saharienne même sans supposer que le fond se soit soulevé comme celui du golfe de Bothnie, où la sonde constate depuis plusieurs siècles une diminution progressive de la profondeur. Les torrents éphémères qui se jetaient dans le golfe saharien n'y versaient qu'une faible quantité d'eau, à cause de la rareté des pluies et du peu d'élévation des montagnes, dont les sommets seuls se chargent de neige pendant quelques mois. Cette eau, ajoutée chaque hiver à la masse existante, s'évaporait bien vite sous l'influence d'un soleil tropical, d'une sécheresse de huit mois et de vents violents soufflant du nord au sud ; mais ces mêmes torrents, dont le faible tribut était incapable de maintenir le niveau de ce golfe, s'il n'avait pas communiqué directement avec la Méditerranée, déposaient chaque année, dans ses eaux peu profondes, les quantités immenses de sable, d'argile et de cailloux roulés que nous voyons aujourd'hui à découvert. Ces sables s'accumulaient à l'embouchure du golfe saharien dans la Méditerranée, au fond de la petite Syrte, près de Gabès en Tunisie.

Sous l'influence des courants qui régnaient alors, l'ouverture
s'est peu à peu rétrécie, et enfin un *cordon littoral*, une dune de
16 kilomètres de large s'est interposée entre la Méditerranée et
son appendice saharien. N'étant plus en communication avec la
Méditerranée, les eaux, soumises à une évaporation continue,
se sont abaissées au-dessous du niveau de cette mer, comme
elles le sont encore aujourd'hui; des cordons littoraux et des
hauts-fonds intérieurs ont séparé les différents bassins, qui sont
devenus les *chotts* ou lacs salés, appelés *chott Melrir*, *chott el
Hadjila*, *chott el Grarnis*, et enfin le *chott el Faroun* et le *chott
el Fejej*, qui communiquent entre eux, et forment un immense
lac, le *palus Tritonis* des anciens, étendu de 176 kilomètres en
longitude et dessinant très-bien, avec le *chott el Grarnis*, le
contour de l'extrémité orientale du golfe saharien.

Si l'Atlas avait la hauteur et la largeur des Alpes ou de
l'Himalaya, des neiges éternelles blanchiraient pendant une
grande partie de l'année tous les sommets élevés au-dessus de
3500 mètres; de puissants glaciers rempliraient les cirques voisins des crêtes et descendraient dans les vallées; les torrents
éphémères seraient des fleuves roulant des eaux d'autant plus
abondantes, que la chaleur serait plus forte et la fusion des
glaces plus active. Les nuages amenés de la Méditerranée par
les vents du nord-ouest, arrêtés par ces sommets neigeux,
se résoudraient en pluie; les pertes causées par l'évaporation
eussent été réparées, le golfe saharien ne se serait pas desse-
ché, et le désert n'existerait pas. Les mers ont leurs conditions
d'existence comme les êtres organisés. Qu'elles viennent à être
supprimées, la plante ou l'animal meurent ou la mer s'évapore,
et le désert la remplace. La physionomie mobile de la terre ne
reste jamais la même; mais la vie des peuples est si courte,
la science est si jeune, on étudie ces changements depuis si
peu de temps, qu'ils passent inaperçus sous les yeux de l'humanité.

LES FORMES DU DÉSERT.

Le mot de *désert* réveille l'idée d'uniformité : l'association d'idées n'est pas exacte. Uniforme dans l'espace que le regard embrasse, le désert n'est pas uniforme, si on l'étudie même dans une étendue limitée comme celle que nous allons décrire. Il affecte trois formes principales, reconnues par M. Desor et adoptées par nous : le *désert des plateaux,* — le *désert d'érosion,* — le *désert de sable.*

Le *désert des plateaux,* ou la *steppe saharienne,* c'est la surface unie que nous avons aperçue du col de Sfa avant d'atteindre Biskra. Des couches horizontales de limon et de gypse ou sulfate de chaux se sont déposées sur les bords de la mer saharienne. Le gypse reposant sur le limon se compose de plaques juxtaposées simulant un dallage régulier : je l'appellerai *gypse pavimenteux.* Il revêt la surface de vastes plateaux qui n'ont point été entamés par les eaux : que ces eaux soient des courants marins à l'époque où le Sahara était une mer, ou des torrents diluviens descendant des montagnes après l'émersion, peu importe ; le gypse, résultat de la forte évaporation de la mer saharienne, a résisté et forme les plateaux dont nous parlons. La surface en est si unie, que des voitures pourraient rouler pendant des lieues sur ce pavé naturel, qui résonne comme une voûte sous les pieds des chevaux. Un plateau de ce genre, le petit désert de Mourad, s'étend depuis Biskra jusqu'aux berges du grand lac salé, le chott Melrir des Arabes. La surface du gypse n'est pas partout à nu : le plus souvent elle est couverte d'une couche de petits cailloux arrondis, presque tous quartzeux, offrant les teintes les plus variées, depuis le blanc le plus pur jusqu'au rouge le plus vif; ils sont mêlés de cailloux calcaires noirs et fendillés à la surface. D'où viennent ces cailloux, évidemment roulés par les eaux? On l'ignore. Ils sont les témoins mysté-

rieux de ces grandes débâcles diluviennes qui, sur toute la surface de la terre, ont laissé des traces de leur passage, sans que
le géologue puisse retrouver toujours les montagnes ou les
rochers qui ont fourni les matériaux de ce diluvium. Çà et là
les cailloux sont remplacés par du sable siliceux formant des
amas superficiels qui recouvrent le pavé de gypse.

Les plateaux ne sont pas stériles : une végétation brûlée par
le soleil en été, mais verdoyante après les premières pluies de
l'hiver, les recouvre entièrement. Ce sont d'abord des arbrisseaux épineux (1), qui, retenant les terres autour d'eux, forment
autant de buttes percées de trous habités par les gerbilles; puis
des sous-arbrisseaux à feuilles charnues, ligneux, noueux, rabougris et rongés par les chameaux et les moutons. Presque tous
appartiennent à la famille des Salsolacées (2) ou plantes litto-
rales, qui ne prospèrent que dans les terrains contenant une
certaine proportion de sel marin. Le Sahara est dans ce cas :
aussi sa végétation ressemble-t-elle singulièrement à celle qui
entoure les marais salants du Languedoc. Cependant, lorsque le
sol devient sablonneux, on voit apparaître des arbrisseaux sans
épines (3), et des plantes sous-frutescentes moitié vivantes,
moitié desséchées par le soleil (4). Des plaques vertes formées
de plusieurs espèces de géraniums et d'héliotropes (5) cachent
çà et là la nudité du terrain. Mais ce qui charmait surtout nos
regards, c'était une plante sans tige (6), voisine des colchiques,
portant un bouquet de fleurs d'un blanc rosé appliquées sur le

(1) *Zizyphus lotus, Nitraria tridentata.*

(2) *Salsola vermiculata, Anabasis articulata, Caroxylon articulatum, Tra-
ganum nudatum, Suæda vermiculata, S. fruticosa.*

(3) *Retama Duriæi, Ephedra alata.*

(4) *Farsetia ægyptiaca, Linaria fruticosa, Haplophyllum tuberculatum,
Scrofularia deserti, Anvillæa radiata, Francœuria crispa, Rhanterium ad-
pressum.*

(5) *Erodium glaucophyllum, E. laciniatum, Heliotropium undulatum.*

(6) *Melanthium punctatum*, Cav., ou *Erythrostictus punctatus*, Schlecht.

sable et entourées d'une couronne de feuilles linéaires. Dignes
de réjouir les yeux des amateurs les plus délicats, ces jolies
fleurs vivent et meurent ignorées dans les solitudes du Sahara.
Entre Biskra et l'oasis de Chetma, une plante légendaire croît
dans les sables les plus arides, la rose de Jéricho (1), petite
crucifère à tige basse et ramifiée, qui se dessèche après la
floraison. Ses rameaux rapprochés simulent une rose : emportée
par les vents, la plante détachée roule au loin sur le sable, et
rappelle au voyageur chrétien le désert où vécut saint Jean.
Dans les dépressions où le sol conserve un reste d'humidité, la
terre se couvre d'un gazon fin du plus beau vert; les jujubiers
se garnissent de feuilles; les tamaris, devenant de véritables
arbres, balancent leurs panaches de fleurs blanches ou roses,
et les tiges rampantes de la coloquinte (2) courent sur le sol
chargées de fruits semblables à des boules. C'est dans ces prairies sahariennes que l'Arabe nomade mène paître ses moutons
et ses chameaux pendant l'hiver. Sa tente noire et basse simule
de loin un tertre arrondi ; mais l'aboiement lointain des chiens
avertit que le désert est habité temporairement par une de ces
familles de patriarches dont la vie pastorale, décrite dans la
Bible, a charmé notre enfance.

Cette portion du désert n'est pas complétement inanimée.
On rencontre souvent une jolie alouette (3) d'un jaune cendré,
qui vole sans cesse de touffe en touffe ; de temps en temps un
oiseau de proie plane dans les airs ; une troupe de gazelles à
peine entrevue disparaît à l'horizon ; une gerbille solitaire fuit
en sautillant; des lièvres (4) partent sous les pieds des chevaux,
ou des perdrix s'enlèvent bruyamment; on remarque sur le
sol les larges traces du pied de l'autruche, car sa taille élevée

(1) *Anastatica hierochuntica.*
(2) *Cucumis colocynthis.*
(3) *Malurus Saharæ.*
(4) *Lepus isabellinus.*

lui permet d'apercevoir de loin les caravanes et de fuir à leur
approche. Cependant ces rencontres sont rares loin des oasis.
En hiver, une foule d'animaux, les reptiles en particulier, s'en-
fouissent sous le sable. Ainsi nous n'avons vu ni le varan (1),
ni le fouette-queue (2), ni le céraste (3) ou vipère cornue, si
redoutée des Arabes, ni les autres serpents qui habitent le
Sahara. La robe des animaux du désert est d'une singulière
uniformité. Point de couleurs vives : tous sont gris, d'un jaune
pâle ou d'un blanc jaunâtre, rappelant les teintes du sol sur
lequel ils vivent. Les insectes sont noirs; ce sont presque tous
des coléoptères, qui, au moindre danger, disparaissent dans le
sable.

Le désert d'érosion. — De grands courants, avons-nous dit,
ont sillonné le Sahara. Le point de départ de ces courants est
dans les montagnes qui le limitent au nord, les Aurès et les
Ziban. Ils ont entamé le sol et ont creusé de larges sillons qui
se rejoignent, se confondent et forment un réseau dont les plateaux que nous avons décrits occupent les intervalles. Les
marnes, les argiles, les sables, les gypses peu cohérents, ont
été entraînés ; le gypse pavimenteux, plus dur que les autres
terrains, a résisté, et les plateaux sont les témoins de ces
immenses déblais. Les torrents actuels suivent encore ces anciennes lignes d'érosion. Pour l'homme qui s'intéresse aux
phénomènes de la physique du globe, c'est un spectacle bien
curieux que celui d'un torrent qui descend des Aurès dans le
Sahara. Les eaux, produit de la pluie ou de la fonte des neiges,
sont d'abord entièrement douces; elles coulent au fond d'un
lit profond à parois verticales, creusé comme un sillon dans
les terrains sans cohérence de la formation crétacée. Quand
le torrent sort des montagnes pour entrer dans la plaine, le lit

(1) *Varanus arenarius.*
(2) *Uromastix acanthinurus.*
(3) *Cerastes cornutus.*

s'élargit, des berges peu élevées le limitent à peine; une surface immense couverte de cailloux roulés montre quelle doit être la masse des eaux à l'époque des crues; en temps ordinaire, un faible ruisseau longe l'un ou l'autre bord, ou serpente au milieu. Arrivé au désert, le lit s'élargit encore, et le courant est réduit à un mince filet qui bientôt disparaît complétement; mais, en creusant dans le sable, l'Arabe trouve encore l'eau, invisible à la surface. Seulement cette eau s'est chargée des sels nombreux dont le sol s'est imprégné, elle est devenue saumâtre. Ces lits de rivières desséchées se réunissent entre eux. et forment des confluents ou de grands bassins semblables à ceux des lacs. Tel est celui de l'oued Djedi et de l'oued Biskra, près du caravanserai de Saada. Mais, à la suite des pluies hivernales, les torrents se précipitent, les rivières coulent à pleins bords, les lacs se remplissent; le désert prend l'aspect d'une lagune. Toutes les parties basses sont sous l'eau, et les portions émergées forment des îles, des isthmes, des langues de terre, des presqu'îles temporaires. Bientôt, sous le soleil implacable de l'Afrique, cette masse d'eau s'évapore, le sol redevient sec, et une légère couche de sel est la seule trace qui reste de cette inondation passagère. Çà et là cependant une mare persiste durant tout l'été; ailleurs la mare a disparu, mais le sol détrempé forme une véritable boue dans laquelle on ne saurait s'aventurer sans danger. Enfin, la plupart du temps, le terrain est sec, uni, complétement dépourvu de végétation, et semblable à un champ que la herse a nivelé. Les chotts, ou lacs salés, sont les seuls témoins permanents de l'ancienne mer qui couvrait le Sahara.

La proportion de sel qui pénètre le sol modifie la végétation du désert d'érosion. Cependant on y retrouve la plupart des plantes que nous avons rencontrées sur les plateaux. Ce sont surtout les Salsolacées qui dominent : pour elles, le sel marin est une condition d'existence à laquelle nulle autre ne saurait suppléer. L'ornement de ces terrains, c'est un arbuste (1) dont les feuilles charnues se couvrent d'efflorescences salines, et dont les panicules de fleurs roses égayent la monotonie du désert. Vers le sud, cet arbrisseau devient presque un arbre et rivalise avec les tamaris, qui occupent les localités humides ; mais à mesure que la proportion de sel augmente, le nombre des espèces diminue, même les touffes des Salsolacées ligneuses (2) deviennent plus rares et plus rabougries. Enfin, si la proportion du sel est trop grande, le terrain reste nu et dépouillé, formant une surface unie où la poussière est inconnue, car le sel la maintient constamment humide : utile enseignement pour l'arrosement de nos voies publiques, d'où la poussière devrait être bannie. Dans les mares permanentes, on remarque quelques plantes analogues à celles des marais salants du Languedoc ; mais dans les chotts la salure est telle, que la vie animale et la vie végétale disparaissent totalement. Ce sont de vastes surfaces d'eau immobile, sans profondeur, qui s'étendent à perte de vue en contournant les berges peu élevées des plateaux gypseux. Sous les rayons du soleil, ces lacs ont des teintes bleuâtres métalliques, rappelant celles de l'acier. L'Oued-Rir, cette longue dépression presque au niveau de la mer, et dont le chott Melrir occupe le fond, est le type du *désert d'érosion*. Une série d'oasis occupent les parties arrosées depuis Om-el-Tiour (la mère du faucon), sur le bord occidental du chott, jusqu'à Tougourt et au delà. Les dunes de sable commencent à se montrer dans l'Oued-Rir, mais non d'une manière continue ; elles se multiplient aux environs de Tougourt, et nous annoncent l'approche du véritable désert.

Le désert de sable. — On donne le nom de *Souf* à ce désert de sable qui s'étend de Tougourt aux frontières de la Tunisie.

---

(1) *Limoniastrum Guyonianum.*
(2) *Salsola vermiculata, Anabasis articulata, Sueda fruticosa,* etc.

C'est une des parties que nous avons visitées. Si le désert des plateaux est l'image d'une mer figée pendant un calme plat, le désert de sable nous représente une mer qui se serait solidifiée pendant une violente tempête. Des dunes semblables à des vagues s'élèvent l'une dernière l'autre jusqu'aux limites de l'horizon, séparées par d'étroites vallées qui représentent les dépressions des grandes lames de l'Océan, dont elles simulent tous les aspects. Tantôt elles s'amincissent en crêtes tranchantes, s'effilent en pyramides et s'arrondissent en voûtes cylindriques. Vues de loin, ces dunes nous rappelaient aussi quelquefois les apparences du *névé* dans les cirques et sur les arêtes qui avoisinent les plus hauts sommets des Alpes. La couleur prêtait à l'illusion. Modelés par les vents, les sables brûlants du désert prennent les mêmes formes que les névés des glaciers. Ces dunes sont composées uniquement de sable siliceux très-fin, semblable à celui de Fontainebleau, et dans quelques points on retrouve le grès friable qui leur a donné naissance ; elles ont été formées sur place et non point amenées par les vents de la région montagneuse. Dans le Souf, le fond de la mer saharienne était du grès ou du sable déposé par des courants. Ce sable, aujourd'hui à sec, est sans cesse remanié par le vent. Néanmoins les dunes ne se déplacent pas et conservent leur forme, quoique le vent, pour peu qu'il soit un peu fort, enlève et entraîne le sable de la surface. On voit alors une couche de poussière mobile courir dans les vallées, remonter les pentes des dunes, en couronner les crêtes et retomber en nappe de l'autre côté. Deux vents, celui du nord-ouest et celui du sud ou simoun, règnent dans le désert. Leurs effets se contre-balancent : l'un ramène le sable que l'autre a déplacé, et la dune reste en place et conserve sa forme. L'Arabe nomade la reconnaît, et c'est pour les étrangers seulement que des signaux formés d'arbrisseaux qu'on accumule sur les crêtes jalonnent la route des caravanes.

Quand le temps est clair, rien de plus facile que de se diriger dans ces solitudes; mais quand le simoun se lève, alors l'air se remplit d'une poussière dont la finesse est telle qu'elle se tamise à travers les objets les plus hermétiquement fermés, pénètre dans les yeux, les oreilles et les organes de la respiration. Une chaleur brûlante, pareille à celle qui sort de la bouche d'un four, embrase l'air et brise les forces des hommes et des animaux. Assis sur le sable, le dos tourné du côté du vent, les Arabes, enveloppés de leurs bournous, attendent avec une résignation fataliste la fin de la tourmente; leurs chameaux, accroupis, épuisés et haletants, étendent leurs longs cous sur le sol brûlant. Vu à travers ce nuage poudreux, le disque du soleil, privé de rayons, est blafard comme celui de la lune. Le 7 mars 1844, la colonne commandée par le duc d'Aumale essuya un simoun près de l'oasis de Sidi-Obkah, non loin de Biskra. Le vent soufflait de l'ouest-sud-ouest; l'ouragan dura quatorze heures. M. Fournel, ingénieur des mines, qui accompagnait l'expédition, constata le lendemain que le vent n'avait balayé qu'une zone étroite du désert parallèle à l'Aurès, et que le calme régnait au pied de la montagne. Dans le Souf, ces vents ensevelissent les caravanes sous des masses de sable énormes : c'est ainsi que périt l'armée de Cambyse, et les nombreux squelettes de chameaux que nous rencontrâmes témoignent que ces accidents se renouvellent encore quelquefois.

Le gypse n'a pas disparu complétement dans le désert de sable, mais il ne forme que dans les vallées des surfaces continues et dénudées, comme sur les déserts en plateaux ; rarement pavimenteux, il se montre sous la forme de cristaux de figures variées et pénétrés de silice, rhomboèdres, macles, fers de lance, cristaux lenticulaires. Il n'y a point d'autres pierres. Vous ramassez un caillou, c'est un cristal. Les villages sont entourés d'enceintes crénelées bâties de cristaux, les murailles des maisons le sont également : elles supportent un plafond formé de troncs de palmiers juxtaposés horizontalement, ou bien un dôme de plâtre moulé sur une charpente de feuilles de palmier entre-croisées. Rien de plus pittoresque que l'aspect de ces villages fortifiés, surmontés de dômes d'une blancheur éblouissante : ils ressemblent à des ruches d'abeilles pressées les unes contre les autres. Seuls, le minaret de la mosquée ou un palmier isolé s'élèvent au-dessus du niveau général, et signalent de loin le village caché dans les replis des dunes qui l'entourent.

Quand le sable conserve une certaine fixité, grâce au gypse qui le maintient, la végétation n'est point complétement éteinte. On retrouve çà et là quelques spécimens de la flore des plateaux, en particulier les *Retama* et les *Ephedra*. Mais deux plantes caractérisent spécialement le Souf : c'est d'abord une grande graminée qui élève à 2 mètres au-dessus du sable ses longues feuilles linéaires balancées par le vent, le drin (1), si recherché par les chameaux, et l'ezel (2), arbrisseau de la famille des Polygonées, voisin, dans la classification, du blé-sarrasin et des renouées. Sa hauteur totale est d'un mètre environ. D'un tronc ligneux partent de longues racines s'étendant à 4 ou 5 mètres et le plus souvent déchaussées ; le tronc porte des branches noueuses terminées par de nombreux rameaux verts, cylindriques et sans feuilles, qui se détachent et tombent pendant l'hiver. Tous ces arbrisseaux, ainsi que les *Ephedra*, étaient inclinés vers le sud-est, et nous indiquaient que le nord-ouest est le vent le plus fort et le plus fréquent. Ils nous rappe-laient, par leurs formes et leur allure penchée, ces pins rabou-gris des Alpes et des Pyrénées, que le vent et la neige courbent tous dans le même sens, et appliquent quelquefois contre les rochers, sur lesquels leurs branches se moulent en s'étalant. Le sable est la neige du Sahara : quand il n'est plus retenu par des surfaces gypseuses et devient le jouet du moindre souffle de

(1) *Aristida pungens.*
(2) *Calligonum comosum.*

vent, alors toute végétation disparait, le désert est nu et
dépouillé. Rien de plus morne que cet aspect. Ces dunes jaunâtres, qui se succèdent uniformément jusqu'à l'horizon,
semblent les replis d'un vaste linceul étendu à la surface de la
terre. On frémit à l'idée de s'avancer dans ces solitudes, de
monter et de redescendre sans cesse sur ce sable mouvant, qui
s'éboule sous les pas des hommes et des chevaux, mais où le
large pied du chameau ne laisse qu'une légère empreinte. Aussi
quel étonnement de voir tout à coup des cimes de palmiers
apparaître au milieu des dunes, et dans leur voisinage des maisons habitées par de laborieux cultivateurs ! Les déserts, comme
les montagnes, sont le refuge des opprimés. Gétules, Numides,
Berbères, fuyant les conquérants qui ont dominé successivement en Afrique, ont peuplé les régions les plus arides, abandonnant au vainqueur les terres fécondes qu'il devait laisser en
friche, tandis que la montagne et le désert devenaient fertiles.

Le désert de sable est inanimé. Comment en serait-il autrement? Point de plantes, partant point d'herbivores ni d'insectes ;
point d'insectes, partant point d'oiseaux, de reptiles ni de carnassiers. Cependant un renard blanc, l'animal aux longues
oreilles décrit par Buffon, le fennec (1), creuse ses terriers dans
les dunes, et quelques gazelles les franchissent dans leur course
légère. Nous n'aperçûmes qu'un petit rongeur, voisin des gerbilles, qui s'enfonce dans le sable avec une extrême rapidité (2),
et un joli lézard (3) qu'on retrouve également en Égypte.

Telles sont les trois formes du désert. Pour achever le tableau,
nous devons décrire les îlots de végétation, les oasis dont il est
semé.

---

(1) *Canis zerda.*
(2) *Psammomys Saharæ.*
(3) *Acanthodactylus Boskii.*

LES OASIS.

Strabon compare le Sahara à une peau de panthère : le fond
jaune de la peau, c'est le désert ; les taches noires sont les
oasis. Rien de plus exact : le désert est jaune, les oasis sont
noires. Les cimes des palmiers, rapprochées l'une de l'autre,
forment une surface unie dont le vert foncé paraît noir par un
effet de contraste. On appelle oasis un assemblage de jardins
et de cultures isolé dans le Sahara ; le village ou les villages
sont dans le centre ou au pourtour. Aux trois formes du désert
que nous avons distinguées correspondent trois genres d'oasis
dont l'existence se rattache à des conditions différentes. L'oasis
des plateaux est arrosée par un cours d'eau ou une source abondante ; celle des vallées d'érosion, par des puits artésiens naturels ou artificiels ; celle du désert de sable n'est point arrosée.
Les racines des palmiers, plantés au fond de cavités coniques
creusées de main d'homme, peuvent atteindre la nappe d'eau
qui les nourrit. Toute oasis se compose principalement de palmiers-dattiers qui semblent former une forêt continue ; mais en
réalité ils sont plantés en lignes dans des jardins séparés par
des murs de terre percés en amont d'un orifice par lequel la
rigole d'irrigation pénètre dans le carré. Les déblais employés
à élever les murs étant empruntés aux chemins, ceux-ci sont
en contre-bas des terres et servent à un double usage : ils faci-
litent la circulation dans l'oasis, et les eaux qui ont arrosé les
jardins et dessalé le sol se déchargent dans ces chemins creux,
d'où elles coulent vers les chotts, ou forment des marais que
l'incurie musulmane ne songe pas à dessécher. La fièvre s'élance
chaque année de ces foyers d'infection, et décime cruellement
ces populations imprévoyantes. On comprend qu'une oasis soit
une forteresse : chaque carré de jardin est une redoute ; le boulet
se loge dans ces murs de terre, et s'il les perce, c'est une meur-

trière nouvelle par laquelle l'Arabe glisse son fusil pour ajuster l'ennemi. Quand on a vu ces damiers de murs de terre, avec les palmiers dont chaque tronc peut cacher un homme, on ne s'étonne plus qu'en 1849 la prise d'une seule oasis, celle de Zaatcha, ait coûté cinquante-deux jours de siége, neuf cents hommes et soixante officiers (1). Les villages eux-mêmes sont entourés de murs flanqués de tours, et rappellent tous les motifs des fortifications pittoresques du moyen âge.

Le dattier (2) est l'arbre nourricier du désert; c'est là seulement qu'il mûrit ses fruits: sans lui, le Sahara serait inhabitable et inhabité. La poésie arabe en a fait un être animé créé par Dieu le sixième jour, en même temps que l'homme. Pour exprimer à quelles conditions il prospère, l'imagination des Sahariens exagère le vrai, afin de le rendre plus palpable. « Ce roi des oasis, disent-ils, doit plonger ses pieds dans l'eau et sa tête dans le feu du ciel. » La science consacre cette affirmation, car il faut une somme de chaleur de 5100 degrés accumulée pendant huit mois pour que le dattier mûrisse parfaitement ses fruits (3). La somme de chaleur est-elle moindre, les fruits nouent, mais ils grossissent à peine, restent âpres au goût et privés de la fécule et du sucre qui constituent leurs propriétés nutritives.

Le climat du Sahara réalise ces conditions. La température moyenne de l'année doit être de 20 à 24 degrés, suivant les localités (4). Les chaleurs commencent en avril et ne cessent qu'en octobre. Pendant l'été, le thermomètre atteint souvent 45 degrés, et même 52 degrés à l'ombre, par exemple : le 15 août 1859 et le 17 juillet 1863 à Tougourt. L'hiver est rela-

---

(1) Voyez, sur le siége de Zaatcha, le récit de M. Ch. Bocher dans la *Revue des deux mondes* du 1er avril 1851.

(2) *Phœnix dactylifera.*

(3) La chaleur n'étant utile à cet arbre qu'à partir de 18 degrés, toute température inférieure à ce degré n'entre pas dans le calcul.

(4) La température moyenne de Paris est de 10°,1.

tivement froid. A Biskra, le thermomètre descend quelquefois en février à 2 et 3 degrés au-dessous de zéro. Dans l'Oued-Rir, nos officiers ont vu leurs bidons remplis d'eau couverts, le matin, d'une mince couche de glace. J'ai constaté moi-même qu'en novembre et décembre 1863, le thermomètre, à un mètre au-dessus du sol, oscillait, avant le lever du soleil, autour de 6 degrés, mais dans le jour il atteignait d'ordinaire 20 degrés à l'ombre. Les dattiers supportent parfaitement un froid nocturne sec et passager de 6 degrés au-dessous de zéro, et une chaleur de 50 degrés. Le sable du désert, qui rayonne beaucoup, se refroidit plus que l'air, et conserve à quelques décimètres de profondeur une certaine fraîcheur qui se communique aux racines des arbres.

Les pluies sont rares dans le Sahara; elles tombent en hiver et provoquent le réveil de la végétation desséchée par les chaleurs de l'été. Quelquefois elles sont torrentielles, mais de courte durée. A Tougourt et à Ouargla, des années entières se passent sans qu'il tombe une goutte d'eau. Comprend-on maintenant la reconnaissance des Arabes pour l'arbre aux fruits sucrés qui prospère dans le sable, arrosé par des eaux saumâtres mortelles à la plupart des végétaux, restant vert quand tout autour de lui se torréfie sous les rayons d'un soleil implacable, résistant aux vents qui courbent jusqu'à terre sa cime flexible, mais ne sauraient ni rompre son stipe, composé de fibres entrelacées, ni déraciner sa souche, retenue par des milliers de racines adventives qui, descendant du tronc vers la terre, le lient invariablement au sol? Aussi peut-on dire sans métaphore : Un seul arbre a peuplé le désert ; une civilisation rudimentaire, comparée à la nôtre, très-avancée par rapport à l'état de nature, repose sur lui ; ses fruits, recherchés dans le monde entier, suffisent aux échanges, et créent non-seulement l'aisance, mais la richesse. Dans les trois cent soixante oasis qui appartiennent à la France, chaque dattier acquitte un droit qui varie de 20 à 40 centimes suivant les oasis ; et ces cultures prospèrent, le produit moyen de chaque arbre étant de 3 francs environ.

Le nombre des dattiers fait la richesse d'une oasis ; mais tous ne donnent pas des fruits : en effet, cet arbre est dioïque. Il y a des pieds mâles et des pieds femelles. Les pieds mâles ont des fleurs munies d'étamines seulement, et formant une grappe renfermée avant la maturation du pollen dans une enveloppe appelée spathe. Les pieds femelles, au contraire, portent des régimes de fruits enveloppés également dans une spathe, mais qui ne sauraient se développer, si le pollen ou poussière des étamines ne les a pas fécondés. Pour assurer cette fécondation sans planter un trop grand nombre de mâles improductifs, les Arabes montent, à l'époque de la floraison, vers le mois d'avril, sur tous les individus femelles, et insinuent dans la spathe un brin chargé de fleurs mâles dont les étamines fécondent sûrement les jeunes ovaires ; alors les fruits grossissent, deviennent charnus, et forment des grappes appelées régimes, dont le poids atteint quelquefois de 10 à 20 kilogrammes. Pour multiplier les dattiers, on ne sème pas les noyaux des fruits, quoiqu'ils germent avec une extrême facilité, car on ne saurait ainsi deviner d'avance quel sera le sexe de l'arbre ; on préfère donc détacher du tronc des palmiers femelles un rejeton que l'on plante, et qui devient un arbre productif à partir de l'âge de huit ans.

Le dattier fournit en outre un lait ou liquide sucré qui, par la fermentation, ne tarde pas à prendre une saveur vineuse. Pour l'obtenir, j'ai vu employer à Tougourt le procédé suivant. On enlève circulairement la couronne de feuilles, en ne ménageant que les inférieures. La section a la forme d'un cône : dans sa base on enfonce un roseau creux par lequel le liquide s'écoule dans un vase qui se déverse à son tour dans un autre suspendu aux feuilles de l'arbre. Celui-ci ne meurt pas toujours après cette mutilation, le bourgeon terminal se reproduit, et le palmier se rétablit peu à peu. L'opération peut être renouvelée jusqu'à trois fois.

La tête des palmiers s'élève à environ 15 mètres au-dessus du sol. L'air circule sous le vaste parasol formé par leurs cimes rapprochées, mais le soleil n'y pénètre pas. De l'ombre, de l'air et de l'eau, tels sont les trois éléments qui permettent les cultures les plus variées dans les jardins de palmiers, malgré les chaleurs brûlantes de l'été. On y remarque d'abord des arbres à fruits : le figuier, le grenadier, l'abricotier; quelque-fois la vigne, l'olivier; plus rarement le pêcher, le poirier et l'oranger. Les légumes sont communément cultivés pendant l'hiver : ce sont les navets, les choux, les oignons, les carottes, les fèves et le piment (1), condiment indispensable de ces sauces arabes (*merga*) destinées à relever les forces digestives de l'es-tomac chez des peuples qui s'abstiennent de vin et de liqueurs alcooliques. On remarque encore des potirons, des courges, des pastèques; de petits carrés de luzerne qui fournissent jusqu'à huit coupes par an ; le henné (2), qui sert à teindre en jaune les ongles des femmes arabes, et le tabac rustique (3), cultivé sur-tout dans le Souf. En hiver, on voit dans les clairières des oasis, ou alentour, des champs verdoyants : ce sont des orges et quel-quefois des blés hâtifs qui sortent de terre. La culture du coton n'est encore qu'à l'état d'essai, mais grosse d'avenir, dans les terrains arrosables par de l'eau douce ou peu chargée de sels. Étudions maintenant les diverses espèces d'oasis, en commen-çant par les oasis des plateaux ou de la steppe.

Des torrents sortent des monts Aurès et des Ziban, qui bor-dent le Sahara oriental. Un chapelet d'oasis s'est égrené sur leurs bords : telles sont celles d'El-Kantara, d'El-Outaïa, de

(1) *Capsicum annuum.*
(2) *Lawsonia inermis.*
(3) *Nicotiana rustica.*

Biskra, toutes situées sur la même rivière qui fournit l'eau nécessaire aux irrigations des jardins; telles sont encore les oasis
de Branis, de Zeribed-el-Oued, Liana, Bou-Saada, etc. Ces oasis
sont adossées au pied des montagnes. Il en est de même de celles
qui doivent leur existence aux sources abondantes justement
appelées *vauclusiennes*, qui surgissent du sol au contact des terrains horizontaux du Sahara avec les couches relevées des montagnes : les oasis d'Oumache, de Zaatcha, de Tolga, etc., par
exemple. Quelquefois ces sources sont thermales, comme celle
qui arrose l'oasis de Chetma, voisine de Biskra, dont les eaux
ont une température de 35 degrés. Mais toutes les sources
qui descendent des hauteurs ne jaillissent pas à leur pied, elles
s'infiltrent entre les couches horizontales de la plaine saharienne,
et, arrêtées par des bancs d'argile imperméable, elles forment
des cours d'eau souterrains comparables à ceux qui circulent
à la surface. Ces eaux, protégées par le sol qui les recouvre, ne
s'évaporent pas sous les feux du soleil, et, coulant sur un fond
argileux, elles ne se perdent pas dans les profondeurs de la terre.
Un réseau de rivières souterraines circule donc sous les couches
superficielles du Sahara. Ces eaux tendent sans cesse à repren-
dre le niveau de leur point d'infiltration. Si donc la couche la
plus superficielle du sol se compose de sable ou de terrains
meubles, l'eau rejettera ces matériaux au dehors et surgira à la
surface : c'est un puits artésien naturel. Les Arabes lui donnent
le nom de *schreia* (nid). Dans l'Oued-Rir, on voit souvent de loin
un monticule conique couronné de quelques palmiers ; le sommet du cône est creusé d'une excavation remplie d'eau : c'est
une *schreia*. Si le débit est abondant, l'Arabe creuse un canal
de dérivation appelé *saguia*, dirige l'eau vers ses plantations, et
crée une petite oasis.

Dès les temps les plus anciens, les habitants du Sahara ont
cherché à imiter la nature et à creuser des *schreias* artificielles.
Olympiodore, qui écrivait, selon Niebuhr, à Alexandrie vers le

milieu du VIe siècle, rapporte qu'on a creusé des puits, dans son pays natal, de 200 à 300 et quelquefois 500 coudées (90 à 230 mètres) de profondeur. Photius cite un passage de Diodore, évêque de Tarse, mort vers l'an 390 après Jésus-Christ; parlant de la grande oasis située dans le désert, à une quarantaine de lieues de l'Égypte, il s'exprime en ces termes : «Pourquoi, dit-il, la région intérieure de la Thébaïde qu'on nomme *oasis* n'a-t-elle ni rivière, ni pluie qui l'arrose, mais n'est-elle vivifiée que par le courant des fontaines qui jaillissent du sol, non d'elles-mêmes, ni par les pluies qui tombent sur la terre et qui remontent par ses veines, comme chez nous, mais grâce à un grand travail des habitants? Serait-ce l'indice que les lieux qui produisent des fontaines de ce genre, fontaines qui donnent naissance à de vrais fleuves d'une eau aussi douce que limpide, sont dominés par des hauteurs? Mais au contraire ces vastes plaines, très-éloignées des montagnes, sont tout à fait unies et complétement arides, ou tout au moins ne renferment qu'une très-petite quantité d'eau lourde et salée qui ne surgit pas du sein de la terre, mais qui se trouve dans les creux et ne suffit pas pour étancher la soif pendant l'été. » M. Ayme, chimiste manufacturier, qui avait établi en 1848 de grandes fabriques d'alun dans deux oasis égyptiennes dont il était gouverneur, a curé plusieurs de ces puits et en a donné la description. Ils étaient munis d'une soupape de pierre de la forme d'une poire, qui s'adaptait au trou dont la roche était percée ; attachée une corde, cette soupape permettait de modérer à volonté l'ascension de l'eau, dont l'abondance est telle qu'elle eût sans cela inondé l'oasis. Ces puits étaient profonds. Mais le docteur Griffith, qui a traversé plusieurs fois les déserts de l'Égypte, affirme que l'on rencontre l'eau à de très-petites profondeurs dans le sable : il suffit de percer avec une verge la roche très-peu épaisse qui retient les eaux captives. Cette verge, c'est celle de Moïse faisant jaillir l'eau du rocher dans le désert du Sinaï !

L'imagination d'un peuple enfant voyait un miracle dans ce fait
naturel, conséquence nécessaire de l'hydrographie souterraine
de la contrée et des lois de l'équilibre des fluides. Un historien
arabe du xiv⁰ siècle, Ibn-Khaldoun, nous raconte qu'il existait
à cette époque des fontaines jaillissantes dans le Sahara. Pour
lui, c'est également un fait miraculeux, et il ajoute : « Dans ce
monde, le possesseur des miracles, c'est Dieu, le créateur et
le savant. » Il en est de même aujourd'hui. Aux yeux de l'Arabe
tout est merveille, et pour lui ce n'est pas le surnaturel, c'est le
naturel qui n'existe pas. Dans le Sahara, une légende se rattache
à chaque monticule, à chaque trou, à chaque vallée, à chaque
fontaine, à chaque mare, et même aux arbres isolés. Le désert
fourmille de miracles enfantés par l'imagination sémitique.

Les habitants des oasis creusent actuellement encore des
puits artésiens. Le travail est très-pénible. A mesure qu'ils foncent, les terres sont soutenues par des blindages de bois de
palmier ; quand l'eau jaillit, le puits est encore obstrué par des
sables. Des plongeurs (*rtass*) munis de paniers descendent le
long d'une corde et enlèvent ce sable ; ils peuvent rester jusqu'à trois minutes sous l'eau. Quand l'un deux ne remonte pas,
les autres plongent pour le secourir. Exempts d'impôts, ils formaient une corporation respectée ; car leur vie est courte, la
phthisie les emporte avant l'âge. Ces puits arabes durent peu.
Le blindage pourrit, les terres s'éboulent, le sable obstrue
l'orifice intérieur : alors, faute d'eau, les dattiers déclinent
et périssent ; les villages se dépeuplent, l'oasis se rétrécit,
et finit par disparaître. Le désert reprend possession du domaine que le travail de l'homme lui avait arraché. Avant l'occupation française, beaucoup d'oasis étaient dans ce cas : les
unes n'existaient plus, les autres languissaient, aucune ne pouvait s'étendre. Le général Desvaux, alors colonel, commandait
la subdivision de Bathna. Il comprit que les puits artésiens étaient
la vie des oasis, et résolut de les multiplier. M. Dubocq, ingé-

nieur des mines, avait publié en 1853 un mémoire sur la constitution géologique des Ziban et de l'Oued-Rir, montrant que
la science confirme les indications de la pratique, savoir, l'existence d'une nappe souterraine dans certaines régions du Sahara.
En 1855, M. Ch. Laurent, mandé par le général Desvaux, explora
le pays au point de vue spécial des sondages artésiens. M. Jus,
ingénieur civil attaché à la maison Degousée et Ch. Laurent,
arriva en avril 1856 avec un équipage de sonde à Philippeville. Toutes les difficultés de transport sont vaincues : à travers les montagnes, les torrents, les sables, le pesant appareil
arrive à Tamerna, non loin de Tougourt, après avoir franchi
340 kilomètres. Le premier coup de sonde fut donné au commencement de mai 1856, et, le 19 juin, une véritable rivière,
fournissant 4010 litres d'eau par minute, 610 litres de plus que
le puits de Grenelle à Paris, s'élança des entrailles de la terre.
La joie des indigènes fut immense. La nouvelle de ce forage se
répandit dans le sud avec une rapidité inouïe : on vint de très-
loin pour voir cette merveille. Dans une fête solennelle, le marabout avait béni la fontaine nouvelle, et lui avait donné le nom
de fontaine de la Paix.

Une oasis, celle de Sidi-Rached, non loin de Tamerna, dépé-
rissait à vue d'œil. Les puits avaient tari, des dunes formées
d'un sable d'une finesse extrême (1) envahissaient les cultures.
J'ai vu enterrés dans le sable des dattiers dont la cime seule
était encore visible ; d'autres, maigres, languissants, présentaient
sur les troncs des étranglements qui témoignaient de la sécheresse dont l'arbre avait souffert. Vainement les habitants avaient
élevé des palissades et construit un marabout sur la cime de la
dune la plus élevée : la dune marchait toujours, l'oasis était
perdue. Les indigènes essayèrent de creuser un puits, mais à

(1) Un jeune chimiste, M. A. Moitessier, a analysé ce sable, dont 100 parties se composent de : silice, 80 ; sulfate de chaux, 13 ; carbonate de chaux, 7.

40 mètres de profondeur ils rencontrèrent un banc de gypse qu'ils ne purent percer. L'atelier français arrive ; des tubes sont descendus dans le puits abandonné, le trépan perfore la couche de gypse, et au bout de quatre jours de travail une nappe de 4300 litres à la minute jaillit comme un fleuve bienfaisant. Actuellement les palmiers renaissent ; les dunes, fixées par des plantations de tamaris, n'avancent plus, l'oasis est sauvée. On devine la joie des habitants ; mais, fatalistes incurables, ils remercient le dieu de Mahomet d'avoir permis que les Français terminassent le puits, dont sa colère avait interdit l'achèvement aux disciples de son prophète : meilleurs croyants, ils eussent fait surgir l'eau sans le secours des infidèles. Ainsi raisonne toujours le fanatisme religieux.

Après ces sondages, M. Jus fut envoyé par le général Desvaux dans le Hodna, fertile bassin situé entre Bathna et Biskra. Onze puits ont été déjà forés. Dans le Sahara, M. Lehaut, sous-lieutenant de spahis, après avoir étudié en France et suivi la campagne de 1857 avec M. Jus, fut chargé de plusieurs forages dans la steppe comprise entre Biskra et le chott Melrir. Il y creusa trois puits ; mais cinq années consacrées aux travaux artésiens dans le Sahara avaient épuisé sa constitution, il mourut le 14 mai 1860. Un modeste monument élevé près du puits d'Ourlana, qui porte son nom, rappelle ses services et sa mort glorieuse sur le champ de bataille de la civilisation et de l'humanité. Ce puits d'Ourlana est un des plus abondants de l'Oued-Rir, il fournit 3270 litres par minute, et fait tourner immédiatement un moulin arabe. Il a été creusé en 1860 par le capitaine d'artillerie Zickel, chargé des forages dans le Sahara oriental, et qui voulut bien diriger dans le désert notre petite caravane. Par ses soins et ceux de ses deux prédécesseurs, quarante-cinq puits ont été ouverts en dix ans dans l'Oued-Rir et sur le plateau compris entre Biskra et le chott Melrir. La profondeur moyenne de trente-cinq d'entre eux, qui m'est connue, est de

74 mètres. Le plus profond, celui de Taïr-Raçou, a 162 mètres de profondeur, le moins profond n'en a que 6 ; ce sont tous les deux des puits ascendants où la colonne d'eau ne s'élève pas au-dessus de la surface du sol. Le débit moyen des puits qui déversent est de 1917 litres par minute ; le plus abondant est celui de Sidi-Amrin, dans l'Oued-Rir : il donne 4800 litres par minute ; un des trois puits de Chegga n'en fournit que 19. La température de ces puits est élevée, mais non supérieure à la moyenne annuelle de l'air dans la région où ils surgissent. J'ai pris moi-même celle de treize d'entre eux, elle est en moyenne de 24°,2, variant de 23°,0 à 25°,3. Rien de plus gracieux que l'aspect de ces fontaines. Le tube est au centre d'un bassin cir-culaire : en s'épanchant au-dessus des bords, la nappe arté-sienne forme une coupole transparente. Cette coupole présente des pulsations isochrones comme celles du pouls ; elle se gonfle et s'affaisse alternativement, le volume d'eau variant régu-lièrement entre de faibles limites. Pourquoi faut-il que cette eau si belle et si pure soit plus ou moins saumâtre et chargée des sels dont la terre est imprégnée ! Diverses analyses faites par MM. Vatonne et Lefranc montrent que ces eaux contiennent toujours de 1 à 3 grammes de sulfate de soude par litre, de 1 à 2 grammes de sulfate de chaux, puis du chlorure de sodium, de magnésium et du carbonate de chaux. Véritables eaux miné-rales, elles sont légèrement purgatives, et le voyageur novice s'en aperçoit bientôt.

Plusieurs de ces puits présentent une particularité qui pen-dant longtemps n'a trouvé que des incrédules parmi les natura-listes. Au moment du jaillissement des eaux du puits d'Aïn-Tala, dont la profondeur est de 44 mètres, le capitaine Zickel remarqua de petits poissons qui se débattaient dans le sable rejeté par l'orifice du puits. Nous en avons vu nous-même dans le canal d'écoulement de plusieurs puits et dans quelques fon-taines artésiennes naturelles. Les plus grands de ces poissons

n'excèdent pas 4 centimètres de longueur. Ce sont des malaco-
ptérygiens ressemblant à nos ablettes. Ils sont identiques avec
une espèce (1) des eaux douces de Biskra, décrite par M. le
docteur Guichenot. Le mâle est différent de la femelle, en ce qu'il
est barré transversalement ; aussi quelques auteurs l'ont-ils pris
pour une espèce différente (2). Les yeux de ces petits êtres sont
très-bien conformés, quoiqu'ils passent une partie de leur existence dans l'obscurité. Du reste, le fait n'est pas unique dans la
science, et M. Ayme, gouverneur des oasis de Thèbes et de
Garbe en Égypte, écrivait en 1849, à MM. Degousée et Ch. Laurent, qu'un puits artésien antique, de 105 mètres de profondeur,
qu'il avait nettoyé, lui fournissait pour sa table des poissons qui
provenaient probablement du Nil, le sable qu'il avait extrait de
ce puits artésien étant identique avec celui du fleuve. Dans le
Sahara comme en Égypte, ces poissons seraient donc entraînés
par les eaux qui s'infiltrent dans le sol jusqu'à la nappe souterraine, dont les puits artésiens sont les évents.

Les conséquences de ces forages artésiens dépassent toutes
les prévisions. Exécutés dans le désert sur des points convenablement choisis, ils serviront d'étapes et de lieux de bivac aux
voyageurs et aux colonnes qui pénètrent dans ces solitudes :
tels sont les puits de Saada, de Chegga, d'Om-el-Tiour et d'Ourir, sur la route de Biskra à Tougourt. Des essais de culture
faits autour de ces puits ont assez bien réussi (3). Les puits
artésiens forés dans les oasis par les Français en augmentent
l'étendue : les nouveaux terrains qu'ils arrosent sont d'abord

(1) *Cyprinodon cyanogaster.*

(2) *Cyprinodon doliatus.*

(3) Un pauvre nègre du Bournou avait été pris comme esclave, amené par
son maître chez les Touaregs et vendu successivement quatre fois. Étant arrivé
enfin dans les possessions françaises, il apprit qu'il était libre, et on lui donna,
près des puits de Chegga, des terres où il cultive de l'orge, du millet, des pastèques, des navets, et élève quelques volailles, achetées par les voyageurs.

dessalés, puis plantés en palmiers, qui produisent au bout de huit ans. Le nombre des palmiers plantés depuis 1856 s'élève à 150 000. Sous cet ombrage, d'autres arbres fruitiers prospéreront, et la culture hibernale de l'orge et des légumes d'Europe s'accroîtra et contribuera notablement au bien-être des habitants. Sans être taxé d'exagération, on peut prévoir l'époque où une forêt de palmiers non interrompue s'étendra d'El-Kantara jusqu'à Ouargla, la dernière oasis dans le sud soumise à la domination française. Sous le règne des Turcs ou des sultans indigènes, les oasis diminuaient en nombre et en étendue. Des guerres sans cesse renaissantes, des razzias continuelles, désolaient le pays. L'agresseur abattait les palmiers, comblait les puits ou détournait les eaux. Ainsi, en 1788, Salah, bey de Constantine, assiége Tougourt : la ville résiste ; alors les soldats se mettent à couper les palmiers en vue des assiégés. Le cheikh Ferhat, pour éviter la ruine complète du pays, se soumit à toutes les conditions. On voit encore au nord-est de la ville une immense plaine sablonneuse au milieu de laquelle s'élève le village presque ruiné d'El-Balouch ; jadis il était entouré de palmiers : depuis un siècle, le désert a repris possession du terrain. Dans la direction de Temmaçin, quelques palmiers épars çà et là dans le sable sont les seuls survivants d'une immense forêt qui réunissait les deux villes, dont la longue rivalité a permis au désert de se reformer entre elles. En 1844, la prise de Biskra amena la soumission de Tougourt, où régnait alors le cheikh Ben-Djellab. A sa mort, en 1854, un usurpateur, du nom de Sliman, se déclara l'ennemi de la France ; mais, au mois de novembre de la même année, le colonel Desvaux fut envoyé contre Sliman avec une petite colonne ; il le battit à Mgarin-Kedima, et entra à Tougourt le 2 décembre. Mgarin, le théâtre du combat, est une oasis détruite pendant les discordes civiles des Arabes. Sur un mamelon, on aperçoit les ruines d'une mosquée. De petites protubérances éparses dans la plaine marquent encore la place

des palmiers abattus dans ces guerres déplorables. Depuis que
ces contrées appartiennent à la France, la paix règne entre les
peuplades. Grâce aux puits artésiens, le Berbère cultivateur et
sédentaire n'est plus opprimé par l'Arabe nomade et paresseux.
Celui-ci, par droit de conquête, reste propriétaire des oasis, et
n'accorde au Berbère que la moitié du produit. Chaque automne,
à l'époque de la récolte des dattes, le nomade arrive, plante ses
tentes près de l'oasis, vient exiger sa part des récoltes; et sa
moitié était jadis toujours plus grande que celle du pauvre
métayer, aux dépens duquel il vivait souvent pendant une partie
de l'hiver. Ces abus ont cessé. L'autorité française ne prétend
pas déposséder le nomade; mais les puits artésiens permettent
de donner des terres au Berbère : celui-ci devient propriétaire
à son tour, plante des palmiers exempts d'impôts pendant huit
ans, et s'affranchit peu à peu de la misère et du nomade en lui
rachetant le sol. Ainsi se poursuit l'œuvre civilisatrice inaugurée
par la sonde artésienne. Grâce à elle, la culture s'étend, et c'est
le cultivateur qui en profite; le nomade, *noblement* oisif, sera
peu à peu dépossédé. J'ai vu ses tentes noires assiéger l'oasis
de Mraier comme une bande de corbeaux affamés abattue sur
un champ de blé. Entourés de leurs chiens jaunes hurlant jour
et nuit, ces vagabonds croupissent dans la paresse et la saleté.
Chez eux, la femme est méprisée, opprimée, maltraitée, chargée
de tous les fardeaux, assujettie à tous les travaux, tandis que
son seigneur et maître fume majestueusement son éternel chi-
bouck. La malheureuse créature a le sentiment de son abjec-
tion; elle se cache comme une bête fauve, et n'ose pas même
regarder furtivement l'étranger qui passe devant le camp. A sa
vue, elle disparaît et va se blottir dans un réduit de toile caché
derrière la tente, tandis que son mari trône sur les piles de
coussins qu'elle a disposés pour lui. Chez le Berbère de l'Oued-
Rir et du Souf, la femme est moins opprimée, plus propre et
moins sauvage; elle se voile, mais elle ose regarder un homme,

sinon en face, du moins à travers la fente d'une porte ou l'embrasure d'une fenêtre. Sa condition est supportable, et là comme ailleurs cette condition donne la mesure du degré de civilisation du peuple dont elle fait partie.

Il nous reste à faire connaître les oasis du désert de sable, c'est-à-dire du Souf, district compris entre l'Oued-Rir et les frontières de la Tunisie. J'ai décrit l'aspect désolé de ces contrées où une dune aride succède à l'autre, et où le sol, formé de sable fin, semble participer de la fluidité de l'eau. Nous avions déjà passé deux jours, le 2 et le 3 décembre, dans ce désert. Toute végétation avait disparu. J'étais monté sur un dromadaire pour embrasser du haut de cet observatoire mobile une plus grande surface de la contrée. Marchant d'un pas égal et mesuré, l'animal balançait sa petite tête au bout de son long cou, et coupait sans s'arrêter les longues feuilles des touffes de drin (1) qui se trouvaient à sa portée. Dans les intervalles des dunes, je ne voyais rien ; mais, arrivé au sommet, le désert sans limites s'étendait devant moi. Le soleil, suspendu au-dessus d'un horizon circulaire comme celui de la mer, semblait seul vivant au milieu de cette nature inanimée. Tout à coup j'aperçois des cimes de palmiers dont je ne distinguais pas les troncs ; je crois à une illusion, à un mirage. Nous avançons : les cimes se dessinent mieux, mais les troncs n'apparaissent pas. La caravane s'arrête près d'un puits à bascule ; je cours vers les palmiers : ils étaient plantés au fond d'un trou conique de 8 mètres de profondeur environ. Le sable avait été relevé de tous côtés ; de faibles palissades de feuilles de palmier plantées sur la crête le retenaient sur certains points ; sur d'autres, des cristaux de sulfate de chaux de toutes les formes et de toutes les grosseurs, alignés comme dans une galerie de minéralogie, contribuaient aussi à fixer un peu le sable mobile. Au fond de ces trous, les

(1) *Aristida pungens.*

dattiers étaient plantés sans ordre. Mais ce n'était plus le pal
mier grêle et élancé des oasis, le palmier idéal des peintres;
c'étaient des arbres au tronc cylindrique, court et gros, portant
à quelques mètres du sol des palmes de 5 mètres de long
et une couronne de régimes de dattes, chapiteaux de ces
fûts d'un mètre d'épaisseur. Il me semblait voir les colonnes
basses et massives d'un temple égyptien ou de la mosquée
de Cordoûe. Des racines adventives, partant de la base du
tronc et s'enfonçant dans le sol, formaient à ces colonnes un
piédestal conique, et les grandes palmes s'entrecroisant en
ogive rappelaient ces longues colonnades si habituelles dans les
monuments dont je viens de parler. Le soir, en pénétrant sous
ces voûtes sombres, j'étais saisi d'un véritable sentiment de
respect, et ces palmiers majestueux et immobiles au fond
de leur cratère de sable étaient bien l'emblème de la civilisation africaine, immobile, comme eux, au milieu du monde
agité qui l'entoure. Ces dattiers sont l'objet de soins tout particuliers. Le laborieux habitant du Souf creuse d'abord dans le
sable le trou, appelé *ritan*, dans lequel il les plantera : seul, ou
aidé d'un de ces petits ânes gris de perle qu'on ne voit que dans
cette partie du désert, il remonte le sable, et forme ainsi un
déblai circulaire de 6 à 12 mètres de haut. La crête est conso-
lidée, comme nous l'avons dit, par des feuilles de palmier et des
rangées de cristaux de gypse. Les racines des dattiers plongent
directement dans la nappe d'eau peu profonde qui règne
sous toute la contrée. Quand l'arbre, devenu grand, dépérit
faute de pouvoir atteindre la surface de l'eau qui le nourrit, le
Berbère intelligent l'attache aux arbres voisins avec des cordes,
le déchausse, creuse le sable au-dessous de la motte conservée,
puis descend l'arbre dans le trou qu'il a approfondi afin que les
racines puissent descendre jusqu'à la nappe artésienne.

Là ne se bornent pas les soins dont ces arbres sont l'objet.
Les habitants vont partout sur le trajet des caravanes ramasser

la fiente des chameaux, qu'ils mettent au pied de leurs palmiers. De là la végétation vigoureuse dont nous avons parlé. Dans le Souf le dattier est réellement cultivé comme un arbre à fruits, aussi se charge-t-il de régimes énormes. Les dattes mûrissent dans ces cavités, à l'abri du vent et des rayons du soleil, sous l'influence d'une chaleur sans lumière, mais d'autant plus efficace qu'elle est réfléchie de tous côtés par les talus sablonneux environnants. Le fruit grossit sans se flétrir ni se dessécher : il reste charnu, onctueux et couvert de sucre ; mais que de peines pour obtenir cette unique récolte ! Un seul coup de vent suffit pour combler le *ritan* et ensevelir les palmiers dans le sable. Le pauvre cultivateur, descendant pacifique des Gétules et des Numides, se remet à l'œuvre, creuse de nouveau son jardin, et dégage ses dattiers en rejetant le sable au dehors. Il recommence ce travail de Sisyphe chaque fois que le vent du nord ou celui du sud ensable son verger et les planches de légumes qu'il cultive à l'ombre de ses arbres. En effet, un puits est creusé un peu au-dessus du fond de la cavité ; sa profondeur ne dépasse pas 6 mètres. Au moyen d'une bascule, on tire une outre qui verse l'eau dans une rigole de plâtre, et cette eau est conduite à de petits carrés où végètent, soigneusement débarrassés de toute mauvaise herbe, des navets, des choux, des carottes, du millet, du piment, des pastèques et du tabac. Quelques figuiers, grenadiers ou abricotiers croissent aussi dans ces jardins creux. Les dattes et les légumes que je viens d'énumérer sont l'unique nourriture des habitants du Souf ; ces fruits remplacent même la monnaie : les ouvriers sont payés en dattes, qui sont en outre le seul objet d'exportation. De temps immémorial, elles sont portées par des caravanes à Tunis, d'où elles partent pour l'Europe.

Tunis est une ville essentiellement orientale, ville de fabrique et de commerce, ville de marchands vendant tous les objets imaginables, tous les chiffons, toutes les loques, toutes

les vieilles ferrailles, tous les rebuts les plus infimes. Il existe à
Tunis un bazar, un marché du Temple, dont la description dé-
fierait les plumes et les pinceaux les plus romantiques. C'est là
que l'habitant du Souf trouve ce qui lui convient, le nécessaire
pour son âne, et pour lui le superflu, représenté par des porce-
laines ou des miroirs invendables en Europe, et qui seront le
plus bel ornement de sa pauvre maison. Tant que des commerçants intelligents n'établiront pas dans une ville algérienne des
bazars de cette espèce, les caravanes, la douane aidant, conti-
nueront à se diriger vers Tunis, où le Berbère trouve à la fois les
acheteurs pour ses dattes et des marchands achalandés des objets nécessaires à ses besoins. Grâce à leur ordre, à leur économie, les habitants du Souf sont plus riches, plus propres, mieux
vêtus que leurs voisins des fertiles oasis de l'Oued-Rir. Leurs
maisons, bien tenues, ne sont pas vides comme dans l'Oued-Rir ;
ils renferment leurs vêtements dans des coffres multicolores, et
la chambre de la femme, qui n'est point murée comme chez
l'Arabe, est plus ornée que les autres. Les hommes sont affables,
les enfants gais et rieurs. Ces populations aiment la France, qui
les protége contre les incursions des brigands tunisiens. Leurs
petites mosquées à minarets peu élevés trahissent la tiédeur
de leurs croyances musulmanes; aussi les voyons-nous rester
paisibles malgré les agitations de la Tunisie et les révoltes du
Sahara occidental. Entre ces deux foyers de soulèvement, le
Sahara oriental demeure calme, témoignant ainsi de la justice
et de la fermeté des officiers qui le gouvernent. Les bons habitants du Souf recueilleront les fruits de cette sagesse, et si ma
faible voix pouvait être entendue, je réclamerais pour eux les
bienfaits dont jouissent déjà les oasis de l'Oued-Rir, des puits
artésiens. Il serait digne du gouvernement français de les affran-
chir du travail de Sisyphe que nécessitent leurs jardins creusés
dans le sable, et de faire jaillir à la surface du sol ces eaux souterraines qui sont la vie de leurs dattiers. Que la sonde artésienne

atteigne ces nappes bienfaisantes, et les oasis du Souf se multiplieront comme celles de l'Oued-Rir, et formeront un chapelet
continu jusqu'aux frontières de la Tunisie, que la force des
choses et le vœu des populations paisibles relieront tôt ou tard
à la France africaine.

RÉPARTITION DES POPULATIONS.

Quels sont les enseignements de la géographie physique et de
l'ethnographie sur la meilleure répartition à la surface du sol de
l'Algérie des populations si diverses qui l'habitent ? Il suffira
d'un bref examen du pays pour répondre à cette question. La
région littorale, ou le Tell, prolongement de la France méridionale, est évidemment la portion la plus favorable à la colonisation. Le colon français y retrouve le climat un peu exagéré,
mais enfin le climat de la France. Voisin de la mer, il communique facilement avec son pays, et se sent pour ainsi dire plus
près du sein de la mère patrie. Les cultures sont les mêmes :
céréales, oliviers, orangers, tabac, légumes en primeur. Les
ports d'embarquement n'étant pas éloignés, les transports ne
sont ni longs, ni coûteux. Or, c'est une question capitale dans
la lutte qui s'établit nécessairement entre le colon et le cultivateur indigène. Pour celui-ci, le temps n'a point de valeur; ses
chameaux, broutant les herbes qui croissent sur le bord de la
route, ne lui coûtent rien. L'Arabe lui-même emporte quelques
dattes et la farine dont il fait ses galettes; la nuit, il dort en
plein air à côté de ses dromadaires. Un transport, même lointain, n'augmente pas le prix des objets transportés. Il n'en est
pas de même du colon. S'il est placé dans l'intérieur des terres,
ses produits, arrivés au port d'embarquement, sont grevés de
frais proportionnels à la longueur du trajet. De là une concur-
rence où le colon est vaincu d'autant plus sûrement, qu'il ne
saurait produire le blé au même prix que l'Arabe. Celui-ci, en-

tamant à peine le sol avec son araire de bois, va errer au loin pendant que sa récolte mûrit, et revient seulement pour la recueillir et la vendre. Un rendement de trois ou quatre grains pour un est un bénéfice pour lui ; pour le colon ce serait une perte. D'un autre côté, ne serait-il pas souverainement injuste d'accorder aux Arabes de bonnes terres, qu'ils cultiveront toujours fort mal, et de les refuser au colon, qui en tirerait tous les produits qu'elles peuvent donner ? D'ailleurs l'expérience a parlé : c'est dans le Tell que la colonisation a le mieux réussi. La Métidja est une large vallée dont la fertilité égale actuellement celle des plaines les plus renommées de la France. La province d'Oran se peuple d'Européens, et les colons maltais ou espagnols du continent et des îles Baléares ont réussi partout où ils se sont établis.

Simple naturaliste, je me déclare incompétent pour discuter les mesures administratives propres à favoriser la colonisation. Cependant une chose me paraît évidente : la réglementation excessive, et le système de tracasseries involontaires qui en est la conséquence forcée, sont là, comme ailleurs, le vice de l'administration française. Toutes ces conditions imposées aux arrivants, toutes ces concessions provisoires avec lesquelles un colon reste pendant des années sur son terrain sans savoir s'il en sera un jour propriétaire, sont évidemment de fausses mesures. Imitons les pays où la colonisation réussit, les États-Unis. Vendez le sol, et ne cherchez pas à prévenir des abus moindres que ceux dont on se plaint. Ou bien suivez les plans du maréchal Bugeaud : favorisez l'établissement en Algérie des soldats libérés de l'armée d'Afrique, donnez-leur des terres avec les bâtiments d'exploitation, rendez-les propriétaires, et ils s'attacheront au sol qu'ils auront conquis et cultivé. Avant tout, que l'administration soit UNE, et que la colonie ne reste pas soumise à deux régimes , le régime militaire et le régime civil : c'est là la plaie vive de l'Algérie, et, quand on considère les services que l'armée

a rendus et rend encore à la colonie, l'hésitation n'est pas possible. L'armée seule est puissante. Qu'il s'agisse de faire une
route, un pont, de fonder une ville, le génie civil n'a point de
bras à sa disposition. Les Arabes ne veulent pas travailler, les
Européens sont trop peu nombreux, la main-d'œuvre est hors
de prix. L'atelier militaire est immédiatement formé, et les
travaux s'achèvent avec une rapidité merveilleuse. La netteté
et la promptitude des décisions militaires sont un bien dans un
pays à moitié civilisé. Les formalités sans fin de l'administration civile, la circulation si lente des dossiers passant à travers
toutes les autorités hiérarchiques et se multipliant indéfiniment
pendant le trajet, compliquent et paralysent tout. Nous nous en
plaignons en France, dans le pays où nous sommes nés, où
nous sommes établis; mais qu'on se figure les angoisses d'un
pauvre colon attendant, sur une terre étrangère et en usant ses
dernières ressources, une décision qui n'arrive pas. L'administration la plus expéditive est dans ce cas la meilleure, et une
réponse prompte et catégorique préférable à toutes les ambages
et à toutes les formalités. Quant aux Arabes, vouloir qu'ils sai-
sissent l'idée abstraite d'une autorité morale, sans armes, sans
insignes; vouloir qu'un peuple venu d'Orient comprenne l'adage
romain : *Cedant arma togæ*, c'est une illusion pardonnable chez
ceux qui n'ont jamais mis le pied en Asie ni en Afrique. Pour
des peuples qui ne jouissent pas de notre civilisation raffinée,
cette notion métaphysique de l'autorité est beaucoup trop sub-
tile. Pour un Africain et un Asiatique, l'autorité est à cheval,
porte un sabre et un bournous rouge ou un uniforme chamarré
de broderies. L'autorité, c'est la force effective sachant se faire
respecter elle-même, un bras vigoureux capable d'exécuter
l'arrêt que la bouche a prononcé. Les officiers de notre armée
ont reçu notre éducation, ils partagent nos idées, nos opinions
sur l'usage du pouvoir; comme nous, ils répugnent à l'abus de
la force. Malgré des méfaits isolés que l'armée désavoue, nous

pouvons remettre le sort des Arabes entre leurs mains. Vainement d'ailleurs nous chercherions à désabuser les indigènes : pour eux, les chefs militaires seront toujours les chefs, et les personnages civils des légistes plus ou moins instruits. Que le lecteur me pardonne cette excursion dans un domaine qui n'est pas le mien, je reviens à mon sujet.

La région montagneuse appartient aux Kabyles : elle ne saurait être mieux habitée. Quand du haut du fort Napoléon on voit toutes les crêtes couronnées par des villages, toute la montagne cultivée, le Kabyle labourant des pentes qui dans d'autres pays seraient considérées comme inaccessibles, on reconnaît que cette population n'a besoin que d'être encouragée dans ses efforts persévérants pour faire rendre au sol tout ce qu'il peut produire. En mettant fin aux dissensions civiles, en empêchant les luttes incessantes de village à village, l'administration française a rendu à ces populations le plus grand service qu'elles puissent en attendre. Enseigner aux Kabyles à cultiver la vigne pour en faire du vin; substituer le châtaignier, qui prospère admirablement dans ces terrains siliceux, au chêne, et par conséquent remplacer les glands par des châtaignes; greffer les oliviers, apprendre aux Kabyles à fabriquer de la bonne huile, tels sont les éléments de prospérité que nous avons à développer dans l'intérêt des indigènes, de la colonie et de la métropole.

Nous avons cherché à donner une idée de la région des hauts plateaux, froids, dénudés, impropres à la culture des céréales, l'orge exceptée : voilà le vrai domaine de l'Arabe nomade vivant sous la tente au milieu de ses troupeaux. L'hiver dans le Sahara, l'été sur les plateaux, il se déplace sans cesse et obéit à son instinct séculaire. Vouloir le fixer immédiatement, c'est méconnaître l'influence toute-puissante de l'hérédité sur les habitudes des hommes et des animaux. Les Arabes sont nomades depuis l'origine du monde, en faisant remonter cette origine à six mille ans suivant la chronologie biblique, et depuis un nombre de siècles bien plus considérable, si l'on accepte les témoignages des antiquités égyptiennes et les données de la géologie moderne. Errer est devenu pour l'Arabe un besoin impérieux, irrésistible, auquel il ne saurait se soustraire. Ce besoin est plus fort que sa volonté : il voudrait se fixer qu'il ne le pourrait pas. L'attrait de la propriété, le bien-être qui résulte d'une résidence fixe, la richesse même, ne sauraient compenser pour lui les charmes de cette vie libre, errante, qu'il mène depuis tant de générations. Ayez recours à la force, il périra comme ont péri les Indiens de l'Amérique du Nord, qu'on a voulu fixer en leur créant une vie facile et agréable. L'expérience a prononcé. On a bâti des villages, avec une mosquée au milieu, entourés de champs fertiles ; on a appelé les Arabes les plus misérables parmi ces misérables nomades, on leur a donné des instruments de culture et des semences. Ils sont venus, ils ont planté leurs tentes près des maisons, dans lesquelles ils ont parqué leurs moutons : au bout de quelque temps, la nostalgie s'est emparée d'eux, et ils sont partis. Des siècles sont nécessaires pour changer des instincts qui sont l'œuvre des siècles : c'est une loi de l'organisation vraie pour les hommes, vraie pour les animaux. Fixer des nomades ou fixer des hirondelles, tentatives du même genre et aussi vaines l'une que l'autre. L'hirondelle se brise la tête contre les barreaux de sa cage quand l'heure de la migration est venue ; l'Arabe est de même, il faut qu'il parte, et si vous le retenez, il dépérit et il meurt. Abandonnez-lui donc cette vaste région des hauts plateaux et ces portions du Sahara que le manque d'eau condamne à une éternelle stérilité. Qu'il promène librement ses nombreux troupeaux de la montagne à la plaine et de la plaine à la montagne. Une région impropre à la culture sera utilisée autant qu'elle peut l'être dans l'état actuel de la colonisation. Les moutons, par leur chair et par leur laine, sont une précieuse ressource pour la France et pour l'Algérie, la base de la nourriture animale dans toute la région méditerranéenne. Peu à peu, avec le temps, au contact prolongé de la civilisation, cette humeur vagabonde pourra se modifier; mais le temps est un élément dont nul progrès ne saurait se passer. Une vérité ne s'établit qu'avec l'aide du temps, et l'on ne modifie les habitudes d'un peuple qu'en préparant le succès par l'action lente des siècles, la plus puissante de toutes dans l'ordre moral comme dans l'ordre physique.

Le Berbère est dans les oasis ce que le Kabyle est sur les montagnes : sédentaire, cultivateur, ami de la paix, il a besoin de la protection française contre l'Arabe, qui l'opprimait depuis si longtemps. Habitant la lisière de la région tropicale, accoutumé à la chaleur, il peut ajouter à ses cultures celles que cette zone nous offre dans d'autres contrées. C'est sur les confins du Sahara que le coton, la cochenille, peut-être même la canne à sucre, pourront être essayés, à la condition de procéder avec prudence et sans précipitation. Toute culture qui prospère au Sénégal a des chances de réussite sur le versant méridional de l'Atlas ; mais la salure du sol, la rareté des pluies, l'inconstance des cours d'eau sont des éléments défavorables qui ne doivent pas être oubliés. Les dattes sont et seront toujours le produit principal de cette région et la base de l'alimentation des habitants du Sahara ; mais l'exportation n'a pas atteint ses dernières limites, et ce fruit excellent sera d'autant plus recherché en Europe, qu'il deviendra plus commun. La faculté qu'il a de se conserver, pour ainsi dire, indéfiniment le rend précieux pour les régions septentrionales du globe où les fruits des pays tempérés ne mûrissent plus, et où la santé réclame cependant, comme partout, une certaine proportion de nourriture végétale.

Terminant ici ces remarques sur la répartition des populations algériennes d'après les données de la physique du globe,

de la climatologie, de la géographie botanique et de l'agriculture, je crois pouvoir dire avec assurance, comme la plupart
des écrivains qui m'ont précédé : Aux colons le Tell, aux
Kabyles la montagne, aux Arabes nomades les hauts plateaux
et les pâturages du Sahara, aux Berbères les oasis, et à tous
une administration unique, simple, expéditive et pratique !

LA VIE AU DÉSERT.

On s'est demandé peut-être quelles fatigues nous avions sup-
portées, quels dangers nous avons courus pendant notre course
dans le désert. Nous n'avons point supporté de fatigues, nous
n'avons pas couru de dangers. Grâce à la prévoyance du capitaine Zickel et à la protection du général Desvaux, ce voyage
dans le Sahara pendant l'hiver n'a été qu'un voyage d'agrément.
Voici l'emploi de nos journées. Levés avant le jour, nous sortions de nos tentes. Le zouave qui remplissait les importantes
fonctions de cuisinier avait déjà allumé le feu où chauffait notre
café. Nous l'avalions sans le déguster, car l'eau saumâtre qui
servait à l'infuser ôtait à la fève de Moka l'arome et le goût
qui l'ont rendue si chère à toutes les nations. En même temps
nos soldats, aidés des Arabes, abattaient les tentes et chargeaient les chameaux accroupis. Le spahi Bechir, orné du bournous rouge, emblème de son autorité, donnait ses ordres aux
Arabes, dont le parlage incessant et la maladresse impatien-
taient nos hommes. On détachait les chevaux et les mulets, qui
avaient passé la nuit au piquet, et quand le disque du soleil
commençait à s'élever au-dessus de l'horizon, nous montions à
cheval. L'air était frais, entre 6 et 10 degrés au-dessus de zéro.
On partait, les chameaux suivaient de loin. Nous marchions au
pas. Souvent l'un de nous descendait : une pierre, une plante,
un insecte avait attiré ses regards. Son cheval l'attendait, la
bride pendante à terre, comme s'il eût été attaché. C'est une

habitude des chevaux arabes dont le voyageur sent tout le prix.
Souvent nous nous hélions pour nous montrer un objet curieux,
les débris d'un œuf d'autruche, une couche géologique, une
plante, une coquille nouvelles; chacun faisait ses remarques,
émettait ses doutes : une discussion scientifique s'engageait et
se continuait à cheval. Vers dix heures, on faisait halte : c'était
presque toujours dans un endroit remarquable, sur un monticule, près d'un puits artésien ou dans une localité intéressante
pour le géologue ou le botaniste. On enlevait la bride des chevaux et des mulets, qui broutaient philosophiquement l'herbe
ou l'arbuste qu'ils voyaient à leurs pieds. Je ne parlerai pas de
ces chevaux une troisième fois sans rendre hommage à toutes
les qualités qui les distinguent. Qui n'a pas vu la jument arabe
dans le désert ne peut se faire une idée de la résistance à la
fatigue, de la sobriété, de la douceur et de l'intelligence de ces
animaux. Passer la nuit en plein air avec le froid ou la pluie,
après avoir mangé un peu d'orge, brouté les plantes vertes ou
sèches qui se trouvent aux environs; boire de l'eau saumâtre, ou
s'en passer quand il n'y en a pas; marcher tout le jour dans le
sable sans que jamais ces jarrets d'acier trahissent la moindre
fatigue, sont les qualités ordinaires de ces chevaux. Il y a plus:
le soir, après une longue journée, que les Arabes fassent cla-
quer leur langue et les excitent par leurs cris, ils s'élancent
pleins d'ardeur, cherchant à se dépasser mutuellement. Ces chevaux si ardents sont néanmoins très-dociles; ils réunissent, en
un mot, toutes les qualités qu'on peut exiger de ce noble animal, supérieur mille fois à ces coursiers factices, maigres comme
Rossinante, et qui, comme elle, galopent une fois dans leur vie,
gagnent un prix, et puis après ne sont plus bons à rien qu'à orner
comme des reliques les *boxes* d'une écurie en renom. Revenons
à notre halte du matin. Un de nos zouaves tirait de son bissac
quelques provisions, presque toujours du mouton rôti et des
dattes. Le repas ne durait pas longtemps; chacun prenait ses

notes sur les objets vus dans la matinée, et nous repartions. Dans la saison où nous étions en voyage, le désert est animé ; plusieurs fois par jour nous apercevions à l'horizon les chameaux d'une caravane grands comme des moutons. La caravane approchait, les chameaux grandissaient. Ils étaient suivis d'Arabes marchant jambes et pieds nus, couverts de leurs bournous attachés avec une corde roulée autour de la tête, et portant de longs fusils et de vieux sabres. Des femmes avec de petits enfants à la mamelle, des groupes de petits garçons et de petites filles presque nus, étaient souvent juchés au-dessus de la charge du dromadaire. Dans les caravanes composées d'une famille riche ou appartenant à un chef, les femmes et les enfants étaient cachés dans ces énormes palanquins formés d'étoffes aux vives couleurs, garnis de tapis et de coussins, qu'Horace Vernet a popularisés dans son tableau de la *Smala*.

Nous n'avons point rencontré de tribu entière en voyage. C'est un tableau pittoresque. M. Eugène Fromentin, qui se sert de la plume aussi bien que de sa brosse, l'a peint de main de maître (1). La plupart des chameaux sont chargés de marchandises, de blé, de farine, de dattes, de tabac, de cannes faites avec la nervure moyenne de feuilles de palmier, de quelques étoffes, et d'outres pleines d'eau. Plusieurs fois nous avons vu des chamelles qui avaient mis bas pendant le voyage porter sur leur dos le petit dromadaire nouveau-né. Plus tard il suivra sa mère comme un poulain, jusqu'à l'âge où il sera assez fort pour être chargé lui-même d'un fardeau. Dans le désert, les chameaux ne marchent pas à la file, mais de front ou sans ordre. Continuellement ils balancent leurs longs cous et broutent les herbes qui sont à leur portée ; aussi, sauf dans le sable, le trajet des caravanes est-il marqué par des sentiers parallèles, souvent au nombre de huit ou dix. Les dromadaires suivent

(1) *Un Été dans le Sahara*, p. 235.

ces sentiers, ou en créent d'autres lorsque les plantes sont complétement rongées. Quand nous croisions ces caravanes, nos
Arabes échangeaient quelques paroles avec les nomades; puis
les deux caravanes, arrêtées pendant quelques instants, s'éloi-
gnaient l'une de l'autre, comme deux convois de chemin de
fer qui se séparent après avoir séjourné quelques instants
ensemble à la même station. Il n'est pas rare de rencontrer un
Arabe monté sur son chameau, et s'enfonçant seul dans le
désert. Portant dans un sac sa pâte de dattes sèches, il s'arrêtera le soir près d'un puits qu'il connaît, s'enveloppera dans
son bournous, et dormira à côté de son dromadaire accroupi.
Demandez-lui où il va, il vous répondra. Mais le motif qui lui
fait entreprendre son voyage est quelquefois des plus futiles :
savoir des nouvelles, assister à un marché où il n'a rien à
vendre et rien à acheter, visiter un marabout; il voyage pour
voyager, il est nomade : errer est son état normal. Et dans le
Tell, où l'on voit tant d'Arabes sur les chemins et si peu dans
les champs, on serait tenté de dire qu'ils obéissent à un besoin
de se déplacer, mais ne vont en réalité nulle part.

Dans le Souf, ou désert de sable, les rencontres étaient plus
rares, et les caravanes moins nombreuses. Presque toutes se
dirigeaient vers Tunis. Nous les rencontrions le plus souvent
près des puits creusés de loin en loin entre les dunes, puits peu
profonds et munis presque toujours d'un arbre à bascule et
d'une auge. Ils me rappelaient les puits finlandais sur les bords
du fleuve Torneo; mais quelle différence dans l'aspect du pays,
et surtout dans le costume et la physionomie des hommes qui
entouraient ces puits ! Dans le désert, nous avions sous les yeux
les scènes de la Bible. Les chameaux entouraient l'auge qu'un
jeune Arabe remplissait avec une outre de peau de chèvre
attachée à la corde qui plongeait dans le puits. Les animaux
buvaient lentement, et quand ils avaient fini, ils relevaient la
tête; mais si le conducteur jugeait que leur panse ne fût pas

suffisamment remplie pour le trajet qu'ils avaient à parcourir, il tirait sur la corde attachée à leur tête, qu'il abaissait vers l'auge : l'animal comprenait que le voyage jusqu'au puits le plus rapproché serait long, et se remettait à boire. Souvent un vieillard à barbe blanche était majestueusement assis à l'écart, tournant son chapelet entre ses doigts : c'était le père, le chef de cette famille; c'était Abraham. Une jeune fille demi-voilée, dont les yeux noirs brillaient entre les plis du haïk, présentait une amphore appuyée sur sa hanche; un jeune Arabe la remplissait avec l'outre que la bascule faisait sortir du puits : c'était Rachel et Jacob. Des enfants presque nus jouaient sur le sable; les moutons et les chèvres, contenus par leurs bergers, attendaient leur tour pour s'approcher de l'auge et s'abreuver de l'eau salée. N'est-ce pas un tableau de la vie des patriarches, dont les descendants étaient sous nos yeux, et Horace Vernet n'a-t-il pas eu mille fois raison de peindre les scènes bibliques avec les costumes arabes? Chez ce peuple où rien ne change, le costume a dû rester le même, comme les mœurs et les croyances. Le monothéisme musulman diffère bien peu du monothéisme judaïque : un prophète de plus, Mahomet, voilà la seule addition importante.

Le soir, vers le coucher du soleil, nous nous apprêtions à bivaquer. On choisissait de préférence le voisinage d'un puits ou une localité riche en arbrisseaux ligneux à longues racines. Un feu était allumé, et ces broussailles desséchées pendant tout l'été flambaient en un instant. Le cuisinier creusait dans le sable un fourneau improvisé et commençait son œuvre. Les chevaux étaient entravés à une seule corde fixée par des piquets, afin qu'ils ne pussent pas se séparer même en se sauvant. Pendant ce temps, les chameaux, toujours en arrière, nous avaient rejoints : ils s'accroupissaient en grommelant; on les débarrassait de leurs fardeaux, et trois tentes se dressaient, deux pour nous, une pour les zouaves. Les cantines, grands coffres de bois qu'on peut charger indifféremment sur des mulets et sur des chameaux, étaient placées sous les tentes. Sur ces cantines, qui contenaient nos effets et nos collections, on fixait des fonds de sangle portant un matelas qui nous servait de lit. Sous l'une des tentes, on mettait la table, des pliants étaient disposés autour, et nous prenions place comme nous l'eussions fait en plein pays civilisé. Le premier appétit satisfait, venait la causerie : on parlait des événements de la journée et des projets du lendemain ; puis de l'Algérie et de son avenir, de la Suisse, de l'Alsace, de Paris, de l'Institut, de la science et des savants. L'heure du sommeil arrivait ainsi rapidement, et nous nous couchions, sûrs de dormir profondément après une journée si bien remplie.

Notre bivac n'était pas toujours solitaire. Un brigand appelé Ben-Asser, à la tête de cent cavaliers, faisait à cette époque des incursions sur le territoire français, et trouvait un refuge en Tunisie. Le bey, informé de ses déprédations par le gouverneur de la province de Constantine, était, comme toujours, impuissant à les réprimer. Ben-Asser attaquait les petites caravanes, essayait même de rançonner les villages. Nous avons vu non loin des côtes orientales du chott Melrir les squelettes de quatre chameaux qui avaient péri dans une de ces attaques. Des spahis bleus avaient été envoyés contre lui, et vingt brigands avaient été tués dans un combat de cavalerie. Ces spahis étaient campés à Gbila, et leur chef espérait bien surprendre de nouveau l'audacieux maraudeur. Dans sa prévoyante sollicitude, le général Desvaux avait donné ordre aux caravanes du Souf se dirigeant vers le nord de se réunir dans le village de Guémar. Nous partîmes donc avec cent chameaux et environ cent cinquante Arabes portant les armes les plus bizarres et les plus variées. Le soir du 6 décembre, nous bivaquâmes sur un plateau couvert d'arbrisseaux ligneux. Les Arabes s'établirent autour de nous ; bientôt vingt-cinq feux flambèrent vers le ciel et illuminèrent le désert : quelques-uns étaient éloignés, car chaque campement occupe une assez large place. Les Arabes, rangés en cercle autour de leur feu, cuisaient leurs galettes. Elles se composent d'une pâte de farine bien pétrie dans laquelle ils enveloppent de l'ail et des tomates vertes ; puis ils creusent un trou elliptique dans le sable, mettent de la braise au fond, placent la galette au-dessus, et la recouvrent de cendre et de terre. En attendant qu'elle fût cuite, ils mangeaient leur pâte de dattes et buvaient de l'eau saumâtre. Un fifre et un tambourin se faisaient entendre à un bivac éloigné. Dans la plupart des groupes, la conversation était des plus animées ; dans quelques-uns il y avait un narrateur que tous écoutaient : le merveilleux fait toujours le fond de tous ces contes dont quelques-uns sont charmants. Je me figure que l'histoire de Joseph vendu par ses frères, celle de Moïse sauvé des eaux, ont dû naître ainsi dans l'imagination d'un conteur arabe, autour d'un feu de bivac, pendant une belle nuit du désert. Peu à peu cependant les bruits cessèrent, les feux s'éteignirent, et les Arabes, la tête cachée sous leurs bournous, s'endormirent, malgré une pluie assez forte qui dura toute la nuit. Nous avions jusque dans le Sahara le retentissement du temps affreux qui régnait en France et sur la Méditerranée au commencement de décembre 1863. Un vent de nord-ouest, soufflant par rafales, nous lançait les dernières ondées ; au sud, le ciel était clair, et cette pluie, si insolite dans le Sahara au mois de décembre, s'arrêtait aux limites septentrionales du désert.

Nous ne campions pas toujours. Dans l'Oued-Rir, semé d'oasis, nous passions la nuit sous le toit hospitalier des cheikhs ou maires des villages connus du capitaine Zickel. Une heure avant d'arriver à l'oasis, il envoyait en avant le spahi Béchir prévenir le cheikh de notre arrivée. Béchir partait au grand galop de son cheval gris pommelé, et disparaissait bientôt à l'horizon. Non loin de l'oasis, nous apercevions le cheikh, orné

de son bournous rouge et entouré des principaux habitants
du village, venant à cheval à notre rencontre. A 50 mètres
de distance, la troupe s'arrêtait, tous mettaient pied à terre,
et s'approchaient pour baiser la main du capitaine *talel-ma*
(le capitaine qui fait monter l'eau), surnom de M. Zickel dans
le désert; en même temps ils portaient alternativement la main
à la tête et au cœur. Ignorant notre qualité, ou nous prenant
pour des *mercanti*, gens de négoce, pour lesquels ils ont une
médiocre estime, ils ne nous adressaient pas la parole; mais
dès que le capitaine leur avait dit : « Je vous présente nos
amis », suivant la formule orientale, alors ils venaient nous
donner une cordiale poignée de main, témoignant par leurs
gestes du bonheur qu'ils avaient de nous recevoir. Il est impossible de se figurer la noblesse de manières qui distingue ces
paysans. C'est un mélange de grandeur, de simplicité et de
cordialité affectueuse réunissant tout ce que nous attendons de
la plus exquise politesse. Après cet accueil, nos hôtes rejoi-
gnaient leurs chevaux, qui n'avaient pas bougé de place, se
mettaient en selle et nous précédaient pour nous guider vers le
village. Les enfants, entassés à l'entrée, nous saluaient de leurs
cris, et se sauvaient immédiatement après; les femmes se
cachaient pour regarder à travers les portes entre-bâillées ou
les nattes tendues devant les meurtrières qui tiennent lieu de
fenêtres. Nous entrions dans la maison du cheikh, plus grande
en général que les autres. La salle était garnie d'un tapis et
entourée de coussins. Notre cuisinier apprêtait notre repas; le
cheikh, de son côté, nous offrait la *diffa*, composée ordinairement de couscoussou assaisonné à la sauce au piment, de mouton coupé en morceaux et bouilli, de volailles et de dattes.
Nous mettions les deux repas en commun, et nous invitions les
cheikhs à dîner avec nous : ils acceptaient **toujours**, mais la
plupart s'abstenaient de vin et de lard. Quelques-uns, secouant
le préjugé, buvaient du vin, des liqueurs, et mangeaient du

porc. Nous les avions appelés les cheikhs voltairiens. C'étaient les plus éclairés, et la manière dont ils discutaient avec le capitaine pour obtenir la faveur d'un puits, cherchant à réduire la contribution de l'oasis qui devait en profiter et à mettre tous les frais à la charge de l'État, eût fait honneur au maire d'une commune normande débattant avec son sous-préfet les intérêts de ses administrés. Le capitaine avait beau leur dire de s'adresser au gouverneur de la province, ils se persuadaient difficilement que celui qui a le pouvoir de faire monter l'eau n'eût pas le droit de lui ordonner de jaillir où il lui plaît. Pendant le repas, les gens du village, entrant et sortant librement, écoutaient sans y prendre part une conversation qui les intéressait si vivement.

C'est dans le Souf, grâce aux recommandations du caïd de Tougourt, Si-Ali-bey, ancien prisonnier d'Abd-el-Kader, que les réceptions furent les plus brillantes. Le khalifat Si-Ali-ben-Amar, placé sous les ordres du caïd, son cousin, vint à notre rencontre avec toutes les autorités, cheikhs, caïds, cadis, etc., et nous fit les honneurs d'une fantasia. Les cheikhs plus modestes des villages pauvres arrivaient, montés sur ces petits ânes gris clair du Sahara qui suivent les dromadaires en portant un homme ou un fardeau équivalent. La réception n'en était pas moins cordiale; mais nous campions près du village, redoutant d'entrer dans les maisons dont les nattes et les tapis recèlent souvent des parasites qu'il est fort désagréable d'emporter comme souvenirs de l'hospitalité arabe. A Tougourt, capitale de l'Oued-Rir, nous reprîmes pendant quelques jours les habitudes de la civilisation. Logés dans la caserne fortifiée établie près de la ville, le commandant de la place, M. Auer, nous admit à sa table hospitalière. Par une heureuse coïncidence, nous rencontrâmes le commandant du district de Biskra, M. Forgemolle, revenant d'une tournée dans le Souf avec plusieurs officiers. Un d'eux, M. Bertomieu, était photographe.

Le caïd posa dans sa cour, à cheval, le faucon sur le poing, ses lévriers couchés près de lui. Le même jour, groupés sur la place publique de Tougourt, devant les habitants rassemblés, des dromadaires chargés de palanquins formant le second plan, nous fûmes photographiés par le soleil du Sahara. De toutes les surprises de notre voyage, celle-ci fut la plus inattendue. Les officiers qui accompagnaient le commandant avaient cet entrain que donne la vie africaine : nos gamelles respectives furent mises en commun, les meilleures conserves et les meilleurs vins joyeusement sacrifiés. Le caïd à son tour voulut nous recevoir. Voltairien à la caserne, il redevint musulman dans son palais, dont la cour était remplie de ses clients. Cet agréable intermède divisa notre voyage en deux parties égales, consacrées, la première à l'Oued-Rir, la seconde à l'Oued-Souf. Puisse-t-il avoir laissé dans la mémoire des officiers qui nous ont si bien accueillis d'aussi bons souvenirs que ceux que nous avons conservés du séjour de Tougourt !

Telle était notre vie dans le Sahara : un beau ciel, une température modérée, quelques pluies qui firent reverdir le désert, ajoutèrent encore aux charmes du voyage. Chaque jour, des spectacles grandioses s'offraient à notre vue. Tantôt c'était l'immensité d'un plateau sans limites, de larges vallées, de grands lacs, des dunes aux formes variées, une fertile oasis flanquée de villages entourés de fortifications pittoresques. La vue des montagnes lointaines ajoutait à ces aspects un charme inexprimable. S'élevant brusquement du bassin saharien, les derniers contre-forts de l'Atlas et de l'Aurès s'aperçoivent à des distances énormes. Le 7 décembre, étant encore à 40 kilomètres au sud du chott Melrir, nous revîmes leurs sommets poindre à l'horizon ; mais pendant notre absence la neige les avait blanchis, et ils se détachaient d'autant mieux sur l'azur du ciel africain : c'était un souvenir des Alpes qui nous surprenait au milieu du désert. Une colonne expéditionnaire envoyée dans le Souf en revenait sous la conduite du général Desvaux ; les soldats s'écrièrent, en revoyant les montagnes, comme le matelot après une longue traversée : « Terre ! terre ! » Ce cri sortant de poitrines haletantes pendant de longues marches dans le sable est d'une profonde vérité. Les montagnes sont la terre, les bornes du désert ; elles annoncent que les fatigues vont cesser, que la campagne est finie.

Le spectacle du ciel n'était pas moins intéressant que celui de la terre. Sur la mer et dans tous les pays plats où la coupole céleste s'arrondit au-dessus d'une surface unie sans relief et sans accidents, l'homme porte ses regards vers le ciel ; la vue des nuages, du soleil, de l'aurore, du crépuscule, des étoiles, remplace l'aspect des lointains de la terre, des rivières, des lacs, des collines et des montagnes. Chaque coucher de soleil était une fête pour nos yeux, un étonnement pour notre intelligence, surtout lorsque l'atmosphère n'était pas complétement sereine. Les colorations sont alors plus vives et plus variées. A mesure que l'astre s'approche de l'horizon, les nuages gris et échevelés de la voûte du ciel, derniers émissaires des brouillards du nord, se frangent de teintes pourpres de plus en plus intenses, tandis que les contours arrondis des nuages blancs reposant sur les cimes lointaines se bordent d'un éclatant liséré jaune, et semblent enchâssés dans l'or qui remplit le couchant. Dès que le soleil est descendu sous l'horizon, une teinte rose des plus douces se répand sur tout le ciel occidental. Émanation de l'astre disparu, elle colore toutes les montagnes. Une d'elles, visible de Biskra, est appelée *djebel Hammar-Kreddou* (la montagne à la joue rose) : elle mérite ce nom, car longtemps encore après le coucher du soleil, elle conserve un reflet rose comme l'incarnat des joues d'une jeune fille. Par un effet de contraste avec le rouge, le bleu du ciel prend une teinte vert d'eau. Peu à peu le rose pâlit, l'arc éclairé se rétrécit, mais la lumière qui l'illumine est blanche et pure comme celle qui doit

briller dans l'éther au delà des limites de notre atmosphère.
Grâce à la transparence de l'air, tous les contours des objets
terrestres sont parfaitement arrêtés. Les fines découpures des
feuilles de palmier deviennent plus visibles qu'en plein jour,
et, quand l'arbre tout entier se détache sur ces fonds alternativement jaunes, rouges et blancs, il semble que la poésie de ce
noble végétal se révèle aux yeux pour la première fois. Cependant la nuit se fait. Les planètes, puis les grandes constellations apparaissent les premières : le ciel se peuple de myriades
d'étoiles, sa voûte s'éclaire; la voie lactée, bande blanchâtre et
effacée dans les hautes latitudes, semble une écharpe de dia-
mants étincelants jetée sur le dôme céleste. La lune n'est plus
cet astre blafard dont le regard mélancolique semble compatir
à la tristesse de nos pays embrumés ; c'est un disque brillant
de l'argent le plus pur, réfléchissant sans les affaiblir les rayons
qu'il reçoit, ou un croissant complété par la lumière cendrée
qui dessine visiblement les contours de l'orbe tout entier. Tel
fut le coucher de soleil du 13 décembre 1863, la veille de notre
départ de Biskra; il nous émut profondément : c'était notre
adieu aux soirées du désert.

CONCLUSION.

Si maintenant nous voulons savoir quel est l'avenir de ces
étranges contrées, consultons le passé. Les ruines des villes
romaines les plus rapprochées du Sahara forment une ligne
continue sur le versant septentrional de l'Aurès et les derniers
contre-forts de l'Atlas. Des restes imposants de temples, de
prétoires, de portes triomphales, témoignent du long séjour
des Romains dans l'Afrique septentrionale et de l'état de leur
civilisation. Quand on s'avance vers le désert, en suivant la
route de Bathna à Biskra, on trouve, de myriamètre en myriamètre, les traces des postes militaires établis sur des mamelons,

près des défilés et au confluent des rivières : ils sont reconnaissables de loin aux pieds-droits des portes encore debout, aux
grandes pierres taillées et aux poteries rouges qui jonchent le
sol. Le dernier de ces postes, Gemellæ, est dans le Sahara, au
sommet d'un monticule de gypse, à trois lieues des Ziban. Les
soldats qui les occupaient se nommaient les surveillants (*specu-
latores*) du désert, et l'Itinéraire d'Antonin désigne une station
située au sud-ouest d'El-Kantara, sur les bords de l'oued, sous
le nom de *Burgus speculatorum* (1), la forteresse de ceux qui
surveillent le désert. Des temples, des portes triomphales,
quelques ponts et des postes militaires, voilà ce que les Romains ont laissé en Afrique. Notre dernière station militaire est
plus loin que celle des Romains, elle est à Tougourt. Là un
sous-lieutenant et un sergent français, commandant soixante
tirailleurs indigènes, font régner la paix dans la partie la plus
reculée du désert, empêchant la guerre d'oasis à oasis et arrêtant les incursions des brigands tunisiens. Les tranquilles habitants du Souf sont protégés contre les nomades, contre eux-
mêmes et contre l'étranger. Jusqu'ici nous ne faisons qu'imiter
les Romains ; mais où nous les surpassons, c'est en jalonnant
la route du désert et en dotant les oasis de puits artésiens qui
leur rendent la vie. Notre poste le plus avancé n'est point un
poste militaire, c'est le puits de Bardad, sur la route d'Ouargla,
la première étape de Tombouctou. Lorsqu'un jour les oasis se
seront rejointes, grâce aux fontaines jaillissantes que le général
Desvaux a fait surgir de toutes parts, et qu'une forêt de palmiers unira Biskra à Tougourt, alors des rails s'ajouteront bout
à bout sur ces plateaux désertiques que la nature semble avoir
préparés pour les recevoir. La civilisation pénétrera dans le
Sahara, rayonnant d'un côté vers l'Égypte, de l'autre vers le

(1) Ernest Lacroix, *Carte de l'Afrique sous la domination des Romains*,
1864.

Sénégal : elle achèvera la mission des martyrs de la science et de l'humanité qui ont péri dans l'Afrique centrale en attaquant dans son repaire le monstre hideux de l'esclavage. Le christianisme a mis fin au servage antique, la France et l'Angleterre mettront fin à l'esclavage moderne. Les deux nations marchant l'une à la rencontre de l'autre, l'Angleterre partant du Cap et de Sierra-Leone, la France de l'Algérie et du Sénégal, se donneront la main au centre de l'Afrique, après avoir accompli cette grande œuvre. L'antique civilisation égyptienne, dont les restes imposants forment la majestueuse avenue de monuments qui bordent le Nil depuis la Nubie jusqu'à l'isthme de Suez unissant désormais les deux mers, renaîtra transformée. Jadis hiératique et stationnaire, cette civilisation sera rationnelle et progressive, comme l'esprit humain lui-même, et comme lui elle s'affranchira lentement, mais sûrement, des entraves politiques et religieuses qui la gênent encore.

FIN.

TABLE ALPHABÉTIQUE

DES NOMS D'HOMMES

CITÉS DANS CE VOLUME.

A

Abbadie (d'), 14.
Abd-el-Kader, 597.
Abraham, 490, 593.
Achmet, 496, 497, 499.
Adam de Craponne, 431.
Adanson, 14.
Agassiz, 226, 231, 232, 246, 309, 381.
Airy, 212, 215.
Alisson, 213.
Altmann, 264.
Anderogg, 282.
Anderson, 294.
Andral, 339.
Andrea del Sarto, 465.
Angeville (mademoiselle d'), 93, 272.
Anglès, 167, 190, 191.
Annibal, 407.
Anson, 13.
Anthelme, 162.
Antinori, 460.
Antonin, 601.
Arago, 269, 315, 459.
Archiac (d'), 204.
Argyle (duc d'), 213, 217.
Aristote, 453, 455.
Arnott (Walker), 213.
Aublet, 14.
Aucapitaine, 552.
Aucher-Eloy, 14.
Auer, 597.
Auguste, 429.
Auldjo, 96, 272.
Aulu-Gelle, 429.

Aumale (duc d'), 545, 562.
Averani, 463.
Ayme, 571, 576.

B

Babington, 213.
Baer (de), 13.
Baffin, 60.
Baillon, 315.
Balfour, 213.
Ball, 369.
Balmat (Jacques), 265, 275, 346.
Balmat (Pierre), 294.
Balmat (Théodore), 374.
Barentz, 58, 59, 120.
Barrande, 216.
Beaumont (Elie de), 135, 153, 168, 436.
Béchir, 589, 597.
Béchu, 550.
Becquerel, 158, 338.
Behring, 102.
Belcher, 120.
Bellegarde, 350.
Bellot, 120.
Belon, 14.
Bellovesus, 356.
Ben-Asser, 594.
Bennet, 213, 222.
Bentham, 213, 408.
Berna, 102.
Bernardin de Saint-Pierre, 408.
Bernouilli (Jean), 191, 388.
Berthelot, 14.

Bertomieu, 598.
Bessel, 267.
Bévalet, 128.
Biett (Laurent), 360.
Blainville (de), 537.
Blanche, 482, 485.
Blanchet, 226.
Blasius, 312.
Blomstrand, 69, 82.
Blume, 14.
Blytt, 169.
Bocher (Ch.), 566.
Boileau, 192.
Boissier (Edm.), 36, 426.
Bonaparte, 465, 489.
Bonnet, 352, 388.
Borelli, 456, 457.
Bory de Saint-Vincent, 12, 14.
Böthling, 226.
Bougainville, 13.
Bourrit, 264, 265.
Boussingault, 24, 339.
Bové, 14.
Bowditch, 14.
Boyle, 213, 463.
Braun (Alexandre), 47, 383.
Bravais (Auguste), 36, 67, 68, 90, 119, 128, 131, 132, 133, 134, 135, 136, 140, 141, 147, 148, 149, 153, 154, 158, 163, 164, 167, 169, 171, 273, 280, 285, 290, 295, 297, 299, 300, 302, 305, 306, 309, 311, 318, 319, 323, 334, 337, 340, 342.
Bravais (Camille), 293, 304.

Brewster (David), 210, 212, 213, 215, 224.
Brisbane (général), 212.
Broke, 64.
Brongniart (Adolphe), 46.
Brongniart (Al.), 226.
Broussonnet, 12, 14.
Brown (Allan), 215.
Brown (Robert), 84.
Bruce, 14.
Brunner, 378.
Buch (Léopold de), 11, 12, 14, 167, 168, 171, 174, 175, 176, 177, 181, 182, 187, 378.
Buchan (David), 64.
Buckland, 226.
Buffon, 5, 217, 564.
Bugeaud (maréchal), 505, 521.
Bunbury, 47.
Bunge, 13.
Buono (Candido del), 456.
Buono (Paolo del), 456.
Burchell, 14.
Burel, 430.
Buxbaum, 14.

C

Cachat (Jean), 284, 294.
Caillaud, 14.
Cambyse, 562.
Campbell, 498.
Candolle (A. Pyr. de), 12, 18.
Candolle (Alphonse de), 16, 18, 24, 26, 39, 51, 52, 93, 389, 424, 426.
Canton, 158.
Carbuccia, 542.
Carlini, 301.
Carrel, 290, 304.
Carrier (Pierre), 294.
Castelli, 456.
Cavalieri, 456.
Cavendish, 62.
Celsius, 193, 458.
Chambers, 222.
Chambord (comte de), 216.
Chamousset, 381.
Chaptal (comte).
Charpentier (de), 226, 384.
Chateaubriand, 466.
Chaulnes (marquis de), 217.
Chossat, 339.
Christison, 212.
Chydenius, 69.
Clapperton, 14.
Clausius, 372.
Clavering, 64.

Cleghorn, 213.
Clissold (Francis), 272, 306.
Cœur (Jacques), 41.
Collegno (de), 443.
Collomb (Edouard), 226, 240.
Colonna (Jean), 405, 407.
Cook, 13, 30.
Coquand, 551, 552.
Corabeuf, 301.
Corda, 47.
Cornelis, 58, 59, 60.
Cosson (Ernest), 408, 535, 539, 550, 551, 552.
Costallat, 37, 38, 399.
Coutet (Ambroise), 294.
Coutet (Marie), 265, 282, 283, 284.
Coutet (Michel), 274, 294.
Crowe, 131, 148.
Cuvier, 162, 537.

D

Dalton, 269.
Dante, 454.
Darwin, 226, 362, 536.
Dati, 456.
Daubeny, 212.
Daubrée, 226.
Daumas (général), 505.
Davy (John), 333, 338.
Davy (Humphry), 463, 464.
Decamps, 466.
Degousée, 576.
Delangle, 435.
Delavigne (Casimir), 473.
Delcros, 151, 301, 304, 392, 399.
Delile, 14.
Deluc, 264, 267, 269, 388.
Denham, 14.
Desfontaines, 14.
Desmoulins (Charles), 99, 426.
Desor (Ed.), 226, 232, 239, 284, 309, 316, 340, 355, 364, 369, 370, 379, 381, 434, 436, 551, 555.
Desvaux (général), 551, 572, 573, 574, 577, 589, 594, 599, 501.
Dillon, 14.
Diodore, 571.
Dioscoride, 485.
Dollfus (Jean), 547.
Dollfus-Ausset, 98, 232, 235, 239, 272, 309.
Doulat, 272.
Dove, 10.
Dubocq, 552, 572.
Dubois de Montpéreux, 13.

Dufour, 372.
Dufour (général), 360, 388.
Dufresnoy, 442.
Duhamel du Monceau, 217.
Dulong, 269.
Dumas (Emilien), 434.
Dumont d'Urville, 15, 119.
Dunér, 69.
Dupetit-Thouars, 12, 44.
Durieu de Maisonneuve, 552.
Durocher, 167, 226.

E

Egerton, 213.
Ehrenberg, 14.
Enniskilen, 213.
Erasme, 359.
Erman, 183.
Ernst, 183.
Escher de la Linth (A.), 226, 360, 377, 524, 551.
Eschmann, 399.
Eschyle, 428, 429.
Everest, 66.
Eymard, 411.

F

Fabvre, 67.
Fakkardin, 485.
Favre (Alph.), 226, 298, 381.
Ferdinand II, 456, 459.
Ferhat, 577.
Feuillée, 14.
Filippi (de), 366.
Fisher (Alexandre), 335.
Flavius Maximus, 542.
Fleming, 213.
Fonssagrives, 338.
Forbes (Edward), 50, 54, 93, 116, 196, 197, 200, 204, 202, 203, 204, 205, 206, 207, 213, 216, 368.
Forbes (J. D.), 212, 215, 221, 226, 232, 304.
Forgemolle, 597.
Forskal, 14.
Forster, 64, 66.
Fortune, 13.
Fotherby (Robert), 60.
Fournel (Henri), 552, 562.
Fournet, 396.
Fra Angelico, 465.
François de Sales, 263.
Franklin, 16, 64, 109, 120, 330.
Frasserand, 294.
Frickhinger, 39.
Fries, 169.
Fromentin (Eugène), 591.

G

Gaimard, 67, 164, 167.
Galate, 429.
Galatée, 429.
Galeotti, 15.
Galilée, 453, 454, 455, 456, 462, 464, 465.
Gardner, 15.
Gasparin (de), 24, 408, 415, 529.
Gassendi, 435.
Gastaldi (B.), 98, 226, 256.
Gaudichaud, 15.
Gaudin, 382.
Gautier, 304.
Gautier (Théophile), 466, 474.
Gavarret, 329, 335, 338, 339.
Gay (Claude), 15.
Gemellaro, 35.
Giotto, 465.
Giraud, 167.
Giraud-Soulavie, 5, 6, 7, 11.
Godefroy de Bouillon, 474.
Godron, 42, 408.
Goeppert (Henri), 47.
Gœs, 115.
Gœthe, 518.
Goodsir, 213.
Gordon, 213.
Gosse, 352.
Couan, 408.
Gras (Scipion), 393.
Gravesande, 463.
Gregory, 212.
Greppin, 381.
Gressly, 379, 380.
Greville, 213.
Grew, 1.
Griffith, 14.
Griffith (Dr), 571.
Grisebach, 169.
Grüner, 264.
Guérin (d'Avignon), 399.
Guichenot, 576.
Guillaume le Conquérant, 197.
Guyot (A.), 226, 255.
Guyton-Morveau, 463.

H

Haller, 352, 387, 388.
Halley, 463.
Halse, 66.
Hamel, 294.
Hansteen, 154.
Hartmann, 169.
Hallé, 344.

Hardy, 505, 508, 511, 515, 517, 518.
Heemskerke, 58, 59.
Heer (Oswald), 47, 89, 226, 368, 369, 382, 384, 426.
Hegel, 363.
Hengstenberg, 363.
Hénon, 552.
Henri II (roi de France), 431.
Hercule, 429.
Herschel, 300.
Hippocrate, 538, 539.
Hirtl, 213.
Hitchcock, 213, 226.
Hochstetter, 119, 226.
Hogard, 226.
Hohenstauffen (de), 358.
Hollandre, 315.
Homère, 428, 469, 490.
Hommaire de Hell, 13.
Hooker (W.), 84.
Hooker (fils), 14, 15.
Hudson (Henri), 60, 282.
Hugi, 312, 313, 314, 315.
Humboldt (Alexandre de), 8, 9, 10, 11, 12, 20, 36.
Hutton (William), 47.
Huxley, 362.
Huyghens, 455, 463.

I

Ibn-Khaldoun, 572.
Ihle, 131, 148, 168.
Inglefield, 120.
Irving, 62.
Isaac, 490.
Izarn, 299.

J

Jacob, 490, 593.
Jacquemont, 14.
Jacquin, 15.
Jameson, 213.
Jamin, 550.
Jaubert (comte), 14.
Jésus-Christ, 571.
Joanne (Adolphe), 291.
Joseph, 491.
Joule, 212.
Judas Machabée, 489.
Junquet, 444.
Jupiter, 429.
Jussieu (Antoine-Laurent de), 18, 408.
Jussieu (Joseph de), 14.
Jus, 573, 574.

K

Kaempfer, 13.
Kaemtz, 148.
Kalm, 14.
Kane, 120.
Kauffmann, 378.
Keilhau, 66, 82, 84, 226.
Kennedy, 282.
Kepler, 464.
Kjerulf, 226.
Klerck, 178.
Kœnig, 314.
Koninck (de), 82.
Kopp (Ch.), 316.
Kupffer, 23, 213, 215.

L

Labillardière, 14.
La Condamine, 14.
Lacroix (Ernest), 601.
Læstadius, 168, 183, 184, 186.
Lagrange, 465.
La Harpe (de), 384.
Lamanon, 435, 436.
Lamartine, 466, 476, 487.
Landolfi (Delfino), 359.
Laplace, 267.
Lardy, 376.
Lassell, 212.
Laure, 407, 408.
Laurent (Ch.), 552, 573, 576.
Laurillard, 537.
Lautour-Mézeray, 505, 512.
Lauvergne, 167, 174.
Lavoisier, 463.
Leblanc, 226.
Lecoq (Henri), 38, 55, 426.
Lecourbe, 359.
Ledebour, 13.
Lee, 213.
Lefèvre, 14.
Lefranc, 575.
Lehaut, 574.
Léonard de Vinci, 464.
Léopold (duc), 456, 457, 464.
Lepileur (Auguste), 273, 292, 323, 340, 343.
Leprieur, 14, 15.
Leschenault de la Tour, 12, 14.
Lesseps (de), 484.
Letourneux, 552.
Libri, 458.
Liebig, 375.
Lilliehöök, 68, 128, 136, 140, 148, 164, 190.
Lindblom, 85.

Linden, 15.
Lindley, 47.
Linné, 3, 4, 5, 11, 12, 17,
    85, 123, 169, 352, 353.
Littré, 538.
Loche, 552.
Lœfling, 14.
Lombard, 344.
Lory, 381, 438.
Lottin, 67, 68, 128, 136,
    140, 141, 147, 148, 164,
    177, 190.
Louis XIV, 192, 456.
Louis XV, 360.
Louis-Philippe, 121, 164.
Lovén, 117.
Lowenhigh (de), 66.
Lucca della Robbia, 465.
Lusser, 376.
Luther, 359.
Lyell, 49, 226, 228.
Lyons, 62, 474.

M

Maclaren, 213, 222, 226.
Maclintock, 120.
Maclure, 62, 120, 329.
Magalotti, 456.
Magnol, 42.
Mahomet, 593.
Malesherbes, 217.
Malmgrén, 69, 84, 87, 112.
Malpighi, 1.
Mantell, 213, 222.
Marcgraf, 14.
Marchand, 339.
Marckham-Shervill, 96, 272,
    306.
Marès (Paul), 546, 552.
Marilhat, 466, 541.
Mariotte, 463.
Marius, 431.
Marmier, 67, 167.
Marmion, 223.
Marsili, 456.
Martens (Frédéric), 61, 84,
    115.
Martin-Barry, 96, 272.
Martins (Ch.), 215, 256.
Massot (Aimé), 34.
Maupertuis, 191, 193.
Mayer, 67.
Mayer-Ahrens, 343.
Méhémet-Ali, 490.
Meissner, 376.
Mérian, 381.
Metert, 93.
Meyen, 18.
Meyer-Dürr, 384.

Michaud, 14.
Michaux, 12, 14.
Michel-Ange, 454, 465.
Middendorf, 88.
Miertsching, 329.
Miller (Hugh), 213.
Millet, 315.
Mirabeau, 437.
Mistral, 428.
Moesch, 371.
Moestlin, 464.
Mohl, 39.
Moïse, 571.
Moitessier (Albert), 368, 573.
Moleschott (Jacob), 316.
Mortillet (de), 226.
Mousson, 360, 381.
Mugnier (Jean), 274, 288,
    289, 294, 295, 308.
Mulgrave, 62.
Müller, 93, 384.
Murchison, 116, 213, 216,
    222, 226.
Musschenbroek, 463.
Mutis, 14.

N

Nægeli, 383.
Napoléon, 414.
Nasmyth, 212, 215, 222.
Nelson, 100.
Neuwied (prince de), 14.
Newton, 463.
Niebuhr, 570.
Nisard, 273.
Nobili, 465.
Nordenskiöld, 69, 82, 84,
    101, 226.
Northampton (marquis de),
    213.
Nuttal, 14.

O

Oliva, 475.
Olympiodore, 570.
Ofverböm, 193.
Oldham, 213.
Omboni, 226, 371.
Ordinaire, 272.
Osler, 212.
Otz, 232, 233, 239.
Oudney, 14.
Ovide, 407.
Owen (Richard), 213, 386.

P

Paccard, 265.
Palisot de Beauvois, 14.

Pallas, 13, 106, 315.
Papin, 360, 463.
Paracelse, 373.
Parker (Théodore), 316.
Parlatore, 213, 217.
Parrot, 126.
Parry, 16, 64, 65, 66, 71,
    72, 77, 86, 100, 120,
    335.
Pascal, 460.
Pastré, 493.
Pecquet, 460.
Peltier, 36, 273.
Penny, 120.
Pentland, 213.
Percy, 93.
Perraudin (Jean-Pierre), 225,
    226.
Perrottet, 14.
Persoon, 17.
Petermann, 69.
Pétrarque, 405, 406, 407,
    408, 409.
Peyresc, 435.
Pharaon, 491.
Phidias, 468.
Philippe (roi de Macédoine),
    405.
Philippi, 426.
Philips, 210, 212, 213, 215.
Phipps (Jean-Constantin), 62,
    64, 65, 71, 77, 84, 100.
Photius, 571.
Pictet (F. J.), 366, 381.
Pictet (Marc-Auguste), 93,
    264, 301, 312, 315, 368,
    461.
Pillet, 381.
Pison, 14.
Plana, 301.
Planta (Rodolphe de), 356,
    359, 360, 363, 373.
Planta (Martin), 360.
Plantamour, 274, 304.
Platon, 50.
Pline, 357, 429.
Plumier, 15.
Pococke (Richard), 263.
Pœppig, 15.
Pohl, 15.
Poiret, 14.
Poitcau, 15.
Polyphème, 275.
Pompée, 478.
Pomponius Mela, 405.
Poole (Jones), 60.
Portalis (l'abbé), 396.
Porter, 213, 221.
Portin, 193.
Pouillet, 273, 300, 322.

Pratt, 213.
Pravaz (fils), 344.
Prévost (Constant), 204, 228.
Prométhée, 429.
Prout, 338.
Pursh, 14.

Q

Quennerstedt, 69, 84.
Quételet, 24, 142.

R

Rachel, 593.
Raineri, 457.
Ramond (Louis), 7, 8, 99, 270, 426.
Ramon de la Sagra, 15.
Ramsay, 213, 226.
Raphaël, 465.
Raspail (Eugène), 393.
Rauwolf, 14.
Raymond IV (comte de Toulouse), 482.
Réaumur, 24, 457, 458.
Reboud, 552.
Reclus (Elisée), 119.
Redi, 456, 463.
Regnault (Victor), 269, 279, 339.
Rendu, 250, 251.
Renevier, 381.
Rénier (Léon), 542.
Renoir, 226.
Renou, 33, 71.
Requien, 399, 408, 409, 418.
Reuter, 98.
Rhætus, 357.
Richard, 15.
Richardson, 120, 213.
Rinaldi, 456.
Rive (Auguste de la), 75, 158.
Robert (E.), 67.
Roberval, 460.
Robinson, 234.
Roger (de Nyon), 301.
Regier, 484.
Rohan (duc de), 359.
Roland, 544.
Roosen, 169.
Ross (James), 15, 74, 119, 120, 164.
Ross (John), 16, 64, 66, 120, 338.
Rouget (Charles), 366, 367.
Rousseau, 415.
Rousseau (Jean-Jacques), 352, 408.

Roxburgh, 14.
Royle, 14.
Rufz, 338.
Rutimeyer, 377, 385.

S

Sabatier, 499.
Sabine, 64, 84.
Saïd-pacha, 492.
Saint Augustin, 407, 408, 520.
Saint-Hilaire (Auguste de), 15.
Saint-Jean, 557.
Sand (George), 408.
Saraz, 358.
Saussure (H. B. de), 7, 8, 63, 96, 98, 236, 243, 264, 265, 266, 267, 268, 269, 270, 271, 273, 278, 282, 283, 286, 290, 294, 295, 296, 298, 301, 306, 308, 309, 317, 324, 352, 387, 388, 430, 433.
Saussure (Théodore de), 267, 293.
Scheuchzer, 264, 387.
Schimper, 14, 47.
Schinz, 384.
Schlagintweit (A.), 97, 270, 309.
Schlagintweit (H.), 97, 270, 309.
Schmerling, 362.
Schnizlein, 39.
Schomburgk, 65.
Schousboe, 14.
Schouw, 12, 25, 26, 29.
Schukburgh, 267, 301, 305.
Scoresby, 61, 63, 64, 65, 71, 72, 76, 77, 84, 116, 212, 214.
Scott (Walter), 223.
Scott Russel, 213.
Sedgwick, 213.
Sefstroem, 226.
Sella (Quintino), 98.
Sélys-Longchamps (de), 312, 314, 315.
Sendtner, 39.
Senebier, 267, 388.
Sénèque, 429.
Sévigné (madame de), 396.
Sforza (Léopold), 464.
Si-Ali-bey, 597.
Si-Ali-ben-Amar, 597.
Sibthorp, 14.
Sibuet, 168.
Siebold (de), 13, 365.
Siljestroem, 68, 128, 136, 140, 148, 164, 226.

Simond (Auguste), 284, 292, 294, 307.
Sisyphe, 581, 582.
Skeffington Ludwidge, 62.
Sloane, 15.
Smith (Christian), 14, 226.
Smith de Jordanhill, 213.
Solander, 84.
Solery, 435.
Sommerfelt, 84.
Spach, 169.
Spallanzani, 338.
Sparmann, 14.
Soliman le Magnifique, 476.
Soubeyran (de), 505.
Stephen (L.), 283.
Sternberg (de), 47.
Steudel, 17.
Steven-Bennet, 59.
Stevenson, 213.
Stoppani, 372.
Strabon, 395, 396, 429, 565.
Strang, 213, 218, 220.
Strickland, 213, 217.
Strobel, 371.
Strozzi (Carlo), 382.
Studer, 226, 360, 369, 377.
Sundevall, 315.
Sustermans, 453, 484.
Svanberg, 193.
Swartz, 15.
Sykes, 212.
Symes, 213, 223.

T

Tairraz (Auguste), 294.
Targioni, 463.
Tchihatchef (de), 14, 474.
Terrot, 212.
Théobald, 371, 377.
Théodoric, 358.
Thomas, 131, 148, 168.
Thompson, 213, 215.
Thunberg, 13.
Thurmann, 38, 379, 426.
Thury, 366.
Tilly (Henri de), 272, 306, 341.
Tischbein, 518.
Tissot, 552.
Tite-Live, 405, 406.
Torell, 69, 84, 101, 104, 115, 117, 226.
Torricelli, 455, 456, 460.
Tournefort, 5, 14.
Tralles, 301.
Trevelyan, 213.
Tuckett (F. F.), 283.

Tulasne, 413.
Turpin, 14.
Tussac (de), 15.
Tyndall, 226.

U

Uhlich, 121, 122, 123.
Unger, 39, 47.

V

Vahl, 14, 84.
Vallet, 381.
Vatonne, 552, 575.
Vauban, 448.
Venance (Payot), 93, 96, 279.
Vernet (Horace), 591, 593.
Vespasien, 489.
Vicentio, 455.
Viviani, 456, 463.

Venetz, 226.
Vergerio (Pierre-Paul), 359.
Verneuil (de), 116, 216, 226.
Ville, 552.
Villemain, 273.
Villiers de l'Isle d'Adam, 476.
Viviani, 455.
Vogt, 102, 355, 362, 363.
Volney, 466.
Volta, 465.

W

Wahlenberg (George), 11, 12, 39, 169, 462.
Walferdin, 331.
Walford, 272.
Wartmann, 142.
Watson (Hewett), 42, 196, 197, 205, 206, 207.
Watt, 360.

Webb, 14.
Weiss, 312, 314.
Wight, 14.
Wild, 232
Windhar.., 263.
Wöhler, 375.
Wrangel, 335.
Wrotessley, 212.

Y

Yarrell, 315.
Young (Arthur), 6, 7, 11, 528.
Ysbrandtz, 58.

Z

Zetterstedt, 99.
Zickel, 551, 574, 575, 589, 594, 597.
Zwingle, 359.

TABLE DES NOMS DE LIEUX.

TABLE ALPHABÉTIQUE

DES NOMS DE LIEUX ET DE PEUPLES

CITÉS DANS CE VOLUME.

A

Aar, 231, 232, 233, 235, 238, 239, 246, 248, 249, 255, 317, 377.
Aarau, 255, 371.
Abbeville, 315.
Abendberg, 388.
Aboukir, 492.
Abyssinie, 14, 515.
Açores (îles), 50, 201, 215.
Adda, 357.
Adélie, 119.
Adige, 357.
Adriatique (mer), 405.
Adula, 357.
Africain, 585.
Afrique, 5, 9, 14, 21, 31, 41, 42, 53, 180, 201, 342, 396, 427, 428, 494, 504, 505, 508, 516, 520, 522, 525, 527, 529, 532, 537, 538, 540, 542, 543, 550, 564, 584, 585, 600, 601, 602.
Aigues-Mortes, 407, 436.
Aïn-Tala, 575.
Airolo, 376.
Aix en Savoie, 381, 396.
Akijocki, 179.
Alais, 529.
Aland (îles d'), 553.
Albenga, 268.
Albula, 264, 375.
Alençon, 393.
Alep, 480.

Aletsch, 232.
Alexandrette, 480.
Alexandrie, 491, 492, 493, 501, 570.
Algarves (les), 52, 489.
Alger, 468, 489, 503, 507, 510, 511, 512, 515, 518, 521, 535, 551.
Algérie, 14, 41, 51, 52, 337, 504, 505, 508, 509, 510, 511, 512, 518, 521, 524, 532, 534, 535, 536, 537, 539, 546, 550, 551, 583, 584, 587, 588, 594, 602.
Allée Blanche, 296.
Allemagne, 27, 50, 89, 116, 145, 150, 198, 199, 200, 256, 312, 352, 354, 358, 359, 361, 413, 424.
Allemands, 28, 213, 338, 355.
Alpes, 5, 8, 11, 16, 22, 27, 29, 33, 34, 35, 37, 49, 52, 54, 57, 63, 77, 81, 84, 87, 89, 92, 95, 99, 100, 117, 125, 126, 127, 148, 164, 198, 203, 204, 206, 225, 226, 227, 228, 229, 232, 236, 237, 241, 243, 248, 250, 255, 256, 257, 259, 261, 263, 264, 268, 271, 292, 297, 298, 301, 307, 309, 311, 312, 313, 314, 315, 318, 319, 320, 321, 326, 343, 345, 348, 349, 353, 356, 358,

359, 361, 363, 368, 369, 370, 371, 375, 376, 377, 378, 379, 381, 382, 391, 392, 395, 397, 399, 402, 406, 420, 421, 422, 426, 433, 436, 445, 452, 473, 488, 489, 532, 543, 554, 561, 563, 598.
Alpes (Basses-), 392, 529.
Alpes maritimes, 391, 529.
Alpines, 427, 435.
Alsace, 594.
Altaï, 259.
Alten, 23, 129, 130, 131, 134, 140, 149, 180.
Alten-elv, 169, 177, 179, 180, 181.
Altenfiord, 95, 165.
Alvesund, 424.
Amérique, 9, 10, 14, 30, 41, 42, 43, 44, 46, 47, 48, 49, 53, 61, 70, 74, 87, 88, 89, 116, 124, 159, 165, 189, 196, 206, 207, 215, 226, 227, 259, 335, 367, 382, 467, 480, 484, 494, 513, 516, 525, 543.
Amorgos, 476.
Amsterdam, 59, 60.
Amsterdam (île d'), 60, 62, 69.
Andalousie, 35, 316, 508, 517.
Andes, 35, 263.
Angel (source d'), 398.
Angeli (monastère des), 457.
Angers, 393.

Anglais, 156, 165, 211, 224, 272, 282, 283, 377, 473, 480, 508.
Anglais (pierre des), 264.
Angle (rocher de l'), 242.
Angles (les), 198.
Angleterre, 7, 10, 42, 49, 50, 62, 64, 116, 117, 127, 131, 164, 166, 196, 197, 198, 199, 200, 202, 203, 204, 205, 206, 207, 208, 209, 210, 211, 212, 218, 220, 221, 226, 261, 293, 315, 354, 386, 410, 450, 463, 531, 602.
Annecy, 250, 254, 255.
Anterne (col d'), 252, 291.
Antilles, 5.
Aoste, 256, 290, 297, 304.
Apennins, 16, 27, 458, 529, 532.
Appenzell, 11, 385, 389.
Arabes, 337, 428, 490, 504, 522, 526, 538, 541, 542, 543, 545, 546, 555, 557, 558, 559, 561, 562, 566, 567, 568, 570, 572, 577, 578, 582, 583, 584, 585, 586, 587, 588, 589, 591, 592, 596.
Arabie, 14, 45.
Ararat (mont), 5, 126.
Arcetri, 455.
Ardèche, 509.
Argentière, 243.
Ariége, 452.
Arkhangel, 101, 122.
Arles, 427, 430, 431, 432, 435, 494, 529.
Arménie, 5.
Arméniens, 489, 490.
Armorique, 206.
Arno, 382.
Arve (rivière), 238, 242, 243, 244, 245, 247, 248, 249, 250, 251, 252, 253, 254, 255, 258, 275, 293, 298.
Arveyron, 79.
Asiatique, 585.
Asie, 5, 9, 10, 11, 14, 32, 41, 42, 43, 53, 89, 124, 227, 257, 362, 367, 425, 483, 484, 516, 585.
Asie Mineure, 469, 474, 476, 477, 486, 488, 527, 529, 532.
Asturies, 197, 199, 200, 206.
Athènes, 466.
Atlantide, 50.

Atlantique (océan), 85, 108, 124, 145, 214, 531.
Atlas (mont), 259, 412, 428, 517, 518, 527, 528, 532, 535, 537, 538, 539, 540, 541, 543, 545, 554, 588, 598, 600.
Aubenas, 529.
Aude, 442, 520.
Aurès (chaine de l'), 542, 543, 548, 558, 562, 569, 598, 600.
Australie, 13, 50, 74, 362, 506, 514, 517, 525.
Autriche, 39, 261, 359.
Autrichiens, 256, 359.
Auvergne, 39, 410, 426.
Auxerre, 393.
Avasaxa (montagne), 193.
Avignon, 391, 407, 408, 409, 418, 433, 470.
Ax, 451.
Axenberg, 376.
Azov, 10.

B

Bade, 388.
Baffin (baie de), 16, 20, 65, 70, 78, 110.
Bagnères de Bigorre, 37, 38.
Balbek, 485.
Bâle, 117, 191, 300, 389.
Baléares (iles), 52, 584.
Baltimore, 9.
Baltique, 118, 552.
Barbison, 541.
Bardad, 601.
Bärenritz, 250.
Bargemont, 529.
Barmes-dessous (les), 287.
Barrow (détroit de), 87.
Basse (ile), 62, 65.
Batavia, 518.
Bathna, 540, 541, 542, 572, 574, 600.
Bavière, 27, 39, 349.
Beaucaire, 434, 436.
Beauce, 187.
Beauchastel, 529.
Beaulieu, 481.
Beauté (coteau de), 413.
Becco di Nonna, 297, 307.
Bédouin, 394, 395, 411, 416, 425, 503.
Beeren-eiland, 59, 66, 67.
Belgique, 199, 315, 424.
Bellecombe, 253.
Belledonne (pic de), 297.
Bell-sound, 68, 76, 78, 79, 82, 84, 101, 127.

Belzoni, 498.
Ben-Djellab, 577.
Beni-Mora, 550.
Berbères, 566, 578, 580, 587, 588, 589.
Bergen, 122, 424.
Berlin, 10, 151, 363, 518.
Berne, 36, 79, 89, 235, 255, 300, 360, 361, 376, 378, 385.
Bernhardin (col du), 264.
Bernina, 312, 349, 355, 356, 358, 359, 363, 375.
Beroldingen, 376, 377.
Besançon, 300.
Bevers, 351.
Beyrouth, 484, 485, 488, 489, 527.
Birmingham, 210, 218.
Birse, 398.
Biscaye (golfe de), 530.
Biskra, 518, 551, 555, 557, 562, 567, 570, 574, 576, 577, 597, 599, 601.
Blackford, 223.
Blanche (mer), 71, 124, 143.
Blauvac, 416.
Bohême, 216.
Bois (les), 242.
Bois (glacier des), 79.
Bone, 520, 521, 532, 551.
Bonnant (torrent), 248, 249, 251.
Bonne-Espérance (cap de), 9, 13, 14, 514, 525, 602.
Bonneville, 252, 253.
Bordeaux, 509.
Bormio, 359.
Bornand, 252, 254.
Bornes, 254.
Bosphore, 473, 474.
Bosse du Dromadaire, 282, 287, 291, 296.
Bossekop, 68, 128, 129, 131, 132, 134, 135, 136, 138, 139, 140, 143, 145, 147, 148, 150, 151, 152, 154, 156, 159, 160, 164, 165, 167, 168, 178, 273.
Bossons (glaciers des), 78, 95, 96, 232, 244, 265, 276, 278, 287, 290, 291, 294.
Boston, 9.
Bothnie (golfe de), 118, 150, 167, 183, 186, 553.
Bouc, 427.
Boudja, 470.
Bourget, 255, 381.
Bourgogne, 393, 509.
Bournaba, 469.
Bou-Saada, 570.

Bou-Zaréa, 518.
Bouzizi, 520, 522, 523.
Branis, 570.
Brescia, 400.
Brésil, 13, 15, 507.
Bretagne, 23, 197, 200.
Brévent, 244, 272, 276, 290, 291, 293.
Briançon, 297.
Brienz, 89, 300, 311, 322, 327.
Bristol, 210.
Britanniques (îles), 23, 49, 116, 117, 196, 197, 200, 201, 202, 203, 204, 206, 208, 209.
Bruxelles, 141, 149.
Buech (rivière du), 438.
Buenos-Ayres, 41.
Buet (montagne du), 252, 267, 269, 272, 293.
Buiukdéré, 474, 475.

C

Cabanes, 449.
Cachemire, 5.
Caches (les), 250.
Cagliari, 9.
Caire (le), 466, 493, 495, 496, 497, 498, 500, 550.
Calais (pas de), 199, 204, 209.
Calcutta, 493, 513, 518.
Californie, 14.
Camargue, 427, 532.
Camarolas, 444.
Cambridge, 210.
Campanie, 357.
Canada, 41, 42, 340.
Canaries (îles), 13, 14. 50, 201, 507, 517.
Canigou (montagne), 33, 34, 440, 441, 442, 443, 444, 445, 447, 448.
Capella, 374.
Capo d'Istria, 359.
Capraia, 51.
Caprée, 51.
Caravanes (pont des), 469.
Carcassonne, 529.
Carie (l'ancienne), 477.
Carlit (montagnes du), 448, 449, 452.
Carol, 452.
Carpathes, 11, 27, 39, 57, 368.
Carpentras, 415, 416.
Casteil, 441, 446.
Catalan, 33.

Caucase, 11, 16, 52, 75, 126, 259, 382, 425, 429, 488.
Cavaillon, 391, 435, 470.
Celerina, 351, 355, 374.
Celtes (les), 356, 355.
Cenis (mont), 264, 421, 422.
Cerdagne, 448, 450.
Cerigo, 468.
Cernetz, 357.
Cervin, 255.
Cette, 396.
Cévennes, 5, 11, 395, 396, 397, 398, 410, 509, 529, 532, 537.
Chablais, 298.
Chambéry, 254.
Chamounix, 77, 78, 79, 80, 92, 93, 96, 229, 230, 232, 235, 242, 244, 245, 246, 247, 248, 249, 250, 254, 258, 263, 264, 265, 267, 270, 271, 272, 274, 276, 277, 278, 280, 282, 287, 289, 290, 292, 293, 294, 296, 298, 299, 300, 304, 318, 322, 340.
Champagne, 393, 509.
Chapeau (montagne du), 242.
Charenton (terrasse de), 413.
Charmoz (aiguille de), 290.
Chartreuse (grande), 297, 298, 381, 404.
Château-Arnoux, 438.
Château de pierre, 253.
Châtelet (le), 253.
Châtellerault, 393.
Chatenay, 215.
Chaux-de-Fonds (la), 365.
Chède, 248.
Chegga, 575, 576.
Chellalah, 540.
Chéops, 494.
Cherbourg, 197.
Cherry-island, 59.
Chetma, 557, 570.
Chiavenna, 348.
Chili, 15, 50.
Chimborazo, 11.
Chine, 10, 13, 141, 507.
Chinois, 16, 32.
Chio, 476.
Chott el Faroun, 554.
Chott el Fejej, 554.
Chott el Granis, 554.
Chott el Hadjila, 554.
Chott Melrir, 554, 555, 560, 574, 594, 598.
Chougny, 304.
Christiania, 10, 66, 154, 164, 215, 259.

Cilicie (la), 477, 479.
Clarens, 372.
Clermont-Ferrand, 450.
Cluse, 251, 252.
Clyde, 219.
Coire, 370, 371.
Col des Juifs, 543.
Colombie, 15.
Combe-Varin, 316, 317.
Combloux, 249, 250, 251.
Côme (lac de), 257, 363, 375, 473.
Côme (ville), 357.
Constance (lac de), 256, 382, 384.
Constantine, 520, 527, 535, 538, 541, 551, 577, 594.
Constantinople, 23, 337, 466, 471, 472, 473, 474, 475, 529.
Copenhague, 127, 425.
Cordelio, 471.
Cordoue, 580.
Corfou, 51.
Corinthe, 51.
Cork, 197, 210.
Corneilla, 440, 441, 443.
Cornier, 253.
Cornouailles, 197, 199, 200, 202.
Cornwall, 450.
Corse, 27, 51.
Cos, 476, 538.
Côte (montagne de la), 96, 265, 294.
Cotentin (presqu'île du), 531.
Coulon (le), 435.
Coupeau, 245.
Courmayeur, 229, 317, 318.
Cramont, 296, 317, 318.
Crau (la), 371, 393, 395, 396, 405, 427, 428, 429, 430, 432, 433, 435, 436, 439.
Crête, 488.
Crimée, 424.
Cromer, 208.
Cross-bay, 76.
Cuba, 15.
Cumberland, 198, 203.
Cyrénaïque, 527, 530.
Cythère, 468.

D

Dalmatie, 51, 529.
Damanhour, 494.
Damas, 466, 485.
Damiette, 490, 491.

Danemark, 4, 123, 205, 209, 259, 354, 424.
Danube, 348, 349, 358.
Dardanelles, 471, 474, 475.
Dauphiné, 228, 381, 435.
Davos, 377.
Delta, 490, 495.
Derviches (vallée des), 484.
Desenzano, 256.
Devonshire, 197, 200, 202.
Diablerets (les), 89, 293, 298.
Digne, 529.
Dijon, 268, 296, 300.
Djebel El-Mela, 546.
Djebel Gaouss, 544, 545.
Djebel Tougour, 542.
Djurdjura, 540.
Donzères, 529.
Dorset, 216.
Drac (le), 298, 437.
Drance, 225.
Drôme, 629.
Drontheim, 67, 127, 334.
Druide, 522.
Dublin, 210.
Durance (la), 391, 396, 397, 429, 431, 433, 434, 435, 436, 438, 439.
Dürnten, 208.
Dwina, 116.

E

Eaux-Bonnes, 299.
Èbre, 532.
Echelle (pierre de l'), 96, 276, 281, 290.
Ecluse (fort de l'), 255.
Ecossais, 211, 272.
Ecosse, 16, 45, 116, 139, 143, 196, 198, 199, 200, 202, 203, 206, 207, 208, 216, 217, 218, 220, 221, 223, 224, 226, 259, 368, 382, 530.
Edimbourg, 93, 149, 210, 211, 213, 215, 216, 222, 223, 424, 425, 518.
Edough, 520, 525.
Egypte, 12, 14, 51, 419, 490, 491, 494, 496, 499, 511, 527, 530, 532, 550, 564, 571, 576, 502.
Egyptiens, 485, 493, 497.
Erby, 169, 170.
El-Balouch, 577.
Elbe, 61.
Elche, 545.
El-Kantara (le pont d'), 543, 544, 545, 546, 569, 577.

El-Outaïa, 547, 569.
Elvebaken, 130.
Engadine, 348, 349, 350, 351, 355, 356, 358, 359, 360, 374, 375, 550.
Enontekis, 184.
Entremont, 188.
Epices (îles aux), 30.
Escaldas, 450.
Espagne, 16, 25, 27, 50, 51, 52, 58, 84, 99, 107, 210, 216, 220, 316, 345, 358, 359, 396, 419, 432, 489, 508, 527, 530, 535, 545.
Espagnol, 27, 359.
Esquimaux, 45, 158, 339.
Etats du pape, 51.
Etats-Unis d'Amérique, 10, 41, 42, 53, 141, 340, 357, 584.
Etna (mont), 16, 27, 35, 378, 526.
Etrusques, 357.
Euphrate, 480.
Europe, 5, 8, 9, 11, 12, 13, 23, 25, 26, 27, 28, 29, 32, 35, 36, 41, 44, 45, 52, 57, 67, 82, 84, 88, 89, 92, 100, 116, 117, 110, 123, 125, 142, 151, 152, 164, 192, 196, 197, 201, 202, 205, 206, 207, 209, 215, 224, 227, 264, 263, 264, 268, 270, 296, 304, 311, 313, 314, 337, 348, 351, 357, 358, 361, 362, 379, 382, 385, 401, 419, 424, 425, 472, 484, 486, 494, 498, 500, 508, 509, 521, 522, 523, 524, 525, 530, 531, 532, 535, 582, 588.
Européens, 30, 32, 483, 584, 585.
Everijocki, 179.
Eyenpaïka, 175, 188.

F

Faham, 496.
Fairhaven, 64, 64.
Faulhorn, 36, 89, 92, 93, 94, 95, 99, 273, 300, 305, 311, 312, 313, 314, 315, 319, 320, 321, 322, 325, 327, 399, 421.
Fejej (lac), 553.
Fellah, 493.
Fer (cap de), 520.

Feroe (îles), 20, 23, 24, 68, 196, 206, 207, 531.
Fetlan, 357.
Feuillat (vallée de), 441, 442, 444.
Fezzara, 521.
Filhol (vallée de), 441, 442, 443, 447.
Finistère (presqu'île du), 531.
Finlandais ou Finnois, 122, 137, 161, 177.
Finlande, 116, 226, 259, 553.
Finmark, 127, 136, 138, 149, 161, 162, 190.
Finsteraar, 230, 239, 249.
Finsteraarhorn, 312, 321.
Finstermünz, 348.
Fiz (montagne des), 251, 281, 293.
Florence, 217, 257, 382, 454, 456, 457, 458, 459, 464, 529.
Floride (la), 380.
Fluelen, 376.
Fondi, 375.
Fontainebleau, 300, 524, 541, 561.
Fontfiliole (source), 398, 404.
Forclaz (la), 247.
Forez, 216.
Fort-Napoléon, 586.
Fourques, 427.
Foz, 431.
Français, 7, 136, 213, 224, 272, 355, 473, 486, 499, 503, 537, 574, 576.
France, 5, 7, 12, 23, 25, 33, 35, 37, 39, 41, 42, 43, 46, 50, 54, 86, 87, 99, 127, 133, 150, 164, 165, 187, 197, 198, 200, 201, 202, 204, 205, 206, 217, 220, 221, 224, 256, 293, 299, 345, 336, 337, 345, 354, 358, 359, 364, 379, 381, 387, 389, 393, 394, 396, 400, 402, 413, 414, 424, 430, 432, 465, 465, 467, 482, 484, 487, 499, 508, 505, 508, 509, 510, 511, 512, 519, 521, 522, 527, 528, 529, 530, 531, 533, 534, 536, 537, 548, 567, 577, 578, 582, 583, 584, 585, 588, 596, 602.
France (île de), 217.
Franche-Comté, 361.
Fribourg, 385, 389.

G

Gabès (golfe de), 552, 553.
Galapagos, 50.
Gallenstock, 377.
Galles, 198, 203.
Gallipoli, 472.
Gap, 438.
Garbe, 576.
Gard, 529.
Garde (cap de), 520.
Garde (lac de), 256, 363, 375.
Gaule, 429.
Gbila, 594.
Géant (aiguille du), 242, 249.
Géant (col du), 230, 286, 296, 309, 324.
Gelmerhorn, 377.
Gemellæ, 601.
Gemmi (la), 264, 378.
Gênes (golfe de), 268.
Genève, 93, 242, 253, 254, 257, 258, 263, 264, 267, 268, 270, 271, 273, 274, 291, 293, 298, 304, 305, 306, 352, 364, 366, 381, 384, 389.
Génevois, 264.
Genèvre (mont), 433.
Géorgie, 511.
Germanie, 198, 200, 205.
Gétules, 564, 581.
Gibraltar, 488, 530.
Giestvaer (baie de), 123.
Gigondas, 393.
Gincla (forges de), 442.
Gizeh, 496, 497.
Glascow, 210, 218, 219, 220.
Gœttingue, 375.
Gothembourg, 116.
Goûté (aiguille du), 281, 283.
Goûté (dôme du), 265, 282, 291.
Grande-Bretagne, 210, 218, 221, 224.
Grands-Mulets (les), 96, 265, 270, 271, 277, 278, 279, 283, 287, 288, 289, 291, 299, 312, 320, 321.
Grand-Som, 297.
Grasse, 529.
Grèce, 14, 25, 51, 201, 425, 468, 488, 527, 529, 533, 538.
Grecs, 468, 490.
Grenelle (puits de), 573.
Grenoble, 297, 381.
Gressoney, 77.

Grignan, 396.
Grimsel, 229, 230, 264, 377.
Grindelwald, 77, 79, 89, 229, 230, 232, 235, 240, 313, 448.
Grisons (les), 357, 370, 372, 377, 385, 437.
Groenland, 60, 64, 87, 104, 109, 116, 119, 126, 198, 202, 203, 206, 207.
Groseau (source du), 398.
Gross-Glockner (montagne), 312.
Grünberg, 249.
Grütli, 377.
Guaraunos, 31.
Guelma, 508, 551.
Guémar, 596.
Gulf-stream (courant du), 76, 143, 145.
Guyane anglaise, 15.
Guyane française, 15.

H

Hackluit, 65.
Halifax, 10.
Hamana (vallée d'), 486, 487.
Hambourg, 84, 509.
Hambourg (baie de), 62, 76.
Hamma, 503, 517, 518.
Hammam-Sid-el-Hadj (eaux chaudes d'), 546.
Hammerfest, 65, 66, 67, 68, 121, 122, 123, 127, 128, 129, 131, 132, 133, 134, 135, 139, 170.
Handeck, 452.
Haparanda, 167, 194.
Harz (le), 89.
Haute-Loire, 268.
Havane (la), 151.
Havoe (île de), 121, 122.
Havoe-sund, 121, 124.
Havre (le), 67, 68, 127, 334.
Hébrides (îles), 196.
Hécla (mont), 203.
Hecla-cove, 65.
Helsingfors, 69.
Helvétie, 373, 385.
Hémus (mont), 405.
Hérault, 370, 529.
Hermus, 471.
Hernœsand, 400.
Hespérides, 420.
Himalaya, 57, 263, 382, 412, 488, 554.
Hindous, 16, 31.

Hinlopen (détroit de Van), 61, 69, 82.
Hippone, 408, 520, 523.
Hodna, 547, 548, 574.
Hollandais, 14, 58, 59, 60, 66, 106, 213.
Hollande, 4, 58, 60, 123, 127, 389, 463.
Horn (cap), 13.
Horn-sound, 69, 76, 125.
Hudson (baie d'), 102.
Huki, 189.
Husseyn-dey, 510.
Hyères, 375, 396, 467, 545.

I

Iakoutsk, 23.
Icaria (île), 476.
Ice-sound, 66, 67.
Iles (les), 243.
Indes, 5, 13, 14, 46, 480, 493, 513, 516, 520, 535.
Indien de l'Amérique du Nord, 543, 587.
Indus, 527.
Ingouville, 473.
Inn (rivière de l'), 348, 349, 357, 359, 374.
Interlaken, 388.
Ioniennes (îles), 480.
Irlandais, 211.
Irlande, 50, 51, 53, 85, 116, 196, 197, 198, 199, 200, 201, 202, 206, 209, 220, 226, 530, 531.
Iseo (lac d'), 363, 375.
Isère, 251, 255, 437.
Islande, 20, 45, 85, 116, 196, 198, 202, 203, 206, 207, 257, 340, 421, 530, 535.
Istres, 434.
Italie, 5, 25, 52, 84, 220, 256, 261, 264, 348, 352, 356, 358, 359, 361, 363, 375, 376, 388, 401, 406, 407, 412, 465, 508, 525, 527, 533.
Italiens, 27, 213, 355, 359.

J

Jaffa, 489, 490.
Jammerberg, 59.
Jan Mayen (île de), 61, 102.
Japon, 13, 48, 469, 508.
Jérusalem, 489, 490.
Jocksengi, 192.

Jokkialka, 189.
Joppé, 489.
Josaphat, 490.
Judsövuomi, 175, 176.
Juifs, 16, 490.
Juliers (montagne), 264, 350, 355, 357, 375.
Jungfrau (montagne), 229, 255.
Jupvig, 140, 154.
Jura (chaîne du), 38, 52, 57, 228, 241, 255, 256, 291, 298, 306, 311, 316, 379, 381, 398, 422, 426.
Juvénal (port), 41.

K

Kaafiord, 149, 165, 168, 183, 184, 489.
Kaafiord (golfe de), 131.
Kabyles, 503, 586, 588, 589.
Kabylie, 539, 546.
Kaiserstuhl, 38.
Kalanito, 178, 179, 180, 184.
Kara (détroit de), 58.
Karajocki, 171, 178.
Karesuando, 167, 168, 179, 182, 183, 184, 186, 193.
Katkesuando, 186, 187.
Kautokeino, 167, 177, 178, 179, 183.
Kengis, 190.
Kessingland, 208.
Kew, 221.
Kiexisvara, 190.
Kilangi, 189.
King's bay, 76, 82.
Kiölen, 167, 170, 171.
Kœnigsberg, 424.
Kolare, 189.
Kolare-elv, 189.
Kongshavnsfield, 171.
Korpikula, 191.
Krayé, 487, 489.
Ksour, 543.
Kulkula, 186, 192, 194.
Kuttano ou Kuttaneby, 186.

L

Labrador, 82, 116.
Lagrave (source de), 398.
Lamanen (pertuis de), 427, 439.
Lambessa, 542.

Lancastre (détroit de), 87, 110.
Landes (les), 411, 523.
Langres, 268.
Languedoc, 7, 51, 316, 395, 396, 397, 509, 528, 532, 535, 553, 556, 560.
Laodicée, 481.
Laponie, 4, 5, 10, 11, 15, 23, 24, 28, 39, 45, 53, 66, 68, 71, 90, 91, 93, 94, 95, 98, 121, 124, 128, 135, 140, 143, 145, 147, 157, 164, 168, 169, 170, 177, 180, 183, 188, 191, 192, 198, 273, 311, 340, 400, 401, 421, 485, 489.
Lapons, 32, 102, 122, 123, 129, 130, 131, 137, 149, 157, 161, 173, 174, 177, 182, 187, 340, 368.
Latakieh, 481, 484, 485, 501.
Latium, 357.
Lausanne, 372.
Lauteraar, 230, 249, 250.
Lavangi, 243.
Lavin, 357.
Léberon (montagne du), 391.
Léchaud (aiguille de), 92, 93, 249.
Léman (lac), 228, 238, 254, 255, 258, 263, 264, 298, 305, 352, 353, 372.
Leros, 476.
Lesbos, 475.
Leucippe, 468.
Lez (rivière), 41.
Liagone, 448.
Liana, 570.
Liban, 412, 481, 483, 484, 485, 486, 487, 488, 541.
Liége, 315, 362.
Ligurie, 44.
Liguriens, 429.
Linth, 256.
Lipsajocki, 174, 175.
Lipsäkoppi, 174.
Lisboli (pierre de), 243.
Little-Table island, 65.
Liverpool, 210.
Livourne, 51.
Lodève, 529.
Loire (la), 425.
Lombardie, 256, 369.
Londres, 10, 221.
Lorraine, 380.
Lot, 510.
Lourtier, 225.
Lucerne, 226, 376, 378, 389.

Lugano, 363, 375, 378.
Lund, 15.
Lure, 392.
Lux-Magnus ou Lukmanier (col), 357, 358.
Lycie (la), 477.
Lyngen, 173, 184, 469.
Lyon, 300, 304, 371, 424, 510, 529.

M

Mabert (pierre à), 250.
Macclesfield, 218.
Macédoine, 405, 488.
Madagascar, 516.
Madeleine, 394.
Madère, 14, 525.
Magdalena-bay, 61, 65, 68, 72, 76, 78, 79, 84, 103, 104, 331.
Mageroe (île de), 123.
Maglan, 251, 252.
Magnésie, 470.
Magyars (les), 358.
Mahmoudyeh, 492, 493.
Mahonais, 512.
Maine-et-Loire, 315.
Majeur (lac), 256, 363, 375.
Malaucène, 392, 398, 406, 408, 425.
Malouines (îles), 15, 21.
Maloya, 348, 349, 375.
Malte, 467, 468, 476, 480, 481, 501.
Mameluks, 496.
Man (île de), 116.
Manche, 50, 204, 205.
Manche (îles de la), 531.
Manchester, 210, 218.
Manosque, 391.
Maouana, 435.
Maréotis (lac), 491, 493.
Marin, 385.
Marmara, 474, 475.
Maroc, 527, 530, 532.
Maronite, 483.
Marseille, 151, 304, 392, 396, 405, 407, 430, 432, 467, 473, 529.
Martigny, 225.
Martinique (la), 338, 515.
Masoe (île de), 124.
Matifou (cap), 518.
Matkojocki, 190.
Mattaringi (Ofver-Torneo), 192, 193, 194.
Maudit (mont), 281, 287, 291.
Maures, 503.

Méditerranée, 5, 53, 117, 201, 268, 269, 304, 392, 425, 431, 479, 480, 481, 490, 520, 527, 528, 530, 532, 533, 534, 535, 536, 538, 543, 546, 552, 553, 554, 596.
Mées (ville des), 437.
Mégève, 251.
Meilen, 384.
Mélès, 469, 470.
Melville (détroit de), 87, 110.
Melville (île), 20, 65.
Mer Blanche, 530.
Mer de glace, 242, 243, 244, 249, 250, 296.
Merlet, 244.
Merlingen, 377.
Mersina, 478, 479, 480.
Methamis, 416.
Méttidja, 584.
Metlili, 544.
Mettenberg, 313.
Metz, 315.
Meudon, 125.
Mexicains, 31.
Mexico, 31.
Mexique, 9, 15, 23, 31, 49, 530.
Mexique (golfe du), 71, 143.
Mézenc (mont), 5, 268.
Mgarin-Kedima, 577.
Miage (glacier du), 80.
Midi (aiguille du), 275, 276, 290, 296, 305.
Midi (dent du), 293.
Midi (Pic du), 37.
Milan, 304, 356, 371, 464.
Milianah, 540.
Mille îles, 66.
Miramas, 434.
Mississipi, 47, 49.
Modane, 297.
Moffen (île), 62, 65.
Mogol, 5.
Moine (aiguille du), 92, 93.
Môle (pyramide du), 293.
Monchique (sierra de), 52, 489.
Monetier, 254.
Mongolie, 13.
Monieux, 416.
Montanvert, 242.
Mont-Blanc, 35, 36, 77, 92, 95, 96, 228, 229, 230, 232, 242, 244, 248, 250, 251, 256, 257, 258, 263, 264, 265, 266, 267, 268, 269, 270, 271, 272, 273, 274, 275, 276, 278, 281, 282, 283, 286, 289, 290,

291, 293, 294, 295, 296, 297, 298, 299, 300, 301, 302, 303, 304, 305, 306, 307, 308, 312, 318, 320, 322, 340, 341, 344, 346, 352, 377, 381, 422.
Mont-Blanc de Courmayeur, 296.
Montcuard, 244.
Montées (les), 245, 246, 247.
Montélimart, 396, 425, 429, 529.
Mont-Joie, 77, 248, 249.
Mont-Louis, 448, 449, 450, 452.
Monte-Moro, 264.
Montmaur, 438.
Montpellier, 41, 42, 316, 337, 366, 371, 334, 509, 518, 538.
Mont-Rose, 35, 77, 97, 229, 255, 264, 270, 272, 297, 304.
Monville, 215.
Morat, 311, 384.
Morcles (dent de), 293.
Morée, 52.
Mornex, 254, 352, 353.
Morteratsch, 363, 364.
Morvan (le), 450.
Moselle, 23.
Moules (baie des), 61.
Mourad, 555.
Munich, 365, 375.
Muonio-elv, 167, 176, 181, 183, 184, 186, 187, 189, 190, 192, 336.
Muonioniska, 187, 188.
Mraier, 578.

N

Nangy, 252, 253, 254.
Nant d'Arpenaz, 251.
Nantes, 431.
Naples, 51, 257, 375.
Narbonne, 411.
Nauders, 357.
Neanderthal, 362.
Neuchatel, 298, 311, 316, 361, 380, 384, 385, 389, 393, 550.
Nevada (sierra), 16, 27, 35, 426.
Newcastle, 210, 218.
Newhaven, 141.
New-York, 259.
Nice, 51, 375, 481.
Nicomédie, 52.

Niesajocki, 189.
Nil (le), 490, 491, 492, 493, 494, 495, 496, 497, 500, 532, 576, 602.
Nilomètre, 496.
Nîmes, 427, 434, 436.
Noire (forêt), 298, 349.
Noire (mer), 25, 41, 52, 349.
Noirmoutiers, 425.
Noli, 268.
Nord (cap), 10, 25, 121, 122, 123, 124, 125, 126, 144, 145.
Nord (mer du), 143, 199, 206, 334.
Norfolk, 208.
Normandie, 23, 26, 132, 197, 200.
Normands, 197.
Norvége, 41, 59, 67, 83, 102, 113, 119, 122, 130, 132, 133, 135, 143, 169, 203, 207, 208, 259, 270, 334, 340, 354, 375, 424, 530.
Norvégiens, 76, 122, 128, 161, 336.
Norwich, 218.
Notre-Dame de Fontromeu, 448.
Nouvelle-Hollande, 362, 507.
Nouvelle-Zélande, 30, 53, 57, 119, 222, 226, 385.
Nouvelle-Zemble, 58, 59, 88, 126.
Nubie, 14, 51, 496, 602.
Numides, 564, 581.
Nuppivara, 172.
Nyons, 529.

O

Ober-Dornach, 191.
Oberland, 378.
Obwalden, 389.
Occident, 472, 502.
Océan, 520.
Océanie, 30.
Océaniens, 30.
Œningen, 382.
Oetzthal, 312.
Oisans, 298.
Olette, 529.
Olympe, 52.
Ombrie, 357.
Om-el-Tiour, 560, 576.
Oran, 515, 534, 584.
Orange, 24, 394, 408.

Orcades (îles), 196, 207.
Orénoque, 31.
Orient, 13, 41, 263, 466,
    472, 480, 482, 484, 490,
    495, 500, 502, 507, 585.
Orientaux, 337.
Orléans, 300.
Ostie, 429.
Othon, 468.
Ouargla, 567, 577, 601.
Ouches (les), 245, 247.
Oued Biskra, 1559.
Oued-Djedi, 559.
Oued El-Kantara, 547, 601.
Oued-Rir, 560, 567, 570,
    573, 574, 575, 578, 579,
    582, 583, 597, 599.
Oued-Souf, 599.
Oumache, 570.
Ourir, 576.
Ourlana, 574.
Ours (île de l'), 84, 104.
Oxford, 210.

P

Païkajocki, 189.
Palajocki, 167. 186.
Palajoensu, 187.
Palerme, 28, 518.
Palestine, 484, 489, 490,
    527.
Pamphylie (la), 477.
Panix, 264.
Paracelse, 373.
Paris, 5, 10, 16, 24, 33,
    53, 71. 83, 125, 138,
    144, 145, 148, 149, 150,
    151, 152, 157, 184, 187,
    194, 220, 221, 273, 274,
    280, 299, 300, 313, 316,
    337, 338, 352, 360, 393,
    403, 510, 518, 522, 538,
    573, 594.
parme, 141.
paros, 468.
patmos, 476.
pavie, 371.
pélag, 10.
pélerins (hameau des), 275,
    276.
pélissier (pont), 247.
pello, 191, 192.
péloponèse, 468.
pelvoux, 297, 298.
pène (montagne de), 442.
pentland, 222.
perdu (mont), 270.
perm, 82,

Pérou, 15, 30.
Perpignan, 9, 440.
Pers, 253.
Perse, 14, 425.
Persique (golfe), 480.
Pertuis, 431.
Peschiera, 256.
Petits-Mulets, 266, 295, 300,
    305, 308.
Petite Syrte, 552, 553.
Phéniciens, 488.
Philippeville, 573.
Pic des Cèdres, 452, 543.
Pic du Midi, 37, 38, 90, 99,
    312, 399.
Piémont, 35, 98, 256, 266,
    307, 345, 414.
Pierre (Château de), 253.
Pierre-Belle, 244.
Pierres pointues (les), 275,
    287, 290.
Pise, 375, 454.
Piléo, 184.
Piz Languard, 312.
Planier (phare de), 392.
Plateau (grand), 265, 266,
    283, 284, 286, 287, 288,
    290, 291, 292, 294, 296,
    299, 300, 308, 309, 318,
    322, 323, 340, 341, 344,
    346, 347.
Plateau (petit), 282, 283,
    291, 293.
Plymouth, 210.
Pô (fleuve), 256.
Poitou, 413.
Polonais, 337.
Poméranie, 424.
Pompéi, 469.
Pompéiopolis, 477, 478.
Ponte, 351.
Pont-Euxin, 405.
Pontresina, 356, 363, 364,
    365.
Ponts (les), 316.
Porentruy, 38, 355.
Port-Boven, 65.
Portsmouth, 10.
Portugal, 51, 52, 220, 489,
    530.
Poschiavo, 359, 363.
Prades, 440, 446, 447.
Prarion, 247.
Prince-Charles (île du), 58,
    76.
Prince-Régent (détroit du),
    65.
Provence, 44, 312, 391,
    396, 401, 405, 410, 413,
    425, 434, 509, 528, 535.
Prusse, 363.

Puebla, 31.
Puycerda, 450, 451.
Puymaurin (col de), 451.
Pyrénées, 8, 11, 16, 33, 34,
    38, 54, 57, 87, 90, 99,
    100, 198, 259, 270, 299,
    301, 312, 368, 382, 399,
    420, 421, 422, 424, 426,
    445, 488, 530, 542, 544,
    563.
Pyrénées   orientales,   508,
    529.

Q

Qualoe (île de), 121.
Quatre-Cantons (lac des), 11,
    255, 311.
Queens, 122.

R

Rallingen, 377.
Ramlé, 492.
Ravin Bleu, 543.
Ravin des Cèdres, 543.
Raz-Arxin, 520.
Raz-Toukousch, 520.
Realta, 357.
Reams, 357.
Reculet, 422.
Reposoir (aiguille du), 293.
Rethel, 393.
Reuss (la), 255.
Rhæzuns, 357.
Rhétie, 358.
Rhin, 23, 117, 256, 348,
    370, 436.
Rhodes, 476, 477.
Rhône, 34, 238, 255, 348,
    364, 370, 371, 381, 391,
    394, 396, 407, 424, 425,
    427, 429, 431, 433, 434,
    437, 494, 523, 529, 532.
Ria (forges de), 442.
Rigi, 325, 399.
Rocailles (les), 253.
Roche (la), 253.
Rochemaure, 425.
Roche-Melon (la), 297.
Roja (montagne de), 441.
Rolfsoe, 121.
Romain, 479, 504, 508, 540,
    600, 601.
Rome, 257, 457.
Rosenlaui, 79, 235.
Rosette, 404.
Ross-inlet, 65, 100.
Rothhorn, 321, 325.

Rouges (aiguilles), 293, 298.
Rouges (rochers), 266, 291, 294, 295, 305, 340.
Rousses (les), 298.
Roussillon, 51.
Ruitor (montagne de), 296.
Rummel, 543.
Russes, 28, 122, 165, 213, 336, 337.
Russie, 10, 13, 27, 58, 66, 82, 116, 127, 145, 167, 186, 189, 337, 531.

S

Saada, 559, 576.
Saas, 77, 188.
Sabrina, 119.
Saccara, 496.
Sahara, 26, 428, 430, 508, 527, 528, 535, 541, 543, 545, 547, 548, 550, 551, 552, 553, 556, 557, 558, 563, 565, 566, 567, 569, 570, 572, 574, 575, 576, 582, 586, 587, 588, 589, 596, 598, 600, 601, 602.
Sahel, 518.
Sahorro (vallée de), 441, 442.
Saint-Bernard, 225, 264, 276, 289, 304, 305, 311, 344, 354, 361, 399, 401.
Saint-Chamas, 427, 433, 435.
Saint-Chinian, 529.
Sainte-Claire (église), 407.
Saint-Dizier, 393.
Saint-George (canal de), 198, 199.
Saint-Gervais, 248, 249, 251, 283.
Saint-Gothard, 229, 256, 264, 312, 358, 376, 377, 379.
Saint-Jean de Jérusalem, 476.
Saint-Jean (gorge de), 441, 446, 447.
Saint-Laurent, 116, 253.
Saint-Martin, 251, 348, 432.
Saint-Maurice, 349, 351, 355, 373, 374.
Saint-Michel, 247.
Saint-Mihiel, 380.
Saint-Petersbourg, 10, 150, 400, 518.
Saint-Pons, 529.
Saint-Remy, 435.
Saint-Romain, 253.

Saint-Sidoine (chapelle de), 395, 425.
Saint-Théodule (col), 98, 311, 312.
Saint-Vincent (gorge de), 445, 446, 447, 448.
Sainte-Victoire, 396.
Saintes-Maries (port des), 427.
Salève (mont), 252, 254, 255, 352, 381.
Sallenches, 248, 249, 250, 251, 280.
Salon, 427, 431, 435.
Salvadore (mont), 378.
Samaden, 354, 355, 356, 363, 365, 373, 374, 375.
Samos, 476.
Samoyèdes, 158.
Saorgio, 529.
Sardaigne, 9, 51, 488.
Sarrasins (les), 358.
Saussure (aiguille de), 291.
Savoie, 52, 227, 298, 381.
Savoie (haute), 298, 353.
Savoisiens, 306, 445.
Savone, 268.
Saxonex, 252.
Saxons, 198.
Scala di Fraele, 359.
Scandinavie, 16, 27, 45, 82, 86, 87, 88, 99, 116, 118, 119, 143, 208, 226, 331, 354, 382, 426.
Scanfz, 351, 360.
Schreckhorn, 237.
Schwitz, 373, 389.
Scuol, 357.
Sébastopol, 337, 342.
Seelisberg, 377.
Seigne (col de la), 296.
Seine (la), 187.
Sempach, 384.
Sénégal, 480, 495, 527, 554, 588, 602.
Sent, 357.
Sept-Iles, 58, 62, 69.
Septimer, 264, 349, 358.
Serein (mont), 395, 398, 400, 401.
Servoz, 247, 248, 250, 251.
Sésostris, 494.
Sesto-Calende, 256.
Seyhouse, 520, 532.
Sfa (col de), 555.
Shetland (îles), 64, 196, 206, 207.
Sinberdajocki, 176.
Sibérie, 23, 24, 88, 145, 148, 257, 315, 335.
Sicile, 35, 51, 52, 117, 488, 535.

Sidi-Amrin, 575.
Sidi-Ferruch, 504.
Sidi-Rached, 573.
Sienne, 400.
Sierra, 489.
Sierra-Leone, 602.
Silberberg, 249.
Silva-Plana, 349, 351.
Silz, 349, 357, 373.
Simmenthal, 298, 385.
Simplon, 264, 344.
Sinaï, 571.
Sion, 254, 255, 293.
Sisteron, 392, 438, 529.
Sixt, 275.
Slaadberg, 68.
Sliman, 177.
Smeerenberg, 59, 60, 61, 64, 69, 84.
Smyrne, 52, 468, 469, 470, 471, 481, 488.
Solès, 478.
Soleure, 191, 300, 313.
Solferino, 256.
Songa-Motka, 186.
Soroe (île de), 121.
Soudan (le), 527.
Souf (le), 551, 561, 562, 569, 578, 579, 580, 581, 582, 583, 592, 596, 597, 599.
Spitzberg, 16, 20, 57, 58, 59, 60, 61, 62, 63, 64, 65, 66, 67, 69, 70, 71, 72, 75, 76, 77, 78, 79, 81, 82, 83, 84, 85, 86, 87, 88, 91, 92, 95, 96, 97, 98, 100, 101, 102, 103, 104, 105, 107, 108, 109, 110, 111, 112, 113, 114, 115, 116, 117, 119, 122, 126, 127, 130, 143, 214, 216, 257, 270, 273, 311, 319, 320, 321, 331, 340, 345, 421, 422, 530.
Splügen, 264.
Stappen, 124.
Stieregg, 235, 313.
Stockholm, 127, 164, 192, 194, 295, 338, 553.
Stockhorn, 378.
Storvandsfield, 171.
Strahleck, 230.
Strasbourg, 117, 498, 538.
Sudètes, 89.
Suède, 4, 5, 11, 115, 116, 117, 118, 119, 123, 133, 135, 150, 258, 315, 354, 380, 400, 424, 553.
Suédois, 28, 136, 336, 337.
Suez, 496.

Suisse, 11, 35, 38, 39, 52, 77, 78, 79, 80, 81, 82, 89, 125, 130, 148, 191, 198, 206, 208, 227, 229, 236, 237, 255, 256, 261, 264, 291, 311, 348, 351, 352, 354, 355, 356, 358, 360, 361, 364, 368, 375, 376, 379, 382, 383, 384, 385, 386, 387, 388, 389, 390, 393, 421, 437, 452, 482, 525, 594.
Suobadusjocki, 180.
Süss, 360.
Sustenhorn, 89.
Sutz, 351, 359, 374.
Suvajervi, 178, 181, 182.
Syra, 468, 489.
Syracuse, 257.
Syrie, 14, 481, 484, 487, 488, 527, 529, 533.
Syrte (petite), 552, 553.

T

Table (îlot de la), 58.
Tabor (mont), 297.
Taconnay (glacier de), 96, 244, 265, 278, 291.
Tacul, 249.
Tair-Raçou, 575.
Taléfre (glacier de), 78, 92, 93.
Tamarins, 544.
Tamerna, 573.
Tamise, 62.
Tarente, 51.
Tarf, 521.
Tarse, 571.
Tarsous, 480.
Tasmanie, 517.
Taurus, 201, 488.
Taymir (presqu'île de), 88.
Tech, 529.
Tell, 535, 537, 583, 589, 592.
Temmaçin, 577.
Ténédos, 475.
Ténériffe, 265, 382, 525.
Terracine, 51, 257.
Terre de Feu (la), 15, 53, 165.
Terre-Neuve, 156.
Tessin, 361, 389.
Tet (vallée de la), 440, 448, 449.
Texel, 59.
Thébaïde, 571.
Thèbes, 496.

Thessalie, 488.
Thibet, 215.
Thierberg, 249.
Thorshavn, 68.
Thun, 300, 311, 377.
Thusis, 357.
Titicaca, 30.
Tolga, 570.
Toluca, 31.
Tombouctou, 601.
Tornanche (val), 98.
Tornéo, 167, 184, 194, 592.
Tornéo-elv (le), 167, 186, 190, 193, 553.
Törö, 173, 174.
Tortula, 191, 192.
Toscane, 382, 454, 458.
Touat, 546.
Tougourt, 560, 567, 568, 573, 576, 577, 597, 598, 601.
Toulon, 141.
Toulouse, 33.
Tour de Carol, 451.
Tour des Courtes, 92, 93.
Tourette (rocher de la), 296, 305.
Tour-Saillière, 293.
Treurenburg (baie), 65.
Triolet (aiguille de), 92, 93.
Tripoli, 481, 482, 483, 484, 485, 550.
Troade, 475.
Trogen, 355.
Troie, 342.
Tromsoe, 184.
Tubingue, 360.
Tunis, 546, 550, 581, 582, 592.
Tunisie, 521, 527, 553, 560, 579, 582, 583, 593.
Turcs, 14, 471, 476, 480, 482, 490, 504, 577.
Turin, 248, 256, 297, 465.
Turquie d'Europe, 52.
Tyrol, 34, 39, 312, 348, 361.

U

Udevalla, 116.
Uetliberg, 437.
Uméo, 400.
Unter-Aar, 80.
Upsal, 24, 149, 259.
Uri, 89, 389.
Urseren, 321.
Uznach, 208.

V

Valais, 98, 188, 226, 228, 255, 298, 311, 345, 382, 389.
Valaques, 358.
Valence, 426, 429, 529, 545.
Valette (la), 467.
Vallorsine, 445.
Valserine (la), 381.
Valteline (la), 359.
Var, 508, 529.
Varens, 251, 281, 293.
Varèse, 369, 370.
Vaucluse, 391, 393, 396, 398, 408, 413, 434.
Vaud (canton de), 89.
Vélan, 255.
Vendée, 23.
Veni (val), 77.
Venise, 13, 400, 455.
Ventoux (mont), 34, 35, 391, 392, 393, 394, 395, 396, 398, 399, 400, 401, 402, 403, 404, 405, 406, 407, 408, 409, 410, 411, 416, 417, 418, 419, 420, 421, 422, 423, 424, 425, 426.
Vergy, 280, 290, 293.
Vernet (vallon du), 440, 441, 443, 444, 445, 446, 447, 450.
Vers, 254, 255.
Verte (aiguille), 92, 93.
Vésuve, 378.
Veynes, 438.
Vichy, 216.
Victoria (terre), 74, 119.
Vienne, 28, 213, 371, 429, 518.
Viesch, 232.
Vigan (le), 529.
Vignemale, 270.
Villefranche, 440, 441, 442, 445, 446, 448, 481.
Villes, 416.
Vinça, 447.
Vincennes, 413.
Vincent (cabane de), 97.
Vis (la), 398.
Viterbe, 257.
Vivarais (le), 5, 6.
Viviers, 529.
Voirons (les), 254, 255, 298.
Vorarlberg, 377.
Vosges, 38, 54, 57, 89, 226, 259, 293, 311, 382.

Vottajocki, 174, 175.

W

Waigatz, 58.
Walden-island, 62, 65.
Waldenstadt, 551.
Waterford, 197.
Wennern (lac), 118, 424.
Wettern (lac), 118, 424.
Winterthur, 355.
Wolhynie, 424.

Y

Yamanlar, 471.
York, 210.
Yorkshire, 215.
Yvrée, 256.

Z

Zaatcha, 566, 570.
Zante, 51.
Zéphyrium, 479.

Zeribed-el-Oued, 570.
Zermatt, 77, 80, 98, 188, 232, 235.
Zhjolmijaure, 174.
Ziban (les), 548, 550, 558, 573, 601.
Zmutt, 80.
Zouk-Arras, 521.
Zug, 389.
Zurich, 89, 256, 361, 368, 382, 384, 385, 389, 390, 437, 551.

Paris. — Imprimerie de E. MARTINET, rue Mignon, 2.

J.-B. BAILLIÈRE ET FILS,

LIBRAIRES DE L'ACADÉMIE IMPÉRIALE DE MÉDECINE.

Rue Hautefeuille, 19, à Paris.

Londres	Madrid	New-York
HIPPOLYTE BAILLIÈRE.	C. BAILLY-BAILLIÈRE.	BAILLIÈRE BROTHERS.

LEIPZIG, E. JUNG TREUTTEL, QUERSTRASSE, 19.

HÉTÉROGÉNIE

OU

TRAITÉ DE LA GÉNÉRATION SPONTANÉE

BASÉ SUR DE NOUVELLES EXPÉRIENCES

Par F. A. POUCHET,

Professeur de zoologie à l'École de médecine,
Directeur du Muséum d'histoire naturelle de Rouen, correspondant de l'Institut de France.

Paris, 1859, 1 vol. in-8 de 672 pages, avec 3 planches gravées.—Prix : 9 fr.

Lorsque par la méditation il fut évident pour M. Pouchet que la génération spontanée était encore l'un des moyens qu'emploie la nature pour la reproduction des êtres, il s'appliqua à découvrir par quels procédés on pouvait parvenir à en mettre les phénomènes en évidence.

Cet ouvrage est le fruit de plusieurs années d'expériences et de recherches incessantes. Il est divisé en dix chapitres : le premier comprend l'historique de la question et est subdivisé ainsi qu'il suit : *Antiquité, Moyen âge, Renaissance* et *Époque moderne*. Cette dernière époque se distingue des trois autres par la découverte du *microscope*, à laquelle se rattache celle d'un monde nouveau d'êtres organisés. Le second chapitre est consacré à la métaphysique de la question de l'hétérogénie et aux rapports de cette question avec les croyances religieuses et la tradition. Les conditions préliminaires de l'hétérogénie, c'est-à-dire l'étude du corps putrescible, de l'eau, de l'air, du calorique, etc., forment la matière du troisième chapitre. Dans le quatrième, l'auteur traite de la dissémination des germes organiques, et, dans le cinquième, du développement spontané des microzoaires. Les trois chapitres suivants comprennent les preuves géologiques, helminthologiques, et celles tirées du règne végétal. La maladie pédiculaire, la gale et l'anatomie pathologique sont étudiées à part au point de vue de l'hétérogénie, et constituent le neuvième chapitre de l'ouvrage. Enfin, dans le chapitre dixième sont réunis le résumé, les conclusions et les lois de l'hétérogénie.

C'est un des livres les plus curieux et les plus intéressants; il se recommande par une grande érudition, une habileté d'expérimentation peu commune et une puissance de critique remarquable.

RECHERCHES ET EXPÉRIENCES

FAITES

SUR LES ANIMAUX RESSUSCITANTS

FAITES AU MUSÉUM D'HISTOIRE NATURELLE DE ROUEN

Par F. A. POUCHET.

1859, in-8 de 93 pages, avec figures intercalées dans le texte. — Prix : 2 fr.

Cet ouvrage est la suite et le complément de l'*Hétérogénie*. Celui-ci traite de la vie ; celui de la mort montre que le mystère de la création peut se renouveler et se renouvelle sans cesse; l'autre discute cette question à l'ordre du jour dans la presse scientifique : *Des animaux absolument desséchés, momifiés, c'est-à-dire absolument morts, peuvent-ils être ressuscités?*

L'auteur commence par faire l'historique des animaux ressuscitants, il rappelle les débats des résurrectionnistes et des non résurrectionnistes. Après avoir montré quelles étaient les causes d'erreur dans les expériences de ses adversaires sur les animaux ressuscitants, il raconte comment il a expérimenté et observé 1° au Muséum d'histoire naturelle de Rouen et à la Faculté de médecine de Paris, sur les animalcules vivants desséchés à l'ombre; 2° sur les animalcules vivants desséchés au soleil; 3° enfin, sur les animalcules aux températures élevées. Il dit quelle a été sa méthode; il montre quels ont été ses procédés, il dessine même ses appareils, ne voulant imposer à personne son opinion, et il dit quels ont été ses résultats. C'est ainsi qu'il a fait disparaître de la science une erreur qui a trop longtemps abusé les esprits.

THÉORIE POSITIVE DE L'OVULATION SPONTANÉE
ET DE LA FÉCONDATION
DANS L'ESPÈCE HUMAINE ET LES MAMMIFÈRES
BASÉE SUR L'OBSERVATION DE TOUTE LA SÉRIE ANIMALE
Par le docteur F. A. POUCHET.

Ouvrage qui a obtenu le grand prix de physiologie à l'Institut de France.

1 vol. in-8 de 500 pages, avec atlas in-4 de 20 planches renfermant 250 figures, dessinées d'après nature, gravées et coloriées. — Prix : 36 francs.

Dans son rapport à l'Académie, la commission s'exprimait ainsi en résumant son opinion sur cet ouvrage : *Le travail de M. Pouchet se distingue par l'importance des résultats, par le soin scrupuleux de l'exactitude, par l'étendue des vues, par une méthode excellente.* L'auteur a eu le courage de repasser tout au criterium de l'expérimentation ; et c'est après avoir successivement confronté les divers phénomènes qu'offre la série animale, et après avoir, en quelque sorte, tout soumis à l'épreuve du scalpel et du microscope, qu'il a formulé ses LOIS PHYSIOLOGIQUES FONDAMENTALES.

HISTOIRE DES SCIENCES NATURELLES
AU MOYEN AGE
OU ALBERT LE GRAND ET SON ÉPOQUE
CONSIDÉRÉS COMME POINT DE DÉPART DE L'ÉCOLE EXPÉRIMENTALE
Par le docteur F. A. POUCHET,
Correspondant de l'Institut (Académie des sciences).

Paris, 1853, 1 beau volume in-8 de 656 pages. — Prix : 9 francs.

TABLE DES MATIÈRES. — Introduction. — École scandinave. — II. École franco-gothique. — III. École byzantine. — IV. École arabe. — V. Ecole expérimentale : Albert le Grand, saint Thomas d'Aquin, Roger Bacon, Alfred le philosophe, Raymond Lulle, Duns Scott, Trithème, Basile Valentin, N. Flamel, Vincent de Beauvais, Abelard, Barthélemy, Brunetto Latini, Richard de Furnival, Agricola, Platearius, Simon de Cordo, Léoniceno, J. de Dondis, P. Sanctinus, Léonard de Vinci, Arnaud de Villeneuve, P. d'Abano, Lanfranc, Guy de Chauliac, J. de Vigo, Mundinus, Berenger de Carpi, Achillini, Marco Polo.

TRAITÉ DES ENTOZOAIRES

ET DES
MALADIES VERMINEUSES
DE L'HOMME ET DES ANIMAUX DOMESTIQUES
Par le docteur C. DAVAINE,

Membre de la Société de biologie, lauréat de l'Institut (Académie des sciences),
et de la Société impériale et centrale d'agriculture.

Ouvrage couronné par l'Institut (Académie des sciences).

Un fort volume in-8 de 950 pages, accompagné de 88 figures intercalées
dans le texte. — Prix : 12 francs.

La pathologie vermineuse considérée chez l'homme et chez les animaux, offre un vaste champ qui comprend les phénomènes les plus divers, les lésions les plus variées ; considérée dans une espèce unique, le champ se rétrécit considérablement et n'offre plus aux observations du pathologiste que des faits isolés ou incomplets, sans rapport entre eux. Quant à l'homme, certaines affections vermineuses ne l'atteignent pas, d'autres ne l'atteignent que rarement et comme par exception ; de là la nécessité, pour les auteurs qui se sont occupés de ces affections, de chercher des lumières dans les maladies analogues chez les animaux, et réciproquement pour les auteurs de médecine vétérinaire, de demander des éclaircissements à la pathologie humaine. Aussi l'on a lieu de s'étonner que le rapprochement dans un même ouvrage des maladies vermineuses qui atteignent l'homme et les animaux n'ait jamais été tenté. L'intérêt d'un semblable rapprochement, les lumières qu'il devait apporter dans ce sujet, ont déterminé M. Davaine à l'entreprendre malgré la difficulté de coordonner des faits nombreux, d'exposer d'une manière méthodique et lucide des phénomènes variés.

Un assez grand nombre de figures, utiles à l'intelligence du texte, ont été jointes à cet ouvrage. Pour la plupart elles ont été dessinées par l'auteur, d'après nature ou, sous ses yeux, par Lackerbauer.

DE L'ESPÈCE ET DES RACES
DANS LES ÊTRES ORGANISÉS
ET SPÉCIALEMENT DE L'UNITÉ DE L'ESPÈCE HUMAINE
Par D. A. GODRON,

Docteur en médecine et docteur ès sciences, professeur à la Faculté des sciences de Nancy, etc.

Paris, 1859, 2 volumes in-8. — Prix : 12 francs.

Dans cet ouvrage, M. Godron, abandonnant le champ des hypothèses, marche pas à pas ; il s'appuie constamment sur les faits les plus authentiques et en déduit les conséquences qui en découlent naturellement. D'une autre part, considérant cette question délicate dans la généralité, et embrassant à la fois dans ses recherches le détail de tous les êtres organisés, M. Godron arrive ainsi par l'histoire naturelle comparée à la détermination des caractères généraux de l'espèce et des lois qui la régissent. M. Godron commence cette étude par celle des êtres organisés qui ont continué à vivre dans les conditions d'existence que le Créateur leur a primitivement tracées, et en second lieu, il s'occupe de ceux que l'homme a soustraits en partie à leur genre de vie naturelle et à leur indépendance, en les plaçant dans une situation véritablement exceptionnelle. Il aborde ensuite la question en ce qui concerne l'homme, et recherche s'il en existe une ou plusieurs espèces ; question d'une haute importance, non-seulement sous le rapport purement zoologique, mais encore au point de vue politique, moral et religieux.

PHYSIOLOGIE COMPARÉE.

MÉTAMORPHOSES
DE L'HOMME ET DES ANIMAUX
Par A. de QUATREFAGES.
Membre de l'Institut (Académie des sciences),
Professeur au Muséum d'histoire naturelle.

Paris, 1862, in-18 jésus, VI-324 pages. — Prix : 3 fr. 50.

Cet ouvrage est la reproduction d'articles publiés en 1855 et 1856 dans la *Revue des deux mondes*. L'auteur, indépendamment d'un très grand nombre d'additions et de modifications de détails, a refait à peu près en entier le chapitre des infusoires et ajouté tout ce qui est relatif à la parthénogénèse dont l'étude commençait précisément à l'époque de sa première publication. L'auteur a su ne pas être trop technique, tout en ne présentant que des idées vraies, appuyées sur les exemples les plus frappants, et rendre son livre accessible à toute personne habituée aux lectures sérieuses, en même temps qu'il présentera aux hommes spéciaux les principaux faits qu'ils connaissent, réunis dans un cadre spécial, et des indications sur un assez grand nombre de travaux dispersés çà et là.

PHYSIOLOGIE GÉNÉRALE.

TRAITÉ D'ANTHROPOLOGIE
PHYSIOLOGIQUE ET PHILOSOPHIQUE
Par le docteur F. FRÉDAULT
Ancien interne lauréat des hôpitaux et hospices civils de Paris.

Paris, 1863, in-8, XVI-854 pages. — Prix : 11 fr.

TABLE DES MATIÈRES. — Prolégomènes historiques.

Livre I. *De l'unité de l'espèce humaine* (définition de l'homme). — Chapitre I. Doctrine de l'espèce. — Chapitre II. Des caractères essentiels de l'espèce. — Chapitre III. Des variétés dans l'espèce. — Chapitre IV. Témoignages historiques.

Livre II. *Des causes ou principes.* — Chapitre I. De l'âme ou cause formelle. — Chapitre II. Du corps ou cause matérielle. — Chapitre III. Des causes efficientes. — Chapitre IV. Des causes finales.

Livre III. *Des actes* (classification). — Chapitre I. Des actes végétatifs (nutrition, génération). — Chapitre II. Des actes de l'ordre animal. — Chapitre III. Des facultés intellectuelles.

Livre IV. *Des relations dans l'homme.* — Chapitre I. Lois générales des relations. Chapitre II. Des relations dans l'ordre végétatif. — Chapitre III. Des relations dans l'ordre animal. — Chapitre IV. Des relations dans l'ordre intellectuel. — Chapitre V. Des relations entre les trois ordres. — Chapitre VI. Des rapports entre l'activité et ses instruments.

Livre V. *Des modalités.* — Chapitre I. De l'individualité. — Chapitre II. Des personnes de la famille (l'homme, la femme et l'enfant). — Chapitre III. Des races humaines. — Chapitre IV. Des tempéraments. — Chapitre V. De l'habitude et de la santé. — Chapitre VI. Du caractère. — Chapitre VII. De l'état de veille et du sommeil.

Livre VI. *De la vie et de la mort.* — Chapitre I. De la vie fœtale et de la naissance. — Chapitre II. Les âges ou les époques. — Chapitre III. Des anomalies de développement et des monstruosités organiques. Chapitre IV. — De la durée de la vie. — Chapitre V. De la mort.

Paris. — Imprimerie de E. MARTINET, rue Mignon, 2.

LIBRAIRIE
J.-B. BAILLIÈRE & FILS

MÉDECINE, CHIRURGIE, ANATOMIE, PHYSIOLOGIE
HISTOIRE NATURELLE, PHYSIQUE ET CHIMIE MÉDICALES
PHARMACIE, ART VÉTÉRINAIRE

PARIS
RUE HAUTEFEUILLE, 19, PRÈS DU BOULEVARD SAINT-GERMAIN

Londres
BAILLIÈRE, TINDALL AND COX,
KING WILLIAMS STREET, 20.

Madrid
CARLOS BAILLY-BAILLIÈRE,
PLAZA TOPETE, 10.

JANVIER 1874

DERNIÈRES NOUVEAUTÉS.

Hygiène et assainissement des villes; campagnes et villes; conditions originelles des villes ; rues ; quartiers ; plantations ; promenades ; éclairage ; cimetières ; égouts ; eaux publiques ; atmosphère ; population ; salubrité ; mortalité ; institutions actuelles d'hygiène municipale ; indications pour l'étude de l'hygiène des villes, par J. B. Fonssagrives, professeur à la Faculté de médecine de Montpellier. 1 vol. in-8, xii-568 pages. 8 fr.

Traité des sections nerveuses, physiologie, pathologie, indications, procédés opératoires, par E. Létiévant, chirurgien en chef désigné de l'Hôtel-Dieu de Lyon, professeur de physiologie à l'École de médecine de Lyon. 1 vol. in-8 de xxviii-548 pages, avec 20 fig. 8 fr.

Nouveau dictionnaire de thérapeutique comprenant l'analyse des diverses méthodes de traitement employées pour chaque maladie, par le docteur J. C. Gloner. 1 vol. in-18 jésus de 800 pages. 7 fr.

Traité pratique des maladies des nouveau-nés, des enfants à la mamelle et de la seconde enfance, par le docteur E. Bouchut, médecin de l'Hôpital des enfants. *Sixième édition*. 1 vol. grand in-8 de 1100 pages avec 179 fig. 16 fr.

Traité pratique d'auscultation appliquée au diagnostic des maladies des organes respiratoires, par le docteur L. Mailliot. 1 vol. grand in-8 de 542 pages. 12 fr.

Traité pratique des maladies des femmes, hors l'état de grossesse, pendant la grossesse et après l'accouchement, par Fleetwood Churchill, professeur d'accouchements, de maladies des femmes et des enfants à l'Université de Dublin. Traduit de l'anglais par MM. Alexandre Wieland et Jules Dubrisay. *Deuxième édition*, contenant l'exposé des travaux français et étrangers les plus récents, par M. le docteur Leblond. 1 vol. grand in-8, xvi-1258 pages avec 339 figures. 18 fr.

Traité théorique et pratique de l'art du dentiste comprenant l'anatomie, la physiologie, la pathologie, la thérapeutique, la chirurgie et la prothèse dentaires, par Chapin A. Harris, président du collège des dentistes de Baltimore, et Ph. H. Austen, professeur au collège des dentistes de Baltimore. Traduit de l'anglais sur la dixième édition et annoté par le docteur E. Andrieu, chirurgien dentiste des hôpitaux de Paris. 1 vol. in-8 de 800 pages avec 450 fig. dessinées d'après nature. 15 fr.

Traité de chimie hydrologique comprenant des notions générales d'hydrologie et l'analyse chimique des eaux douces et des eaux minérales, par J. Lefort, membre de l'Académie de médecine. 2e édition. 1 vol. in-8, 798 pages avec 50 figures et une planche chromolithographiée. 12 fr.

Action des médicaments homœopathiques ou Éléments de pharmacodynamique, par Richard Hughes, traduit par le docteur Guérin Méneville. 1 vol. in-18 jésus 600 pages. 6 fr.,

De la régénération des organes et des tissus en chirurgie, par J. N. Demarquay, chirurgien de la Maison municipale de santé. 1 vol. grand in-8 de viii-328 pages avec 4 planches comprenant 16 figures lithographiées et chromolithographiées. 16 fr.

Manuel complet de médecine légale, par J. Briand, docteur en médecine de la Faculté de Paris, et Ernest Chaudé, docteur en droit, contenant un *Traité élémentaire de chimie légale*, par J. Bouis, professeur à l'École de pharmacie de Paris. 9e édition. 1 vol. grand in-8 de viii-1088 pages avec 5 planches gravées et 37 figures. 18 fr.

Dictionnaire de médecine, de chirurgie et d'hygiène vétérinaires, par L. H. J. Hurtrel d'Arboval. Édition entièrement refondue et augmentée de l'exposé des faits nouveaux observés par les plus célèbres praticiens français et étrangers; par A. Zundel, vétérinaire supérieur d'Alsace-Lorraine, 3 vol. grand in-8 à deux colonnes avec 1500 fig., publiés en 6 parties. 50 fr.

Payables : 1° 20 fr. en retirant la première partie; 2° 20 fr. en retirant la troisième partie; 3° 10 fr. en retirant la cinquième partie.

Sous presse pour paraître prochainement :

Traité pratique des maladies des voies urinaires, par sir Henry Thompson. Traduit de l'anglais par MM. Martin et Labarraque, internes des hôpitaux. 1 vol. in-8 de 600 pages avec figures.

Clinique obstétricale et gynécologique, par Simpson, professeur à l'Université d'Édimbourg. Ouvrage traduit et annoté par G. Chantreuil, chef de clinique de la Faculté de médecine de Paris. In-8 d'environ 900 pages avec figures.

Nouveaux éléments de pharmacie, par M. A. Andouard, professeur à l'École de médecine de Nantes. 1 vol. in-8 d'environ 600 pages et 100 figures.

Échelles typographiques et chromatiques pour l'examen de l'acuité visuelle, par le docteur X. Galezowski, professeur libre d'ophthalmologie à l'École pratique. 1 vol. in-8 avec 20 planches noires et coloriées.

Pratique de l'homœopathie simplifiée, par Alexis Espanet. 1 vol. in-18 carré d'environ 300 pages.

Traité de thérapeutique médicale ou guide clinique pour l'application des principaux modes de médication par le docteur Ferrand, médecin des hôpitaux de Paris. 1 vol. in-18 jésus d'environ 700 pages.

Manuel d'anatomie comparée des animaux vertébrés, par M. le professeur Huxley, traduit sous les yeux de l'auteur, par Mme Brunet. 1 vol. in-18 jésus avec 200 fig.

Ophthalmoscopie médicale indiquant les lésions du nerf optique, de la rétine, de la choroïde, propres à éclairer le diagnostic des maladies du cerveau et de la moelle épinière, de la tuberculose, des maladies du cœur, de la mort, etc., par E. Bouchut. 1 vol. in-4, 12 planches comprenant 90 figures avec texte explicatif.

Formulaire de l'Union médicale, douze cents formules favorites des médecins français et étrangers, par M. le docteur Gallois. 1 vol. in-18 d'environ 350 p.

Guide du médecin homœopathe au lit du malade et Répertoire de thérapeutique homœopathique, par le docteur Hirschel. Traduit de l'allemand sur la dernière édition, par le docteur V. de P. Léon Simon. 2e édition. 1 vol. in-18 jésus de 400 p.

Nouvelle médecine des familles à la ville et à la campagne, à l'usage des familles, des maisons d'éducation, des écoles communales, des cures, etc,, par A. C. de Saint-Vincent. 3e édition. 1 vol. in-18 jésus de 450 pages avec 135 fig. Cart. 3 fr. 50

Éléments d'hygiène militaire, par le docteur Morache, professeur agrégé à l'École du Val-de-Grâce. 1 vol. in-8 de 700 pages avec 200 figures.

Effets physiologiques et thérapeutiques des aliments d'épargne antidéperditeurs : alcool, café, thé, coca, maté, par le docteur Marvaud, professeur agrégé à l'École du Val-de-Grâce. 2e édition. 1 vol. in-8 avec figures.

Nouveau dictionnaire de médecine et de chirurgie pratiques, illustré de figures intercalées dans le texte, rédigé par B. Anger, E. Bailly, A. M. Barrallier, Bernutz, P. Bert, Bœckel, Buignet, Cusco, Demarquay, Denucé, Desnos, Desormeaux, Devilliers, Fernet, Alf. Fournier, A. Foville fils, Gallard, H. Gintrac, Gombault, Gosselin, Alphonse Guérin, A. Hardy, Heurtaux, Hirtz, Jaccoud, Jacquemet, Jeannel, Kœberlé, O. Lannelongue, S. Laugier, Ledentu, Liebreich, P. Lorain, Lunier, Luton, Martineau, A. Nélaton, Aug. Ollivier, Oré, Panas, M. Raynaud, Richet, Ph. Ricord, Rigal, Jules Rochard (de Lorient), Z. Roussin, Saint-Germain, Ch. Sarazin, Germain Sée, Jules Simon, Siredey, Stoltz, Ambroise Tardieu, S. Tarnier, Trousseau, Valette, Verjon, Auguste Voisin. — Directeur de la rédaction, le docteur Jaccoud.

Le *Nouveau dictionnaire de médecine et de chirurgie pratiques*, illustré de figures intercalées dans le texte, se composera d'environ 30 volumes grand in-8 cavalier de 800 pages. Prix de chaque volume de 800 pages, avec figures dans le texte.   10 fr.
En vente les tomes I à XVII.

Le tome XVIII comprendra 800 pages avec 150 figures. Les principaux articles sont :

Intermittence et intermittente (fièvre), par Hirtz ; **Intestins**, par Luton et Després ; **Jambe**, par Poncet ; **Jaune** (fièvre). par Barrallier ; **Kystes**, par Heurtaux ; **Langue**, par Demarquay et Fernet ; **Larynx**, par Dieulafoye ; **Leucocythémie**, par Jaccoud.

Les volumes sont envoyés *franco* par la poste, aussitôt leur publication, auxsouscripteurs des départements, sans augmentation sur le prix fixé.

LIVRES DE FONDS.

ACADÉMIE DE MÉDECINE (ANNUAIRE DE L'). Paris, 1862, 1 vol. in-12 de 204 pages.   1 fr. 50

Première partie : Ordonnances constitutives de l'Académie impériale de médecine, arrêtés ministériels, règlements, legs faits à l'Académie, prix décernés et à décerner, lauréats de l'Académie, publications, etc.— Deuxième partie : Tableau général des nominations, des promotions et des extinctions qui ont eu lieu dans le sein de l'Académie, depuis sa fondation jusqu'à ce jour. État actuel du personnel de l'Académie.

† **ACADÉMIE DE MÉDECINE (BULLETIN DE L')**, rédigé sous la direction de MM. F. Dubois, secrétaire perpétuel, et J. Béclard, secrétaire annuel.—*Collection complète*, formant 36 forts volumes in-8 de chacun 1100 pages.
La collection des 36 volumes pris ensemble, au lieu de 525 fr.   100 fr.

Chaque année séparée in-8 de 1100 pages.   5 fr.
On ne vend pas séparément les tomes XXXII (1866-1867), XXXIII (1868) et XXXIV (1869).

† **ACADÉMIE DE MÉDECINE (MÉMOIRES DE L').** Tome I, Paris, 1828. — Tome II, 1832. — Tome III, 1833. — Tome IV, 1835. — Tome V, 1836. — Tome VI, 1837. — Tome VII, 1838. — Tome VIII, 1840. — Tome IX, 1841. — Tome X, 1843. — Tome XI, 1845. — Tome XII, 1846. — Tome XIII, 1848. — Tome XIV, 1849. — Tome XV, 1850.— Tome XVI, 1852. — Tome XVII, 1853. — Tome XVIII, 1854. — Tome XIX, 1855.— Tome XX, 1856.— Tome XXI, 1857. — Tome XXII, 1858. — Tome XXIII, 1859. — Tome XXIV, 1860.— Tome XXV, 1861. — Tome XXVI, 1863. — Tome XXVII, 1865-1866.— Tome XXVIII, 1867-68. — Tome XXIX, 1869-70. — *Collection complète* formant 29 forts vol. in-4 avec planches.
La collection des 29 vol. *pris ensemble*, au lieu de 580 fr. : 200 fr.
      10 fr.
Chaque volume séparément :
On ne vend pas séparément les tomes XV (1850), XXI (1857), XXII (1858) et XXIII (1859).

ALLIOT (L.). **Éléments d'hygiène religieuse** et scientifique. Paris, 1874. 1 vol. in-12 de 184 pages avec figures. 3 fr.

AMAGAT (A. L.). **Étude sur les différentes voies d'absorption des médicaments.** Paris, 1873, in-8 de 130 pages. 2 fr.

AMETTE. Code médical, ou Recueil des lois, décrets et règlements sur l'étude, l'enseignement et l'exercice de la médecine civile et militaire en France, par Amédée AMETTE, secrétaire de la Faculté de médecine de Paris. *Troisième édition,* augmentée. Paris, 1859. 1 vol. in-12 de 560 pages. 4 fr.

ANDRAL et **GAVARRET. Recherches sur la composition du sang** de quelques animaux domestiques dans l'état de santé et de maladie. Paris, 1842, in-8, 36 pages. 1 fr.

ANDRAL et **GAVARRET. Recherches sur la quantité d'acide carbonique** exhalé par les poumons dans l'espèce humaine. Paris, 1843, in-8, 30 pages avec 1 pl. 1fr.

ANGER. Nouveaux éléments d'anatomie chirurgicale, par Benjamin ANGER, chirurgien de la Maternité, professeur agrégé à la Faculté de médecine de Paris, lauréat de l'Institut (Académie des sciences). Paris, 1869, ouvrage complet, 1 vol. in-8 de 1055 pages, avec 1079 figures et Atlas in-4 de 12 planches dessinées d'après nature, gravées sur acier et imprimées en couleur, et représentant les régions de la tête, du cou, de la poitrine, de l'abdomen, de la fosse iliaque interne, du périnée et du bassin, avec texte explicatif, cartonné. 40 fr.

— *Séparément*, le texte, 1 vol. in-8. 20 fr.

— *Séparément*, l'atlas, 1 vol. in-4. 25 fr.

ANGLADA (Ch.). **Études sur les maladies éteintes et les maladies nouvelles,** pour servir à l'histoire des évolutions séculaires de la pathologie, par Charles ANGLADA, professeur à la Faculté de Montpellier. Paris, 1869, 1 vol. de 700 pages. 8 fr.

† **ANNALES D'HYGIÈNE PUBLIQUE ET DE MÉDECINE LÉGALE,** par MM. BEAUGRAND, J. BERGERON, BRIERRE DE BOISMONT, CHEVALLIER, DELPECH, DEVERGIE, FONSSAGRIVES, GALLARD, GAULTIER DE CLAUBRY, GUÉRARD, DE PIETRA SANTA, Z. ROUSSIN, Ambr. TARDIEU, VERNOIS, avec une revue des travaux français et étrangers, par M. O. DUMESNIL.

Première série, collection complète (1829 à 1853), dont il ne reste que peu d'exemplaires. 50 vol. in-8 avec figures et planches. 500 fr.

Tables alphabétiques par ordre des matières et des noms d'auteurs des tomes I à L (1829 à 1853). Paris, 1855, in-8 de 136 pages à 2 colonnes. 3 fr. 50

Seconde série, commencée avec le cahier de janvier 1854. Elle paraît tous les trois mois par cahiers de 15 feuilles in-8 (240 pages) avec planches.

Prix de l'abonnement annuel pour Paris : 20 fr.

Pour les départements : 22 fr. — Pour l'étranger, d'après les tarifs de la convention postale.

Chacune des dernières années jusques et y compris 1871 séparément : 18 fr.

Chacune des dernières années, à partir de 1872. 20 fr.

On ne vend pas séparément : 1re *série*, tomes I et II (1829), tomes XI et XII (1834), XV et XVI (1836). — 2e *série*, tomes XIII et XIV, XV et XVI, XVII et XVIII, XIX et XX (1860, 1861, 1862 et 1863).

ANNUAIRE DE L'ASSOCIATION GÉNÉRALE DE PRÉVOYANCE et de secours mutuels des médecins de France, publié par le conseil général de l'association. Première année, 1858-1861. Paris, 1862. — 2e année, 1862. Paris, 1863. — 3e année, 1863. Paris, 1864. — 4e année, 1864. Paris, 1865. — 5e année, 1865. Paris, 1866. — 6e année, 1866. Paris, 1867. — 7e année, 1867. Paris, 1868. — 8e année, 1868. Paris, 1869. — 9e année, 1869. Paris, 1870. — 10e et 11e année, 1870-71. Paris, 1872. — 12e et 13e année, 1872. Paris, 1873. Prix de chaque année formant 1 vol. in-18 jésus de 700 p. 1 fr.

— Chaque année, franco par la poste. 1 fr. 50

ANNUAIRE DE CHIMIE, comprenant les applications de cette science à la médecine et à la pharmacie, par MM. E. MILLON et J. REISET. Paris, 1845-1851, 7 vol. in-8 de chacun 700 à 800 pages. 7 fr.

Séparément, années 1845, 1846, 1847, chaque volume. 1 fr. 50

ANNUAIRE PHARMACEUTIQUE, fondé par O. REVEIL et L. PARISEL, ou Exposé analytique des travaux de pharmacie, physique, histoire naturelle médicale, thérapeutique, hygiène, toxicologie, pharmacie et chimie légales, eaux minérales, intérêts professionnels, par le docteur C. MÉHU, pharmacien de l'hôpital Necker. Paris, 1863-1874, 11 vol. in-18 de chacun 400 pages avec figures. Chaque volume :   1 fr. 50

† **ARCHIVES DE MÉDECINE NAVALE,** rédigées sous la surveillance de l'inspection générale du service de santé de la marine. Directeur de la rédaction, M. le docteur LE ROY DE MÉRICOURT.

Les *Archives de médecine navale* paraissent depuis le 1er janvier 1864, mensuellement, par numéro de 80 pages, avec planches et figures, et forment chaque année 2 vol. in-8 de chacun 500 pages. Prix de l'abonnement annuel pour Paris.   12 fr.

— Pour les départements.   14 fr.

— Pour l'étranger, d'après les tarifs de la convention postale.

Les tomes I à XXII (1864-74) sont en vente.

ARCHIVES ET JOURNAL DE LA MÉDECINE HOMOEOPATHIQUE, publiés par une société de médecins de Paris. *Collection complète*. Paris, 1834-1837. 6 vol. in-8. 30 fr.

BACH (J. A.). **De l'anatomie pathologique des différentes espèces de goîtres,** du traitement préservatif et curatif, par J. A. BACH, professeur à la Faculté de médecine de Nancy. Paris, 1855, in-4 avec 1 planche.   2 fr. 50

BACHELIER (Jules). **Exposé critique et méthodique de l'hydrothérapie,** ou Traitement des maladies par l'eau froide. Pont-à-Mousson, 1843, in-8, VIII-254 pages.   3 fr. 50

BAER. Histoire du développement des animaux, traduit par G. BRESCHET. Paris, 1826, in-4.   1 fr.

BAILLARGER (J.). **Recherches sur la structure de la couche corticale des circonvolutions du cerveau,** par M. J. BAILLARGER, médecin de la Salpêtrière, membre de l'Académie de médecine. Paris, 1840, in-4, 33 pages, avec 2 planches. 1 fr. 50

BAILLARGER (J.). **Enquête sur le goître et le crétinisme.** Rapport. Paris, 1873. 1 vol. in-8 de XI-376 pages avec 3 cartes géographiques.   7 fr.

BAILLARGER (J.). **Des hallucinations,** des causes qui les produisent et des maladies qu'elles caractérisent. Paris, 1846, 1 vol. in-4 de 400 pages.   5 fr.

BAILLY. Traitement des ovariotomisées. Considérations physiologiques sur la castration de la femme, par le docteur Ch. BAILLY. Paris, 1872, in-8 de 116 p. 3 fr.

BALDOU. Instruction pratique sur l'hydrothérapie, étudiée au point de vue : 1° de l'analyse clinique ; 2° de la thérapeutique générale ; 3° de la thérapeutique comparée ; 4° de ses indications et contre-indications. *Nouvelle édition*, Paris, 1857, in-8 de 691 pages.   5 fr.

BARRAULT (E.). **Parallèle des eaux minérales de France et d'Allemagne.** Guide pratique du médecin et du malade, avec une introduction par le docteur DURAND-FARDEL. Paris, 1872, in-18 de XXII-372 pages..............   3 fr. 50

BARRESWILL. Documents académiques et scientifiques, pratiques et administratifs sur le tannate de quinine. Paris, 1852, in-8.   75 c.

BASSEREAU. Origine de la syphilis, par le docteur Édouard BASSEREAU. Paris, 1873, in-8 de 50 pages.   1 fr. 50

BAUCHET (J. L.). **Histoire anatomo-pathologique des kystes,** par J. L. BAUCHET, professeur agrégé de la Faculté de médecine. Paris, 1857, 1 vol. in-4.   3 fr.

BAUCHET (J. L.). **Anatomie pathologique des kystes de l'ovaire,** et de ses conséquences pour le diagnostic et le traitement de ces affections. Paris, 1859, 1 vol. in-4.   5 fr.

BAYARD. De la nécessité des études pratiques en médecine légale. Paris, 1840, in-8.   50 c.

BAYARD. Mémoire sur la topographie médicale des Xe, XIe et XIIe arrondissements de Paris. Recherches historiques et statistiques sur les conditions hygiéniques, etc. Paris, 1844, in-8, avec 5 cartes.   1 fr. 50

BAKIN (A.). Du système nerveux, de la vie animale et de la vie végétative, de leurs connexions anatomiques et des rapports physiologiques, psychologiques et zoologiques qui existent entre eux. Paris, 1841, in-4, avec 5 planches   3 fr.

BEALE. De l'urine, des dépôts urinaires et des calculs, de leur composition chimique, de leurs caractères physiologiques et pathologiques et des indications thérapeutiques qu'ils fournissent dans le traitement des maladies, par Lionel BEALE, médecin et professeur au King's College Hospital. Traduit de l'anglais sur la seconde édition et annoté par MM. Auguste Ollivier, médecin des hôpitaux, et Georges Bergeron, agrégé de la Faculté de médecine. Paris, 1865, 1 vol. in-18 jésus, de xxx-540 pages avec 163 figures.   7 fr.

BEAU. Traité expérimental et clinique d'auscultation appliquée à l'étude des maladies du poumon et du cœur, par le docteur J. H. S. BEAU, médecin de l'hôpital de la Charité. Paris, 1856, 1 vol. in-8 de xii-626 pages.   7 fr. 50

BEAUNIS (H.). Programme du cours complémentaire de physiologie fait à la Faculté de médecine de Strasbourg. Paris, 1872, 1 vol. in-18 de 112 pages.   2 fr. 50

BEAUNIS et BOUCHARD. Nouveaux éléments d'anatomie descriptive et d'embryologie, par H. BEAUNIS, professeur à la Faculté de médecine de Nancy, et H. BOUCHARD, professeur agrégé à la Faculté de médecine de Nancy. Deuxième édition. Paris, 1873, 1 vol. grand in-8 de xvi-1104 pages avec 421 figures dessinées d'après nature, cartonné.   18 fr.

BEAUVAIS. Effets toxiques et pathogénétiques de plusieurs médicaments sur l'économie animale dans l'état de santé, par le docteur BEAUVAIS (de Saint-Gratien). Paris, 1845, in-8 de 420 pages avec huit tableaux in-folio.   7 fr.

BEAUVAIS. Clinique homœopathique. Ouvrage complet. Paris, 1836-1840, 9 forts vol. in-8.   45 fr.

BECLU. Nouveau manuel de l'herboriste, ou Traité des propriétés médicinales des plantes exotiques et indigènes du commerce, suivi d'un Dictionnaire pathologique, thérapeutique et pharmaceutique, par H. BECLU, herboriste praticien. Paris, 1872. 1 vol. in-12 de xiv-256 pages, avec 55 fig.   2 fr. 50

BECQUEREL. Recherches cliniques sur la méningite des enfants, par Alfred BECQUEREL, médecin des hôpitaux. Paris, 1838, in-8, 128 pages.   1 fr.

BÉGIN. Études sur le service de santé militaire en France, son passé, son présent et son avenir, par le docteur L. J. BÉGIN, chirurgien-inspecteur, membre du Conseil de santé des armées. Paris, 1849, in-8 de 370 pages.   4 fr. 50

BÉGIN. Nouveaux éléments de chirurgie et de médecine opératoire. 2e édition. Paris, 1838, 3 vol. in-8.   20 fr.

BELMAS. Traité de la cystotomie sus-pubienne. Paris, 1827, in-8, fig.   2 fr.

BENECH. Pathologie naturelle générale. Paris, 1851, tome I, in-8.   7 fr.

BERGERET (L. F. L.). Des fraudes dans l'accomplissement des fonctions génératrices, causes, dangers et inconvénients pour les individus, la famille et la société, remèdes, par L. F. BERGERET, médecin en chef de l'hôpital d'Arbois (Jura). Quatrième édition. Paris, 1873, 1 vol. in-18 jésus de 228 pages.   2 fr. 50

BERGERET (L. F. E.). De l'abus des boissons alcooliques, dangers et inconvénients pour les individus, la famille et la société. Moyens de modérer les ravages de l'ivrognerie. Paris, 1870, in-18 jésus de viii-380 pages.   3 fr.

BERNARD (Cl.). Leçons de physiologie expérimentale appliquée à la médecine, faites au Collège de France par Cl. BERNARD, membre de l'Institut de France (Académie des sciences et Académie française), professeur au Collège de France, professeur de physiologie générale au Muséum d'histoire naturelle. Paris, 1855-1856, 2 vol. in-8, avec fig.   14 fr.

BERNARD (Cl.). Leçons sur les effets des substances toxiques et médicamenteuses. Paris, 1857, 1 vol. in-8 avec figures.   7 fr.

BERNARD (Cl.). Leçons sur la physiologie et la pathologie du système nerveux. Paris, 1858, 2 vol. in-8 avec figures.   14 fr.

BERNARD (Cl.). Leçons sur les propriétés physiologiques et les altérations pathologiques des liquides de l'organisme. Paris, 1859, 2 vol. in-8 avec 32 fig.   14 fr.

BERNARD (Cl.). **Introduction à l'étude de la médecine expérimentale.** Paris, 1865, in-8, 400 pages.   7 fr.

BERNARD (Cl.). **Leçons de pathologie expérimentale.** Paris, 1871, 1 vol. in-8 de 600 pages.   7 fr.

Ces leçons forment la suite et le complément du Cours du Collège de France.

BERNARD (Cl.) et **HUETTE. Précis iconographique de médecine opératoire et d'anatomie chirurgicale.** *Nouveau tirage.* Paris, 1873, 1 vol. in-18 jésus, 495 pag., avec 113 pl., figures noires. Cartonné.   24 fr.

Le même, figures coloriées, cart.   48 fr.

—— Le même, en 8 livraisons composées chacune de 64 pages de texte avec 14 planches. Prix de la livraison : figures noires, 3 fr.; figures coloriées.   6 fr.

BERNARD (H.). **Premiers secours aux blessés** sur le champ de bataille et dans les ambulances, par le docteur H. Bernard, ancien chirurgien des armées, précédé d'une introduction par J. N. Demarquay, chirurgien de la Maison municipale de santé, chirurgien des ambulances de la Presse. Paris, 1870, in-18 de 164 p. avec 79 fig.   2 fr.

BERT (Paul). **Leçons sur la physiologie comparée de la respiration,** par Paul Bert, professeur de physiologie à la Faculté des sciences. Paris, 1870, 1 vol. in-8 de 500 pages avec 150 fig.   10 fr.

BERTHOLDI. Conseils d'un médecin homœopathe, ou Moyen de se traiter soi-même homœopathiquement dans les affections ordinaires, et premiers secours à administrer dans les cas graves. Traduit de l'allemand par Sarrazin. Paris, 1837, in-18 de 180 pages.   2 fr. 25

BILLET (Léon). **De la fièvre puerpérale** et de la réforme des maternités. Paris, 1872, in-8 de 89 pages.   2 fr.

BISCHOFF (T. L. G.). **Traité du développement de l'homme et des mammifères,** suivi d'une Histoire du développement de l'œuf du lapin. Paris, 1843, in-8 avec un atlas in-4 de 16 planches.   7 fr. 50

BLANDIN. Anatomie du système dentaire, considérée dans l'homme et les animaux. Paris, 1836, in-8 avec une planche.   2 fr. 50

BOECKEL. De la galvanocaustie thermique, par le docteur Eugène Boeckel, chirurgien titulaire de l'hôpital civil de Strasbourg. Paris, 1873. 1 vol. in-8 de 116 pages avec 3 planches lithographiées.   3 fr. 50

BOENNINGHAUSEN (C. de). **Manuel de thérapeutique médicale homœopathique,** pour servir de guide au lit des malades et à l'étude de la matière médicale pure. Traduit de l'allemand par le docteur D. Roth. Paris, 1846, in-12 de 600 p.   7 fr.

BOENNINGHAUSEN (C. de). **Tableau de la principale sphère d'action et des propriétés caractéristiques des remèdes antipsoriques,** traduit de l'allemand par T. de Bachmeteff et le docteur Rapou, précédé d'un mémoire sur la Répétition des doses du docteur Hering (de Philadelphie). Paris, 1834, in-8, 352 p.   5 fr.

BOENNINGHAUSEN (C. de). **Les côtés du corps, ainsi que les affinités des médicaments.** Études homœopathiques, traduit de l'allemand par Ph. de Molinari. Bruxelles, 1857, in-8, 24 pages.   1 fr. 50

BOISSEAU. Des maladies simulées et des moyens de les reconnaître, par le docteur Edm. Boisseau, professeur agrégé à l'École du Val-de-Grâce. Paris, 1870, 1 vol. in-8 de 510 pages avec figures.   7 fr.

BOIVIN (Mme). **Recherches sur une des causes les plus fréquentes et les moins connues de l'avortement.** Paris, 1828, in-8, fig.   1 fr.

BOIVIN (Mme) et **DUGÈS. Anatomie pathologique de l'utérus et de ses annexes,** fondée sur un grand nombre d'observations cliniques; par madame Boivin, docteur en médecine, sage-femme en chef de la Maison de santé, et A. Dugès, professeur à la Faculté de médecine de Montpellier. Paris, 1866, atlas in-folio de 41 planches, gravées et coloriées, *représentant les principales altérations morbides des organes génitaux de la femme,* avec explication.   45 fr.

BONNAFONT. Traité pratique des maladies de l'oreille et des organes de l'audition. *Deuxième édition.* Paris, 1873, in-8 de XVI-700 pages avec 43 figures.   **10 fr.**

BONNET (A.). Traité de thérapeutique des maladies articulaires, par A. Bonnet, professeur à l'École de médecine de Lyon. Paris, 1853, 1 vol. in-8 avec 97 fig. **9 fr.**

Cet ouvrage, consacré exclusivement aux questions thérapeutiques, offre une exposition complète des méthodes et des nombreux procédés introduits soit par lui-même, soit par les praticiens les plus expérimentés dans le traitement des maladies si compliquées des articulations.

BONNET (A.). Nouvelles méthodes de traitement des maladies articulaires. *Seconde édition,* accompagnée d'observations sur la rupture de l'ankylose, par MM. Barrier, Berne, Philipeaux et Bonnet. Paris, 1860, in-8 avec 17 fig. **4 fr. 50**

BOUCHARDAT. Du diabète sucré, ou glucosurie, son traitement hygiénique, par M. Bouchardat, membre de l'Académie de médecine, professeur à la Faculté de médecine de Paris. Paris, 1852, 1 vol. in-4. **4 fr. 50**

BOUCHUT. Traité pratique des maladies des nouveau-nés, des enfants à la mamelle et de la seconde enfance, par le docteur E. Bouchut, médecin de l'hôpital des Enfants malades, professeur agrégé à la Faculté de médecine. *Sixième édition,* corrigée et augmentée. Paris, 1873, 1 vol. in-8, VIII-1092 p., avec 179 fig. **16 fr.** *Ouvrage couronné par l'Institut de France.*

Après une longue pratique et plusieurs années d'enseignement clinique à l'hôpital des Enfants de Sainte-Eugénie, M. Bouchut, pour répondre à la faveur publique, a étendu son cadre et complété son œuvre, en y faisant entrer indistinctement toutes les maladies de l'enfance jusqu'à la puberté. On trouvera dans son livre la médecine et la chirurgie du premier âge.

BOUCHUT (E.). Hygiène de la première enfance, comprenant la naissance, l'allaitement, le sevrage, les maladies pouvant amener un changement de nourrices, les maladies et la mortalité des nouveau-nés, l'éducation physique de la seconde enfance. *Cinquième édition.* Paris, 1866, in-18 de 400 pages, avec 49 figures. **4 fr.**

BOUCHUT (E.). Nouveaux éléments de pathologie générale et de sémiologie, comprenant : la nature de l'homme ; l'histoire générale de la maladie, les différentes classes de maladie, l'anatomie pathologique générale et l'histologie pathologique, le pronostic ; la thérapeutique générale ; les éléments du diagnostic par l'étude des symptômes et l'emploi des moyens physiques : auscultation, percussion, cérébroscopie, laryngoscopie, microscopie, chimie pathologique, spirométrie, etc. *Deuxième édition,* revue et augmentée. Paris, 1869, 1 vol. gr. in-8 de 1312 pages avec 282 fig., cartonné en toile. **20 fr.**

BOUCHUT (E.). Traité des signes de la mort et des moyens de prévenir les enterrements prématurés. Paris, 1849, in-12 de 400 pages. **3 fr. 50** *Ouvrage couronné par l'Institut de France.*

BOUCHUT (E.). De l'état nerveux aigu et chronique, ou nervosisme, appelé névropathie aiguë cérébro-pneumogastrique, diathèse nerveuse, fièvre nerveuse, cachexie nerveuse, névropathie protéiforme, névrospasmie ; et confondu avec les vapeurs, la surexcitabilité nerveuse, l'hystéricisme, l'hystérie, l'hypochondrie, l'anémie, la gastralgie, etc. Paris, 1860. 1 vol. in-8 de 348 p. **5 fr.**

BOUCHUT (E.). Des effets physiologiques et thérapeutiques de l'hydrate de chloral. Paris, 1869, grand in-8 de 20 pages. **1 fr.**

BOUDIN. Traité de géographie et de statistique médicales, et des maladies endémiques, comprenant la météorologie et la géologie médicales, les lois statistiques de la population et de la mortalité, la distribution géographique des maladies, et la pathologie comparée des races humaines, par le docteur J. Ch. M. Boudin, Paris, 1857, 2 vol. gr. in-8, avec 9 cartes et tableaux. **20 fr.**

Dans son rapport à l'Académie des sciences, M. Rayer dit : « L'attention de la commission, déjà fixée » par l'intérêt du sujet, l'a été aussi par le mérite du livre. *Sans précédent ni modèle dans la litté-* » *rature médicale de la France,* cet ouvrage abonde en faits et en renseignements ; tous les docu- » ments français ou étrangers qui sont relatifs à la distribution géographique des maladies, ont été » consultés, examinés, discutés par l'auteur. Plusieurs affections dont le nom figure à peine dans nos » Traités de pathologie, sont là décrites avec toute l'exactitude que comporte l'état de la science. »

BOUDIN. Souvenirs de la campagne d'Italie, observations topographiques et médicales. Études nouvelles sur la Pellagre. Paris, 1861, in-8, avec une carte. **2 fr. 50**

BOUDIN. Études d'hygiène publique sur **l'état sanitaire, les maladies et la mortalité des armées anglaises** de terre et de mer en Angleterre et dans les colonies, traduit de l'anglais d'après les documents officiels. Paris, 1846, in-8 de 190 pages. **3 fr.**

BOUILLAUD. Traité de nosographie médicale, par J. BOUILLAUD, membre de l'Institut, professeur de clinique médicale à la Faculté de médecine de Paris, médecin de l'hôpital de la Charité. Paris, 1846, 5 vol. in-8 de chacun 700 p.　8 fr.

BOUILLAUD. Traité clinique des maladies du cœur. *Deuxième édition.* Paris, 1841, 2 vol. in-8 avec 8 planches.　16 fr.
Ouvrage auquel l'Institut de France a accordé le grand prix de médecine.

BOUILLAUD. Traité clinique du rhumatisme articulaire, et de la loi de coïncidence des inflammations du cœur avec cette maladie. Paris, 1840, in-8.　7 fr. 50
Ouvrage servant de complément au *Traité des maladies du cœur.*

BOUILLAUD. De l'introduction de l'air dans les veines. Paris, 1838, in-8. 2 fr.

BOUISSON. Traité de la méthode anesthésique appliquée à la chirurgie et aux différentes branches de l'art de guérir, par le docteur E. F. BOUISSON, professeur à la Faculté de médecine de Montpellier. Paris, 1850, in-8 de 560 pages.　4 fr.

BOURGEOIS (L. X.). **Les passions dans leurs rapports avec la santé et les maladies,** par le docteur X. BOURGEOIS. — **L'amour et le libertinage.** *Troisième édition.* Paris, 1871, 1 vol. in-12 de 208 pages.　2 fr.

BOURGEOIS (L. X). **De l'influence des maladies de la femme** pendant la grossesse sur la constitution et la santé de l'enfant. Paris, 1861, 1 vol. in-4.　3 fr. 50

BOUSQUET (J. B.). **Nouveau traité de la vaccine** et des éruptions varioleuses ou varioliformes. Paris, 1848, in-8 de 600 pages.　7 fr.

BOUVIER (H.). **Leçons cliniques sur les maladies chroniques de l'appareil locomoteur,** par H. BOUVIER, médecin de l'hôpital des Enfants, membre de l'Académie de médecine. Paris, 1858, 1 vol. in-8 de VIII-532 pages.　7 fr.

BOUVIER (H.). **Atlas des leçons sur les maladies chroniques de l'appareil locomoteur,** comprenant les **Déviations de la colonne vertébrale.** Paris, 1858. Atlas de 20 planches in-folio.　18 fr.

BOUVIER (H.). **Mémoire sur la section du tendon d'Achille dans le traitement des pieds bots.** Paris, 1838, 1 vol. in-4 de 72 pages avec une planche lithogr.　2 fr.

BOYMOND (Marc). **De l'urée.** Physiologie, chimie, dosage. Paris, 1872, in-8 de 167 pages.　3 fr.

BRAIDWOOD. De la pyohémie ou fièvre suppurative, par P. M. BRAIDWOOD; traduction par le docteur E. ALLING, revue par l'auteur. Paris, 1869, 1 vol. in-8 de VIII-300 p. avec 12 planches chromolithographiées.　8 fr.

BRAINARD. Mémoire sur le traitement des fractures non réunies et des difformités des os, par Daniel BRAINARD, professeur de chirurgie au collége médical de l'Illinois. Paris, 1854, grand in-8, 72 pages avec 2 planches comprenant 19 fig.　3 fr.

BREMSER. Traité zoologique et physiologique des vers intestinaux de l'homme, traduit de l'allemand par M. Grundler. Revu par M. de Blainville. Paris, 1837, in-8 avec atlas in-4 de 15 planches.　7 fr.

BRESCHET (G.). **Mémoires chirurgicaux** sur différentes espèces d'**anévrysmes.** Paris, 1834, in-4 avec six planches in-fol.　6 fr.

BRESCHET (G.). Recherches anatomiques et physiologiques sur l'**organe de l'ouïe et sur l'audition dans l'homme et les animaux vertébrés.** Paris, 1836, in-4 avec 13 planches.　5 fr.

BRESCHET (G.). **Études anatomiques, physiologiques et pathologiques de l'œuf** dans l'espèce humaine et dans quelques-unes des principales familles des animaux vertébrés. Paris, 1835, 1 vol. in-4 de 144 pages avec 6 planches.　5 fr.

BRESCHET (G.). Recherches anatomiques et physiologiques sur l'**organe de l'ouïe des poissons.** Paris, 1838, in-4 avec 17 planches.　5 fr.

BRIAND et CHAUDÉ. Manuel complet de médecine légale, ou Résumé des meilleurs ouvrages publiés jusqu'à ce jour sur cette matière, et des jugements et arrêts les plus récents, par J. BRIAND, docteur en médecine de la Faculté de Paris, et Ernest CHAUDÉ, docteur en droit; et contenant un *Traité élémentaire de chimie légale,* par J. BOUIS, professeur à l'École de pharmacie de Paris. *Neuvième édition.* Paris, 1874, 1 vol. gr. in-8 de VIII-1102 pages avec 3 pl. gravées et 37 fig.　18 fr.

BRIERRE DE BOISMONT. Du délire aigu observé dans les établissements d'aliénés, par M. BRIERRE DE BOISMONT. Paris, 1845, 1 vol. in-4 de 120 pages.   3 fr. 50

BRIERRE DE BOISMONT. De l'emploi des bains prolongés et des irrigations continues dans le traitement des formes aiguës de la folie, et en particulier de la manie. Paris, 1847, 1 vol. in-4 de 62 pages.   1 fr. 50

BRIQUET(P.). Rapport sur les épidémies du choléra-morbus qui ont régné de 1817 à 1850. Paris, 1868, 1 vol. in-4 de 235 pages.   6 fr.

BRIQUET (P.). De la variole. Paris, 1871, in-8 de 56 pages.   1 fr. 50

BROCA. Anatomie pathologique du cancer, par Paul BROCA, professeur à la Faculté de médecine. Paris, 1852, 1 vol. in-4 avec une planche.   3 fr. 50

BROUSSAIS. Cours de phrénologie. Paris, 1836, 1 vol. in-8 de 850 pages avec planches.   4 fr. 50

BROWN-SÉQUARD. Propriétés et fonctions de la moelle épinière. Rapport sur quelques expériences de M. BROWN-SÉQUARD, par M. PAUL BROCA. Paris, 1856, in-8.   1 fr.

BRUCKE. Des couleurs au point de vue physique, physiologique, artistique et industriel, par Ernest BRUCKE, professeur à l'Université de Vienne, traduit par Paul Schützenberger. Paris, 1866, 1 vol. in-18 jésus de 344 pag. avec 46 fig.   4 fr.

BRUCKNER. Médecine homœopathique domestique, par le docteur BRUCKNER, avec une préface du docteur E. SCHAELDER, traduction autorisée par l'auteur. Leipzig, 1873. 1 vol. in-12 de 238 pages, cartonné.   5 fr.

BRUNNER. La médecine basée sur l'examen des urines, suivie des moyens hygiéniques les plus favorables à la guérison, à la santé et à la prolongation de la vie par le docteur F. A. BRUNNER. Paris, 1858, 1 vol. in-8, 320 pages.   5 fr.

BYASSON (Henri). Des matières amylacées et sucrées, leur rôle dans l'économie. Paris, 1873, gr. in-8 de 112 pages.   2 fr. 50

CABANIS. Rapport du physique et du moral de l'homme, et Lettre sur les causes premières, par P. J. G. CABANIS, précédé d'une Table analytique, par DESTUTT DE TRACY, huitième édition, augmentée de Notes, et précédée d'une Notice historique et philosophique sur la vie, les travaux et les doctrines de Cabanis, par L. PEISSE. Paris, 1844, in-8 de 780 pages.   6 fr.

La notice biographique, composée sur des renseignements authentiques fournis en partie par la famille même de Cabanis, est à la fois la plus complète et la plus exacte qui ait été publiée. Cette édition est la seule qui contienne la Lettre sur les causes premières.

CAILLAULT. Traité pratique des maladies de la peau chez les enfants, par le docteur CH. CAILLAULT. Paris, 1859, 1 vol. in-18 de 400 pages.   3 fr. 50

CALMEIL. Traité des maladies inflammatoires du cerveau, ou Histoire anatomopathologique des congestions encéphaliques, du délire aigu, de la paralysie générale ou périencéphalite chronique diffuse à l'état simple ou compliqué, du ramollissement cérébral ou local aigu et chronique, de l'hémorrhagie cérébrale localisée récente ou non récente, par le docteur L. F. CALMEIL, médecin en chef de la Maison de Charenton. Paris, 1859, 2 forts volumes in-8.   17 fr.

Table des matières. — Chap. I. Des attaques de congestion encéphalique. — Chap. II. Du délire aigu. — Chap. III. De la paralysie générale. — Chap. IV. De la paralysie générale complète. — Chap. V. Du ramollissement cérébral local aigu. — Chap. VI. Du ramollissement cérébral à l'état chronique. Chap. VII. De l'hémorrhagie encéphalique. — Chap. VIII. Des foyers hémorrhagiques non récents. — Chap. IX. Du traitement des maladies inflammatoires des centres nerveux encéphaliques.

CALMEIL. De la folie considérée sous le point de vue pathologique, philosophique, historique et judiciaire, depuis la renaissance des sciences en Europe jusqu'au XIXᵉ siècle ; description des grandes épidémies de délire simple ou compliqué qui ont atteint les populations d'autrefois et régné dans les monastères ; exposé des condamnations auxquelles la folie méconnue a donné lieu. Paris, 1845, 2 vol. in-8.   14 fr.

CALMEIL. De la paralysie considérée chez les aliénés. Paris, 1823, in-8.   6 fr. 50

CARRIÈRE (Ed.). **Le climat de l'Italie**, sous le rapport hygiénique et médical. Paris, 1849. 1 vol. in-8 de 600 pages. *Ouvrage couronné par l'Institut de France.* 7 fr. 50

Cet ouvrage est ainsi divisé : Du climat de l'Italie en général, topographie et géologie, les eaux, l'atmosphère, les vents, la température. — *Climatologie de la région méridionale de l'Italie :* Salerne, Caprée, Massa, Sorrente, Castellamare, Torre del Greco, Resina, Portici, rive orientale du golfe de Naples, climat de Naples ; rive septentrionale du golfe de Naples (Pouzzoles et Baïa, Ischia), golfe de Gaete. — *Climatologie de la région moyenne de l'Italie :* Marais-Pontins et Maremmes de la Toscane : climat de Rome, de Sienne, de Pise, de Florence.—*Climat de la région septentrionale de l'Italie :* Venise, Milan et les lacs, Gênes, Menton et Villefranche, Nice, Hyères.

CARRIÈRE (Ed.). **Le climat de Pau** sous le rapport hygiénique et médical. Paris, 1870, 1 vol. in-12 de XII-180 pages.   2 fr.

CARUS (C. C.). **Traité élémentaire d'anatomie comparée**, suivi de **Recherches d'anatomie philosophique ou transcendante** sur les parties primaires du système nerveux et du squelette intérieur et extérieur ; traduit de l'allemand et précédé d'une *Esquisse historique et bibliographique de l'anatomie comparée,* par A. J. L. JOURDAN. Paris, 1835, 3 volumes in-8 avec *Atlas de 31 planches gr. in-4 gravées.*   10 fr.

CASTELNAU et **DUCREST. Recherches sur les abcès multiples**, comparés sous leurs différents rapports. Paris, 1846, in-4.   1 fr.

CAUVET. Nouveaux éléments d'histoire naturelle médicale, comprenant des notions générales sur la zoologie, la botanique et la minéralogie, l'histoire et les propriétés des animaux et des végétaux utiles ou nuisibles à l'homme, soit par eux-mêmes, soit par leurs produits, par D. CAUVET, professeur agrégé à l'École supérieure de pharmacie. Paris, 1869, 2 vol. in-18 jésus avec 790 fig.   12 fr.

L'histoire des animaux, des végétaux et des minéraux utiles ou nuisibles à l'homme a été faite selon l'ordre des séries naturelles, en suivant les classifications le plus généralement adoptées. Les produits de ces différents êtres ont été étudiés soigneusement, au double point de vue de leurs caractères et de leurs propriétés médicinales. Pour les médecins, l'auteur fait connaître les propriétés physiologiques des médicaments simples les plus usités ; pour les pharmaciens, il donne les caractères distinctifs des drogues et les propriétés chimiques de leurs principes actifs.
Ce livre comprend les matières exigées pour le troisième examen de doctorat en médecine et le deuxième examen de maîtrise en pharmacie.

CAZAUVIEILH (J.B.). **Du suicide, de l'aliénation mentale** et des crimes contre les personnes, comparés dans leurs rapports réciproques. Recherches sur ce premier penchant chez les habitants des campagnes. Paris, 1840, in-8.   2 fr. 50

CAZENAVE. Traité des maladies du cuir chevelu, suivi de conseils hygiéniques sur les soins à donner à la chevelure, par le docteur A. CAZENAVE, médecin de l'hôpital Saint-Louis, etc. Paris, 1850, 1 vol. in-8 avec 8 planches coloriées.   8 fr.

Table des matières. — Introduction. Coup d'œil historique sur la chevelure. — Première partie. Considérations anatomiques et physiologiques sur les cheveux. — Deuxième partie. Pathologie du cuir chevelu. — Troisième partie. Hygiène.

CELSE (A. C.). **De la médecine**, traduit par Fouquier et F. S. Ratier. Paris, 1824, 1 vol. in-18.   2 fr.

CELSI (A. C.). **De re medica libri octo**, editio nova, curantibus P. FOUQUIER, in Facultate Parisiensi professore, et F. S. RATIER. Parisiis, 1823, in-18.   1 fr. 50

CERISE. Déterminer l'influence de l'éducation physique et morale sur la production de la surexcitation du système nerveux et des maladies qui sont un effet consécutif de cette surexcitation. Paris, 1841, 1 vol. in-4 de 370 pages.   3 fr.

CHAILLY-HONORÉ. Traité pratique de l'art des accouchements. *Cinquième édition.* Paris, 1867, 1 vol. in-8 de XXIV-1036 pages avec 282 figures.   10 fr.

CHAMBERT. Des effets physiologiques et thérapeutiques des éthers, par le docteur H. CHAMBERT. Paris, 1848, in-8 de 260 pages.   75 c.

CHAMPIONNIÈRE. De la fièvre traumatique, par J. LUCAS-CHAMPIONNIÈRE. Paris, 1872, in-8 de 178 pages avec figures.   3 fr. 50

CHARPENTIER. Des accidents fébriles qui surviennent chez les nouvelles accouchées, par L. A. Alph. CHARPENTIER, professeur agrégé de la Faculté de médecine. Paris, 1863, gr. in-8.   1 fr. 50

CHASTANG. Conférences sur l'hygiène du soldat appliquée spécialement aux troupes de la marine, par le docteur CHASTANG, médecin-major du 3e regiment d'infanterie de la marine. Paris, 1873, in-8 de 40 pages.   1 fr. 25

CHAUFFARD (P. Em.). **De la fièvre traumatique** et de l'infection purulente, par le docteur P. E. CHAUFFARD, professeur à la Faculté de médecine de Paris. Paris, 1873, 1 vol. in-8 de 229 pages.   3 fr. 50

CHAUFFARD (P. Em.). **Essai sur les doctrines médicales,** suivi de quelques considérations sur les fièvres. Paris, 1846, in-8 de 130 pages.   1 fr.

CHAUSIT. Traité élémentaire des maladies de la peau, par M. le docteur CHAUSIT, d'après l'enseignement théorique et les leçons cliniques de M. le docteur A. Cazenave, médecin de l'hôpital Saint-Louis. Paris, 1853, 1 vol. in-8, XII–448 pag. 3 fr.

CHAUVEAU. Traité d'anatomie comparée des animaux domestiques, par A. CHAUVEAU, professeur à l'École vétérinaire de Lyon. *Deuxième édition,* revue et augmentée avec la collaboration de M. ARLOING, professeur à l'École vétérinaire de Toulouse. Paris, 1871, 1 vol. in-8, VI–992 pages avec 368 figures.   20 fr.

CHURCHILL (Fleetwood). **Traité pratique des maladies des femmes,** hors l'état de grossesse, pendant la grossesse et après l'accouchement, par Fleetwood CHURCHILL, professeur d'accouchements, de maladies des femmes et des enfants à l'Université de Dublin. Traduit de l'anglais par les docteurs Alexandre WIELAND et Jules DUBRISAY. *Deuxième édition,* contenant l'Exposé des travaux français et étrangers les plus récents, par M. le docteur A. LEBLOND. Paris, 1874, 1 vol. gr. in-8, XVI–1254 pages avec 337 figures.   18 fr.

En présentant le livre de M. Churchill aux médecins français, les traducteurs ont pensé que, sans porter atteinte à l'originalité de l'œuvre, et tout en conservant à l'auteur la responsabilité et le mérite de ses opinions personnelles, ils devaient compléter les quelques points de détail qui avaient pu échapper à ses investigations, ou qui avaient reçu un jour nouveau de travaux postérieurs à la publication de la dernière édition anglaise, et ils se sont particulièrement attachés à mettre en lumière les études modernes des auteurs français et étrangers qui méritaient d'être portées à la connaissance du médecin et du chirurgien, et qui pouvaient l'être utilement pour les besoins de la pratique.

CIVIALE. Traité pratique sur les maladies des organes génito-urinaires, par le docteur CIVIALE, membre de l'Institut et de l'Académie de médecine. *Troisième édition* augmentée. Paris, 1858-1860, 3 vol. in-8 avec figures.   24 fr.

Cet ouvrage, le plus pratique et le plus complet sur la matière, est ainsi divisé :
TOME I. Maladies de l'urèthre. TOME II. Maladies du col de la vessie et de la prostate. TOME III. Maladies du corps de la vessie.

CIVIALE. Traité pratique et historique de la lithotritie. Paris, 1847, 1 vol. in-8 de 600 pages avec 8 planches.   8 fr.

CIVIALE. De l'uréthrotomie ou de quelques procédés peu usités de traiter les rétrécissements de l'urèthre. Paris, 1849, in-8 de 124 pages avec une planche.   2 fr. 50

CIVIALE. Parallèles des divers moyens de traiter les calculeux, contenant l'examen comparatif de la lithotritie et de la cystotomie, sous le rapport de leurs divers procédés, de leurs modes d'application, de leurs avantages ou inconvénients respectifs. Paris, in-8, fig.   8 fr.

†**CODEX MEDICAMENTARIUS.** Pharmacopée française, rédigée par ordre du gouvernement, la commission de rédaction étant composée de professeurs de la Faculté de médecine et de l'Ecole supérieure de pharmacie de Paris, de membres de l'Académie de médecine et de la Société de pharmacie de Paris. Paris, 1866, 1 vol. grand in-8, XLVIII–784 pages, cartonné à l'anglaise.   9 fr. 50

Franco par la poste.   11 fr. 50

Le même, interfolié de papier réglé et solidement relié en demi-maroquin. 16 fr. 50

Le nouveau Codex medicamentarius, Pharmacopée française, édition de 1866, sera et demeurera obligatoire pour les Pharmaciens à partir du 1er janvier 1867.

(*Décret du 5 décembre 1866.*)

CODEX. Commentaires thérapeutiques du Codex medicamentarius, ou Histoire de l'action physiologique et des effets thérapeutiques des médicaments inscrits dans la pharmacopée française, par Ad. GUBLER, professeur de thérapeutique à la Faculté de médecine, membre de l'Académie de médecine. *Deuxième édition.* Paris, 1873, 1 vol. grand in-8, 780 pages, format du Codex, broché en deux parties.   13 fr.

Cet ouvrage forme le complément indispensable du Codex.

COLIN (G.). **Traité de physiologie comparée des animaux,** considérée dans ses rapports avec les sciences naturelles, la médecine, la zootechnie et l'économie rurale, par G. COLIN, professeur à l'École vétérinaire d'Alfort, membre de l'Académie de médecine. *Deuxième édition.* Paris, 1871-73, 2 vol. in-8 avec figures.   26 fr.

COLIN (Léon). **Traité des fièvres intermittentes**, par Léon COLIN, professeur à l'École du Val-de-Grâce. Paris, 1870, 1 vol. in-8 de 500 pages avec un plan médical de Rome.   8 fr.

COLIN (Léon). **De la variole**, au point de vue épidémiologique et prophylactique. Paris, 1873, 1 vol. in-8 de 200 pages avec 3 figures.   3 fr. 50

COLLADON. **Histoire naturelle et médicale des casses**, et particulièrement de la casse et des sénés employés en médecine. Montpellier, 1816, in-4 avec 19 pl. 6 fr.

COLLINEAU. **Analyse physiologique de l'entendement humain.** Paris, 1843, 1 vol. in-8.   1 fr. 50

COMITÉ consultatif d'hygiène publique de France (Recueil des travaux), publié par ordre de M. le ministre de l'agriculture et du commerce. Paris, 1872. Tome I. 1 vol. in-8 de xxiv-451 pages.   8 fr.

— Tome II. Paris, 1873, 1 vol. in-8 de 432 pages avec 2 cartes coloriées.   8 fr.

— Tome II, 2ᵉ partie. Paris, 1873, 1 vol in-8 de 376 pag. avec 3 cartes.   7 fr.

COMTE (A.). **Cours de philosophie positive**, par Auguste COMTE, répétiteur à l'École polytechnique. *Troisième édition*, augmentée d'une préface par E. LITTRÉ, et d'une table alphabétique des matières. Paris, 1869, 6 vol. in-8.   45 fr.

Tome I. Préliminaires généraux et philosophie mathématique. — Tome II. Philosophie astronomique et philosophie physique. — Tome III. Philosophie chimique et philosophie biologique. — Tome IV. Philosophie sociale (partie dogmatique). — Tome V. Philosophie sociale (partie historique : état théologique et état métaphysique). — Tome VI. Philosophie sociale (complément de la partie historique) et conclusions générales.

COMTE (A.). **Principes de philosophie positive**, précédés de la préface d'un disciple, par E. LITTRÉ. Paris, 1868, 1 vol. in-18 jésus, 208 pages.   2 fr. 50

Les *Principes de philosophie positive* sont destinés à servir d'introduction à l'étude du *Cours de philosophie* ; ils contiennent : 1° l'exposition du but du cours, ou considérations générales sur la nature et l'importance de la philosophie positive ; 2° l'exposition du plan du cours, ou considérations générales sur la hiérarchie des sciences.

Congrès médical de France. Deuxième session, tenue à LYON du 26 septembre au 1ᵉʳ octobre 1864. Paris, 1865, in-8 de 688 pages avec planches.   9 fr.

Table des matières. — 1. Des concrétions sanguines dans le cœur et les vaisseaux, par MM. Th. Perrin, Perroud, Courty, Leudet, etc. — 2. Paralysie atrophique progressive, ataxie locomotrice, par MM. Duménil, Tessier, Bouchard, Leudet. — 3. Curabilité de la phthisie, par MM. Leudet, Chatin, Gourdin, Verneuil. — 4. Traitement des ankyloses, par MM. Palasciano, Delore, Philipeaux, Pravaz. — 5. Chirurgie du système osseux, par MM. Marmy, Desgranges, Ollier, Verneuil. — 6. Des moyens de diérèse, par MM. Philipeaux, Verneuil, Barrier, Ollier. — 7. De la consanguinité, par MM. Rodet, Faivre, Sanson, Morel, Diday. — 8. Genèse des parasites, par MM. Rodet, Diday, Gailleton. — 9. Contagion de la syphilis, par MM. Rollet, Diday, Viennois. — 10. Du forceps, par MM. Chassagny, Bouchacourt, Berne. — 11. Asiles d'aliénés, par MM. Mundy, Motet, Turck, Morel, Billod, etc.

Congrès médical de France. Troisième session, tenue à BORDEAUX du 2 au 7 octobre 1865. Paris, 1866, in-8, xii-916 pages.   9 fr.

Congrès médico-chirurgical de France. Première session, tenue à ROUEN du 30 septembre au 3 octobre 1863. Paris, 1863, in-8 de 412 pag. avec planches. 5 fr.

COOPER (Astley). **OEuvres chirurgicales complètes**, traduites de l'anglais, avec des notes par E. CHASSAIGNAC et G. RICHELOT. Paris, 1837, gr. in-8.   4 fr. 50

CORLIEU (A.). **Aide-mémoire de médecine, de chirurgie et d'accouchements,** vade-mecum du praticien. *Deuxième édition*, revue, corrigée et augmentée. Paris, 1872, 1 vol. in-18 jésus de viii-664 pages avec 418 figures, cart.   6 fr.

CORNARO. **De la sobriété,** *voyez* École de Salerne, p. 19.

CORRE. **La pratique de la chirurgie d'urgence**, par le docteur A. CORRE. Paris, 1872, in-18 de viii-216 pages avec 51 figures.   2 fr.

COZE et FELTZ. **Recherches cliniques et expérimentales sur les maladies infectieuses** étudiées spécialement au point de vue de l'état du sang et de la présence des ferments, par L. COZE et V. FELTZ, professeurs à la Faculté de médecine de Nancy. Paris, 1872, in-8 de xiv-334 pages avec 6 pl. chromolithographiées.   6 fr.

CRUVEILHIER. Anatomie pathologique du corps humain, ou Descriptions, avec figures lithographiées et coloriées, des diverses altérations morbides dont le corps humain est susceptible ; par J. CRUVEILHIER, professeur à la Faculté de médecine. Paris, 1830-1842, 2 vol. in-folio, avec 230 planches coloriées.   456 fr.
Demi-reliure des 2 vol. grand in-folio, dos de maroquin, non rognés.   24 fr.
Ce bel *ouvrage est complet* ; il a été publié en 41 livraisons, chacune contenant 6 feuilles de texte in-folio grand-raisin vélin, caractère neuf de F. Didot, avec 5 planches coloriées avec le plus grand soin, et 6 planches lorsqu'il n'y a que quatre planches de coloriées. Chaque livraison est de   11 fr.

CRUVEILHIER (J.). Traité d'anatomie pathologique générale. *Ouvrage complet.* Paris, 1849-1864, 5 vol. in-8.   35 fr.
Tome V et dernier, Dégénérations aréolaires et gélatiniformes, dégénérations cancéreuses proprement dites par J. CRUVEILHIER ; pseudo-cancers et tables alphabétiques par CH. HOUEL. Paris, 1864, 1 vol. in-8 de 420 pages.   7 fr.
Cet ouvrage est l'exposition du Cours d'anatomie pathologique que M. Cruveilhier fait à la Faculté de médecine de Paris. Comme son enseignement, il est divisé en XVIII classes, savoir : tome I, 1° solutions de continuité; 2° adhésions; 3° luxations; 4° invaginations; 5° hernies; 6° déviations; — tome II, 7° corps étrangers; 8° rétrécissements et oblitérations; 9° lésions de canalisation par communication accidentelle; 10° dilatations; — tome III, 11° hypertrophies; 12° atrophies; 13° métamorphoses et productions organiques analogues; — tome IV, 14° hydropisies et flux; 15° hémorrhagies; 16° gangrènes; 17° inflammations ou phlegmasies; 18° lésions strumeuses, et lésions scirrhomateuses; — tome V, 19° dégénérations organiques.

CURTIS. Du traitement des rétrécissements de l'urèthre par la dilatation progressive, par le docteur T. B. CURTIS. Paris, 1873, in-8 de 113 pages.   2 fr. 50

CYON. Principes d'électrothérapie, par le docteur CYON, professeur à l'Académie médico-chirurgicale de Saint-Pétersbourg. Paris, 1873, 1 vol. in-8 de VIII-275 pages avec figures.   4 fr.

CYR. Traité de l'alimentation dans ses rapports avec la physiologie, la pathologie et la thérapeutique, par le docteur JULES CYR. Paris, 1869, in-8 de 574 pages. 8 fr.

CZERMAK (J.N.). Du laryngoscope et de son emploi en physiologie et en médecine. Paris, 1860, in-8 avec deux planches gravées et 31 figures.   3 fr. 50

DAGONET (H.). Traité élémentaire et pratique des maladies mentales. Paris, 1862, in-8 de 816 p. avec une carte.   10 fr.

DALTON. Physiologie et hygiène des écoles, des colléges et des familles, par J. C. DALTON, professeur au collége des médecins et des chirurgiens de New-York, traduit par le docteur E. ACOSTA. Paris, 1870, 1 vol. in-18 jésus de 536 pages avec 68 fig.   4 fr.

DAREMBERG. Histoire des sciences médicales, comprenant l'anatomie, la physiologie, la médecine, la chirurgie et les doctrines de pathologie générales, par Ch. DAREMBERG, professeur à la Faculté de médecine. Paris, 1870, 2 vol. in-8 d'ensemble 1200 pages avec figures.   20 fr.

DAREMBERG. Glossulæ quatuor magistrorum super chirurgiam Rogerii et Rolandi et de secretis mulierum, de chirurgia, de modo medendi libri septem, poema medicum ; nunc primum ad fidem codicis Mazarinei edidit doctor CH. DAREMBERG. Napoli, 1854, in-8 de 64-228-178 pages.   8 fr.

DAREMBERG. Notices et extraits des manuscrits médicaux grecs, latins et français des principales bibliothèques de l'Europe. Première partie : Manuscrits grecs d'Angleterre, suivis d'un fragment inédit de Gilles de Corbeil et de scolies inédites sur Hippocrate. Paris, 1853, in-8, 243 pages.   7 fr.

DAREMBERG. Voy. GALIEN, ORIBASE.

DAVAINE. Traité des entozoaires et des maladies vermineuses de l'homme et des animaux domestiques, par C. DAVAINE, membre de l'Académie de médecine. Paris, 1860, 1 vol. in-8 de 950 pages avec 88 figures. *Ouvrage couronné par l'Institut de France.*   12 fr.

DAVASSE. La syphilis, ses formes et son unité, par J. DAVASSE, ancien interne des hôpitaux de Paris. Paris, 1863, 1 vol. in-8 de 570 pages.   8 fr.

DAVID (Th.). De la grossesse au point de vue de son influence sur la constitution de la femme. Paris, 1868, 1 vol. in-8, 122 pages.   2 fr. 50

DECHAUX. Parallèle de l'hystérie et des maladies du col de l'utérus, par le docteur DECHAUX (de Montluçon). Paris, 1873, 1 vol. in-8 de VIII-444 pages. 5 fr.

DE LA RIVE. Traité d'électricité théorique et appliquée; par A. DE LA RIVE, membre correspondant de l'Institut de France, professeur émérite de l'Académie de Genève. Paris, 1854-58, 3 vol. in-8 avec 447 figures. 27 fr.

Séparément, tomes II et III. Prix de chaque volume. 9 fr.

DELPECH (A.). Nouvelles recherches sur l'intoxication spéciale que détermine le sulfure de carbone. L'industrie du caoutchouc soufflé, par A. DELPECH, médecin de l'hôpital Necker, membre de l'Académie de médecine. Paris, 1863, in-8 de 128 pages. 2 fr. 50

DELPECH (A.). Les trichines et la trichinose chez l'homme et chez les animaux. Paris, 1866, in-8 de 104 pages. 2 fr. 50

DELPECH (A.). De la ladrerie du porc au point de vue de l'hygiène privée et publique. Paris, 1864, in-8 de 107 pages. 2 fr. 50

DELPECH (A.). De l'hygiène des crèches. Paris, 1869, in-8 de 32 pages. 1 fr.

DELPECH (A.). Le scorbut pendant le siège de Paris. Étude sur l'étiologie de cette affection. Paris, 1871, in-8 de 68 pages. 2 fr.

DEMARQUAY. De la régénération des organes et des tissus, en physiologie et en chirurgie, par J. N. DEMARQUAY, chirurgien de la maison municipale de santé. Paris, 1873, 1 vol. grand in-8 de VIII-328 pages avec 4 planch. comprenant 16 fig. lithographiées et chromolithographiées. 16 fr.

DEMARQUAY. Essai de pneumatologie médicale. Recherches physiologiques, cliniques et thérapeutiques sur les gaz, par J. N. DEMARQUAY, chirurgien de la Maison municipale de santé. Paris, 1866, in-8, XVI-861 pages avec figures. 9 fr.

DEMARQUAY. Voyez BERNARD (H.).

DÉMÉTRIESCO. Étude sur les ovules mâles, par le docteur C. N. DÉMÉTRIESCO. Paris, 1870, in-8 de 50 pages avec 3 pl. 2 fr.

DENONVILLIERS. Note sur les corpuscules gangliformes connus sous le nom de corpuscules de Pacini. Paris, 1846, in-8 de 23 pages. 1 fr.

DENONVILLIERS. Éloge du professeur Auguste Bérard. 1852, in-4 de 29 p. 1 fr.

DENONVILLIERS (C.). Comparaison des deux systèmes musculaires. Paris, 1846, in-4 de 101 pages. 2 fr.

DENONVILLIERS (C.). Déterminer les cas qui indiquent l'application du trépan sur les os du crâne. Paris, 1839, in-4 de 82 pages. 1 fr. 50

DEPAUL. Sur la vaccination animale, par J. A. H. DEPAUL, professeur à la Faculté de médecine de Paris. Paris, 1867, in-8, 78 p. 1 fr. 50

DEPAUL. De l'origine réelle du virus vaccin. Paris, 1864, in-8 de 43 pag. 1 fr. 50

DEROUBAIX. Traité des fistules uro-génitales de la femme, comprenant les fistules vésico-vaginales, vésicales cervico-vaginales, urétéro-vaginales et urétérales cervico-utérines, par L. DEROUBAIX, chirurgien des hôpitaux civils de Bruxelles, professeur à l'Université de Bruxelles. 1870, 1 vol. in-8 de XIX-823 p. avec fig. 12 fr.

DESAYVRE. Études sur les maladies des ouvriers de la manufacture d'armes de Châtellerault. Paris, 1856, in-8 de 116 pages. 2 fr. 50

DESLANDES. De l'onanisme et des autres abus vénériens considérés dans leurs rapports avec la santé, par le docteur L. DESLANDES. Paris, 1835, in-8. 7 fr.

DESPEYROUX (Henri). Étude sur les ulcérations du col de la matrice et sur leur traitement. Paris, 1867, in-8, de 128 pages avec 1 pl. chromolithographiée. 3 fr.

DESPINEY (F.). Physiologie de la voix et du chant. Paris, 1841, in-8. 2 fr.

DESPRÉS (Arm.). Est-il un moyen d'arrêter la propagation des maladies vénériennes? Du délit impuni, par Armand DESPRÉS, chirurgien de l'hôpital Cochin, professeur agrégé à la Faculté de médecine, etc. 1870, in-18 de 36 p. 1 fr.

DESPRÉS (Arm.). De la peine de mort au point de vue physiologique. Paris, 1870, in-8, 36 pages. 1 fr. 50

DESPRÉS (Arm.). **Rapport sur les travaux de la septième ambulance** à l'armée du Rhin et à l'armée de la Loire. Paris, 1871, in-8 de 90 p.   **2 fr.**

DEZEIMERIS. Dictionnaire historique de la médecine. Paris, 1828-1838, 4 vol. en 7 parties, in-8.   **10 fr.**

DICTIONNAIRE (NOUVEAU) DE MÉDECINE ET DE CHIRURGIE PRATIQUES, illustré de figures intercalées dans le texte, rédigé par Benjamin ANGER, E. BAILLY, BARRALLIER, BERNUTZ, P. BERT, BŒCKEL, BUIGNET, CUSCO, DEMARQUAY, DENUCÉ, DESNOS, DESORMEAUX, DEVILLIERS, Ch. FERNET, Alfred FOURNIER, A. FOVILLE fils, GALLARD, H. GINTRAC, GOMBAULT, GOSSELIN, Alphonse GUÉRIN, A. HARDY, HEURTAUX, HIRTZ, JACCOUD, JACQUEMET, JEANNEL, KŒBERLÉ, LANNELONGUE, S. LAUGIER, LEDENTU, P. LORAIN, LUTON, MARTINEAU. A. NÉLATON, A. OLLIVIER, ORÉ, PANAS, Maurice RAYNAUD, RICHET, Ph. RICORD, J. ROCHARD (de Lorient), Z. ROUSSIN, SAINT-GERMAIN, Ch. SARAZIN, Germain SÉE, Jules SIMON, SIREDEY, STOLTZ, A. TARDIEU, S. TARNIER, TROUSSEAU, VALETTE, VERJON, Aug. VOISIN. Directeur de la rédaction, le docteur JACCOUD.

Le *Nouveau dictionnaire de médecine et de chirurgie pratiques*, illustré de figures intercalées dans le texte, se composera d'environ 30 volumes grand in-8 cavalier de 800 pages. Il sera publié trois volumes par an. *Les tomes I à XVIII sont en vente.*

Prix de chaque volume de 800 pages avec figures intercalées dans le texte.   **10 fr.**

Les volumes seront envoyés *franco* par la poste, aussitôt leur publication, aux souscripteurs des départements, sans augmentation sur le prix fixé.

Le tome I (812 pages avec 36 figures) comprend : **Introduction,** par JACCOUD; **Absorption,** par BERT; **Acclimatement,** par Jules ROCHARD; **Accommodation,** par LIEBREICH; **Accouchement,** par STOLTZ et LORAIN; **Albuminurie,** par JACCOUD; etc.

Le tome II (800 pages avec 60 figures) comprend : **Amputations,** par A. GUÉRIN; **Amyloïde** (dégénérescence), par JACCOUD; **Anévrysmes,** par RICHET; **Angine de poitrine,** par JACCOUD; **Anus,** par GOSSELIN, GIRALDÈS et LAUGIER; etc.

Le tome III (828 pages avec 92 figures) comprend : **Artères,** par NÉLATON et Maurice RAYNAUD; **Asthme,** par GERMAIN SÉE; **Ataxie locomotrice,** par TROUSSEAU; etc.

Le tome IV (786 pages avec 127 figures) comprend : **Auscultation,** par LUTON; **Avant-bras,** par DEMARQUAY; **Balanite, Balano-posthite,** par A. FOURNIER; etc.

Le tome V (800 pages avec 90 figures) comprend : **Bile,** par JACCOUD; **Biliaires** (voies), par LUTON; **Blennorrhagie,** par Alfred FOURNIER; **Blessures,** par A. TARDIEU; **Bronzée** (maladie), par JACCOUD; **Bubon,** par Alfred FOURNIER, etc.

Le tome VI (832 pages avec 175 figures) comprend : **Cancer et Cancroïde,** par HEURTAUX; **Carotide,** par RICHET; **Cataracte,** par R. LIEBREICH; **Césarienne** (opération), par STOLTZ; **Chaleur,** par BUIGNET, BERT, HIRTZ et DEMARQUAY, etc.

Le tome VII (775 pages avec 93 figures) comprend : **Champignons,** par Léon MARCHAND et Z. ROUSSIN; **Chancre,** par A. FOURNIER; **Chlorose,** par P. LORAIN; **Choléra,** par DESNOS, GOMBAULT et P. LORAIN; **Circulation,** par LUTON, etc.

Le tome VIII (800 pages avec 100 figures) comprend : **Clavicule,** par RICHET; **Climat,** par J. ROCHARD; **Cœur,** par LUTON et Maurice RAYNAUD, etc.

Le tome IX (800 pages avec 150 figures) comprend : **Côtes,** par DEMARQUAY; **Cou,** par SARAZIN; **Couches,** par STOLTZ; **Coude,** par DENUCÉ, etc.

Le tome X (800 pages avec 150 figures) comprend : **Coxalgie,** par VALETTE; **Croup,** par Jules SIMON; **Crurales (région et hernie),** par GOSSELIN; **Cuisse,** par LAUGIER; **Dartre et affections dartreuses,** par HARDY; **Défécation,** par BERT.

Le tome XI (796 pages avec 49 figures) comprend : **Délire,** par A. FOVILLE fils; **Dent,** par SARAZIN; **Diabète,** par JACCOUD; **Digestion,** par BERT.

Le tome XII (800 pages avec 110 fig.) comprend : **Dystocie,** par STOLTZ; **Eau, Eaux minérales,** par BUIGNET, VERJON et TARDIEU; **Électricité,** par BUIGNET et JACCOUD; **Embolie,** par HIRTZ; **Empoisonnement,** par TARDIEU, etc.

Le tome XIII (804 pages avec 139 fig.) comprend : **Encéphale,** par LAUGIER, JACCOUD et HALLOPEAU; **Endocarde, Endocardite,** par JACCOUD; **Entozoaires,** par VAILLANT et LUTON; **Épaule,** par PANAS; **Épilepsie,** Aug. VOISIN.

Le tome XIV (780 pages avec 68 fig.) comprend : **Érysipèle**, par GOSSELIN et Maurice RAYNAUD ; **Estomac**, par LUTON ; **Fer**, par BUIGNET et HIRTZ ; **Fièvre**, par HIRTZ.

Le tome XV (786 pages avec 113 fig.) comprend : **Fœtus**, par E. BAILLY ; **Foie**, par Jules SIMON ; **Folie**, par FOVILLE, A. TARDIEU et LUNIER ; **Forceps**, par TARNIER ; **Fracture**, par VALETTE ; **Gale**, par A. HARDY ; **Génération**, par Mathias DUVAL.

Le tome XVI (800 pages avec 80 fig.) comprend : **Genou**, par PANAS ; **Géographie médicale**, par H. REY ; **Glaucome**, par CUSCO et ABADIE ; **Goût**, par M. DUVAL ; **Goutte**, par JACCOUD et LABADIE-LAGRAVE.

Le tome XVII (800 pages avec 99 figures) comprend : **Grossesse**, par STOLTZ ; **Hanche**, par VALETTE ; **Hémorrhoïdes**, par LANNELONGUE ; **Hérédité**, par Aug. VOISIN ; **Hernie**, par LEDENTU ; **Hôpital**, par SARAZIN, etc.

Le tome XVIII (800 pag. avec 100 fig.) comprend : **Hydrothérapie**, par BENI-BARDE ; **Hypochondrie**, par FOVILLE ; **Hystérie**, par BERNUTZ ; **Inanition**, par LEPINE ; **Infanticide**, par TARDIEU ; **Inflammation**, par HEURTAUX ; **Inguinale** (région), par SARAZIN ; **Inhumation**, par TARDIEU.

DICTIONNAIRE GÉNÉRAL DES EAUX MINÉRALES ET D'HYDROLOGIE MÉDICALE comprenant la géographie et les stations thermales, la pathologie thérapeutique, la chimie analytique, l'histoire naturelle, l'aménagement des sources, l'administration thermale, etc., par MM. DURAND-FARDEL, inspecteur des sources d'Hauterive à Vichy, E. LE BRET, inspecteur des eaux minérales de Baréges, J. LEFORT, pharmacien, avec la collaboration de M. JULES FRANÇOIS, ingénieur en chef des mines, pour les applications de la science de l'Ingénieur à l'hydrologie médicale. Paris, 1860, 2 forts volumes in-8 de chacun 750 pages.   20 fr.
Ouvrage couronné par l'Académie de médecine.

Ce n'est pas une compilation de tout ce qui a été publié sur la matière depuis cinquante ou soixante ans : un esprit fécond de doctrine et de critique domine ce livre, et tout en profitant des travaux d'hydrologie médicale publiés en France, en Angleterre, en Allemagne, en Suisse, en Italie, etc., les auteurs ont su trouver dans leurs études personnelles et dans leur pratique journalière, le sujet d'observations nouvelles et de découvertes originales.

DICTIONNAIRE UNIVERSEL DE MATIÈRE MÉDICALE ET DE THÉRAPEUTIQUE GÉNÉRALE, contenant l'indication, la description et l'emploi de tous les médicaments connus dans les diverses parties du globe ; par F. V. MÉRAT et A. J. DELENS, membres de l'Académie de médecine. *Ouvrage complet.* Paris, 1829-1846. 7 vol. in-8, y compris le **Supplément**.   36 fr.

Le *Tome VII* ou *Supplément*, Paris, 1846, 1 vol. in-8 de 800 pages, ne se vend pas séparément. — Les tomes I à VI, séparément.   12 fr.

DICTIONNAIRE DE MÉDECINE, DE CHIRURGIE, DE PHARMACIE, DE L'ART VÉTÉRINAIRE ET DES SCIENCES QUI S'Y RAPPORTENT. Publié par J.-B Baillière et fils. *Treizième édition,* entièrement refondue, par E. LITTRÉ, membre de l'Institut de France (Académie française et Académie des Inscriptions), et Ch. ROBIN, membre de l'Institut (Académie des Sciences), professeur à la Faculté de médecine de Paris ; ouvrage contenant la synonymie *grecque, latine, anglaise, allemande, italienne et espagnole,* et le Glossaire de ces diverses langues. Paris, 1873, 1 beau vol. grand in-8 de XIV-1836 p. à deux colonnes, avec 550 fig.   20 fr.

· Demi-reliure maroquin, plats en toile.   4 fr.

Demi-reliure maroquin à nerfs, plats en toile, tranches peigne, très-soignée. 5 fr

Il y aura bientôt soixante-dix ans que parut pour la première fois cet ouvrage longtemps connu sous le nom de *Dictionnaire de médecine de Nysten* et devenu classique par un succès de douze éditions. Les progrès incessants de la science rendaient nécessaires, pour cette *treizième édition,* de nombreuses additions, une révision générale de l'ouvrage, et plus d'unité dans l'ensemble des mots consacrés aux théories nouvelles et aux faits nouveaux que l'emploi du microscope, les progrès de l'anatomie générale, normale et pathologique, de la physiologie, de la pathologie, de l'art vétérinaire, etc., ont créés. M Littré, connu par sa vaste érudition et par son savoir étendu dans la littérature médicale nationale et étrangère, et M. le professeur Ch. Robin, que de récents travaux ont placé si haut dans la science, se sont chargés de cette tâche importante. Une addition importante, qui sera justement appréciée, c'est la Synonymie *grecque, latine, anglaise, allemande, italienne, espagnole,* qui est ajoutée à cette *treizième édition,* et qui, avec les vocabulaires, en fait un Dictionnaire polyglotte.

DIDAY. Exposition critique et pratique des nouvelles doctrines sur la syphilis, suivie d'un Essai sur de nouveaux moyens préservatifs des maladies vénériennes, par P. DIDAY, ex-chirurgien de l'Antiquaille. Paris, 1858, 1 vol. in-18 jésus de 560 pages.   4 fr.

DONNE (Al.). **Conseils aux mères** sur la manière d'élever les enfants nouveau-nés, par Al. DONNÉ, recteur de l'Académie de Montpellier. *Quatrième édition*, revue, corrigée et augmentée. Paris, 1869, in-12, 350 pages.   3 fr.

DONNE (Al.). **Hygiène des gens du monde.** Paris, 1870, 1 vol. in-18 jésus de 540 pages.   4 fr.

TABLE DES MATIÈRES. — A mon éditeur; utilité de l'hygiène; hygiène des saisons; exercice et voyages de santé; eaux minérales; bains de mer; hydrothérapie; la fièvre; hygiène des poumons; hygiène des dents; hygiène de l'estomac; hygiène des yeux; hygiène des femmes nerveuses; la toilette et la mode; ***.

DONNÉ (Al.). **Cours de microscopie complémentaire des études médicales** : Anatomie microscopique et physiologie des fluides de l'économie. Paris, 1844, in-8 de 500 pages.   7 fr. 50

DONNÉ (Al.). **Atlas du Cours de microscopie**, exécuté d'après nature au microscope-daguerréotype, par le docteur A. DONNÉ et L. FOUCAULT, membre de l'Institut (Académie des sciences). Paris, 1846, in-folio de 20 planches, contenant 80 figures avec un texte descriptif.   30 fr.

DUBOIS (Fr.). **Histoire philosophique de l'hypochondrie et de l'hystérie.** Paris, 1837, in-8.   2 fr.

DUBOIS (Fr.). **Préleçons de pathologie expérimentale.** Observations et expériences sur l'hypérémie capillaire. Paris, 1841, in-8 avec 3 planches.   1 fr. 50

DUBOIS (Fr.) et BURDIN. **Histoire académique du magnétisme animal**, accompagnée de notes et de remarques critiques sur toutes les observations et expériences faites jusqu'à ce jour. Paris, 1841, in-8 de 700 pages.   3 fr.

DUBOIS (P.). **Convient-il dans les présentations vicieuses du fœtus de revenir à la version sur la tête?** par Paul DUBOIS, professeur à la Faculté de médecine de Paris, chirurgien de l'hospice de la Maternité. Paris, 1833, in-4 de 50 p.   1 fr. 5

DUBOIS (P.). **Mémoire sur la cause des présentations de la tête** pendant l'accouchement et sur les déterminations instinctives ou volontaires du fœtus humain. Paris, 1833, in-4 de 27 pages.   1 fr.

DUBREUIL. **Des anomalies artérielles** considérées dans leur rapport avec la pathologie et les opérations chirurgicales, par J. DUBREUIL, professeur à la Faculté de Montpellier, Paris, 1847. 1 vol. in-8 et atlas in-4 de 17 planches coloriées.   5 fr.

DUCHAUSSOY. **Anatomie pathologique des étranglements** internes et conséquences pratiques qui en découlent, par A. P. DUCHAUSSOY, professeur agrégé à la Faculté de médecine de Paris. Paris, 1860, 1 vol. in-4 de 294 pages avec une pl.   5 fr.

DUCHENNE (G. B.). **De l'électrisation localisée** et de son application à la pathologie et à la thérapeutique par courants induits et par courants galvaniques interrompus et continus; par le docteur G. B. DUCHENNE (de Boulogne). *Troisième édition*. Paris, 1872, 1 vol. in-8 de XII-1120 pages avec 255 figures et 3 planches noires et coloriées.   18 fr.

DUCHENNE (G. B.). **Album de photographies pathologiques**, complémentaire de l'ouvrage ci-dessus. Paris, 1862, in-4 de 17 pl. avec 20 pages de texte descriptif explicatif, cartonné.   25 fr.

DUCHENNE (G. B.). **Physiologie des mouvements**, démontrée à l'aide de l'expérimentation électrique et de l'observation clinique, et applicable à l'étude des paralysies et des déformations. Paris, 1867, 1 vol. in-8 de XVI-872 pages avec 101 figures.   14 fr.

DUCHESNE-DUPARC. **Du fucus vesiculosus**, de ses propriétés fondantes et de son emploi contre l'obésité et ses différentes complications. *Deuxième édition*. Paris, 1863, in-12 de 46 pages.   1 fr.

DUGAT (G.). **Études sur le traité de médecine** d'Aboudjafar Ah'Mad intitulé *Zad Al Mocaßr*, « la provision du voyageur ». Paris, 1853, in-8 de 64 pages.   1 fr.

DUPUYTREN (G.). **Mémoire sur une nouvelle manière de pratiquer l'opération de la pierre.** Paris, 1836, 1 vol. grand in-folio avec 10 planches.   40 fr.

DUPUYTREN (G.). **Mémoire sur une méthode nouvelle pour traiter les anus accidentels.** Paris, 1828, 1 vol. in-4 de 57 pages avec 3 planches.   3 fr.

DURAND-FARDEL. Voyez BARRAULT.

DURAND-FARDEL, LE BRET, LEFORT. Voyez **Dictionnaire des eaux minérales.**

DUTROULAU. **Traité des maladies des Européens dans les pays chauds** (régions intertropicales), climatologie et maladies communes, maladies endémiques, par le docteur A.-F. DUTROULAU, médecin en chef de la marine. *Deuxième édition.* Paris, 1868, in-8, 650 pages. 8 fr.

Outre de nombreuses additions de détail, nous citerons trois chapitres nouveaux relatifs à la Cochinchine, à la Nouvelle-Calédonie et au choléra.

DUVAL (Mathias). **Structure et usage de la rétine,** par le docteur Mathias DUVAL, professeur agrégé à la Faculté de médecine. Paris, 1872, 1 vol. in-8 de 142 pages avec figures. 3 fr.

DUVAL (Mathias). Voyez KUSS.

ÉCOLE DE SALERNE (L'). Traduction en vers français, par CH. MEAUX-SAINT-MARC, avec le texte latin en regard (1870 vers), précédée d'une introduction par M. le docteur Ch. Daremberg. — **De la sobriété,** conseils pour vivre longtemps, par L. CORNARO, traduction nouvelle. Paris, 1861, 1 joli vol. in-18 jésus de LXXII-344 pages avec 5 vignettes. 3 fr. 50.

EHRMANN. **Étude sur l'uranoplastie** dans ses applications aux divisions congénitales de la voûte palatine, par le docteur J. EHRMANN (de Mulhouse). Paris, 1869, in-4 de 104 pages. 3 fr.

ENCYCLOPÉDIE ANATOMIQUE, comprenant l'Anatomie descriptive, l'Anatomie générale, l'Anatomie pathologique, l'histoire du Développement, par G. T. Bischoff, Henle, Huschke, Sœmmerring, F. G. Theile, G. Valentin, J. Vogel, G. et E. Weber; traduit de l'allemand, par A. J. L. JOURDAN, membre de l'Académie de médecine. Paris, 1843-1847. 8 forts vol. in-8, avec deux atlas in-4. Prix, en prenant tout l'ouvrage. 32 fr.

On peut se procurer chaque Traité séparément, savoir :

1° **Ostéologie et syndesmologie,** par S. T. SŒMMERRING. — **Mécanique des organes** de la locomotion chez l'homme, par G. et E. WEBER. In-8 avec Atlas in-4 de 17 planches. 6 fr.

2° **Traité de myologie et d'angéiologie,** par F. G. THEILE. 1 vol. in-8. 4 fr.

3° **Traité de névrologie,** par G. VALENTIN. 1 vol. in-8 avec figures. 4 fr.

4° **Traité de splanchnologie des organes des sens,** par E. HUSCHKE. Paris, 1845, in-8 de 850 pages avec 5 planches gravées. 5 fr.

5° **Traité d'anatomie générale,** ou Histoire des tissus de la composition chimique du corps humain, par HENLE. 2 vol. in-8, avec 5 planches gravées. 8 fr.

6° **Traité du développement de l'homme** et des mammifères, suivi d'une *Histoire du développement de l'œuf du lapin,* par le docteur T. L. G. BISCHOFF. 1 vol. in-8 avec atlas in-4 de 16 planches. 7 fr. 50

7° **Anatomie pathologique générale,** par J. VOGEL. Paris, 1846. 1 vol. in-8. 4 fr.

ESPANET (A.). **Traité méthodique et pratique de matière médicale et de thérapeutique,** basé sur la loi des semblables. Paris, 1861 in-8 de 808 pages. 9 fr.

ESQUIROL. Des maladies mentales, considérées sous les rapports médical, hygiénique et médico-légal, par E. ESQUIROL, médecin en chef de la Maison des aliénés de Charenton. Paris, 1838, 2 vol. in-8 avec un atlas de 27 planches gravées. 20 fr.

FABRE. **Des mélanodermies** et en particulier d'une mélanodermie parasitaire. Paris, 1872, in-8 de 104 pages. 2 fr. 50

FALRET. **Des maladies mentales et des asiles d'aliénés,** par J. P. FALRET, médecin de la Salpêtrière. Paris, 1864, in-8, LXX-800 pages avec 1 planche. 11 fr.

FAU. Anatomie artistique élémentaire du corps humain, par le docteur J. FAU. *Nouvelle édition.* Paris, 1873, in-8, 48 p., avec 17 pl. figures noires. 4 fr.
— Le même, figures coloriées. 10 fr.

FAUCONNEAU-DUFRESNE (V. A.). **La bile et ses maladies.** Paris, 1847, 1 vol. in-4 de 450 pages. 8 fr.

FELTZ. Traité clinique et expérimental des embolies capillaires, par V. FELTZ, professeur à la Faculté de médecine de Nancy. *Deuxième édition.* Paris, 1870, in-8, 450 pages avec 11 planches chromolithographiées 12 fr.

FERRAND. Aide-mémoire de pharmacie, vade-mecum du pharmacien à l'officine et au laboratoire. Paris, 1873, 1 vol. in-18 jésus de XII-688 pages avec 184 fig. cart. 6 fr

FEUCHTERSLEBEN. Hygiène de l'âme, par E. DE FEUCHTERSLEBEN, professeur à la Faculté de médecine de Vienne. *Troisième édition*, précédée d'études biographiques et littéraires. Paris, 1870, 1 vol. in-18 de 260 pages.   **2 fr. 50**
L'auteur a voulu, par une alliance de la morale et de l'hygiène, étudier, au point de vue pratique, l'influence de l'âme sur le corps humain et ses maladies. Exposé avec ordre et clarté, et empreint de cette douce philosophie morale qui caractérise les œuvres des penseurs allemands, cet ouvrage n'a pas d'analogue en France; il sera lu et médité par toutes les classes de la société.

FIÉVÉE. Mémoires de médecine pratique, comprenant : 1° De la fièvre typhoïde et de son traitement ; 2° De la saignée chez les vieillards comme condition de santé ; 3° Considérations étiologiques et thérapeutiques sur les maladies de l'utérus ; 4° De la goutte et de son traitement spécifique par les préparations de colchique. Par le docteur FIÉVÉE (de Jeumont). Paris, 1845, in-8.   **50 c.**

FIÈVRE PUERPÉRALE (de la), de sa nature et de son traitement. Communications à l'Académie de médecine, par MM. GUÉRARD, DEPAUL, BEAU, PIORRY, HERVEZ DE CHÉGOIN, TROUSSEAU, P. DUBOIS, CRUVEILHIER, CAZEAUX, DANYAU, BOUILLAUD, VELPEAU, J. GUÉRIN, etc., précédées de l'indication bibliographique des principaux écrits publiés sur la fièvre puerpérale. Paris, 1858, in-8 de 464 p. **6 fr.**

FLOURENS (P.). Recherches sur les fonctions et les propriétés du système nerveux dans les animaux vertébrés, par P. FLOURENS, professeur au Muséum d'histoire naturelle et au Collége de France. *Deuxième édition.* Paris, 1842, in-8. **3 fr.**

FLOURENS (P.). Cours de physiologie comparée. De l'ontologie ou étude des êtres. Paris, 1856, in-8.   **1 fr. 50**

FLOURENS (P.). Mémoires d'anatomie et de physiologie comparées, contenant des recherches sur 1° les lois de la symétrie dans le règne animal; 2° le mécanisme de la rumination; 3° le mécanisme de la respiration des poissons ; 4° les rapports des extrémités antérieures et postérieures dans l'homme, les quadrupèdes et les oiseaux. Paris, 1844, grand in-4 avec 8 planches gravées et coloriées.   **9 fr.**

FLOURENS (P.). Théorie expérimentale de la formation des os. Paris, 1847, in-8 avec 7 planches gravées.   **3 fr.**

FOISSAC. La longévité humaine, ou l'Art de conserver la santé et de prolonger la vie, par le docteur P. FOISSAC. Paris, 1873, 1 vol. grand in-8 de 567 p.   **7 fr. 50**

FOISSAC. Hygiène philosophique de l'âme. *Deuxième édition*, revue et augmentée. Paris, 1863, in-8.   **7 fr. 50**

FOISSAC. De l'influence des climats sur l'homme et des agents physiques sur le moral. Paris, 1867, 2 vol. in-8.   **15 fr.**

FONSSAGRIVES. Hygiène et assainissement des villes, par J. B. FONSSAGRIVES, professeur d'hygiène à la Faculté de médecine de Montpellier. Paris, 1874, 1 vol. in-8 de 568 pages.   **8 fr.**

FONSSAGRIVES. Traité d'hygiène navale, ou De l'influence des conditions physiques et morales dans lesquelles l'homme de mer est appelé à vivre, et des moyens de conserver sa santé, par le docteur J. B. FONSSAGRIVES, médecin en chef de la marine. Paris, 1856, in-8 de 800 pages avec 57 fig.   **10 fr.**

FONSSAGRIVES. Hygiène alimentaire des malades, des convalescents et des valétudinaires, ou Du régime envisagé comme moyen thérapeutique. 2° *édition* revue et corrigée. Paris, 1867, 1 vol. in-8 de XXXII-698 pages.   **9 fr.**

FONSSAGRIVES. Thérapeutique de la phthisie pulmonaire, basée sur les indications, ou l'Art de prolonger la vie des phthisiques par les ressources combinées de l'hygiène et de la matière médicale. Paris, 1866, in-8, XXXVI-423 pages.   **7 fr.**

FONTAINE. De l'iridotomie, par le docteur Jean FONTAINE. Paris, 1873, in-8 de 48 pages avec figures dans le texte.   **1 fr. 50**

FORGET. Traité de l'entérite folliculeuse (fièvre typhoïde), par C. P. FORGET, professeur à la Faculté de médecine de Strasbourg. Paris, 1841, in-8 de 856 p.   **3 fr.**

† FORMULAIRE A L'USAGE DES HOPITAUX ET HOSPICES CIVILS DE PARIS, publié par l'administration de l'Assistance publique. 1 vol. in-8 de 154 pages. **4 fr.**

FOURNET (J.). Recherches cliniques sur l'auscultation des organes respiratoires et sur la première période de la phthisie pulmonaire. Paris, 1839, 2 vol. in-8. **3 fr.**

FOVILLE (Ach.). Les aliénés. Étude pratique sur la législation et l'assistance qui leur sont applicables, par Ach. FOVILLE fils, médecin de l'asile de Quatremares, près Rouen. 1870, 1 vol. in-8 de XIV-208 pages.   **3 fr.**

FOVILLE (Ach.). **Étude clinique de la folie avec prédominance du délire des grandeurs**. Paris, 1871, in-4 de 120 pages. 4 fr.

FOVILLE (Ach.). **Moyens pratiques de combattre l'ivrognerie** proposés ou appliqués en France, en Angleterre, en Amérique, en Suède et en Norvége. Paris, 1872, 1 vol. in-8 de 156 pages. 3 fr.

FOVILLE (Ach.). **Les aliénés aux États-Unis**, législation et assistance. Paris, 1873, in-8 de 118 pages. 2 fr. 50

FOX. **Histoire naturelle et maladies des dents** de l'espèce humaine, traduite de l'anglais par LEMAIRE. Paris, 1821, in-4 avec 32 pl. 20 fr.

FRANK (J. P.). **Traité de médecine pratique**, traduit du latin par J. M. C. GOUDAREAU ; *deuxième édition augmentée* des Observations et Réflexions pratiques contenues dans l'INTERPRETATIONES CLINICÆ. Paris, 1842, 2 forts volumes grand in-8 à deux colonnes. 24 fr.

FREDAULT (F.). **Des rapports de la doctrine médicale homœopathique** avec le passé de la thérapeutique. Paris, 1852, in-8 de 84 pages. 1 fr. 50

FREDAULT (F.). **Physiologie générale. Traité d'anthropologie** physiologique et philosophique. Paris, 1863, 1 volume in-8 de XVI-854 pages. 11 fr.

FRÉDAULT (F.). **Histoire de la médecine**. Étude sur nos traditions. Paris, 1870–1873, 2 vol. in-8 de chacun 300 pages. 10 fr.

FREGIER. **Des classes dangereuses de la population dans les grandes villes** et des moyens de les rendre meilleures ; ouvrage récompensé par l'Institut de France (Académie des sciences morales et politiques) ; par A. FRÉGIER, chef de bureau à la préfecture de la Seine. Paris, 1840, 2 beaux vol. in-8. 14 fr.

FRERICHS. **Traité pratique des maladies du foie et des voies biliaires**, par Fr. Th. FRERICHS, professeur à l'Université de Berlin, traduit par Louis DUMENIL et PELLAGOT. *Deuxième édition*. Paris, 1866, 1 v. in-8 de 900 pag. avec 158 fig. 12 fr. *Ouvrage couronné par l'Institut de France*.
Atlas in-4, 1866, 2 cahiers contenant 26 planches coloriées. 44 fr.

FURNARI. **Traité pratique des maladies des yeux**. Paris, 1841, in-8 avec planches (6 fr.) 1 fr. 50

GAFFARD. **Du tabac**, son histoire et ses propriétés, nocuité de son usage à la santé, à la morale et aux grands intérêts sociaux. Paris, 1872, 1 vol. in-18 de 185 pages avec figures. 1 fr.

GAIRAL. **Des descentes de matrice**, de leur guérison radicale par le raccourcissement du vagin. Paris, 1872, 1 vol. in-12 de 154 pages. 2 fr.

GALEZOWSKI (X.). **Traité des maladies des yeux**, par X. GALEZOWSKI, professeur d'ophthalmologie à l'Ecole pratique de la Faculté de Paris. *Deuxième édition*, Paris, 1874, 1 vol. in-8 de XVI-896 pages avec 416 figures. 20 fr.

GALEZOWSKI (X.). **Du diagnostic des maladies des yeux** par la chromatoscopie rétinienne, précédé d'une étude sur les lois physiques et physiologiques des couleurs. Paris, 1868, 1 vol. in-8 de 267 pages avec 31 figures, une échelle chromatique comprenant 44 teintes et cinq échelles typographiques tirées en noir et en couleurs. 7 fr.

GALIEN. **Œuvres anatomiques, physiologiques et médicales**, traduites sur les textes imprimés et manuscrits ; accompagnées de sommaires, de notes, de planches, par le docteur CH. DAREMBERG, bibliothécaire à la bibliothèque Mazarine. Paris, 1854-1857, 2 vol. grand in-8 de 800 pages. 20 fr.
— Séparément, le tome II. 10 fr.
Cette importante publication comprend: 1o Que le bon médecin est philosophe ; 2o Exhortations à l'étude des arts: 3o Que les mœurs de l'âme sont la conséquence des tempéraments du corps ; 4o des Habitudes ; 5o De l'utilité des parties du corps humain; 6o des Facultés naturelles ; 7° Du mouvement des muscles; 8o Des sectes, aux étudiants; 9o De la meilleure secte, à Thrasybule; 10° Des lieux affectés; 11o De la méthode thérapeutique, à Glaucon.

GALISSET et **MIGNON**. **Nouveau traité des vices rédhibitoires, ou Jurisprudence vétérinaire**, contenant la législation et la garantie dans les ventes et échanges d'animaux domestiques, la procédure à suivre, la description des vices rédhibitoires, le formulaire des expertises, procès-verbaux et rapports judiciaires, et un précis des législations étrangères, par Ch. M. GALISSET, ancien avocat au Conseil d'Etat et à la Cour de cassation, et J. MIGNON, ex-chef du service à l'Ecole vétérinaire d'Alfort. *Troisième édition*. Paris, 1864, in-18 jésus de 542 pages. 6 fr.

GALL (F.). **Sur les fonctions du cerveau** et sur celles de chacune de ses parties, avec des observations sur la possibilité de reconnaître les instincts, les penchants, les talents, ou les dispositions morales et intellectuelles des hommes et des animaux, par la configuration de leur cerveau et de leur tête. Paris, 1825, 6 vol. in-8 (42 fr.).   15 fr.

GALL (F.) et **SPURZHEIM**. **Anatomie et physiologie du système nerveux en général** et du cerveau en particulier. Paris, 1810-1819, 4 vol. in-folio de texte et atlas in-folio de 100 planches gravées, cartonnés.   150 fr.
Le même, 4 vol. in-4 et atlas in-folio de 100 planches gravées.   120 fr.

GALLARD. **Leçons cliniques sur les maladies des femmes**, par le docteur T. GALLARD, médecin de l'hôpital de la Pitié. Paris, 1873, 1 vol. in-8 de XX-792 pages avec 94 figures.   12 fr.

GALLEZ (Louis). **Histoire des kystes de l'ovaire** envisagée surtout au point de vue du diagnostic et du traitement. Bruxelles, 1873, 1 vol. gr. in-4 de 706 pages avec 24 planches renfermant 112 figures.   12 fr.

GALTIER (C. P.). **Traité de pharmacologie et de l'art de formuler**. Paris, 1841, in-8.   4 fr. 50

GALTIER (C. P.). **Traité de matière médicale** et des indications thérapeutiques des médicaments. Paris, 1841, 2 vol. in-8.   10 fr.

GALTIER (C. P.). **Traité de toxicologie** générale et spéciale, médicale, chimique et légale. Paris, 1855, 3 vol. in-8. Au lieu de 19 fr. 50.   10 fr.
— Séparément, *Traité de toxicologie générale*, in-8. Au lieu de 5 fr.   3 fr.

GAUJOT (G.) et **SPILLMANN** (E.). **Arsenal de la chirurgie contemporaine**, description, mode d'emploi et appréciation des appareils et instruments en usage pour le diagnostic et le traitement des maladies chirurgicales, l'orthopédie, la prothèse, les opérations simples, générales, spéciales et obstétricales, par G. GAUJOT, professeur à l'Ecole du Val-de-Grâce, et E. SPILLMANN, médecin-major. Paris, 1867-72, 2 vol. in-8 de chacun 800 pages avec 1855 figures.   32 fr.
— Séparément : Tome II, par E. SPILLMANN, pour les souscripteurs.   18 fr.

GAULTIER DE CLAUBRY. **De l'identité du typhus et de la fièvre typhoïde**. Paris, 1844, in-8 de 500 pages.   1 fr. 25

GEOFFROY SAINT-HILAIRE. Histoire générale et particulière des **Anomalies de l'organisation chez l'homme et les animaux**, ouvrage comprenant des recherches sur les caractères, la classification, l'influence physiologique et pathologique, les rapports généraux, les lois et causes des **Monstruosités**, des variétés et vices de conformation ou *Traité de tératologie*; par Isid. GEOFFROY SAINT-HILAIRE, membre de l'Institut, professeur au Muséum d'histoire naturelle. Paris, 1832-1836, 3 vol. in-8 et atlas de 20 planches lithog.   27 fr.
— Séparément les tomes II et III.   16 fr.

GEORGET. **Discussion médico-légale sur la folie** ou Aliénation mentale. Paris, 1826, in-8.   1 fr.

GERDY (P. N.). **Traité des bandages, des pansements et de leurs appareils**. Paris, 1837-1839, 2 vol. in-8 et atlas de 20 planches in-4.   6 fr.

GERVAIS et VAN BENEDEN. **Zoologie médicale**. Exposé méthodique du règne animal basé sur l'anatomie, l'embryogénie et la paléontologie, comprenant la description des espèces employées en médecine, de celles qui sont venimeuses et de celles qui sont parasites de l'homme et des animaux, par Paul GERVAIS, professeur au Muséum d'histoire naturelle, et J. VAN BENEDEN, professeur de l'Université de Louvain. Paris, 1859, 2 vol. in-8 avec 198 figures.   15 fr.

GIACOMINI. **Traité philosophique et expérimental de matière médicale et thérapeutique**, par G. A. GIACOMINI, professeur à l'Université de Padoue ; traduit de l'italien par MM. Mojon et Roguetta. Paris, 1842, 1 vol. in-8.   5 fr.

GIGOT-SUARD. **L'herpétisme**, pathogénie, manifestations, traitement, pathologie expérimentale et comparée, par le docteur L. GIGOT-SUARD, médecin consultant aux eaux de Cauterets. 1870, 1 vol. gr. in-8 de VIII-468 pages.   8 fr.

GIGOT-SUARD. **De l'asthme**, précédé d'une introduction sur les maladies chroniques et les eaux minérales. Paris, 1873, 1 vol. in-8 de VIII-208 pages.   2 fr. 50

GILLEBERT D'HERCOURT. **Observations sur l'hydrothérapie** faites à l'établissement de Nancy. 1845, in-8.   1 fr. 50

GINTRAC. Mémoire sur l'influence de l'hérédité, sur la production de la surexcitation nerveuse, sur les maladies qui en résultent, et des moyens de les guérir, par E. GINTRAC, professeur à l'École de médecine de Bordeaux. Paris, 1845, in-4 de 189 pages.   3 fr. 50

GIRARD (Ch.). **Principes de biologie** appliqués à la médecine, par le docteur Ch. GIRARD. Paris, 1872, in-12 de VIII-108 pages.   2 fr.

GIRARD (H.). **Études pratiques sur les maladies nerveuses et mentales**, par H. GIRARD DE CAILLEUX, inspecteur général du service des aliénés de la Seine. Paris, 1863, 1 volume grand in-8.   12 fr.

GIRARD (H.). Considérations physiologiques et pathologiques sur les **affections nerveuses** dites *hystériques*. Paris, 1841, in-8.   50 c.

GLONER. Nouveau dictionnaire de **thérapeutique** comprenant l'exposé des diverses méthodes de traitement employées par les plus célèbres praticiens pour chaque maladie, par le docteur J. C. GLONER, Paris, 1874, 1 vol. in-18 de VIII-805 p.   7 fr.

GOBDE. Manuel pratique des maladies vénériennes des hommes, des femmes et des enfants, suivi d'une pharmacopée syphilitique. Paris, 1834, in-18.   1 fr.

GOFFRES. Précis iconographique de bandages, pansements et appareils, par GOFFRES, médecin principal des armées. Paris, 1866, in-18 jésus, 596 p. avec 81 pl., fig. noires; cartonné.   18 fr.
— Le même, figures coloriées, cartonné.   36 fr.
— Le même, en 6 livraisons composées chacune de pages de texte et de planches. Prix de la livraison, fig. noires, 3 fr., fig. coloriés.   6 fr.

GOSSELIN (L.). **Clinique chirurgicale de l'hôpital de la Charité**, par L. GOSSELIN, professeur de clinique chirurgicale à la Faculté de médecine, chirurgien de la Charité. *Ouvrage complet*. Paris, 1873, 2 vol. in-8 avec figures.   24 fr.

GOSSELIN. Recherches sur les kystes synoviaux de la main et du poignet, par L. GOSSELIN, professeur à la Faculté de médecine de Paris, chirurgien des hôpitaux. Paris, 1852, in-4.   2 fr.

GOURAUD (X.). **Des crises.** Paris, 1872, in-8, 96 pages avec figures.   2 fr. 50

GRAEFE. Clinique ophthalmologique. par A. de GRAEFE, professeur à la faculté de médecine de l'Université de Berlin. Édition française, publiée avec le concours de l'auteur, par M. le docteur E. Meyer. Paris, 1867, in-8, 372 pages avec fig.   8 fr.
Séparément : DEUXIÈME PARTIE. Leçons sur l'amblyopie et l'amaurose. — De l'inflammation du nerf optique dans ses rapports avec les affections cérébrales. — De la névro-rétinite et de certains cas de cécité soudaine. 1 vol. in-8 avec fig.   4 fr. 50

GRANIER (Michel). **Des homœopathes et de leurs droits.** Paris, 1860, in-8, 172 pages.   2 fr. 50

GRANIER (Michel). **Conférences sur l'homœopathie.** Paris, 1858, 524 pages. 5 fr.

GRATIOLET. Anatomie du système nerveux. Voyez LEURET et GRATIOLET, page 31.

GRELLOIS (E.). **Histoire médicale du blocus de Metz**, par E. GRELLOIS, ex-médecin en chef des hôpitaux et ambulances de cette place. Paris, 1872, in-8 de 406 p.   6 fr.

GRIESINGER. Traité des maladies infectieuses. Maladies des marais, fièvre jaune, maladies typhoïdes (fièvre pétéchiale ou typhus des armées, fièvre typhoïde, fièvre récurrente ou à rechutes, typhoïde bilieuse, peste), choléra, par W. GRIESINGER, professeur à la Faculté de médecine de l'Université de Berlin, traduit et annoté par le docteur G. Lemattre. Paris, 1868, in-8, VIII-556 pages.   8 fr.

GRIESSELICH. Manuel pour servir à l'étude critique de l'homœopathie, traduit de l'allemand, par le docteur SCHLESINGER. Paris, 1849, 1 vol. in-12.   3 fr.

GRISOLLE. Traité de la pneumonie, par A. GRISOLLE, professeur à la Faculté de médecine de Paris, médecin de l'Hôtel-Dieu, etc. *Deuxième édition*. Paris, 1864, in-8, XIV-744 pages.   9 fr.
Ouvrage couronné par l'Académie des sciences et l'Académie de médecine (prix Itard).

GUARDIA (J. M.). **La médecine à travers les siècles.** Histoire et philosophie, par J. M. GUARDIA, docteur en médecine et docteur ès lettres. Paris, 1865. 1 vol. in-8 de 800 pages.   10 fr.
Table des matières. — HISTOIRE. La tradition médicale; la médecine grecque avant Hippocrate; la légende hippocratique; classification des écrits hippocratiques; documents pour servir à l'histoire

de l'art. — PHILOSOPHIE. Questions de philosophie médicale; évolution de la science; des systèmes philosophiques; nos philosophes naturalistes; sciences anthropologiques; Buffon; la philosophie positive et ses représentants; la métaphysique médicale; Asclépiade fondateur du méthodisme; esquisse des progrès de la physiologie cérébrale; de l'enseignement de l'anatomie générale; méthode expérimentale de la physiologie; les vivisections à l'Académie de médecine; les misères des animaux; abcès de la méthode expérimentale; philosophie sociale.

GUBLER. Commentaires thérapeutiques du Codex medicamentarius, ou Histoire de l'action physiologique et des effets thérapeutiques des médicaments inscrits dans la pharmacopée française, par Adolphe GUBLER, professeur de thérapeutique à la Faculté de médecine, médecin de l'hôpital Beaujon, membre de l'Académie de médecine. *Deuxième édition*. Paris, 1873, 1 vol. gr. in-8, format du Codex, de 800 p., broché en 2 parties.   13 fr.

GUÉRARD. Hygiène alimentaire. Mémoire sur la gélatine et les tissus organiques d'origine animale qui peuvent servir à la préparer, par A. GUÉRARD, membre de l'Académie de médecine. Paris, 1871, in-8 de 116 pages.   2 fr. 50

GUIBOURT. Histoire naturelle des drogues simples, ou Cours d'histoire naturelle professé à l'Ecole de pharmacie de Paris, par J. B. GUIBOURT, professeur à l'Ecole de pharmacie. *Sixième édition*, par G. PLANCHON, professeur à l'Ecole supérieure de pharmacie de Paris. Paris, 1869-70, 4 volumes in-8 avec 1024 figures.   36 fr.

GUIBOURT. Pharmacopée raisonnée, ou Traité de pharmacie pratique et théorique, par N. E. HENRY et J. B. GUIBOURT; *troisième édition*, revue et augmentée par J. B. GUIBOURT. Paris, 1847, in-8 de 800 pages à deux colonnes, avec 22 pl.   8 fr.

GUIBOURT. Manuel légal des pharmaciens et des élèves en pharmacie, ou Recueil des lois, arrêtés, règlements et instructions concernant l'enseignement, les études et l'exercice de la pharmacie, et comprenant le Programme des cours de l'Ecole de pharmacie de Paris. Paris, 1852, 1 vol. in-12 de 230 pages.   2 fr.

GUILLAUME (A.). **Du bégayement** et de son traitement. Paris, 1872, in-8, 16 p.   1 fr.

GUNTHER. Nouveau manuel de médecine vétérinaire homœopathique, ou traitement homœopathique des maladies du cheval, des bêtes bovines, des bêtes ovines, des chèvres, des porcs et des chiens, à l'usage des vétérinaires, des propriétaires ruraux, des fermiers, des officiers de cavalerie et de toutes les personnes chargées du soin des animaux domestiques, par F. A. GUNTHER, traduit de l'allemand par P. J. MARTIN, médecin vétérinaire, ancien élève des écoles vétérinaires. *Deuxième édition*. Paris, 1871, 1 vol. in-18 de XII-504 p. avec 34 figures.   5 fr.

GUYON. Élément de chirurgie clinique, comprenant le diagnostic chirurgical, les opérations en général, l'hygiène, le traitement des blessés et des opérés, par J. C. Félix GUYON, chirurgien de l'hôpital Necker, professeur agrégé de la Faculté de Paris. Paris, 1873, 1 vol. in-8 de XXXVIII-672 pages avec 63 figures.   12 fr.

GYOUX. Éducation de l'enfant au point de vue physique et moral, depuis la naissance jusqu'à l'achèvement de la première dentition, par Ph. GYOUX. Paris, 1870, 1 vol. in-18 jésus de 350 pages.   3 fr.

HAAS. Mémorial du médecin homœopathe, ou Répertoire alphabétique de traitements et d'expériences homœopathiques. *Deuxième édition*. Paris, 1850, in-18.   3 fr.

HACQUART (Paul). **Traité pratique et rationnel de botanique médicale**, suivi d'un mémorial thérapeutique. Rouen, 1872, in-12 de XVI-413 pages.   6 fr.

HANNE (Armand). **Essai sur les tumeurs intra-rachidiennes.** Paris, 1872, 1 vol. in-8 de 85 pages.   2 fr.

HAHNEMANN. Exposition de la doctrine médicale homœopathique, ou Organon de l'art de guérir, par S. HAHNEMANN; traduit par A. J. L. JOURDAN. *Cinquième édition*, augmentée de **Commentaires**, et précédée d'une notice sur la vie, les travaux et la doctrine de l'auteur, par le docteur Léon SIMON. Paris, 1873, 1 vol. in-8 de 568 pages, avec le portrait de S. Hahnemann.   8 fr.

HAHNEMANN (S). **Doctrine et traitement homœopathique des maladies chroniques**, traduit par A. J. L. JOURDAN. *Deuxième édition*. Paris, 1846, 3 vol. in-8.   23 fr.

HAHNEMANN (S). **Études de médecine homœopathique.** Opuscules servant de complément à ses œuvres. Paris, 1855, 2 séries publiées chacune en 1 vol. in-8 de 600 pages. Prix de chaque.   7 fr.

HARRIS. Traité théorique et pratique de l'art du dentiste comprenant l'anatomie, la physiologie, la pathologie, la thérapeutique, la chirurgie et la prothèse dentaires, Par Chapin A. HARRIS, président du collége des dentistes de Baltimore et Ph. H. AUSTEN, professeur au collége des dentistes de Baltimore. Traduit de l'anglais sur la 10e édition et annoté par le docteur E. ANDRIEU, chirurgien-dentiste des hôpitaux de Paris. Paris, 1874, 1 vol. gr. in-8 de 800 pages avec 450 fig.   15 fr.

HARTMANN. Thérapeutique homœopathique des maladies des enfants, par le docteur F. HARTMANN, traduit de l'allemand par le docteur Léon SIMON fils. Paris, 1853, 1 vol. in-8 de 600 pages.   8 fr.

HATIN. Petit traité de médecine opératoire et Recueil de formules à l'usage des sages-femmes. *Deuxième édition.* Paris, 1837, in-18, fig.   2 fr. 50

HAUFF. Mémoire sur l'usage des pompes dans la pratique médicale et chirurgicale, par le docteur HAUFF, professeur à l'Université de Gand. Paris, 1836, in-8.   1 fr.

HAUSSMANN. Des subsistances de la France, du blutage et du rendement des farines et de la composition du pain de munition ; par N. V. HAUSSMANN, intendant militaire. Paris, 1848, in-8 de 76 pages.   75 c.

HEIDENHAIN et EHRENBERG. Exposition des méthodes hydriatiques de Priestnitz dans les diverses espèces de maladies. Paris, 1842, 1 vol. in-18.   1 fr. 50

HENLE (J.). Traité d'anatomie générale, ou Histoire des tissus et de la composition chimique du corps humain. Paris, 1843, 2 vol. in-8 avec 5 pl. gravées.   8 fr.

HENOT. Mémoire sur la désarticulation coxo-fémorale. Paris, 1851, in-4 avec 2 pl.   75 c.

HÉRING. Médecine homœopathique domestique, par le docteur C. HÉRING. Traduction nouvelle, augmentée d'indications nombreuses et précédée de conseils d'hygiène et de thérapeutique générale, par le docteur Léon SIMON. *Sixième édition.* Paris, 1873, in-12 de XII-738 pages avec 169 figures. Cartonné.   7 fr.

HERPIN (J. Ch.). De l'acide carbonique, de ses propriétés physiques, chimiques et physiologiques, de ses applications thérapeutiques comme anesthésique, désinfectant, cicatrisant, résolutif, etc., par le docteur J. Ch. HERPIN (de Metz). Paris, 1864, in-18 de 564 p.   6 fr.

HERPIN (J. Ch.). Du raisin et de ses applications thérapeutiques. Études sur la médication des raisins connue sous le nom de cure aux raisins ou ampélothérapie. Paris, 1865, in-18 jésus de 364 pages.   3 fr. 50

HERPIN (J. Ch.). Études sur la réforme et les systèmes pénitentiaires, considérés au point de vue moral, social et médical. Paris, 1868, in-18 jésus, 262 p.   3 fr.

HERPIN (Th.). Du pronostic et du traitement curatif de l'épilepsie, par le docteur TH. HERPIN (de Genève). Paris, 1852, 1 vol. in-8 de 650 pages.   7 fr. 50

HERPIN (Th.). Des accès incomplets d'épilepsie. Paris, 1867, in-8, XIV-208 pages.   3 fr. 50

HIPPOCRATE. Œuvres complètes, traduction nouvelle, *avec le texte grec en regard,* collationné sur les manuscrits et toutes les éditions ; accompagnée d'une introduction, de commentaires médicaux, de variantes et de notes philologiques ; suivie d'une table des matières, par E. LITTRÉ, membre de l'Institut de France. *Ouvrage complet,* Paris, 1839-1861, 10 forts vol. in-8 de 700 pages chacun.   100 fr.
Séparément des derniers volumes. Prix de chaque.   10 fr.
Il a été tiré quelques exemplaires sur jésus vélin. Prix de l'ouvrage complet.   150 fr.

HIPPOCRATE. Aphorismes, traduction nouvelle *avec le texte grec en regard,* collationnée sur les manuscrits et toutes les éditions, précédée d'un argument interprétatif, par E. LITTRÉ, membre de l'Institut de France. Paris, 1844, gr. in-18. 3 fr.

HIRSCHEL. Guide du médecin homœopathe au lit du malade, et Répertoire de thérapeutique homœopathique, par le docteur HIRSCHEL, traduit de l'allemand par le docteur V. Léon SIMON, 2e édit. Paris, 1874, 1 vol. in-18 jésus de 344 p.   3 fr. 50

HOFFBAUER. Médecine légale relative aux aliénés, aux sourds-muets, ou les lois appliquées aux désordres de l'intelligence ; traduit de l'allemand, par CHAMBEYRON, avec des notes par ESQUIROL et ITARD. Paris, 1827, in-8.   2 fr. 50

HOFFMANN (Ach.). L'homœopathie exposée aux gens du monde, par le docteur Achille HOFFMANN (de Paris). Paris, 1870, in-18 jésus de 142 pages.   1 fr. 25

HOLMES (T.). **Thérapeutique des maladies chirurgicales des enfants**, par T. HOLMES, chirurgien de Saint-Georges hospital à Londres. Ouvrage traduit et annoté par O. Larcher. Paris, 1870, 1 vol. gr. in-8 de XXXVI-918 pag. avec 330 fig.   15 fr.

HOUDART (M. S.). **Histoire de la médecine grecque**, depuis Esculape jusqu'à Hippocrate exclusivement. Paris, 1856, in-8 de 230 pages.   3 fr.

HOUZÉ DE L'AULNOIT. Chirurgie expérimentale, étude historique et clinique sur les amputations sous-périostées et de leur traitement par l'immobilisation du membre et du moignon, par Alf. HOUZÉ DE L'AULNOIT, chirurgien de l'hôpital Saint-Sauveur de Lille. Paris, 1873, 1 vol in-8 de 150 pages avec 8 fig. en photoglyptie et 4 planches.   6 fr.
— Le même, fig. coloriées.   8 fr.

HUBERT-VALLEROUX. Mémoire sur le catarrhe de l'oreille moyenne et sur la surdité qui en est la suite. *Deuxième édition* augmentée. Paris, 1845, in-8.   1 fr.

HUFELAND. L'art de prolonger la vie, ou la macrobiotique, par C. W. HUFELAND. Nouvelle édition française, augmentée de notes par le docteur J. PELLAGOT. Paris, 1871, 1 vol. in-12 de XIV-640 pages.   4 fr.

HUGHES. Action des médicaments ou Eléments de pharmaco-dynamique, par Richard HUGHES, trad. par J. GUÉRIN-MENEVILLE, Paris, 1874, 1 vol. in-18 jésus de 650 pages.   6 fr.

HUGUIER. De l'hystérométrie et du cathétérisme utérin, de leurs applications au diagnostic et au traitement des maladies de l'utérus et de ses annexes et de leur emploi en obstétrique; par P. C. HUGUIER, chirurgien des hôpitaux, membre de l'Académie de médecine. Paris, 1865, in-8 de 400 pages avec 4 planches.   6 fr

HUGUIER. Mémoires sur les allongements hypertrophiques du col de l'utérus dans les affections désignées sous les noms de *descente*, de *précipitation* de cet organe, et sur leur traitement par la résection ou l'amputation de la totalité du col suivant la variété de cette maladie. Paris, 1860, in-4, 231 p. avec 13 pl. lithogr.   15 fr.

HUGUIER Mémoire sur l'esthiomène de la vulve ou dartre rongeante de la région vulvo-anale. Paris, 1849, in-4 avec 4 pl.   5 fr.

HUGUIER. Mémoire sur les maladies des appareils sécréteurs des organes génitaux de la femme. Paris, 1850, in-4 avec 5 pl.   8 fr.

HUMBERT. Traité des difformités du système osseux, ou De l'emploi des moyens mécaniques et gymnastiques dans le traitement de ces affections. Paris, 1838, 4 vol. in-8, et atlas de 174 pl. in-4.   20 fr.

HUMBERT et JACQUIER. Essai et observations sur la manière de réduire les luxations spontanées ou symptomatiques de l'articulation ilio-fémorale, méthode applicable aux luxations congénitales et aux luxations anciennes par causes externes. Bar-le-Duc, 1835, in-8, atlas de 20 planches in-4.   6 fr.

HUNTER (J.). **OEuvres complètes**, traduites de l'anglais par le docteur G. RICHELOT. Paris, 1843, 4 vol. in-8 avec atlas in-4 de 64 planches.   40 fr.

HUNTER (J.). **Traité de la maladie vénérienne**, traduit de l'anglais par G. RICHELOT, avec des notes et des additions par PH. RICORD, chirurgien de l'hospice des Vénériens. *Troisième édition*. Paris, 1859, in-8 de 800 p. avec 9 pl.   12 fr.
— Le même sans planches.   6 fr.

HURTREL D'ARBOVAL. Dictionnaire de médecine, de chirurgie et d'hygiène vétérinaires, par L. H. J. HURTREL D'ARBOVAL, édition entièrement refondue et augmentée de l'exposé des faits nouveaux observés par les plus célèbres praticiens français et étrangers, par ZUNDEL, vétérinaire supérieur d'Alsace-Lorraine. Paris, 1874, 3 vol. gr. in-8 à deux colonnes avec 1500 fig., publiés en six parties.   50 fr.
    Payables : 1° 20 fr. en retirant la première partie; 2° 20 fr. en retirant la troisième partie; 3° 10 fr. en retirant la cinquième partie.
— En vente, le tome I, A-F. 1 vol. in-8, 1024 pages, avec 410 fig.   20 fr.

HUSCHKE (E.). **Traité de splanchnologie et des organes des sens.** Paris, 1845, in-8 de 870 pages avec 5 planches.   5 fr.

HUXLEY. La place de l'homme dans la nature, par M. Th. HUXLEY, membre de la Société royale de Londres, traduit, annoté, précédé d'une introduction par le docteur E. Dally, avec une préface de l'auteur. Paris, 1868, in-8, de 362 pages avec 68 figures.   7 fr.

IMBERT - GOURBEYRE. De l'albuminurie puerpérale et de ses rapports avec l'éclampsie, par M. le docteur IMBERT-GOURBEYRE, professeur à l'École de médecine de Clermont-Ferrand. Paris, 1856, 1 vol. in-4 de 73 pages.   2 fr. 50

IMBERT - GOURBEYRE. Des paralysies puerpérales. Paris, 1861, 1 vol. in-4 de 80 pages.   2 fr. 50

IMBERT-GOURBEYRE. De l'action de l'arsenic sur la peau. Paris, 1872, in-8 de 136 pages.   3 fr.

ITARD. Traité des maladies de l'oreille et de l'audition, par J. M. ITARD, médecin de l'institution des Sourds-Muets de Paris. *Deuxième édition.* Paris, 1842, 2 vol. in-8 avec 3 planches.   14 fr.

IZARD. Nouveau traitement de la maladie vénérienne et des syphilis ulcéreuses par l'idoforme, par le docteur A. A. IZARD, ex-interne de l'hôpital du Midi. Paris, 1871, in-8 de 48 p.   1 fr. 50

JAHR. Nouveau manuel de médecine homœopathique, divisé en deux parties : 1° Manuel de matière médicale, ou Résumé des principaux effets des médicaments homœopathiques, avec indication des observations cliniques; 2° Répertoire thérapeutique et symptomatologique, ou Table alphabétique des principaux symptômes des médicaments homœopathiques, avec des avis cliniques, par le docteur G. H. G. JAHR. *Huitième édition* revue et augmentée. Paris, 1872, 4 vol. grand in-12.   18 fr.

JAHR. Principes et règles qui doivent guider dans la pratique de l'homœopathie. Exposition raisonnée des points essentiels de la doctrine médicale de Hahnemann. Paris, 1857, in-8 de 528 pages.   7 fr.

JAHR. Du traitement homœopathique des maladies des organes de la digestion, comprenant un précis d'hygiène générale et suivi d'un répertoire diététique à l'usage de tous ceux qui veulent suivre le régime rationnel de la méthode. Hahnemann. Paris, 1859, 1 vol. in-18 jésus de 520 pages.   6 fr.

JAHR. Du traitement homœopathique des maladies des femmes, par le docteur G. H. G. JAHR. Paris, 1856, 1 vol. in-12, VII-496 pages.   6 fr.

JAHR. Du traitement homœopathique des affections nerveuses et des maladies mentales. Paris, 1854, 1 vol. in-12 de 600 pages.   6 fr.

JAHR. Du traitement homœopathique des maladies de la peau et des lésions extérieures en général, par G. H. G. JAHR. Paris, 1850, 1 vol. in-8 de 698 p.   8 fr.

JAHR. Du traitement homœopathique du choléra, avec l'indication des moyens de s'en préserver, pouvant servir de conseil aux familles en l'absence du médecin, par le docteur G. H. G. JAHR. *Nouveau tirage.* Paris, 1868, 1 vol. in-12.   1 fr. 50

JAHR. Notions élémentaires d'homœopathie. Manière de la pratiquer, avec les effets les plus importants des dix principaux remèdes homœopathiques à l'usage de tous les hommes de bonne foi qui veulent se convaincre par des essais de la vérité de cette doctrine. *Quatrième édition.* Paris, 1861, in-18 de 144 pages.   1 fr. 25

JAHR et CATELLAN. Nouvelle pharmacopée homœopathique, ou Histoire naturelle, préparation et posologie ou administration des doses des médicaments homœopathiques, par G. H. G. JAHR et MM. CATELLAN frères, pharmaciens homœopathes. *Troisième édition,* Paris, 1862, in-12 de 430 pages avec 144 fig.   7 fr.

JAQUEMET (Hipp.). De l'entraînement chez l'homme au point de vue physiologique, prophylactique et curatif. Paris, 1868, 1 vol. in-8 de 120 pag. 2 fr. 50

JAQUEMET (Hipp.). Des hôpitaux et des hospices, des conditions que doivent présenter ces établissements au point de vue de l'hygiène et des intérêts des populations. Paris, 1866, in-8 de 184 pages avec figures.   3 fr. 50

JEANNEL. Formulaire officinal et magistral international, comprenant environ quatre mille formules, tirées des pharmacopées légales de la France et de l'étranger ou empruntées à la pratique des thérapeutistes et des pharmacologistes, avec les indications thérapeutiques les doses de substances simples et composées, le mode d'administration, l'emploi des médicaments nouveaux, etc., suivi d'un mémorial thérapeutique, par le docteur J. JEANNEL, pharmacien inspecteur du service de santé de l'armée. Paris, 1870, in-18 de XLIX-976 pages, cart.   6 fr.

JEANNEL. De la prostitution dans les grandes villes au XIXe siècle, et de l'extinction des maladies vénériennes; par J. JEANNEL, médecin du dispensaire de Bordeaux. *Deuxième édition.* Paris, 1873, 1 vol. in-18 jésus, avec figures.   4 fr. 50
Table des matières. — Première partie. Prostitution dans l'antiquité, et particulièrement à Rome. — Deuxième partie. De la prostitution dans les grandes villes au XIXe siècle, et de l'extinction des

maladies vénériennes : 1re section, questions générales d'hygiène, de moralité publique, et de légalité, qui se rattachent à la prostitution ; 2e section, examen des règlements relatifs à la prostitution, qui sont actuellement exécutés dans quelques villes importantes, en vue de jus ifier et de formuler un règlement uniforme applicable à la répression des scandales et des dangers de la prostitution; études des divers moyens prophylactiques de la contagion vénérienne qui peuvent être réglementés par l'administration publique; 3e section, moyens prophylactiques généraux.

JOBERT. De la réunion en chirurgie, par A. J. JOBERT (de Lamballe), chirurgien de l'Hôtel-Dieu, professeur à la Faculté de médecine de Paris, membre de l'Institut de France. Paris, 1864, 1 vol. in-8 avec 7 planches col.   12 fr.

Les planches, qui ont été dessinées d'après nature, représentent l'autoplastie du cou et de la face, les résultats obtenus par la section du tendon d'Achille chez l'homme, les chevaux et les chiens. La castration et la périnéoplastie y figurent, et, enfin, les corps étrangers articulaires se trouvent représentés dans les dernières planches, ainsi que le mode opératoire destiné à déloger le corps étranger et à le placer dans un nouveau domicile jusqu'à l'époque de son extraction définitive.

JOBERT. Traité de chirurgie plastique. Paris, 1849, 2 vol. in-8 et atlas in-fol. de 18 planches color.   50 fr.

JOBERT. Traité des fistules vésico-utérines, vésico-utéro-vaginales, entéro-vaginales et recto-vaginales. Paris, 1852, in-8 avec 10 figures.   7 fr. 50

Ouvrage *faisant suite et servant de Complément* au TRAITÉ DE CHIRURGIE PLASTIQUE.

JOLLY. L'alcool. Études hygiéniques et médicales. Paris, 1866, in-8, 29 p.   1 fr.

JOLLY. L'absinthe et le tabac. Paris, 1871, in-8, 20 pages.   75 c.

JORET. De la folie dans le régime pénitentiaire. Paris, 1849, in-4, 88 p. 2 fr. 50

JOURDAN. Pharmacopée universelle, ou Conspectus des pharmacopées, ouvrage contenant les caractères essentiels et la synonymie de toutes les substances, avec l'indication, à chaque préparation, de ceux qui l'ont adoptée, des procédés divers recommandés pour l'exécution, des variantes qu'elle présente dans les différents formulaires, des noms officinaux sous lesquels on la désigne dans divers pays, et des doses auxquelles on l'administre; par A. J. L. JOURDAN. *Deuxième édition.* Paris, 1840, 2 forts volumes in-8 de chacun près de 800 pages à deux colonnes.   15 fr.

†**JOURNAL DES CONNAISSANCES MÉDICALES PRATIQUES ET DE PHARMACOLOGIE.** par MM. P. L. CAFFE et A. V. CORNIL. Paraît les 15 et 30 de chaque mois. Abonnement annuel pour Paris et les départements.   10 fr.

Pour l'étranger, le port postal en plus.

— La trente-septième année est en cours de publication.

JOUSSET. Éléments de pathologie et de thérapeutique générales, par le docteur P. JOUSSET, médecin de l'hôpital Saint-Jacques, à Paris. Paris, 1873, 1 vol. in-8 de 243 pages.   4 fr.

JOUSSET (P.). Éléments de médecine pratique, contenant le traitement homœopathique de chaque maladie. Paris, 1868, 2 vol. in-8 de chacun 550 pages.   15 fr.

KELLER (Théodore). Des grossesses extra-utérines, et plus spécialement de leur traitement par la gastrotomie. Paris, 1872, in-8, 96 pages.   2 fr.

KOEBERLÉ. Opérations d'ovariotomie, par E. KOEBERLÉ, professeur agrégé à la Faculté de médecine de Strasbourg. Paris, 1865, in-8, 152 pages avec 6 pl.   4 fr.

KOEBERLÉ. Résultats statistiques de l'ovariotomie. Paris, 1868, in-8, 16 pages avec 14 tableaux coloriés.   3 fr.

KUSS et DUVAL. Cours de physiologie, d'après l'enseignement du professeur KUSS, par le docteur Mathias DUVAL, professeur agrégé à la Faculté de médecine. 2e *édit.* Paris, 1873, 1 vol. in-18 jésus de VIII-624 pages avec 152 fig., cart.   7 fr.

LACAUCHIE. Études hydrotomiques et micrographiques. Paris, 1844, in-8 avec 4 planches.   1 fr.

LACAUCHIE. Traité d'hydrotomie, ou Des injections d'eau continues dans les recherches anatomiques. Paris, 1853, in-8 avec 6 planches.   1 fr. 50

LAGRELETTE. De la sciatique. Étude historique, sémiologique et thérapeutique, par le docteur P. A. LAGRELETTE, médecin adjoint de l'établissement hydrothérapique d'Auteuil (Seine). Paris, 1869, 1 vol. in-8 de 350 pages.   4 fr.

LAISNÉ. Gymnastique pratique, par M. Napoléon LAISNÉ, professeur de gymnastique. Paris, 1850, 1 vol. in-8 de 690 pages avec fig. et 6 planches.   9 fr.

LAISNÉ. Gymnastique des demoiselles. Paris, 1869, 1 vol. in-18 de 145 pages avec figures.   4 fr.

LAISNÉ. Du massage, des frictions et manipulations appliqués à la guérison de quelques maladies. Paris, 1868, 1 vol. gr. in-8 de 176 pages avec fig.   4 fr. 50

LAISNÉ. Traité élémentaire de gymnastique classique. 2e édition. Paris, 1872, 1 vol. gr. in-8 de 80 pages avec fig.   3 fr. 50

LAISNE. Exercice du xylofer ou barre ferrée Laisné. Paris, 1873, 1 vol. in-8 de 150 pages avec fig. 3 fr.

LALLEMAND. Des pertes séminales involontaires, par F. LALLEMAND, professeur à la Faculté de médecine de Montpellier, membre de l'Institut. Paris, 1836-1842. 3 vol. in-8, publiés en 5 parties. 25 fr.
Séparément le tome II, en deux parties. 9 fr.
— Le tome III, 1842, in-8. 7 fr.

LANGLEBERT. Guide pratique, scientifique et administratif de l'étudiant en médecine, ou Conseils aux élèves sur la direction qu'ils doivent donner à leurs études ; suivi des règlements universitaires, relatifs à l'enseignement de la médecine dans les facultés, les écoles préparatoires, et des conditions d'admission dans le service de santé de l'armée et de la marine, 2e *édition.* Paris, 1852, in-18 de 340 pag. 2 fr. 50

LA POMMERAIS. Cours d'homœopathie, par le docteur Edm. COUTY de la POMMERAIS. Paris, 1863, in-8, 555 pages. (7 fr.) 4 fr.

LARREY. Mémoire sur l'adénite cervicale observée dans les hôpitaux militaires, et sur l'extirpation des tumeurs ganglionnaires du cou, par Hipp. LARREY, inspecteur du service de santé des armées, membre de l'Académie de médecine. Paris, 1852, 1 vol. in-4 de 92 pages. 2 fr.

LEBERT. Traité d'anatomie pathologique générale et spéciale, ou Description et iconographie pathologique des affections morbides, tant liquides que solides, observées dans le corps humain, par le docteur H. LEBERT, professeur à l'Université de Breslau. *Ouvrage complet.* Paris, 1855-1861, 2 vol. in-fol. de texte, et 2 vol. in-fol. comprenant 200 planches dessinées d'après nature, gravées et coloriées. 615 fr.
Le tome Ier (livraisons 1 à XX) comprend, texte, 760 pages, et planches 1 à 94.
Le tome II (livraisons XXI à XLI) comprend, texte 734 pages, et planches 95 à 200.
On peut toujours souscrire en retirant régulièrement plusieurs livraisons.
Chaque livraison est composée de 30 à 40 pages de texte, sur beau papier vélin, et de 5 planches in-folio gravées et coloriées. Prix de la livraison : 15 fr.
Demi-reliure maroquin des 4 vol. grand in-folio, non rognés, dorés en tête. 60 fr.

Cet ouvrage est le fruit de plus de douze années d'observations dans les nombreux hôpitaux de Paris. Aidé du bienveillant concours des médecins et des chirurgiens de ces établissements, trouvant aussi des matériaux précieux et une source féconde dans les communications et les discussions des Sociétés anatomique, de biologie, de chirurgie et médicale d'observation, M. Lebert réunissait tous les éléments pour entreprendre un travail aussi considérable. Placé maintenant à la tête du service médical d'un grand hôpital à Breslau, dans les salles duquel il a constamment cent malades, l'auteur continue à recueillir des faits pour cet ouvrage, vérifie et contrôle les résultats de son observation dans les hôpitaux de Paris par celle des faits nouveaux à mesure qu'ils se produisent sous ses yeux.

Cet ouvrage se compose de deux parties.

Après avoir dans une INTRODUCTION rapide présenté l'histoire de l'anatomie pathologique depuis le XVIe siècle jusqu'à nos jours, M. Lebert embrasse dans la *première partie* l'ANATOMIE PATHOLOGIQUE GÉNÉRALE. Il passe successivement en revue l'Hypérémie et l'Inflammation, l'Ulcération et la Gangrène, l'Hémorrhagie, l'Atrophie, l'Hypertrophie en général et l'Hypertrophie glandulaire en particulier, les TUMEURS (qu'il divise en productions Hypertrophiques, Homœomorphes hétérotopiques, Hétéromorphes et Parasitiques), enfin les modifications congénitales de conformation. Cette première partie comprend les pages 1 à 426 du tome Ier, et les planches 1 à 61.

La *deuxième partie,* sous le nom d'ANATOMIE PATHOLOGIQUE SPÉCIALE, traite des lésions considérées dans chaque organe en particulier. M. Lebert étudie successivement dans le livre I (pages 427 à 581, et planches 62 à 78) les maladies du Cœur, des Vaisseaux sanguins et lymphatiques.

Dans le livre II, les maladies du Larynx et de la Trachée, des Bronches, de la Plèvre, de la Glande thyroïde et du Thymus (pages 582 à 753 et planches 79 à 94). Telles sont les matières décrites dans le Ier volume du texte et figurées dans le tome Ier de l'atlas.

Avec le tome II commence le livre III, qui comprend (pages 1 à 152 et planches 95 à 104) les maladies du Système nerveux, de l'Encéphale, de la Moelle épinière, des Nerfs, etc.

Le livre IV (pages 153 à 327 et planches 105 à 135) est consacré aux maladies du Tube digestif et de ses annexes (maladies du Foie et de la Rate, du Pancréas, du Péritoine, altérations qui frappent le Tissu cellulaire rétro-péritonéal, Hémorrhoïdes).

Le livre V (pages 328 à 381 et planches 136 à 142) traite des maladies des Voies urinaires (maladies des Reins, des Capsules surrénales, altérations de la Vessie, altérations de l'Urèthre).

Le livre VI (pages 382 à 484 et planches 143 à 164), sous le titre de Maladies des organes génitaux, comprend deux sections : 1o Altérations anatomiques des Organes génitaux de l'homme (altérations du Pénis et du Scrotum, maladies de la Prostate, des Glandes de Méry et des Vésicules séminales, altérations du Testicule); 2e Maladies des Organes génitaux de la femme (Vulve, Vagin, etc.).

Le livre VII (pages 485 à 604 et planches 165 à 182) traite des maladies des Os et des Articulations. Livre VIII (pages 605 à 658, et planches 183 à 196), Anatomie pathologique de la peau.

Livre IX (pages 662 à 696 et planches 197 à 200). Changements moléculaires que les maladies produisent dans les tissus et les organes du corps humain. — TABLE GÉNÉRALE ALPHABÉTIQUE, 58 pages.

Après l'examen des planches de M. Lebert, un des professeurs les plus compétents et les plus illustres de la Faculté de Paris écrivait : « J'ai admiré l'exactitude, la beauté, la nouveauté des planches qui composent la majeure partie de cet ouvrage; j'ai été frappé de l'immensité des recherches originales et toutes propres à l'auteur qu'il a dû exiger. *Cet ouvrage n'a pas d'analogue en France ni dans aucun pays.* »

LEBERT (H.). **Physiologie pathologique,** ou Recherches cliniques, expérimentales et microscopiques sur l'inflammation, la tuberculisation, les tumeurs, la formation du cal, etc. Paris. 1845, 2 vol. in-8 avec atlas de 22 planches gravées (23 fr.).   15 fr.

LEBERT (H). **Traité pratique des maladies scrofuleuses et tuberculeuses.** Ouvrage couronné par l'Académie de médecine. Paris, 1849, 1 vol. in-8, 620 p.   9 fr.

LEBERT (H.). **Traité pratique des maladies cancéreuses** et des affections curables confondues avec le cancer. Paris, 1851, 1 vol. in-8 de 892 pages.   9 fr.

LEBLANC et TROUSSEAU. **Anatomie chirurgicale des principaux animaux domestiques,** ou Recueil de 30 planches représentant : 1° l'anatomie des régions du cheval, du bœuf, du mouton, etc., sur lesquelles en pratique les observations les plus graves ; 2° les divers états des dents du cheval, du bœuf, du mouton, du chien, indiquant l'âge de ces animaux ; 3° les instruments de chirurgie vétérinaire ; 4° un texte explicatif ; par U. LEBLANC, médecin vétérinaire, ancien répétiteur de l'École vétérinaire d'Alfort, et A. TROUSSEAU, professeur à la Faculté de Paris. Paris, 1828, grand in-fol. composé de 30 planches coloriées.   42 fr.

LECONTE. **Études chimiques et physiques sur les eaux thermales de Luxeuil.** Description de l'établissement et des sources, par M. le docteur LECONTE, professeur agrégé à la Faculté de Paris. Paris, 1860, in-8 de 180 pages.   3 fr. 50

LEDENTU. **Des anomalies du testicule,** par le docteur A. LEDENTU, professeur agrégé de la Faculté de médecine. Paris, 1869, in-8, 168 p. avec fig.   8 fr. 50

LEFEVRE (A.). **Histoire du service de santé de la marine militaire** et des écoles de médecine navale en France, depuis le règne de Louis XIV jusqu'à nos jours (1666-1867). Paris, 1867, 1 vol. in-8, 500 pages avec 13 plans, cartes et fac-simile. 8 fr.

LEFORT (Jules). **Traité de chimie hydrologique** comprenant des notions générales d'hydrologie et l'analyse chimique des eaux douces et des eaux minérales, par J. LEFORT, membre de l'Académie de médecine. Deuxième édition. Paris. 1873. 1 vol. in-8, 798 pages avec 50 fig. et 1 planche chromolithographiée.   12 fr.

LEFORT (Léon). **De la résection de la hanche** dans les cas de coxalgie et de plaies par armes à feu, par M. Léon LE FORT, professeur à la Faculté de médecine de Paris, etc. Paris, 1861, in-4, 140 pages.   4 fr.

LE GENDRE. **De la chute de l'utérus.** Paris, 1860, in-8 avec 8 planches dessinées d'après nature.   3 fr. 50

LE GENDRE. **Anatomie chirurgicale homalographique,** ou Description et figures des principales régions du corps humain représentées de grandeur naturelle et d'après des sections plans faites sur des cadavres congelés, par le docteur E. Q. LE GENDRE, prosecteur de l'amphithéâtre des hôpitaux. Paris, 1858, 1 vol. in-fol. de 25 planches avec un texte descriptif et raisonné.   20 fr.

LEGOUEST. **Traité de chirurgie d'armée,** par L. LEGOUEST, inspecteur du service de santé de l'armée, professeur à l'Ecole du Val-de-Grâce. Deuxième édition. Paris, 1872. 1 vol. in-8 de XII-802 p. avec 149 figures.   14 fr.
Ce livre est le résultat d'une expérience acquise par une pratique de trente ans dans l'armée et par vingt années de campagnes en Afrique, en Orient, en Italie et en France. Il se termine par de nombreux documents inédits sur le mode de fonctionnement du service de santé en campagne, sur le service dont il dispose en personnel, en moyens chirurgicaux, en matériel, en moyens de transport pour les blessés.

LEGROS (Ch.). **Des nerfs vaso-moteurs.** Paris, 1873, in-8, 112 pages.   2 fr. 50

LÉLUT. **Du démon de Socrate,** spécimen d'une application de la science psychologique à celle de l'histoire, par le docteur L. F. LÉLUT, membre de l'Institut et de l'Académie de médecine. Nouvelle édition. Paris, 1856, in-18 de 348 p. 3 fr. 50

LÉLUT. **L'amulette de Pascal,** pour servir à l'histoire des hallucinations. Paris, 1846, in-8.   6 fr.

LÉLUT. **Qu'est-ce que la phrénologie ?** ou Essai sur la signification et la valeur des systèmes de psychologie en général, et de celui de Gall en particulier. Paris, 1836, in-8.   1 fr.

LÉLUT. **De l'organe phrénologique de la destruction chez les animaux,** ou Examen de cette question : Les animaux carnassiers ou féroces ont-ils, à l'endroit des tempes, le cerveau et par suite le crâne plus large proportionnellement à sa longueur que ne l'ont les animaux d'une nature opposée. Paris, 1838, in-8 avec une planche. 50 c.

LEMOINE. **Du sommeil,** au point de vue physiologique et psychologique, par ALBERT LEMOINE, maître de conférences à l'Ecole normale. Ouvrage couronné par l'Institut de France (Académie des sciences morales et politiques). Paris, 1855, in-12 de 410 p.   3 fr. 50

LEPINE (R.). De la pneumonie caséeuse. 1872, in-8, 142 pages. 3 fr.

LEREBOULLET (A.). Mémoire sur la structure intime du foie et sur la nature de l'altération connue sous le nom de foie gras. Paris, 1853, in-4 avec 4 pl. coloriées. 7 fr.

LEROY (Alph.). Médecine maternelle, ou l'Art d'élever et de conserver les enfants. *Seconde édition.* Paris, 1830, in-8. 6 fr.

LEROY (D'ETIOLLES) (J.). Exposé des divers procédés employés jusqu'à ce jour pour guérir de la pierre sans avoir recours à l'opération de la taille. Paris, 1825, in-8 avec 5 planches. 4 fr.

LEROY (D'ETIOLLES) (R.). Traité pratique de la gravelle et des calculs urinaires. *Deuxième édition.* Paris, 1869, 1 vol. in-8 de 552 p. avec 120 fig. 8 fr.

LE ROY DE MÉRICOURT. Mémoire sur la chromhidrose ou chromocrinie cutanée, par le docteur LE ROY DE MÉRICOURT, médecin en chef de la marine, rédacteur en chef des *Archives de médecine navale*, suivi de l'étude microscopique et chimique de la substance colorante de la chromhidrose, par Ch. Robin, et d'une note sur le même sujet par le docteur Ordonez. Paris, 1864, in-8, 179 pages. 3 fr.

LETIÉVANT. Traité des maladies nerveuses, physiologie, pathologie, indications, procédés opératoires, par E. LETIÉVANT, chirurgien en chef désigné de l'Hôtel-Dieu de Lyon. Paris, 1873, 1 vol. in-8 de XXVIII-548 pages avec 20 fig. 8 fr.

LEURET. Du traitement moral de la folie, par Fr. LEURET, médecin en chef de l'hospice de Bicêtre. Paris, 1840, in-8. 6 fr.

LEURET et GRATIOLET. Anatomie comparée du système nerveux considéré dans ses rapports avec l'intelligence, par FR. LEURET et P. GRATIOLET, professeur à la Faculté des sciences de Paris. Paris, 1839-1857. *Ouvrage complet.* 2 vol. in-8 et atlas de 32 planches in-fol., dessinées d'après nature et gravées. Fig. noires. 48 fr.
Le même, figures coloriées. 96 fr.

Tome I, par LEURET, comprend la description de l'encéphale et de la moelle rachidienne, le volume, le poids, la structure de ces organes chez les animaux vertébrés, l'histoire du système ganglionnaire des animaux articulés et des mollusques, et l'exposé de la relation qui existe entre la perfection progressive de ces centres nerveux et l'état des facultés instinctives, intellectuelles et morales.

Tome II, par GRATIOLET, comprend l'anatomie du cerveau de l'homme et des singes, des recherches nouvelles sur le développement du crâne et du cerveau, et une analyse comparée des fonctions de l'intelligence humaine.

Séparément le tome II. Paris, 1857, in-8 de 692 pages avec atlas de 16 planches dessinées d'après nature, gravées. Figures noires. 24 fr.
Figures coloriées. 48 fr.

LÉVY. Traité d'hygiène publique et privée, par le docteur Michel LÉVY, directeur du Val-de-Grâce, membre de l'Académie de médecine. *Cinquième édition.* Paris, 1869, 2 vol. gr. in-8. Ensemble, 1900 pages avec figures. 20 fr.

LÉVY. Rapport sur le traitement de la gale, adressé au ministre de la guerre par le Conseil de santé des armées; M. LÉVY, rapporteur. Paris, 1852, in-8. 1 fr. 25

L'HUILLIER. Essai de clinique sociale. Paris, 1873. 1 vol. in-18 de 200 p. 2 fr. 50

LIND. Essais sur les maladies des Européens dans les pays chauds, et les moyens d'en prévenir les suites. Traduit de l'anglais par THION DE LA CHAUME. Paris, 1785, 2 vol. in-12. 6 fr.

LITTRÉ et ROBIN. Voyez Dictionnaire de médecine, *treizième édition*, page 17.

LOIR. De l'état civil des nouveau-nés au point de vue de l'histoire, de l'hygiène et de la loi, présentation de l'enfant sans déplacement, par le docteur J. N. LOIR. Paris, 1855, 1 vol. in-8, XVI-462 pages avec 1 planche. 5 fr.

LORAIN (P.). Études de médecine clinique et de physiologie pathologique. Le choléra observé à l'hôpital Saint-Antoine, par P. LORAIN, professeur à la Faculté de médecine de Paris, médecin de l'hôpital Saint-Antoine. Paris, 1868, 1 vol. gr. in-8 de 220 pages avec planches graphiques coloriées. 7 fr.
Ouvrage couronné par l'Institut (Académie des sciences).

LORAIN (P.). Études de médecine clinique faites avec l'aide de la méthode graphique et des appareils enregistreurs. Le pouls, ses variations et ses formes diverses dans les maladies. Paris, 1870, 1 vol. gr. in-8 de 372 pages avec 488 fig. 10 fr.

LORAIN (P.). De l'albuminurie. Paris, 1860, in-8. 2 fr. 50

LORAIN (P.). Voyez VALLEIX, *Guide du médecin praticien*, page 46.

LOUIS (Ant.). **Éloges lus dans les séances publiques de l'Académie royale de chirurgie** de 1750 à 1792, avec une introduction, par Fréd. Dubois (d'Amiens). Paris, 1859, 1 vol. in-8 de 548 pages.   7 fr. 50

Cet ouvrage contient : Introduction historique par *M. Dubois*, 76 pages; Eloges de J. L. Petit, Bassuel, Malaval, Verdier, Rœderer, Molinelli, Bertrandi, Faubert, Lecat, Ledran, Pibrac, Beaumont, Morand, Van Swieten, Quesnay, Haller, Flurent, Willius, Lamartinière, Houstet, de la Faye, Bordenave, David, Faure, Caqué, Faguer, Camper, Hevin, Pipelet, et l'éloge de Louis, par Sue. Embrassant tout un demi-siècle et renfermant outre les détails historiques et biographiques, des appréciations et des jugements sur les faits, cette collection forme une véritable histoire de la chirurgie française au XVIIIe siècle.

LOUIS (P. Ch.). **Recherches anatomiques, pathologiques et thérapeutiques sur les maladies connues sous les noms de Fièvre Typhoïde,** Putride, Adynamique, Ataxique, Bilieuse, Muqueuse, Entérite folliculeuse, Gastro-Entérite, Dothiénentérite, etc., par P. Ch. Louis, membre de l'Académie de médecine. *Deuxième édition*. Paris, 1841, 2 vol. in-8.   13 fr.

LOUIS (P.Ch.). **Recherches anatomiques, physiologiques et thérapeutiques sur la phthisie.** *Deuxième édition.* Paris, 1843, in-8.   8 fr.

LOUIS (P. Ch.). **Examen de l'examen de M. Broussais,** relativement à la phthisie et aux affections typhoïdes. Paris, 1834, in-8.   1 fr.

LOUIS (P. Ch.). **Recherches sur les effets de la saignée** dans quelques maladies inflammatoires, et sur l'action de l'émétique et des vésicatoires dans la pneumonie. Paris, 1835, in-8.   1 fr.

LUCAS. Traité physiologique et philosophique de l'hérédité naturelle dans les états de santé et de maladie du système nerveux, avec l'application méthodique des lois de la procréation au traitement général des affections dont elle est le principe. — Ouvrage où la question est considérée dans ses rapports avec les lois primordiales, les théories de la génération, les causes déterminantes de la sexualité, les modifications acquises de la nature originelle des êtres et les diverses formes de névropathie et d'aliénation mentale; par le docteur Pr. Lucas, médecin de l'asile des aliénés de Sainte-Anne. Paris, 1847-1850, 2 forts volumes in-8.   16 fr.

Le tome II et dernier, Paris, 1850, in-8 de 936 pages.   8 fr. 50

LUYS (J.). **Recherches sur le système nerveux cérébro-spinal,** sa structure, ses fonctions et ses maladies, par J. B. Luys, médecin de Bicêtre. Paris, 1865, 1 vol. gr. in-8 de 700 p. avec atlas gr. in-8 de 40 pl. et texte explicatif. Fig. noires.   35 fr.
— Figures coloriées.   70 fr.

Comprenant qu'une bonne anatomie est et sera toujours le point de départ indispensable de tout diagnostic précis, et de toute description exacte du système nerveux, l'auteur a entrepris, à l'aide d'une anatomie plus minutieuse qu'elle ne l'était jusqu'alors et aussi rigoureuse que possible, de pénétrer plus avant encore dans le domaine encore si peu connu de la pathologie nerveuse. Honoré des encouragements de l'Académie des sciences, l'auteur a consacré six années d'études à compléter et à perfectionner ses observations et ses recherches.

LUYS (J.). **Iconographie photographique des centres nerveux.** *Ouvrage complet.* Paris, 1873, gr. in-4. 100 p. avec 70 photographies et 70 schémas lithographiés, cart.   150 fr.

LUYS (J.). **Des maladies héréditaires.** Paris, 1863, in-8 de 140 pages.   2 fr. 50

MAC CORMAC (William). **Souvenirs d'un chirurgien d'ambulance** (Sedan, Balan, Bazeilles). Traduit de l'anglais par le docteur G. Morache, professeur agrégé à l'École du Val-de-Grâce. Paris, 1872, in-8, XXIV-172 p. avec 8 héliotypies et fig.   6 fr.

MAGENDIE. Phénomènes physiques de la vie. Paris, 1842, 4 vol. in-8.   5 fr.

MAGITOT (E.). **Mémoire sur les tumeurs du périoste dentaire** et sur l'ostéo-périostite alvéolo-dentaire. 2º édit. Paris, 1873. 1 vol. in-8 de 110 pag. avec 1 pl.   3 fr.

MAGITOT (E.). **Traité de la carie dentaire,** Recherches expérimentales et thérapeutiques. Paris, 1867, 1 vol. in-8, 228 pages avec 2 pl., 10 figures et 1 carte.   5 fr.

MAGNE. Hygiène de la vue, par le docteur A. Magne. *Quatrième édition* revue et augmentée. Paris, 1866, in-18 jésus de 350 pages avec 30 figures.   3 fr.

MAILLOT. Traité pratique d'auscultation, appliquée au diagnostic des maladies des organes respiratoires, par le docteur L. Maillot, professeur particulier de percussion et d'auscultation. Paris, 1874. 1 vol. gr. in-8 de XIV-545 pages.   12 fr.

MALGAIGNE (J. F.). **Traité d'anatomie chirurgicale et de chirurgie expérimentale,** par J. F. Malgaigne, professeur à la Faculté de médecine de Paris, membre de l'Académie de médecine. *Deuxième édition.* Paris, 1859, 2 forts vol. in-8. 18 fr.

MALGAIGNE (Jl F.). **Histoire de la chirurgie en Occident,** depuis le VIe siècle jusqu'au XVIe siècle, et Histoire de la vie et des travaux d'Ambroise Paré. Paris. 1 vol. gr. in-8 de 351 pages.   7 fr.

MALGAIGNE (J. F.). **Essai sur l'histoire et la philosophie de la chirurgie.** Paris, 1847, 1 vol. in-4 de 35 pages.   1 fr. 50

MALLE. Clinique chirurgicale. Paris, 1838, 1 vol. in-8 de 700 pages.   3 fr.

MANDL (L.). **Anatomie microscopique,** par le docteur L. MANDL, professeur de microscopie. Paris, 1838-1857, *ouvrage complet,* 2 vol. in-folio avec 92 planches. 200 fr. Le tome Ier, comprenant l'HISTOLOGIE, et divisé en deux séries : *Tissus et organes,* — *Liquides organiques,* est complet en 26 livraisons, avec 52 planches. Prix de chaque livraison, composée de 5 feuilles de texte et 2 planches.   6 fr.

Le tome IIe, comprenant l'HISTOGENÈSE, ou Recherches sur le développement, l'accroissement et la reproduction des éléments microscopiques, des tissus et des liquides organiques dans l'œuf, l'embryon et les animaux adultes, est complet en 20 livraisons, avec 40 planches. Prix de chaque livraison.   6 fr.

MANDL (L.). **Traité pratique des maladies du larynx et du pharynx.** Paris, 1872, in-8 de XX-816 pages avec 7 pl. gravées et color. et 164 fig., cart.   18 fr.

MANEC. Anatomie analytique, tableau représentant l'axe cérébro-spinal chez l'homme, avec l'origine et les premières divisions des nerfs qui en partent, par M. MANEC, chirurgien des hôpitaux de Paris. Une feuille très-grand in-folio.   1 fr. 50

MARC. De la folie considérée dans ses rapports avec les questions médico-judiciaires, par C. C. H. MARC, médecin près les tribunaux. Paris, 1840, 2 vol. in-8.   5 fr.

MARCÉ. Traité pratique des maladies mentales, par le docteur L. V. MARCÉ, professeur agrégé à la Faculté de médecine de Paris, médecin des aliénés de Bicêtre. Paris, 1862, in-8 de 670 pages.   8 fr.

MARCÉ. Des altérations de la sensibilité. Paris, 1860, in-8.   2 fr. 50

MARCÉ. Traité de la folie des femmes enceintes, des nouvelles accouchées et des nourrices, et considérations médico-légales qui se rattachent à ce sujet. Paris, 1858, 1 vol. in-8 de 400 pages.   6 fr.

MARCÉ. Recherches cliniques et anatomo-pathologiques sur la démence sénile et sur les différences qui la séparent de la paralysie générale. Paris, 1861, gr. in-8, 72 p.   1 fr. 50

MARCÉ. De l'état mental dans la chorée. Paris, 1860, in-4, 38 p.   1 fr. 50

MARCHAND (A. H.). **Étude sur l'extirpation de l'extrémité inférieure du rectum,** par le docteur A. H. MARCHAND, prosecteur à l'amphithéâtre des hôpitaux. Paris, 1873, in-8 de 124 pages.   2 fr. 50

MARCHAND (Eug.). **Des eaux potables** en général, considérées dans leur constitution physique et chimique. Paris, 1855, in-4, avec 1 carte.   6 fr.

MARCHANT (Léon). **Etude sur les maladies épidémiques.** *Seconde édition.* Paris, 1861, in-12, 92 pages.   1 fr.

MARVAUD (A.). **Hygiène militaire.** Étude sur les casernes et les camps permanents, les casernes en France, les nouvelles casernes en Angleterre, en Suède et en Amérique, les nouveaux camps permanents autour de Paris, par le docteur Angel MARVAUD, professeur agrégé à l'Ecole de médecine militaire du Val-de-Grâce, etc. Paris, 1873, 1 vol. in-8 de 198 pages avec 22 fig.   3 fr. 50

MARVAUD (A.). **L'alcool,** son action physiologique, son utilité et ses applications en hygiène et en thérapeutique. Paris, 1872, in-8, 160 p. avec 25 pl.   4 fr.

MASSE. Traité pratique d'anatomie descriptive, mis en rapport avec l'Atlas d'anatomie, et lui servant de complément, par le docteur J. N. MASSE, professeur d'anatomie. Paris, 1858, 1 vol. in-12 de 700 pages, cartonné à l'anglaise.   7 fr.

MATTEUCCI (C.). **Traité des phénomènes électro-physiologiques des animaux.** Paris, 1844, in-8 avec 6 planches.   4 fr.

MAYER. Des rapports conjugaux, considérés sous le triple point de vue de la population, de la santé et de la morale publique, par le docteur Alex. MAYER. *Cinquième édition,* revue et augmentée. Paris, 1868, in-18 jésus de XIV-423 pages.   3 fr.

MÉLIER (F.). **Relation de la fièvre jaune** survenue à Saint-Nazaire en 1861, suivie de la loi anglaise sur les quarantaines, par F. MÉLIER, inspecteur général des services sanitaires. Paris, 1863, in-4, 276 pages avec 3 cartes.   10 fr.

MÉLIER (F.). **Rapport sur les marais salants.** Paris, 1847, 1 vol. in-4 de 96 pages avec 4 planches. 5 fr.

MÉLIER (F.). **De la santé des ouvriers employés dans les manufactures de tabac.** Paris, 1846, 1 vol. in-4 de 45 pages. 2 fr.

MENVILLE. Histoire philosophique et médicale de la femme considérée dans toutes les époques principales de la vie, avec ses diverses fonctions, avec les changements qui surviennent dans son physique et son moral, avec l'hygiène applicable à son sexe et toutes les maladies qui peuvent l'atteindre aux différents âges. *Seconde édition.* Paris, 1858, 3 vol. in-8 de 600 pages. 10 fr.

MÉRAT. Du ténia, ou ver solitaire, et de sa cure radicale par l'écorce de racine de grenadier, par F. V. MÉRAT, membre de l'Académie de médecine. Paris, 1832, in-8. 1 fr.

MÉRAT et DELENS. *Voyez* **Dictionnaire de matière médicale,** p. 17.

MERCIER (A.). **Anatomie et physiologie de la vessie** au point de vue chirurgical. Paris, 1872, 1 vol. in-8 de 85 pag. 2 fr.

MIARD (Antony). **Des troubles fonctionnels et organiques, de l'amétropie et de la myopie** en particulier, de l'accommodation binoculaire et cutanée dans les vices de la réfraction, par le docteur Ant. MIARD, ancien chef de clinique ophthalmique. Paris, 1873, 1 vol. in-8 de VIII-460 pages. 7 fr.

MICHÉA (F.). **Du siège, de la nature interne, des symptômes et du diagnostic de l'hypochondrie.** Paris, 1843, in-4, 80 p. 2 fr.

MICHÉA (F.). **Des hallucinations, de leurs causes, et des maladies qu'elles caractérisent.** Paris, 1846, in-4 de 32 pages. 1 fr.

MICHEL. Du microscope, de ses applications à l'anatomie pathologique, au diagnostic et au traitement des maladies, par M. MICHEL, professeur à la Faculté de médecine de Nancy. Paris, 1857, 1 vol. in-4 avec 5 pl. 3 fr. 50

MILLET. Du seigle ergoté considéré sous les rapports physiologique, obstétrical et de l'hygiène publique, par M. le docteur Aug. MILLET, professeur à l'École de médecine de Tours. Paris, 1854, 1 vol. in-4 de 158 pages. 4 fr. 50

MILLON (E.) **et RÉISET.** *Voyez* **Annuaire de chimie,** p. 5.

MOITESSIER. La photographie appliquée aux recherches micrographiques, par A. MOITESSIER, professeur à la Faculté de médecine de Montpellier. Paris, 1866, 1 vol. in-18 jésus, 340 pages avec 30 figures et 3 pl. photographiées. 7 fr.

MOLÉ. Signes précis du début de la convalescence dans les maladies aiguës, par le docteur Léon MOLÉ. Paris, 1870, grand in-8 de 112 p. avec 23 fig. 3 fr.

MOLINARI (Ph. de). **Guide de l'homœopathiste,** indiquant les moyens de se traiter soi-même dans les maladies les plus communes en attendant la visite du médecin. *Seconde édition.* Bruxelles, 1861, in-18 de 256 pages. 5 fr.

MONOD. Étude sur l'angiome simple sous-cutané circonscrit, nævus vasculaire sous-cutané, angiome lipomateux, angiome lobulé, suivi de quelques remarques sur les angiomes circonscrits de l'orbite, par Ch. MONOD, aide de clinique chirurgicale à la Faculté de médecine de Paris, etc. Paris, 1873, in-8 de 86 pages avec 2 pl. 2 fr. 50

MOQUIN-TANDON. Éléments de botanique médicale, contenant la description des végétaux utiles à la médecine et des espèces nuisibles à l'homme, vénéneuses ou parasites, précédés de considérations générales sur l'organisation et la classification des végétaux, par MOQUIN-TANDON, professeur d'histoire naturelle médicale à la Faculté de médecine de Paris, membre de l'Institut. *Deuxième édition.* Paris, 1866, 1 vol. in-18 jésus avec 128 figures. 6 fr.

MOQUIN-TANDON. Éléments de zoologie médicale, comprenant la description des végétaux utiles à la médecine et des espèces nuisibles à l'homme, particulièrement des venimeuses et des parasites, précédés de considérations sur l'organisation et la classification des animaux et d'un résumé sur l'histoire naturelle de l'homme, etc. *Deuxième édition,* augmentée. Paris, 1862, 1 vol. in-18 avec 150 fig. 6 fr.

MOQUIN-TANDON. Monographie de la famille des Hirudinées, *Deuxième édition.* Paris, 1846, in-8 de 450 pages avec atlas de 14 planches coloriées. 15 fr.

MORDRET (A. E.). **De la mort subite dans l'état puerpéral.** Paris, 1858, 1 vol. in-4 de 180 pages. 4 fr. 50

MOREAU. De l'étiologie de l'épilepsie et des indications que l'étude des causes peut fournir, par le docteur J. MOREAU (de Tours), médecin de l'hospice de la Salpêtrière. Paris, 1854, 1 vol. in-4 de 175 pages. (6 fr.) 4 fr.

MOREL. Traité des dégénérescences physiques, intellectuelles et morales de l'espèce humaine et des causes qui produisent ces variétés maladives, par le docteur B. A. MOREL, médecin de l'Asile des aliénés de Saint-Yon (Seine-Inférieure). Paris, 1857, 1 vol. in-8 de 700 pages avec un atlas de 12 planches in-4. 12 fr.

MOREL. Traité élémentaire d'histologie humaine, précédé d'un exposé des moyens d'observer au microscope, par C. MOREL, professeur à la Faculté de médecine de Nancy. Paris, 1864, 1 vol. in-8 de 200 pages, avec un atlas de 34 pl. dessinées d'après nature par le docteur A. VILLEMIN, professeur à l'École d'application de médecine militaire du Val-de-Grâce. 12 fr.

L'auteur a laissé de côté les discussions et les théories : il s'est attaché aux faits, et s'est appliqué à décrire ce qui est visible et indiscutable : il a écrit un *Traité élémentaire d'histologie pratique.* Quant aux planches dessinées d'après nature, elles sont l'expression exacte de la vérité, et pourront par cela même être d'un grand secours pour les personnes qui commencent l'étude difficile de la pratique du microscope.

Table des matières. — Introduction. De l'emploi du microscope, des préparations micrographiques et de leur conservation. — Chapitre Ier. Cellules et épithéliums. — Chap. II. Eléments du tissu conjonctif et tissu conjonctif. — Chap. III. Cartilages. — Chap. IV. Eléments contractiles et tissu musculaire. — Chap. V. Eléments nerveux et tissu nerveux. — Chap. VI. Vaisseaux. — Chap. VII. Glandes. —Chap VIII. Peau et annexes.—Chap. IX. Muqueuse du canal digestif.—Chap. X. Organes des sens.

MORELL-MACKENSIE. Du laryngoscope et de son emploi dans les maladies de la gorge, avec un appendice sur la rhinoscopie, par MORELL-MACKENSIE, médecin de l'hôpital pour les maladies de la gorge, traduit de l'anglais, par le docteur E. NICOLAS-DURANTY. Paris, 1867. 1 vol. in-8, XII-156 p. avec 40 fig. 4 fr.

MOTARD (A.). Traité d'hygiène générale, par le docteur Adolphe MOTARD. Paris, 1868, 2 vol. in-8, ensemble 1900 pages avec figures. 16 fr.

MOTTET. Nouvel essai d'une thérapeutique indigène, ou Etudes analytiques et comparatives de phytologie médicale indigène et de phytologie médicale exotique, etc. Paris, 1851, 1 vol. in-8, 800 pages. 1 fr. 50

MULLER(J.). Manuel de physiologie, traduit par A. J. L. JOURDAN. *Deuxième édition* par E. LITTRÉ. Paris, 1851, 2 vol. grand in-8, avec 320 figures. 20 fr.

MUNDE. Hydrothérapeutique, ou l'Art de prévenir et de guérir les maladies du corps humain sans le secours des médicaments, par le régime, l'eau, la sueur, le bon air, l'exercice et un genre de vie rationnel ; par Ch. MUNDE. Paris, 1842, 1 vol. in-18. 2 fr.

MURE. Doctrine de l'école de Rio-de-Janeiro et Pathogénésie brésilienne, contenant une exposition méthodique de l'homœopathie, la loi fondamentale du dynamisme vital la théorie des doses et des maladies chroniques, les machines pharmaceutiques, l'algèbre symptomatologique, etc. Paris, 1849, in-12 de 400 pages avec fig. 6 fr.

NAEGELÉ (H. F.) et GRENSER. Traité pratique de l'art des accouchements, par H. F. NAEGELÉ, professeur à l'Université de Heidelberg, et L. GRENSER, directeur de la Maternité de Dresde. Traduit, annoté et mis au courant des progrès de la science par G. A. AUBENAS, professeur agrégé à la Faculté de médecine de Strasbourg, précédé d'une introduction par J. A. STOLTZ, doyen de la Faculté de médecine de Nancy. Paris, 1869, 1 vol. in-8 de 724 pages avec une pl. et 207 fig. 12 fr.

NEYRENEUF. Du traitement des tumeurs sous-cutanées par l'application de la pâte sulfo-sufranée et de l'action de l'acide sulfurique sur la peau. Paris, 1872, in-8 de 84 pages. 2 fr.

NICOLAS-DURANTY. Études laryngoscopiques. Diagnostic des paralysies motrices des muscles du larynx, par le docteur Emile NICOLAS-DURANTY, médecin adjoint des hôpitaux de Marseille. Paris, 1872, in-8, 48 pages avec 3 planches comprenant 17 figures. 2 fr.

NYSTEN. Dictionnaire de médecine. *Voyez* DICTIONNAIRE DE MÉDECINE, *treizième édition*, par E. LITTRÉ et Ch. ROBIN, page 17.

ORÉ. Tribut à la chirurgie conservatrice, résections-évidements, par le docteur ORÉ, chirurgien de l'hôpital Saint-André. Paris, 1872, gr. in-8 de 136 pages. 3 fr.

ORIARD (T.). L'homœopathie mise à la portée de tout le monde. *Troisième édition,* Paris, 1863, in-18 jésus, 370 pages. 4 fr.

† **ORIBASE.** **Œuvres**, texte grec, en grande partie inédit, collationné sur les manuscrits, traduit pour la première fois en français, avec une introduction, des notes, des tables et des planches, par les docteurs BUSSEMAKER et DAREMBERG. Paris, 1851-1873, 5 vol. in-8 de 700 pages chacun.   60 fr.
    Le tome VI paraîtra dans le courant de 1874.

OUDET. **Recherches anatomiques, physiologiques et microscopiques sur les dents** et sur leurs maladies, comprenant : 1° Mémoire sur l'altération des dents désignée sous le nom de carie; 2° sur l'odontogénie; 3° sur les dents à couronnes; 4° de l'accroissement continu des dents incisives chez les rongeurs, par J. E. OUDET, membre de l'Académie de médecine, etc. Paris, 1862, in-8 avec une pl. 4 fr.

OULMONT. **Des oblitérations de la veine cave supérieure,** par le docteur OULMONT, médecin des hôpitaux. Paris, 1855, in-8 avec une planche lithogr.   2 fr.

PARCHAPPE. **Recherches sur l'encéphale,** sa structure, ses fonctions et ses maladies. Paris, 1836-1842, 2 parties in-8.   3 fr. 50

PARÉ. **Œuvres complètes d'Ambroise Paré,** revues et collationnées sur toutes les éditions, avec les variantes; accompagnées de notes historiques et critiques, et précédées d'une introduction sur l'origine et les progrès de la chirurgie en Occident du VIᵉ au XVIᵉ siècle et sur la vie et les ouvrages d'Ambroise Paré, par J. F. MALGAIGNE. Paris, 1840, 3 vol. grand in-8 avec 217 figures.   36 fr.

PARENT-DUCHATELET. **De la prostitution dans la ville de Paris**, considérée sous le rapport de l'hygiène publique, de la morale et de l'administration; ouvrage appuyé de documents statistiques puisés dans les archives de la préfecture de police, par A. J. B. PARENT-DUCHATELET, membre du Conseil de salubrité de la ville de Paris. *Troisième édition, complétée par des documents nouveaux et des notes,* par MM. A. TREBUCHET et POIRAT-DUVAL, chefs de bureau à la préfecture de police, suivie d'un *Précis* HYGIÉNIQUE, STATISTIQUE ET ADMINISTRATIF SUR LA PROSTITUTION DANS LES PRINCIPALES VILLES DE L'EUROPE. Paris, 1857, 2 forts volumes in-8 de chacun 750 pages avec cartes et tableaux.   18 fr.
    Le *Précis hygiénique, statistique et administratif sur la Prostitution dans les principales villes de l'Europe* comprend pour la FRANCE: Bordeaux, Brest, Lyon, Marseille, Nantes, Strasbourg, l'Algérie; pour l'ÉTRANGER: l'Angleterre et l'Écosse, Berlin, Berne, Bruxelles, Christiania, Copenhague, l'Espagne, Hambourg, la Hollande, Rome, Turin.

PARISEL. Voyez *Annuaire pharmaceutique,* page 5.

PARISET. **Histoire des membres de l'Académie de médecine,** ou Recueil des Éloges lus dans les séances publiques, par E. PARISET, secrétaire perpétuel de l'Académie de médecine, etc.; *édition complète,* précédée de l'éloge de Pariset. Paris, 1850, 2 vol. in-12.   7 fr.
    Cet ouvrage comprend : — Discours d'ouverture de l'Académie de médecine. — Éloges de Corvisart, — Cadet de Gassicourt, — Berthollet, — Pinel, — Beauchêne, — Bourru, — Percy, — Vauquelin, — G. Cuvier, — Portal, — Chaussier, — Dupuytren, — Scarpa, — Desgenettes, — Laennec, — Tessier, — Husard, — Marc, — Lodibert, — Boardois de la Motte, — Esquirol, — Larrey, — Chevreul, — Lerminier, — A. Dubois, — Alibert, — Robiquet, — Double, — Geoffroy Saint-Hilaire, — Ollivier (d'Angers), — Breschet, — Lisfranc, — A. Paré, — Broussais, — Bichat.

PARISET. **Mémoire sur les causes de la peste** et sur les moyens de la détruire, par E. PARISET. Paris, 1837, in-18.   3 fr.

PARSEVAL (Lud.). Observations pratiques de Samuel HAHNEMANN, et Classification de ses recherches sur **les propriétés caractéristiques des médicaments.** Paris, 1857-1860, in-8 de 400 pages.   6 fr.

PATIN (GUI). **Lettres.** Nouvelle édition, augmentée de lettres inédites, précédée d'une notice biographique, accompagnée de remarques scientifiques, historiques, philosophiques et littéraires, par REVEILLÉ-PARISE, membre de l'Académie de médecine. Paris, 1846, 3 vol. in-8 avec le *portrait* et le fac-simile de GUI PATIN (24 fr.).   12 fr.

PATISSIER (Ph.). **Traité des maladies des artisans** et de celles qui résultent des diverses professions, d'après Ramazzini. Paris, 1822, in-8, LX-433 p.   3 fr.

PATISSIER (Ph.). **Rapport sur le service médical des établissements thermaux en France.** Paris, 1852, in-4 de 205 pages.   4 fr. 50

PEIN. **Essai sur l'hygiène des champs de bataille,** par le docteur Théodore PEIN. Paris, 1873, in-8 de 80 pages.   2 fr.

PEISSE (Louis). **La médecine et les médecins,** philosophie, doctrines, institutions, critiques, mœurs et biographies médicales. Paris, 1857, 2 vol. in-18 jésus.   7 fr.
    Cet ouvrage comprend : Esprit, marche et développement des sciences médicales. — Découvertes et

découvreurs. — Sciences exactes et sciences non exactes. — Vulgarisation de la médecine. — La méthode numérique. — Le microscope et les microscopistes. — Méthodologie et doctrines. — Comme on pense et ce qu'on fait en médecine à Montpellier.— L'encyclopédisme et le spécialisme en médecine.— Mission sociale de la médecine et du médecin. — Philosophie des sciences naturelles. — La philosophie et les philosophes par-devant les médecins. — L'aliénation mentale et les aliénistes. — Phrénologie, bonnes et mauvaises têtes, grands hommes et grands scélérats. — De l'esprit des bêtes. — Le feuilleton. — L'Académie de médecine. — L'éloquence et l'art à l'Académie de médecine. — Charlatanisme et charlatans. — Influence du théâtre sur la santé. — Médecins poètes. — Biographie.

PELLETAN. Mémoire statistique sur la pleuropneumonie aiguë, par J. PELLETAN, médecin des hôpitaux civils de Paris. Paris, 1840, in-4.   1 fr.

PENARD. Guide pratique de l'accoucheur et de la sage-femme, par Lucien PENARD, professeur d'accouchements à l'École de médecine de Rochefort. *Quatrième édition.* Paris, 1874, xx-551 pag. avec 142 fig.   4 fr.

PERRÈVE. Traité des rétrécissements organiques de l'urèthre, par le docteur Victor PERRÈVE. Paris, 1847, 1 vol. in-8 de 340 pag. avec 3 pl. et 32 figures.   2 fr.

PERRUSSEL (Henri). **Cours élémentaire d'hygiène,** à l'usage des élèves des lycées, rédigé conformément au programme officiel, par Henri PERRUSSEL, docteur en médecine de la Faculté de Paris. Paris, 1873, 1 vol. in-18 de VIII-152 pag., cart.   1 fr. 25

PHARMACOPÉE FRANÇAISE. — Voyez *Codex medicamentarius,* page 12.

PHARMACOPÉE UNIVERSELLE.— Voyez JOURDAN.

PHILIPEAUX (R.). **Traité pratique de la cautérisation,** d'après l'enseignement clinique de M. le professeur A. Bonnet. Paris, 1856, in-8 de 630 pages avec 67 fig.   8 fr.

PHILLIPS. De la ténotomie sous-cutanée, ou des opérations qui se pratiquent pour la guérison des pieds bots, du torticolis, de la contracture de la main et des doigts, des fausses ankyloses angulaires du genou, du strabisme, de la myopie, du bégayement, etc., par le docteur CH. PHILLIPS. Paris, 1841, in-8 avec 12 planches.   3 fr.

PIEDVACHE (J.). **Recherches sur la contagion de la fièvre typhoïde.** Paris, 1850, in-4 de 140 pages.   3 fr. 50

PIESSE. Des odeurs, des parfums et des cosmétiques, histoire naturelle, composition chimique, préparation, recettes, industrie, effets physiologiques et hygiène des poudres, vinaigres, dentifrices, pommades, fards, savons, eaux aromatiques, essences, infusions, teintures, alcoolats, sachets, etc., par S. PIESSE, chimiste parfumeur à Londres, édition française publiée par O. REVEIL, professeur agrégé à l'École de pharmacie. Paris, 1865, in-18 jésus de 527 pages avec 86 fig.   7 fr.

PINEL. Du traitement de l'aliénation mentale aiguë en général et principalement par les bains tièdes prolongés et des arrosements continus d'eau fraîche sur la tête, par M. le docteur Casimir PINEL neveu. Paris, 1856, 1 vol. in-4 de 160 p.   4 fr. 50

POGGIALE. Traité d'analyse chimique par la méthode des volumes, comprenant l'analyse des Gaz, la Chlorométrie, la Sulfhydrométrie, l'Acidimétrie, l'Alcalimétrie, l'Analyse des métaux, la Saccharimétrie, etc., par POGGIALE, professeur de chimie à l'École de médecine et de pharmacie militaires (Val-de-Grâce), membre de l'Académie de médecine. Paris, 1858, 1 vol. in-8 de 610 p. avec 171 fig.   9 fr.

POILROUX. Manuel de médecine légale criminelle. *Seconde édition.* Paris, 1837, in-8.   4 fr.

POINCARÉ. Leçons sur la physiologie normale et pathologique du système nerveux, par le docteur POINCARÉ, professeur adjoint à la Faculté de médecine de Nancy. Tome premier. Paris 1873, 1 vol. in-8 de 395 pag. avec fig.   5 fr.

PORGES. Carlsbad, ses eaux thermales. Analyse physiologique de leurs propriétés curatives et de leur action spécifique sur le corps humain, par le docteur G. PORGES, médecin praticien à Carlsbad. Paris, 1858, in-8, XXXII-244 pages.   4 fr.

POTERIN DU MOTEL (L. P.). **Études sur la mélancolie** et sur le traitement moral de cette maladie. Paris, 1857, 1 vol. in-4.   3 fr.

POUCHET (F. A.). **Théorie positive de l'ovulation spontanée** et de la fécondation dans l'espèce humaine et les mammifères, basée sur l'observation de toute la série animale, par F. A. POUCHET, professeur au Musée d'histoire naturelle de Rouen. Paris, 1847, 1 vol. in-8 de 600 pages avec atlas in-4 de 20 planches renfermant 250 figures.   36 fr.

Ouvrage qui a obtenu le grand prix de physiologie à l'Institut de France.

POUCHET (F. A.). **Recherches et expériences sur les animaux ressuscitants.** Paris, 1859, in-8 de 94 pages avec 3 figures.   2 fr.

PRÉTERRE. Les dents, traité pratique des maladies de ces organes, par A. PRÉTERRE, chirurgien-dentiste. Paris, 1872, 1 vol. in-18 jésus, avec figures.   3 fr. 50

PROST-LACUZON. Formulaire pathogénétique usuel, ou Guide homœopathique pour traiter soi-même les maladies. *Quatrième édition.* Paris, 1872, in-18 de 583 pages avec fig.   6 fr.

PROST-LACUZON et BERGER. Dictionnaire vétérinaire homœopathique, ou Guide homœopathique pour traiter soi-même les maladies des animaux domestiques, par J. PROST-LACUZON, membre correspondant de la Société homœopathique de France, et H. BERGER, élève des Écoles vétérinaires, ancien vétérinaire de l'armée. Paris, 1865, in-18 jésus de 486 pages.   4 fr. 50

PRUS (R.). Recherches nouvelles sur la nature et le traitement du cancer de l'estomac. Paris, 1828, in-8.   2 fr.

PRUS (R.). Rapport à l'Académie de médecine SUR LA PESTE ET LES QUARANTAINES. Paris, 1846, 1 vol. in-8 de 1050 pages.   2 fr. 50

PUEL (T.). De la catalepsie. Paris, 1856, 1 vol. in-4 de 118 pages.   3 fr. 50

QUETELET (Ad.). Anthropométrie ou mesure des différentes facultés de l'homme. Bruxelles, 1871, in-8, 480 pages avec 2 pl.   12 fr.

QUETELET (Ad.). Météorologie de la Belgique, comparée à celle du globe, par Ad. QUETELET, directeur de l'Observatoire royal de Bruxelles, etc. Paris, 1867, 1 vol. in-8 de 505 p. avec fig.   10 fr.

RACIBORSKI (A.). Traité de la menstruation, ses rapports avec l'ovulation, la fécondation, l'hygiène de la puberté et de l'âge critique, son rôle dans les différentes maladies, ses troubles et leur traitement. Paris, 1868, 1 vol. in-8 de 632 pages avec deux planches chromolithographiées.   12 fr.

RACIBORSKI (A.). Histoire des découvertes relatives au système veineux, envisagé sous le rapport anatomique, physiologique, pathologique et thérapeutique, depuis Morgagni jusqu'à nos jours. Paris, 1841, 1 vol. in-4 de 210 pages. (4 fr.)   3 fr.

RACLE. Traité de diagnostic médical. Guide clinique pour l'étude des signes caractéristiques des maladies, contenant un Précis des procédés physiques et chimiques d'exploration clinique, par V. A. RACLE, médecin des hôpitaux, professeur agrégé à la Faculté de médecine de Paris. *Cinquième édition,* présentant l'Exposé des travaux les plus récents, par Ch. FERNET, médecin des hôpitaux, professeur agrégé à la Faculté, et I. STRAUSS, chef de clinique de la Faculté de médecine de Paris. Paris, 1873, 1 vol. in-18 de XII-796 pages avec 77 fig.   7 fr.

RACLE. De l'alcoolisme, par le docteur RACLE. Paris, 1860, in-8.   2 fr. 50

RAPOU (A.). De la fièvre typhoïde et de son traitement homœopathique. Paris, 1851, in-8.   3 fr.

RATIER. Nouvelle médecine domestique, contenant : 1° Traité d'hygiène générale; 2° Traité des erreurs populaires; 3° Manuel des premiers secours dans le cas d'accidents pressants; 4° Traité de médecine pratique générale et spéciale; 5° Formulaire pour la préparation et l'administration des médicaments; 6° Vocabulaire des termes techniques de médecine. Paris, 1825, 2 vol. in-8.   7 fr. 50

RAU. Nouvel organe de la médication spécifique, ou Exposition de l'état actuel de la méthode homœopathique, par le docteur J. L. RAU; suivi de nouvelles expériences sur les doses dans la pratique de l'homœopathie, par le docteur G. GROSS. Traduit de l'allemand par D. R. Paris, 1845, in-8.   5 fr.

RAYER. Cours de médecine comparée, introduction, par P. RAYER, membre de l'Institut (Académie des sciences) et de l'Académie de médecine. Paris, 1863, in-8, 52 pages.   1 fr. 50

RAYER. De la morve et du farcin chez l'homme. Paris, 1837, in-4, fig. color. 6 fr.

RAYER. Traité théorique et pratique des maladies de la peau, *deuxième édition.* Paris, 1835, 3 forts vol. in-8 avec atlas de 26 pl. gr. in-4 coloriées, cart.   88 fr.
— Le même, texte seul, 3 vol. in-8.   23 fr.
— Le même, atlas seul, avec explication raisonnée, grand in-4 cartonné.   70 fr.
L'auteur a réuni, dans un *atlas pratique* entièrement neuf, la généralité des maladies de la peau ; il les a groupées dans un ordre systématique pour en faciliter le diagnostic; et leurs diverses formes y ont été représentées avec une fidélité, une exactitude et une perfection qu'on n'avait pas encore atteintes.

RAYER. Traité des maladies des reins, et des altérations de la sécrétion urinaire, étudiées en elles-mêmes et dans leurs rapports avec les maladies des uretères, de la vessie, de la prostate, de l'urèthre, etc. Paris, 1839-1841, 3 forts vol. in-8.   **24 fr.**

RAYER. Atlas du traité des maladies des reins, comprenant l'anatomie pathologique des reins, de la vessie, de la prostate, des uretères, de l'urèthre, etc., ouvrage complet, 60 planches grand in-folio, contenant 300 figures dessinées d'après nature, gravées, imprimées en couleur, avec un texte descriptif.   **192 fr.**

CET OUVRAGE EST AINSI DIVISÉ :

1. — Néphrite simple, Néphrite rhumatismale, Néphrite par poison morbide. — Pl. 1, 2, 3, 4, 5.
2. — Néphrite albumineuse (maladie de Bright). — Pl. 6, 7, 8, 9, 10.
3. — Pyélite (inflammation du bassinet et des calices). — Pl. 11, 12, 13, 14, 15.
4. — Pyélo-néphrite, Périnéphrite, Fistules rénales. — Pl. 16, 17, 18, 19, 20.
5. — Hydronéphrose, Kystes urinaires. — Pl. 21, 22, 23, 24, 25.
6. — Kystes séreux, Kystes acéphalocystiques, Vers. — Pl. 26, 27, 28, 29, 30.
7. — Anémie, Hypérémie, Atrophie, Hypertrophie

des reins et de la vessie. — Pl. 31, 32, 33, 34, 35.
8. — Hypertrophie, Vices de conformation des reins et des uretères. — Pl. 36, 37, 38, 39, 40.
9. — Tubercules, Mélanose des reins. — Pl. 41, 42, 43, 44, 45.
10. — Cancer des reins, Maladies des veines rénales. — Pl. 46, 47, 48, 49, 50.
11. — Maladies des tissus élémentaires des reins et de leurs conduits excréteurs. — Pl. 51, 52, 53, 54, 55.
12. — Maladies des capsules surrénales. — Pl. 56, 57, 58, 59, 60.

RAYNAUD. De la révulsion, par Maurice RAYNAUD, agrégé à la Faculté de médecine de Paris, médecin des hôpitaux. Paris, 1866, in-8, 168 pages.   **3 fr.**

REGNAULT (Elias). **Du degré de compétence des médecins** dans les questions judiciaires relatives à l'aliénation mentale, et des théories physiologiques sur la monomanie homicide. Paris, 1830, in-8.   **2 fr.**

REMAK. Galvanothérapie, ou De l'application du courant galvanique constant au traitement des maladies nerveuses et musculaires, par Rob. REMAK, professeur à la faculté de médecine de l'Université de Berlin. Traduit de l'allemand par Alphonse MORPAIN. Paris, 1860, 1 vol. in-8 de 467 pages.   **7 fr.**

RENOUARD (P. V.). **Lettres philosophiques et historiques sur la médecine au XIXᵉ siècle.** *Troisième édition.* Paris, 1861, in-8 de 240 pages.   **3 fr. 50**

RENOUARD (P. V.). **De l'empirisme.** Paris, 1862, in-8 de 26 pages.   **1 fr.**

REVEIL. Formulaire raisonné des médicaments nouveaux et des médications nouvelles, suivi de notions sur l'aérothérapie, l'hydrothérapie, l'électrothérapie, la kinésithérapie et l'hydrologie médicale, par O. REVEIL, pharmacien en chef de l'hôpital des Enfants, agrégé à la Faculté de médecine et à l'Ecole de pharmacie. *Deuxième édition.* Paris, 1865, 1 vol. in-18 jésus, xii-696 p. avec 48 fig.   **6 fr.**

REVEIL. Annuaire pharmaceutique. Voyez *Annuaire,* page 5.

REVEILLÉ-PARISE. Traité de la vieillesse, hygiénique, médical et philosophique, ou Recherches sur l'état physiologique, les facultés morales, les maladies de l'âge avancé, et sur les moyens les plus sûrs, les mieux expérimentés, de soutenir et de prolonger l'activité vitale à cette époque de l'existence. Paris, 1853, 1 vol. in-8 de 500 p.   **7 fr.**

« Peu de gens savent être vieux. » (LA ROCHEFOUCAULD.)

REVEILLÉ-PARISE. Étude de l'homme dans l'état de santé et de maladie, par le docteur J. H. REVEILLÉ-PARISE. *Deuxième édition.* Paris, 1845, 2 vol. in-8. **15 fr.**

REYBARD. Mémoires sur le traitement des anus contre nature, des plaies des intestins et des plaies pénétrantes de poitrine. Paris, 1827, in-8 avec 3 pl.   **1 fr.**

REYBARD. Procédé nouveau pour guérir par l'incision les **rétrécissements du canal de l'urèthre.** Paris, 1833, in-8, fig.   **50 c.**

REYNAUD. Mémoire sur l'oblitération des bronches, par A. C. REYNAUD (du Puy). Paris, 1833, 1 vol. in-4 de 50 pages avec 5 planches lithogr.   **2 fr. 50**

RIBES. Traité d'hygiène thérapeutique, ou Application des moyens de l'hygiène au traitement des maladies, par FR. RIBES, professeur d'hygiène à la Faculté de médecine de Montpellier. Paris, 1860, 1 vol. in-8 de 828 pages.   **10 fr.**

RICHET. Mémoire sur les tumeurs blanches, par A. RICHET, professeur à la Faculté de médecine de Paris. Paris, 1853, 1 vol. in-4 de 297 pages avec 4 planches lithographiées. (7 fr.)   **6 fr.**

RICORD. Traité complet des maladies vénériennes. Clinique iconographique de l'hôpital des vénériens. Recueil d'observations suivies de considérations pratiques sur les maladies qui ont été traitées dans cet hôpital. Paris, 1851, 1 vol. gr. in-4 avec 66 pl. col. et portrait de l'auteur, rel.
133 fr.

RICORD. Lettres sur la syphilis, suivies des discours à l'Académie de médecine sur la syphilisation et la transmission des accidents secondaires, par Ph. RICORD, chirurgien consultant du Dispensaire de salubrité publique, ex-chirurgien de l'hôpital du Midi, avec une Introduction par Amédée Latour. *Troisième édition.* Paris, 1863, 1 joli vol. in-18 jésus de VI-558 pages.
4 fr.

Ces Lettres, par le retentissement qu'elles ont obtenu, par les discussions qu'elles ont soulevées, marquent une époque dans l'histoire des doctrines syphilographiques.

RICORD et DEMARQUAY. Les ambulances de la presse, pendant le siége et sous la Commune, 1870-1871. Paris, 1873, in-8, 374 pages avec 1 plan et fig.
6 fr.

RIDER (C.). Étude médicale sur l'équitation. Paris, 1870, in-8 de 36 p. 1 fr. 50

RINDFLEISCH (Édouard). Traité d'histologie pathologique, traduit et annoté par le docteur F. GROSS, professeur agrégé à la Faculté de médecine de Nancy. Paris, 1873, 1 vol. gr. in-8 de 739 pages avec 260 figures.
14 fr.

RISUENO D'AMADOR. Influence de l'anatomie pathologique sur la médecine depuis Morgagni jusqu'à nos jours, par RISUENO D'AMADOR, professeur à la Faculté de médecine de Montpellier. Paris, 1837, 1 vol. in-4 de 291 pages.
3 fr.

ROBERT. Mémoire sur les fractures du col du fémur, accompagnées de pénétration dans le tissu spongieux du trochanter, par Alph. ROBERT, chirurgien de l'hôpital Beaujon. Paris, 1847, 1 vol. in-4 de 27 pages avec 2 planches.
1 fr. 50

ROBERT. Nouveau traité sur les maladies vénériennes, d'après les documents puisés dans la clinique de M. Ricord et dans les services hospitaliers de Marseille, suivi d'un Appendice sur la syphilisation et la prophylaxie syphilitique, et d'un formulaire spécial, par le docteur Melchior ROBERT, chirurgien des hôpitaux de Marseille, professeur à l'École de médecine de Marseille. Paris, 1861, in-8 de 788 pages.
9 fr.

ROBIN. Traité du microscope, son mode d'emploi, ses applications à l'étude des injections, à l'anatomie humaine et comparée, à l'anatomie médico-chirurgicale, à l'histoire naturelle animale et végétale et à l'économie agricole, par Ch. ROBIN, professeur à la Faculté de médecine de Paris, membre de l'Institut et de l'Académie de médecine. 1871, 1 vol. in-8 de 1028 pages avec 317 figures et 3 planches, cartonné.
20 fr.

ROBIN. Anatomie et physiologie cellulaires, ou des cellules animales et végétales, du protoplasma et des éléments normaux et pathologiques qui en dérivent. Paris, 1873, 1 vol. in-8 de 640 pages avec 83 figures, cart.
16 fr.

ROBIN. Programme du Cours d'histologie. *Seconde édition,* revue et développée. Paris, 1870, 1 vol. in-8, XL-416 pages.
6 fr.

En publiant le programme qui sert de cadre à chacune des leçons qu'il a professées à la Faculté de médecine et dans ses cours particuliers, M. Robin donne aux élèves, en même temps que le plan d'un traité complet, un résumé de son enseignement et des questions qui leur sont posées aux examens.

Pour un grand nombre de ces leçons, il ne s'est pas contenté d'une simple reproduction de ses notes : pour celles qui traitent des rapports de l'histologie avec les autres branches de l'anatomie, de la physiologie et de la médecine, qui tracent ses divisions principales, qui marquent son but et ses applications, ou qui touchent à quelque sujet difficile, il a ajouté quelques développements.

ROBIN (Ch.). Leçons sur les humeurs normales et morbides du corps de l'homme. *Deuxième édition.* Paris, 1874, 1 vol. in-8 de LXVIII-848 pages avec 24 fig.

ROBIN (Ch.). Histoire naturelle des végétaux parasites qui croissent sur l'homme et sur les animaux vivants. Paris, 1853, 1 vol. in-8 de 700 pages avec un bel atlas de 15 planches, dessinées d'après nature, gravées, en partie coloriées.
16 fr.

ROBIN (Ch.). Mémoire sur l'évolution de la notocorde des cavités des disques intervertébraux et de leur contenu gélatineux. Paris, 1868, 1 vol. in-4 de 212 p. avec 12 planches gravées.
12 fr.

ROBIN (Ch.). Mémoire contenant la description anatomo-pathologique des diverses espèces de cataractes capsulaires et lenticulaires. Paris, 1859, 1 vol. in-4 de 62 pages.
2 fr.

ROBIN (Ch.). **Mémoire sur les modifications de la muqueuse utérine** pendant et après la grossesse. Paris, 1861, 1 vol. in-4 avec 5 planches lithogr.   4 fr. 50

ROBIN (Ch.). **Mémoire sur la rétraction, la cicatrisation et l'inflammation des vaisseaux ombilicaux** et sur le système ligamenteux qui leur succède. Paris, 1860, 1 vol. in-4 avec 5 planches lithographiées.   3 fr. 50

ROBIN (Ch.). **Mémoire sur les objets qui peuvent être conservés en préparations microscopiques** transparentes et opaques, classées d'après les divisions naturelles des trois règnes de la nature. Paris, 1856, in-8, 64 pages avec fig.   2 fr.

ROBIN et LITTRÉ. Voyez Dictionnaire de médecine, *treizième édition*, page 17.

ROBIN et VERDEIL. **Traité de chimie anatomique et physiologique** normale et pathologique, ou Des principes immédiats normaux et morbides qui constituent le corps de l'homme et des mammifères, par Ch. Robin et F. Verdeil. Paris, 1853, 3 forts volumes in-8 avec atlas de 45 planches en partie coloriées.   36 fr.

Le but de cet ouvrage est de mettre les anatomistes et les médecins à portée de connaître exactement la constitution intime ou moléculaire de la substance organisée en ses trois états fondamentaux, liquide, demi-solide et solide. Son sujet est l'examen, fait au point de vue organique, de chacune des espèces de corps ou principes immédiats qui, par leur union molécule à molécule, constituent cette substance.

Le bel atlas qui accompagne le *Traité de chimie anatomique et physiologique* renferme les figures de 1200 formes cristallines environ, choisies parmi les plus ordinaires et les plus caractéristiques de toutes celles que les auteurs ont observées. Toutes ont été faites d'après nature, au fur et à mesure de leur préparation. M. Robin a choisi les exemples représentés parmi 1700 à 1800 figures que renferme son album ; car il a dû négliger celles de même espèce qui ne différaient que par un volume plus petit ou des différences de formes trop peu considérables.

ROCHARD (J.). **De l'influence de la navigation et des pays chauds sur la marche de la phthisie pulmonaire,** par Jules Rochard, directeur du service de santé de la marine. Paris, 1856, 1 vol. in-4 de 94 pages.   4 fr.

ROCHARD (J.). **Étude synthétique sur les maladies endémiques.** Paris, 1871, in-8 de 90 pages.   2 fr.

ROCHARD (J.). Voyez Saurel.

ROCHE (L. Ch.), **SANSON** (J. L.) et **LENOIR** (A.). **Nouveaux éléments de pathologie médico-chirurgicale,** ou Traité théorique et pratique de médecine et de chirurgie. *Quatrième édition.* Paris, 1844, 5 vol. in-8. (36 fr.)   8 fr.

ROUBAUD. **Traité de l'impuissance et de la stérilité** chez l'homme et chez la femme, comprenant l'exposition des moyens recommandés pour y remédier, par le docteur Félix Roubaud. *Deuxième édition.* Paris, 1872, 1 vol. in-8 de 880 pages.   8 fr.

ROUSSEL. **Traité de la pellagre et des pseudo-pellagres,** par le docteur Théophile Roussel, ancien interne et lauréat des hôpitaux de Paris. *Ouvrage couronné par l'Institut de France (Académie des sciences).* Paris, 1866, in-8, xvi-665 pag.   10 fr.

ROUX. **De l'ostéomyélite et des amputations secondaires,** d'après des observations recueillies à l'hôpital de la marine de Saint-Mandrier (Toulon, 1859) sur les blessés de l'armée d'Italie, par M. le docteur Jules Roux, inspecteur du service de santé de la marine. Paris, 1860, 1 vol. in-4 avec 6 planches.   5 fr.

ROYER-COLLARD (H.). **Des tempéraments,** considérés dans leurs rapports avec la santé, par Hippolyte Royer-Collard, professeur de la Faculté de médecine de Paris. Paris, 1843, 1 vol. in-4 de 35 pages.   2 fr.

ROYER-COLLARD (H.). **Organoplastie hygiénique,** ou Essai d'hygiène comparée, sur les moyens de modifier artificiellement les formes vivantes par le régime. Paris, 1843, 1 vol. in-4 de 24 pages.   1 fr.

ROYET (E.). **De l'inversion du testicule.** Paris, 1859, in-8, 55 p.   1 fr.

SABATIER (R. C.). **De la médecine opératoire.** *Deuxième édition,* par L. Bégin et Sanson. Paris, 1832, 4 vol. in-8.   5 fr.

SAINT-VINCENT. **Nouvelle médecine des familles** à la ville et à la campagne, à l'usage des familles, des maisons d'éducation, des écoles communales, des curés, des sœurs hospitalières, des dames de charité et de toutes les personnes bienfaisantes qui se dévouent au soulagement des malades : remèdes sous la main, premiers soins avant l'arrivée du médecin et du chirurgien, art de soigner les malades et les convalescents, par le docteur A. C. de Saint-Vincent. *Troisième édition.* Paris, 1874, 1 vol. in-18 jésus de 420 pages avec 134 figures, cart. 3 fr. 50

SAINTE-MARIE. **Dissertation sur les médecins poètes.** Paris, 1835, in-8.   2 fr.

SAISON (F. A.). **Du bromure de potassium** et de son antagonisme avec la strychnine. Paris, 1868, in-8, 59 pages.   2 fr.

SALVERTE. Des sciences occultes, ou Essai sur la magie, les prodiges et les miracles, par Eusèbe SALVERTE. *Troisième édition*, précédée d'une Introduction par Émile LITTRÉ, de l'Institut. Paris, 1856, 1 vol. gr. in-8 de 550 pag. avec un portrait.   7 fr. 50

SANSON. Des hémorrhagies traumatiques, par L. J. SANSON, professeur à la Faculté de médecine, chirurgien de la Pitié. Paris, 1836, in-8, figures coloriées. 1 fr. 50

SANSON. De la réunion immédiate des plaies, de ses avantages et de ses inconvénients, par L. J. SANSON. Paris, 1834, in-8.   75 c.

SARAZIN (Ch.). **Essai sur les hôpitaux de Londres.** Paris, 1866, in-8 de 32 p. avec figures.   1 fr. 25

SAUCEROTTE (Constant). **Quelle a été l'influence de l'anatomie pathologique sur la médecine** depuis Morgagni jusqu'à nos jours? Paris, 1837, in-4. 2 fr. 50

SAUREL (L.). **Traité de chirurgie navale**, par le docteur L. SAUREL, ex-chirurgien de deuxième classe de la marine, professeur agrégé à la Faculté de médecine de Montpellier, suivi d'un Résumé de leçons sur le **service chirurgical de la flotte,** par le docteur J. ROCHARD, directeur du service de santé de la marine. Paris, 1861, in-8 de 600 pages avec 106 figures.   8 fr.

SAUREL (L.). **Du microscope** au point de vue de ses applications à la connaissance et au traitement des maladies chirurgicales. Paris, 1857, in-8, 148 pages. 2 fr. 50

SCHATZ. Étude sur les hôpitaux sous tentes, par le docteur J. SCHATZ, ex-chirurgien des armées des Etats-Unis d'Amérique. Paris, 1870, in-8 de 70 pages avec figures.   2 fr. 50

SCHIFF. De l'inflammation et de la circulation, par le professeur M. SCHIFF. Traduction de l'italien, par le docteur R. GUICHARD DE CHOISITY, médecin des hôpitaux de Marseille. Paris, 1873, 1 vol. in-8 de 96 pages.   3 fr.

SÉDILLOT (Ch.) et **LEGOUEST. Traité de médecine opératoire**, bandages et appareils, par Ch. SÉDILLOT, médecin inspecteur des armées, professeur de clinique chirurgicale à la Faculté de médecine de Strasbourg, correspondant de l'Institut de France, etc., et L. LEGOUEST, inspecteur du service de santé des armées. *Quatrième édition*. Paris, 1870, 2 vol. gr. in-8 de 600 pages chacun avec figures intercalées dans le texte et en partie coloriées.   20 fr.

SÉDILLOT (Ch.). **Contributions à la chirurgie.** Paris, 1869, 2 vol. in-8 avec fig. 24 fr.

SÉDILLOT (Ch.). **De l'évidement sous-périosté des os.** *Deuxième édition*. Paris, 1867, 1 vol. in-8 avec planches polychromiques.   14 fr.

SÉDILLOT (J.). **Mémoire sur les revaccinations.** Paris, 1840, 1 vol. in-4 de 108 pages avec 4 planches lithographiées.   2 fr. 50

SÉE (Germ.). **De la chorée**, rapports du rhumatisme et des maladies du cœur avec les affections nerveuses et convulsives, par G. SÉE, professeur de clinique médicale à la Faculté de médecine de Paris, membre de l'Académie de médecine. Paris, 1850, in-4, 154 p.   3 fr. 50

SEGOND. De l'action comparative du régime animal et du régime végétal sur la constitution physique et sur le moral de l'homme. Paris, 1850, in-4, 72 p. 2 fr. 50

SEGOND. Histoire et systématisation générale de la biologie, principalement destinées à servir d'introduction aux études médicales, par le docteur L. A. SEGOND, professeur agrégé de la Faculté de médecine de Paris, etc. Paris, 1851, in-12 de 200 pages.   2 fr. 50

SEGUIN. Traitement moral, hygiène et éducation des idiots et autres enfants arriérés ou retardés dans leur développement, agités de mouvements involontaires, débiles, muets non sourds, bègues, etc., par Ed. SÉGUIN, ex-instituteur des enfants idiots de l'hospice de Bicêtre, etc. Paris, 1846, 1 vol. in-12 de 750 pages. 6 fr.

SÉNAC-LAGRANGE (C.). **De l'épuisement dans les états morbides** et principalement dans la fièvre catarrhale. Paris, 1872, in-8 de 72 p. 2 fr.

SERRES (E.). **Recherches d'anatomie** transcendante et pathologique ; théorie des formations et des déformations organiques, appliquée à l'anatomie de la duplicité monstreuse, par E. SERRES, membre de l'Institut de France. Paris, 1832, in-4, accompagné d'un atlas de 20 planches in-folio. 20 fr.

SERRES (E.). **Anatomie comparée transcendante, principes d'embryogénie,** de zoogénie et de tératogénie. Paris, 1859, 1 vol. in-4 de 942 pages avec 26 planches. 16 fr.

SICHEL. Iconographie ophthalmologique, ou Description avec figures coloriées des maladies de l'organe de la vue, comprenant l'anatomie pathologique, la pathologie et la thérapeutique médico-chirurgicale, par le docteur J. SICHEL. Paris, 1852-1859. *Ouvrage complet,* 2 vol. grand in-4 dont 1 volume de 840 pages de texte, et 1 vol. de 80 planches coloriées avec un texte descriptif. 172 fr. 50
Demi-reliure des deux volumes, dos de maroquin, tranche supérieure dorée. 15 fr.

Cet ouvrage est complet en 23 livraisons, dont 20 composées chacune de 28 pages de texte in-4 et de 4 planches dessinées d'après nature, gravées, imprimées en couleur, retouchées au pinceau, et 3 (17 bis, 18 bis et 20 bis) de texte complémentaire. Prix de chaque livraison. 7 fr. 50
On peut se procurer séparément les dernières livraisons.
Le texte se compose d'une exposition théorique et pratique de la science, dans laquelle viennent se grouper les observations cliniques, mises en concordance entre elles, et dont l'ensemble formera un *Traité clinique des maladies de l'organe de la vue,* commenté et complété par une nombreuse série de figures.
Les planches sont aussi parfaites qu'il est possible ; elles offrent une fidèle image de la nature; partout les formes, les dimensions, les teintes ont été consciencieusement observées; elles présentent la vérité pathologique dans ses nuances les plus fines, dans ses détails les plus minutieux; gravées par des artistes habiles, imprimées en couleur et souvent avec repère, c'est-à-dire avec une double planche, afin de mieux rendre les diverses variétés des injections vasculaires des membranes externes; toutes les planches sont retouchées au pinceau avec le plus grand soin.
L'auteur a voulu qu'avec cet ouvrage le médecin, comparant les figures et la description, puisse reconnaître et guérir la maladie représentée lorsqu'il la rencontrera dans la pratique.

SIEBOLD. Lettres obstétricales, par Éd. Caspar SIEBOLD, professeur à l'Université de Göttingue, traduites de l'allemand, avec une introduction et des notes, par M. Stoltz. Paris, 1867, 1 vol. in-18 jésus de 268 pages. 2 fr. 50

SILBERT (P.). **De la saignée dans la grossesse.** Paris, 1857, 1 vol. in-4. 2 fr.

SIMON (Jules). **Des maladies puerpérales,** par M. Jules SIMON, médecin des hôpitaux. Paris, 1866, in-8, 184 p. 3 fr.

SIMON (Léon). **Leçons de médecine homœopathique,** par le docteur Léon SIMON père. Paris, 1835, 1 fort vol. in-8. 3 fr.

SIMON (Léon). **Des maladies vénériennes et de leur traitement homœopathique,** par le docteur Léon SIMON fils. Paris, 1860, 1 vol. in-18 jésus, xii-744 pages. 6 fr.

SIMON (Léon). **Cours de médecine homœopathique** (1867-1868). De l'unité de la doctrine de Hahnemann. Paris, 1869, in-8 de 156 pages. 3 fr.

SIMON (Léon). **Conférences sur l'homœopathie.** Paris, 1869. 1 vol. in-8 de LXIV-320 pages. 5 fr.

SIMON (Max). **Du vertige nerveux** et de son traitement. Paris, 1858, 1 vol. in-4 de 150 pages. 3 fr.

SOEMMERRING (S. T.). **Traité d'ostéologie et de syndesmologie,** suivi d'un Traité de mécanique des organes de la locomotion, par G. et E. WEBER. Paris, 1843, in-8 avec atlas in-4 de 17 planches. 6 fr.

SPERINO. La syphilisation étudiée comme méthode curative et comme moyen prophylactique des maladies vénériennes, traduit de l'italien par A. TRESAL. Turin, 1853, in-8. 2 fr.

STOLTZ. Histoire d'une opération césarienne pratiquée avec succès pour la mère et l'enfant, par STOLTZ, doyen de la Faculté de Nancy. Paris, 1836, in-4. 1 fr. 50

SWAN. La névrologie, ou Description anatomique des nerfs du corps humain, traduit de l'anglais, avec des additions par E. CHASSAIGNAC. Paris, 1838, in-4 avec 25 planches. Cart. 24 fr.

SYPHILIS VACCINALE (de la). Communications à l'Académie de médecine, par MM. DEPAUL, RICORD, BLOT, Jules GUÉRIN, TROUSSEAU, DEVERGIE, BRIQUET, GIBERT, BOUVIER, BOUSQUET, suivies de mémoires sur la transmission de la syphilis par la vaccination et la vaccination animale, par MM. A. VIENNOIS (de Lyon), PELLIZARI (de Florence), PALASCIANO (de Naples), PHILLIPEAUX (de Lyon) et AUZIAS-TURENNE. Paris, 1865, in-8 de 392 pages. 6 fr.

TARDIEU (A.). Dictionnaire d'hygiène publique et de salubrité, ou Répertoire de toutes les Questions relatives à la santé publique, considérées dans leurs rapports avec les Subsistances, les Épidémies, les Professions, les Établissements, institutions d'Hygiène et de Salubrité, complété par le texte des Lois, Décrets, Arrêtés, Ordonnances et Instructions qui s'y rattachent, par le docteur Ambroise TARDIEU, professeur de médecine légale à la Faculté de médecine de Paris, président du Comité consultatif d'hygiène publique. *Deuxième édition.* Paris, 1862, 4 forts vol. gr. in-8. 32 fr.
Ouvrage couronné par l'Institut de France.

TARDIEU (A.). **Étude médico-légale et clinique sur l'empoisonnement,** avec la collaboration de Z. Roussin, pharmacien-major de 1re classe, professeur agrégé à l'Ecole du Val-de-Grâce, pour la *partie de l'expertise médico-légale relative à la recherche chimique des poisons.* Paris, 1866, in-8 de XXII-1072 p. avec 53 figures et 2 planches. 12 fr.

TARDIEU (A.). Étude médico-légale sur la folie. Paris, 1872, 1 vol. in-8 de XXII-610 pages avec quinze fac-simile d'écriture d'aliénés. 7 fr.

TARDIEU (A.). Étude médico-légale sur la pendaison, la strangulation et la suffocation. Paris, 1870, 1 vol. in-8 de XII-352 pages avec planches. 5 fr.

TARDIEU (A.). Étude médico-légale sur les attentats aux mœurs. *Sixième édition.* Paris, 1872, in-8 de VIII-304 pages avec 4 pl. gravées. 4 fr. 50

TARDIEU (A.). Étude médico-légale sur l'avortement, suivie d'une note sur l'obligation de déclarer à l'état civil les fœtus mort-nés, et d'observations et recherches pour servir à l'histoire médico-légale des grossesses fausses et simulées. *Troisième édition.* Paris, 1868, in-8, VIII-280 pages. 4 fr.

TARDIEU (A.). Étude médico-légale sur l'infanticide. Paris, 1868, 1 vol. in-8 avec 3 planches coloriées. 6 fr.

TARDIEU (A.). Question médico-légale de l'identité dans ses rapports avec les vices de conformation des organes sexuels, contenant les souvenirs et impressions d'un individu dont le sexe avait été méconnu. *Deuxième édition.* Paris, 1874, 1 vol. in-8 de 176 pages. 3 fr.

TARDIEU (A.). Relation médico-légale de l'affaire Armand (de Montpellier). Simulation de tentative homicide (commotion cérébrale et strangulation). Paris, 1864, in-8 de 80 pages. 2 fr.

TARDIEU (A.). Étude hygiénique sur la profession de **monteur en cuivre,** pour servir à l'histoire des professions exposées aux poussières inorganiques. Paris, 1855, in-12. 1 fr. 25

TARDIEU (A.). De la morve et du farcin chronique chez l'homme. Paris, 1843, in-4. 5 fr.

TARNIER. De la fièvre puerpérale observée à l'hospice de la Maternité, par le docteur Stéphane TARNIER. Paris, 1858, in-8 de 216 pages. 3 fr. 50

TERME et MONFALCON. Histoire statistique et morale des enfants trouvés, par TERME, président de l'administration des hôpitaux de Lyon, etc., et J. B. MONFALCON, membre du conseil de salubrité, etc. Paris, 1838, 1 vol. in-8. 3 fr.

TERRILLON. De l'expectoration albumineuse après la thoracentèse. Paris, 1873, in-8 de 86 pages. 2 fr.

TESTE. Comment on devient homœopathe. *Troisième édition.* Paris, 1873, in-18 jésus, 322 pages.   3 fr. 50

TESTE (A.). Le magnétisme animal expliqué, ou Leçons analytiques sur la nature essentielle du magnétisme, sur ses effets, son histoire, ses applications, les diverses manières de le pratiquer, etc. Paris, 1845, in-8.   7 fr.

TESTE (A.). Manuel pratique de magnétisme animal. Exposition méthodique des procédés employés pour produire les phénomènes magnétiques et leur application à l'étude et au traitement des maladies. 4e édit. Paris, 1853, in-12.   4 fr.

TESTE (A.). Traité homœopathique des maladies aiguës et chroniques des enfants. 2e édit., revue et augm. Paris, 1856, in-18 de 420 pages.   4 fr. 50

TESTE (A.). Systématisation pratique de la matière médicale homœopathique. Paris, 1853, 1 vol. in-8 de 600 pages.   8 fr.

THÉRAPEUTIQUE (Traité de) et de matière médicale, par G. A. GIACOMINI, traduit de l'italien par MOJON et ROGNETTA. Paris, 1842, 1 vol. in-8, 592 p. à 2 col.   5 fr.

THOMSON. Traité médico-chirurgical de l'inflammation ; traduit de l'anglais avec des notes, par F. G. BOISSEAU et JOURDAN. Paris, 1827, 1 fort vol. in-8.   3 fr.

TIEDEMANN. Traité complet de physiologie de l'homme, traduit de l'allemand par A. J. L. JOURDAN. Paris, 1831, 2 vol. in-8.   3 fr. 50

TIEDEMANN et GMELIN. Recherches expérimentales, physiologiques et chimiques sur la digestion; traduites de l'allemand. Paris, 1827, 2 vol. in-8.   3 fr.

TOMMASSINI. Précis de la nouvelle doctrine médicale italienne. Paris, 1822, 1 vol. in-8.   2 fr. 50

TOPINARD (Paul). **De l'ataxie locomotrice** et en particulier de la maladie appelée ataxie locomotrice progressive. *Ouvrage couronné par l'Académie de médecine* (1864). Paris, 1864, in-8 de 576 pages.   8 fr.

TORTI (F.). **Therapeutice specialis ad febres periodicas perniciosas** ; nova editio, curantibus TOMBEUR et O. BRIXHE. Leodii, 1821, 2 vol. in-8, fig.   8 fr.

TRÉLAT. Recherches historiques sur la folie, par U. TRÉLAT, médecin de l'hospice de la Salpêtrière. Paris, 1839, in-8.   3 fr.

TRIBES. De la complication diphthéroïde contagieuse des plaies, de sa nature et de son traitement. Paris, 1872, in-8, 64 p.   2 fr.

TRIPIER. Manuel d'électrothérapie. Exposé pratique et critique des applications médicales et chirurgicales de l'électricité, par le docteur Aug. TRIPIER. Paris, 1861, 1 joli vol. in-18 jésus avec 100 figures.   6 fr.

TROUSSEAU. Clinique médicale de l'Hôtel-Dieu de Paris, par A. TROUSSEAU, professeur à la Faculté de médecine de Paris, médecin de l'Hôtel-Dieu. *Quatrième édition.* Paris, 1872, 3 vol. in-8 de chacun 800 pages avec un portrait de l'auteur.   32 fr.

Parmi les additions les plus considérables apportées à la quatrième édition, on peut citer les recherches sur la température dans les maladies et en particulier dans les fièvres éruptives et la dothiénentérie, la dégénérescence granuleuse et cireuse des muscles, et la leucocythose, dans la fièvre typhoïde, la forme spinale et cérébro-spinale de cette affection, l'application du sphygmographe aux maladies du cœur et à l'épilepsie, du laryngoscope aux lésions du larynx, de l'ophthalmoscope aux affections du cerveau. Indépendamment de ces additions, un grand nombre de leçons ont été retouchées, quelques-unes même refondues; ainsi, celles sur *l'aphonie* et la *cautérisation du larynx,* la rage, *l'alcoolisme,* l'aphasie, la *maladie d'Addison,* l'adénie, *l'hématocèle pelvienne,* l'infection puerpérale et le *phlegmatia alba dolens.* Des observations de malades ont été ajoutées toutes les fois qu'elles apportaient à la leçon une clarté plus grande ou de nouvelles notions. (Extrait de l'avertissement de la 4e édition.)

Le portrait de M. le professeur **Trousseau,** photographie Nadar, héliographie Baudran et de la Blanchère, format de la *Clinique médicale de l'Hôtel-Dieu.*   1 fr.

Grand portrait format colombier sur papier de Chine, franco d'emballage.   5 fr.

TROUSSEAU et BELLOC (H.). **Traité pratique de la phthisie laryngée,** de la laryngite chronique et des maladies de la voix. *Ouvrage couronné par l'Académie de médecine.* Paris, 1837, 1 vol. in-8 avec 9 planches, figures noires.   7 fr.

— Le même, figures coloriées.   10 fr.

TURCK (L.). **Méthode pratique de laryngoscopie**, par le docteur Ludwig TURCK, médecin en chef de l'hôpital général de Vienne. Édition française. Paris, 1861, in-8 de 80 pages avec une planche lithographiée et 29 figures.   3 fr. 50

TURCK (L.). **Recherches cliniques sur diverses maladies du larynx, de la trachée et du pharynx**, étudiées à l'aide du laryngoscope, Paris, 1862, in-8 de VIII-100 pages.   2 fr. 50

VALENTIN (G.). **Traité de névrologie**. Paris, 1843, in-8 avec figures.   4 fr.

VALLEIX. Guide du médecin praticien, ou Résumé général de pathologie interne et de thérapeutique appliquées, par le docteur F. L. I. VALLEIX, médecin de l'hôpital de la Pitié. *Cinquième édition*, contenant le résumé des travaux les plus récents, par P. LORAIN, médecin des hôpitaux de Paris, professeur agrégé de la Faculté de médecine de Paris, avec le concours de médecins civils et de médecins appartenant à l'armée et à la marine. Paris, 1866, 5 volumes grand in-8 de chacun 800 pages avec figures.   50 fr.

Table des matières. — Tome I : fièvres, maladies générales, constitutionnelles, névroses ; tome II : maladies des centres nerveux et des nerfs, maladies des voies respiratoires; tome III : maladies des voies circulatoires; tome IV : maladies des voies digestives et de leurs annexes, maladies des voies génito-urinaires ; tome V : maladies des femmes, maladies du tissu cellulaire et de l'appareil locomoteur, affections et maladies de la peau, maladies des yeux, maladies des oreilles, intoxications.

VALLEIX (F. L. I.) **Clinique des maladies des enfants nouveau-nés**. Paris, 1838, 1 vol. in-8 avec 2 planches coloriées.   8 fr. 50

VALLEIX (F. L. I.). **Traité des névralgies**, ou affections douloureuses des nerfs. Paris, 1841, in-8.   8 fr.

VELPEAU. Nouveaux éléments de médecine opératoire, par A. A. VELPEAU, membre de l'Institut, chirurgien de l'hôpital de la Charité, professeur à la Faculté de médecine de Paris. *Deuxième édition*. Paris. 1839, 4 vol. in-8 de chacun 800 pages avec 191 fig. et atlas in-4 de 22 planches, fig. noires. (40 fr.)   15 fr.

— Figures coloriées.   40 fr.

VELPEAU. Recherches anatomiques, physiologiques et pathologiques sur les cavités closes naturelles ou accidentelles de l'économie animale. Paris, 1843, in-8 de 208 pages.   3 fr. 50

VELPEAU. Traité complet d'anatomie chirurgicale, générale et topographique du corps humain. *Troisième édition*. Paris, 1837, 2 vol. in-8 avec atlas de 17 planches in-4. (20 fr.)   9 fr.

VELPEAU. Expériences sur le traitement du cancer. Paris, 1859, in-8.   1 fr.

VELPEAU. Exposition d'un cas remarquable de maladie cancéreuse avec oblitération de l'aorte. Paris, 1825, in-8.   2 fr. 50

VELPEAU. De l'opération du trépan dans les plaies de la tête. Paris, 1834, in-8. 2 fr.

VELPEAU. Embryologie ou Ovologie humaine, contenant l'histoire descriptive et iconographique de l'œuf humain. Paris, 1833, in-fol. avec 15 planches. (25 fr.) 4 fr.

VERGNE (A.). **Du tartre dentaire** et de ses concrétions. Paris, 1869, grand in-8, 52 pages avec 1 planche.   2 fr.

VERNEUIL. De la gravité des lésions traumatiques et des opérations chirurgicales chez les alcooliques, communications à l'Académie de médecine, par MM. VERNEUIL, HARDY, GUBLER, GOSSELIN, BÉHIER, RICHET, CHAUFFARD et GIRALDÈS. Paris, 1871, in-8 de 160 pages.   3 fr.

VERNOIS (Max.). **Traité pratique d'hygiène industrielle et administrative**, comprenant l'étude des établissements insalubres, dangereux et incommodes, par Maxime VERNOIS, membre de l'Académie de médecine. Paris, 1860, 2 vol. in-8.   16 fr.

VERNOIS (Max.). **De la main des ouvriers et des artisans** au point de vue de l'hygiène et de la médecine légale. Paris, 1862, in-8 avec 4 planches chromolithographiées.   3 fr. 50

VERNOIS (Max.). **État hygiénique des lycées de l'Empire** en 1867. Paris, 1868, in-8. 2 fr. 50

VERNOIS (Max.) et **BECQUEREL** (A.). **Analyse du lait des principaux types de vaches, chèvres, brebis, buffesses.** Paris, 1857, in-8 de 35 pages. 1 fr.

VERNOIS (Max.) et **GRASSI.** Mémoires sur les appareils de **ventilation et de chauffage** établis à l'hôpital Necker, d'après le système Van Hecke. Paris, 1859, in-8. 1 fr. 50

VIDAL (A.). **Traité de pathologie externe et de médecine opératoire,** avec des Résumés d'anatomie des tissus et des régions, par A. VIDAL (de Cassis), chirurgien de l'hôpital du Midi, professeur agrégé à la Faculté de médecine de Paris, etc. *Cinquième édition,* par S. FANO, professeur agrégé de la Faculté de médecine de Paris. Paris, 1861, 5 vol. in-8 de chacun 850 pages avec 761 figures. 40 fr.

Le Traité de pathologie externe de M. Vidal (de Cassis), dès son apparition, a pris rang parmi les livres classiques ; il est devenu entre les mains des élèves un guide pour l'étude, et les maîtres le considèrent comme le *Compendium du chirurgien praticien,* parce qu'à un grand talent d'exposition dans la description des maladies, l'auteur joint une puissante force de logique dans la discussion et dans l'appréciation des méthodes et procédés opératoires. La *cinquième édition* a reçu des augmentations tellement importantes, qu'elle doit être considérée comme un ouvrage neuf ; et ce qui ajoute à l'utilité pratique du *Traité de pathologie externe,* c'est le grand nombre de figures intercalées dans le texte. Ce livre est le seul ouvrage complet où soit représenté l'état actuel de la chirurgie.

VIDAL (A.). **Essai sur un traitement méthodique de quelques maladies de l'utérus,** injections intra-vaginales et intra-utérines. Paris, 1840, in-8. 75 c.

VIDAL (A.). **De la cure radicale du varicocèle** par l'enroulement des veines du cordon spermatique. *Deuxième édition.* Paris, 1850, in-8. 75 c.

VIDAL (A.). **Des inoculations syphilitiques.** Paris, 1849, in-8. 1 fr. 25

VIDAL (Paul). **Essai de prophylaxie des fièvres chirurgicales,** par le docteur Paul VIDAL. Paris, 1872, in-8 de 58 pages. 1 fr. 50

VILLEMIN. Études sur la tuberculose, preuves rationnelles et expérimentales de sa spécificité et de son inoculation, par J. A. VILLEMIN, professeur à l'École du Val-de-Grâce. Paris, 1868, 1 vol. in-8 de 640 pages. 8 fr.

Table des matières : INTRODUCTION. — 1re partie. Considérations d'anatomie et de physiologie pathologiques : 1° des éléments anatomiques dans leurs rapports avec les causes morbides; 2° des processus anatomiques en général; 3° du tubercule ; 4° des produits anatomiques, analogues au tubercule ; 5° du scrofulisme ; — 2e partie. Considérations étiologiques ; 6° de la diathèse tuberculeuse ; 7° de l'hérédité dans la production de la phthisie; 8° de la constitution de l'habitude extérieure et des tempéraments dans leurs rapports avec la tuberculose; 9° influence des professions dans la production de la tuberculose; 10° rôle du froid, de la toux, etc., dans la tuberculose; — 3e partie. Considérations pathologiques; 12° des rapports de la tuberculose avec les fièvres éruptives et avec la fièvre typhoïde ; 13° la morve est la maladie la plus voisine de la tuberculose ; 14° unicité de la tuberculose; 15° la tuberculose ne s'observe que dans un nombre limité d'espèces zoologiques. — 4e partie. Preuves expérimentales de la spécificité et de l'inoculabilité de la tuberculose; 16° la tuberculose est inoculable ; 17° corollaires.

VILLERMÉ. Mémoire sur la mortalité en France dans la classe aisée et dans la classe indigente, par L. R. VILLERMÉ, membre de l'Institut. Paris, 1828, 1 vol. in-4 de 47 pages. 1 fr. 50

VIMONT (J.). **Traité de phrénologie** humaine et comparée. Paris, 1835, 2 vol. in-4 avec atlas in-folio de 134 planches contenant plus de 700 figures. (450 fr.) 150 fr.

VIRCHOW. La pathologie cellulaire basée sur l'étude physiologique et pathologique des tissus, par R. VIRCHOW, professeur à la Faculté de Berlin, médecin de la Charité. Traduction française, faite sous les yeux de l'auteur par le docteur P. PICARD. *Quatrième édition,* revue, corrigée et complétée en conformité de la quatrième édition allemande par Is. STRAUS, chef de clinique de la Faculté de médecine. Paris, 1874, 1 vol. in-8 de XXVIII-417 pages avec 157 figures. 8 fr.

VIREY. De la physiologie dans ses rapports avec la philosophie. Paris, 1844, in-8. 3 fr.

VOGEL (J.). **Traité d'anatomie pathologique générale.** Paris, 1847, in-8. 4 fr.

VOISIN (Aug.). **De l'hématocèle rétro-utérine** et des épanchements sanguins non enkystés de la cavité péritonéale du petit bassin, considérés comme accidents de la menstruation, par Auguste VOISIN, médecin de l'hospice de la Salpêtrière, Paris, 1860, in-8 de 368 pages avec une planche. 4 fr. 50

VOISIN. (Aug.). **Le service des secours publics**, à Paris et à l'étranger. Paris, 1873, in-8 de 54 pages.

          1 fr. 50

VOISIN (F.). **Des causes morales et physiques des maladies mentales**, et de quelques autres affections nerveuses, telles que l'hystérie, la nymphomanie et le satyriasis, par Félix VOISIN, médecin des aliénés de l'hospice de Bicêtre. Paris, 1826, in-8.

          7 fr.

VOISIN (F.). **Études sur la nature de l'homme**, quelles sont ses facultés? quel en est le nom? quel en est le nombre? quel en doit être l'emploi? Paris, 1867, 3 vol. gr. in-8. Prix de chaque.

          7 fr. 50

VOISIN (F.). **Du droit d'exercice et d'application de toutes les facultés de la tête humaine**. Paris, 1870, 1 vol. in-8, XII-177 pages.

          3 fr. 50

WEBER. Codex des médicaments homœopathiques, ou Pharmacopée pratique et raisonnée à l'usage des médecins et des pharmaciens, par George P. F. WEBER, pharmacien homœopathe. Paris, 1854, un beau vol. in-12 de 440 pages.   6 fr.

WEDDELL (H. A.). **Histoire naturelle des quinquinas**. Paris, 1849, 1 vol. in-folio avec une carte et 32 planches, dont 3 coloriées.

          60 fr.

WEISS. Des réductions de l'inversion utérine consécutive à la délivrance. Paris, 1873, 1 vol. in-8 de 76 pages.

          1 fr. 50

WOILLEZ. Dictionnaire de diagnostic médical, comprenant le diagnostic raisonné de chaque maladie, leurs signes, les méthodes d'exploration et l'étude du diagnostic par organe et par région, par E. J. WOILLEZ, médecin de l'hôpital Lariboisière. *Deuxième édition.* Paris, 1870, in-8 de VI-1114 pages avec 310 figures.   16 fr.

WUNDT. Traité élémentaire de physique médicale, par le docteur WUNDT, professeur à l'Université de Heidelberg, traduit avec de nombreuses additions, par le docteur Ferd. Monoyer, professeur agrégé de physique médicale à la Faculté de médecine de Nancy. Paris, 1871, 1 vol. in-8 de 704 p. avec 396 fig. y compris 1 pl. en chromolith.

          12 fr.

WURTZ. Sur l'insalubrité des résidus provenant des distilleries, et sur les moyens proposés pour y remédier, par Ad. WURTZ, membre de l'Institut (Académie des sciences), doyen de la Faculté de médecine. Paris, 1859, in-8.   1 fr. 25

NOTA. Une correspondance suivie avec l'Angleterre et l'Allemagne permet à MM. J.-B. BAILLIÈRE et FILS d'exécuter dans un bref délai toutes les commissions de librairie qui leur seront confiées. (*Écrire franco.*)

Tous les ouvrages portés dans ce Catalogue sont expédiés, par la poste, dans les départements et en Algérie, *franco* et sans augmentation sur les prix désignés. — Prière de joindre à la demande des *timbres-poste*, un *mandat postal* ou un *mandat* sur Paris.

Paris. — Imprimerie de E. MARTINET, rue Mignon, 2.

BLANCHARD. Les Poissons d'eau douce. Histoire naturelle, organisation, mœurs, suivi d'un aperçu sur leur distribution géographique et sur la pisciculture, par Emile BLANCHARD, membre de l'Institut, professeur au Muséum d'histoire naturelle. 1 vol. in-8 d'environ 500 pages, avec 100 figures dessinées d'après nature.

BOUCHUT. La Vie et ses attributs, dans leurs rapports avec la philosophie, l'histoire naturelle et la médecine, par E. BOUCHUT, professeur agrégé à la Faculté de médecine. In-18 de 350 pages... .... 3 fr. 50

CARRIÈRE. Le Climat de l'Italie, sous le rapport hygiénique et médical, par le docteur Ed. CARRIÈRE. 1 vol. in-8 de 600 pages........ 7 fr. 50
  Ouvrage couronné par l'Institut de France.

DUCHARTRE. Eléments d'histoire naturelle. Botanique, par M. DUCHARTRE, membre de l'Institut, professeur à la Faculté des sciences. 1 vol. in-8 de 500 pages, avec 500 figures.

ÉCOLE DE SALERNE (L'). Traduction en vers français, par Ch. MEAUX SAINT-MARC, avec le texte latin en regard (1870 vers), précédée d'une introduction par M. le docteur Ch. DAREMBERG. — **De la sobriété**, conseils pour vivre longtemps, par L. CORNARO, traduction nouvelle. 1 joli vol. in-18 jésus de LXXII-344 pages, avec 5 vignettes.............. .... 3 fr. 50

JOURDANET. Le Mexique et l'Amérique tropicale, climats, hygiène et maladies, par D. JOURDANET, docteur en médecine des Facultés de Paris et de Mexico. 1 vol. in-18 jésus, de 460 pages, avec une carte du Mexique. 4 fr.

LYELL. L'ancienneté de l'homme, prouvée par la géologie, et remarques sur les théories relatives à l'origine des espèces par variation, par sir Charles LYELL, membre de la Société royale de Londres, traduit avec le consentement et le concours de l'auteur, par M. CHAPER. In-8 de XVI-560 pages, avec de nombreuses figures..... .... 10 fr.

— **Appendice**, par sir Charles LYELL, suivi de communications faites à l'Académie des sciences sur l'homme fossile en France, par MM. Boucher de Perthes, Christy, J. Desnoyer, H. Milne Edwards, F. Garrigou, Paul Gervais, Scipion Gras, Lartet, Martin, Pruner-Bey, de Quatrefages, Trutat et de Vibraye. 1 vol. in-8 de 296 pages, orné de 2 planches intercalées dans le texte .... 5 fr.

PICTET. Traité de paléontologie, ou Histoire naturelle des animaux fossiles considérés dans leurs rapports zoologiques et géologiques, par F. J. PICTET, professeur de zoologie et d'anatomie comparée à l'Académie de Genève, etc. *Deuxième édition*, corrigée et considérablement augmentée. OUVRAGE COMPLET, 4 forts volumes in-8, avec un bel atlas de 110 planches grand in-4......................... .... 80 fr.

PRICHARD. Histoire naturelle de l'homme, comprenant des recherches sur l'influence des agents physiques et moraux considérés comme cause des variétés qui distinguent entre elles les différentes races humaines, par J. C. PRICHARD, membre de la Société royale de Londres, correspondant de l'Institut de France; traduit de l'anglais par F. D. ROULIN, bibliothécaire de l'Institut. 2 vol. in-8, avec 40 planches gravées et coloriées, et 90 fig. 20 fr.

QUATREFAGES. Physiologie comparée. Métamorphoses de l'homme et des animaux, par A. de QUATREFAGES, membre de l'Institut, professeur au Muséum d'histoire naturelle. In-18 de 324 pages.... ...... 3 fr. 50

ROBIN. Histoire naturelle des végétaux parasites qui croissent sur l'homme et sur les animaux vivants, par le docteur CH. ROBIN, professeur à la Faculté de médecine. 1 vol. in-8 de 700 pages, accompagné d'un bel atlas de 15 planches, dessinées d'après nature, gravées, en partie coloriées. 16 fr.

www.ingramcontent.com/pod-product-compliance
Lightning Source LLC
Chambersburg PA
CBHW031442210326
41599CB00016B/2086